国家科学技术学术著作出版基金资助出版
“十三五”国家重点出版物出版规划项目
工业和信息化部“十四五”规划教材
黑龙江省精品图书出版工程
“双一流”建设精品出版工程

陶瓷组装及连接技术

CERAMIC INTEGRATION AND JOINING TECHNOLOGIES

何　鹏　林盼盼　林铁松　著

内容简介

本书结合陶瓷材料及连接技术的不断发展，同时结合作者所在团队的最新研究成果，一方面从整体上论述了陶瓷组装与连接的发展和挑战，另一方面通过研究实例具体论述陶瓷组装与连接过程中如何进行界面反应和应力调控。本书共分 10 章，第 1～3 章主要论述陶瓷组装及连接的发展、机遇及共性基础问题；第 4 章和第 5 章主要介绍新型玻璃钎焊功能陶瓷和结构陶瓷的设计思路、界面反应及接头强化机理；第 6 章主要介绍超高温陶瓷低温连接高温使用的新型扩散连接方法；第 7 章和第 8 章主要介绍陶瓷及陶瓷/金属的原位强化连接技术；第 9 章和第 10 章主要介绍新型陶瓷基复合材料与金属的连接技术。

本书的主要内容既包含陶瓷组装及连接所涉及的基础理论，又包含该领域的实用技术、研究实例及最新科研进展，可作为材料加工工程专业本科生教材，也可为研究生及相关技术人员提供参考。

图书在版编目(CIP)数据

陶瓷组装及连接技术/何鹏，林盼盼，林铁松著
.—哈尔滨:哈尔滨工业大学出版社，2022.6
ISBN 978-7-5603-9133-5

Ⅰ.①陶… Ⅱ.①何… ②林… ③林… Ⅲ.①陶瓷-组装 ②陶瓷-连接技术 Ⅳ.①TQ174

中国版本图书馆 CIP 数据核字(2020)第 208788 号

材料科学与工程
图书工作室

策划编辑　许雅莹　李子江
责任编辑　张　颖　李青晏　闻　竹
封面设计　屈　佳
出版发行　哈尔滨工业大学出版社
社　　址　哈尔滨市南岗区复华四道街 10 号　邮编 150006
传　　真　0451-86414749
网　　址　http://hitpress.hit.edu.cn
印　　刷　哈尔滨市工大节能印刷厂
开　　本　787mm×1092mm　1/16　印张 20.5　字数 483 千字
版　　次　2022 年 6 月第 1 版　2022 年 6 月第 1 次印刷
书　　号　ISBN 978-7-5603-9133-5
定　　价　48.00 元

前　言

陶瓷是一种既古老又新颖的材料，新型陶瓷材料不仅具有耐高温、耐腐蚀、耐磨损等特殊性能，而且具有抗辐射、耐高频、耐高压、绝缘等优良的电气性能，因此在航空航天、现代通信、电子、核工业中得到广泛应用。而在每个历史时期，新材料的革命性影响和功能表现都通过其对新产品、系统、部件和设备的连接与组装而体现。

无论是用连接介质实现同种陶瓷连接，还是陶瓷与金属连接，都涉及异质连接问题。异质连接过程需要同时考虑两者的物理相容性和化学相容性，因此陶瓷的高可靠连接仍存在很多难点，如润湿性差、残余应力大、界面反应复杂、界面化合物定量分析困难、数值模拟缺少基本数据等，所以研究陶瓷连接技术十分必要。到目前为止，陶瓷连接出现了很多方法，如钎焊、扩散焊、熔化焊、机械连接、粘接等。其中，钎焊与扩散焊成为陶瓷连接中最常用、最可能实现大规模工业化的连接方法。多年来，作者所在科研团队致力于新型陶瓷自身及与常用金属材料的钎焊及扩散焊连接的应用基础研究，以及新型钎料及特种连接技术开发，研究了钎料成分、连接工艺等对润湿、界面反应、接头应力分布、功能发挥等方面的影响机制，阐明了界面反应机制及应力缓释机理，同时开发出一种结构—功能一体化的连接技术。

本书依托了科技部中青年科技创新领军人才支持计划、教育部新世纪优秀人才支持计划、国防基础科研项目、国家自然科学基金面上项目及青年基金、黑龙江省杰出青年科学基金等项目，结合陶瓷材料及连接技术的不断发展，同时结合作者所在团队的最新研究成果，一方面从整体上论述了陶瓷组装与连接的发展和挑战，另一方面通过研究实例具体论述陶瓷组装与连接过程中如何进行界面反应和应力调控。本书第 1～3 章主要论述陶瓷组装及连接的发展、机遇及共性基础问题；第 4 章和第 5 章主要介绍新型玻璃钎焊功能陶瓷和结构陶瓷的设计思路、界面反应及接头强化机理；第 6 章主要介绍超高温陶瓷低温连接高温使用的新型扩散连接方法；第 7 章和第 8 章主要介绍陶瓷及陶瓷/金属的原位强化连接技术；第 9 章和第 10 章主要介绍新型陶瓷基复合材料与金属的连接技术。

本书第 2 章、第 6～8 章由何鹏撰写；第 3～5 章由林盼盼撰写；第 1 章、第

9～10章由林铁松撰写。特别感谢为本书第5～10章相关研究做出贡献的已毕业博士研究生郭伟、潘瑞、杨卫岐、杨敏璇及硕士研究生杨振文、黄超、王策。还要特别感谢博士研究生冯青华、黄钊、赵万祺、陈倩倩、王策、林金城及硕士研究生杜匀默在本书第2章、第5～10章的文字整理过程中做出的贡献。

作者衷心感谢国家自然科学基金委、教育部、科技部、国防部、黑龙江省自然科学基金委等单位对本书研究工作的经费资助；感谢为本书研究工作做出贡献的团队成员、毕业以及在读的博士和硕士研究生；感谢为本书研究工作提供实验帮助及分析测试的所有相关人员；对本书引用资料的国内外作者表示敬意和感谢！

由于作者水平有限，加之科学技术发展迅速，新材料、新技术不断涌现，书中部分内容还有待进一步完善和提高。对于书中的不足及疏漏之处，敬请广大读者予以批评指正。

作　者
2022年1月

目　录

第1章 绪　　论

新材料的出现是人类历史的重要转折点，它们在青铜时代、铁器时代和正在经历的硅时代中都是重要的历史性衡量基准，它们在改变人类文明的同时也开启了经济增长与社会进步的无限空间。在人类历史上，这些进步与标志性阶段的特点不仅是材料创新（例如，Damascus 钢，在公元 1 100～1 700 年用于制造兵器），而且是由新材料向用于军事、艺术和商业的产品转化。在每个历史时期，新材料的革命性影响和功能表现都通过其对新产品、系统、部件和设备的组装而体现。

1.1　陶瓷组装及连接的必要性

先进的材料科学技术是发展现代高端制造业的基础，对于提升国防军事实力、提高产品市场竞争力、改善人民生活都有十分重要的作用，所以世界各国都十分重视先进材料的开发和研究，将其置于优先发展地位。陶瓷材料具有许多优异的性能，如耐高温、耐磨损、高强度等，在航天、机械、能源等诸多领域都有重要应用。陶瓷材料的塑性较低、韧性差、耐冲击性差，对于尺寸较大、形状复杂的陶瓷零件，难以加工成形，所以需要研究陶瓷间的互连技术用以制备复杂的陶瓷结构。另外，由于陶瓷在单独使用过程中抵抗热应力和冲击载荷的能力差，而金属的强韧性与高塑性可以弥补陶瓷材料固有的缺点，采用特定的连接技术制备陶瓷－金属复合构件，可以得到兼具陶瓷材料与金属材料两者优点且能满足现代工程需要的结构部件。

1.2　先进技术系统中的组装及连接问题

当代社会中，新材料的组装与工业社会中的技术发展和经济竞争力密切相关，当前和未来的组装问题都涉及不同的领域，例如航空、航天、核能、热电（TE）电源、纳米机电和微机电系统（MEMS）、固体氧化物燃料电池（SOFC）、多芯片模块（MCMS）、人工器官等。

1.2.1　微电子和纳米电子

组装技术在微电子晶片、芯片和封装中都至关重要，是实现高密度设计与降低成本的重要途径。MEMS、显示装置、射频（RF）组件和许多其他微电子元件生产中都需要用到组装技术。在该类应用中，组装技术的难点在于软钎焊、金属化、服役可靠性、接头失效、真空封装和其他类似领域。半导体芯片设备制造和 MEMS 组件开发都需要用到非常复杂的组装技术。

为了缩小尺寸，MCMS 将许多特殊功能集成到一个系统中，包括一系列具有先进功能的电子设备。为了实现多个集成电路（ICs）与功能性基体的组合，MCMS 整合了不同材料的 ICs，提供了可靠的低成本组装技术。为了实现每层的最高密度组装，MCMS 通常基于陶瓷、硅或金属上的薄膜多层结构而设计。MCMS 可以采用连接或表面处理技术（例如喷涂和电镀）制造，连接技术的最大优势在于只要这些材料表面的力学性能（包括平面度、光滑度和洁净度）足够好，就可以实现任何不同材料的连接。

由于具有比硅更低的热损失和更好的高温使用性能，碳化硅基陶瓷在半导体开关中的应用正在不断增加。由于热损失小且使用温度高，可以采用较小的热沉以节约尺寸并减少系统花费。在类似应用中的组装问题集中在 SiC 与金属等其他材料的连接上。此外，未来的微处理器可采用纳米多孔有机硅酸盐玻璃作为电介质，这对控制金属－纳米多孔玻璃界面等组装技术提出了更高的要求。

半导体技术的许多应用都依赖于异种材料的异质结构组装，该结构过去主要通过外延生长实现，当前可以利用异种材料连接制造异质结构，可以不利用外延生长在界面处调节功能特性（如电学性能）。连接技术可以用来制造包含半导体、电介质、金属或陶瓷的整体异质结构，这种结构很难利用外延生长技术制备。实际上，目前已经利用晶圆键合替代异质外延生长技术将不同材料组装到一起，也可以用连接技术来制造高质量异质外延生长薄膜的基板。

纳米技术可以在纳米尺度范围内提供各种特殊功能，已经彻底改变了电子设备的概念。为了获得这些特殊功能，需要将纳米结构组装到电子、光子、光电、传感系统和设备中。为解决集成系统中多场力耦合（如机械－电场）、界面（如金属－半导体）和相互作用（如生物－非生物组件）等难题，需要开发全新的设计标准实现具有特殊功能或形态的纳米结构的可控合成与自组装，以及这些纳米结构与应用部件（例如场效应管（FETs）、气体传感器或生物传感器）的组装。此外，复合材料（如聚合物－陶瓷纳米复合材料）的新型应用也需要聚合物基体中纳米陶瓷颗粒的分子级别组装，这都需要对界面行为和组装（合成）技术有很深的理解。

1.2.2 能源

先进陶瓷组装技术在能源生产、仓储、配送、节能和效率的所有环节中都起到至关重要的作用，尤其是对于替代能源系统中非常重要的燃料电池技术（SOFCs）。先进陶瓷（例如氧化钇稳定氧化锆陶瓷、镧锶锰氧化物陶瓷和 Ni－YSZ 金属陶瓷）在 SOFCs 的不同组件中都起到核心作用，系统集成需要实现陶瓷或金属的互联与组件封装。

对于不同应用中都需要具有高的能量转化效率和长时间运行能力的 TE 设备，新型电极材料界面的电热特性以及接头可靠性都需要评估和优化。热靴－腿接口的高温热膨胀不匹配对设计与组装技术的发展提出了很高的要求。TE 设备中每个界面的成分、使用温度和热失配问题都不相同，这些问题在多界面的分段研究中变得尤为重要。对于陶瓷催化剂燃烧室的微－TE 发电机，组装问题也非常重要，该燃烧室在介电膜上完成了热电金属薄膜与陶瓷厚膜的组装。能源领域的另一个组装实例是用于气体涡轮发动机中的 MEMS 基喷油嘴的开发。

1.2.3 航空和地面运输

先进陶瓷和陶瓷基复合材料(CMCs)可应用于热端部、排气喷嘴、涡轮泵叶片、燃烧室衬套、辐射燃烧器、换热器等许多极端严苛的环境。例如,包含 SiC 的 C/C 复合材料(C/C-SiC)在轻质汽车和航空领域都具有广阔的应用前景。在汽车领域,C/C-SiC 刹车盘已经在一些欧洲汽车样车中得到应用。碳-碳化硅(C/SiC)复合材料已成功用于高超音速飞行器热端部件和先进动力部件。与之类似,SiC/SiC 复合材料也已经用于燃烧室衬套、排气喷嘴、再入热保护系统、热气体过滤器、高压换热器和核反应器组件。在开发使用此类材料的组件时组装问题非常重要。对于这些应用,机械连接、粘接、钎焊和扩散连接都是组装 CMCs 的关键技术。

习题及思考题

1.1 陶瓷材料有哪些特点?

1.2 陶瓷材料为什么要进行组装和连接?

1.3 实际工业生产中有哪些领域涉及陶瓷组装与连接问题?

本章参考文献

[1] ARAGÓN-DUARTEM C, NEVAREZ-RASCÓN A, ESPARZA-PONCE H E, et al. Nanomechanical properties of zirconia-yttria and alumina zirconia-yttria biomedical ceramics, subjected to low temperature aging [J]. Ceramics International, 2017, 43(5): 3931-3939.

[2] HAN J M, ZHAO J, SHEN Z J. Zirconia ceramics in metal-free implant dentistry [J]. Advances in Applied Ceramics, 2017, 116(3): 138-150.

[3] LI X B, HUANG J T, LUO J M. Progress and challenges in the synthesis of AlON ceramics by spark plasma sintering[J]. Transactions of the Indian Ceramic Society, 2017, 76(1): 14-20.

[4] SINGH J, CHAUHAN A. Overview of wear performance of aluminum matrix composites reinforced with ceramic materials under the influence of controllable variables[J]. Ceramics International, 2016, 42(1A): 56-81.

[5] 熊华平,毛建英,陈冰清,等. 航空航天轻质高温结构材料的焊接技术研究进展[J]. 材料工程, 2013, 10: 1-12.

[6] 张英哲,龙琼,王福春,等. 金属-陶瓷组合件焊接技术浅见[J]. 广东化工, 2016, 43(17): 94-96.

[7] 韩绍华,薛丁琪. 基于核应用下碳化硅陶瓷及其复合材料的连接研究进展[J]. 硅酸盐通报, 2016, 35(5): 1520-1526.

[8] MANICONE P F, ROSSI I P, RAFFAELLI L. An overview of zirconia ceramics:

basic properties and clinical applications[J]. Journal of Dentistry, 2007, 35(11): 819-826.

[9] WANG H, LIN H, WANG C, et al. Laser drilling of structural ceramics-a review [J]. Journal of the European Ceramic Society, 2017, 37(4): 1157-1173.

[10] 李家科，刘磊，刘意春，等. 先进结构陶瓷与金属材料钎焊连接技术的研究进展[J]. 机械工程材料，2010，34(4)：1-4.

[11] 王新阳，李炎，魏世忠，等. 陶瓷与金属连接技术的研究进展[J]. 热加工工艺，2009，38(13)：145-148.

[12] MICK E, TINSCHERT J, MITROVIC A, et al. A novel technique for the connection of ceramic and titanium implant components using glass solder bonding [J]. Materials, 2015, 8(7): 4287-4298.

[13] SINGH M, OHJIL T, ASTHANA R,等. 陶瓷组装及连接技术[M]. 林铁松，曹健，亓钧雷，译.北京：机械工业出版社，2016.

第2章　陶瓷组装与连接的主要难点

2.1　概　述

由于陶瓷和金属两类材料在物理性能、化学性能及力学性能等各方面均存在较大差异，当连接陶瓷自身(采用金属焊料)或陶瓷和金属时，仍存在诸多难点，主要有以下几点。

(1)陶瓷与普通金属之间难润湿。

常规的钎料大多数能够对金属润湿，但对陶瓷及其复合材料不润湿或润湿性差。近年来研制的以 AgCuTi 为代表的活性钎料(在钎料中添加活性元素 Ti)可以润湿陶瓷，但在金属一侧反应比较剧烈，容易形成金属间化合物。此外，该钎料的高温性能不佳，当使用温度超过 300 ℃时，接头强度较低。这大大限制了其在高温陶瓷材料组装与连接上的应用。

(2)界面残余应力较大。

由于陶瓷与金属热膨胀系数差异大，在连接过程及后续冷却过程中易产生较大残余应力(热应力)，热应力分布极不均匀，易在结合界面处产生应力集中，因此接头承载性能下降。

(3)界面问题复杂，易形成多种脆性化合物。

由于陶瓷及其复合材料与金属材料在物理性能、化学性能及力学性能等诸多方面均存在较大差异，连接时除存在键型转换以外，还容易发生各种化学反应，在界面生成各种碳化物、氮化物、硅化物、氧化物以及多元化合物等。这些化合物大多硬度高、脆性大、分布复杂，是造成接头脆性断裂的主要原因。

(4)界面化合物定量分析困难。

在确定界面化合物物相组成时，受限于检测手段的发展，C、N、B 等轻元素的定量分析误差较大，需制备多种标准试件进行各元素的定标。对于多元化合物的相结构确定，一般利用 X 射线衍射标准图谱进行比对，但一些新化合物相没有标准，给反应生成相的种类与成分的确定带来了很大困难。

(5)数值模拟缺少基本数据。

由于陶瓷与金属钎焊和扩散焊时，界面容易出现多层化合物，这些化合物层很薄，但对接头性能的影响却很大。在进行界面反应和成长规律、应力分布计算模拟时由于缺少这些相的室温及高温数据，给模拟计算带来很大困难。

(6)无损检测方法和评价标准有待发展。

目前仅能通过控制宏观的工艺参数(连接温度、保温时间、连接压力等)来实现质量控制，还无法从微观组织结构方面直接通过控制界面反应和界面构造来调控连接质量。可靠性评价方面的研究工作更少，缺少可信的无损检测评价方法和标准。

以上问题中尤以润湿性、残余应力及界面反应的研究最多且与连接接头可靠性直接相关，下节将对这三个问题进行论述。

2.2 润湿性

2.2.1 润湿性的基本概念及分类

从热力学的角度来看，润湿是指液体与固体接触后造成体系（固体＋液体）自由能降低的过程。不考虑界面反应的情况下，润湿大体上可分为三类，即附着润湿、浸渍润湿和铺展润湿。如果考虑界面反应的情况，润湿过程将变得十分复杂且存在明显的差异性，本书将以具体材料的润湿性为例来进行说明，详见本章第 2.2.3 节和第 2.2.4 节。

1. 附着润湿

附着润湿是指固体与液体接触后，将液一气相界面变成固一液相界面的过程，如图 2.1 所示。在此过程中系统的表面自由能将发生变化，设固一气、液一气和固一液三相界面的比表面自由能分别是 σ_{sg}、σ_{lg} 和 σ_{sl}，则上述自由能变化为

$$\Delta G_a = \sigma_{sl} - (\sigma_{sg} + \sigma_{lg}) \tag{2.1}$$

这一过程的逆过程将需要外界对体系做功，即

$$W_a = -\Delta G_a = \sigma_{lg} + \sigma_{sg} - \sigma_{sl} \tag{2.2}$$

式中 W_a——黏附功，表征固一液相界面的结合程度。黏附功越大，附着润湿越强。

对于钎焊过程来说，如果钎料是预先放置在钎缝间隙中的，在钎料熔化并润湿母材时，情况与附着润湿是相近的。

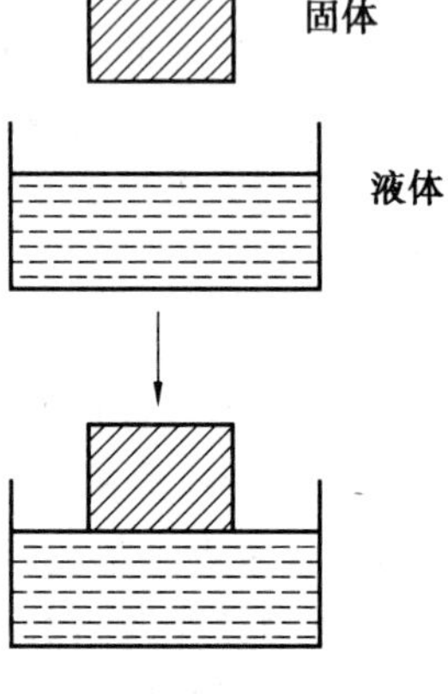

2. 浸渍润湿

浸渍润湿是指固体浸入液体的过程。在此过程中固一气相界面被固一液相界面所取代，而液相表面没有变化，如图 2.2 所示。浸渍面积为单位面积时，自由能变化为

$$\Delta G_i = \sigma_{sl} - \sigma_{sg} \tag{2.3}$$

要实现其逆过程需要外界对系统做功，即

$$W_i = \sigma_{sg} - \sigma_{sl} \tag{2.4}$$

式中 W_i——浸渍功，反应液体在固体表面上取代气体的能力。

在浸渍钎焊过程中（如盐浴钎焊、金属浴钎焊），所发生的现象为浸渍润湿。

固体

液体

图 2.1 附着润湿示意图

3. 铺展润湿

铺展润湿是液滴在固体表面上铺开的过程，即以液一固相界面和新的液一气相界面来取代固一气相界面和原来的液一气相界面的过程，如图 2.3 所示。当铺展面积为单位值时，表面自由能变化为

$$\Delta G_s = \sigma_{sl} + \Delta\sigma_{lg} - \sigma_{sg} \tag{2.5}$$

其中

$$\Delta\sigma_{lg}=\sigma_{lg(new)}-\sigma_{lg(old)}$$

即过程前后液－气相界面自由能的变化，实际是液－气相界面面积的变化。

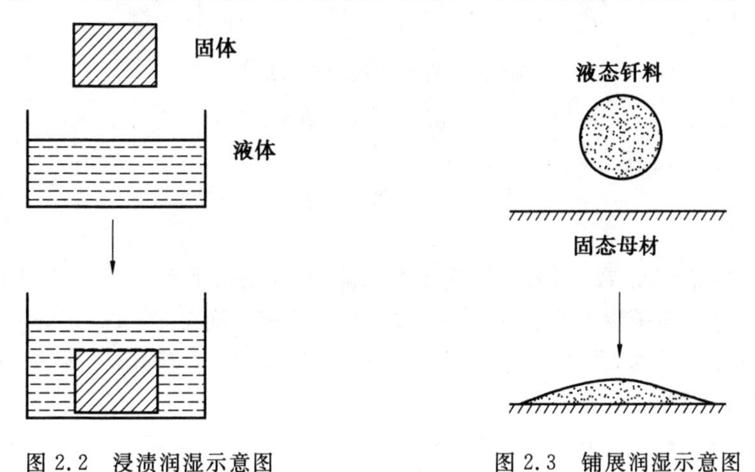

图 2.2　浸渍润湿示意图　　图 2.3　铺展润湿示意图

若假设液滴的面积很小且完全铺展，则式(2.5)可简化为

$$\Delta G_s=\sigma_{sl}+\sigma_{lg}-\sigma_{sg}$$

将式(2.2)代入，则有

$$\Delta G_s=-(\sigma_{lg}+\sigma_{sg}-\sigma_{sl})+2\sigma_{lg}=-W_a+W_n \tag{2.6}$$

式中　W_n——液体的内聚功，$W_n=2\sigma_{lg}$。

定义 W_s 为铺展功，则

$$W_s=-\Delta G_s=\sigma_{sg}-(\sigma_{sl}+\sigma_{lg}) \tag{2.7}$$

铺展功 W_s 为铺展过程中体系能量的减少或对外做的功。

实际钎焊过程多为这种润湿情况，但铺展前后的液－气相面积变化可能出现各种情况。假设在钎料的铺展过程中，铺展面积为 A（即固－液相面积），液－气相界面面积在铺展前后的变化差值为 $B(B=B_{new}-B_{old})$，则有

$$\Delta G_s=A(\sigma_{sl}-\sigma_{sg})+B\sigma_{lg} \tag{2.8}$$

实际应用时，可用式(2.8)进行计算。

4. Young 氏方程

在钎料铺展过程中，假定体系的温度、压力和组成均不发生变化，则体系的总自由能变化仅取决于表面自由能的变化，即

$$dG_s=d(\sigma A)=\sigma dA+Ad\sigma \tag{2.9}$$

如图 2.4 所示，设体系在平衡条件下固－液相界面面积增加了 dA，则液－气相界面面积增加量为 $dA\cos(\theta-d\theta)$，所以

$$dG_s=\sigma_{sg}dA-\sigma_{sl}dA-\sigma_{lg}dA\cos(\theta-d\theta)+Ad\sigma$$

由于 $d\theta\ll\theta$，可以忽略，而 $d\sigma=0$，则有

$$dG_s=dA(\sigma_{sg}-\sigma_{sl}-\sigma_{lg}\cos\theta) \tag{2.10}$$

当系统平衡时，$dG_s=0$，而 $dA\neq0$，所以有

图 2.4　钎料铺展过程示意图

$$\sigma_{sg}-\sigma_{sl}-\sigma_{lg}\cos\theta=0 \tag{2.11}$$

由此即得 Young 氏方程

$$\cos\theta=\frac{\sigma_{sg}-\sigma_{sl}}{\sigma_{lg}} \tag{2.12}$$

$\cos\theta$ 又称为润湿系数，用来表征液体润湿能力。θ 是指平衡状态下的润湿角，其大小表征了体系润湿与铺展能力的强弱，当 $\theta=0°$ 时，称为完全润湿；当 $0<\theta<90°$ 时，称为润湿；当 $90°<\theta<180°$ 时，称为不润湿；当 $\theta=180°$ 时，称为完全不润湿。显然，θ 和 $\cos\theta$ 均可用来衡量润湿程度的大小。

Young 氏方程是假定在恒温、恒压和组成不变的平衡条件下推得的。但在实际钎焊过程中，温度和组成都可能发生变化，并且在钎料铺展的过程中，铺展面积不断扩大，当然没有达到平衡状态。因此，严格地说，Young 氏方程不适合用来描述钎料铺展过程，但在用来进行一般的定性判断时，可借助 Young 氏方程。

2.2.2　影响润湿性的主要因素

界面张力是材料本身的特性之一，它反映的是材料内部的原子对原子吸引力的强弱，因此，对不同的材料来说，其界面张力显然是不同的。改变三相物质任一相的组成，就相应地改变了界面张力，这必然要影响到钎料对母材的润湿性。

1. 系统各相物性的影响

一定的物质，在温度、压力和成分一定的情况下，其界面张力的值是一定的。不同的物质，即使在相同的温度和压力条件下，其界面张力值也不同。这是由于不同物质的分子之间的作用力是不同的。并且，当一相的物性不变，而改变与之相邻的另一相的物性时，界面张力也将发生变化。这是由于界面张力是由相邻两相所共同决定的，取决于两相分子对表相分子引力的差异。因此不难想象，对于成分确定的母材和钎料，当其表面氧化或采用钎剂去除氟化膜时，都将影响到界面张力值，并因而影响钎料对母材的润湿性。

(1)金属表面氧化物的影响。

在常规条件下，大多数金属表面都有一层氧化膜。氧化膜的熔点一般都比较高，在钎焊温度下为固态。它们的表面张力值很低，因此，钎焊时将导致 $\sigma_{sg}<\sigma_{sl}$，所以产生不润湿现象，表现为钎料成球、不铺展。

另外，许多钎料合金表面也存在一层氧化膜。当钎料熔化后被自身的氧化膜包覆，此时其与母材之间是两种固态的氧化膜之间的接触，因此产生不润湿。例如，当用 Al－Si 共晶钎料(熔点为 577 ℃)置于母材 Al(熔点 660 ℃)上加热到 600 ℃，钎料熔化但不在母材表面上铺展。液态钎料因受固态氧化膜的制约而成为不规则球形，此时用钢针刺入钎料并刺破母材表面的氧化膜，钎料就会在母材 Al 与其表面的 Al_2O_3 膜之间铺展，从而将

Al_2O_3膜"抬起",形成"皮下潜流"现象。所以在钎焊过程中,必须采取适当的措施来去除母材和钎料表面的氧化膜,以改善钎料对母材的润湿性。

(2)钎剂的影响。

去除氧化膜最有效的方法就是采用钎剂。当用钎剂去除了母材和钎料表面的氧化膜后,液态钎料就可以和母材金属直接接触,从而改善润湿。另外,当母材和钎料表面覆盖了一层液态钎剂后,系统的界面张力就发生变化,如图 2.4 所示。当铺展达到平衡时,由 Young 氏方程有

$$\sigma_{sf} = \sigma_{sl} + \cos\theta \cdot \sigma_{lf} \tag{2.13}$$

$$\cos\theta = \frac{\sigma_{sf} - \sigma_{sl}}{\sigma_{lf}} \tag{2.14}$$

式中　σ_{sf} ——母材与钎剂间的界面张力;

σ_{sl} ——母材与钎料间的界面张力;

σ_{lf} ——钎剂与钎料间的界面张力。

与无钎剂时的情况相比,只要满足 $\sigma_{lf} < \sigma_{lg}$ 或 $\sigma_{sf} > \sigma_{sg}$,就可以增强钎料对母材的润湿。同样,钎剂成分的变化将造成 σ_{lf} 和 σ_{sf} 的变化,从而也影响到钎料对母材的润湿性。

2. 各相浓度的影响

如果相邻两相中任一相不是纯物质而是溶液,界面张力也发生变化,并且必与溶液的浓度(物质的量浓度)有关。这是由于单组分变为多组分,组分的浓度发生改变,必然造成相界面层分子间作用力的差别。下面从热力学的角度来分析浓度如何影响界面张力。

假设体系中有任意的 a、b 两相,由于体相和表相有别,设二体相的自由焓分别为 G^a、G^b、G^s 。根据自由焓的加和性,则体系的自由焓 G 为

$$G = G^a + G^b + G^s \tag{2.15}$$

当发生微小变化时

$$dG = dG^a + dG^b + dG^s \tag{2.16}$$

由热力学可知

$$dG^a = (-S^a)\,dT + V^a dp + \sum \mu_i^a d\,n_i^a \tag{2.17}$$

$$dG^b = (-S^b)\,dT + V^b dp + \sum \mu_i^b d\,n_i^b \tag{2.18}$$

由于表相相对于体相所占体积极微,$V^s dp$ 可以忽略不计,而将表相过剩自由焓 $dG = \sigma dA$ 考虑进来,则对于表相有

$$dG^s = (-S^s)\,dT + V^s dp + \sum \mu_i^s d\,n_i^s \tag{2.19}$$

由于平衡时各相的温度和压力必然相等,故以上没有加以区别。由于平衡时成分在各相中化学位也必然相等,即 $\mu_i^a = \mu_i^b = \mu_i^s$,所以也不加以区别,并且

$$S = S^a + S^b + S^s$$

$$V = V^a + V^b$$

$$dn_i = dn_i^a + dn_i^b + dn_i^s$$

将式(2.17)、式(2.18)、式(2.19)相加后,代入式(2.16)得

$$dG = (-S)\,dT + V dp + \sum \mu_i dn_i + \sigma dA \tag{2.20}$$

由式(2.20)可见，对于表面化学过程，多元体系自由焓比相应非表面过程自由焓多一个参数 A，$G=f(T,p,A,n_1,n_2,\cdots)$，并且由热力学基本关系可知

$$\left(\frac{\partial G}{\partial T}\right)_{p,A,n_i}=-S \tag{2.21}$$

$$\left(\frac{\partial G}{\partial p}\right)_{T,A,n_i}=V \tag{2.22}$$

$$\left(\frac{\partial G}{\partial n_i}\right)_{T,p,A}=\mu_i \tag{2.23}$$

式(2.20) ～ (2.23)为讨论等温、等压条件下表面化学过程热力学问题的普遍的热力学关系。例如式(2.23)可以看作比表面自由焓更为严格的定义，而且可以看出，物性一定，σ 一般是 T、p 和各相浓度函数。由此可见，在表面化学过程中，体系的自由度比相应非表面化学过程(无电场和磁场等影响)增加一个，相律相应为

$$f=K-\varphi+3 \tag{2.24}$$

浓度对表面张力的影响，由于涉及分子作用力受浓度影响的问题，是很复杂的，且难以给出一般的关系式，所以一般都是通过试验测定。通常，在多元体系中，随着某一成分的加入，体系界面张力的变化可分为三类，如图 2.5 所示。

图 2.5 中Ⅰ类，随某成分浓度增大，表面张力缓慢增大；Ⅱ类，随浓度增大，表面张力缓慢下降；Ⅲ类，随浓度增大，表面张力急剧下降。Ⅲ类溶质有特别的实用意义，在化工、冶金和选矿等工业中，被称为表面活性剂或变质剂；在钎焊行业中，通常称为表面活性物质。这些都是由于浓度影响界面张力，而在界面上发生吸附过程的缘故。

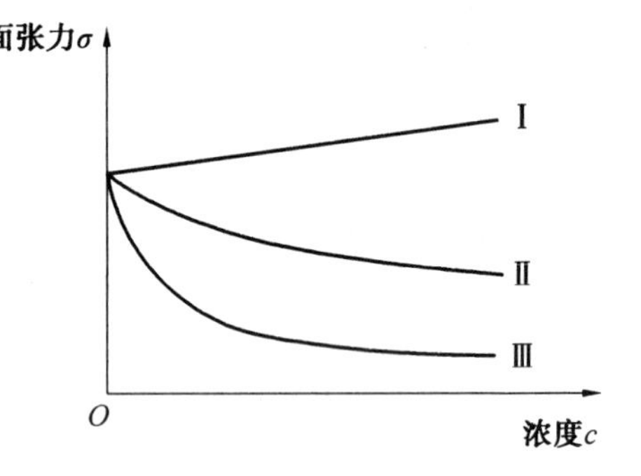

图 2.5　浓度对溶液表面张力影响的类型

一般来说，若钎料与母材在液态和固态下均无相互作用，则它们之间的润湿性很差；若钎料和母材之间能相互溶解形成金属间化合物，则液态钎料就能较好地润湿母材。例如，Fe－Ag 在液态和固态下均无相互作用，在 1 125 ℃下，Ag 在 Fe 上润湿时，体系的界面张力值分别为 $\sigma_{sl}=1.99$ N/m、$\sigma_{lg}=0.91$ N/m、$\sigma_{gs}\geqslant 2.48$ N/m，由 Young 氏方程求出接触角 $\theta\approx 122.5^\circ > 90^\circ$，故不发生钎料铺展。而 Cu 和 Sn 在液态下可互溶，在固态下可以形成金属间化合物，当其在 300 ℃下，Sn 在 Cu 上润湿时，体系的界面张力值分别为 $\sigma_{sl}=1.54$ N/m、$\sigma_{lg}=0.55$ N/m、$\sigma_{gs}=1.67$ N/m，由 Young 氏方程求出接触角 $\theta\approx 76^\circ < 90^\circ$，因此可以铺展。

图 2.6 所示为在真空中 300 ℃下 Sn－Pb 钎料在 Cu 母材上的润湿情况。

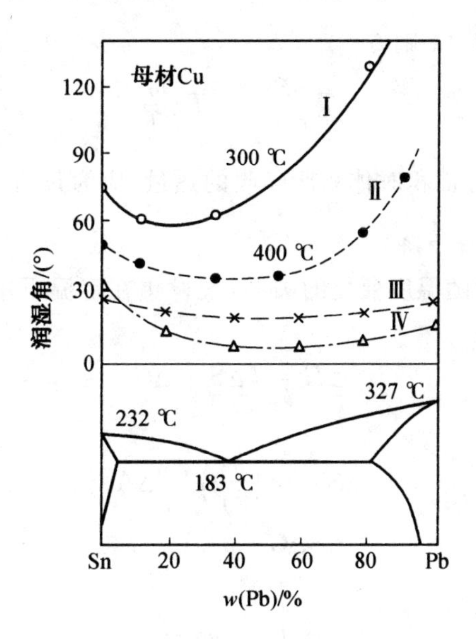

图 2.6　润湿角与 Sn－Pb 钎料成分的关系

Ⅰ、Ⅱ—真空中(熔融)；Ⅲ、Ⅳ—$ZnCl_2$＋NH_4Cl 共晶；Ⅲ—液相＋50 ℃；Ⅳ—Ⅲ凝固后

由图 2.6 可见，当钎料成分变化时，其润湿角也在发生变化，基本趋势是接近共晶成分时的接触角较小，而 Pb 质量分数高时接触角明显增大，并不会出现不润湿的情况。这是因为 Pb 和 Cu 在固态下无互溶，其相互作用较弱的缘故。

3. 温度、压力和时间的影响

(1)温度的影响。

①温度对表面张力的影响。温度对表面自由焓的影响可由表面化学热力学普遍关系式(2.20)，利用状态函数的全微分性质得到，即

$$\mathrm{d}G=-S\mathrm{d}T+V\mathrm{d}p+\sigma\mathrm{d}A+\sum\mu_i\mathrm{d}\,n_i \tag{2.25}$$

式中　A——面积。

在恒压条件下，不考虑成分变化，有

$$\mathrm{d}G=-S\mathrm{d}T+\sigma\mathrm{d}A \tag{2.26}$$

对式(2.26)进行全微分，得

$$\mathrm{d}G=\frac{\partial G}{\partial T}\mathrm{d}T+\frac{\partial G}{\partial A}\mathrm{d}A \tag{2.27}$$

所以

$$\frac{\partial G}{\partial T}=-S\quad\frac{\partial G}{\partial A}=\sigma \tag{2.28}$$

对式(2.28)再求偏微分，得

$$\frac{\partial S}{\partial A}=-\frac{\partial^2 G}{\partial T\partial A}=-\frac{\partial^2 G}{\partial A\partial T}=-\frac{\partial\sigma}{\partial T}$$

所以

$$\frac{\partial\sigma}{\partial T}=-\frac{\partial S}{\partial A} \tag{2.29}$$

将式(2.29)两端乘以 T，则有

$$T\frac{\mathrm{d}S}{\mathrm{d}A}=-T\frac{\partial\sigma}{\partial T} \tag{2.30}$$

其中，$T\frac{\mathrm{d}S}{\mathrm{d}A}$ 代表扩大单位面积时体系所吸收的热量，应为正值，所以有 $\frac{\partial\sigma}{\partial T}<0$，即随着温度 T 的上升，表面张力 σ 下降。

为寻求比较适用的 σ 随温度变化的关系，现设想在定温下单纯增加相界面面积的过程。由普遍的热力学关系

$$\Delta H=T\Delta S+\Delta G \tag{2.31}$$

则由式(2.29)，有

$$\Delta S=-\left(\frac{\partial\sigma}{\partial T}\right)_{p,n_i}\Delta A \tag{2.32}$$

$$\Delta G=\sigma\Delta A$$

代入式(2.31)，得

$$\sigma=\frac{\Delta H}{\Delta A}+\left(\frac{\partial\sigma}{\partial T}\right)_{p,n_i}T \tag{2.33}$$

当温度变化范围不大时，采取一级近似，令比表面热效应 $\frac{\Delta H}{\Delta A}$（相当于增加单位面积所吸收的热量）和表面张力的温度系数 $\left(\frac{\partial\sigma}{\partial T}\right)_{p,n_i}$ 均为常数，并令

$$\frac{\Delta H}{\Delta A}=a\quad\left(\frac{\partial\sigma}{\partial T}\right)_{p,n_i}=b \tag{2.34}$$

则

$$\sigma=a-bT \tag{2.35}$$

一般 $a>0$，$b>0$。

由式(2.35)可知，在温度变化范围不大时，表面张力随温度的升高而呈线性下降趋势。这是一个普遍的关系，各种金属表面张力随温度变化的关系大体上可以归结为这种关系。但是表面张力随温度升高而下降的这种趋势也不是无限的。对液体来说，到临界点（液一气相界面消失，气态与液态无法区分的温度）时表面张力降低为零。图 2.7 所示为 Sn 的表面张力随温度变化的实测值。由图 2.7 可见，不同研究人员的数据虽然不一致，但都定性地满足线性关系。通常液态金属的表面张力的温度系数 b 为 $(1\sim4)\times10^{-8}$ J/(cm^2·℃)。

约特佛斯给出了温度与表面张力之间的关系式为

$$\sigma V_{\mathrm{m}}^{\frac{2}{3}}=k(T_{\mathrm{c}}-T) \tag{2.36}$$

式中 $V_{\mathrm{m}}^{\frac{2}{3}}$ ——液体摩尔体积；

k ——普适常数，对非极性液体，$k=2.2\times10^{-7}$ J/K；

T_{c} ——临界温度，即表面张力趋于 0 时的温度。

拉姆齐(Romsay)和希尔茨(Shields)等对式(2.36)进行了修正，得

$$\sigma V_{\mathrm{m}}^{\frac{2}{3}}=k(T_{\mathrm{c}}-T-\tau) \tag{2.37}$$

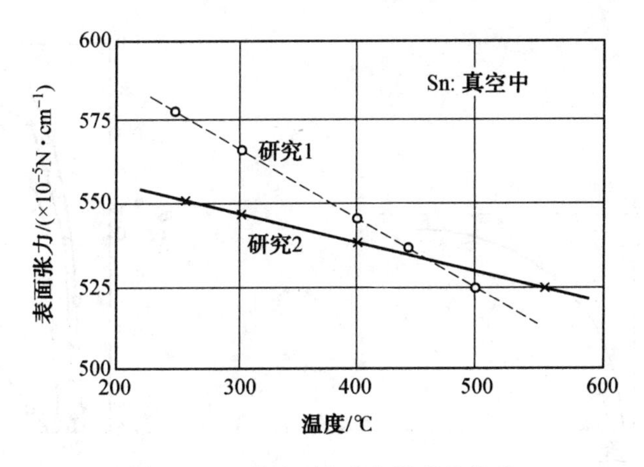

图 2.7　Sn 的表面张力与温度的关系

在接近临界温度时可取 $\tau=6.0$。

②接触角与温度的关系。由式(2.35)可知,对任意相界面的界面张力,有 $\sigma_{ij}=a_{ij}-b_{ij}T$ 。将其代入 Young 氏方程(式(2.12)),整理得

$$\cos\theta=\frac{b_s-b_{sl}}{b_l}-\frac{(a_s-a_l-a_{sl})/b_l}{T-a_l/b_l} \tag{2.38}$$

或

$$\cos\theta=K_1-\frac{K_3}{T-K_2} \tag{2.39}$$

当母材与钎料不溶时,a_{ij}、b_{ij} 只与物性和浓度有关,而与温度无关,二者均为常数,故 K_1、K_2、K_3 均为常数。因此可知,$\cos\theta-T$ 的关系可描述为双曲线的形式,如图 2.8 所示。其中,K_1 为纵轴渐近轴,K_2 为横轴渐近轴。当母材与钎料互溶时,a_{ij}、b_{ij} 或 K_1、K_2、K_3 不再保持常数。这样就可以通过测得 $\cos\theta-T$ 的关系与标准双曲线渐近线的偏离程度,从而判断溶解扩散的过程。

由于表面张力系数 b_{ij} 较小(0.2 ～ 0.4),$K_1\rightarrow1$,尤其当温度升高时,界面差别更小,K_1 更趋近于 1。因此,溶解程度实际上主要视 $\cos\theta-T$ 的关系与横轴渐近线偏离的程度 K_2 。由 K_2 的表达式可知,K_2 仅与钎料的物性、成分有关。这样,从理论上和试验上分析溶解的程度比较方便。

图 2.9 所示为 Bi－Sn 系钎料在铜母材上的 $\cos\theta-T$ 关系。由图 2.9 可见,除纯 Bi 外,由纯 Sn 起,钎料中含 Bi 越多,则曲线与横轴渐近线越近;反之,则曲线与渐近线偏离越大,说明溶解越剧烈。这与实际经验是一致的。对于纯 Bi,由于其与铜几乎不溶,在铜上润湿不良,理应最逼近渐近线,但在图中偏离却最大,这可能是因为 Bi 的蒸汽压比较高,在过程中大量挥发造成的。

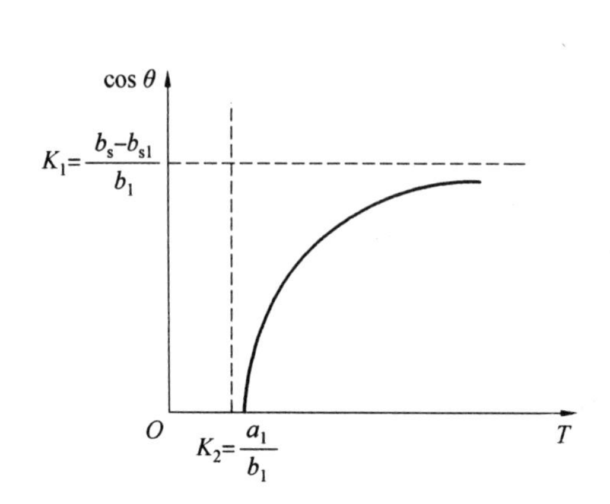

图 2.8 无溶解时 cos θ 与 T 的双曲线关系

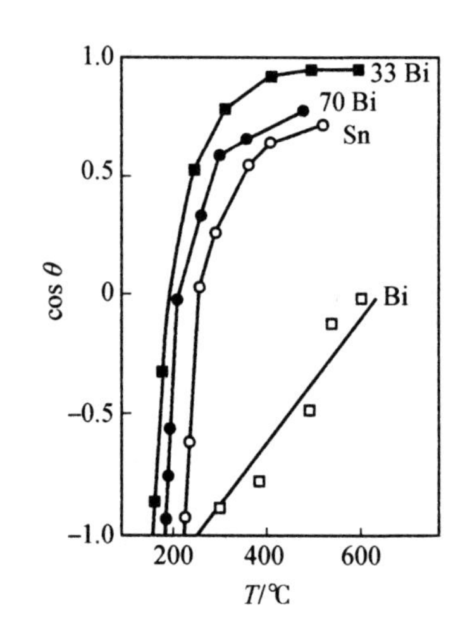

图 2.9 Bi－Sn 系钎料在铜母材上的 cos θ－ T 关系

由上述分析可以看出，不论溶解与否，随着温度升高，润湿系数 cos θ 增大。在低温段时增大较快，之后随温度升高逐渐变慢，以致达到恒值 1。溶解的存在使相同温度下的 cos θ 增大。

(2)压力对表面张力的影响。

根据式(2.21)，由状态函数的性质可得

$$\left(\frac{\partial G}{\partial p}\right)_{T,A,n_i}=\left(\frac{\partial V}{\partial A}\right)_{T,p,n_i} \tag{2.40}$$

因为

$$\left(\frac{\partial V}{\partial A}\right)_{T,p,n_i} \to 0$$

所以

$$\left(\frac{\partial G}{\partial p}\right)_{T,A,n_i} \to 0$$

可见，在压力变化不大时，可以忽略压力对表面张力的影响。

(3)接触角与时间的关系。

应当区分润湿角与接触角的概念差异。润湿角是指润湿达到平衡时的接触角。习惯上，在未经特别指明时，接触角也经常指润湿角。

以动力学的观点来看，接触角也是随时间变化的，当 $t \to \infty$ 时接触角 $\theta \to \theta_e$，θ_e 即平衡时的润湿角。图 2.10 所示为 1 600 ℃下，真空中 6Ni－Fe 合金上 0.2Cu－Ag 钎料润湿动态过程中 cos θ 与时间 t 的关系。由图 2.10 可见，随着时间 t 的增加，cos θ 不断增加。在初始阶段(50 s 以前) cos θ 随 t 增长较快，称为一次过程，其后，cos θ 增长较慢，并趋于常数，称为二次过程。

对于一次过程，日本的安田与和田分别进行了研究。安田认为在一次润湿过程中，钎料的反应元素被母材吸附，并且服从兰格谬尔吸附动力学吸附量关系，他把吸附量换成润湿面积进行考查。和田继承了安田的观点，进一步将吸附量换成固－液界面能的变化，并

转化成 $\cos\theta$ 的变化，导出了

$$\lg\frac{\cos\theta_e-\cos\theta}{\cos\theta_e}=-K''t \tag{2.41}$$

式中　K'' ——润湿速度常数；

θ_e ——任意时刻的接触角。

将图 2.10 中的试验数据代入式(2.41)，所得结果如图 2.11 所示。由图 2.11 可见，计算结果与试验结果吻合良好，尤其是在前 50 s。

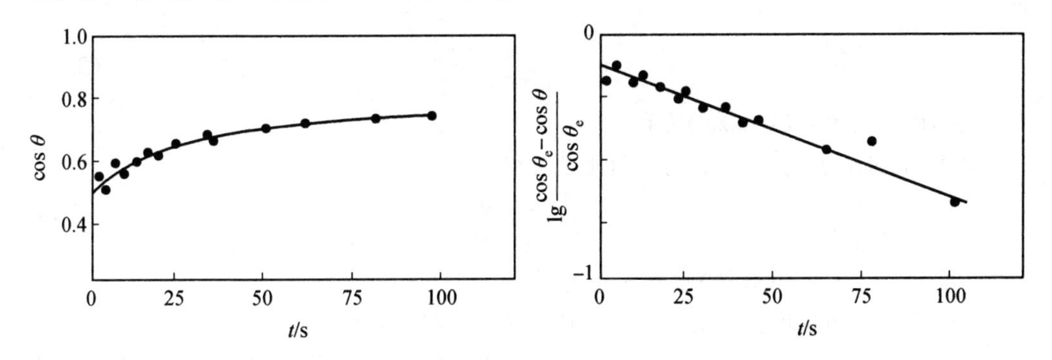

图 2.10　0.2 Cu－Ag 钎料润湿动态过程中 $\cos\theta$ 与时间 t 的关系

图 2.11　由图 2.10 数据按式(2.41)计算的结果

由动力学知，式(2.41)为一级可逆过程的典型关系式。润湿的一次过程之所以为一级过程是因为一次过程为母材向钎料溶解的过程，而溶解过程为一级过程。

4. 母材表面状态的影响

由于母材的实际表面并不是可以满足 Young 氏方程的理想表面，因此，母材的表面状态必然影响钎料的润湿行为。

(1)母材表面粗糙度的影响。

母材的表面粗糙度在许多情况下会影响钎料对它的润湿。将一液滴置于粗糙表面，液体在固体表面上的真实接触角是无法测量的，试验测得的只是其表观接触角。而表观接触角与界面张力的关系不符合 Young 氏方程，但应用热力学可以导出与 Young 氏方程类似的关系式。根据界面自由能的定义 $\sigma=\left(\frac{\partial G}{\partial A}\right)_{T,p}$，在恒温、恒压的平衡状态下，由于界面的微小变化而引起体系自由能的变化是

$$\mathrm{d}G=\frac{\partial G}{\partial A_{sg}}\frac{\partial A_{sg}}{\partial a_{sg}}\mathrm{d}a_{sg}+\frac{\partial G}{\partial A_{sl}}\frac{\partial A_{sl}}{\partial a_{sl}}\mathrm{d}a_{sl}+\frac{\partial G}{\partial A_{lg}}\frac{\partial A_{lg}}{\partial a_{lg}}\mathrm{d}a_{lg}=0 \tag{2.42}$$

式中　A ——实际界面面积；

a ——表观界面面积(几何面积)。

以 $\mathrm{d}a_{sg}$ 除以式(2.42)两端，得

$$\frac{\mathrm{d}G}{\mathrm{d}a_{sg}}=\frac{\partial G}{\partial A_{sg}}\frac{\partial A_{sg}}{\partial a_{sg}}+\frac{\partial G}{\partial A_{sl}}\frac{\partial A_{sl}}{\partial a_{sl}}\frac{\mathrm{d}a_{sl}}{\mathrm{d}a_{sg}}+\frac{\partial G}{\partial A_{lg}}\frac{\partial A_{lg}}{\partial a_{lg}}\frac{\mathrm{d}a_{lg}}{\mathrm{d}a_{sg}}=0 \tag{2.43}$$

其中，$\mathrm{d}a_{sg}=-\mathrm{d}a_{sl}$。

由于

$$\frac{\mathrm{d}a_{\mathrm{lg}}}{\mathrm{d}a_{\mathrm{sl}}}=\cos\theta_{\mathrm{e}}$$

并令

$$\gamma=\frac{A}{a}=\frac{\mathrm{d}A}{\mathrm{d}a} \tag{2.44}$$

因此式(2.43)变为

$$\gamma(\sigma_{\mathrm{sg}}-\sigma_{\mathrm{sl}})=\sigma_{\mathrm{lg}}\cos\theta_{\mathrm{e}} \tag{2.45}$$

或

$$\cos\theta_{\mathrm{e}}=\frac{\gamma(\sigma_{\mathrm{sg}}-\sigma_{\mathrm{sl}})}{\sigma_{\mathrm{lg}}} \tag{2.46}$$

式(2.46)即为威舍尔(Wenzel)方程。

将 Wenzel 方程与 Young 氏方程比较可得

$$\gamma=\frac{\cos\theta_{\mathrm{e}}}{\cos\theta} \tag{2.47}$$

式中　θ——具有原子(分子)水平平整表面上的接触角；

θ_{e}——在粗糙度为 γ 的表面上的接触角(表观接触角)；

由式(2.47)可以看出，当 $\theta<90°$时，$\theta_{\mathrm{e}}<\theta$，即表面粗糙化后较易为液体所润湿，因而在粗糙金属表面上的表观接触角更小；当 $\theta>90°$时，$\theta_{\mathrm{e}}>\theta$，即表面粗糙化后的金属表面上的表观接触角更大。图 2.12 所示为满足 Young 氏方程的接触角 θ 及满足 Wenzel 方程的接触角 θ_{e} 与粗糙因子 γ 的关系。

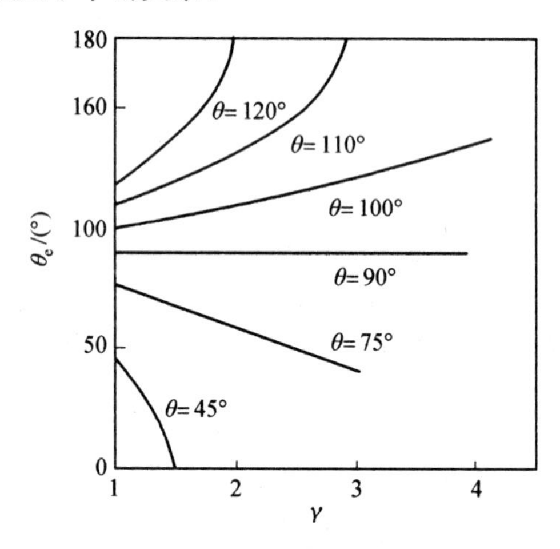

图 2.12　θ、θ_{e} 与粗糙因子 γ 的关系

Wenzal 方程仅考虑了真实表面与理想表面面积的差异，而没有考虑真实表面具体的特征。实际上，对于同心沟槽和放射形沟槽来说，在表面粗糙度相同的情况下，其 θ_{e}' 可能不同。所以可将 Wenzel 方程修正为

$$\cos\theta_{\mathrm{e}}'=\cos\theta_{\mathrm{e}}[\gamma-(r-1)\psi] \tag{2.48}$$

式中　ψ——表面结构因子；

r——液滴半径。

不同状态表面上的这种差异，在微观局部并不违反热力学定律。如图 2.13 所示，$\theta=\theta_e-\alpha$，从局部上来看，其接触角仍为 θ。

(2)关于润湿角的滞后。

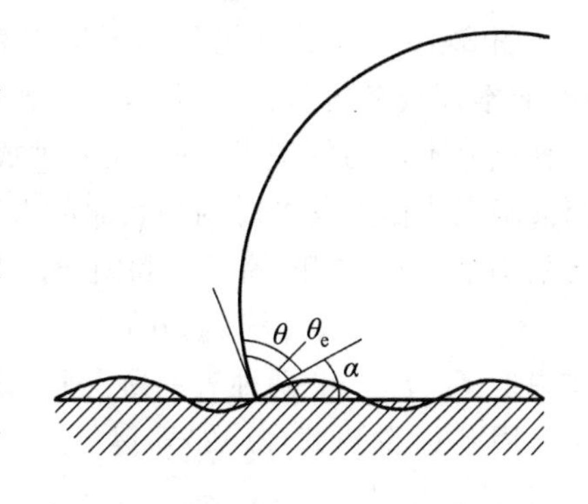

图 2.13　液体在实际表面上的润湿情况

在润湿的过程中经常可以发现，液体的前进端的接触角较大，而后退端的接触角较小。这种前进端接触角 θ_a 与后退端接触角 θ_r 的差值 $\theta_a-\theta_r$ 称为接触角的滞后。对于接触角的滞后有“摩擦说”“表面粗糙说”和“吸附说”等不同的理论解释。

“吸附说”认为，固体表面吸附空气或者油脂类的污染物而形成一吸附层，吸附层阻碍液体前进端的前进，故使 θ_a 较大。但吸附层一旦与液体接触，便被液体置换或溶解，使固－液间润湿更加完全，所以 θ_r 较小。“吸附说”实质是认为固体表面的清洁程度是接触角滞后的原因。在空气中 Hg 在 αFe 上润湿不良，而在真空中润湿良好这一事实支持了“吸附说”。

“表面粗糙说”则认为，Wenzel 方程只适用于热力学稳定平衡状态，但由于表面不均匀，液体在表面上展开时要克服一系列由起伏不平而造成的势垒。当液滴振动能小于这一势垒时，液滴不能达到 Wenzel 方程所要求的平衡状态，而处于一种亚稳态。图 2.14 描述了两种不同的亚稳平衡状态的情形。一般来说，Wenzel 方程的平衡状态是很难达到的。若将粗糙表面倾斜，则在表面上的液滴会出现如图 2.15 所示的情况。这时液滴两边的 θ 虽然相等，但表观前进角 θ'_a 和表观后退角 θ'_r 却不相等，而且前进角总是大于后退角，接触角滞后就是这种现象。显然，表面粗糙不平也是造成滞后现象的重要原因。

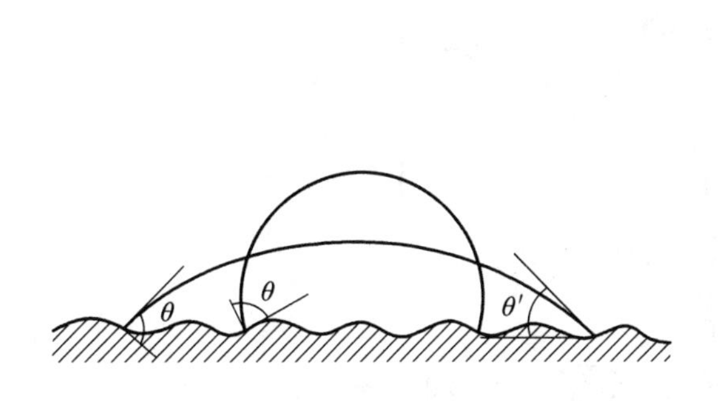

图 2.14　液滴在粗糙表面上的亚稳状态

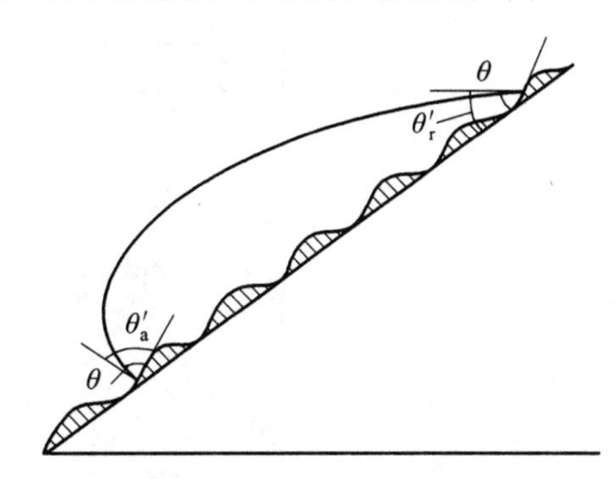

图 2.15　倾斜粗糙表面上液滴的接触角

(3)母材表面能的不均匀性。

母材表面由于表面污染(特别是高能表面)，因此其在化学成分上往往是不均匀的。而且，由于原子或离子排列紧密程度的不同，不同晶面具有不同的表面自由能；即使同一晶面，也因表面的扭曲和缺陷造成表面自由能的差异。此外，实际工程材料为多元多相合金材料，成分和相组成的差异必然造成表面各部分的自由能的不同，会出现一些高能表面能区和低能表面能区(因为不同晶向的固体表面张力不同，例如，Cu 在 1 050 ℃时，在 100

和 111 晶面的 σ_s 分别为 1.509×10^{-2}N 和 1.560×10^{-2}N；Sn 在 150 ℃时，在 100 和 001 晶面上的 σ_s 分别为 0.765×10^{-2}N 和 0.672×10^{-2}N)。

图 2.16 所示为理想化的不均匀表面。在局部区域上，接触角取决于该局部的表面能，而本征接触角为 $\theta_1>\theta_2$，因此，接触角可以从 θ_1 向 θ_2 变化，产生接触角滞后现象。对这种成分不均匀的理想表面，设两种成分的表面以极小块的形式均匀分布在表面上，又设当液滴在表面上展开时两种表面所占百分比不变。在平衡条件下，液滴在固体表面上以无限小量 dA_{sl} 展开，固－气和固－液两界面自由能的变化为

$$(\sigma_{sg}-\sigma_{sl})\,dA_{sl}=[f_1(\sigma_{s_1g}-\sigma_{s_1l})+f_2(\sigma_{s_2g}-\sigma_{s_2l})]\,dA_{sl} \tag{2.49}$$

式中　f_1、f_2——两种表面所占面积的百分比。

用 dA_{sl} 除以式(2.49)即得

$$\sigma_{sg}-\sigma_{sl}=f_1(\sigma_{s_1g}-\sigma_{s_1l})+f_2(\sigma_{s_2g}-\sigma_{s_2l}) \tag{2.50}$$

根据 Young 氏方程，式(2.50)可转化为

$$\cos\theta_e=f_1\cos\theta_1+f_2\cos\theta_2 \tag{2.51}$$

式中　θ_e——液体在组合表面上的接触角；

θ_1 和 θ_2——液体在纯 1 和纯 2 表面上的接触角。

式(2.51)为 Cassie 方程。

对于多相组合的表面，表观接触角可以表示为

$$\cos\theta_e=\sum f_i\cos\theta_i \tag{2.52}$$

式中　f_i——本征接触角为 θ_i 时的表面积百分比。

若组合小块面积变大，而且分布不均匀，则会出现接触角滞后现象。其前进角相当于液体在低能组分表面上的接触角，后退角相当于液体在高能组分表面上的接触角。

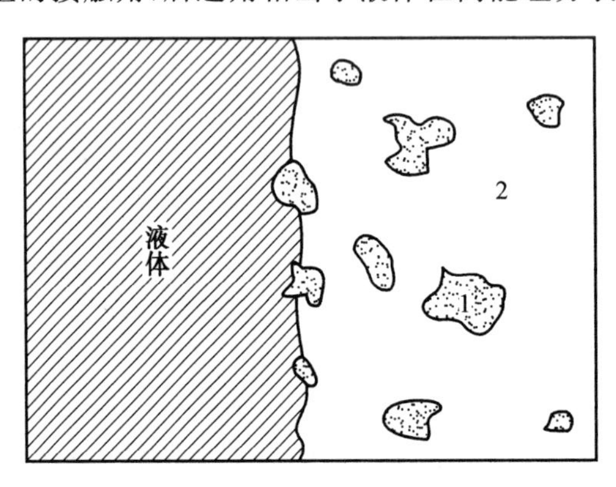

图 2.16　理想化不均匀表面示意图

1—低能表面；2—高能表面

在实际钎焊过程中，不同钎料在不同状态的表面上的润湿情况也不同。例如，将 Cu 和 LF21 铝合金的圆片分成四份，各部分分别采用抛光、钢刷刷、砂纸打磨和化学清洗的方法来处理。在 Cu 片中心位置放置 Sn－40Pb 钎料，在 LF21 铝合金片中心位置放置 Sn－20Zn钎料进行铺展试验。试验结果表明，在 Cu 片上，以钢刷刷过的区域铺展面积最大，抛光区域处的铺展面积最小；在 LF21 铝合金试片上，各部分的铺展面积几乎相同。

这是由于钢刷刷过的表面粗糙度 γ 最大，因此其表观接触角减小，表现为铺展面积增大；抛光表面的表面粗糙度最小，使其表观接触角增大，故表现为铺展面积小。而对 LF21 铝合金来说，由于 Sn－20Zn 钎料与母材之间的相互作用十分强烈，母材的显微不平处迅速溶解于钎料，从而降低了表面粗糙度的影响，因此各部分的铺展面积基本相同。

5. 表面活性物质的影响

在钎焊过程中，当钎料为多元合金时，由于合金组分对界面张力的影响不同，因此某种成分被有选择性地吸附(或排斥)到相界面上(或离开相界面)。根据最小自由焓原理，若某成分能降低界面张力，则该成分一定会被吸附到界面上来，从而使该成分的表相浓度大于体相浓度。反之，若某成分使固－液相界面张力增大，则会被排斥离开相界面，从而使该成分的表相浓度小于体相浓度。前者即为正吸附，后者即为负吸附。

吉布斯(Gibbs)从热力学普遍关系出发，导出了溶液界面吸附的等温式。在等温、等压和吸附平衡时，$dG=0$，即

$$\sigma \mathrm{d}A+\sum \mu_i^{\mathrm{s}}\mathrm{d}\, n_i^{\mathrm{s}}=0 \tag{2.53}$$

但当状态一定时，体系的性质均一定，G 也具有定值。故可有

$$G=\sigma A+\sum \mu_i n_i \tag{2.54}$$

当在平衡态附近发生微小变化时，由于平衡时 $dG=0$，即

$$\mathrm{d}G=\sigma \mathrm{d}A+A\mathrm{d}\sigma+\sum \mu_i^{\mathrm{s}}\mathrm{d}\, n_i^{\mathrm{s}}+\sum \mathrm{d}\,\mu_i^{\mathrm{s}}\, n_i^{\mathrm{s}}=0 \tag{2.55}$$

对比式(2.53)和式(2.55)得

$$A\mathrm{d}\sigma+\sum \mathrm{d}\,\mu_i^{\mathrm{s}}\, n_i^{\mathrm{s}}=0 \tag{2.56}$$

此即为吉布斯－杜亥姆(Duhem)公式在吸附现象中的一般表达式。将其变化为

$$-\mathrm{d}\sigma=\frac{\sum \mathrm{d}\mu_i^{\mathrm{s}}\, n_i^{\mathrm{s}}}{A}=\sum \Gamma_i \mathrm{d}\mu_i^{\mathrm{s}} \tag{2.57}$$

式中　Γ_i ——任意成分的吸附量，代表单位面积的相界面上溶质比体相多出的物质的量，单位为 $\mathrm{mol/cm^2}$。

式(2.57)为溶液界面吸附的一般式。

对于二元体系，假定 $\Gamma_i=0$，即假定溶剂不发生吸附，则式(2.57)变为

$$-\mathrm{d}\sigma=\frac{\sum \mathrm{d}\mu_i^{\mathrm{s}}\, n_i^{\mathrm{s}}}{A}=\sum \Gamma_2 \mathrm{d}\mu_2^{\mathrm{s}} \tag{2.58}$$

由于平衡使某相的化学位与其表相的化学位相等，即 $\mu_2^{\mathrm{b}}=\mu_2^{\mathrm{s}}$，而由热力学关系可知

$$\mu_2^{\mathrm{b}}=\mu_2^{0b}+RT\ln a_2 \tag{2.59}$$

综合式(2.57)～(2.59)，得

$$-\mathrm{d}\sigma=\Gamma_2 RT\,(\ln a_2)=\Gamma_2 RT\,\frac{\mathrm{d}a_2}{a_2} \tag{2.60}$$

或写成

$$\Gamma_2=-\frac{a_2}{RT}\,\frac{\mathrm{d}\sigma}{\mathrm{d}a_2} \tag{2.61}$$

此即二组分实际溶液界面吸附时的吉布斯等温式。对于稀溶液来说，可以使用浓度 c 来

代替活度 a，即

$$\Gamma_2 = \frac{c}{RT}\frac{d\sigma}{dc} \tag{2.62}$$

当 $d\sigma/dc < 0$ 时，即为图 2.5 中的第Ⅱ、Ⅲ类物质时的情形，此时 $\Gamma > 0$，发生正吸附，则有 $c_s > c_b$，即溶质的表相浓度大于体相浓度，溶质被吸附到界面；当 $d\sigma/dc > 0$ 时，即图 2.5 中的第Ⅰ类物质时的情形，此时 $\Gamma < 0$，发生负吸附，则有 $c_s < c_b$，即溶质的表相浓度小于体相浓度，溶质被排斥离开界面到体相内部。

在钎焊过程中，所用的母材、钎料和钎剂等常为多元的，因此，第三类物质，即表面活性物质等具有重要意义。表面活性物质用量虽少，却可以发生强烈的正吸附作用，使其富集于相界面，从而大大降低了界面张力。而界面张力的降低可以大大改善液态钎料对母材的润湿过程，因而具有重要的意义。

实际钎焊过程中常通过活性钎料和陶瓷表面预金属化两种方式改善钎料对陶瓷母材的润湿性。活性钎料是指钎料中含有能够与陶瓷表面发生化学反应的活性元素。通过钎料中的活性元素与陶瓷表面发生化学反应，从而实现表面的强力结合。常用的活性元素有 Ti、Zr、Cr、V、Hf、Nb、Ta 等过渡族元素。陶瓷表面的预金属化，不仅可以改变非活性钎料对陶瓷的润湿性，而且还可以用于高温钎焊时保护陶瓷不发生分解，从而防止产生空洞。有关改善润湿性的研究可详见本章第 2.2.3 节和 2.2.4 节及第 3 章有关钎焊技术发展的相关论述。

2.2.3　液态金属在 ZrB_2 基陶瓷表面的润湿行为

由于 ZrB_2 部分显示出金属的性质，表面的润湿状况与普通的氧化物陶瓷、碳化物陶瓷存在一定差别。Passerone 等研究了 Cu、Ag、Au 在 ZrB_2 表面的润湿情况。研究发现 Au、Cu 能够较好地在 ZrB_2 表面润湿铺展，而液态 Ag 在 ZrB_2 表面的表面张力较大。液态金属在 ZrB_2 表面的铺展动力学如图 2.17 所示。研究者们发现，润湿过程中 Au 可以在 ZrB_2 表面发生较剧烈的晶间渗入，而在液态金属与陶瓷的界面处并未发现有化合物生成。作者认为发生这一现象的原因是 ZrB_2 在液态金属中发生溶解。通过利用密度泛函理论对 Au/ZrB_2 体系进行第一性原理计算（图 2.18），发现 Au 原子与 ZrB_2 晶体表面的 Zr 原子（(111)面）出现较大电子重合，说明 Au 原子可能与 Zr 原子建立了比较紧密的金属键，这可能是导致 ZrB_2 在液态 Au 中分解的原因。

液态 Au 虽然能够较好地润湿 ZrB_2，但是作为一种贵金属，其工程领域的应用价值较小。因此，Muolo 等在纯 Ag、Cu 在 ZrB_2 陶瓷表面润湿研究的基础上进一步研究了添加活性元素对润湿过程的影响。合金基体采用 Ag、Cu 及 Ag－Cu 共晶，活性元素采用 Ti、Zr、Hf，添加量均为 2.4%（原子数分数）。当温度为 1 323 K 和 1 423 K 时，液态合金的接触角如图 2.19 所示。从图中可以看出活性元素都能够显著促进润湿过程，其中含有 Zr、Ti 的 Ag 基合金具有较低的润湿角。对于液态合金，表面结合能可以表示为

$$W_{ad} = \sigma(1 + \cos\theta) \tag{2.63}$$

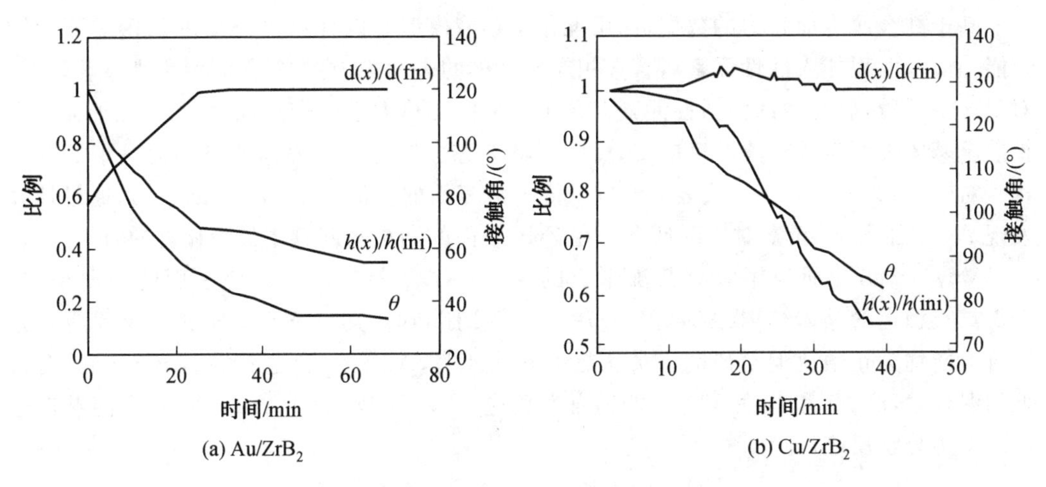

图 2.17　液态金属在 ZrB_2 表面的铺展动力学

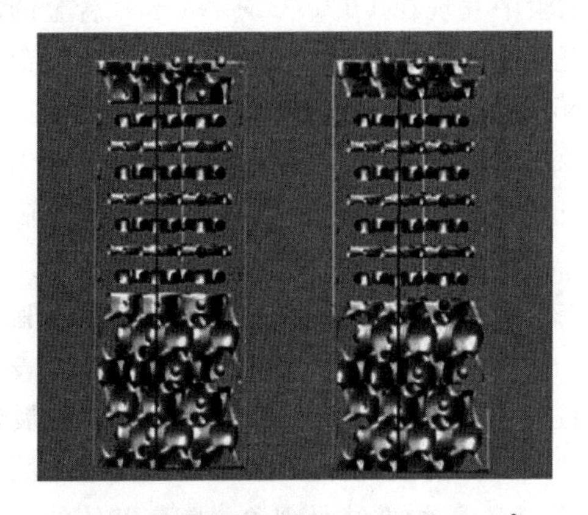

(a) 电子密度等势面为0.03 electron/(a.u.)^3

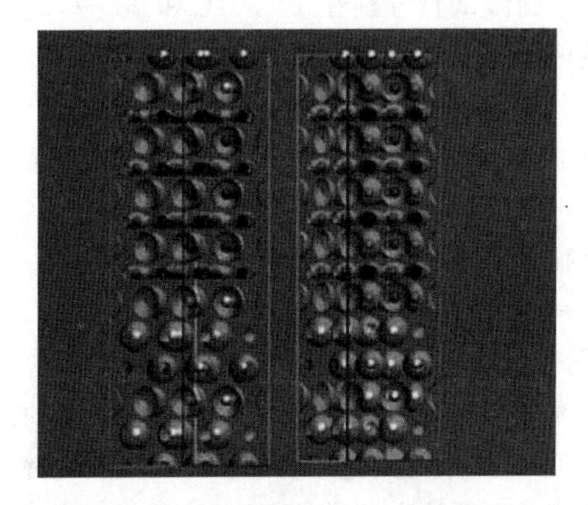

(b) 电子密度等势面为0.09 electron/(a.u.)^3

图 2.18　采用密度泛函理论计算以 Zr 和 B 原子为节点的平衡几何界面

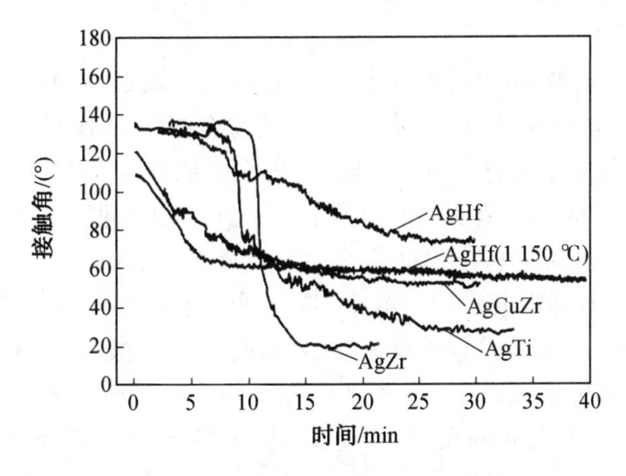

图 2.19　不同液态合金在 ZrB_2 上的接触角

基于纯金属表面张力的数据，利用准化学溶液模型可以计算出合金在 ZrB_2 表面的结合能。试验发现加入活性元素后合金相对于基体的表面张力提高，而润湿角则显著降低。对于这一矛盾，研究者认为活性元素存在于合金内部热力学能较高，活性元素原子会自发扩散至基体表面生成较薄的反应层，反应层将液态金属与基体隔离并最终促进了润湿过程。对于式(2.63)，$\sigma\cos\theta$ 代表固－气与固－液表面的差值($\sigma_{sv}-\sigma_{sl}=\sigma\cos\theta$)，通过计算发现 Ag 中加入 Zr 元素对于降低合金在 ZrB_2 表面的润湿角起到了最为显著的效果。

Voytovych 等研究了具有共沸组成的 Au－Ni 合金在 ZrB_2 陶瓷表面的润湿情况。ZrB_2 具有稳定的晶体结构(ΔG(980 ℃)＝－305 kJ/mol)，其与 Au 和 Ni 的标准反应吉布斯自由能均为正值。但是研究人员从热力学上证明，Au－Ni 合金中的 Au 与 Zr 具有很低的混合焓，而 Ni 和 B 在 980 ℃能够自发反应生成 Ni_2B。因此 Au－Ni 合金能够促进 ZrB_2 发生分解反应，即

$$4(Ni) + \langle ZrB_2 \rangle \longrightarrow 2\langle Ni_2B \rangle + (Zr) \tag{2.64}$$

润湿试验分别在 1 170 ℃和 980 ℃进行，试验中发现在 1 170 ℃时 Au－Ni 合金的润湿角为 25°，高于其在 980 ℃的润湿角(13°)。这种现象是由于不同温度下 Au－Ni 合金的润湿机制不相同：在 1 170 ℃时，液态 Au－Ni 不与 ZrB_2 发生反应，这种润湿的特点是润湿角随温度的升高而逐渐降低；当温度降至 980 ℃时，在 ZrB_2 界面处生成 Ni_2B 化合物，合金的润湿属于反应润湿，Ni_2B 化合物在三相线处生成。反应润湿大大促进了液态金属的铺展过程。

Ni 与 B 能够生成多种金属间化合物，当液态 Ni 与 ZrB_2 接触时，在浓度梯度的驱动下，会打破界面处 Ni 与 ZrB_2 的化学平衡。Valenza 等发现纯 Ni 于 1 500 ℃在 ZrB_2 表面润湿时会导致陶瓷基体大量溶解。熔滴的润湿过程分为三个阶段：①熔化后快速铺展过程；②润湿角稳定过程(约 500 s)；③末期铺展过程。界面组织分析发现 ZrB_2 在熔滴润湿区域出现了较大溶蚀坑(图 2.20)，熔滴表面出现了 ZrB_2 的重结晶现象。陶瓷基体的过度溶解造成界面处形成大量脆性金属间化合物，并且降低了陶瓷的力学性能。为了克服这样的缺点，研究者增加了液态 Ni 中的 B 含量，通过降低 B 的浓度梯度来抑制 ZrB_2 表面过度溶解。

基于现有的研究结果，可以得出液态金属在 ZrB_2 表面的润湿行为分为两类：一类是非反应润湿，如 Ag、Cu、Au 等，在润湿过程中，液态金属与 ZrB_2 的界面处没有化合物生成。由于 ZrB_2 能够显示出部分金属的性质，金属原子能够与 ZrB_2 中的 Zr 原子建立较弱的金属键结合，这是造成非反应润湿的原因。除了 Au 以外，非反应润湿的润湿角都相对较大。第二类是反应润湿，如 Ag－Zr 合金、Ag－Ti 合金、Au－Ni 合金等。反应润湿的液态金属中一般都含有活性元素(Ti、Zr、Ni 等)，活性元素会与 ZrB_2 发生反应生成化合物层，从而加快液态金属的润湿过程。反应润湿的润湿角相对较小。不同液态金属或合金在 ZrB_2 表面的润湿情况见表 2.1。尽管目前关于 ZrB_2 陶瓷表面的润湿行为研究已经较为详尽，但是关于 ZrB_2 基复合陶瓷(如 ZrB_2－SiC、ZrB_2－SiC－C_f 等)的润湿研究较少。

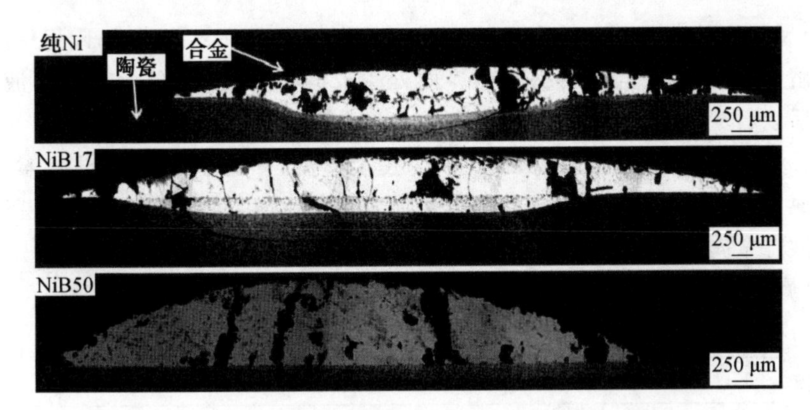

图 2.20　Ni 或 Ni－B 合金熔滴在 ZrB_2 表面的组织形貌

表 2.1　液态金属或合金在 ZrB_2 表面的润湿角

基体	金属	接触角/(°)	温度/℃	介质
ZrB_2	Fe	55	1 823	真空
ZrB_2	Co	39	1 773	真空
ZrB_2	Ni	42	1 773	真空
ZrB_2	Ag	114	1 373	He
ZrB_2	Ag	70	1 873	He
ZrB_2	Ga	127	1 073	真空
ZrB_2	In	114	573～773	Ar
ZrB_2	Al	106～160	1 173～1 523	真空
ZrB_2	Ge	102	1 273	Ar
ZrB_2	Sn	101	523～873	Ar
ZrB_2	Cu	＞140	1 423	真空
ZrB_2	$(Ag-Cu)_{eut}$	141	1 323	真空
ZrB_2	$(Ag-Cu)_{eut}$＋Ti 2.4	30	1 323	真空
ZrB_2	$(Ag-Cu)_{eut}$＋Zr 2.4	52	1 323	真空
ZrB_2	Ag－Ti 2.4	27	1 323	真空
ZrB_2	Ag－Zr 2.4	21	1 323	真空
ZrB_2	Ag－Hf 2.4	53～75	1 323～1 423	真空

2.2.4　金属在 SiC 陶瓷表面的润湿行为

SiC 以共价键为主，且具有非常稳定的电子配位结构，难以被熔化的金属所润湿。纯金属在 SiC 陶瓷表面的润湿可以分为以下四类(表 2.2)。

(1)没有反应参与的物理润湿，如 Au、Ag、Cu 等金属在 SiC 表面的润湿，这类金属的润湿角都通常比较大，并且润湿过程比较复杂，通常与 SiC 表面的氧化膜有关。

(2)金属与 SiC 陶瓷发生反应,并且只有稳定的硅化物在界面形成;陶瓷中的 Si、C 元素向金属溶液中扩散,并与金属反应在界面处生成硅化物层,而 C 元素在溶液中的浓度达到饱和后以石墨的方式析出。

(3)金属与 SiC 陶瓷发生反应,碳化物为主要产物,即陶瓷母材的 Si 元素、C 元素扩散进入金属溶液时,C 元素与金属之间的反应为主要反应,而 Si 经常以固溶在碳化物或者扩散到液态金属中的形式存在。

(4)金属与 SiC 陶瓷发生反应,硅化物和碳化物都为主要的反应产物。

表 2.2　纯金属在 SiC 陶瓷表面的润湿类型

反应类型	典型元素
不反应	Au、Ag、Sn、Cu、Ge
M＋SiC ⟶硅化物＋C	Ni、Fe、Co
M＋SiC ⟶碳化物＋Si	V、Al、Nb
M＋SiC ⟶碳化物＋硅化物	Zr、Hf、Cr、Ta、W、Ti、Mo

有研究表明,含有上述(3)、(4)类反应的典型金属的钎料体系通常对 SiC 陶瓷有较好的润湿性。杨建等发现 Ti 作为活性元素引入 AgCu 钎料时,将其在 SiC 上的润湿角由 78°减小到 26°(图 2.21),这是由于 Ti 与 SiC 之间的反应影响了陶瓷表面的自由能释放(ΔG_r)与界面能差值($\Delta\delta_r$),从而改变了钎料在陶瓷表面上的润湿情况。Chung 等探究了 Ti 含量对 Ag－Cu 在 SiC 表面润湿性的影响,指出 Ag－Cu 共晶合金在 SiC 陶瓷上的润湿角约为 160°,当钎料中添加质量分数为 2%的 Ti 后则能够较好地润湿 SiC 陶瓷,并且随着温度的升高或者保温时间的延长,润湿角可以缓慢减小到 10°,润湿效果的改善主要是由于界面处 TiC 反应层的形成,同时 TiC 反应层能够吸附 Si 元素在表面聚集,促使钎料在 SiC 陶瓷上的润湿。Liu 等研究了合金元素的加入对 Cu 在 SiC 表面的润湿性影响,发现加入原子数分数为 5%的 Ti 使得 Cu 在 SiC 上的润湿情况得到了改善,SiC 在熔体 Cu 的作用下分解为 Si、C 元素,并与 Ti 发生反应产生 TiC 与 Ti_5Si_3;而 Cr 的加入则使得 Cu 在 SiC 上的润湿角进一步降低到 10°左右。Mao 调整了 Ni－Cr 体系中 Cr 的含量来探究 Cr 对 SiC 润湿性的影响,他指出 Cr 的添加有效降低了钎料在 SiC 表面的润湿角,当 Cr 添加量增加到 60%时,液态金属在陶瓷上的润湿角降低到 16°,反应产物主要由 $Cr_{23}C_6$、Ni_2Si 组成。

因此,Ti、Cr 等主要发生(3)、(4)类反应的元素是常见的活性反应钎焊中选择的活性元素,除此之外,还有 Ni、Fe、Co 等元素都能够与 SiC 发生界面反应。这些元素在 SiC 上的润湿主要是以反应(2)为主的润湿,容易在界面产生脆性石墨层,从而降低界面的润湿效果,甚至出现大量裂纹,而 Si 元素的加入能够在一定程度上抑制界面反应,从而改善润湿性。

Xiong 研究表明 Co－Fe－Ni－Cr－Ti 和 Co－Ni－Cr－Ti 钎料在 1 493 K、10 min 下在 SiC 上的润湿角分别为 38°、27°。钎料中 Co、Fe、Ni 均有较强的向 SiC 富集的趋势,并与陶瓷发生较为剧烈的反应;前者由于热应力较大而导致 SiC 陶瓷内部出现了裂纹,而

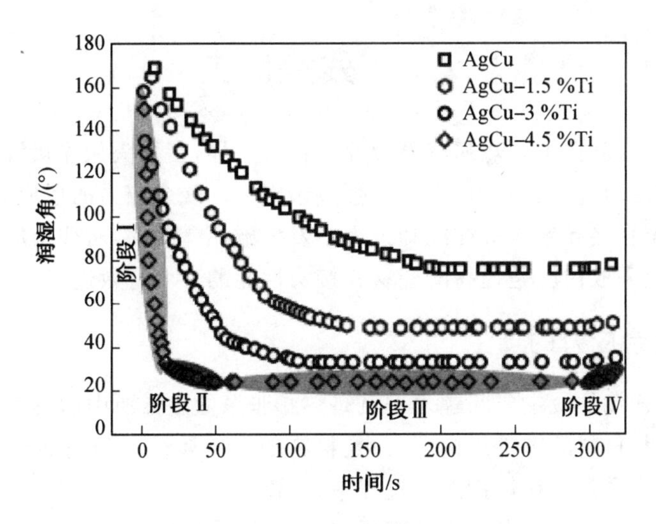

图 2.21　Ag－Cu－X%Ti 润湿 SiC 情况

后者则没有观察到明显的裂纹。Mailliart 等发现 Co 与 Ni 相似，在 SiC 陶瓷表面铺展润湿的过程中也有促进氧化膜分解的效果，因此在润湿过程中气氛环境有重要的影响。

Lin 等在研究纯 Ni 在 SiC 陶瓷表面的润湿过程时发现，Ni 元素在熔点下便能够熔化，这是由于 Si 向 Ni 中溶解扩散，因此 Ni 的熔点降低。润湿过程中不仅存在二者之间的反应，而且也促进了 SiC 表面氧化膜 SiO_2(s)分解为 SiO(g)，从而在界面产生了空洞，使得实际接触面积发生改变，这说明反应气氛以及陶瓷状态对 Ni 的润湿过程影响较大。Xiong 等指出，Ni 与 SiC 之间的界面反应产物主要由 Ni_2Si 以及石墨层构成，事实上，在钎焊过程中这种间隔分布的层状组织及反应层厚度较厚的形貌对接头力学强度有一定的破坏效果，如图 2.22 所示。Rado 等表明，当 Ni－Si 合金的 Si 原子数分数达到 37%时，界面处的石墨层可以被完全抑制。Joseph 等在使用 Ni－Cr－Si 高温钎料润湿 SiC 陶瓷时，通过试验以及热力学分析确定了最优钎料比例，即 Ni－13.4Cr－40Si，研究表明当 Si 含量过高或者过低时，可能会出现不润湿或者过度界面反应的效果。

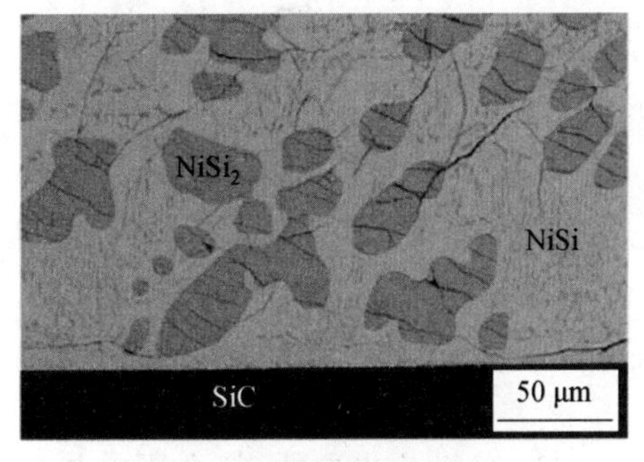

(a) Ni-Si 润湿件界面组织

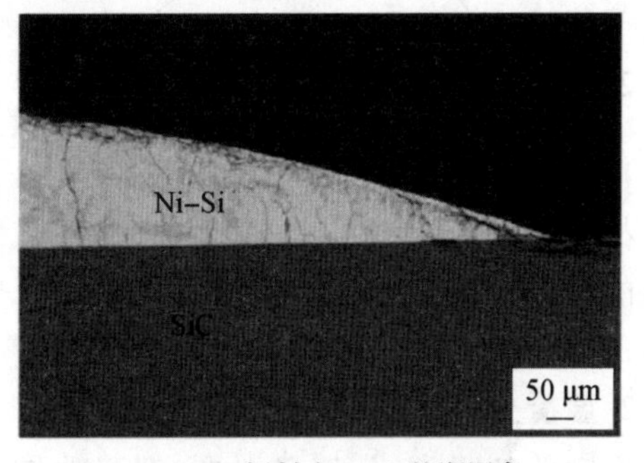

(b) Ni-Si 钎料在SiC上的润湿角

图 2.22　Ni－Si 钎料润湿 SiC 陶瓷界面组织

2.3　残余应力

陶瓷与金属连接时，由于热膨胀系数存在很大差异，当接头从连接温度冷却至室温或在不同温度区间使用时，均会在接头中产生残余应力。残余应力的形成和存在，直接影响接头的性能，甚至直接导致接头在冷却过程中发生破坏。因此，对残余应力进行分析和测量，并在此基础上采取措施是提高陶瓷材料接头性能的一个有效途径。

2.3.1　残余应力的产生

陶瓷与金属连接的最主要问题之一就是热膨胀系数差异所引起的残余应力。热膨胀系数从本质上讲与材料的键价结构有关，是材料的本质属性。陶瓷的热膨胀系数一般远低于金属的热膨胀系数。在焊接冷却过程中，陶瓷一侧的收缩率与金属一侧不一致，残余应力由此产生。假设材料仅发生弹性变形，且接头两侧产生的应力值互不影响，则残余应力的大小可以表示为

$$\sigma=\frac{E_1E_2}{E_1+E_2}(\alpha_1-\alpha_2)(T_B-T_0) \tag{2.65}$$

式中　σ——残余应力，N；

E_1，E_2——弹性模量，GPa；

α_1，α_2——热膨胀系数，K^{-1}；

T_B——焊接温度，℃；

T_0——室温，℃。

在陶瓷/金属接头中心区域平行方向，陶瓷靠近接头的部分受压应力，金属靠近接头的部分受拉应力，应力值在接头区域发生急剧变化。在垂直方向上，陶瓷受拉应力，金属受压应力。应力值在试样的边缘处达到最大值。由于陶瓷对拉应力较为敏感，在残余应力作用下，陶瓷内部及陶瓷连接界面边缘处极易产生微裂纹，严重时甚至导致接头的破坏性开裂。

2.3.2　残余应力的影响因素

1. 材料因素

材料因素主要包括热膨胀系数、弹性模量、泊松比、界面特性、被连接材料的孔隙率、材料的屈服强度以及加工硬化系数等。其中，异种材料间的热变形差、弹性模量比、泊松比的比值是影响残余应力的主要因素。

2. 温度分布

不同的加热方式、加热温度、加热速度及冷却速度等工艺参数，都会影响热应力的分布。

3. 接头形式

接头形式的影响因素主要包括板厚、板宽、长度、连接材料的层数、层排列顺序、接合面形状和粗糙度等。其中，两种材料的厚度比、接头的长度与厚度之比是影响热应力的主

要因素。

2.3.3　残余应力的控制方法

在不考虑接头形式的情况下，残余应力的大小主要与材料的模量、热膨胀系数差异和连接温度有关。陶瓷具有很高的弹性模量和硬度，不易发生变形。当采用弹性模量低、塑性好的金属与陶瓷进行连接时，可以通过金属的塑性变形吸收部分残余应力。热膨胀系数作为材料的本质属性不易发生改变，当陶瓷与金属的种类确定后，热膨胀系数差值即为定值。工程中常通过制备中间层或对中间层材料进行调制（如添加陶瓷颗粒、高熔点低热胀系数金属颗粒、纤维等）实现热膨胀系数从金属侧到陶瓷侧的梯度过渡，从而降低接头区域的残余应力。此外，焊接温度也会影响接头应力的大小。当接头在高温实现连接后，持续的降温过程会使接头出现应力积累。焊接温度越高，接头应力积累值越大。在实际工作中，可以根据材料的性质和接头的服役条件采用合适的焊接方法。下面对一些研究较多、较具发展潜力的方法做简单介绍。

1. 低温连接法

在较低温度下连接，陶瓷和金属的变形差异将会得到有效缩小，从而有效控制残余应力，而且降低连接温度还可以避免因母材高温相变所带来的机械性能的改变。实现低温连接的手段可以分为两类：一类是利用具有低温共晶点中间层或低熔点金属的熔化促进冶金反应，实现低温连接高温使用的目的，如瞬时液相扩散连接（Transient Liquid Phase Bonding，TLPB）、液膜辅助连接（Liquid Film Assisted Joining，LFAJ）等；另一类是利用焊接中间层瞬时高温实现原子扩散和冶金反应，如自蔓延反应连接法（Self-propagating Reaction Bonding，SRB）。反应过程中中间层释放大量热，而母材本身受热影响较小，因此接头应力能够得到有效控制。

瞬时液相扩散连接通常采用比母材熔点低的材料作为中间夹层，在加热到连接温度时，中间层熔化，在结合面上形成瞬间液膜，在保温过程中，随着低熔点组元向母材的扩散，液膜厚度随之减小直至消失，再经一定时间的保温而使成分均匀化。Zhang 等采用 TLPB 法连接铝基复合材料和 Al_2O_3 陶瓷，中间层分别采用 Cu、Al－Cu 合金和 Cu－Ti 合金，连接过程发现采用 Cu 和 Cu－Ti 合金取得了较好的连接效果。当采用 Cu 箔作为中间层时，母材中的 Al 进入焊缝，陶瓷增强相在连接界面处出现了结构重建。Al 的大量溶解使焊接接头强度得到明显提高，但是陶瓷增强相与 Cu 中间层的结合强度较低，所以裂纹主要沿着陶瓷增强相与 Cu 的连接界面扩展。当采用 Cu－Ti 合金箔时，活性元素 Ti 使增强相与金属之间的结合强度得到显著改善，焊缝中的孔洞和氧化膜也显著减少。

目前，关于 TLPB 法实现陶瓷金属连接的报道较少，这一方面是由于中间层的选择比较困难，另一方面是中间层与陶瓷界面之间的润湿存在问题。由于 TLPB 法的液相存在时间相对较短，陶瓷与金属之间容易出现大量孔洞，因此接头强度降低。常用的 TLPB 法连接陶瓷和金属的中间层组合见表 2.3。

表 2.3　TLPB 法连接陶瓷/陶瓷及陶瓷/金属的中间层组合

基体材料		中间层
Al_2O_3	Al_2O_3	Al，Al&SiO_2，B_2O_3
SiC	SiC	Ge
Si_3N_4	Si_3N_4	氧氮玻璃
TiO_2	TiO_2	Bi_2O_3
可伐合金	SiC	Ni－Si|Mo
ODS^c Fe 合金	Si_3N_4	Fe－B－Si
W18Cr4V	TiC－Al_2O_3复合材料	Cu|Ti
Inconel 718	Si_3N_4	Ni|Cu|Ti
Ni	Ti(C,N)	Cu|Nb
Ti	AlN	Ag－Cu
Al 6061/Al_2O_3	Al_2O_3	Cu

液膜辅助连接法是利用辅助组元与高熔点金属在较低温度下形成共晶液相，利用该液膜除去金属表面的氧化层，并加速高熔点金属与陶瓷的扩散和反应。和 TLPB 法不同的是，LFAJ 法中产生的液相不会随着保温时间的延长而扩散消失，液相只是作为一种加速反应的媒介而始终存在于反应过程中。Suger 等采用 LFAJ 法连接 Al_2O_3陶瓷，中间层采用 Cu/Nb/Cu。焊接过程中 Cu 层首先熔化形成 Cu－Nb 共晶液相，液相铺展在 Nb 表面形成 Nb 原子快速扩散的通道，接头界面的光学显微像如图 2.23 所示。反应初始阶段，Nb 原子沿晶界处快速扩散并与 Al_2O_3形成连接，液态的 Cu－Nb 共晶连续地分布于界面处。随着保温时间的延长，Nb 与 Al_2O_3的接触面积逐渐增加，而由于表面张力的增加，Cu－Nb 共晶液相逐渐从铺展态收缩。在保温结束时，Nb 与 Al_2O_3的直接接触面积可达 90%。Cu 作为低熔点组元没有扩散至母材当中，而是以不连续的形式存在于界面处。

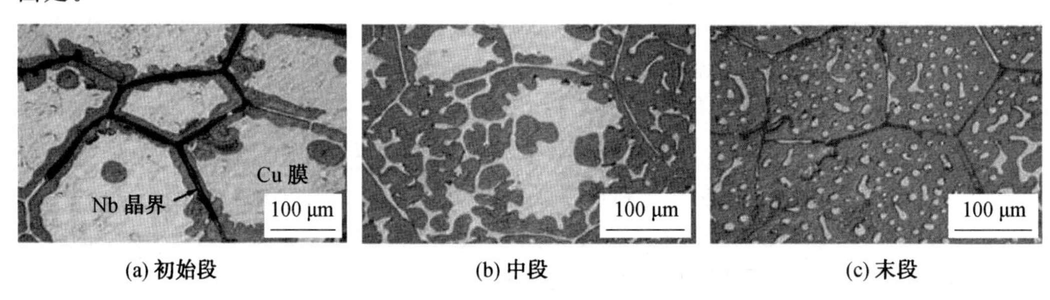

(a) 初始段　(b) 中段　(c) 末段

图 2.23　Al_2O_3/Cu/Nb/Cu/Al_2O_3接头界面的光学显微像

自蔓延反应连接法是依靠反应中间层的剧烈化学反应放热实现连接界面的冶金反应。自蔓延反应引燃后(如激光、电弧、电火花等外界热源)，能引发反应传播至未反应的区域直至中间层全部反应完成。自蔓延反应中间层可以是金属或非金属粉末，也可以是近些年发展较快的纳米结构多层膜。该方法的优点是局部加热速度较快，母材受热影响小，接头可应用于高温环境中。哈尔滨工业大学曹健采用 Ti－Al－C－Ni 四元体系对 TiC 和 TiAl 进行了连接研究。在该体系中 Al－Ni 系首先被引燃并引发 Ti－C 系的反应，研究发现冷壁效应是自蔓延反应停止的主要原因。接头断口研究表明，断裂主要由粉末中间层烧结不致密导致。这是采用粉末中间层难以克服的缺点，而采用纳米结构多层膜作为中间层可以较好地克服这一缺点。Simoes 等用磁控溅射仪制备 Ni/Al 纳米多层膜来连接 TiAl，单层膜厚分别为 5 nm、14 nm、10 nm。在 800 ℃进行扩散连接时只有膜厚为 5 nm 和 14 nm 的试样获得了良好的连接，接头界面生成了连续的 AlNiTi 金属间化合物层。当膜厚为 14 nm 的样品在 900 ℃/5 MPa/60 min 连接时接头强度高达(314±40) MPa。采用自蔓延反应接头制备的纳米多层膜反应连续、放热量高，但是该方法对被沉积试样表面平整度要求较高，而且制备纳米多层膜工艺复杂、成本较高，不易大规模推广。

2. 单层中间层法

单层中间层材料可分为软质中间层和硬质中间层。软质中间层如 Cu、Al、Ni 等，特点是弹性模量较低、塑性好、屈服强度低，利用其良好的塑性变形能力以及蠕变能力可以缓解和吸收接头处的残余应力。硬质中间层，如 W、Mo 等硬金属，其特点为弹性模量高且线膨胀系数与陶瓷接近，可以避免金属接头与陶瓷直接接触，将金属与陶瓷接头处的残余应力转移到中间层，从而改善接头连接效果。通过调整合金成分及配比，还可以进一步改善接头性能。

当使用 Ni 作为中间层，外面包覆 Cu－Ti 钎料对 Al_2O_3 和不锈钢 304(SS304)进行部分过渡液相连接(PTLP)钎焊时，不加 Ni 层直接钎焊在陶瓷/钎料结合面处时，σ_x、σ_y、τ_{xy} 分别为709 MPa、2 106 MPa、1 052 MPa；而在加入 1 mmNi 层的情况下，最大应力分别为 429 MPa、1 950 MPa、731 MPa，残余应力有所降低；当进一步将 Ni 层的厚度增加到 2 mm时，最大应力分别为 413 MPa、1 785 MPa、611 MPa。当使用 Ti 作为活性钎料焊接 Si_3N_4 和铁铬铝合金(Fecralloy)时，如果单纯使用 Ti 作为焊料，虽然 Ti 为活性元素，但是接头仍然存在热膨胀系数(CTE)不匹配的情况，影响接头的耐高温性能(小于400 ℃)。如果在其中加入一层 Cu 箔，耐高温性能有所提升(大于 500 ℃)，并且抗剪强度有了一定程度的提升，最大可达 67.5 MPa(较低的原因是界面形成 AlN 脆性相)。同样的，采用 Ni 作为中间层，实现 Si_3N_4 与 FeCrNi 合金的连接，也可减弱残余应力，接头的抗剪强度值为 46.1～70.4 MPa。除了 Ni 和 Cu 之外，Mo 也是一种常用的单层中间层金属。当把Si_3N_4 与钢进行焊接时，接头处产生了很大的残余应力，最高可达 350 MPa。尝试使用单层中间层法分别加入 Mo 和 Cu 后，残余应力分别下降 30％和 50％，效果十分显著。Zhu 等用 51Ni－49Ti 和 52Cu－18Ni－30Ti 两种薄片钎料焊接 Al_2O_3 与金属 Nb，并将焊接结构从 700 ℃骤冷到水中进行抗热冲击试验。研究结果表明，与不加 Mo 网的钎焊接头相比，Al_2O_3/(Ni, Ti, Mo)/Nb 钎焊接头的抗热冲击性能提高了 180％，Al_2O_3/(Cu_2Ni_2Ti/Mo 网)/Nb钎焊接头的抗热冲击性能则提高了 130％。

3. 多层中间层法

单层中间层由于结构单一，仍然容易在中间层材料上产生应力集中。为进一步缓解残余应力，研究者们开发了复层中间层法。复层中间层是单层中间层的组合形式，工艺简单，而且应力缓解效果更加明显。复层中间层组合形式很多，常见的有软层+硬层、硬层+硬层等。

相比于单 Ti、单 Cu 或单 Mo 中间层，CuTi 中间层在连接 Al_2O_3 和 304 不锈钢时，更有利于缓解接头热应力，接头强度达到 65 MPa。W 与其他金属构成的复层中间层也能有效缓解陶瓷与金属接头之间的残余应力，提高接头强度。Zhong 等在 SiC 和铁素体不锈钢接头中加入 W/Ni 双层中间层，焊接分为两步进行，首先焊接 SiC/W，连接工艺为 1 550 ℃/1 h、压力 20 MPa；之后焊接 SiC/W/Ni/Steel，连接工艺为真空条件下 750～900 ℃/3 h。结果表明，接头抗拉强度可达到 55 MPa。采用同样的方法，使用 W/Cu 双层中间层对 SiC 与 F82H 钢进行焊接，接头强度可达 41.3 MPa。

为了降低连接温度，可采用软层加硬层的设计，硬层镶嵌在软层的合金钎料中。Kalin 等就是以 Ni 钎料作为软层，在其中加入一块 50Fe－50Ni 合金作为硬层，在 1 150 ℃的真空条件下焊接 W/钢。之后进行热循环试验，在 3～5 min 内经受 100 次热循环未发现裂纹。张勇等以 W 片作为硬层替换 50Fe－50Ni 焊接 GH2907 与 C_f/SiC 陶瓷基复合材料，控制 W 片厚度并发现当其为 1.5 mm 时，接头抗弯强度达到最大值 109 MPa。在设计中间层时，不仅要注意软层与硬层的组合，还要考虑中间层金属与填充金属的相互作用。Hao 等以 Cu 片作为硬层，以 57Ag－38Cu－5Ti 钎料焊接 Al_2O_3/1Cr18Ni9Ti 时，接头强度不升反降。这是因为，Cu 降低了填充金属中 Ti 的活性，导致界面反应不足，界面黏合性变差，所以连接强度下降。

除了软层+硬层的组合之外，还有部分研究人员采用硬层+硬层的组合形式。例如，以 Zr/Nb 作为硬层+硬层的中间层连接 SiC 陶瓷和 GH128，接头强度有了明显提高。Travessaa 等以 Ti/Mo 和 Ti/Cu 作为中间层连接 Al_2O_3 与 304 不锈钢，接头强度分别为 27 MPa 和 65 MPa。

4. 梯度中间层法

借鉴功能梯度材料(Functionally Graded Materials, FGM)的发展，研究人员开发出梯度中间层法。从接头的一侧到另一侧中间层材料的成分配比是逐渐变化的，这使接头的微观结构和性能也是渐变的，从而分散接头处的残余应力，最大程度缓解接头处的应力集中，进而显著提高接头强度。

Pietrzak 等采用有限元法模拟了不同组分、不同层数、不同厚度的 Al_2O_3－Cr 中间层材料对 Al_2O_3/耐热钢接头残余应力的影响。在不添加中间层的情况下，Al_2O_3/耐热钢接头残余应力可达到 550 MPa。试验发现，当使用三层厚度相等，组分分别为 $75Al_2O_3$/25Cr、$50Al_2O_3$/50Cr、$25Al_2O_3$/75Cr 的中间层材料时，其应力最高区域中残余应力 σ_{max} 达到约 260 MPa，比 Al_2O_3/耐热钢直接连接的接头残余应力(550 MPa)低 50%以上。而且注意到，各层残余应力的分布 σ_{max} 相对均匀，应力平均保持在约 248 MPa 的恒定水平上。当进一步增加梯度层时，残余应力不再显著下降。从成本考虑，三层是最佳选择。在厚度以及层数相同的情况下，不同的材料配比也会对接头强度有明显的影响。随着 Cr 含量的增加，复合材料的强度增加，所研究的弯曲强度分别比纯 Al_2O_3 陶瓷的强度高约 20%($75Al_2O_3$/25Cr)、40%($50Al_2O_3$/50Cr)和 56%($25Al_2O_3$/75Cr)。进一步研究梯度中间层厚度对残余应力的影响时发现，靠近陶瓷接合元件的梯度材料的厚度对接头陶瓷元件的残余应力水平影响最大。邻接于接头的陶瓷元件的层($75Al_2O_3/25Cr$)从 1.0 mm 变大至 1.73 mm 时导致应力水平 σ_{max}下降约 10%。

梯度中间层材料既可以使用沉积或镀层的方法来实现,又可以采用成分配比逐渐变化的合金粉末来制备。Li 等采用 YSZ 粉末和 NiCr 合金粉末制成中间层,然后采用热压烧结的方法连接 YSZ 和 NiCr 合金。在 1 000 ℃经过 30 次热循环后发现,在接合处的 NiCr−50%YSZ 和 NiCr−75%YSZ 夹层中,抗剪强度分别为 207.0 MPa 和 75.0 MPa。层间组成的逐步变化将传统金属/陶瓷连接中的单个金属/陶瓷界面转变成大量的金属/陶瓷界面,从而降低制造和热循环过程中的热应力。Chmielewski 等采用等离子喷涂的方法制备 Cr−Al_2O_3梯度中间层材料,并将其应用到 Al_2O_3与高 Cr 钢的连接中,通过试验验证了 Pietrzak 等的分析结果。孙德超等采用 Ti、C 和 Ni 等材料,通过自蔓延高温合成技术制备梯度中间层,用于连接 SiC 陶瓷与 GH169 合金,有效降低了接头处的残余应力。

5. 增强相复合法

在钎料中添加增强相可以调节接头的应力分布,增加接头的弹性模量和断裂韧性。常用的添加相为热膨胀系数小、弹性模量高的陶瓷颗粒(如 SiC、Si_3N_4),短纤维(如碳纤维、陶瓷晶须)或者是高熔点、低热膨胀系数的金属颗粒(如 Mo 粉、Nb 粉)等。按照增强相添加方式的不同,可以分为外加法和原位自生法两类。外加法是直接在钎料中添加高温陶瓷增强相,这一方法能够很好地控制增强相的组成和含量,但缺点是增强相在基体中的分布无法控制,且不可避免地会引入杂质。原位自生法则是通过对钎料的巧妙设计,在钎焊过程中或者后续保温过程中自发生成高温陶瓷增强相,这一方法中增强相的分布均匀,增强相与基体的结合力强,且可避免引入杂质。通过原位生长法获得增强相是目前研究的热点。

Qin 等在 Ag−26.7Cu−4.6Ti 钎料中加入不同比例的 SiC 颗粒(4.6 μm)来钎焊 C/C 复合材料和 TC4 合金。通过试验对比发现,当加入量为 15%时能获得最高的接头强度,钎料在 SiC 颗粒周围会形成富 Ti 层。当 SiC 量增加时,C/C 复合材料表面的反应层变薄。过量的 SiC 导致焊缝中微孔的形成,使接头强度降低。

He 等在 Ag−Cu−Ti 钎料中加入 Mo 颗粒实现了 Si_3N_4与钢(42CrMo)的连接。研究发现,随着 Mo 含量的增加,Si_3N_4界面的反应层逐渐变薄,位于焊缝中部的 Ti−Cu 金属间化合物增多。Si_3N_4陶瓷与钎料的界面结构可以表示为 $Si_3N_4/TiN/Ti_5Si_3$,钎缝中间主要为 Ag 基固溶体(Ag_{ss})和 Cu 基固溶体(Cu_{ss})。当 Mo 在钎料中的体积分数达到 10%时,接头获得了最高的抗弯强度(587.3 MPa)。较高的接头强度主要得益于适量的 Mo 颗粒和 Ti−Cu 化合物对接头应力的调节。

Song 等用 Si_3N_4颗粒增强的 Ag−Cu−Ti 钎料焊接 Si_3N_4和 TiAl 合金。Si_3N_4颗粒主要存在于焊缝中间的 Ag_{ss}中。典型的界面结构可以表示为:$TiAl/AlCu_2Ti/Ag_{ss}+Al_4Cu_9+Ti_5Si_3+TiN/TiN+Ti_5Si_3/Si_3N_4$。作者研究了 Si_3N_4添加量对接头热膨胀系数和弹性模量的影响(图 2.24)。当 Si_3N_4的质量分数为 3%时,接头获得最大的接头强度(115 MPa)。

近年来,作者所在团队在连接接头原位强化方面做了很多研究。采用玻璃钎料连接

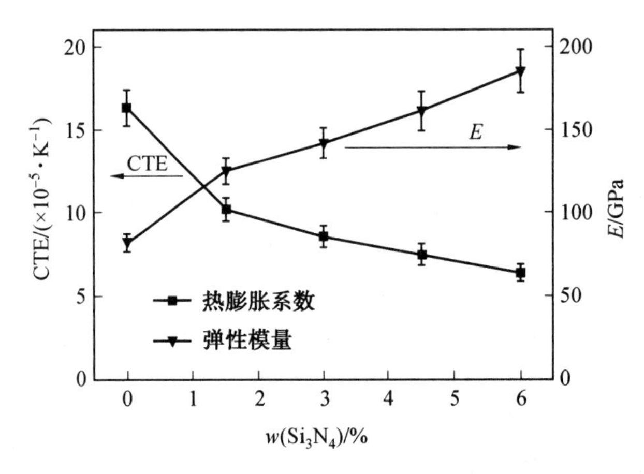

图 2.24 Si_3N_4质量分数对接头热膨胀系数和弹性模量的影响

铁氧体功能陶瓷过程中，在接头中发现原位 $Bi_5Ti_3FeO_{15}$ 晶须，该晶须可以强化接头，同时不会对连接接头功能产生不利影响，详见本书第 4 章。采用铋酸盐玻璃钎料连接氧化铝陶瓷时发现，接头中原位形成的硼酸铝晶须可以强化接头，详见本书第 5 章。采用纯 Ti 中间层连接 ZrB_2－SiC 陶瓷与金属 Nb，通过在陶瓷表面原位生长 TiB 晶须可以增强接头的力学性能，详见本书第 7 章。在 1 200 ℃/60 min 的条件下获得了最大抗剪强度为 158 MPa的钎焊接头，并且在 600 ℃ 和 800 ℃ 的情况下，接头强度仍保留室温强度(158 MPa)的 66% 和 53%。采用机械混合方法制备了 CuTi＋TiB_2、Cu＋TiB_2 和 AgCuTi＋B 三种复合钎料，实现了 TiB 增强相的自生长，并进行了 Al_2O_3 和 TC4(Ti6Al4V)合金的钎焊试验。研究结果表明，钎焊接头的高温性能大大提升，这是由于接头处形成了 TiB 晶须，作为陶瓷骨架存在于钎缝中，详见本书第 8 章。

虽然复合钎料能够减小残余应力，但是大部分的增强相会与钎料中的活性成分发生反应，过量的反应会生成过量的脆性相，削弱接头强度，因此在研发复合钎料的过程中需要注意以下两个问题：① 增强相的含量与接头强度的关系及其原理，特别是增强相与钎料基体、待连接材料之间的反应；② 使用活性复合钎料时，需要考虑增强相对活性元素的消耗，并适当进行补偿，以获得最佳的润湿效果和接头强度。

2.4 接头界面反应

2.4.1 界面反应产物

在陶瓷与金属的界面反应中，生成何种产物主要取决于陶瓷和金属(包括中间层)的种类。一般来讲，生成产物有金属的碳化物、硅化物乃至三元化合物，有时还可能生成四元甚至多元化合物及非晶相。

陶瓷与金属反应生成的产物根据陶瓷种类的不同而不同。一般来讲，碳化硅陶瓷和金属反应可生成碳化物、硅化物及三元化合物，如 SiC 与 Zr 的反应生成 ZrC、Zr_2Si 和 $Zr_5Si_3C_x$。氮化硅与金属反应可生成氮化物、硅化物及三元化合物，如 Si_3N_4 与 Ni－20Cr

合金反应生成了 Cr_2N、CrN 和 Ni_5Si_2，但与 Fe、Ni 及 Fe－Ni 合金则不生成化合物。Al_2O_3与金属反应一般生成该金属的氧化物、铝化物甚至三元化合物，如 Al_2O_3与 Ti 反应生成了 TiO 和 $TiAl_x$。ZrO_2与金属反应一般生成该金属的氧化物和锆化物，如 ZrO_2与 Ni 反应生成了 NiO_{1-x}、Ni_2Zr 和 Ni_7Zr_2。

此外，生成化合物的类型也与连接温度和连接时间以及所用的气氛有关。例如，在对 Si_3N_4与 Ti 的高温反应研究中发现，当分别采用 N_2和 Ar 作为保护气氛时，即使采用相同的连接温度和保温时间，所得到的反应产物也不相同。哈尔滨工业大学冯吉才教授所著《陶瓷与金属的连接技术》一书中对常用陶瓷与金属连接的界面反应产物进行了详细总结。

2.4.2　界面反应的控制

陶瓷与金属连接时所形成的界面化合物大多硬度高、脆性大、分布复杂，是造成接头脆性断裂的主要原因，因此在连接过程中需对其进行有效控制。

以 SiC 陶瓷与镍基高温合金钎焊连接相关研究为例，有文献指出 Ni、Fe 元素均会向陶瓷中过度溶解，并与 SiC 中的 Si 元素发生剧烈反应从而形成大量的脆性相，从而严重破坏连接接头性能；同时 Ni 元素本身会降低其他元素的活度，因此控制接头反应是亟待解决的问题之一。

由上述对 Ni 元素在 SiC 陶瓷表面的润湿性进行分析可知，为了控制 Ni 在 SiC 的反应，除了调整连接工艺参数(连接温度、保温时间等)，常常通过添加 Si、B 元素的形式来控制界面的反应程度。但是，Hattali 等的研究结果表明，2 μm$Ni_{0.93}B_{0.07}$无法完全阻碍母材之间的有害反应，反应界面生成过量 Ni－Si 脆性相：Ni_3Si_2、Ni_2Si、Ni_3Si，在残余应力的作用下极易生成裂纹沿 Ni－Ni_3Si 界面开裂(图 2.25)。后来研究人员使用 2 μm 的 Ag 镀层来阻隔 Ni－Si 相的形成，断口结果显示仍然有 Ni 元素扩散过 Ag 层与 SiC 反应；而使用厚度超过 200 μm 的软金属 Ag 时，不仅可以较好地缓解残余应力，还可完全阻碍 Ni 向 SiC 中的扩散，从而使接头抗剪强度达到(45±9) MPa。

张若蘅通过在 SiC 与 GH99 的连接过程中添加硬质阻隔层 Nb 箔，有效控制了 GH99 母材过度溶解以及钎料中 Ni、SiC 基体反应剧烈的情况。同时，与 NiCrNb 钎料相比，Ti－Co中 Co 的活度相对较低，难以推动 Co－Si 系反应的进行，因此界面产物以性质更优的 TiC 为主。Xiong 采用 Kovar/W/Ni 的复合中间层结构进行 SiC 与 Ni 基合金 GH3044 的钎焊连接，获得了 62.5～64.6 MPa 的室温力学强度。与 Ni/W/Ni 结构相比，Kovar 与 SiC 之间更容易发生适度的反应；同时钎料的热膨胀系数较低，在接头形成了热膨胀系数逐渐过渡的效果，从而提高了接头强度。

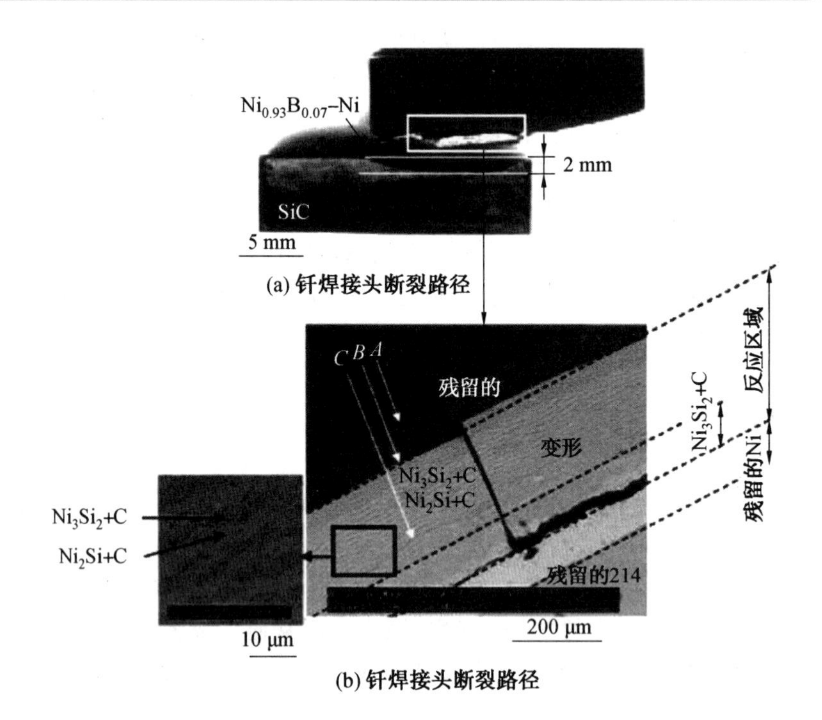

图 2.25 $Ni_{0.93}B_{0.07}$钎焊 C_f/SiC 与 Ni 的断裂情况

习题及思考题

2.1 陶瓷组装与连接存在哪些问题?

2.2 润湿性的分类有几种?

2.3 影响润湿性的因素有哪些?

2.4 残余应力的形成原因及影响因素有哪些?

2.5 可以通过哪些方法缓解残余应力?

2.6 连接不同母材时,界面反应产物有何异同? 如何进行调控?

本章参考文献

[1] 冯吉才,张丽霞,曹健. 陶瓷与金属的连接技术[M]. 北京:科学出版社,2016.

[2] PASSERONE A, MUOLO M L, NOVAKOVIC R, et al. Liquid metal/ceramic interactions in the (Cu, Ag, Au)/ZrB_2 systems[J]. Journal of the European Ceramic Society,2007, 27(10): 3277-3285.

[3] MUOLO M L, FERRERA E, PASSERONE A. Wetting and spreading of liquid metals on ZrB_2-based ceramics[J]. Journal of Materials Science, 2005, 40(9-10): 2295-2300.

[4] VOYTOVYCH R, KOLTSOV A, HODAJ F, et al. Reactive vs non-reactive

wetting of ZrB_2 by azeotropic Au-Ni [J]. Acta Materialia, 2007, 55 (18): 6316-6321.

[5] VALENZA F, MUOLO M, PASSERONE A, et al. Control of interfacial reactivity between ZrB_2 and Ni-based brazing alloys[J]. Journal of Materials Engineering and Performance, 2012, 21(5): 660-666.

[6] MUOLO M L, FERRERA E, NOVAKOVIC R, et al. Wettability of zirconium diboride ceramics by Ag, Cu and their alloys with Zr[J]. Scripta Materialia, 2003, 48(2): 191-196.

[7] 刘虎，杨金华，焦健. 航空发动机用连续 SiCf/SiC 复合材料制备工艺及应用前景[J]. 航空制造技术，2017，535(16)：90-95.

[8] 李宏伟. ZSC 复合材料与 GH99 镍基高温合金钎焊工艺及机理研究[D]. 哈尔滨:哈尔滨工业大学，2012.

[9] JIAN Y, HUANG J, ZHENG Y, et al. Influence of interfacial reaction on reactive wettability of molten Ag-Cu-x% Ti filler metal on SiC ceramic substrate and mechanism analysis[J]. Applied Surface Science, 2017, 436: 768-778.

[10] CHUNG Y S, ISEKI T. Interfacial phenomena in joining of ceramics by active metal brazing alloy[J]. Engineering Fracture Mechanics, 1991, 40(4-5): 941-949.

[11] LEE H K, LEE J Y. A Study of the wetting, microstructure and bond strength in brazing SiC by Cu-X(X=Ti, V, Nb, Cr) alloys[J]. Journal of Materials Science, 1996, 31(15): 4133-4140.

[12] MAO Y, MOMBELLO D, BARONI C. Wettability of Ni-Cr filler on SiC ceramic and interfacial reactions for the SiC/Ni-51Cr system[J]. Scripta Materialia, 2011, 64(12): 1087-1090.

[13] XIONG H, LI X, MAO W, et al. Wetting behavior of Co based active brazing alloys on SiC and the interfacial reactions[J]. Materials Letters, 2003, 57(22-23): 3417-3421.

[14] MAILLIART O, HODAJ F, ChAUMAT V, et al. Influence of oxygen partial pressure on the wetting of SiC by a Co-Si alloy [J]. Materials Science and Engineering: A, 2008, 495(1-2): 174-180.

[15] LIN Q, SUI R. Wetting of carbide ceramics (B_4C, SiC, TiC and ZrC) by molten Ni at 1753 K[J]. Journal of Alloys & Compounds, 2015, 649: 505-514.

[16] XIONG H P, MAO W, XIE Y H, et al. Brazing of SiC to a wrought nickel-based superalloy using CoFeNi(Si, B)CrTi filler metal[J]. Materials Letters, 2007, 61 (25): 4662-4665.

[17] RADO C, KALOGEROPOULOU S, EUSTATHOPOULOS N. Bonding and wetting in non-reactive Metal/SiC systems: weak or strong interfaces [J]. Materials Science & Engineering A, 2000, 276(1): 195-202.

[18] RADO C, KALOGEROPOULOU S, EUSTATHOPOULOS N. Wetting and

bonding of Ni-Si alloys on silicon carbide[J]. Acta Materialia, 1999, 47(2): 461-473.

[19] MCDERMID J R, DREW R A L. Thermodynamic brazing alloy design for joining silicon carbide[J]. Journal of the American Ceramic Society, 2010, 74(8): 1855-1860.

[20] LIU Y, HUANG Z R, LIU X J. Joining of sintered silicon carbide using ternary Ag-Cu-Ti active brazing alloy [J]. Ceramics International, 2009, 35(8): 3479-3484.

[21] KOVALEV S P, MIRANZO P, OSENDI M I. Finite element simulation of thermal residual stresses in joining ceramics with thin metal interlayers [J]. Journal of the American Ceramic Society,1998, 81(9): 2342-2348.

[22] TRAVESSA D, FERRANTE M, OUDEN G D. Diffusion bonding of aluminium oxide to stainless steel using stress relief interlayers[J]. Materials Science and Engineering: A,2002, 337(1-2): 287-296.

[23] AKSELSEN O M. Advances in brazing of ceramics[J]. Journal of Materials Science,1992, 27(8): 1989-2000.

[24] 刘玉章. TiNiNb系钎料及其对复合材料与活性金属的钎焊机理研究[D]. 哈尔滨：哈尔滨工业大学，2011.

[25] GALLI M, BOTSIS J, JANCZAK-RUSCH J, et al. Characterization of the residual stresses and strength of ceramic-metal braze joints [J]. Journal of Engineering Materials and Technology,2009, 131(2): 021004.

[26] WILLIAMSON R L, RABIN B H, DRAKE J T. Finite-element analysis of thermal residual-stresses at graded ceramic-metal interfaces. Ⅰ. Model description and geometrical effects[J]. Journal of Applied Physics,1993, 74(2): 1310-1320.

[27] 张启运，庄鸿寿. 焊接手册[M]. 北京：机械工业出版社，2008.

[28] KITAZONO K, KITAJIMA A, SATO E, et al. Solid-state diffusion bonding of closed-cell aluminum foams[J]. Materials Science and Engineering: A,2002, 327(2): 128-132.

[29] ZHONG Z H, HINOKI T, KOHYAMA A. Joining of silicon carbide to ferritic stainless steel using a W-Pd-Ni interlayer for high-temperature applications[J]. International Journal of Applied Ceramic Technology,2010, 7(3): 338-347.

[30] ZHONG Z H, HINOKI T, JUNG H C, et al. Microstructure and mechanical properties of diffusion bonded SiC/Steel joint using W/Ni interlayer [J]. Materials & Design,2010, 31(3): 1070-1076.

[31] LIU G W, VALENZA F, MUOLO M L, et al. SiC/SiC and SiC/Kovar joining by Ni-Si and Mo interlayers [J]. Journal of Materials Science, 2010, 45(16): 4299-4307.

[32] LEMUS-RUIZ J, BEDOLLA-BECERRIL E, FLORES-LOPEZ J G. Joining and

characterizations of silicon Nitride (Si_3N_4) to titanium (Ti) using a Cu-Foil and Cu-Zn braze alloy[J]. Revista Mexicana De Fisica,2009, 55(1): 25-29.

[33] ZHANG J J, LI S J, DUAN H P, et al. Joining of C/SiC to Ni-based superalloy with Zr/Ta composite interlayers by hot-pressing diffusion welding[J]. Rare Metal Materials and Engineering, 2002, 31: 393-396.

[34] SIMOES S, VIANA F, KOCAK M, et al. Diffusion bonding of TiAl using reactive Ni/Al nanolayers and Ti and Ni foils[J]. Materials Chemistry and Physics, 2011, 128(1-2): 202-207.

[35] ZHANG J, HE Y M, SUN Y, et al. Microstructure evolution of Si_3N_4/Si_3N_4 joint brazed with Ag-Cu-Ti plus SiC_p composite filler[J]. Ceramics International,2010, 36(4): 1397-1404.

[36] TIAN W B, KITA H, HYUGA H, et al. Reaction joining of SiC ceramics using TiB_2-based composites[J]. Journal of the European Ceramic Society, 2010, 30(15): 3203-3208.

[37] MAO Y W, Li S J, YAN L S. Joining of SiC ceramic to graphite using Ni-Cr-SiC powders as filler[J]. Materials Science and Engineering: A, 2008, 491(1-2): 304-308.

[38] HALBIG M C, CODDINGTON B P, ASTHANA R, et al. Characterization of silicon carbide joints fabricated using SiC particulate-reinforced Ag-Cu-Ti alloys[J]. Ceramics International,2013, 39(4): 4151-4162.

[39] XIONG J, HUANG J, WANG Z, et al. Joining of C-F/SiC composite to Ti alloy using composite filler materials[J]. Materials Science and Technology,2009, 25(8): 1046-1050.

[40] LIN G B, HUANG J H, ZHANG H, et al. Microstructure and mechanical performance of brazed joints of C-F/SiC composite and Ti alloy using Ag-Cu-Ti-W[J]. Science and Technology of Welding and Joining,2006, 11(4): 379-383.

[41] ZHU M G, CHUNG D D L. Improving the strength of brazed joints to alumina by adding carbon fibres[J]. Journal of Materials Science,1997, 32(20): 5321-5333.

[42] ZHU M G, CHUNG D D L. Active brazing alloy containing carbon-fibers for metal-ceramic joining[J]. Journal of the American Ceramic Society,1994, 77(10): 2712-2720.

[43] 方洪渊，冯吉才. 材料连接过程中的界面行为[M]. 哈尔滨：哈尔滨工业大学出版社，2005.

[44] COOK G O, SORENSEN C D. Overview of transient liquid phase and partial transient liquid phase bonding[J]. Journal of Materials Science, 2011, 46(16): 5305-5323.

[45] ZHANG G F, ZHANG J X, PEI Y, et al. Joining of $(Al_2O_3)_P/Al$ composites by transient liquid phase (TLP) bonding and a novel process of active-transient liquid

phase (A-TLP) bonding[J]. Materials Science and Engineering: A, 2008, 488(1-2): 146-156.

[46] LO P L, CHANG L S, LU Y F. High strength alumina joints via transient liquid phase bonding[J]. Ceramics International, 2009, 35(8): 3091-3095.

[47] KSIAZEK M, SOBCZAK N, MIKULOWSKI B, et al. Influence of surface modification of alumina on bond strength in $Al_2O_3/Al/Al_2O_3$ joints[J]. Journal of Materials Science,2005, 40(9-10): 2513-2517.

[48] KATO H, KAGEYAMA K. Chemical reaction assisted transient liquid phase bonding of alumina in combination with cold isostatic pressing[J]. Materials Science and Technology,1998, 14(7): 712-718.

[49] CHANG L S, HUANG C F. Transient liquid phase bonding of alumina to alumina via boron oxide interlayer[J]. Ceramics International, 2004, 30(8): 2121-2127.

[50] ISEKI T, YAMASHITA K, SUZUKI H. Joining of self-bonded silicon carbide by germanium metal[J]. Journal of the American Ceramic Society, 1981, 64(1): C13-C14.

[51] XIONG H P, CHEN B, PAN Y, et al. Joining of C_f/SiC composite with a Cu-Au-Pd-V brazing filler and interfacial reactions[J]. Journal of the European Ceramic Society, 2014, 34(6): 1481-1486.

[52] LU C D, CHANG L S, LU Y F, et al. The growth of interfacial compounds between titanium dioxide and bismuth oxide[J]. Ceramics International,2009, 35(7): 2699-2704.

[53] KHAN T I, ROY B N. Transient liquid phase bonding of an ods ferritic steel to silicon nitride[J]. Journal of Materials Science,2004, 39(2): 741-743.

[54] WANG J, LI Y J, HUANG W Q. Interface microstructure and shear strength in the diffusion brazing Joint of TiC-Al_2O_3 ceramic composite with W18Cr4V tool steel[J]. Materials Science, 2009, 45(1): 125-131.

[55] KIM J J, PARK J W, EAGAR T W. Interfacial microstructure of partial transient liquid phase bonded Si_3N_4-to-inconel 718 joints[J]. Materials Science and Engineering A,2003, 344(1-2): 240-244.

[56] ZHOU S Q, LI X G, XIONG W H, et al. Interfacial microstructure and properties of Ti(C,N)/Ni bonded by transient liquid-phase diffusion[J]. Journal of Wuhan University of Technology, Materials Science Edition, 2009, 24(3): 432-439.

[57] DEZELLUS O, ANDRIEUX J, BOSSELET F, et al. Transient liquid phase bonding of titanium to aluminium nitride[J]. Materials Science and Engineering A,2008, 495(1-2): 254-258.

[58] ZHAI Y, NORTH T H. Counteracting particulate segregation during transient liquid-phase bonding of MMC-MMC and Al_2O_3-MMC Joints[J]. Journal of

Materials Science, 1997, 32(21): 5571-5575.

[59] SUGAR J D, MCKEOWN J T, AKASHI T, et al. Transient-liquid-phase and liquid-film-assisted joining of ceramics[J]. Journal of the European Ceramic Society, 2006, 26(4-5): 363-372.

[60] 曹健. TiAl 与 TiC 金属陶瓷自蔓延反应辅助扩散连接机理研究[D]. 哈尔滨：哈尔滨工业大学，2007.

[61] 杨宗辉，沈以赴，初雅杰，等. 异种材料焊接接头热应力缓冲中间层的研究现状[J]. 机械工程材料，2013，37(12)：6-10.

[62] ZHANG J X, CHANDEL R S, CHEN Y Z, et al. Effect of residual stress on the strength of an alumina-steel joint by partial transient liquid phase (PTLP) brazing [J]. Journal of Materials Processing Technology, 2002, 122: 220-225.

[63] JADOON A K, RALPH B, HORNSBY P R. Metal to ceramic joining via a metallic interlayer bonding technique [J]. Journal of Materials Processing Technology, 2004, 152: 257-265.

[64] LEE W C, JOINT J. Strength and interfacial microstructure in silicon nitride/nickel-based inconel 718 alloy bonding[J]. Materials Science and Engineering, 1997, 32: 221-230.

[65] ZHOU Y, BAO F H, REN J L. Interlayer selection and thermal stress in brazed Si_3N_4 steel joints[J]. Materials Science and Technology, 1991, 7: 863-867.

[66] ZHU D Y, MA M L, JIN Z H. The effect of molybdenum net interlayer on thermal shock resistance of Al_2O_3/Nb brazed joint[J]. Journal of Materials Processing Technology, 1999, 96: 19-21.

[67] TRAVESSAA D, FERRANTEA M, OUDENB G. Diffusion bonding of aluminum oxide to stainless steel using stress relief interlayers[J]. Materials Science and Engineering, 2002, 337(1/2): 287-296.

[68] ZHONG Z H, TATSUYA H, JUNG H C. Microstructure and mechanical properties of diffusion bonded SiC/Steel joint using W/Ni interlayer[J]. Materials & Design, 2010, 31(3): 1070-1076.

[69] ZHONG Z H, TATSUYA H, AKIRA K. Microstructure and mechanical strength of diffusion bonded joints between silicon carbide and F82H steel[J]. Journal of Nuclear Materials, 2011, 447: 395-399.

[70] KALIN B A, FEDOTOV V T, SEVRJUKOV O N, et al. Development of rapidly quenched brazing foils to join tungsten alloys with ferritic steel[J]. Journal of Nuclear Materials, 2004, 329(1): 1544-1548.

[71] 张勇. C_f/SiC 陶瓷基复合材料与高温合金的高温钎焊研究[D]. 北京：钢铁研究总院，2006.

[72] HAO H Q, WANG Y L, JIN Z H, et al. The effect of interlayer metals on the strength of alumina ceramic and 1Cr18Ni9Ti stainless steel bonding[J]. Journal of

Materials Science, 1995, 30(16): 4407-4411.
[73] 冀小强，李树杰，马天宇，等. 用 Zr/Nb 复合中间层连接 SiC 陶瓷与 Ni 基高温合金[J]. 硅酸盐学报，2002，30(3)：305-310.
[74] GRUJICIC M, ZHAO H. Optimization of 316 stainless steel/alumina functionally graded material for reduction of damage induced by thermal residual stresses[J]. Materials Science & Engineering A, 1998, 252(1): 117-132.
[75] EL-WAZERY M S, EL-DESOUKY A R. A review on functionally graded ceramic-metal materials mater[J]. Environmental Science& Technology, 2015, 6 (5): 1369-1376.
[76] PIETRZAK K, KALINSKI D, CHMIELEWSKI M. Interlayer of Al_2O_3-Cr functionally graded material for reduction of thermal stresses in alumina-heat resisting steel joints[J]. Journal of the European Ceramic Society, 2007(27): 1281-1286.
[77] SARKAR P, DATTA S, PATRICK S. Functionally graded ceramic/ceramic and metal/ceramic composites by electrophoretic deposition[J]. Composites Part B Engineering, 1997, 28(1/2): 49-56.
[78] LI J Q, ZENG X R, TANG J N, et al. Fabrication and thermal properties of an YSZ-NiCr joint with an interlayer of YSZ-NiCr functionally graded material[J]. Journal of the European Ceramic Society, 2003(23): 1847-1853.
[79] CHMIELEWSKI M, PIETRZAK K. Metal-ceramic functionally graded materials-manufacturing, characterization, application[J]. Technical Sciences, 2016, 64 (1): 151-160.
[80] 孙德超，柯黎明，邢丽，等. 陶瓷与金属梯度过渡层的自蔓延高温合成[J]. 焊接学报，2000，21(3)：44-46.
[81] SONG X G, CAO J, WANG Y F, et al. Effect of Si_3N_4-particles addition in Ag-Cu-Ti filler alloy on Si_3N_4/TiAl brazed joint [J]. Materials Science and Engineering: A,2011, 528(15): 5135-5140.
[82] HE Y M, SUN Y, ZHANG J, et al. Revealing the strengthening mechanism in Si_3N_4 ceramic joint by atomic force microscopy coupled with nanoindentation techniques [J]. Journal of the European Ceramic Society, 2012, 32 (12): 3379-3388.
[83] HE Y M, ZHANG J, WANG X, et al. Effect of brazing temperature on microstructure and mechanical properties of Si_3N_4/Si_3N_4 joints brazed with Ag-Cu-Ti plus Mo composite filler[J]. Journal of Materials Science, 2011, 46 (8): 2796-2804.
[84] QIN Y Q, YU Z S. Joining of C/C composite to TC4 using SiC particle-reinforced brazing alloy[J]. Materials Characterization, 2010, 61(6): 635-639.
[85] HE Y M, ZHANG J, SUN Y, et al. Microstructure and mechanical properties of

the Si_3N_4/42CrMo steel joints brazed with Ag-Cu-Ti plus Mo composite filler[J]. Journal of the European Ceramic Society,2010, 30(15): 3245-3251.

[86] YANG J G, FANG H Y, WAN X. Effects of Al_2O_3-particulate-contained composite filler materials on the shear strength of alumina joints[J]. Journal of Materials Science & Technology, 2002, 18(4): 289-290.

[87] LIN G, HUANG J, ZhANG H. Joints of carbon fiber-reinforced SiC composites to Ti-alloy brazed by Ag-Cu-Ti short carbon fibers[J]. Journal of Materials Processing Technology, 2007, 189(1-3): 256-261.

[88] XING W, CHENG L, FAN S, et al. Microstructure and mechanical properties of The GH783/2. 5D-C/SiC joints brazed with Cu-Ti + Mo composite filler[J]. Materials & Design, 2012, 36: 499-504.

第3章 先进陶瓷组装与连接技术

无论是用连接介质实现同种陶瓷连接，还是陶瓷与金属连接，都涉及异质连接问题。异质连接过程需要同时考虑两者的物理相容性和化学相容性，因此陶瓷的高可靠连接仍存在很多难点，研究陶瓷连接技术十分必要。到目前为止，陶瓷连接出现了很多方法，如钎焊、扩散焊、熔化焊、机械连接、黏接等，其中钎焊与扩散焊成为陶瓷连接中最常用、最可能实现大规模工业化的连接方法。

3.1 钎 焊

3.1.1 钎焊的原理

钎焊是采用比母材熔化温度低的钎料，采取低于母材固相线而高于钎料液相线的焊接温度，通过熔化的钎料将母材连接在一起的焊接技术。钎焊时钎料熔化为液态而母材保持为固态，液态钎料在母材的间隙中或表面上润湿、毛细流动、填充、铺展，与母材相互作用(溶解、扩散或冶金结合)，冷却凝固形成牢固的接头。

3.1.2 钎焊的特点

钎焊与熔焊方法最大的不同是，连接时工件常被整体加热(如炉中钎焊)或钎缝周围大面积均匀加热，因此工件的相对变形量以及钎焊接头的残余应力都比熔焊小得多，易于保证工件的精密尺寸，并且钎料的选择范围较宽，为了防止母材组织和特性的改变，可以选用液相线温度相对低的钎料进行钎焊。钎焊过程中，只要钎焊工艺选择得当，可使钎焊接头做到无须加工。此外，只要适当改变钎焊条件，还有利于多条焊缝或大批量工件同时或连续钎焊。再者，钎缝可以通过热扩散处理而得到强化。由于钎焊反应只在母材数微米至数十微米以下界面进行，一般不涉及母材深层的结构，因此特别适用于陶瓷材料自身及陶瓷与金属异种材料之间的连接。

3.1.3 间接钎焊

陶瓷钎焊的难点之一就在于钎料合金难以润湿陶瓷表面，最为直接的方法是对待连接陶瓷进行表面改性，在陶瓷表面形成金属化层，从而将陶瓷/陶瓷和金属/陶瓷的连接均转化为金属/金属之间的连接，进而直接利用现有工艺进行连接。由于此法需要先在陶瓷表面形成金属化层，又称此法为两步法或间接钎焊。目前的陶瓷表面金属化方法主要有磁控溅射、气相沉积、Mn－Mo 法、离子注入等。两步法工艺烦琐，且强度受到金属化层黏附力的限制，不能达到很高的程度，这里不做详细介绍。

3.1.4 活性钎焊

为了减少陶瓷金属化这一步骤,同时提高接头强度,研究人员开发出了活性钎焊技术。活性钎焊又称直接钎焊,与间接钎焊不同,直接钎焊不需要采用金属化这一中间步骤,而是利用含有 Ti、Zr、Hf、Cr、V 等活性元素金属钎料直接钎焊陶瓷。这些活性元素可以直接与陶瓷表面发生化学反应,熔化的钎料可以在反应产物表面润湿,形成冶金接合。由于钎料中的活性元素化学性质活泼,为避免在高温下与氧气发生化学反应,所以活性钎焊必须在真空中或者惰性气体保护下进行。例如,在含钒活性钎料和 C/C 复合材料或 C_f/SiC 复合材料的反应界面处检测到 V－C 化合物。V－C 层的形成在陶瓷或陶瓷复合材料的接合中起重要作用。

Ti 作为一种最常用的活性钎料,在陶瓷与金属的活性钎焊中起到重要作用。1988 年,Iseki 和 Yano 在 Ag－Cu 共晶钎料中添加质量分数为 5%的 Ti,即可使钎料在无压烧结 SiC 陶瓷表面的润湿角小于 20°。从此,AgCuTi 便成为一种陶瓷/金属连接的重要钎料。以 Ti 为核心,至今已发展了 Ag 基、Cu 基、Au 基、Ni 基和 Sn 基活性钎料。Ti 是连接 Al_2O_3、Si_3N_4、SiC 的重要钎料,因为熔融钎焊中的 Ti 在钎焊温度下迁移到陶瓷的表面以形成相对简单的化合物,如 TiO、TiN 和 TiC。丁敏等选用三元系钎料 AgCuTi 对高纯 Al_2O_3与高纯金属 Nb 进行活性钎焊,通过改变 Ti 的质量分数以获得不同的接头性能。研究结果表明,当 Ti 的质量分数为 2%、钎焊条件为 850 ℃/20 min 时,接头抗剪强度达到最大值 100 MPa。应用 AgCuTi 钎料也已成功焊接 C_f/SiC 复合材料和 Si_3N_4。

除 Ti 之外,Hf、V 和 Zr 都与陶瓷具有一定程度的化学相互作用,Hf 和 Zr 分别能形成与 TiO 化合物类似的 HfO 和 ZrO 化合物,而 V 元素则能形成 VN 反应物。Loehman 等使用 59Ag－40Cu－1Hf 钎料对 Al_2O_3进行钎焊连接,并对接头进行了 TEM 以及 X 射线分析。将样品加热至 1 000 ℃并保温 30 min,形成界面的形貌如图 3.1 所示,可以看出,Hf 与 Al_2O_3反应形成 HfO_2。此反应产物是不连续的、厚度为 100 nm 的 HfO_2层,与 Al_2O_3颗粒结构形成紧密互锁,进而实现陶瓷与金属的连接。Loehman 等还使用 Hf－Ag 和 Zr－Ag 两种合金分别焊接 Al_2O_3陶瓷。结果表明,在 Zr－Ag 合金与陶瓷界面处,存在约 5 μm 厚的反应区,其分布相对均匀且连续。Zr－Ag/Al_2O_3 接头界面 SEM 显微图像如图 3.2 所示,分析可知反应区含有 Zr、Ag 和 O 元素。在 Hf－Ag/Al_2O_3界面处,则产生了明显的三相,分别是 Ag、HfO_2和含 Al 相,在 Al_2O_3表面产生了亚微米 HfO_2颗粒镶嵌于其中。Zhang 等使用 V 基钎料对 Si_3N_4进行钎焊,使用 58.7Au－36.5Ni－4.8V和 55.5Au－34.5Ni－10.0V 两种钎料来钎焊 Si_3N_4陶瓷。结果表明,Si_3N_4基体与合金之间的界面形成了厚度为 4 μm 的 VN 反应层。随着钎焊温度或 V 含量的增加,VN 反应层的厚度增加。当使用 58.7Au－36.5Ni－4.8V 钎料合金在 1 423 K 温度下钎焊 30 min 时,达到最大接头弯曲强度(242 MPa)。Xiong 等首先使用 BCo 合金钎料对 SiC 进行连接。在 SiC/BCo 钎焊界面处形成典型的带状反应结构,这对焊接接头强度不利。在 Co 基钎料中增加 V 以后,添加的元素 V 通过与 Co 基合金和 SiC 内的碳结合而参与界面反应,这在消除界面反应层的周期性带状结构中起重要作用。当使用 PdNi 基合金进行连接时,仍然产生了与 Co 基钎料相同的反应带状结构,当在其中加入 V 元素后,有效控制了界面反应带的形成。

Ni 基合金钎料也是金属活性钎焊中的常用材料，特别是 Ni－Cr－Si 钎料合金经常用于航空航天和发电行业。Mcdermid 等在 SiC/Inconel 600 超合金钎焊试验中，使用 Ni－Cr－Si钎焊合金作为填充材料，发现熔融钎焊中的 Ni 与 SiC 剧烈反应，并导致 SiC 的严重降解。Xiong 等采用 FeCoNi 钎料焊接 SiC 和 Ni 基合金，相较于传统的 Ni 基钎料，Kovar 合金有着明显的优势。在钎焊过程中，层间 Ni 的一部分溶解在熔融钎焊合金中，阻碍了 SiC 与钎焊合金之间的有害反应。使用 FeCoNi 钎料进行钎焊，形成 Kovar/W/Ni 的三重夹层来进行 SiC/GH3044 连接，接头强度达到 62.5～64.6 MPa，比 Ni/W/Ni 接头强度(6 MPa)提高 900%以上。

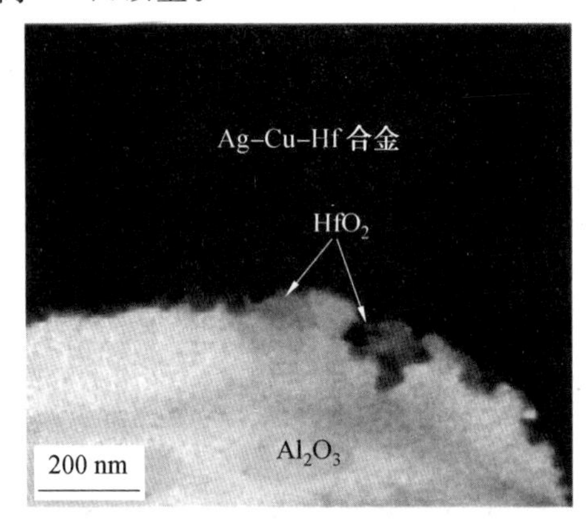

图 3.1　Ag－Cu－Hf/Al_2O_3 接头界面 TEM 显微图像

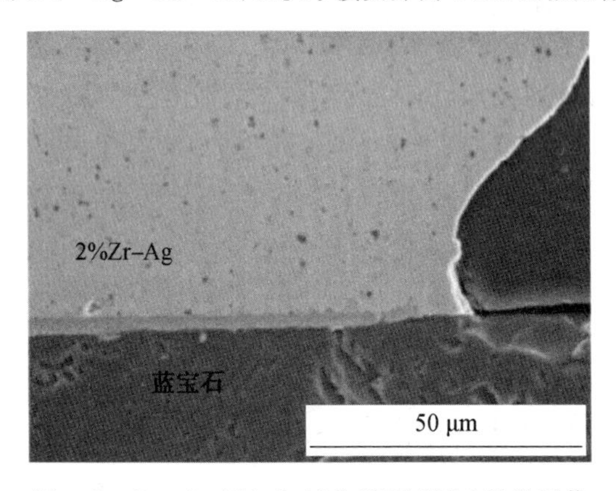

图 3.2　Zr－Ag/Al_2O_3接头界面 SEM 显微图像

除了单一使用上述活性钎料之外，将多种活性钎料混合使用，达到更好的钎焊效果是近年来活性钎焊的发展趋势。Zou 等在氩气气氛下采用 $Ti_{40}Zr_{25}Ni_{15}Cu_{20}$ 组成的无定形活性钎料焊接 Si_3N_4，研究了钎焊温度和保温时间对接头强度和界面微观结构的影响。结果表明，钎焊时间为 120 min 时，焊接强度随钎焊温度的升高先提高后降低，温度为 1 323 K时，接头强度达到最大值 160 MPa。在钎焊温度为 1 323 K 时，钎焊时间对接头强度的影响与温度的影响相似。

3.1.5 高温活性钎焊

高温活性钎焊是活性钎焊中较重要的一种，因此接下来进行详细介绍。由于现在很多陶瓷/金属连接的结构件需要在高温下使用，所以需要更加耐高温的连接接头。提高连接接头耐高温性能的重要方法就是改善钎料的性能，使其能够在高温条件下使用，所以在活性钎焊钎料的基础上，又提出如下要求：① 钎料的熔化温度在 1 100 ℃以上；② 钎料的熔化温度范围小，最好是共晶或近共晶成分；③ 钎料与陶瓷有良好的冶金相容性，并且二者的力学性能匹配良好；④ 高温条件下，钎焊接头具有良好的抗氧化性。

高温活性钎料同样含有活性元素 Ti、Zr 等，高温活性钎料分类方法很多，但是从含有元素的种类上可分为一元高温活性钎料、二元高温活性钎料、多元高温活性钎料。一元高温活性钎料能直接钎焊陶瓷并形成有效连接，但这种钎料的缺点是硬度高、脆性大，钎焊后接头处残余应力过大，造成接头强度低，因此应用较少。二元高温活性钎料以 CuTi、NiTi 为主，这类钎料钎焊温度较高，可在 1 200～1 800 ℃使用。最常用的是三元高温活性材料或者多元高温活性钎料，其中以 Au 基、Co 基、Pd 基钎料为代表。Au、Co、Pd 的熔点分别为1 064 ℃、1 492 ℃、1 554 ℃，都属于高熔点金属，在钎料中起提高熔点的作用。

陈波等采用 AgCuTi 活性钎料对 Al_2O_3进行金属化处理，然后用 Au 基钎料 Au－Ni 和 Au－Cu 分别对 Al_2O_3陶瓷进行钎焊，获得耐高温接头。钎焊温度为 980 ℃时，Au－Ni 和 Au－Cu 钎料所获连接接头的抗剪强度分别为 95.5 MPa 和 102.3 MPa。Voytovych 等使用 Au－Ni 钎料对 ZrB_2陶瓷进行钎焊连接，研究 Au－40％Ni 合金对 ZrB_2的润湿性，钎焊温度为 1 170 ℃。Au－40％Ni/ZrB_2界面的 SEM 显微照片如图 3.3 所示，在合金/陶瓷界面处形成了 5～10 μm 的 Ni_2B 反应层。

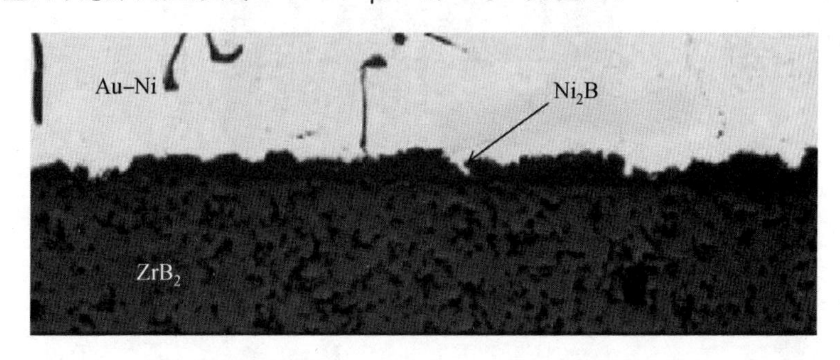

图 3.3 Au－40％Ni/ZrB_2界面的 SEM 显微照片

陈波等使用 Co 基多元高温活性钎料 Au－Pd－Co－Ni－V 实现了 AlN 陶瓷的良好连接(图 3.4)，形成了靠近 AlN 基板的扩散层，元素 N 和 V 富集在反应层中，表明元素 V 强烈地扩散到所连接的 AlN 的表面，V 作为活性成分优先参与界面反应。AlN/AlN 连接接头可耐受 1 170 ℃的高温，室温弯曲强度为 162.7 MPa。Zhang 等使用 Co 基多元钎料 $Ti_{45}Co_{45}Nb_{10}$对碳纤维增强 SiC(C_fSiC)复合材料和 Nb－1Zr 合金进行钎焊连接。结果表明，在 C_f/SiC/钎焊界面形成了连续反应层(Ti、Nb)，在含有 $CoNb_4Si$ 相的钎焊焊缝中观察到 TiCo 和 Nb 相。当钎焊工艺为 1 280 ℃/10 min 时，获得了 242 MPa 的最优平均抗剪强度。接头的高温抗剪强度在 800 ℃和 1 000 ℃时分别达到 202 MPa 和

135 MPa。

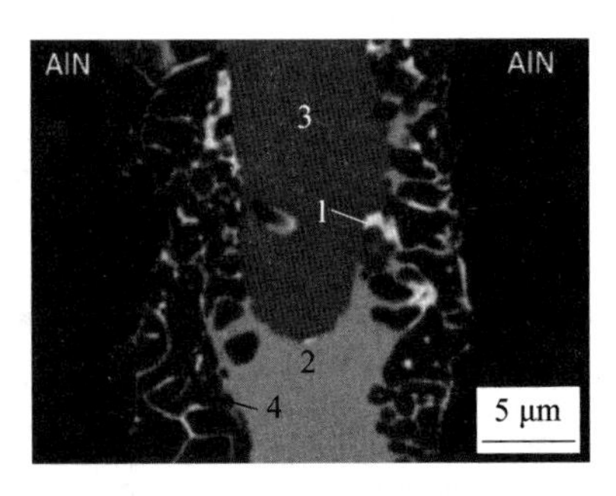

图 3.4　Au－Pd－Co－Ni－V 钎料合金在 1 170 ℃下
保温 10 min 钎焊 AlN/AlN 的接头 SEM 图像

Liu 等使用 Pd 基三元高温活性钎料 Cu－Pd－Ti 对 Si_3N_4 进行钎焊连接，钎料熔化温度为1 150 ℃。因为 Pd 的熔点非常高，若所采用的 Pd 箔较厚(100 μm)，则可能导致 Pd 熔融不足，液态合金的流动性和扩散性较差，分布不均匀，这会限制液体合金在陶瓷表面的润湿和扩散，所以降低 Pd 箔的厚度有利于提高接头的弯曲强度。Durov 等使用 Cu－Pd－Ti－Zn四元高温活性钎料成功焊接氧化锆与可锻铸铁，焊接温度为 1 100 ℃，接头平均强度达到 156 MPa。Asthana 等使用 Pd－Co 钎料将 Si_3N_4 和 Cu 包覆 Mo 合金焊接在一起，钎焊温度为 1 200 ℃，接头显微形貌如图 3.5 所示。

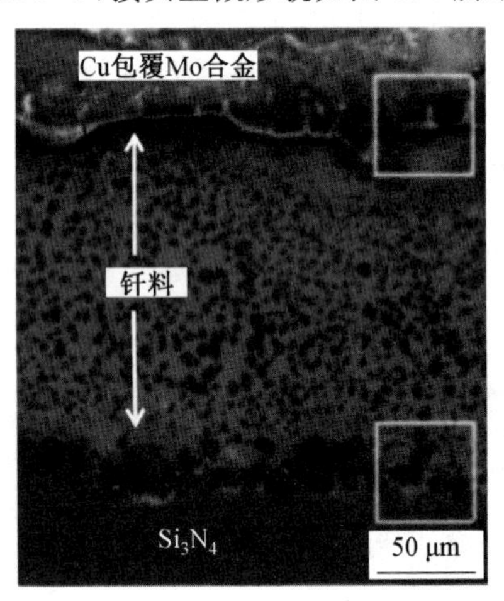

图 3.5　Si_3N_4/Cu 包覆 Mo 接头 SEM 显微形貌

以上两种活性钎焊技术已经可以实现较为良好的陶瓷/金属连接，但是这一方法需要加热到较高温度(大于 800 ℃)，且需要严苛的真空环境或者惰性气氛保护。一方面，高温、高真空的条件大大提高了技术成本，不利于大规模工业化应用；另一方面，在严苛的高温条件下难以获得令人满意的陶瓷连接效果。在真空、氧气含量有限的惰性气体环境中或者还原气体中进行钎焊时，这些环境会造成不可逆的化学还原，导致许多电化学性质活跃以及具有导电性的陶瓷基体出现结构或性能退化，包括各种钙钛矿、烧绿石以及稳定的氧化锆(如钙做稳定剂的氧化钇)。为了解决这些问题，需要开发出新型的连接方法。一方面，对于室温应用的产品，开发低温的空气连接技术；另一方面，对于高温应用产品，例如 SOFC，开发出耐高温、抗氧化的连接技术。

3.1.6　超声辅助钎焊

超声的引入为界面反应加入了新的能量，可以有效降低钎焊温度。另外，高强度超声波在液态钎料中传播时产生空化效应，可以破坏金属表面的氧化膜，并促进熔融填充金属在基材上的润湿性，从而大大提高接头强度。超声振动也可以减少晶粒尺寸和微观偏析，提高均匀性，并修饰固体表面。超声波辅助钎焊已被广泛应用于不同材料的连接。

Chen 等在 620 ℃的空气中利用超声辅助作用，通过填充 Al－12Si 合金成功连接了 SiC 陶瓷，随着超声作用时间的不同，可以获得抗剪强度达到 84～94 MPa 的连接接头，并且在超声辅助钎焊中，碳化硅表面加热产生的 SiO_2层不仅不会使 Al－12Si 对 SiC 陶瓷接头的润湿和黏合过程恶化，还可以在 SiO_2 和 Al－12Si 之间形成更强的键。Ji 等使用 Zn－14％Al合金作为填充金属，在超声的辅助下，成功地在 753 K 的温度下连接了 α 氧化铝和纯铜，获得了高达 66 MPa 的抗剪强度。在超声的作用下冶金反应明显增强，生成大量金属间化合物、结晶氧化铝和过度生长的声坑，获得金属/陶瓷连接接头，大大提高了连接强度。

3.1.7　反应空气钎焊

反应空气钎焊(Reaction Air Brazing, RAB)，即在空气中进行而不需要惰性气体或真空环境。反应空气钎焊一般使用贵金属作为钎料基体，通过添加某些氧化物或其他物质改变钎料性质。这些氧化物在液态贵金属中作为原位氧气的缓冲区，能提高溶解氧的化学活性，以增强金属在各种氧化物基体上的润湿性。尽管其他贵金属如 Au、Pt 和 Pd 被认为能够承受氧化环境，但 Ag 却因其具有足够的熔点和较低的成本成为这种技术使用的一般钎料。目前广泛使用的 RAB 钎料体系为 Ag－Cu 或 Ag－CuO 及其衍生体系。

Zhang 等研究了 Ag－Cu 钎料对双相陶瓷透氧膜 $Ce_{0.8}Gd_{0.2}O_{2-\delta}$－$NdBaCo_2O_{5+\delta}$(CGO－NBCO)的润湿性随 Cu 含量的变化，发现纯 Ag 对 CGO－NBCO 双相膜不润湿，Cu 的摩尔分数分别为 6.6％、11.0％、15.8％的 Ag 基合金钎料对 CGO－NBCO 双相透氧膜润湿良好。其润湿机理为，Ag－Cu 合金中的 Cu 在空气气氛下的高温加热过程中，先被氧化成 Cu 的氧化物，而后 Cu 的氧化物与 CGO－NBCO 双相透氧膜发生反应，生成复杂界面反应层，改善了 Ag 基合金钎料对 CGO－NBCO 双相透氧膜的润湿性能。Raju 等使用 Ag－CuO 钎料和 Ag－陶瓷颗粒钎料对致密 $Ce_{0.9}Gd_{0.1}O_{2-\delta}$－$La_{0.6}Sr_{0.4}Co_{0.2}Fe_{0.8}O_{3-\delta}$陶瓷(GDC－LSCF)与多种高温合金(AISI 310S、Inconel 600 和 Crofer 22 APU)进行了连接试验。结果表明，只有 Ag－CuO 钎料可以获得无孔洞、无裂纹的焊点，且其气密性可以从室温保持到 800 ℃。对于 Ag－10％CuO 钎料连接的 GDC－LSCF/Crofer 接头其初始室温抗剪强度为 91.1 MPa，经 800 ℃/24 h 老化后仍保持 88.3 MPa 的抗剪强度。Cao 等对不同 CuO 含量的 Ag－CuO 钎料连接 YSZ 和 Al_2O_3的效果进行了评估，发现填料合金组成对界面微观形貌有重要影响。因为 CuO 在 Al_2O_3界面处优先析出，所以随着填料中 CuO 含量的增加，连续的 CuO 和 $CuAl_2O_4$层在 Al_2O_3界面逐渐形成。当 Al_2O_3基体被 CuO 相完全涂覆时，剩余的 CuO 相将在 YSZ 界面沉淀。CuO 的过量添加使大量的脆性相形成，显著降低了接头的抗剪强度。当钎料组合物为 Ag－8%CuO(8%为摩尔分数)时，获得约 45 MPa 的最大抗剪强度。

基于 Ag－Cu 氧化物的反应空气钎焊技术所形成的接头，在高温应用中仍存在一些问题，其填充金属暴露于还原气体或双重还原/氧化环境时会出现显著的接合强度降低现象。Jin 等研究了这一现象，将不同含 Cu 量的钎料连接的氧化铝陶瓷接头置于 800 ℃的氢气氛中 100 h。由于填充金属和氧化铝基体之间的界面剥离，所有钎焊接头均显示出明显的弯曲强度降低。强度和气密性的降低速度与待连接材料和工作气氛有关。对于反应空气钎焊 YSZ/钢接头，在 850 ℃的双重气氛中的老化将导致强烈的降解和气密性的完全损失；用于分离气体的 LSCF($La_{0.6}Sr_{0.4}Co_{0.2}Fe_{0.8}O_{3-\delta}$)接头，可以获得 2 000 h 以上的连续工作时间。除 Ag－Cu 体系外，有文献报道了将 Ag－V 体系钎料用于反应空气钎焊，虽然 Ag－V_2O_5合金对于陶瓷基底的润湿性令人满意，但是使用 Ag－V_2O_5钎焊合金获得的钎焊强度较低，其原因还有待研究。

3.1.8 玻璃钎焊

玻璃具有与陶瓷相似的化学键结构，玻璃在陶瓷表面润湿良好，因此能够与陶瓷发生化学反应或形成共晶等冶金反应，而且玻璃具有比金属密封剂更好的抗氧化和抗还原的能力。玻璃的 CTE 与陶瓷相似，且可以通过改变其成分获得最佳的 CTE，从而使热应力最小化，所以玻璃的相关性能适合于陶瓷，使玻璃成为与陶瓷连接的理想钎焊材料。

Chen 等研究了 Y－Al－Si－O－N 氮氧化物玻璃在 Si_3N_4衬底上的润湿性，发现 Y－Al－Si－O－N玻璃的润湿性随着 Y_2O_3/Al_2O_3的增加而提高。使用具有最佳润湿性的玻璃作为钎料，可以在 1 550 ℃/1 h 的钎焊条件下获得良好的 Si_3N_4接头。较低的温度会导致玻璃钎焊层与 Si_3N_4的不完全接触，而高于 1 600 ℃的温度会导致 Si_3N_4接头由于钎焊玻璃的完全排水而分离。Sun 等研究了 SCHOTT 公司的 G017－393 玻璃钎料连接 Al_2O_3陶瓷过程中的表面处理和钎焊工艺参数对接头性能的影响。研究表明，使用玻璃钎料实现陶瓷连接是有希望的，可以在适当的条件下获得具有一定机械强度和气密密封的接头。另外，使用玻璃钎料的陶瓷黏合机理与传统的焊接或黏合工艺不同，玻璃钎料层的密度和扩展面积在黏合强度方面起重要的作用，而且大部分的玻璃钎料的钎焊温度都比较高(大于 1 000 ℃)。不过，近年来随着玻璃低温化和无铅化的发展，也有越来越多的绿色低温玻璃钎料用于陶瓷连接。本书作者所在团队通过对铋酸盐玻璃的成分进行改进，开发出了用于低温钎焊的质量分数为 95%的 Al_2O_3和蓝宝石的玻璃钎料。在 675 ℃/30 min的条件下使用 $40Bi_2O_3$－$40B_2O_3$－20ZnO 钎焊 95%Al_2O_3，接头的抗剪强度为 95 MPa；在 700 ℃/20 min 的条件下使用 $50Bi_2O_3$－$30B_2O$－20ZnO 玻璃钎焊蓝宝石，接头的抗剪强度为 70 MPa，详见本书第 5 章。此外，玻璃钎料由于自身特殊的电性能，如较低的介电常数、较高的电阻率等，在某些功能材料的连接上具有不可替代的作用。相对于结构陶瓷，功能陶瓷对于接头的要求更为严苛，开发具有与待连接陶瓷相同或相似功能性的玻璃钎料是十分有必要的。本书作者所在团队使用 Bi 基玻璃，实现了对 Li 系铁氧体功能陶瓷的高可靠连接。通过比较不同的玻璃成分，使用 $25Bi_2O_3$－$52HBO_3$－$12SiO_2$－6ZnO－3BaO－2CaO 玻璃，连接 Li 系铁氧体可获得最大抗剪强度(86 MPa)，同时接头的高频介电性能接近原始Li系铁氧体母材，介电损耗角正切无明显增加，详见本书第4章。

玻璃钎焊也有其固有的问题需要解决，在采用玻璃连接技术时，玻璃体系的高黏度使得夹在钎料中的气体难以去除，在连接过程中容易形成残留气孔。玻璃体系的玻璃化转变温度也是需要考虑的因素之一，低于此温度时，玻璃可能会发生结晶，材料从延性变为脆性。虽然结晶后的材料通常比初始玻璃的机械强度更强，但是脆性材料更容易在经受温度循环之后发生失效。随着使用时间的变化，玻璃钎料的结构也可能会发生变化，进而导致其CTE改变，降低连接件的可靠性和使用寿命。

3.2　扩散焊

3.2.1　扩散焊的原理

随着材料科学的发展，陶瓷、金属间化合物、非晶态材料及单晶合金等新材料不断涌现，这些新材料用传统的熔焊方法很难实现可靠连接。作为固相连接方法之一的扩散焊技术，成为连接领域新的研究热点，广泛应用于航空、航天、仪表及电子等领域，并逐步扩展到机械、化工及汽车制造等领域。

扩散焊是指相互接触的材料表面，在高温和压力的作用下，被连接表面相互靠近，局部发生塑性变形，原子间产生相互扩散，在界面形成了新的扩散层，从而形成可靠连接的接头。扩散焊可以大致分为物理接触、接触表面的激活、扩散及形成接头三个过程（阶段）。第一阶段为物理接触阶段，高温下微观不平的表面在外加压力的作用下，局部接触点首先发生塑性变形，在持续压力的作用下，接触面积逐渐扩大，最终使整个接合面达到可靠接触；第二阶段是接触表面的激活过程，不同材料的原子在高温下相互扩散，晶界发生迁移及微小空洞消失，在界面形成不连续的结合层；第三阶段是在接触部分形成的结合层，逐渐向体积方向发展，形成可靠的连续接头。影响扩散焊接头质量的因素主要是连接温度、保温时间、压力、气氛、真空度、连接表面状态等工艺因素及两种材料的晶体结构、原子直径、元素的电负性等材料自身物理化学性能。

3.2.2　扩散焊的特点

扩散焊是在固态下实现材料的焊接，属于压焊的一种。与常用压焊方法（冷压焊、摩擦焊等）相同的是在连接过程中要施加一定的压力。扩散焊与熔焊、钎焊方法的加热温度、压力及过程持续时间等工艺条件的比较见表3.1。

通过表3.1的比较可知，扩散焊有以下几个方面的优点：

(1)接合区域无凝固（铸造）组织，不生成气孔及宏观裂纹等熔焊时的缺陷；

(2)同种材料接合时，可获得与母材性能相同的接头，几乎不存在残余应力；

(3)可以实现难焊材料的连接，对于塑性差或熔点高的同种材料，或对于互相不溶解，或在熔焊时会产生脆性金属间化合物的异种材料（包括金属与陶瓷），扩散焊是唯一一种可靠的连接方式；

表 3.1 扩散焊与熔焊、钎焊方法的比较

工艺条件	扩散焊	熔焊	钎焊
加热	局部、整体	局部	局部、整体
温度	0.5～0.8 倍母材熔点	母材熔点	高于钎料熔点
表面准备	严格	不严格	严格
装配	精确	不严格	不严格
焊接材料	金属、合金、非金属	金属合金	金属、合金、非金属
异种材料连接	无限制	受限制	无限制
裂纹倾向	无	强	弱
气孔	无	有	有
变形	轻微	强	轻
接头施工可达性	有限制	无限制	有限制
接头强度	接近母材	接近母材	取决于钎料的强度
接头抗腐蚀性	好	敏感	差

(4)精度高、变形小、精密结合；

(5)可以进行大面积板及圆柱的连接；

(6)采用中间层可减少残余应力。

当然，扩散焊也存在一些不足，如无法进行连续式批量生产，时间长、成本高，接合表面要求严格，设备一次性投资较大且连接工件尺寸受到设备的影响等。

3.2.3 固相扩散连接

固相扩散连接广泛应用于异种材料的连接，也是连接陶瓷材料常用的方法之一。它是将被连接材料置于真空或惰性气氛中，使其在高温和压力作用下发生局部塑性变形，通过原子间的互扩散或化学反应形成反应层，实现可靠连接。固相扩散连接适用于各种陶瓷与金属的连接。从连接方式来看，固相扩散连接可分为直接扩散连接和间接扩散连接两种。直接扩散连接是指直接将陶瓷与金属进行连接，而间接扩散连接是通过中间层的过渡作用将陶瓷与金属连接起来。由于陶瓷和金属在热膨胀系数和弹性模量上的差异，扩散连接接头容易产生较大的残余应力，接头性能下降，因此常采用中间层进行间接扩散连接，或采用直接在陶瓷表面镀金属膜的方法。中间层的介入，不仅可以缓解接头的残余应力，还能够降低连接温度和压力，同时也可以起到抑制和改变接头产物的作用。

相对于钎焊连接，固相扩散连接具有连接强度高，接头质量稳定，耐腐蚀性能好，可实现大面积连接，且接头不存在低熔点钎料金属或合金，能够获得耐高温接头等优点，固相扩散连接已经成为连接陶瓷与金属的主要方法之一。但是，一般的扩散连接所需要的连接温度较高，连接时间也相对较长，且通常在真空下连接，因而连接成本较高，试件尺寸易受限制。

3.2.4　过渡液相连接

过渡液相(Transient Liquid Phase，TLP)连接技术，即通过中间层的反应在接头间形成液相，并在保温过程中等温凝固形成连接的过程。这是一种介于钎焊和扩散焊之间的连接技术，兼具钎焊和扩散焊的优点，连接温度较低，但使用温度较高，同时还能提高接头性能。近些年来，在陶瓷连接领域已经实现了过渡液相连接技术的应用，是一种很有前途的连接方法。

TLP 连接技术的过程大致可分为三个阶段：液膜形成阶段、等温凝固阶段和成分均匀化阶段。液膜形成阶段是指中间层材料的熔点通常比母材的熔点低，当温度到达连接温度时，中间层材料先熔化，而母材后熔化，并在结合面上形成瞬间液膜。在加热和保温过程中，中间层材料中可降低熔点的元素(Melting Point Depressant Elements，MPD 元素)会扩散到母材中，当扩散至达到某一共晶浓度后，会引起母材表面区域熔点降低，这又会使得液态区域增宽。等温凝固阶段是指当液态区域增宽至最大限度时，开始进行等温凝固。由于 MPD 元素一般会人为地选择具有小原子半径的元素，而且中间层一直处于液态，因此 MPD 元素会持续地、快速地渗入到母材当中。MPD 元素的不断渗入，使母材的熔点降低，促进了等温凝固，当凝固完成后，液态区域消失。成分均匀化阶段是一个进程十分缓慢的过程，一方面因为液相区域的消失，中间层已经完全成为固态；另一方面由于 MPD 元素的不断流失，因此其浓度梯度下降，进而成分均化进程速度降低。当此过程结束后，母材与中间层的组织已经实现均匀化。若均匀化成分进行得很充分，则可以认为接头是由与母材相接近的组织组成的。Dezellus 等研究了使用 Ti 作为中间层对氮化铝进行 TLP 连接时中间层发生的上述具体过程。

TLP 连接技术所使用的中间层是影响连接结果的重要因素，中间层材料可以分为三种：软性中间层(Al、Cu、Mo、Ni 等)，可缓解残余应力；活性中间层(Ti、V、Nb、Hf、Cu－Ti 及 Ni－Cr 等)，可与陶瓷发生相互作用；非活性黏附性中间层(Fe、Ni 及 Fe－Ni 合金等)，不与陶瓷反应，但可与陶瓷组元发生相互扩散形成扩散层。中间层材料的熔点首先要保证比母材的熔点低(约为 $0.8T_m$)，其次要能够使接头部分在连接温度下等温凝固。中间层的成分要尽量与母材相近以保证不产生新的有害相，而且要保证接头的性能和成分与母材相近，达到使用要求。Zhai 等研究了使用 TLP 技术连接 Al_2O_3 和金属基复合材料的过程中各种参数对接头性能的影响，发现中间层材料为 Cu 时存在最佳连接温度和厚度，当温度为 853 K、Cu 层厚度为 5 μm 时所获得的接头抗剪强度最高。

压力在 TLP 连接技术中的作用也十分重要。邹贵生等用 Ti/Ni/Ti 作为中间层对 Si_3N_4 进行连接，研究了压力对接头形成的作用及影响机制。研究结果显示，足够的压力是 TLP 充分铺展于陶瓷表面的必要条件，同时也能保证凝固后在陶瓷与金属间产生足够量的扩散通道，用来实现后续的固相扩散过程。用 TLP 对 Si_3N_4 陶瓷连接时，压力太大或太小都不利于连接，而是要控制在一个适当的区间。

3.2.5　部分过渡液相连接

TLP 连接技术虽然具有许多传统连接方法不具有的优点，但是仍有许多限制条件，如连接温度较高、连接时间较长和工艺设备较复杂等，而且在扩散阶段容易产生孔洞、变形甚至裂纹等缺陷。为了进一步解决这些缺点，在 TLP 连接技术的基础上，部分过渡液相(PTLP)连接技术诞生了。PTLP 是在 TLP 连接技术基础上发展起来的改进技术，在 TLP 连接技术过程中，所使用的中间层是均匀的，而 PTLP 连接则采用不均匀的中间层(如 A－B－A 形式)，在外侧的 A 一般采用熔点低的金属或合金材料，且 A 层很薄，所以 A 层熔化是瞬时的。液相的形成有利于浸润母材表面、填缝、加速扩散过程，随后在保温过程中固液相之间加速扩散。这一技术综合了钎焊以及扩散焊的优点，具有很广阔的应用前景。其连接过程如图 3.6 所示。

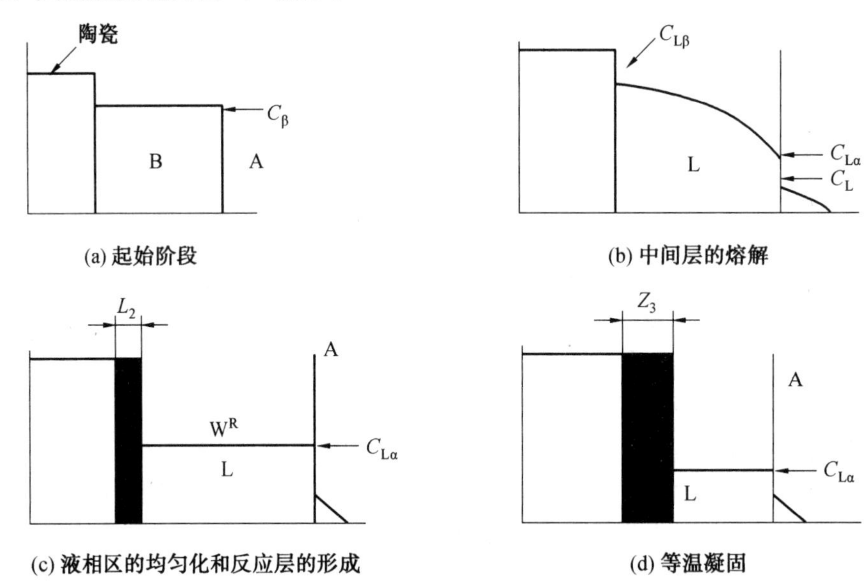

图 3.6 PTLP 连接过程

中间层依然是影响接头性能的重要因素。对于 PTLP 连接技术中使用的中间层，目前已经报道的主要有 Ti/Ni/Ti、Cu/Ni－20%Cr/Cu、Cu/Ni/Cu、Cu/Nb/Cu、Au/Ni－22%Cr/Au 等。Sugar 和 Hong 等分别采用 Cu/Nb/Cu 和 Ni/Nb/Ni 作为中间层研究了相关参数对接头性能的影响。初雅杰利用热弹塑性有限元方法建立模型分析了 Si_3N_4/Ti/Cu/Ti/Si_3N_4 的 PTLP 连接过程中的最佳反应层厚度、保温时间和连接温度，结果表明最佳 Ti 厚度为 10 μm，并分析出陶瓷与金属之间热膨胀系数的重大差异是导致残余应力的主要原因；采用中间层能缓和接头的残余应力并提高接头强度。翟建广采用 Ti/Cu/Ti 中间层对 Si_3N_4 陶瓷进行了 PTLP 连接并进行了强度测试，结果表明中间层厚度对接头连接强度的影响很大，界面－陶瓷混合型断裂具有最高的室温连接强度。中间层的形式不仅限于 B－A－B 形式，欧昭等采用 Ti/Al 多层交替纳米薄膜作为中间层的方法来进行连接，采用磁控溅射的方式将 Ti/Al 交替中间层沉积在 γTiAl 基合金材料的表面。研究结果显示，Ti/Al 交替中间层各层间主要是通过片层状晶粒的晶界进行扩散并且发生反应，配合面处两层 Ti 之间的连接是通过原子热运动引起的自由扩散过程完成的，而中间层与母材间的界面反应是通过界面处 Ti 原子通过晶界向母材扩散实现的。

3.3　自蔓延高温合金连接

自蔓延高温连接(Self-propagating High-temperature Synthesis Joining,SHS 连接)是由制造难熔化合物(如碳化物、氮化物和硅化物)的方法发展而来的。它是利用 SHS 反应的放热及其产物来连接待焊母材的技术,即以反应放出的热为高温热源,以 SHS 产物为焊料,实现材料连接的过程。陶瓷与金属的自蔓延高温合成连接的困难在于它们的热膨胀系数和弹性模量不匹配,在连接过程中界面不易润湿和残余热应力大等问题。连接时可利用反应原料直接合成梯度材料来连接异种材料,其成分组织逐渐过渡,以克服母材间化学、力学和物理性能的不匹配,从而可能缓解接头处的残余应力。对于某些受焊母材的连接,可采用与制备母材工艺相似的连接工艺,从而可使母材与焊料有很好的物理、化学相容性。根据被连接母材来源不同,SHS 连接可分为一次连接和二次连接。一次连接是指被连接的母材或部件是在连接过程中同时原位合成的连接工艺;而二次连接是指连接现存的母材或部件的工艺,即被连接母材在连接前已经制备好,通过焊料的自蔓延反应将其连接在一起的工艺。SHS 连接可进行难熔金属、耐热材料、耐蚀氧化物陶瓷或非氧化物陶瓷和金属间化合物的连接,目前已经成功应用于 Mo/W、Mo/石墨、Ti/不锈钢、石墨/石墨、石墨/W 的焊接。

自蔓延高温连接的优点是能耗低,生产效率高,对母材的热影响小,通过合理选用反应产物可以降低接头的残余应力。但是,燃烧时可能产生有害气体及杂质,从而产生气孔及降低接头强度,最好在保护气体中进行并对其加压。此外,由于自蔓延反应速度快,焊料燃烧时间难以控制,因此界面反应控制困难。

3.4　熔化焊

采用高能束焊接陶瓷与金属时经常导致陶瓷不熔化,只是部分金属熔化,从而使其润湿陶瓷,以达到连接的目的。

3.4.1　电子束焊

电子束焊是指利用高能量、高密度的电子束照射接头区进行熔化连接。电子束焊可同时在真空和非真空中进行,但焊接环境对熔深的影响很大。这是因为在非真空条件下,电子束会受到气体分子的碰撞而损失能量,还能产生散焦,降低功率密度,熔深因此减小。电子束焊可用来实现氧化物系陶瓷(氧化铝、莫来石等)、氮化硅、碳化硅与陶瓷之间的连接,还可连接氧化铝与 Ta、石墨/W。

3.4.2　激光焊

激光焊是以激光器产生的激光束为热源,使得被焊材料瞬间熔化而实现焊接,其光束直径很小,甚至可以达到微米级。当激光功率增大到一定程度时,如大于 10^3 W/mm^2,材料就会发生蒸发,产生附加压力,从而排开液态材料,露出固态材料而发生凹陷,使熔深增加。功率增加到一定程度时，就会形成很深的小孔，甚至穿透整个厚度，从而实现焊接。焊前工件需预热，以防止激光集中加热因热冲击而产生裂纹。激光焊可用来实现氧化物系陶瓷（氧化铝、莫来石等）、氮化硅、碳化硅与陶瓷之间的连接。

3.4.3 电弧焊

电弧焊用气体火焰加热接头区，温度上升至陶瓷具有某种导电性时，气体火焰炬中的特殊电极在接头处加上电压，使结合面间电弧放电并产生高热，以进行熔化焊接。电弧焊已用来实现某些陶瓷一陶瓷的连接，以及陶瓷一金属连接（如 ZrB_2 与 Mo、Nb 和 Ta、SiC 与 Ta）。具有导电性的碳化物陶瓷和硼陶瓷可直接焊接，但是焊接时需控制电流上升速度和最大电流值。

3.5 摩擦焊

摩擦焊是一种固相连接方法，陶瓷与金属的待焊表面在转动力矩和轴向力的作用下发生相对运动，产生摩擦热。当金属表面受热达到塑性状态后停止旋转，并施加一个相对较大的顶锻力，使陶瓷与金属实现连接。该方法的优点是生产效率高，几秒钟就可以实现连接，但被连接材料仅限于棒材和管材，且要求液态金属能够润湿和黏附陶瓷。已有研究利用摩擦焊方法实现了 ZrO_2 陶瓷与 Al 合金的连接，见表 3.2。

表 3.2 一些陶瓷与铝和铝合金摩擦焊的接头强度

陶瓷		金属	接头抗拉强度/ MPa	断裂位置
Al_2O_3		Al	45.5，35.3，34.3	Al_2O_3中
		Al－4.5Mg	29.4，20.6，11.8	
ZrO_2	Zr－15	Al	124.4，96.0	ZrO_2
	Zr－9M	Al	62.7，59.8，33.3	ZrO_2
		Al－4.5Mg	7.8	
	Zr－YT2	Al	＞125	ZrO_2
Si_3N_4		Al	＞172，156，92.1	黏合界面

3.6 其他连接方法

3.6.1 机械连接和粘接

机械连接是一种通过合理的结构设计，利用机械应力实现金属/陶瓷或陶瓷/陶瓷连接的方法，例如，螺栓连接、热过盈连接，但是其连接处应力较大，不常用于高温场合，使用范围有限。

粘接是以胶黏剂（多为有机粘接剂）为连接介质，通过适宜的粘接工艺，将性质差异较大的两个或多个构件或材料结合为一个机械整体的连接方法。在全碳化硅望远镜的设计和制造过程中，曾使用环氧树脂粘接形成大面积镜片。由于机械连接和粘接的适用范围小，不适用于高温、高强度的场合，这里不做详细介绍。

3.6.2 超声波连接

超声波连接是一种室温焊接方法，它是在静压的作用下，通过超声波振动使陶瓷与金属的接触表面相互作用，发生往返移动而产生摩擦热，接触面附近温度升高而局部塑性变形，同时在外力作用下，实现陶瓷与金属的连接。超声波连接的特点是操作简单，连接时间短（小于1 s）。超声波连接对工件表面的清理要求不高，但是要得到质量良好的连接接头，必须选择合适的连接工艺。超声波连接已用来实现陶瓷与Al的连接，接头的抗剪强度为20～50 MPa，见表3.3。

表3.3　超声波连接的材料组合

陶瓷材料	薄膜材料	薄膜厚度/μm	金属材料	金属件枝晶/μm
硅片	Al	0.5～3	Al	24～500
			Au	12～80
陶瓷	Ag	5～20	Al	24～250
Al_2O_3陶瓷和玻璃	Al	0.5～3	Al	24～250
			Au	18～100
	Cu−Ni、Cr−Ni	0.7～5	Al	24～500
			Au	18～200
	Ni−Cr−Au	0.5～3	Al	24～260
			Au	18～100
	Ni−Cr 合金	0.5～3	Al	24～250
	Pt	0.25	Al	30～250
	Ni−Cr−Ag	1～25	Al	50～250

3.6.3 微波连接

微波连接是一种内部产生热量的焊接方法，以陶瓷在微波辐射场中的分子极化产热作为热源，并在一定的压力下完成连接过程。该方法的特点是节省能源、升温速度快、加热均匀、连接强度高，如Al_2O_3/Al_2O_3接头的强度可以达到420 MPa。但难于准确控制温度，对于介电损耗小的陶瓷需要采用耦合剂来提高产热。目前微波连接方法主要用来连接陶瓷材料，包括同种和异种陶瓷，但关于陶瓷和金属微波连接的报道较少。

习题及思考题

3.1 陶瓷组装与连接主要有哪些方法？各有什么优缺点？

3.2 钎焊的原理和优势是什么？在陶瓷组装与连接方面有哪些发展？

3.3 扩散焊的原理和优势是什么？在陶瓷组装与连接方面有哪些发展？

本章参考文献

[1] 杨宏宝，李京龙，熊江涛，等. 陶瓷基复合材料与金属连接的研究进展[J]. 焊接，2007，12：19-23.

[2] 王娟，刘强. 钎焊及扩散焊技术[M]. 北京：化学工业出版社，2013.

[3] SAMANDI M，GUDZE M，EVANS P. Application of ion implantation to ceramic/metal joining[J]. Nuclear Instruments & Methods in Physics Research，1997，127/128：669-672.

[4] 胡军峰，杨建国，方洪渊，等. 陶瓷高温活性钎焊研究综述[J]. 宇航材料工艺，2003，33(5)：1-7.

[5] 钱耀川，丁华东，傅苏黎. 陶瓷一金属焊接的方法与技术[J]. 材料导报，2005(11)：98-100.

[6] XIONG H，CHEN B，ZHAO H，et al. V-containing-active high-temperature brazes for ceramic joining[J]. Welding in the World，2016，60(1)：99-108.

[7] ISEKI T，YANO T. Brazing of SiC ceramics with active metal[C]. Switzerland：Materials Science Forum，1988.

[8] 丁敏，吴爱萍，邹贵生，等. 高纯氧化铝与金属铌的活性钎焊[J]. 清华大学学报(自然科学版)，2007，47(11)：1949-1952.

[9] LIN G B，HUANG J H，ZHANG H，et al. Microstructure and mechanical performance of brazed joints of C/SiC composite and Ti alloy using Ag-Cu-Ti-W [J]. Science & Technology of Welding & Joining，2013，11(4)：379-383.

[10] 王天鹏. Ag－Cu－Ti＋TiN_p钎焊 Si_3N_4 陶瓷/42CrMo 钢组织性能和数值模拟研究[D]. 哈尔滨：哈尔滨工业大学，2012.

[11] LOEHMANR E，KOTULA P G. Spectral imaging analysis of interfacial reactions and microstructures in brazing of alumina by a Hf-Ag-Cu alloy[J]. Journal of the American Ceramic Society，2010，87(1)：55-59.

[12] LOEHMAN R E，HOSKING F M，GAUNTT B，et al. Reactions of Hf-Ag and Zr-Agalloys with Al_2O_3 at elevated temperatures[J]. Journal of Materials Science，2005，40(9/10)：2319-2324.

[13] ZHANG J，SUN Y. Microstructural and mechanical characterization of the SiN/SiN joint brazed using Au-Ni-V filler alloys[J]. Journal of the European Ceramic

Society, 2010, 30(3): 751-757.

[14] XIONG H P, CHEN B, KANG Y S, et al. Wettability of Co-V and Pd-Ni-Cr-V system alloys on SiC ceramic and interfacial reactions[J]. Scripta Materialia, 2007, 56(2): 173-176.

[15] MCDERMID J R, PUGH M D, DREW R A L. The interaction of reaction bonded silicon carbide and inconel 600 with a nickel based brazing alloy[J]. Metallurgical Transactions A, 1989, 20 (9): 1803-1810.

[16] XIONG H P, MAO W, XIE Y H, et al. Brazing of SiC to a wrought nickel-based superalloy using CoFeNi(Si, B)CrTi filler metal[J]. Materials Letters, 2007, 61 (25): 4662-4665.

[17] ZOU J, JIANG Z, ZHAO Q, et al. Brazing of Si_3N_4 with amorphous $Ti_{40}Zr_{25}Ni_{15}Cu_{20}$ filler[J]. Materials Science & Engineering A, 2009, 507(1): 155-160.

[18] 张弈琦. 工程陶瓷/金属的高温钎焊[J]. 焊接, 1998, 11: 12-14.

[19] EL-SAYED M H, NAKA M, SCHUSTER J C. Interfacial structure and reaction mechanism of AlN/Ti joints[J]. Journal of Materials Science, 1997, 32(10): 2715-2721.

[20] EI-SAYED M H, NAKA M. Structure and strength of AlN/V bonding interfaces [J]. Journal of Materials Science, 1998, 33(11): 2869-2874.

[21] 陈波, 熊华平, 毛唯, 等. 采用 Au 基钎料真空钎焊 Al_2O_3 陶瓷[J]. 焊接学报, 2016, 37(11): 47-50.

[22] VOYTOVYCH R, KOLTSOV A, HODAJ F, et al. Reactive vs non-reactive wetting of ZrB by azeotropic Au-Ni [J]. Acta Materialia, 2007, 55 (18): 6316-6321.

[23] CHEN B, XIONG H, CHENG Y, et al. Microstructure and property of AlN joint brazed with Au-Pd-Co-Ni-V brazing filler[J]. Journal of Materials Science & Technology, 2015, 31(10): 1034-1038.

[24] ZHANG Q, SUN L, LIU Q, et al. Effect of brazing parameters on microstructure and mechanical properties of C_f/SiC and Nb-Zr joints brazed with Ti-Co-Nb filler alloy[J]. Journal of the European Ceramic Society, 2017, 37(3): 931-937.

[25] LIU C F, ZHANG J, ZHOU Y, et al. Effect of Ti content on microstructure and strength of Si_3N_4/Si_3N_4 joints brazed with Cu-Pd-Ti filler metals[J]. Materials Science & Engineering A, 2008, 491(1): 483-487.

[26] DUROV A V, KOSTJUK B D, SHEVCHENKO A V, et al. Joining of zirconia to metal with Cu-Ga-Ti and Cu-Sn-Pb-Ti fillers[J]. Materials Science & Engineering A, 2000, 290(1): 186-189.

[27] ASTHANA R, SINGH M. Evaluation of Pd-based brazes to join silicon nitride to Copper-clad-molybdenum[J]. Ceramics International, 2009, 35(8): 3511-3515.

[28] SINGH M, OHJI T, ASTHANA R, et al. Air brazing: a new method of ceramic-

ceramic and ceramic-metal joining[M]. Hoboken: From Macro to Nanoscale, John Wiley & Sons, Inc, 2011.

[29] ZHAO Y, MALZBENDER J, GROSS S M. The Effect of room temperature and high temperature exposure on the elastic modulus, hardness and fracture toughness of glass ceramic sealants for solid oxide fuel cells[J]. Journal of the European Ceramic Society, 2011, 31(4): 541-548.

[30] WILKENHOENER R, BUCHKREMER H P, STOEVER D, et al. Heat-resistant, electrically conducting joint between ceramic end plates and metallic conductors in solid oxide fuel cell[J]. Mrs Proceedings, 1999, 575:295-302.

[31] ZHANG Y, LIU T, ZHANG J, et al. Induction brazing $BaCo_{0.7}Fe_{0.2}Nb_{0.1}O_{3-\delta}$ membrane tubes to steel supports with Ag-based filler in air[J]. Journal of Membrane Science, 2017, 533: 19-27.

[32] JI H, HAO C, LI M. Overwhelming reaction enhanced by ultrasonics during brazing of alumina to copper in air by Zn-14Al hypereutectic filler[J]. Ultrasonics Sonochemistry, 2017, 35(Pt A): 61.

[33] CHEN X, YAN J, GAO F, et al. Interaction behaviors at the interface between liquid Al-Si and solid Ti-6Al-4V in ultrasonic-assisted brazing in air[J]. Ultrasonics Sonochemistry, 2013, 20(1): 144.

[34] CHEN X, XIE R, LAI Z, et al. Interfacial structure and formation mechanism of ultrasonic-assisted brazed joint of SiC ceramics with Al-12Si filler metals in air[J]. Journal of Materials Science & Technology, 2017, 5: 492-498.

[35] BOBZIN K, ÖTE MEHMET, WIESNER S, et al. Characterization of reactive air brazed ceramic/metal joints with unadapted thermal expansion behavior[J]. Advanced Engineering Materials, 2015, 16(12): 1490-1497.

[36] RAJU K, MUKSIN, KIM S, et al. Joining of metal-ceramic using reactive air brazing for oxygen transport membrane applications[J]. Materials & Design, 2016, 109: 233-241.

[37] ZHANG L L, LI K, YU C C, et al. Wetting properties and interface reaction mechanism of Ag-Cu brazes on dual-phase membrane ceramic[J]. Journal of Inorganic Materials, 2016, 31(6): 607.

[38] CAO J, SI X, LI W, et al. Reactive air brazing of YSZ-electrolyte and Al_2O_3-substrate for gas sensor sealing: interfacial microstructure and mechanical properties[J]. International Journal of Hydrogen Energy, 2017, 42(15): 10683-10694.

[39] JIN Y K, ENGELHARD M, CHOI J P, et al. Effects of atmospheres on bonding characteristics of silver and alumina[J]. International Journal of Hydrogen Energy, 2008, 33(14): 4001-4011.

[40] PONICKE A, SCHILM J, KUSNEZOFF M, et al. Aging behavior of reactive air

brazed seals for SOFC[J]. Fuel Cells, 2015, 15(5SI): 735-744.

[41] CHEN H, LI L J, KEMPS R, et al. Reactive air brazing for sealing mixed ionic electronic conducting hollow fiber membranes[J]. Acta Materialia, 2015, 88: 74-82.

[42] SINNAMON K E, MEIER A M, JOSHI V V. Wetting and mechanical performance of zirconia brazed with silver/copper oxide and silver/vanadium oxide alloys[J]. Advanced Engineering Materials, 2014, 16(12SI): 1482-1489.

[43] CHEN J, WEI P, MEI Q, et al. The wettability of Y-Al-Si-O-N oxynitride glasses and its application in silicon nitride joining[J]. Journal of the European Ceramic Society, 2000, 20(14/15): 2685-2689.

[44] SUN Z, PAN D, WEI J, et al. Ceramics bonding using solder glass frit[J]. Journal of Electronic Materials, 2004, 33(12): 1516-1523.

[45] 王义峰，曹健，冯吉才. 陶瓷与金属的连接方法与研究进展[J]. 航空制造技术，2012，21: 54-57.

[46] 辛格，达树，阿莎娜，等. 陶瓷组装及连接技术[M]. 林铁松，曹健，亓钧雷，译. 北京：机械工业出版社，2016.

[47] 张贵锋，张建勋，王士元，等. 瞬间液相扩散焊与钎焊主要特点之异同[J]. 焊接学报，2002，23(6): 92-96.

[48] DEZELLUS O, ANDRIEUX J, BOSSELET F, et al. Transient liquid phase bonding of titanium to aluminum nitride[J]. Materials Science and Engineering A, 2008, 495: 254-258.

[49] ZHAI Y, NORTH T H. Transient liquid-phase bonding of alumina and metal matrix composite base materials[J]. Journal of Materials Science, 1997 (32): 1393-1397.

[50] 邹贵生，吴爱萍，任家烈，等. 连接压力在 Ti/Ni/Ti 复合层 TLP 扩散连接 Si_3N_4 陶瓷中的作用机制[J]. 宇航材料工艺，2000(5): 76-80.

[51] 李卓然，顾伟，冯吉才. 陶瓷与金属连接的研究现状[C]. 合肥：中国机械工程学会焊接学会，2008.

[52] SUGAR J D, MCKEOWN J T, TAKAYA A, et al. Transient-liquid-phase and liquid-film-assisted joining of ceramics [J]. Journal of the European Ceramic Society, 2006, 26: 363-372.

[53] HONG S M, CHRISTOPHER C, THOMAS B, et al. Ultrarapid transient-liquid-phase bonding of Al_2O_3 ceramics[J]. Advanced Materials, 2008, 20: 4799-4803.

[54] 初雅杰. Si_3N_4 陶瓷二次部分瞬间液相连接过程的数值模型及模拟[D]. 镇江：华东船舶工业学院，2003.

[55] 翟建广. Si_3N_4 陶瓷二次部分瞬间液相连接技术研究[D]. 镇江：华东船舶工业学院，2003.

[56] 欧昭. Ti/Al 交替中间层反应扩散连接 $\gamma-$TiAl 基合金的研究[D]. 哈尔滨：哈尔

滨工业大学，2011.
[57] 于启湛. 陶瓷材料的焊接[M]. 北京：机械工业出版社，2018.
[58] 于启湛. 非金属材料的焊接[M]. 北京：化学工业出版社，2018.
[59] NIEMANN R C，GONCZY J D，PHELAN P E，et al. Design and performance of low-thermal-resistance，high-electrical-isolation heat intercept connections [J]. Cryogenics，1995，35(11)：829-832.
[60] 韩敏. 陶瓷膜管与金属材料连接的研究[D]. 贵阳：贵州大学，2008.

第4章 铁氧体功能陶瓷低温玻璃连接及接头强化机理

4.1 铁氧体与功率电感器件及其组装简介

微波铁氧体是一种高电阻率磁性材料，常作为旋磁介质使用，工作频率在100 MHz～100 GHz。在此频段工作的各种微波铁氧体器件结构都是基于铁氧体的旋磁特性，即在恒定磁场与微波磁场共同作用下磁导率表现为张量。金属磁性材料同样也具有旋磁特性，但是由于电阻率较小、涡流损耗太大，形成趋肤效应，电磁波仅仅透入厚度不到1 μm的表面薄层，所以无法利用。因而铁氧体材料在旋磁性应用领域具有独特的地位。

由于锂铁氧体具有电阻率高、介电常数小、难击穿、温度稳定性好、可靠性高且成本低廉等特点，已广泛应用于多种微波器件中，如环行器、移相器、隔离器等。为满足工作需求，要求微波铁氧体器件具有损耗小、开关时间短、驱动功率低、相移误差小、承受功率大、尺寸小及质量轻等特点，因此要求铁氧体材料应是一种软磁材料，具有较高的剩磁比、居里温度和较低的矫顽力、电磁损耗。随着航空航天技术和电子工业的不断进步，微波器件不断向轻量化、小型化、集成化、高可靠性和低成本方向发展，一方面对材料性能提出了更高的要求(低损耗)，另一方面对器件制备过程中的铁氧体材料自身连接效果要求更加苛刻。

常用的陶瓷连接方法有钎焊、扩散焊和激光焊，连接时常用的中间层有金属基钎料、胶粘剂和玻璃钎料等。常用的Bi基、Zn基及Au基等金属基钎料的制备较困难，抗腐蚀性较差，成本较高，电阻率较低，与铁氧体材料电磁性能差异巨大，不适于连接铁氧体材料。而胶粘剂的抗腐蚀性、热稳定性及抗渗透性均较差，也不利于微波铁氧体器件的长期稳定使用。此外，胶粘剂与铁氧体材料的电磁性能差异也较大，相当于在连接界面中将铁氧体材料进行了物理分隔。因此为了减少传输过程中的磁损耗，只能通过控制连接界面的宽度来减小连接接头的微波损耗。相比金属基钎料和胶粘剂，玻璃钎料的强度更高，耐腐蚀性和绝缘性更好，更重要的是玻璃与陶瓷的化学键相似，化学相容性更好，玻璃钎料连接陶瓷的工艺简单，成本较低。此外，玻璃钎料的热膨胀系数、黏度、流动性及熔融特性等性质均可在较大范围内调控。

针对目前微波器件中铁氧体材料连接过程中出现的问题，制备出成分合适的低温无铅玻璃钎料，实现锂铁氧体自身的可靠连接及连接接头与铁氧体母材的电性能一体化设计具有重要意义。揭示元素扩散和界面反应对连接件机械强度及电性能的影响规律，可为微波铁氧体器件中铁氧体材料的可靠、有效连接提供新思路。

4.2 低熔玻璃钎料设计、制备及性能研究

合理的成分设计是制得非晶玻璃钎料的基础，而玻璃钎料的成分决定其网络结构，进而影响玻璃钎料的各种性能。玻璃钎料自身的强度及其与陶瓷母材的热膨胀系数匹配性是获得可靠连接的前提条件。此外，锂铁氧体为功能陶瓷，连接功能陶瓷时，除了要考虑机械强度的要求，连接接头与母材的功能一体化也是需要考虑的重要方面。因此，既要研究玻璃钎料的玻璃网络结构、热物理性能和力学性能，也要研究其电性能，为获得结构一功能一体化的连接接头奠定良好基础。同时，玻璃钎料在陶瓷母材表面的润湿铺展行为是制订连接工艺参数并获得良好连接效果的理论基础。

4.2.1 铋硼玻璃钎料的成分设计及制备

铋硼玻璃体系的熔点低且玻璃组分中不含铅，符合绿色设计和环境保护的要求，是目前研究较多的绿色低熔玻璃钎料体系之一。另外，铋硼玻璃体系与铁氧体陶瓷的化学相容性较好。因此，设计、制备铋硼玻璃体系作为连接铁氧体陶瓷的钎料。

获得可靠连接的前提是玻璃钎料的热膨胀系数要与陶瓷母材匹配。同时铁氧体陶瓷作为功能材料，还要保证连接过程对其功能性(电磁性能)的影响要尽可能小，这就要求玻璃钎料的电磁性能与陶瓷母材尽可能接近。同时，在保证可靠连接的前提下，连接温度越低越好，即玻璃钎料的特征温度越低越好。根据陶瓷母材连接对玻璃钎料的性能要求，在查阅大量文献的基础上，参考有关相图，设计的玻璃钎料组成见表 4.1。

表 4.1 玻璃钎料成分(摩尔分数) %

编号	Bi_2O_3	H_3BO_3	SiO_2	ZnO	BaO	CaO	Fe_2O_3
Bi40	40	27	16	17	—	—	—
Bi35	35	27	6	32	—	—	—
Bi25	25	42	6	27	—	—	—
Bi20	20	52	6	22	—	—	—
Bi30－BF	30	17	6	42	4	—	1
Bi25－BC	25	52	12	6	3	2	—

铋硼玻璃体系中选取 Bi_2O_3、B_2O_3 和 SiO_2 共同作为玻璃网络形成体氧化物。硼酸(H_3BO_3)会在加热的过程中不断失水至完全转变为熔融的 B_2O_3，用来引入 B_2O_3。在熔制玻璃时，B_2O_3 的挥发量一般为自身质量的 5%～15%。因此，H_3BO_3 的实际加入量为表 4.1 中配比的 1.15 倍，以补充熔制时 B_2O_3 的挥发量。同时，选取 CaO、BaO 和 Fe_2O_3 作为网络外体氧化物，添加量较小，用来调整玻璃钎料的特征温度、热膨胀系数和电磁性能等。此外，选取 ZnO 作为中间体氧化物，ZnO 是一种常见的中间体氧化物，用来降低玻璃的热膨胀系数，提高化学稳定性和热稳定性。

最常采用熔融一水淬法制备铋硼玻璃钎料。

4.2.2　铋硼玻璃钎料的玻璃网络结构

拉曼光谱和傅里叶变换红外吸收光谱是研究分子结构的有力手段。从量子力学的观点来看，若振动时分子的偶极矩发生变化，则该振动是红外活性的；若振动时分子的极化率发生变化，则该振动是拉曼活性的；若振动时两者均发生变化，则该振动既是红外活性的也是拉曼活性的。换言之，对称伸缩振动是拉曼活性而非红外活性的，非对称伸缩振动或弯曲振动是红外活性而非拉曼活性的。因此，采用拉曼光谱和傅里叶变换红外吸收光谱相结合的方式分析所制得的铋硼玻璃试样的网络结构，利用两者之间的互补性，得到更加全面的玻璃网络结构信息。

查阅相关文献可知，铋酸盐玻璃的拉曼光谱在 70～160 cm^{-1} 波长范围内的振动峰主要是 Bi^{3+} 的离子振动；在 300～600 cm^{-1} 波长范围内的振动峰主要是以桥键方式存在的 Bi^{3+} 的伸缩振动；而在高波区的 800～1 200 cm^{-1} 和 1 200～1 500 cm^{-1} 波长范围内则分别归属于玻璃网络中硼氧四面体[BO_4]和硼氧三角体[BO_3]结构单元中 B—O 非桥氧键的伸缩振动。制备态铋硼玻璃体系的拉曼光谱如图 4.1 所示。

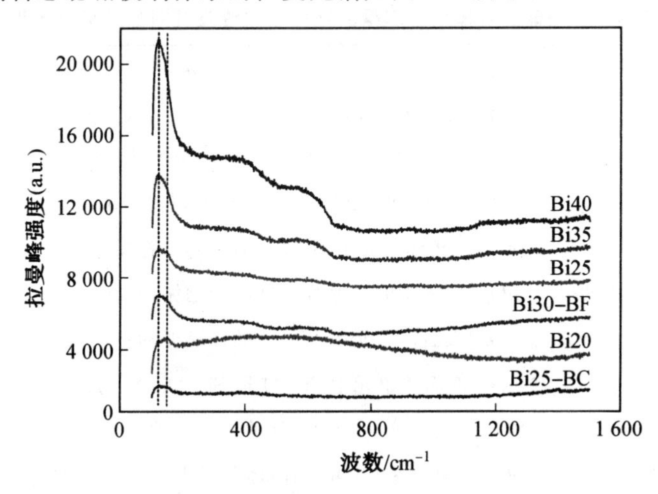

图 4.1　制备态铋硼玻璃体系的拉曼光谱

由图 4.1 可见，125 cm^{-1} 处较强的振动峰属于铋氧三角体[BiO_3]和铋氧八面体[BiO_6]结构单元中 Bi^{3+} 的离子振动。波长约在 400 cm^{-1} 处较弱且较宽的振动峰可能属于[BiO_3]和[BiO_6]结构单元中 Bi—O—Bi 键的振动。而波数约在 600 cm^{-1} 处较弱且较宽的振动峰则可能属于[BiO_6]结构单元中 Bi—O^- 键的对称伸缩振动。可见，铋硼玻璃体系中[BiO_3]和[BiO_6]结构单元的数量均随玻璃成分中 Bi_2O_3 含量的下降而降低。此外，降低铋硼玻璃中 Bi_2O_3 的含量可以使得玻璃网络中结构单元的排列更加无序。

铋硼玻璃体系的红外吸收光谱如图 4.2 所示。表 4.2 总结了图 4.2 中观察到的主要吸收峰及相对应的振动类型。结合图 4.1 和图 4.2 可知，拉曼光谱和红外吸收光谱中均未观察到与 BaO、CaO 或 Fe_2O_3 氧化物相关的振动峰。因此，BaO、CaO 和 Fe_2O_3 均作为网络外体存在于铋硼玻璃体系中。此外，在图 4.1 和图 4.2 中也未明显观察到对应[ZnO_4]结构单元的振动峰。这可能是因为大部分 ZnO 氧化物是作为玻璃外体存在于铋硼玻璃体系中的，只有小部分 ZnO 氧化物充当玻璃形成体的角色。

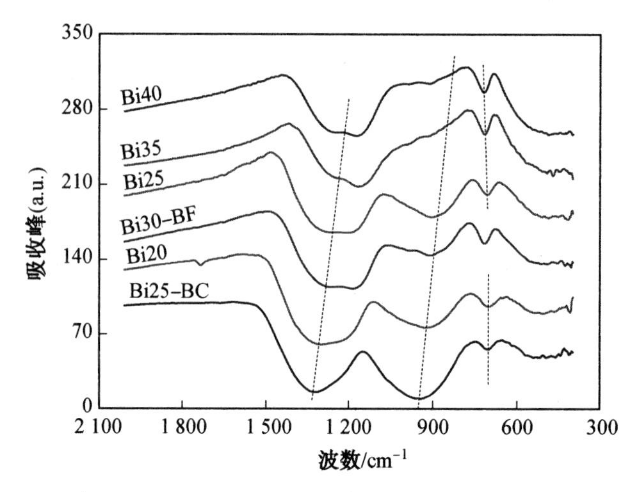

图 4.2　铋硼玻璃体系的红外吸收光谱

表 4.2　玻璃钎料体系中测得的红外吸收峰及其对应的振动类型

波数/cm^{-1}	振动类型
420～550	[BiO_6]八面体单元中 Bi—O—Bi 和 Bi—O 的振动； [ZnO_4]四面体单元中 Zn—O 的伸缩振动
475	[SiO_4]四面体单元中 Si—O—Si 的弯曲振动
680～735	[BO_3]三角体单元中 B—O—B 的弯曲振动
840	[BiO_3]三角体单元中 Bi—O 的伸缩振动
860	[BiO_6]八面体单元中 Bi—O 的伸缩振动
1 010～1 050	[SiO_4]四面体单元中 Si—O 和 Si—O—Si 的伸缩振动
900～1 050	[BO_4]四面体单元中 B—O 的伸缩振动
1 100～1 230	[BO_3]三角体和[BO_4]四面体单元中 B—O^- 的伸缩振动
1 200～1 500	[BO_3]三角体单元中 B—O 的伸缩振动

由图 4.2 和表 4.2 还可以看出，随着 Bi_2O_3 含量的升高，700 cm^{-1} 附近的峰([BO_3]中 B—O—B 的弯曲振动)位置逐渐移向高波数。然而，900～1 050 cm^{-1} 波长范围内([BO_4]中 B—O 的伸缩振动)和 1 200～1 500 cm^{-1} 波长范围内([BO_3]中 B—O 的伸缩振动)峰的位置逐渐移向低波数。这些变化可能与高度极化的 Bi^{3+} 的电场强度有关。Bi_2O_3 含量的升高导致[BO_3]中氧原子周围的电子云密度增加，进而导致 B—O—B 键的扭矩增大，[BO_3]中 B—O—B 的弯曲振动峰(约 700 cm^{-1})因而移向高波数。同时，Bi^{3+} 静电场的存在促使 Bi—O—B 新键的形成。因为 Bi—O 键的强度(342.7 kJ/mol)低于 B—O 键的强度(497.9 kJ/mol 或 372.4 kJ/mol)，所以 Bi—O—B 键的伸缩振动频率可能低于 B—O 键的伸缩振动频率。这就是[BO_4]和[BO_3]中 B—O 的伸缩振动峰(900～1 050 cm^{-1} 和 1 200～1 500 cm^{-1})会移向低波数的原因。

4.2.3　玻璃钎料的热膨胀系数

玻璃钎料的热膨胀系数与陶瓷母材是否匹配对能否获得可靠连接具有重要意义。玻璃的化学成分对玻璃热膨胀系数的影响最大，其次是温度及玻璃的热历史。当温度升高时，玻璃的膨胀需克服组成玻璃的各种阳离子与氧离子之间的键力 f，可通过式(4.1)计算得到。因此，f 值越大，玻璃的热膨胀系数越小；反之，则热膨胀系数越大。

$$f=\frac{2Z}{a^2} \tag{4.1}$$

式中　Z——阳离子的电价；

a——阳离子与氧离子间的中心距离。

铋硼玻璃钎料体系的热膨胀系数如图 4.3 所示。

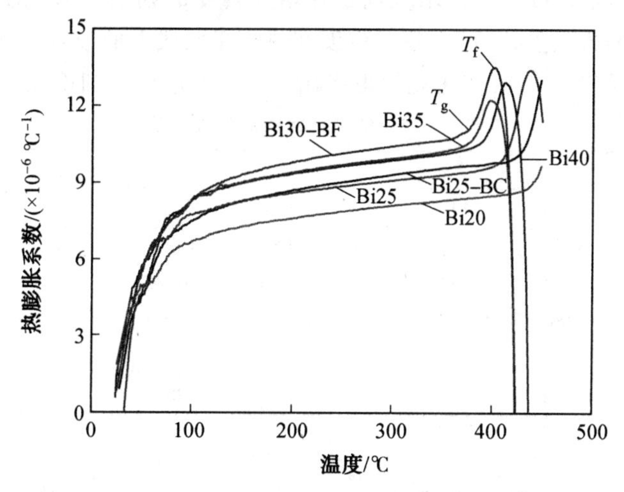

图 4.3　铋硼玻璃钎料体系的热膨胀系数

由图 4.3 可知，铋硼玻璃体系的热膨胀系数大小关系为 $\alpha_{Bi30-BF}>\alpha_{Bi35}\approx\alpha_{Bi40}>\alpha_{Bi25}\approx\alpha_{Bi25-BC}>\alpha_{Bi20}$。除了 Bi40 和 Bi35，其余玻璃钎料的热膨胀系数均随玻璃钎料中 Bi_2O_3 含量的增加而增大，这可通过成分变化对玻璃网络结构的影响来解释。如 4.2.2 节所述，不同玻璃钎料的拉曼光谱中[BiO_3]或[BiO_6]结构单元的峰强度变化规律为 Bi40>Bi35>Bi30－BF>Bi25>Bi25－BC>Bi20，不同玻璃钎料中[BO_3] 结构单元 FTIR 峰的强弱关系为 Bi35>Bi40>Bi30－BF>Bi25>Bi20>Bi25－BC。而玻璃钎料中[BO_4] 结构单元 FTIR 峰强度的变化规律与[BO_3] 结构单元相反，即随着玻璃钎料中 Bi_2O_3 含量的降低，玻璃网络中的 Bi—O 键被 B—O 键取代，同时层状的[BO_3]结构单元转变为三维网状的[BO_4]结构单元。此外，Bi35、Bi40、Bi30－BF、Bi25、Bi20 和 Bi25－BC 中非桥氧的数量依次降低。而且，Bi—O 键的键力 f(342.7kJ/mol)小于 B—O 键的键力(497.9 kJ/mol 或 372.4 kJ/mol)，层状结构中层与层之间的结合力也小于三维网状中结构单元的结合力。因此，B—O 键取代 Bi—O 键、[BO_3]结构单元转变为[BO_4]结构单元及非桥氧数的减少均会使得玻璃网络结构更加致密。这也是 Bi30－BF、Bi25 和 Bi20 的膨胀系数依次降低的原因。Bi25－BC 的热膨胀系数高于 Bi25 和 Bi20，最有可能的原因是网络外体的加入使得玻璃网络结构变疏松。由图 4.3 还可以看出，Bi40 和 Bi35 的热膨胀系数相近，且明显低于 Bi30－BF，这一现象无法用成分变化对玻璃网络结构的影响来解释。最有可能的原因是 Bi40 和 Bi35 在浇注后的热处理过程中发生了析晶，而析晶相的热膨胀系数低于玻璃基体，导致其热膨胀系数减小。为了明确析晶相对玻璃基体热膨胀系数的影响，应该研究玻璃钎料的热处理析晶过程及主要的析晶相组成，这部分内容将在第 4.2.4 节及第 4.2.5 节进行详细论述。

制得的铋硼玻璃钎料体系的热膨胀系数几乎均低于铁氧体且二者较为接近，差值最大不超过 3.0×10^{-6}℃$^{-1}$。可见，制得的铋硼玻璃钎料的热膨胀系数满足连接两陶瓷母材的要求。

通过热膨胀曲线的测定，除了得到玻璃钎料的热膨胀系数，还能得到玻璃钎料的玻璃转化温度 T_g（热膨胀系数由缓慢增大向迅速增大转变的拐点）和软化温度 T_f（热膨胀系数迅速降低之前的最高点）。两个特征温度在热膨胀曲线上的位置如图 4.3 所示，玻璃钎料的热物理性质见表 4.3，其变化规律也将在 4.2.4 节进行详细论述。

表 4.3　玻璃钎料的热物理性质　℃

编号	T_g	T_f	T_{p1}	T_{p2}	T_{p3}	T_{m1}	T_{m2}	$\Delta T=T_{p1}-T_g$
Bi40	358	412	442	497	676	586	—	84
Bi35	342	398	498	526	680	575	606	156
Bi25	385	436	591	—	—	666	—	206
Bi20	421	480	616	—	—	701	—	195
Bi30－BF	361	401	602	—	—	696	—	241
Bi25－BC	417	472	615	—	—	666	—	198

4.2.4　玻璃钎料的热分析

为了分析玻璃钎料的特征温度及析晶行为，分别对制备态玻璃钎料进行差示扫描量热仪（DSC）热分析，得到的 DSC 曲线如图 4.4 所示。由图可以得到玻璃钎料的特征温度，如玻璃转变温度（T_g）、玻璃软化点（T_f）、析晶温度（T_p）及析出晶分解温度（T_m）。此外，玻璃热稳定性因子（$\Delta T=T_p-T_g$）可由上述参数计算得到，用以评估玻璃钎料的析晶倾向。ΔT 越大，玻璃钎料的析晶倾向越小，反之则易于析晶。结合图 4.3 中所得到的 T_g 和 T_f值，玻璃钎料各特征温度值（T_g、T_f、T_p、T_m和 ΔT）见表 4.3。

玻璃钎料的 T_g值与玻璃网络结构中不同结构单元的交联密度、网络形成体结合键的强度及网络形成原子的配位数等密切相关。交联密度较大的网络状[BO_4]转变为交联密度较小的层状[BO_3]、结合键较强的 B—O 键被较弱的 Bi—O 键取代及玻璃网络中非桥氧连接键的增加，这些都将导致玻璃钎料的 T_g 值降低。因此，玻璃钎料 Bi35、Bi40、Bi30－BF、Bi25、Bi25－BC 和 Bi20 的 T_g值依次下降，与 4.2.2 节中玻璃网络结构的分析结果相一致。由图 4.4(a)～(d)可知，Bi40 和 Bi35 的 DSC 曲线上各有三个明显的放热峰（表 4.3 中 T_{p1}、T_{p2}和 T_{p3}），而 Bi25 和 Bi20 的 DSC 曲线上仅有一个明显的放热峰（表 4.3 中 T_{p1}）。由表 4.3 可知，Bi40、Bi35、Bi25 和 Bi20 的 T_{p1}和 ΔT 均呈依次下降趋势。由此可见，Bi40、Bi35、Bi25 和 Bi20 的热稳定性(析晶倾向)依次增强(减弱)。这与玻璃网络结构分析中的结果一致，即玻璃的形成能力(无序度)随玻璃成分中 Bi_2O_3 的降低而增强。由图 4.4(e)和(f)可以看出，Bi30－BF 和 Bi25－BC 的 DSC 曲线上的放热峰宽度宽度较大且不够尖锐，这说明玻璃修正体(BaO、CaO 和 Fe_2O_3)的加入有助于增加玻璃钎料的稳定性，降低其析晶倾向。由图 4.4 还可以看出，各玻璃钎料的 DSC 曲线上都存在特定的放热峰(表 4.3 中 T_m)，这说明玻璃钎料加热过程中析出的晶体不稳定，可能会在后续加热过程中发生分解，将在第 4.2.5 节中详细论述。

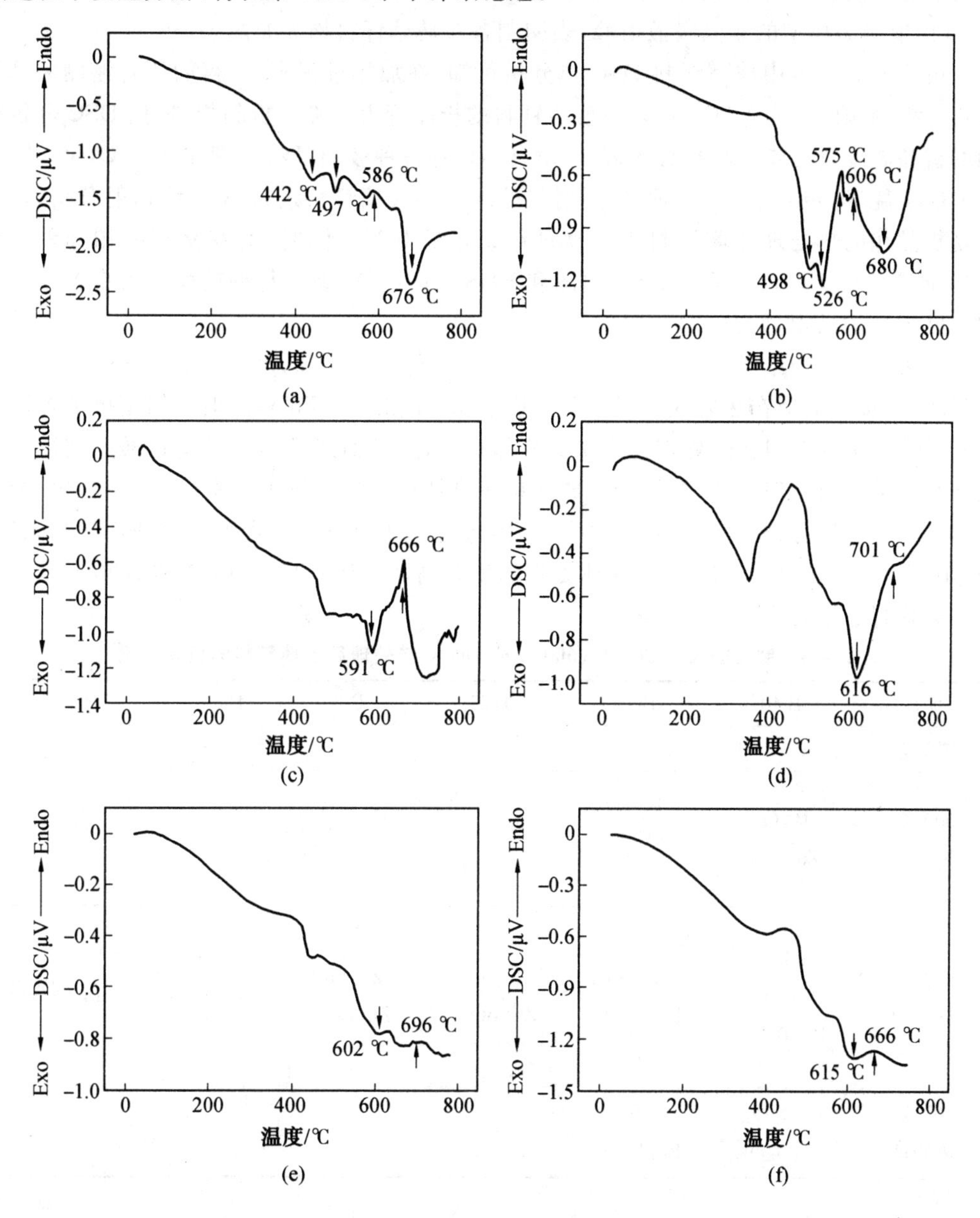

图 4.4　制备态玻璃钎料粉末在加热过程中的 DSC 曲线

4.2.5 玻璃钎料的析晶行为

本章铋硼玻璃钎料体系由熔融—冷却法制得，即高温熔体经急剧冷却得到玻璃。在冷却过程中，玻璃熔体的黏度急剧增大，构成玻璃的质点来不及形成晶体的有序排列，系统的内能处于介稳状态，而不是处于最低值。因此，玻璃态从热力学观点来看是不稳定的，但实际上玻璃态并不能自发地转化为晶体。这主要是因为玻璃在常温下的黏度很大，转变成晶体的速率极小，即从动力学的观点看，玻璃态又是稳定的。制备态玻璃钎料的XRD衍射峰为典型的非晶漫散射峰，表明制备态玻璃钎料均为非晶态。

由第4.2.4节中玻璃钎料DSC热分析可知，在加热过程中，制得的所有铋硼玻璃钎料均有析晶倾向。为了进一步研究玻璃钎料的析晶行为并确定析晶相，根据DSC分析得到的析晶温度及可能的晶相分解温度(表4.3)，将每种玻璃钎料分别在500 ℃、600 ℃及700 ℃保温30 min进行热处理，然后对热处理后的玻璃钎料进行X射线衍射分析，再对出现析晶相的热处理玻璃钎料进行微观组织形貌观察。同时，对观察到的相分别进行EDS能谱分析。综合分析XRD衍射图和EDS能谱，可以确定每种玻璃钎料在各个热处理温度下的析晶相，见表4.4。

将表4.4中的结果与表4.1中的玻璃成分进行对比可知，玻璃钎料中Bi_2O_3或ZnO含量较高，促进玻璃在热处理过程中分别析出富Bi相或富Zn相。玻璃修正体的加入可以有效抑制玻璃钎料在热处理过程中的析晶行为，这与前述章节及其他铋酸盐玻璃体系的研究结果一致。但是，本章铋硼玻璃钎料在热处理过程中析出的富Zn相不稳定，会在继续加热过程中分解。而富Bi相的稳定性随玻璃钎料中Bi_2O_3含量的增加而提高，且富Bi相中的Bi含量(Bi富集程度)随热处理温度升高而增加。其中，Bi40和Bi50玻璃钎料在热处理过程中发生的反应见表4.5。

表4.4 制备态及经500 ℃、600 ℃或700 ℃热处理后玻璃钎料的析晶情况

状态	Bi40	Bi35	Bi25	Bi20	Bi30－BF	Bi25－BC
制备态	—	—	—	—	—	—
500 ℃热处理	Bi_2O_3 Zn_2SiO_4	$Bi_4B_2O_9$ $Zn_4O(BO_2)_6$ Zn_2SiO_4	—	—	—	—
600 ℃热处理	$Bi_4B_2O_9$ $Bi_{12}SiO_{20}$ $Bi_{24}B_2O_{39}$	$Bi_4ZnB_2O_{10}$ $Bi_{12}SiO_{20}$ $Bi_{24}B_2O_{39}$ ZnO	Zn_2SiO_4 $Zn(BO_2)_2$	Zn_2SiO_4 $Zn(BO_2)_2$	$Bi_4ZnB_2O_{10}$	$Bi_2O_2SiO_3$
700 ℃热处理	$Bi_{12}SiO_{20}$ $Bi_{24}B_2O_{39}$	$Bi_{12}SiO_{20}$ $Bi_{24}B_2O_{39}$	—	—	—	—

表 4.5　Bi40 和 Bi35 玻璃钎料在热处理过程中发生的反应

编号	温度区间/℃	反应方程式
Bi40	600～700	$Bi_4B_2O_9(s)$ + [BiO_6]（或 [BiO_3]）⟶ $Bi_{24}B_2O_{39}(s)$
Bi35	500～600	$Bi_4B_2O_9(s)$ + [ZnO_4] ⟶ $Bi_4ZnB_2O_{10}(s)$
Bi35	600～700	$Bi_4ZnB_2O_{10}(s)$ + [BiO_6]（或 [BiO_3]）⟶ $Bi_{24}B_2O_{39}(s)$ + [ZnO_4]
Bi35	500～600	$Zn_4O(BO_2)_6(s)$ ⟶ $ZnO(s)$ + [BO_3]（或[BO_4]）

4.2.6　玻璃钎料的力学性能

采用三点弯曲强度作为表征铋硼玻璃钎料强度的指标，如图 4.5 所示。由图可知，Bi25－BC 和 Bi30－BC 的强度远高于其他玻璃钎料，分别为 103 MPa 和 97 MPa。Bi20、Bi25、Bi35 和 Bi40 的强度随玻璃成分中 Bi_2O_3 含量的增加而从 67 MPa 降至 48 MPa。影响玻璃强度的主要因素有很多，如化学组成、表面微裂纹、微不均匀性、结构缺陷和外界条件（温度、活性介质、疲劳等）等。由于所有玻璃钎料三点弯曲强度测试件的制备方式及测试条件相同，因此主要考虑玻璃钎料化学组成对其三点弯曲强度的影响。化学组成不同的玻璃，其结构间的键强及单位体积内的键数（结构网络的疏密程度）是不同的，强度的大小也因此不同。键强越高，单位体积内的键数越多（结构网络越致密），玻璃的强度越高。如 4.2.2 节所述，随着玻璃钎料中 Bi_2O_3 含量的增加，玻璃网络中键强较高的 B—O 键被键强较低的 Bi—O 键取代，同时交联密度较大的三维网状[BO_4]结构单元转变为交联密度较低的层状[BO_3]结构单元，玻璃结构网络变稀疏，Bi20、Bi25、Bi35 和 Bi40 的三点弯曲强度因此逐渐下降。Bi25－BC 三点弯曲强度较高的原因可能是该玻璃体系除含有较低的 Bi_2O_3 之外，SiO_2 的含量较高，而 Si—O 键的键强高于 Bi—O 键。Bi30－BF 三点弯曲强度较高的原因是其中间体氧化物 ZnO 含量较高，部分 ZnO 进入玻璃网络结构中起补网作用，使网络结构变得致密。

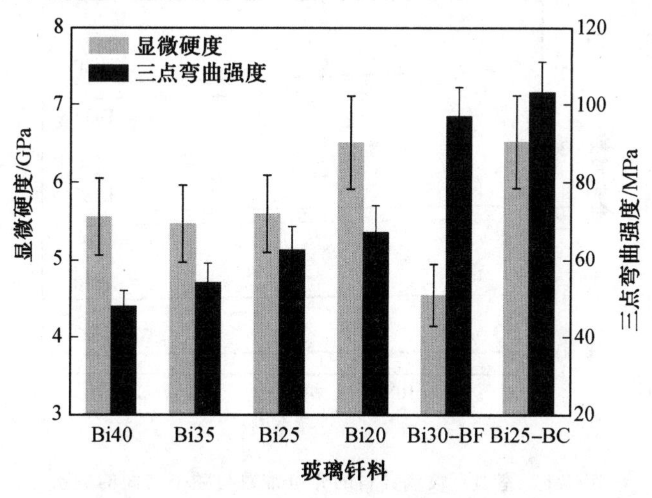

图 4.5　玻璃钎料成分对其显微硬度和三点弯曲强度的影响

硬度可以理解为固体材料抵抗另一种固体深入其内部而不产生残余形变的能力。玻璃硬度的表示方法有很多，较常用的为显微硬度（压痕法），本章铋硼玻璃体系的显微硬度如图 4.5 所示。由图可知，Bi25－BC、Bi20、Bi25、Bi40、Bi35 和 Bi30－BF 的显微硬度依次减小。其中，Bi25－BC 和 Bi20 的显微硬度分别为 6.53 GPa 和 6.52 GPa，远大于其他玻璃钎料；Bi30－BF 的显微硬度为 4.55 GPa（最小值）。这主要是因为 Bi25－BC 和 Bi20 的玻璃形成体总量（B_2O_3和 SiO_2）远大于其他玻璃钎料，Bi25、Bi40、Bi35 和 Bi30－BF 的玻璃形成体总量依次下降，见表 4.1。一般来说，网络形成体离子使玻璃硬度增加，而网络外体离子则使玻璃硬度降低，随着网络外体离子半径的减小和原子价的上升硬度增加。因此，Bi30－BF 的硬度明显低于其他玻璃钎料。

4.2.7　玻璃钎料的介电性能

介电常数用来衡量电介质的极化过程，电介质极化率越大，其介电常数越大。玻璃的化学组成、温度和电场频率是影响玻璃介电常数的主要因素。考虑连接件的使用条件，本章只考查玻璃钎料化学组成及电场频率对其介电常数的影响，如图 4.6 所示。由图可知，玻璃钎料的介电常数几乎不随电场频率的变化而变化。这是因为玻璃的介电性主要由电子位移极化和离子位移极化决定。玻璃体系中组成离子的离子极化率和迁移率的大小可以解释玻璃的介电常数与其化学组成的关系。由于 Bi^{3+} 的离子极化率大于玻璃体系中 B^{3+} 和 Si^{4+} 的离子极化率，所以 Bi40、Bi35、Bi25 和 Bi20 的介电常数依次下降。由图 4.6 还可以看出，虽然 Bi30－BF 的 Bi_2O_3 含量高于 Bi25，但是其介电常数却低于 Bi25。这可能是 Bi30－BF 的 ZnO 含量较高，部分 ZnO 以[ZnO_4]八面体结构单元进入玻璃网络结构中起积聚作用，使网络结构变得致密，导致离子的迁移率下降，进而减小其介电常数。此外，Bi_2O_3和 SiO_2含量较高的 Bi25－BC 的介电常数低于 Bi_2O_3和 SiO_2含量较低的 Bi20 的介电常数。这主要是因为 Bi25－BC 玻璃网络中[BO_4]结构单元的数量高于 Bi20（图 4.1），玻璃网络较致密，离子迁移率较小，所以具有较低的介电常数。

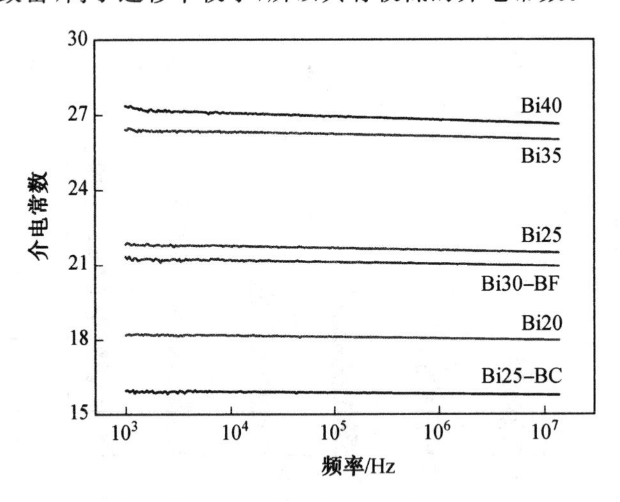

图 4.6　室温下玻璃钎料的介电常数与频率之间的关系

在一定频率的交流电压作用下，部分电能因电介质材料的极化或吸收现象转化为热能而损耗，这种电能损失称为介电损耗。玻璃中的介电损耗按性质可分为电导损失、松弛损失、结构损失和共振损失。在本章的测试条件下，玻璃的介电损耗主要是电导损耗和松弛损耗，其大小主要由网络外体离子的浓度、离子活动的程度和结构强度等共同决定。铋硼玻璃钎料体系的介电损耗角正切与测试频率之间的关系如图 4.7 所示。由图可知，当电场频率较低时，信号噪声较大。当电场频率较高时，玻璃钎料的介电损耗角正切趋于稳定，随频率升高略有增加，符合玻璃介电损耗随频率变化的一般规律。在高频段，Bi40、Bi35、Bi25、Bi30－BF、Bi20 和 Bi25－BC 的介电损耗角正切值依次降低，与高频段各玻璃钎料介电常数的变化规律相同。各玻璃钎料的介电损耗角正切相差不大，在测试电场频率范围内均小于 0.005。

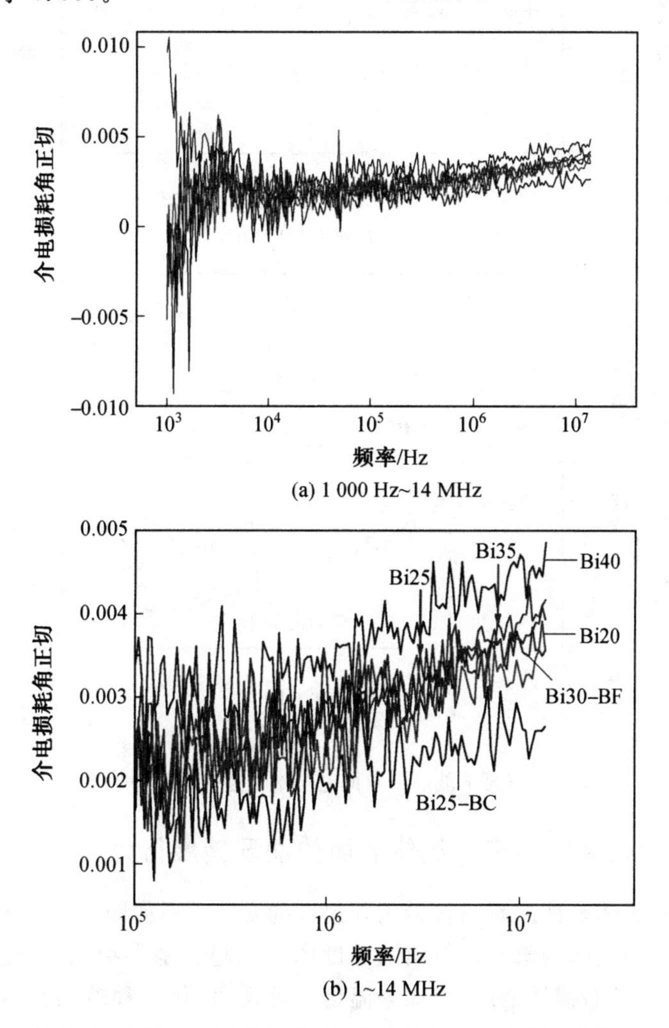

图 4.7　室温下玻璃钎料的损耗角正切与频率之间的关系

铋硼玻璃钎料的电阻率与电场频率之间的关系如图 4.8 所示。由图可见，玻璃钎料电阻率的测试在低频段同样会出现噪声。在高频段，各玻璃钎料的电阻率随电场频率升高先快速降低后缓慢降低，直至与测试频率基本无关，趋于稳定。测试频率的增加提高了载流子的跳跃频率，有利于电导过程的发生，电阻率因此降低。当频率继续升高时，载流子的跳跃频率因跟不上外电场的变化而逐渐落后，电阻率因此趋于稳定。另外，随着测试频率的升高，不同组成玻璃钎料电阻率之间的差距越来越小，均小于 $10^7\Omega\cdot cm$，与绝缘体的电阻率相当，满足连接母材及使用环境对钎料绝缘性的要求。

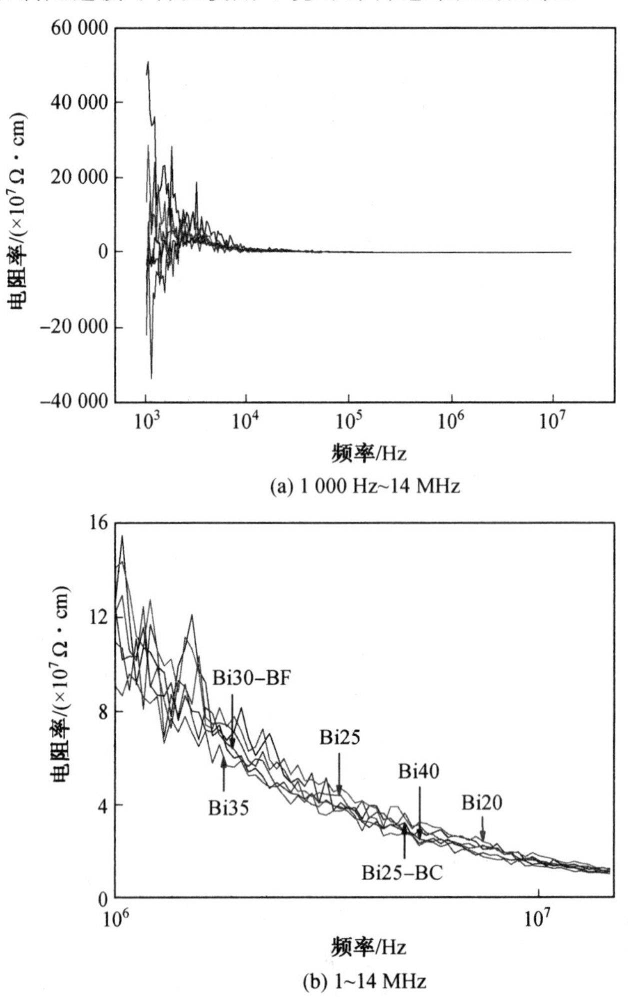

(a) 1 000 Hz~14 MHz

(b) 1~14 MHz

图 4.8 室温下玻璃钎料的电阻率与频率之间的关系

4.2.8 铋硼玻璃钎料在铁氧体表面的润湿铺展行为

玻璃钎料在铁氧体表面的瞬时接触角随温度的变化关系如图 4.9 所示。由图可见，6 种玻璃钎料在铁氧体表面的瞬时接触角随温度的变化趋势基本相同，即随温度升高先缓慢下降后迅速下降(开始铺展之后)。如果温度足够高，任何一种玻璃钎料都可以完全润湿铁氧体。这主要是因为玻璃与陶瓷具有相似的化学键(离子键和共价键)，所以他们之间的化学相容性很好。

已有研究表明，低熔点玻璃在陶瓷表面的润湿铺展行为由玻璃钎料黏性流动和表面张力共同决定。因此，本章玻璃钎料在铁氧体表面的铺展润湿行为可通过温度对玻璃黏度和表面张力的影响来解释。温度与玻璃黏度之间的关系符合指数规律，如式(4.2)

所示。

$$\ln \eta = \frac{A + E_a}{RT} \tag{4.2}$$

式中　η——玻璃黏度，Pa·s；

A——指数项；

E_a——黏性材料流动的活化能，kJ/mol；

T——绝对温度，K；

R——通用气体常数，8.314 5 J/(K· mol)。

随温度升高，玻璃钎料的表面张力先迅速下降后缓慢下降。除此之外，有可能有其他因素影响玻璃钎料在铁氧体表面的润湿铺展行为，如结晶、界面反应等。一方面，随着保温温度的升高，铁氧体逐渐开始发生溶解，同时铁氧体和玻璃钎料之间开始发生界面反应。溶解和界面反应的发生及不断加剧为玻璃钎料的铺展过程提供了另一驱动力。另一方面，随着保温温度的进一步升高，析出晶发生分解而消失，这也是玻璃钎料在铁氧体表面的表观接触角随温度升高而下降的原因。

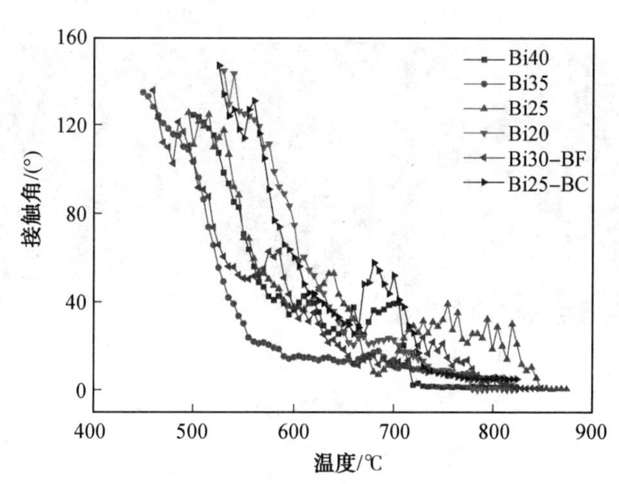

图 4.9　玻璃钎料在铁氧体表面的接触角与温度的关系

4.3　铁氧体/玻璃钎料/铁氧体连接接头的微观组织及形成机理

根据铁氧体功能材料自身特点及连接应用需求，第 4.2 节中设计优选出 6 种绿色低熔点铋酸盐玻璃钎料，同时研究了其与铁氧体母材连接相关的各类热学、力学及电学性能，理论上证明玻璃钎料可以用来连接铁氧体。连接试验中，接头的界面组织是影响接头质量的关键。本节将 6 种玻璃钎料用于连接锂铁氧体，研究不同连接工艺下各玻璃钎料与铁氧体母材的界面组织，揭示低熔点铋酸盐玻璃钎料连接铁氧体的组织演化规律。

4.3.1　玻璃钎料组成对接头组织形貌的影响

根据第 4.2 节中玻璃钎料在铁氧体表面的润湿铺展行为，制订本节连接试验的典型温度分别为 650 ℃、700 ℃和 750 ℃，保温时间为 30 min，所加压力为 5 kPa，冷却制度为随炉冷却。6 种玻璃钎料分别在 650 ℃、700 ℃和 750 ℃下连接铁氧体的接头微观组织形貌分别如图 4.10～4.12 所示。对焊缝中出现的各相进行能谱分析，结果见表 4.6。对 750 ℃下的铁氧体/玻璃钎料界面进行 X 射线衍射分析，如图 4.13 所示。

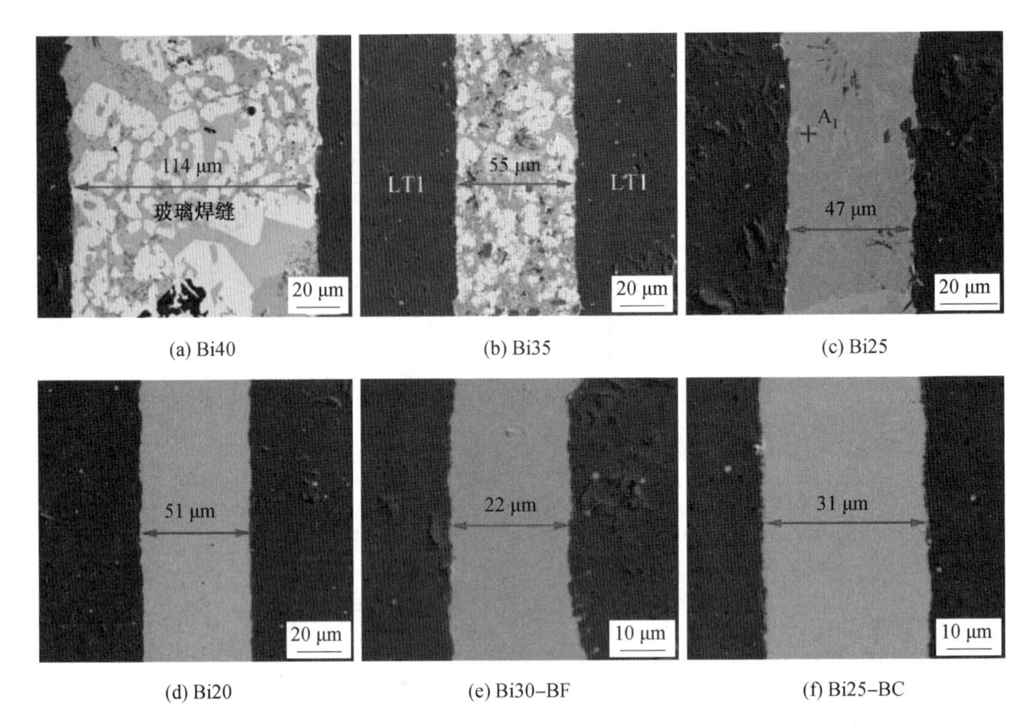

图 4.10 铁氧体/玻璃钎料/铁氧体连接接头的 FE-SEM 微观形貌
(T=650 ℃,t=30 min,p=5 kPa)

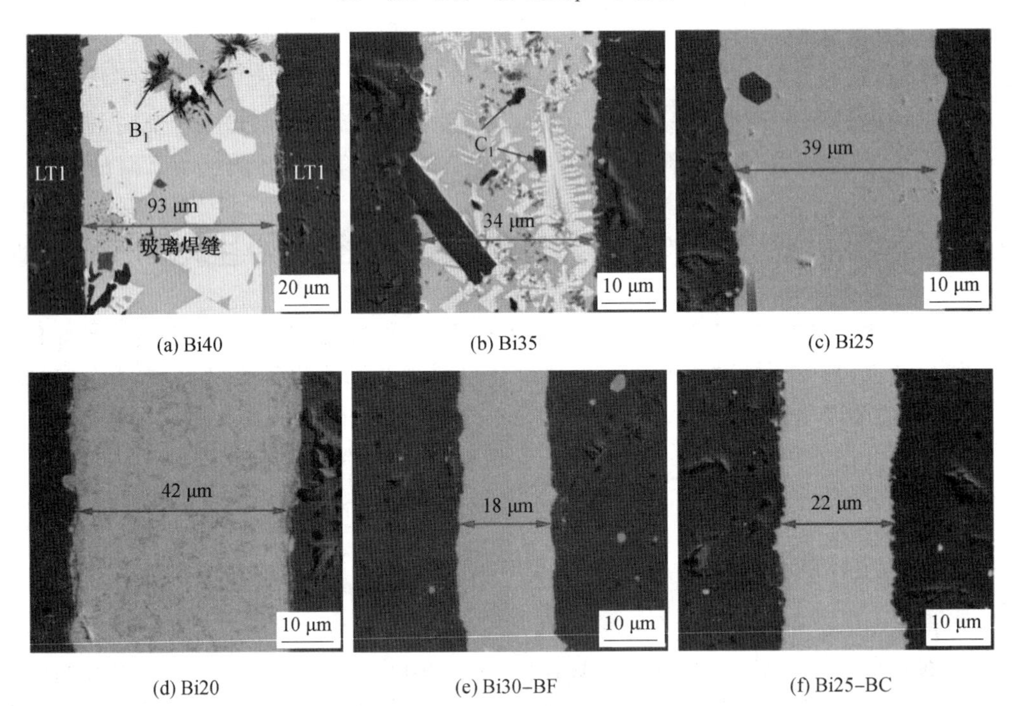

图 4.11 铁氧体/玻璃钎料/铁氧体连接接头的 FE-SEM 微观形貌
(T=700 ℃,t=30 min,p=5 kPa)

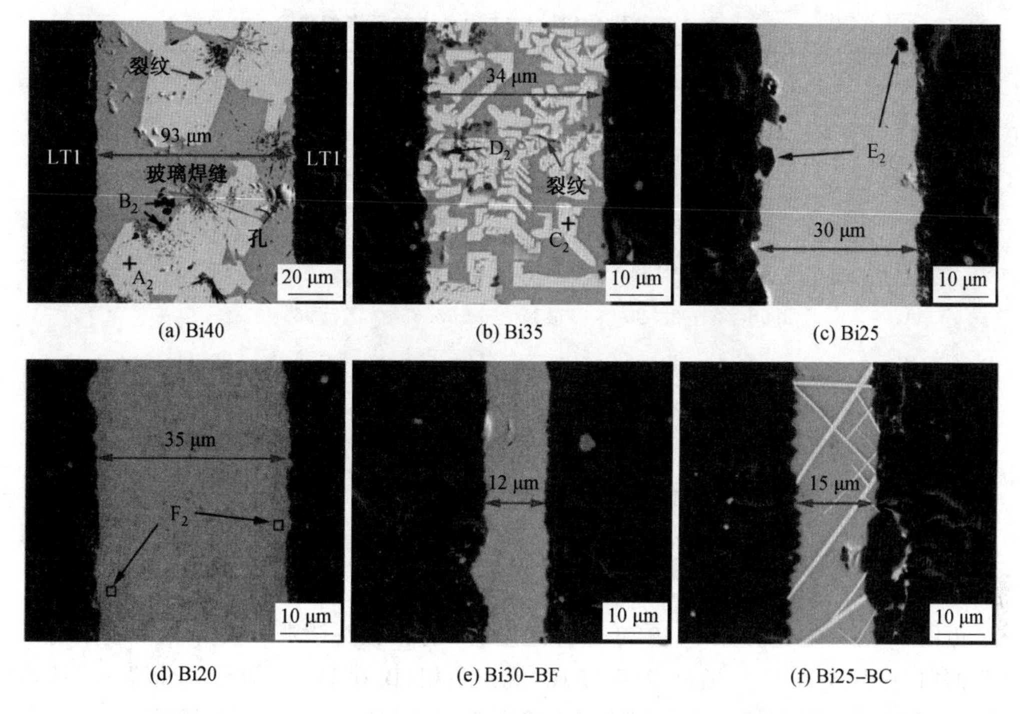

(a) Bi40　(b) Bi35　(c) Bi25

(d) Bi20　(e) Bi30-BF　(f) Bi25-BC

图 4.12　铁氧体/玻璃钎料/铁氧体连接接头的 FE-SEM 微观形貌

(T=750 ℃,t=30 min,p=5 kPa)

如图 4.10～4.12 中的(a)和(b)所示,当连接温度为 650 ℃时,Bi40 和 Bi35 形成的焊缝中灰色相的数量较多。随着连接温度的升高,灰色相的数量均明显减少。由于相的数量较少且尺寸较小,X 射线衍射分析时未检测到相应相的存在(图 4.13)。由 EDS 能谱分析结果(表 4.6 中 B_2和 D_2),同时结合 4.2.5 节中 Bi40 和 Bi35 的析晶行为,可以确定该灰色相为 ZnO,因玻璃钎料自身析晶产生。Bi40 和 Bi35 形成的焊缝中除了白色相和灰色相之外,还存在少量的黑色相(B_1和 C_1)。同样由于数量较少,X 射线衍射分析时也未检测到相应相的存在(图 4.13)。由表 4.6 中的 EDS 能谱分析可知,该黑色相可能是 Mg_xZn_y和 MgO、Mg_xZn_y和 ZnO 或 MgO 和 ZnO 的混合物。

如图 4.10(c)所示,当连接温度为 650 ℃时,Bi25 形成的焊缝中出现不规则形状的白色相 A_1。由能谱分析可知,该白色相 A_1是由 B、O、Si、Zn 和 Bi 组成的富 Bi 相,由玻璃钎料自身析晶产生。但是,相比 Bi40 和 Bi35 形成焊缝中的富 Bi 相(A_2和 C_2),A_1相中 Bi 元素的富集程度较低。结合第 4.2.5 节中的玻璃钎料析晶的相关论述可以确定 A_1为 $Bi_4ZnB_2O_{10}$和 $Bi_2O_2SiO_3$的混合物。如图 4.11(c)及图 4.12(c)所示,当连接温度升至700 ℃或 750 ℃时,白色相 A_1消失,这是因为低温下析出的 $Bi_4ZnB_2O_{10}$和 $Bi_2O_2SiO_3$为亚稳相,将在较高温度下分解。同时,焊缝中开始出现数量较少、尺寸不一的深灰色规则六边形相 E_2。由于六边形相的数量较少,铁氧体/Bi25 界面的 XRD 衍射图中并未检测到相的存在(图 4.13)。但是,由能谱分析可知,E_2相由 Zn、Si 和 O 三种元素组成,其中 Zn 与 Si 的原子比约为 2∶1,由此可以确定六边形相 E_2为 Zn_2SiO_4。

表 4.6 图 4.10～4.12 中各点的元素组成

点	原子数分数/%						
	BK	OK	SiK	BiM	FeK	ZnK	MgK
A_1	6.48	12.40	21.09	42.04	—	17.99	—
B_1	—	39.45	—	8.89	—	12.56	39.10
C_1	—	9.33	—	—	—	26.98	63.69
A_2	2.98	22.29	5.12	63.65	5.96	—	
B_2	—	14.56	—	—	—	85.44	
C_2	3.02	23.91	5.77	61.70	5.60	—	
D_2	—	11.30	—	—	—	88.70	
E_2	—	13.46	25.95	—	—	60.59	
F_2	—	34.32	3.34	35.02	10.26	17.06	

由图 4.10～4.12 可知，Bi40 和 Bi35 连接铁氧体的接头微观形貌相似，焊缝中均存在大量的白色相(A_2和 C_2)、黑色相(B_1和 C_1)和灰色相(B_2和 D_2)。但是，连接温度不同时，Bi40 和 Bi35 形成的焊缝中白色相的形貌略有不同。如图 4.10(a)和(b)所示，当连接温度为 650 ℃时，两焊缝中白色相的数量均较多，尺寸均较小。如图 4.11(a)和(b)及图 4.12(a)和(b)所示，当连接温度升至 700 ℃或 750 ℃时，Bi40 形成的焊缝中白色相长大为尺寸较大的块状相，而 Bi35 形成的焊缝中白色相转变为密集分布的树枝状相，这主要是由两种钎料的 Bi_2O_3含量不同导致的。结合能谱及界面 XRD 分析结果可知，白色相为 $Bi_{46}Fe_2O_{72}$、$Bi_{12}SiO_2$和 $Bi_{24}B_2O_{39}$三者的混合相。其中，$Bi_{12}SiO_2$和 $Bi_{24}B_2O_{39}$是由玻璃钎料自身析晶产生的，这是因为所有元素均来自于钎料自身，这也与第 4.2.5 节中 Bi40 和 Bi35 的析晶行为一致。而 $Bi_{46}Fe_2O_{72}$则是玻璃钎料与铁氧体母材相互作用的产物，这是因为玻璃钎料中不含有 Fe 元素，$Bi_{46}Fe_2O_{72}$中 Fe 元素来自于铁氧体母材。

由图 4.10～4.12 中分图(d)可知，当连接温度为 650 ℃时，Bi20 形成的焊缝中没有明显的析出相或界面反应产物形成。当连接温度为 700 ℃和 750 ℃时，焊缝中出现大量尺寸很小的浅灰色颗粒状物相。该颗粒状物相同时存在于焊缝中及铁氧体/Bi20 界面处，但分布于界面处的数量明显高于焊缝中间的。由于颗粒状相的尺寸很小、数量较少，铁氧体/Bi20 界面的 XRD 衍射图中也未检测到相的存在(图 4.13)。同时由于尺寸很小，无法对单个颗粒进行能谱分析，因此选取颗粒状物相集中分布的区域 F_2进行能谱分析。由表 4.6 中的分析结果可以确定 F_2区域内同时存在 O、Si、Bi、Fe 和 Zn 5 种元素。由扫描电子显微镜中背散射模式的成像原理可知，构成物相的原子其原子序数越大，对应相的亮度越大。由图 4.11(d)和图 4.12(d)可见，颗粒状物相的亮度显著低于 Bi20 玻璃焊缝，且略高于铁氧体母材。因此，颗粒状物相中不含有 Bi 元素，可能为 O、Si、Fe 和 Zn 所组成的 Zn_2SiO_4、Fe_2SiO_4或 $ZnFe_2O_4$，反应方程式分别为

$$Fe^{3+} + [SiO_4] \longrightarrow Fe_2SiO_4(s) \tag{4.3}$$

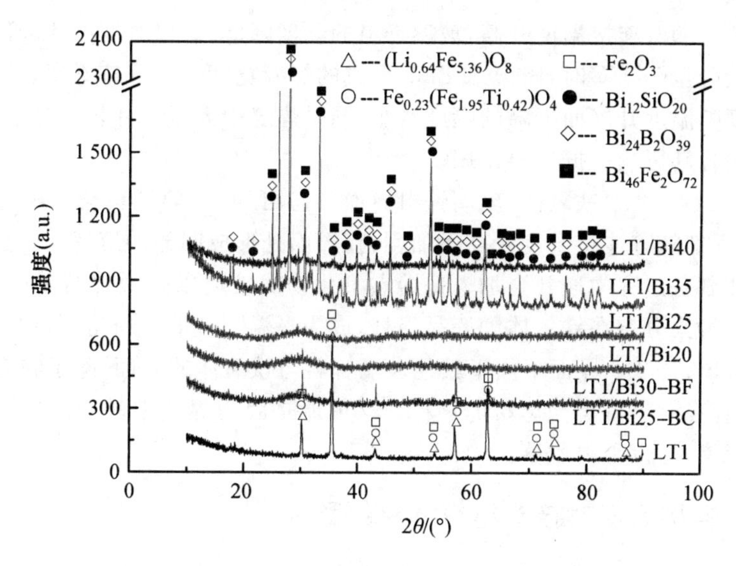

图 4.13　对应于图 4.12(a)～(f)的铁氧体/玻璃钎料界面的 X 射线衍射图

$$[ZnO_4]+[SiO_4]\longrightarrow Zn_2SiO_4(s) \tag{4.4}$$

$$[ZnO_4]+Fe^{3+}\longrightarrow ZnFe_2O_4(s) \tag{4.5}$$

因为 Fe 的原子序数小于 Zn，所以 Fe_2SiO_4 相的亮度低于 Zn_2SiO_4 相，而 Zn_2SiO_4 相的亮度又与铁氧体母材相当(图 4.11(c)、图 4.12(c))。因此，颗粒状物相不可能为 Zn_2SiO_4 或 Fe_2SiO_4，只能是 $ZnFe_2O_4$。该物相为 Bi20 与铁氧体母材的反应产物，这也是界面处的颗粒状物相数量高于焊缝中的原因。如图 4.10～4.12 中分图(e)所示，Bi30－BF 形成的焊缝中没有任何明显的析晶相或界面反应产物形成。由图 4.10～4.12 中分图(f)可知，当连接温度为 650 ℃或 700 ℃时，Bi25－BC 连接铁氧体接头中也不存在任何明显的析晶相或界面反应产物。但是，当连接温度升高至 750 ℃时，铁氧体/Bi25－BC/铁氧体接头中开始出现白色针状物质(图 4.12(f))，该白色针状物质具有较大的长径比，称为晶须，其物相组成将在第 4.3.2 节中详细论述。

对比图 4.10～4.12 中各玻璃钎料连接铁氧体的焊缝宽度可知，当连接温度为650 ℃时，各玻璃钎料形成的焊缝宽度的变化规律为 Bi40＞Bi35＞Bi20＞Bi25＞Bi25－BC＞Bi30－BF。当连接温度为 700 ℃或 750 ℃时，各玻璃钎料形成的焊缝宽度的变化规律为 Bi40＞Bi20＞Bi35＞Bi25＞Bi25－BC＞Bi30－BF。将上述焊缝宽度变化规律与第4.2.4 节中玻璃钎料的特征温度及第 4.2.8 节中各玻璃钎料在铁氧体表面的润湿铺展行为进行对比可知，焊缝中析晶相或界面反应产物的形成会使得玻璃钎料的黏度增大，相同压力下可以留下的玻璃钎料增多，焊缝宽度因此增大。而且析晶相或界面反应产物的尺寸越大、数量越多，其对玻璃钎料黏度或焊缝宽度的提升作用越明显。但是，在有晶须形成的情况下，Bi25－BC 形成的焊缝宽度略高于 Bi30－BF 而明显低于其他玻璃钎料(图 4.12)。此外，在不考虑析晶及界面反应的情况下，Bi25－BC 的黏度与 Bi20 相当且大于其他玻璃钎料。由此可见，铁氧体/Bi25－BC/铁氧体连接接头中的白色晶须对玻璃钎料的黏度影响很小，并不会使黏度明显增大。由图 4.10～4.12 还可以看出，Bi40 和 Bi35 形成的焊缝宽度随连接温度升高先下降后基本保持不变，其余 4 种钎料所形成的焊缝宽度均随连接温度升高而降低。随着连接温度升高，玻璃钎料的黏度降低，焊缝宽度因此降低。当连接温度从 700 ℃上升至 750 ℃时，Bi40 和 Bi35 形成的焊缝宽度基本保持不变。这是因为此时玻璃钎料黏度随温度升高而下降的幅度减小，同时焊缝中大量尺寸较大的富 Bi 相使玻璃钎料黏度增加且其影响占据主要作用。

由图 4.10～4.12 中铁氧体/玻璃钎料界面形态可知，玻璃钎料会溶解界面处的铁氧体母材，溶解程度随着连接温度升高而加剧，在界面处形成明显的溶解层。这主要是因为铁氧体陶瓷在制备过程中通常会加入低熔点氧化物或玻璃以降低烧结温度，该低熔点氧化物或玻璃会聚集分布在铁氧体陶瓷晶界处，成为高温下玻璃钎料溶解母材的快速通道。但是，铁氧体/Bi25－BC 界面不同于其他玻璃钎料与铁氧体的界面，除了在界面处形成溶解层之外，还存在一定量类似母材的颗粒。这可能是因为焊缝中晶须的形成消耗了大量的母材组成元素，所以母材脱落。

4.3.2　连接温度对接头组织形貌的影响

由第 4.3.1 节中的分析可知，当连接温度从 650 ℃升至 750 ℃时，相比于其他 5 种玻璃钎料，Bi25－BC 连接铁氧体的接头微观组织形貌发生更为明显的变化，且在 700 ℃升至 750 ℃的过程中发生了突变。由此可见，有必要进一步分析连接温度对铁氧体/Bi25－BC/铁氧体连接接头微观组织形貌的影响。连接温度区间设定为 650～750 ℃，每隔 25 ℃取一个温度点，得到的连接接头微观组织形貌如图 4.14 所示。为了确定焊缝中白色晶须的物相组成，对 750 ℃下的铁氧体/Bi25－BC 界面进行 X 射线衍射分析，如图 4.15所示。同时对界面处晶须及铁氧体进行透射电镜观察，如图 4.16 所示。对扫描电镜下的典型相和典型位置及透射电镜下的晶须进行能谱分析，见表 4.7。

如图 4.14 所示，当连接温度为 725 ℃时，焊缝中开始出现白色针状物质(晶须)。随着连接温度进一步升高，晶须的数量进一步增加、尺寸(长度和直径)进一步增大。由扫描电镜及透射电镜的能谱分析(表 4.7 中 M_3、M_4 和 M_5)可知，白色晶须由 Bi、Ti、Fe 和 O 4 种元素组成，其中 Bi、Ti 和 Fe 的原子比约为 5∶3∶1。结合界面处 X 射线衍射分析(图 4.15)及晶须的电子衍射斑点标定结果(图 4.16(e))，可以确定该白色晶须的相组成为 $Bi_5Ti_3FeO_{15}$。对比铁氧体的组成和表 4.1 中 Bi25－BC 的成分可知，晶须组成元素中的 Ti 和 Fe 均来自铁氧体母材，而 Bi 则来自玻璃钎料，O 可能来自玻璃钎料或铁氧体母材。在连接过程中，母材中的 Ti^{4+} 和 Fe^{3+} 由八面体或四面体间隙位置扩散到玻璃焊缝中，其反应的方程式见式(4.9)，然后与焊缝中的 Bi 和 O 按照式(4.10)发生反应，形成 $Bi_5Ti_3FeO_{15}$。

$$Fe_{0.23}(Fe_{1.98}Ti_{0.42})O_4(s) \longrightarrow Fe_3O_4(s) + Fe^{3+} + Ti^{4+} \tag{4.6}$$

$$[BiO_6](\text{或}[BiO_3]) + Fe^{3+} + Ti^{4+} \longrightarrow Bi_5Ti_3FeO_{15}(s) \tag{4.7}$$

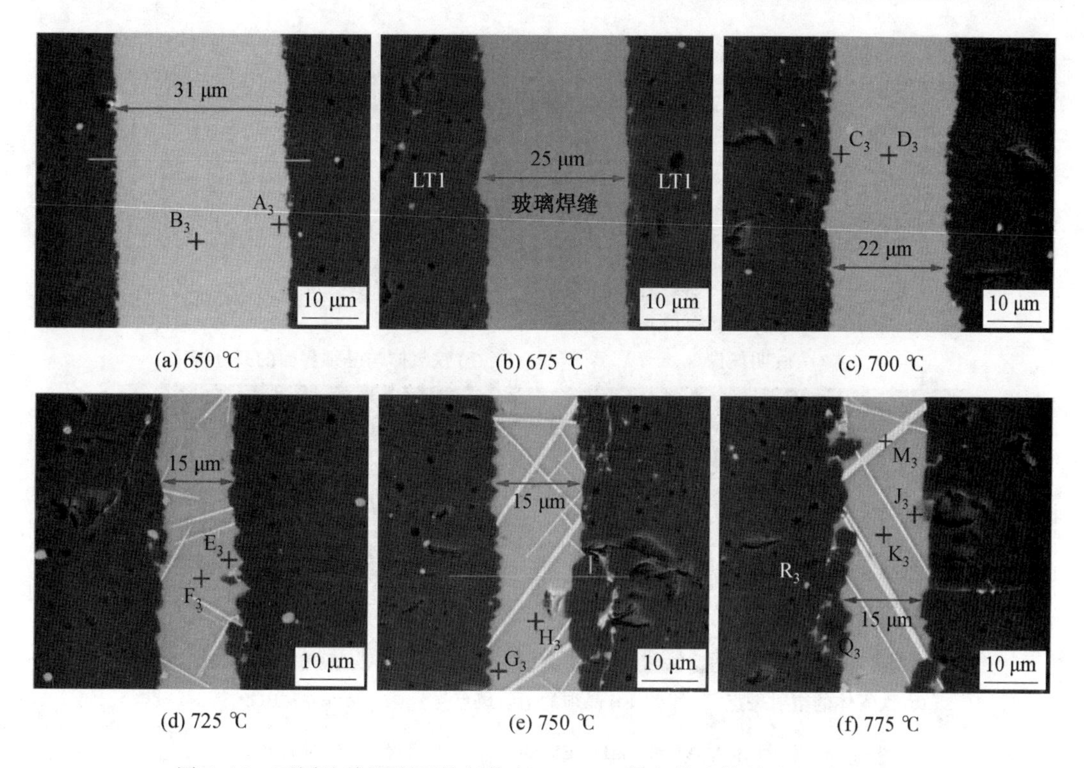

图 4.14　不同连接温度下铁氧体/Bi25－BC/铁氧体连接接头的微观形貌
(t=30 min，p=5 kPa)

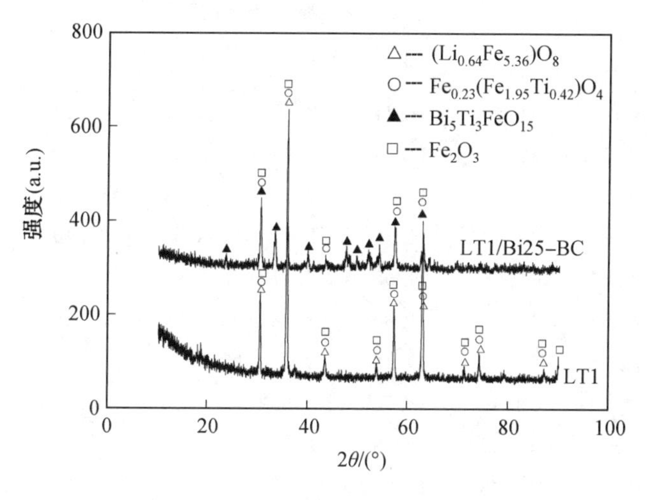

图 4.15　图 4.14(e)的铁氧体/玻璃钎料界面的 X 射线衍射图

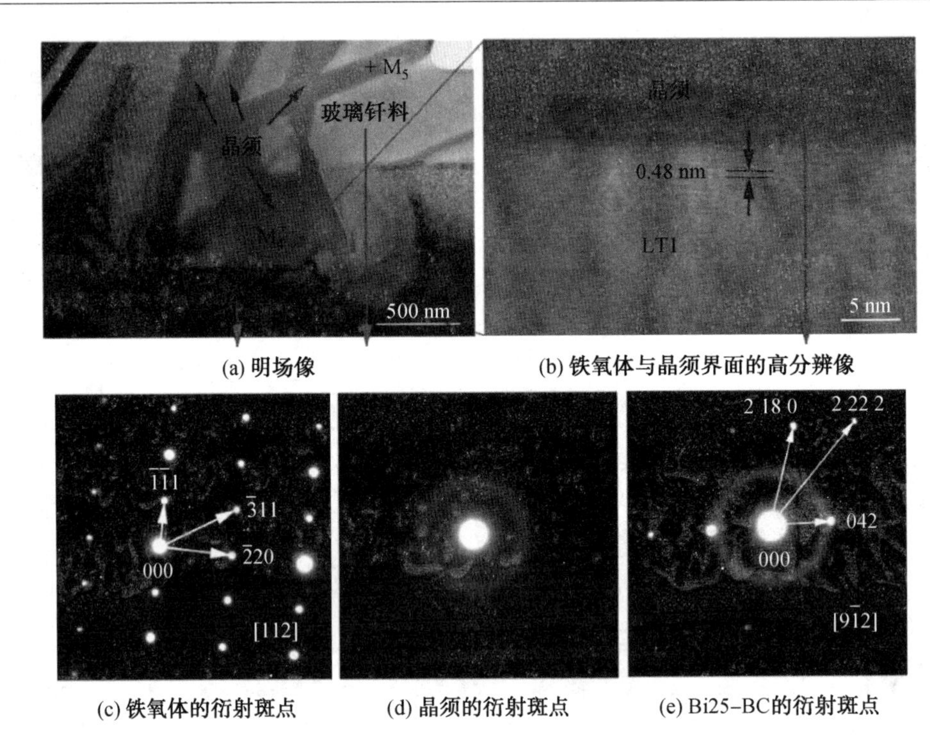

(a) 明场像 (b) 铁氧体与晶须界面的高分辨像

(c) 铁氧体的衍射斑点 (d) 晶须的衍射斑点 (e) Bi25-BC的衍射斑点

图 4.16 铁氧体、晶须和 Bi25-BC 的 TEM 明场像、高分辨及衍射斑点

表 4.7 图 4.14 和图 4.16 中各点的元素组成

点	原子数分数/%							
	OK	SiK	BiM	CaK	BaL	TiK	FeK	ZnK
A_3	33.93	11.48	34.24	2.33	2.27	1.39	9.59	4.77
B_3	34.57	12.69	35.16	2.99	3.03	0.84	6.79	3.93
C_3	31.17	11.79	33.88	2.53	3.22	1.66	12.43	3.32
D_3	32.28	12.87	34.56	2.75	3.50	1.40	8.77	3.87
E_3	30.47	15.08	29.68	2.37	2.99	2.01	13.49	3.91
F_3	31.62	16.39	31.80	3.18	2.50	1.35	9.29	3.88
G_3	32.54	12.76	30.45	2.82	2.91	1.80	12.77	3.94
H_3	33.48	13.96	33.70	2.63	3.00	0.94	8.90	3.38
J_3	38.84	15.32	28.63	2.07	2.29	1.47	8.35	3.04
K_3	39.28	15.78	28.73	2.05	2.73	1.15	7.93	2.36
M_3	61.44	—	21.97	—	—	12.38	4.22	—
M_4	59.10	—	22.00	—	—	13.30	5.60	—
M_5	59.70	—	20.30	—	—	14.30	5.60	—
Q_3	57.13	—	—	—	—	2.88	38.90	1.09
R_3	44.73	—	—	—	—	8.45	44.01	0.80
铁氧体(LT1)	44.64	—	—	—	—	9.08	44.23	2.05

对连接温度为 750 ℃的焊缝进行能谱面分布分析，如图 4.17 所示。由图可知，虽然铁氧体母材中并不含有 B，但是由于 B 的原子半径较小(仅为 88 pm)，易于扩散，近界面母材内的 B 含量与焊缝中的差别并不大。另外，因为铁氧体母材和玻璃钎料中都含有 Zn 和 O，所以近界面母材内的 Zn 或 O 含量与焊缝中的差别也不大。若某种元素只存在于玻璃钎料或铁氧体母材内，同时其原子半径又较大，则其在玻璃焊缝中和近界面母材内的含量将有较大差别，如图 4.17 中的 Ti、Fe、Si 和 Bi，其原子半径分别为 170 pm、124 pm、117 pm 和 155 pm。其中，不同于 Fe 和 Bi，Ti 在晶须出现的位置出现了富集现象，说明晶须中的 Ti 含量高于焊缝中 Ti 的平均含量，也就是说 Ti 从母材扩散至焊缝中的扩散速率小于 Ti 在反应生成晶须过程中的消耗速率。因此，焊缝中的 Ti 含量可能是影响晶须形核长大的关键因素。由图 4.17 还可以看出，任何一种元素均同时出现在焊缝和近界面母材内，这说明铁氧体母材和玻璃钎料之间存在元素的相互扩散，为获得良好的连接效果提供一定的有利条件。

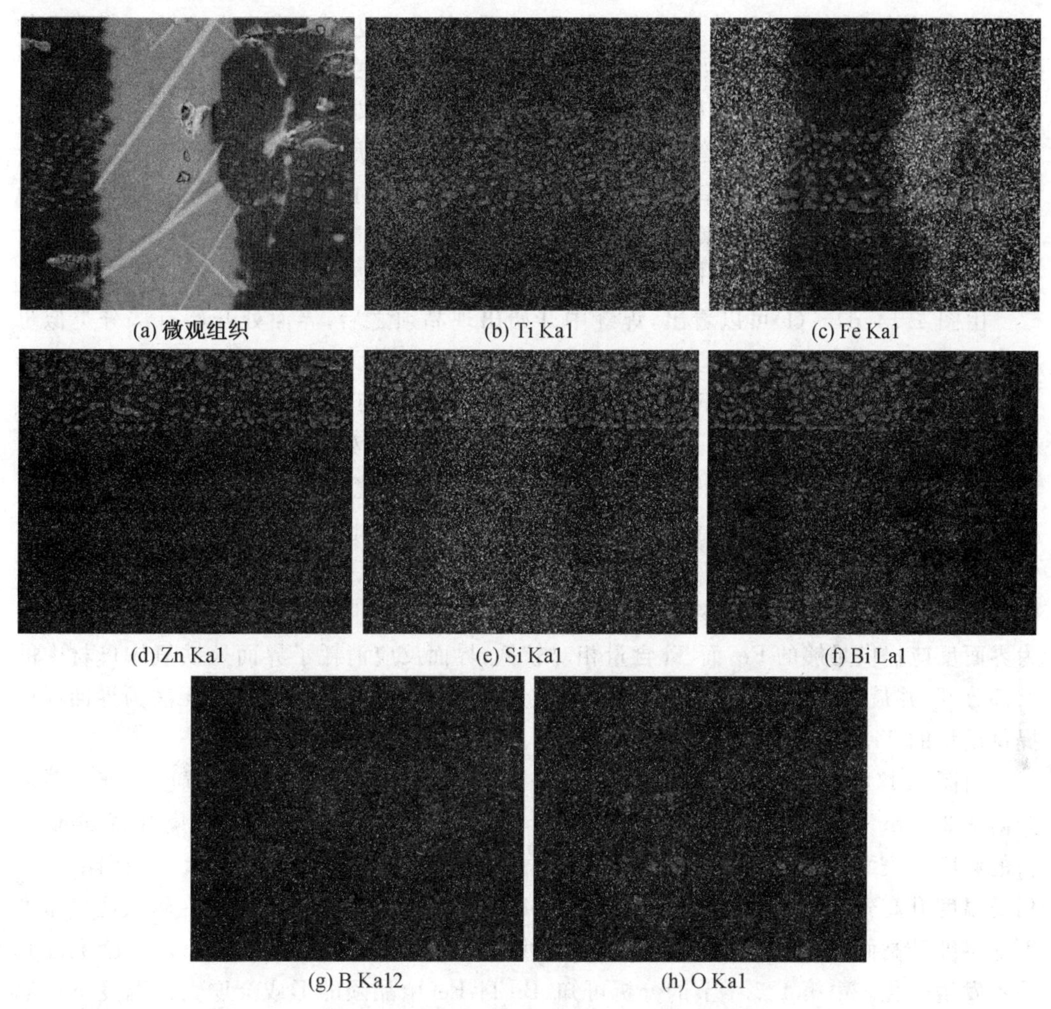

(a) 微观组织　(b) Ti Ka1　(c) Fe Ka1　(d) Zn Ka1　(e) Si Ka1　(f) Bi La1　(g) B Ka12　(h) O Ka1

图 4.17　铁氧体/Bi25－BC/ 铁氧体连接接头的元素面分布

(T=750 ℃，t=30 min，p=5 kPa)

从除675 ℃以外其他温度下连接接头的界面处(A_3、C_3、E_3、G_3和J_3)及焊缝中心位置(B_3、D_3、F_3、H_3和K_3)能谱分析结果(表4.7)可见,来自铁氧体母材的Ti和Fe在界面处的含量高于焊缝中心,而来自玻璃钎料的Si、Bi、Ca和Ba则具有近似相反的变化规律。这也说明了铁氧体母材和玻璃钎料之间存在元素的相互扩散。如前所述,Bi、Ti、Fe和O为形成$Bi_5Ti_3FeO_{15}$晶须的4种元素,而O在铁氧体和焊缝中的含量差别不大,下面将重点讨论Bi、Ti和Fe的变化。

由表4.7可以看出,Bi、Ti和Fe在界面处和焊缝中心的含量随连接温度的变化规律一致。其中,由于Bi不断由焊缝扩散至母材内或参与界面反应,界面处和焊缝中心的Bi含量均随连接温度升高而降低。而界面处和焊缝中心的Ti或Fe含量的变化规律则随温度区间的不同而不同。当连接温度在650~725 ℃时,即$Bi_5Ti_3FeO_{15}$晶须未形成之前,界面处和焊缝中心的Ti或Fe含量均随连接温度升高而增加。这是因为原子活性随温度升高而增大,所以连接温度越高扩散至焊缝中的Ti和Fe的量越多。这说明只有当连接温度足够高,从铁氧体母材扩散至焊缝中的Ti和Fe的含量达到了发生界面反应所要求的临界浓度时,$Bi_5Ti_3FeO_{15}$晶须才会出现。但是,当连接温度高于725 ℃,即$Bi_5Ti_3FeO_{15}$晶须开始出现之后,由于界面反应不断消耗Fe和Ti,界面处和焊缝中心的Ti或Fe含量均随连接温度升高而呈减少趋势。这说明生成晶须的界面反应消耗Ti或Fe的速率大于其从母材扩散至焊缝中的速率。由表4.7可知,晶须中Fe的相对含量低于焊缝中的,说明从铁氧体母材到焊缝的元素扩散可以为界面反应提供足量的Fe。而晶须中Ti的相对含量远高于焊缝中的,这也说明了焊缝中Ti的含量是影响界面反应的关键因素。

由图4.14(d)~(f)可以看出,焊缝中开始出现晶须之后,界面处开始有部分类似母材的颗粒(Q_3)出现。对其进行能谱分析可知,颗粒Q_3的元素组成与近界面母材(R_3)和铁氧体母材相同,只是Ti和Fe的含量相对较低,尤其是Ti的含量明显低于R_3和铁氧体。由图4.17中Ti和Fe的元素面分布也可以看出,界面处颗粒中Fe的含量与铁氧体母材的相当而远高于焊缝中的,而颗粒中Ti的含量与焊缝中的相当而远低于铁氧体母材,同时颗粒中其余元素的含量均与铁氧体母材相当。因此,颗粒Q_3可以确定是脱落的铁氧体母材。因为界面反应不断消耗Ti和Fe,界面处铁氧体母材中Ti和Fe尤其是Ti的大量流失最终导致其从铁氧体母材主体脱落。这也说明铁氧体中Fe含量较高,可以为界面反应提供足够的Fe,而Ti含量相对较低,界面反应消耗了界面处铁氧体母材中的大部分Ti并最终导致母材脱落,进一步导致从铁氧体到焊缝的元素扩散无法为界面反应提供足量的Ti。

由图4.14(a)~(d)可知,当连接温度从650 ℃升至725 ℃时,焊缝宽度随连接温度升高从31 μm下降至15 μm。不考虑玻璃析晶和界面反应的情况下,随温度升高,玻璃钎料的黏度和表面张力均先迅速下降后缓慢下降,进而导致玻璃钎料在铁氧体表面的接触角随温度升高先迅速下降后缓慢下降,如图4.9所示。因此,焊缝宽度会在较低连接温度下随温度升高而下降。由图4.14(d)~(f)可知,随着连接温度进一步升高,焊缝宽度几乎不发生变化。由第4.2.1节的分析可知,$Bi_5Ti_3FeO_{15}$晶须的形成会增大该温度下玻璃钎料的黏度但影响较小。因此,在725~775 ℃,焊缝宽度几乎与连接温度无关的另一个主要原因是,在该温度范围内,温度对玻璃钎料黏度和表面张力的影响逐渐减弱。

4.3.3 连接接头中 $Bi_5Ti_3FeO_{15}$ 晶须的形成机制

当连接温度低于玻璃钎料的熔化温度（T_s）时，玻璃钎料与铁氧体之间尚未建立有效连接，两者之间为物理接触。只有当连接温度高于 T_s 时，玻璃钎料与铁氧体界面处发生了原子相互扩散，两者之间才能建立化学相互作用。

铁氧体母材中 Ti 通过溶解和扩散两种方式进入玻璃焊缝中，其中在锂铁氧体/Bi25－BC界面处，溶解作用为主要方式。Ti 的溶解速率由玻璃钎料与铁氧体的接触面积和铁氧体中的 Ti 含量两个因素共同决定。此外，沿晶界的溶解速率大于晶粒内部。界面处 Ti 的溶解将在铁氧体内部产生 Ti 的浓度梯度。由菲克第二定律可知，该浓度梯度的存在将促使铁氧体内部的 Ti 向界面处扩散。图 4.14(e)中靠近界面的铁氧体中的 Ti 含量低于铁氧体母材，而与焊缝中 Ti 含量相当。当晶粒尺寸较大时，晶界扩散（短路扩散）和晶内扩散（体扩散）共同起作用。该铁氧体中存在大量空位，因此 Ti 在铁氧体中的晶内扩散主要以空位扩散的方式进行。除晶界扩散外，存在于锂铁氧体八面体间隙中的 Ti^{4+} 和四面体间隙中的 Fe^{3+} 借助空位由内部逐渐扩散至界面处并最终进入焊缝。铁氧体中大量 Ti 和 Fe 的流失使得靠近界面的部分铁氧体从母材主体脱落，如图 4.14 所示。

晶体的形成都要依次经历形核和长大过程，形核有均匀形核和非均匀形核两种方式。由于均匀形核的形核界面能较高，通常情况下晶体会依附于已存在的表面以非均匀形核的方式进行形核。因此，如图 4.14 所示，界面反应产物大多存在于界面处。由相变发生的热力学判据可知，只有当晶胚的半径大于临界半径（r^*，式(4.11)），晶胚的长大才能使得体系自由能降低，这些晶胚才能成为稳定的晶核，进一步长大成为晶体。换言之，只有具有一定体积（含有一定原子数）的晶核才能稳定长大。这也说明形成晶体的原子浓度存在临界值。铁氧体母材中的 Ti 经溶解和扩散不断进入玻璃焊缝，使得焊缝中的 Ti 含量逐渐增加。当母材和保温时间一定时，焊缝中 Ti 含量由连接温度唯一决定。当连接温度高于某一定值（T_s）时，焊缝中的 Ti 含量达到临界浓度，满足 $Bi_5Ti_3FeO_{15}$ 相形核的临界半径要求。

$$r^* = -\frac{2\sigma_{\alpha L}}{\Delta G_V} \tag{4.8}$$

式中 r^*——$Bi_5Ti_3FeO_{15}$ 晶核的临界半径，m；

ΔG_V——原子由液态的聚集状态转变为晶态的排列状态的体系自由能下降，kJ/mol；

$\sigma_{\alpha L}$——$Bi_5Ti_3FeO_{15}$ 晶核与玻璃相 L 的比表面能（表面张力），10^{-3} N/m。

如上所述，$Bi_5Ti_3FeO_{15}$ 相的形核与 Ti 从铁氧体母材到玻璃焊缝的溶解和扩散密切相关。然而，$Bi_5Ti_3FeO_{15}$ 晶核的长大不仅与 Ti 在铁氧体中的溶解和扩散相关，更与 $Bi_5Ti_3FeO_{15}$ 相自身的晶体结构相关。$Bi_5Ti_3FeO_{15}$ 相属于奥里维里斯（Aurivillius）化合物，单位晶胞结构为两层 $(Bi_2O_2)^{2+}$ 中间夹四层钙钛矿结构单元 $(Bi_3Ti_3FeO_{13})^{2-}$，各层沿 c 轴依次排列，如图 4.18 所示，其中(a)为 $Bi_5Ti_3FeO_{15}$ 相正交晶系晶体结构的单位晶胞；(b)为 TiO_6 八面体；(c)为单位晶胞的 bc 面投射图；(d)为 TiO_6 八面体的 bc 面投射图。在层状钙钛矿结构中，$(Bi_2O_2)^{2+}$ 层与 $(Bi_3Ti_3FeO_{13})^{2-}$ 层之间的结合力 f_{Bi-O}（图 4.18

(c))非常弱。因此，该单位晶胞具有沿 ab 面((001)晶面)的取向生长，这使得 Aurivillius 化合物的形貌通常呈片状，已在多种 $Bi_5Ti_3FeO_{15}$ 陶瓷中发现类似片状形貌。但是，当铁氧体的 Ti 含量较低时，Ti 由铁氧体向玻璃焊缝的溶解和扩散速率也较低。界面反应所消耗的 Ti^{4+} 无法及时得到补充。因此，如果界面反应一旦发生，将在玻璃焊缝中形成 Ti^{4+} 的浓度梯度。该浓度梯度的形成将促使 $Bi_5Ti_3FeO_{15}$ 晶核沿 c 轴取向生长为晶须($Bi_5Ti_3FeO_{15}$ 晶须)。$Bi_5Ti_3FeO_{15}$ 晶须的取向分布与焊缝中 Ti^{4+} 浓度梯度的方向基本一致。

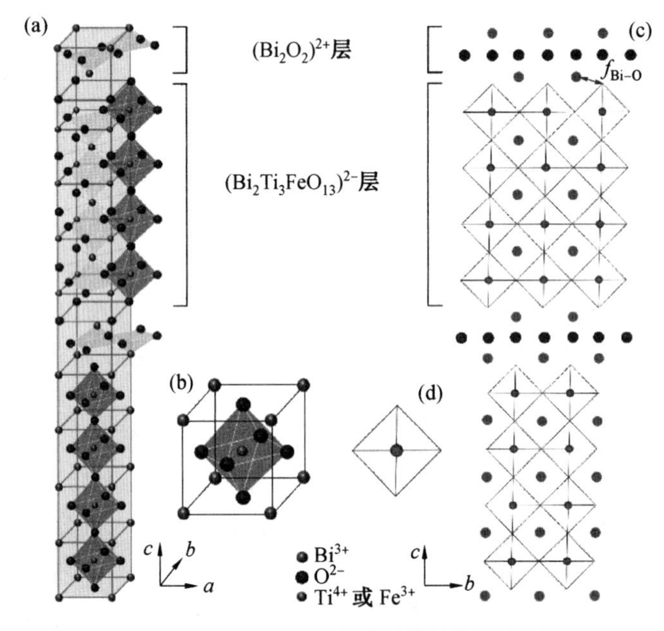

图 4.18　$Bi_5Ti_3FeO_{15}$ 相的晶体结构示意图

4.4　连接接头的介电性能及力学性能

作为微波功能材料，除了接头抗剪强度的要求之外，接头的电性能也是需要考虑的重要因素之一。对应于第 4.2 节中接头微观组织形貌的分析，本节分析玻璃钎料组成及连接温度对接头抗剪强度及电性能的影响，阐明影响机制。

4.4.1　玻璃钎料组成及连接温度对接头介电性能的影响

1. 连接温度对铁氧体介电性能的影响

在一定温度下对铁氧体母材进行连接相当于对其进行热处理，因此连接过程可能会影响铁氧体母材本身的电性能。为了排除这部分影响，有必要在研究玻璃钎料成分和连接温度对连接接头电性能的影响之前，首先明确连接温度对铁氧体母材本身电性能的影响。本节首先对铁氧体母材进行热处理，热处理工艺曲线同连接试验工艺曲线，然后测试原始铁氧体及经 650～775 ℃热处理后铁氧体的介电常数、介电损耗角正切和电阻率，分别如图 4.19～4.21 所示。

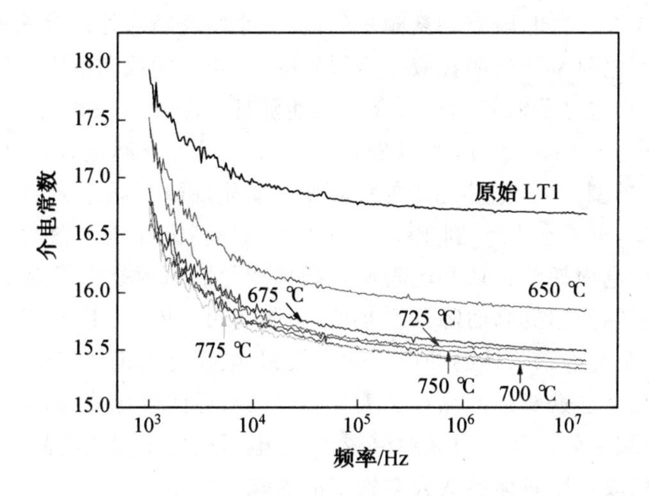

图 4.19　经不同温度热处理后铁氧体的介电常数与频率之间的关系

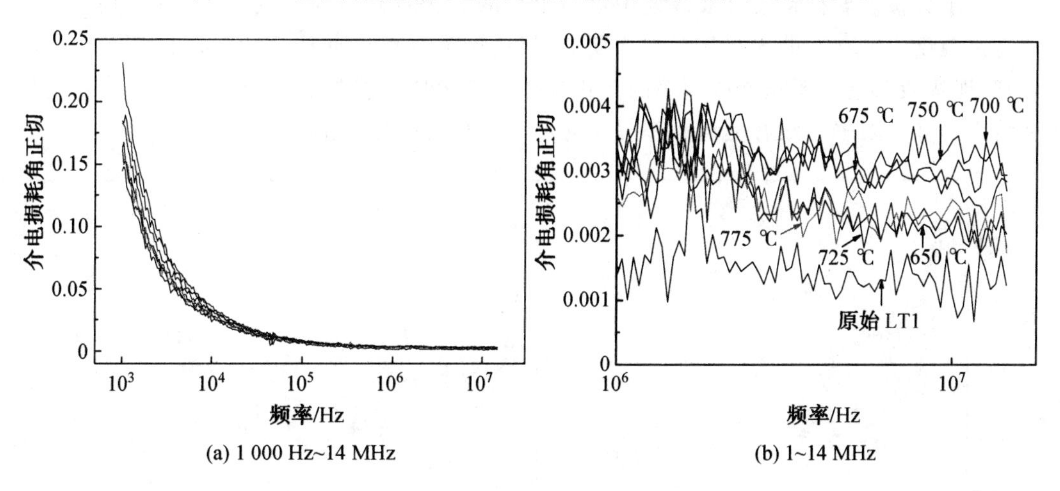

(a) 1 000 Hz~14 MHz　　(b) 1~14 MHz

图 4.20　经不同温度热处理后铁氧体的损耗角正切与频率之间的关系

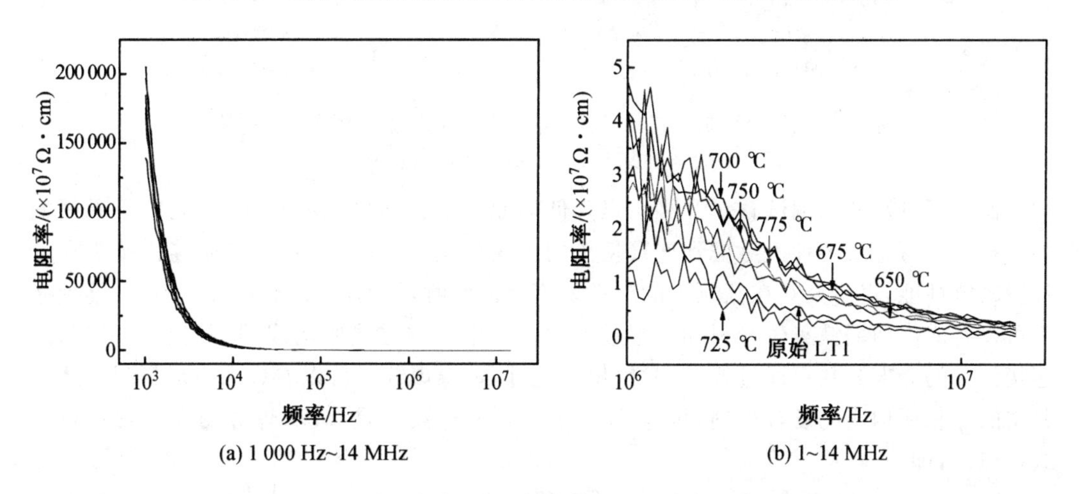

(a) 1 000 Hz~14 MHz　　(b) 1~14 MHz

图 4.21　经不同温度热处理后铁氧体的电阻率与频率之间的关系

由图 4.19～4.21 可知，随着测试频率的提高，原始及经热处理后铁氧体的介电常数、介电损耗角正切和电阻率均先明显减小后缓慢减小(介电常数和电阻率)或基本保持不变(介电损耗角正切)，这也是铁氧体材料介电性能随外加频率的一般变化规律。因为铁氧体材料中存在 Fe^{3+}/Fe^{2+} 离子对，所以极化的主要方式为空间电荷极化(界面极化)，即 Maxwell-Wagner 模型，其介电性能随外加频率的变化规律可通过 Koop's 理论解释。随着测试频率的提高，电子在 Fe^{2+} 到 Fe^{3+} 之间的跳跃频率开始逐渐落后于测试频率，介电常数因此减小。介电损耗角正切和电阻率随频率变化的原因是电子在 Fe^{2+} 到 Fe^{3+} 之间跳跃所需要的能量随频率提高而降低。此外，由图还可以看出，热处理(尤其是当热处理温度高于 675 ℃)会使得铁氧体的介电常数降低、介电损耗角正切和电阻率提高。这可能是因为热处理过程促进铁氧体的晶粒长大，晶界减少，界面极化减弱，所以介电常数降低。同时，晶界减少导致电荷移动的快速通道减少，介电损耗角正切和电阻率因此提高。

2. 玻璃钎料组成对铁氧体接头介电性能的影响

为了分析玻璃钎料成分及焊缝中可能出现的晶相对铁氧体接头介电性能的影响，选取连接温度为 750 ℃的连接接头作为研究对象，接头电性能如图 4.22～4.24 所示。由图可知，连接接头电性能随测试频率的变化规律与铁氧体母材的类似，即介电常数、介电损耗角正切和电阻率均随着测试频率提高先明显减小后缓慢减小或基本保持不变。

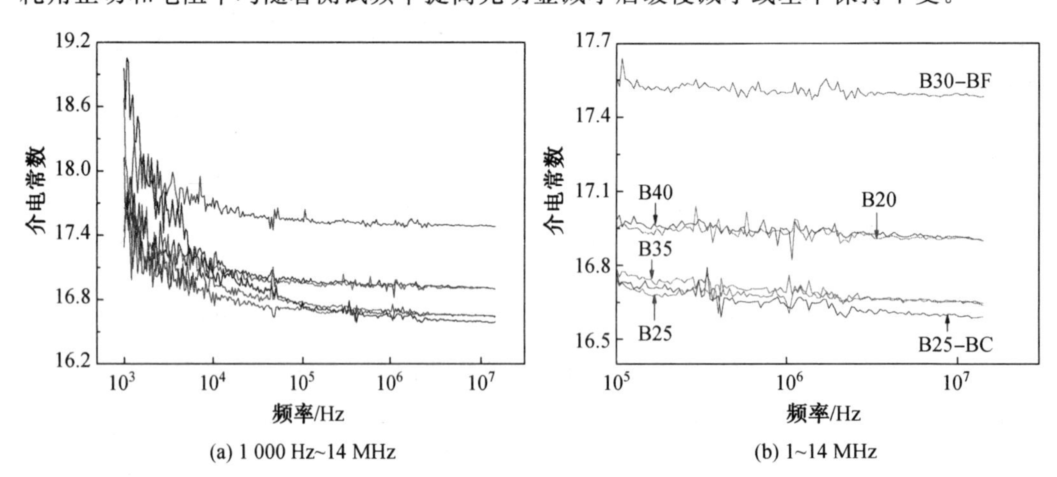

(a) 1 000 Hz~14 MHz　　(b) 1~14 MHz

图 4.22　铁氧体/玻璃钎料/铁氧体接头的介电常数与频率之间的关系

(T=750 ℃,t=30 min,p=5 kPa)

低频下电性能随测试频率升高明显降低的原因是界面极化的存在，而高频下界面的影响则几乎可忽略不计。考虑到连接接头的使用环境(微波频段)，可忽略连接接头在低频段的电性能，仅研究其在高频下的电性能变化。此时，界面的影响可忽略不计。连接接头可以看成由两层铁氧体母材和一层玻璃焊缝以串联的方式所构成的多层复合材料，则连接接头的介电常数可通过式(4.9)给出。此外，玻璃焊缝又可以看成由玻璃钎料基体和其中的晶相所构成的复合材料，根据 Lichtencker's 对数公式，玻璃焊缝的介电常数符合式(4.10)，即

$$\frac{1}{\varepsilon_j}=\frac{2V_f}{\varepsilon_f}+\frac{V_s}{\varepsilon_s} \tag{4.9}$$

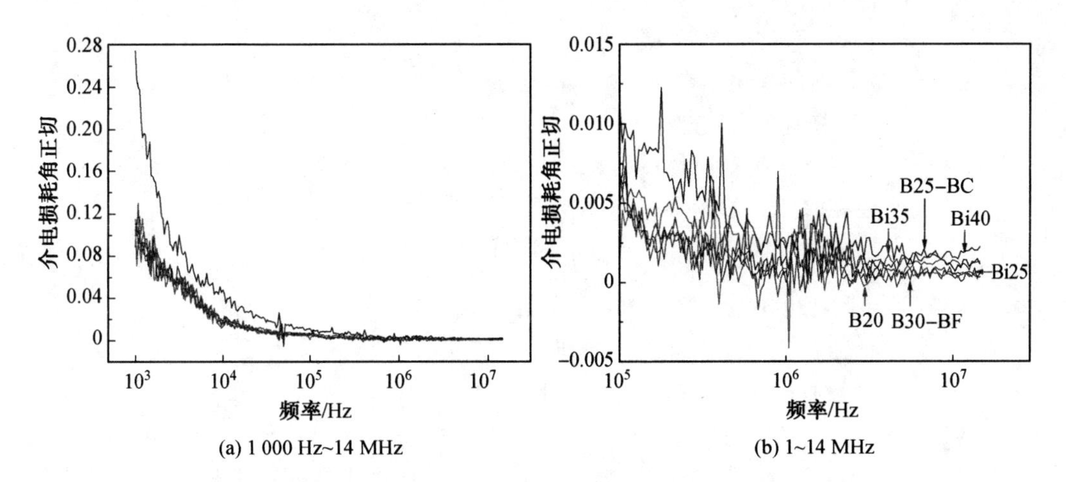

(a) 1 000 Hz~14 MHz　　(b) 1~14 MHz

图 4.23　铁氧体/玻璃钎料/铁氧体接头的损耗角正切与频率之间的关系

（T=750 ℃，t=30 min，p=5 kPa）

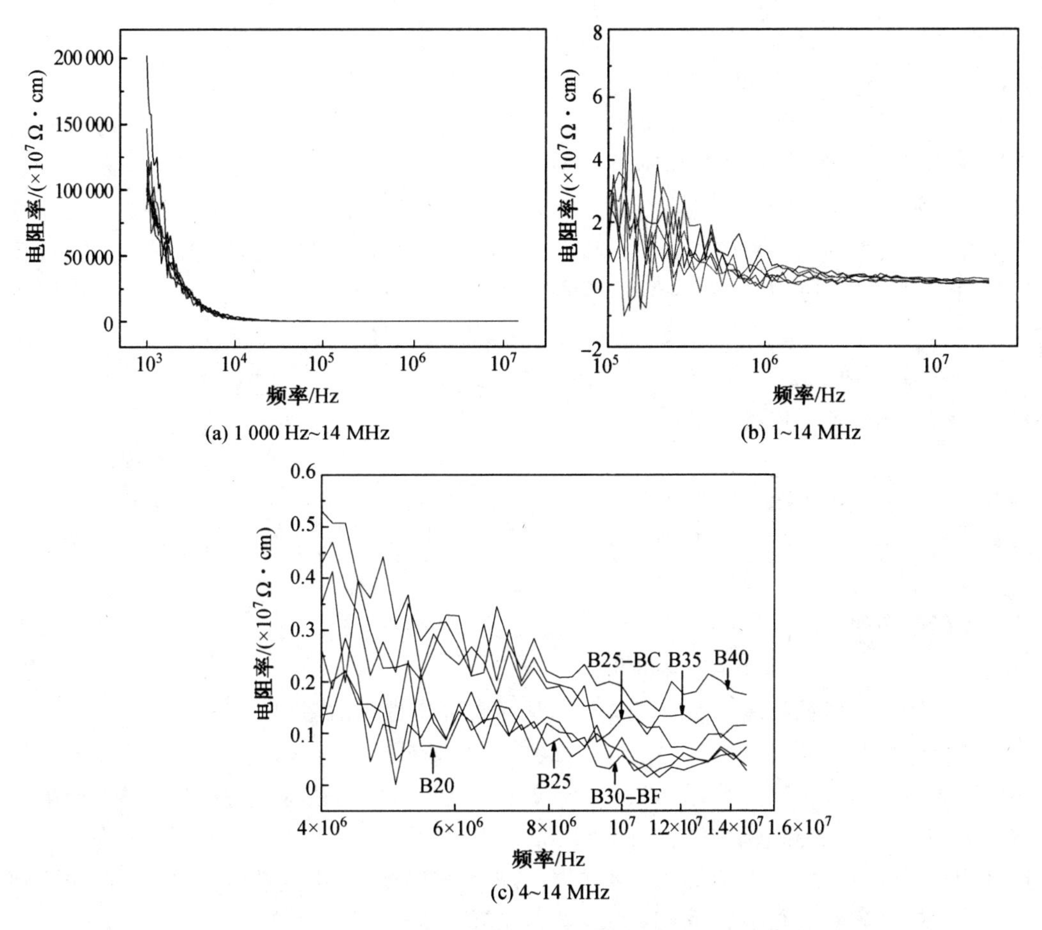

(a) 1 000 Hz~14 MHz　　(b) 1~14 MHz

(c) 4~14 MHz

图 4.24　铁氧体/玻璃钎料/铁氧体接头的电阻率随频率的变化

（T=750 ℃，t=30 min，p=5 kPa）

式中 ε_j—— 连接接头的介电常数；

ε_f—— 铁氧体的介电常数；

ε_s—— 玻璃焊缝的介电常数；

V_f—— 连接接头中铁氧体的体积；

V_s—— 连接接头中玻璃焊缝的体积。

$$\log \varepsilon_s = V_g \log \varepsilon_g + \sum_i V_{p_i} \log \varepsilon_{p_i} \tag{4.10}$$

式中 ε_g—— 玻璃焊缝中玻璃钎料基体的介电常数；

ε_{p_i}—— 玻璃焊缝中晶相的介电常数；

V_g—— 玻璃焊缝中玻璃钎料基体的体积；

V_{p_i}—— 玻璃焊缝中晶相的体积。

由式(4.9)可知，连接接头的介电常数随铁氧体或玻璃焊缝介电常数的增大而增大，随铁氧体或玻璃焊缝体积(厚度)的增大而减小。本章所有测试接头中铁氧体母材的厚度基本相同，故后续分析时仅考虑焊缝宽度的影响。由式(4.10)可知，若玻璃焊缝中晶相的介电常数大于玻璃钎料基体，则其形成将会增大玻璃焊缝的介电常数，且数量越多增大效果越显著。若玻璃焊缝中晶相的介电常数小于玻璃钎料基体，则效果相反。

当连接温度为 750 ℃，各玻璃钎料连接铁氧体接头的高频介电常数变化规律为 Bi25－BC＜Bi25≈Bi35＜Bi20≈Bi40＜Bi30－BF。除了 Bi20 和 Bi30－BF，其余玻璃钎料自身介电常数是决定接头介电常数的主要因素，因此其连接接头介电常数的变化规律与其自身介电常数的大小一致。其中，Bi30－BF 因其所形成焊缝的宽度明显低于其他玻璃钎料，所以其接头介电常数高于常规。Bi20 所形成连接接头介电常数高于常规的原因可能是焊缝中 $ZnFe_2O_4$ 的介电常数高于 Bi20，从而使得玻璃焊缝的介电常数增大。对比图 4.19 和图 4.22 可知，在 750 ℃的连接温度下，Bi25、Bi35 和 Bi25－BC 所获得连接接头的介电常数与原始铁氧体较为接近。

如图 4.23 和图 4.24 所示，在低频下，Bi25－BC 所形成连接接头的介电损耗角正切和电阻率均表现出更明显的弛豫性，这可能是因为焊缝中 $Bi_5Ti_3FeO_{15}$ 晶须的形成引入了更多界面，这将在下一节中进一步论述。不过，在高频下，相比于各玻璃钎料在 650 ℃下所形成连接接头的介电损耗角正切(电阻率)，各玻璃钎料在 750 ℃下所形成连接接头的介电损耗角正切(电阻率)之间的差距更小。这主要是因为各玻璃钎料的介电损耗角正切(电阻率)与 750 ℃热处理铁氧体的更为接近。

3. 连接温度对铁氧体/Bi25－BC/铁氧体接头介电性能的影响

同第 4.3 节中的原因相同，本节仅讨论连接温度对铁氧体/Bi25－BC/铁氧体连接接头电性能的影响。Bi25－BC 在 650～775 ℃下连接铁氧体所获得连接接头的常温介电常数、介电损耗角正切和电阻率分别如图 4.25～4.27 所示。由图可见，各连接接头电性能随测试频率的变化规律也与铁氧体母材类似，即介电常数、介电损耗角正切和电阻率均随测试频率提高先明显减小后缓慢减小或基本保持不变。

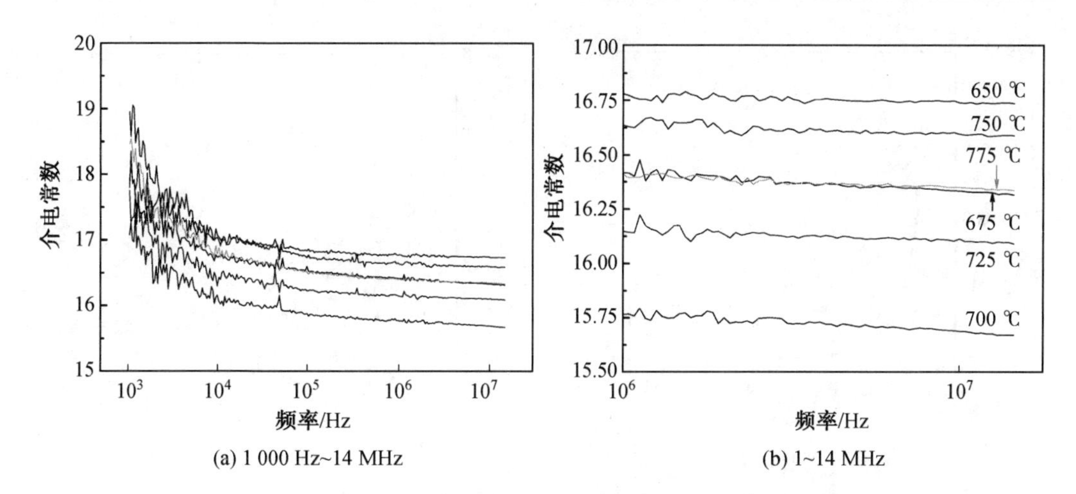

(a) 1 000 Hz~14 MHz (b) 1~14 MHz

图 4.25 不同连接温度下铁氧体/Bi25－BC/铁氧体接头的介电常数与频率之间的关系
(t=30 min, p=5 kPa)

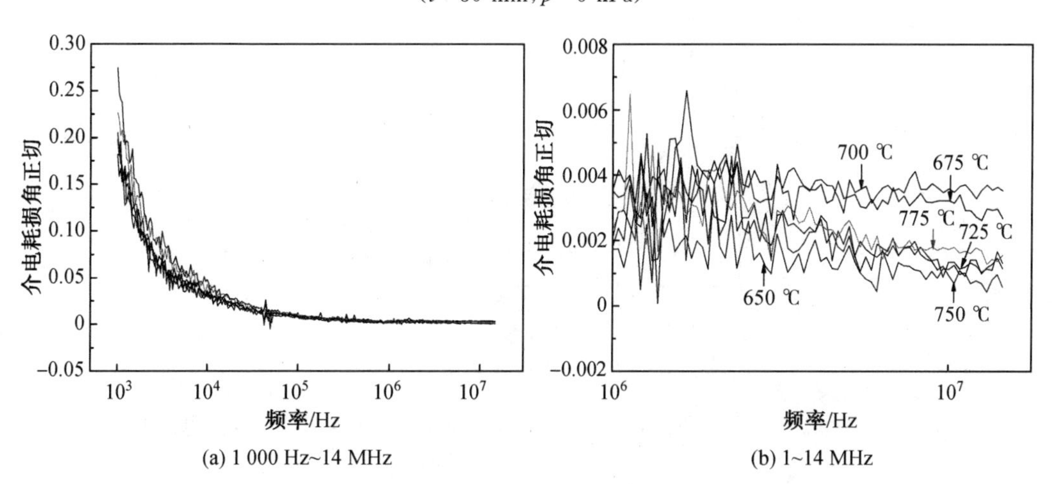

(a) 1 000 Hz~14 MHz (b) 1~14 MHz

图 4.26 不同连接温度下铁氧体/Bi25－BC/铁氧体接头的损耗角正切与频率之间的关系
(t=30 min, p=5 kPa)

由图 4.25 可知，当连接温度低于 700 ℃时，Bi25－BC 所形成连接接头的高频介电常数随连接温度升高而减小。由第 4.2.2 节的分析可知，当连接温度低于 700 ℃时，铁氧体/Bi25－BC/铁氧体接头中无界面反应产物形成，且玻璃焊缝宽度随连接温度升高而降低。玻璃焊缝宽度的降低将使得接头介电常数增大，与上述结果不符。但是，热处理铁氧体的介电常数随热处理温度升高而减小，铁氧体母材介电常数的减小将使得接头介电常数减小，与上述结果相符。可见，当连接温度低于 700 ℃时，铁氧体母材介电常数的降低是影响接头介电常数的主要因素。当连接温度从 700 ℃升至 725 ℃时，铁氧体/Bi25－BC 界面处开始形成 $Bi_5Ti_3FeO_{15}$ 晶须，$Bi_5Ti_3FeO_{15}$ 相的介电常数约为 150，远大于 Bi25－BC 和铁氧体，其形成将使得玻璃焊缝介电常数增大，见式(4.13)。同时，焊缝宽度进一步降低，且铁氧体母材经 725 ℃热处理后的介电常数大于经 700 ℃热处理后的。上述三个因素均会使得接头介电常数增大。当连接温度从 725 ℃升至 750 ℃时，铁氧体/Bi25－

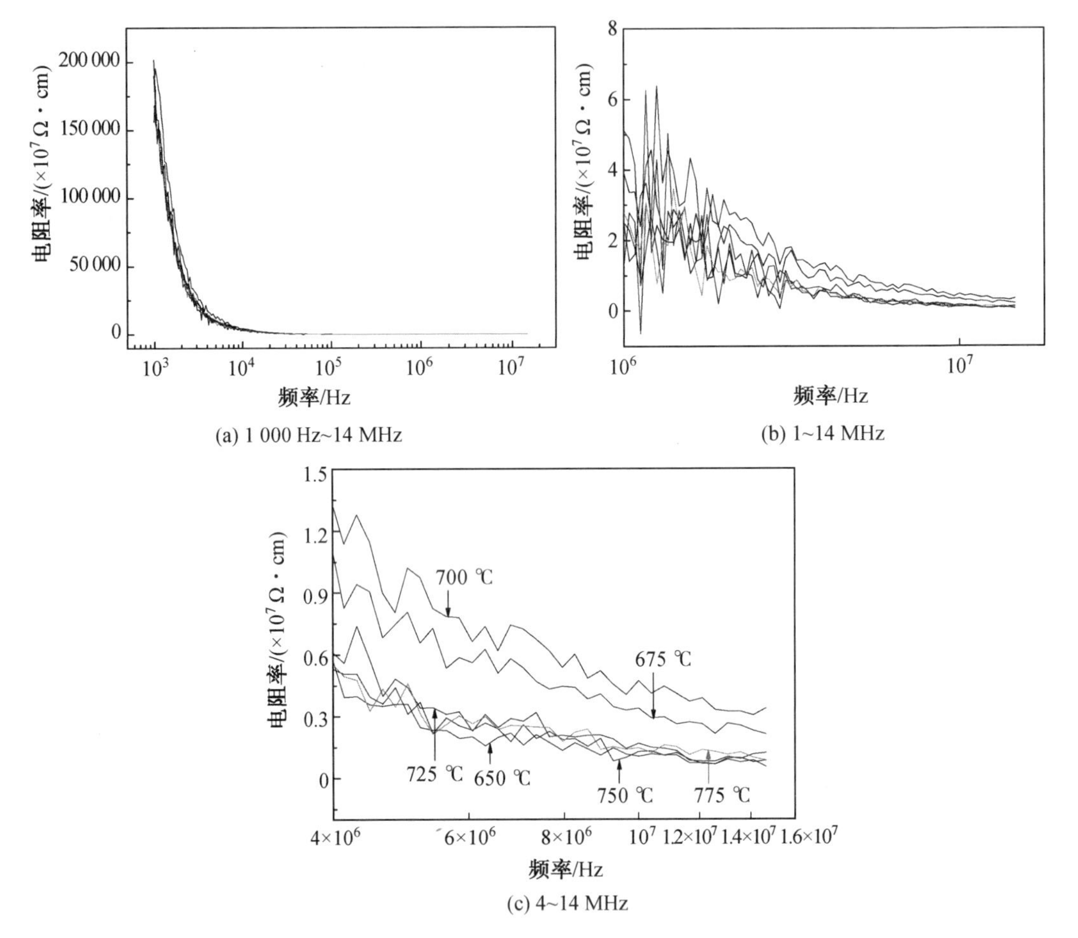

图 4.27　不同连接温度下铁氧体/Bi25－BC/铁氧体接头的电阻率与频率之间的关系

(t=30 min，p=5 kPa)

BC/铁氧体接头中 $Bi_5Ti_3FeO_{15}$ 晶须的数量增多、尺寸增大，焊缝宽度基本不变，且铁氧体母材经 750 ℃热处理后的介电常数小于经 725 ℃热处理后的。因此，接头介电常数增大的原因是焊缝中 $Bi_5Ti_3FeO_{15}$ 晶须体积比的增大。当连接温度从 750 ℃继续升至 775 ℃时，铁氧体/Bi25－BC/铁氧体接头中 $Bi_5Ti_3FeO_{15}$ 晶须体积占比变化不大，焊缝宽度也基本不变，而铁氧体母材经 775 ℃热处理后的介电常数小于经 750 ℃热处理后的。此时，接头介电常数在铁氧体母材介电常数减小的影响下而减小。对比图 4.19 和图 4.25 可知，Bi25－BC 在 650 ℃和 750 ℃下所得连接接头的介电常数与原始铁氧体较为接近。

如图 4.26 和图 4.27 所示，在低频下，Bi25－BC 在高于 725 ℃下所形成连接接头的介电损耗角正切和电阻率表现出更明显的弛豫性，这是因为焊缝中 $Bi_5Ti_3FeO_{15}$ 晶须的形成引入了更多的界面。在高频下，Bi25－BC 在各连接温度下所形成连接接头的电阻率变化趋势与其介电损耗角正切基本相同。同时，Bi25－BC 在各连接温度下所形成连接接头的介电损耗角正切(电阻率)相差不大，与相应温度下热处理后铁氧体的介电损耗角正切(电阻率)接近。不过，Bi25－BC 在 675 ℃和 700 ℃下所形成连接接头的介电损耗角正切

(电阻率)略高于其在其他连接温度下所形成连接接头的介电损耗角正切(电阻率)。这主要是因为当热处理温度高于 650 ℃时,铁氧体的介电损耗角正切(电阻率)明显增大。同时,Bi25－BC 在 675 ℃和 700 ℃下所形成连接接头中均无界面反应发生。这也说明铁氧体/Bi25－BC/铁氧体接头中 $Bi_5Ti_3FeO_{15}$ 晶须的形成可以降低接头介电损耗角正切(电阻率)。

4.4.2　玻璃钎料组成及连接温度对铁氧体接头抗剪强度的影响

1.玻璃钎料组成对铁氧体接头抗剪强度的影响

根据第 4.2.1 节中的论述可知,连接温度为 750 ℃时所获得的接头微观组织形貌为各玻璃钎料连接铁氧体的典型形貌。因此,本节讨论玻璃钎料成分对接头抗剪强度的影响时,仅选取连接温度为 750 ℃的连接接头。各玻璃钎料连接铁氧体的接头抗剪强度及相应的玻璃钎料的三点弯曲强度如图 4.28 所示。典型焊缝中显微压痕的微观形貌如图 4.29 所示。

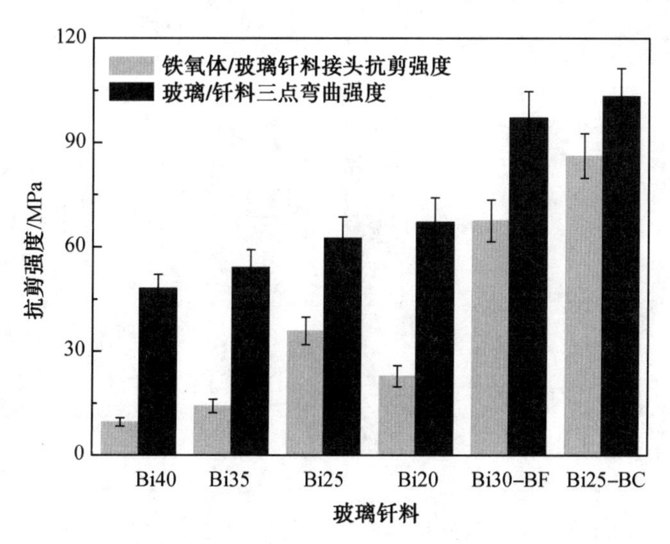

图 4.28　玻璃钎料成分对玻璃钎料三点弯曲强度及铁氧体/玻璃钎料接头抗剪强度的影响

由图 4.28 可知,当玻璃钎料的 Bi_2O_3 体积分数从 40%下降到 25%时,接头抗剪强度从 10 MPa 上升至 36 MPa。这主要是因为以下三方面的因素。首先,剪切断口中裂纹存在于玻璃焊缝中。这说明玻璃焊缝是连接接头的薄弱区域,此时玻璃钎料自身的强度将显著影响连接接头的抗剪强度。而玻璃钎料的三点弯曲强度随玻璃成分中 Bi_2O_3 含量的下降而提高,如图 4.28 中各玻璃钎料的三点弯曲强度。其次,如第 4.2 节中所述,Bi40 和 Bi35 形成的焊缝中存在大量的大尺寸富 Bi 相($Bi_{46}Fe_2O_{72}$、$Bi_{12}SiO_2$ 和 $Bi_{24}B_2O_{39}$)和少量 ZnO,这些析晶相和界面反应产物将增大玻璃钎料的黏度,导致钎料中的气体无法完全溢出焊缝,从而在焊缝中留下气孔(图 4.12(a)和图 4.29(a)),进而使得接头抗剪强度降低。铁氧体和绿色低熔玻璃钎料的热膨胀系数如图 4.30 所示。由图 4.30 可以看出 Bi40 和 Bi35 的热膨胀系数略低于铁氧体,但是大量的大尺寸富 Bi 相的存在可能使得玻璃焊缝热膨胀系数高于铁氧体，这是因为富 Bi 相的热膨胀系数远大于 Bi40 或 Bi35。从而导致玻璃钎料与铁氧体母材的热膨胀系数匹配性变差，连接接头的残余应力增大且玻璃焊缝转而承受拉应力，裂纹易萌生于焊缝中(图 4.12(a)和(b))，降低了接头的抗剪强度。最后，由于大尺寸富 Bi 相是脆性陶瓷相，不能缓解接头的残余应力或阻挡裂纹扩展，如图 4.29(a)和(b)所示，其形成对接头抗剪强度是完全不利的。

(a) 铁氧体/Bi40/铁氧体接头(压头为100 g或200 g)

(b) 铁氧体/Bi35/铁氧体接头(压头为100 g)

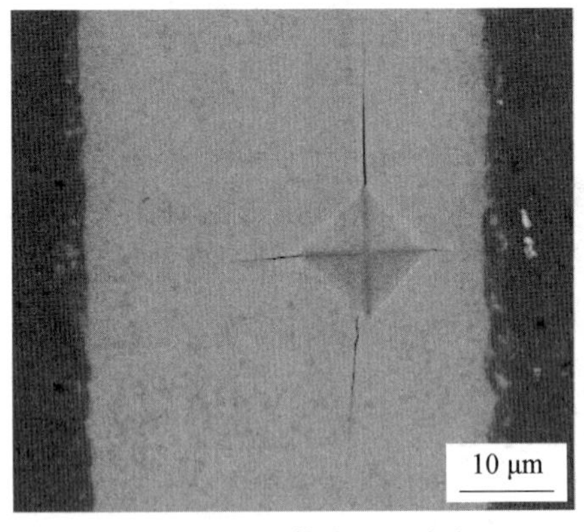

(c) 铁氧体/Bi20/铁氧体接头(压头为50 g)

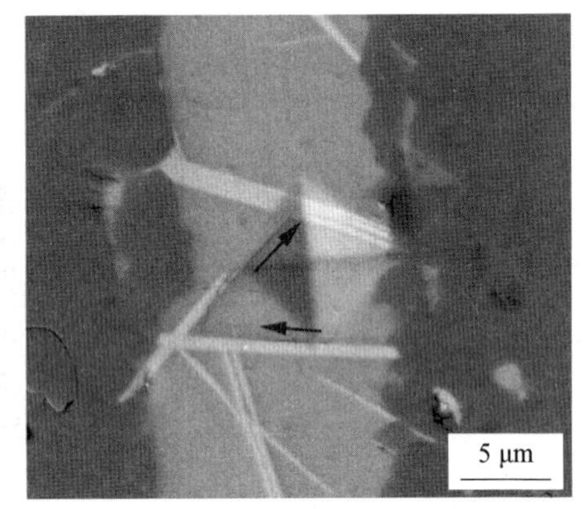

(d) 铁氧体/Bi25-BC/铁氧体接头(压头为25 g)

图 4.29 铁氧体/玻璃钎料/铁氧体焊缝中显微压痕的微观形貌

(T=750 ℃，t=30 min，p=5 kPa)

由图 4.28 可知，虽然 Bi20 的三点弯曲强度高于 Bi25，但是铁氧体/Bi20/铁氧体连接接头的抗剪强度却明显低于铁氧体/Bi25/铁氧体连接接头的抗剪强度，仅为 23 MPa，这主要是由于以下两方面的原因。首先，相比 Bi25，Bi20 与铁氧体的热膨胀系数差别较大(图 4.30)，而且 Bi20 具有较高的软化点(表 4.3)。因此，当连接温度相同时，铁氧体/Bi20/铁氧体连接接头中的残余应力将高于铁氧体/Bi25/铁氧体连接接头中的残余应力。其次，Bi20 形成的焊缝中弥散分布的 $ZnFe_2O_4$ 不能明显强化玻璃焊缝，如图 4.29(c)所示。

如果钎料与母材的热膨胀系数不能完全匹配，焊缝的宽度越窄，连接接头的抗剪强度越高。由于焊缝较窄(图 4.12)且热膨胀系数匹配性较好(图 4.30)，铁氧体/Bi30－BF/铁氧体连接接头的抗剪强度(68 MPa)明显高于除 Bi25－BC 之外的其他玻璃钎料连接铁氧体的接头抗剪强度,如图4.28所示。但是,即使铁氧体/Bi25－BC/铁氧体连接接头的焊缝宽度高于Bi30－BF连接铁氧体的焊缝宽度(图4.12),同时Bi30－BF与铁氧体的热膨胀系数匹配性也优于Bi25－BC(图4.30),铁氧体/Bi25－BC/铁氧体连接接头的抗剪强度却高达86 MPa,明显高于其他玻璃钎料连接铁氧体的接头抗剪强度。由此可以推断铁氧体/Bi25－BC/铁氧体连接接头中的$Bi_5Ti_3FeO_{15}$晶须可能对接头抗剪强度具有显著的增强效果。断口中裂纹存在于界面处靠近母材一侧,这说明由于Bi25－BC自身的强度较高,因此铁氧体/Bi25－BC界面成为连接接头的薄弱位置。同时也说明$Bi_5Ti_3FeO_{15}$晶须可以强化接头,可使裂纹向铁氧体母材一侧偏转。由图4.29(d)则可以看出,$Bi_5Ti_3FeO_{15}$晶须可以阻挡裂纹形成与扩展,晶须对连接接头抗剪强度的具体影响机制可参见本书其他章节。

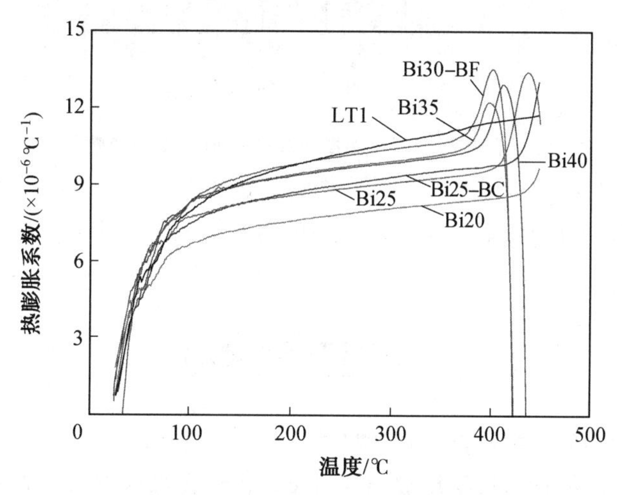

图4.30　铁氧体和绿色低熔玻璃钎料的热膨胀系数

2. 连接温度对铁氧体/Bi25－BC/铁氧体接头抗剪强度的影响

由上一节的分析结果可知,各玻璃钎料连接铁氧体的焊缝内所形成的析晶相或界面反应产物中,只有铁氧体/Bi25－BC/铁氧体连接接头中的$Bi_5Ti_3FeO_{15}$晶须对接头抗剪强度可能具有增强效果。因此,本节仅讨论连接温度对铁氧体/Bi25－BC/铁氧体连接接头的抗剪强度的影响,如图4.31所示。

由图4.31可知,当连接温度从650 ℃升至750 ℃时,接头抗剪强度从36 MPa升至86 MPa。这主要是由于以下四方面因素的影响。第一,如图4.14所示,当连接温度低于725 ℃时,焊缝宽度随连接温度升高而降低,抗剪强度因此提高。第二,如前所述,玻璃钎料与铁氧体母材之间存在元素相互扩散。因为原子活性随温度升高而增大,所以玻璃钎料与铁氧体母材之间的元素扩散程度随连接温度升高而提高,从而使得玻璃钎料与母材之间的化学结合更强。第三,连接接头中$Bi_5Ti_3FeO_{15}$晶须的形成可以强化玻璃焊缝和界面。第四,随着界面反应的发生,界面处有部分母材颗粒脱落。尺寸较小的陶瓷颗粒可以强化玻璃焊缝。同时,界面处颗粒的存在可以起到"钉扎"作用,使得玻璃钎料与铁氧体母材之间的机械结合更加牢固。但是,随着连接温度进一步升高,玻璃钎料对母材的溶解、界面元素扩散和界面反应加剧,界面处大量的母材发生脱落,界面处因此形成一层疏松

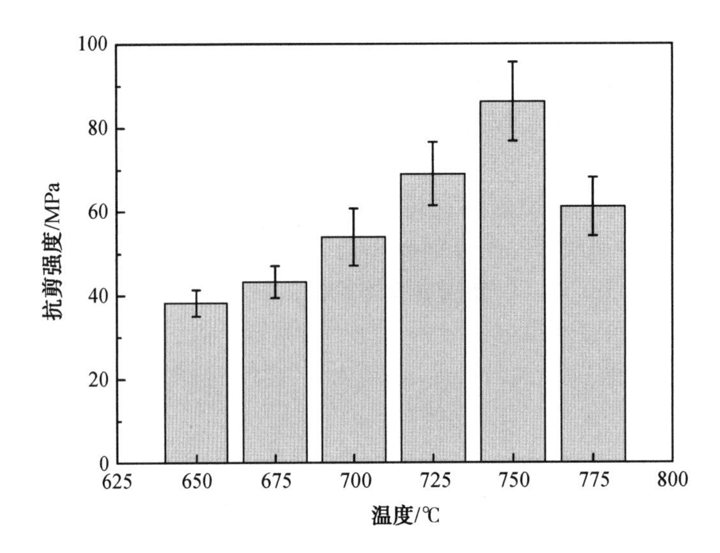

图 4.31 连接温度对接头抗剪强度的影响
(t=30 min, p=5 kPa)

层，成为连接接头的薄弱位置。这就是当连接温度从 750 ℃升至 775 ℃时，接头抗剪强度反而降低的原因。

习题及思考题

4.1 铁氧体功能材料连接与其他材料有何异同点？

4.2 铁氧体功能材料连接用玻璃钎料设计需考虑哪些因素？满足哪些性能？

4.3 玻璃钎料成分和连接工艺如何影响铁氧体接头微观组织？

4.4 玻璃钎料成分和连接工艺如何影响铁氧体接头性能？

本章参考文献

[1] 孙光飞，强文江．磁功能材料[M]．北京：化学工业出版社，2006.

[2] 曲远方．功能陶瓷及应用[M]．北京：化学工业出版社，2014.

[3] AKHTER S, HAKIM M A. Magnetic properties of cadmium substituted lithium ferrites[J]. Materials Chemistry and Physics, 2010, 120(2-3): 399-403.

[4] KHARABE R G, DEVAN R S, CHOUGALE B K. Structural and electrical properties of Cd-substituted Li-Ni ferrites[J]. Journal of Alloys and Compounds, 2008, 463(1-2): 67-72.

[5] 张国荣．微波铁氧体材料及器件[M]．北京：电子工业出版社，1995.

[6] 余声明．微波铁氧体器件在现在电子设备中的应用[J]．电子元件应用，2003，5(9)：1-3.

[7] 赵世巍，唐宗熙，张彪．一种新型的六位数字移相器的设计[J]．电子测量与仪器学

报，2010，24(1)：101-105.
[8] 周志刚. 铁氧体磁性材料[M]. 北京：科学出版社，1981.
[9] KIM S, KIM K-S, SUGANUMA K, et al. Interfacial reactions of Si die attachment with Zn-Sn and Au-20Sn high temperature lead-free solders on Cu substrates[J]. Journal of Electronic Materials, 2009, 38(3): 873-883.
[10] ZHAO G, SHENG G, LUO J, et al. Solder characteristics of a rapidly solidified Sn-9Zn-0.1Cr alloy and mechanical properties of Cu/solder/Cu joints[J]. Journal of Electronic Materials, 2012, 41(8): 2100-2106.
[11] SHARIF A, LIM J Z, MADE R I, et al. Pb-free glass paste: a metallization-free die-attachment solution for high-temperature application on ceramic substrates[J]. Journal of Electronic Materials, 2013, 42(8): 2667-2676.
[12] CHIDAMBARAM V, HATTEL J, HALD J. High-temperature lead-free solder alternatives[J]. Microelectronic Engineering, 2011, 88(6): 981-989.
[13] SHIH T I, DUH J G. Decapsulation method for flip chips with ceramics in microelectronic packaging[J]. Journal of Electronic Materials, 2008, 37(6): 845-851.
[14] SUN Z, PAN D, WEI J, et al. Ceramics bonding using solder glass frit[J]. Journal of Electroinc Materials, 2004, 22(12): 1516-1523.
[15] SONG S, WEN Z, LIU Y, et al. Bi-doped borosilicate glass as sealant for sodium sulfur battery [J]. Journal of non-crystalline Solids, 2011, 357 (16-17): 3074-3079.
[16] MAEDER T. Review of Bi_2O_3 based glasses for electronics and related applications [J]. International Materials Reviews, 2013, 58(1): 3-40.
[17] FERGUS J W. Sealants for solid oxide fuel cells[J]. Journal of Power Sources, 2005, 147(1-2): 46-57.
[18] REDDY A A, EGHTESADI N, TULYAGANOV D U, et al. Bi-layer glass-ceramic sealant for solid oxide fuel cells[J]. Journal of the European Ceramic Society, 2014, 34(5): 1449-1455.
[19] THIEME C, SOUZA G B, RÜSSEL C et al. Glass-ceramics in the system BaO-SrO-ZnO-SiO_2 with adjustable coefficients of thermal expansion[J]. Journal of the American Ceramic Society, 2016, 99(9): 3097-3103.
[20] 麦成乐. 太阳电池正面电极用无铅玻璃料的制备与表征[D]. 哈尔滨：哈尔滨工业大学，2012.
[21] SADDEEK Y B, MOHAMED G Y, SHOKRY HASSAN H, et al. FTIR spectroscopic features of γ-ray influence on new cement kiln dust based glasses[J]. Physica Scripta, 2015, 90(8): 085702-1-085702-7.
[22] BALE S, RAHMAN S, AWASTHI A M, et al. Role of Bi_2O_3 content on physical, optical and vibrational studies in Bi_2O_3-ZnO-B_2O_3 glasses[J]. Journal of Alloys and Compounds, 2008, 460(1-2): 699-703.

[23] 张稳稳. 铋系低熔微晶封接玻璃的制备与性能研究[D]. 长沙：中南大学，2013.

[24] GAO G, HU L, FAN H, et al. Effect of Bi_2O_3 on physical, optical and structural properties of boron silicon bismuthate glasses[J]. Optical Materials, 2009, 32(1): 159-163.

[25] BALE S, PURNIMA M, SRINIVASU C, et al. Vibrational spectra and structure of bismuth based quaternary glasses[J]. Journal of Alloys and Compounds, 2008, 457(1-2): 545-548.

[26] NIIDA H, TAKAHASHI M, UCHINO T, et al. Preparation and structure of organic-inorganic hybrid precursors for new type low-melting glasses[J]. Journal of Non-Crystalline Solids, 2002, 306(3): 292-299.

[27] BAIA L, STEFAN R, KIEFER W, et al. Structural characteristics of B_2O_3-Bi_2O_3 glasses with high transition metal oxide content [J]. Journal of Raman Spectroscopy, 2005, 36(3): 262-266.

[28] SHAABAN E R, SHAPAAN M, SADDEEK Y B. Structural and thermal stability criteria of Bi_2O_3-B_2O_3 glasses[J]. Journal of Physics: Condensed Matter, 2008, 20(15): 155108-1-155108-9.

[29] CHENG Y, XIAO H, GUO W, et al. Structure and crystallization kinetics of Bi_2O_3-B_2O_3 glasses[J]. Thermochimica Acta, 2006, 444(2): 173-178.

[30] SARITHA D, MARKANDEYA Y, SALAGRAM M, et al. Effect of Bi_2O_3 on physical, optical and structural studies of ZnO-Bi_2O_3-B_2O_3 glasses[J]. Journal of Non-Crystalline Solids, 2008, 354(52-54): 5573-5579.

[31] CHOWDARI B V R, RONG Z. The role of B_2O_3 as a network modifier and a network former in $xBi_2O_3 \cdot (1-x)LiBO_2$ glass system[J]. Solid State Ionics, 1996, 90(s1-4): 151-160.

[32] 赵彦钊，殷海荣. 玻璃工艺学[M]. 北京：化学工业出版社，2006.

[33] RANI S, SANGHI S, AHLAWAT N, et al. Influence of Bi_2O_3 on physical, electrical and thermal properties of $Li_2O \cdot ZnO \cdot Bi_2O_3 \cdot SiO_2$ glasses[J]. Journal of Alloys and Compounds, 2015, 619: 659-666.

[34] XU H, ZHANG Y, ZHANG H, et al. Growth and characterization of Nd: $Bi_{12}SiO_{20}$ single crystal[J]. Optics Communications, 2012, 285(19): 3961-3966.

[35] MELIN G, CHARTIER T, BONNET J P. Volume expansion during reaction sintering of γ-$Bi_{12}SiO_{20}$ [J]. Journal of the European Ceramic Society, 2000, 20(1): 45-49.

[36] FREDERICCI C, YOSHIMURA H N, Molisani A L, et al. Effect of TiO_2 addition on the chemical durability of Bi_2O_3-SiO_2-ZnO-B_2O_3 glass system [J]. Journal of Non-Crystalline Solids, 2008, 354(42-44): 4777-4785.

[37] CHENG Y, XIAO H, GUO W. Influence of rare-earth oxides on structure and crystallization properties of Bi_2O_3-B_2O_3 glass [J]. Materials Science and

Engineering: A, 2008, 480(1-2): 56-61.
[38] TODEA M, TURCU R V F, VASILESCU M, et al. Structural characterization of heavy metal SiO_2-Bi_2O_3 glasses and glass-ceramics [J]. Journal of Non-Crystalline Solids, 2016, 432(16): 271-276.
[39] HAMNABARD Z, KHALKHALI Z, QAZVINI S S A, et al. Preparation, heat treatment and photoluminescence properties of V-doped ZnO-SiO_2-B_2O_3 glasses [J]. Journal of Luminescence, 2012, 132(5): 1126-1132.
[40] KULLBERG A T G, LOPES A A S, VEIGA J P B, et al. Formation and crystallization of zinc borosilicate glasses: influence of the ZnO/B_2O_3 ratio[J]. Journal of Non-Crystalline Solids, 2016, 441:79-85.
[41] MAJHI K, VAISH R, PARAMESH G, et al. Electrical transport characteristics of ZnO-Bi_2O_3-B_2O_3 glasses[J]. Ionics, 2013, 19(1): 99-104.
[42] RAO P V, SATYANARAYANA T, REDDY M S, et al. Nickel ion as a structural probe in PbO-Bi_2O_3-B_2O_3 glass system by means of spectroscopic and dielectric studies [J]. Physica B: Condensed Matter, 2008, 403 (19-20): 3751-3759.
[43] BELLAD S S, CHOUGULE B K. Composition and frequency dependent dielectric properties of Li-Mg-Ti ferrites[J]. Materials Chemistry and Physics, 2000, 66 (1): 58-63.
[44] HE F, WANG J, DENG D. Effect of Bi_2O_3 on structure and wetting studies of Bi_2O_3-ZnO-B_2O_3 glasses[J]. Journal of Alloys and Compounds, 2011, 509(21): 6332-6336.
[45] HSIANG H-I, CHEN T-H. Electrical properties of low-temperature-fired ferrite-dielectric composites[J]. Ceramics International, 2009, 35(5): 2035-2039.
[46] GAYLORD S, TINCHER B, PETIT L, et al. Viscosity properties of sodium borophosphate glasses[J]. Materials Research Bulletin, 2009, 44(5): 1031-1035.
[47] GIORDANO D, POTUZAK M, ROMANO C, et al. Viscosity and glass transition temperature of hydrous melts in the system $CaAl_2Si_2O_8$-$CaMgSi_2O_6$[J]. Chemical Geology, 2008, 256(3-4): 203-215.
[48] HAO J, ZAN Q, AI D, et al. Structure and high temperature physical properties of glass seal materials in solid oxide electrolysis cell[J]. Journal of Power Sources, 2012, 214(4): 75-83.
[49] SHIM S-B, KIM D-S, HWANG S, et al. Wetting and surface tension of bismate glass melt[J]. Thermochimica Acta, 2009, 496(1-2): 93-96.
[50] LIN S-E, CHENG Y-R, WEI W C J. Synthesis and long-term test of borosilicate-based sealing glass for solid oxide fuel cells[J]. Journal of the European Ceramic Society, 2011, 31(11): 1975-1985.
[51] MA G F, LIU N, ZHANG H F, et al. Wetting of molten Bi-Sn alloy on

amorphous $Fe_{78}B_{13}Si_9$[J]. Journal of Alloys and Compounds, 2008, 456(1-2): 379-383.

[52] ZHANG L Y, SHEN P, QI Y, et al. Wettability in reactive Sn-base alloy/Ni-base metallic glass systems[J]. Applied Surface Science, 2013, 276(3): 424-432.

[53] CHERN T-S, TSAI H-L. Wetting and sealing of interface between 7056 glass and kovar alloy[J]. Materials Chemistry and Physics, 2007, 104(2-3): 472-478.

[54] KULLBERG A T G, LOPES A A S, VEIGA J P B, et al. Crystal growth in zinc borosilicate glasses[J]. Journal of Crystal Growth, 2017, 457: 239-243.

[55] VERMA V, GAIROLA S P, PANDEY V, et al. High permeability and low power loss of Ti and Zn substitution lithium ferrite in high frequency range[J]. Journal of Magnetism and Magnetic Materials, 2009, 321(22): 3808-3812.

[56] GAO Y, ZHANG H, JIN L, et al. Improving the magnetic properties of Li-Zn-Ti ferrite by doping with H_3BO_3-Bi_2O_3-SiO_2-ZnO glass for LTCC technology[J]. Journal of Electronic Materials, 2014, 43(9): 3653-3658.

[57] ZHANG D, WANG X, XU F, et al. Low temperature sintering and ferromagnetic properties of $Li_{0.43}Zn_{0.27}Ti_{0.13}Fe_{2.17}O_4$ ferrites doped with BaO-ZnO-B_2O_3-SiO_2 glass[J]. Journal of Alloys and Compounds, 2016, 654: 140-145.

[58] ARILLO MARÍA Á, LÓPEZ MARÍA L, PICO C, et al. Order-disorder transitions and magnetic behaviour in lithium ferrites $Li_{0.5+0.5x}Fe_{2.5-1.5x}Ti_xO_4$ (x = 1.28 and 1.50)[J]. European Journal of Inorganic Chemistry, 2003, 2003(13): 2397-2405.

[59] MAZEN S A, METAWE F, MANSOUR S F. IR absorption and dielectric properties of Li-Ti ferrite[J]. Journal of Physics D-Applied Physics, 1997, 30(12): 1799-1808.

[60] LUO Z H, JIANG D L, ZHANG J X, et al. Investigation of interfacial bonding between Na_2O-B_2O_3-SiO_2 solder and silicon carbide substrate[J]. Science and Technology of Welding and Joining, 2013, 16(7): 592-596.

[61] SONG S, WEN Z, LIU Y, et al. New glass-ceramic sealants for Na/S battery[J]. Journal of Solid State Electrochemistry, 2010, 14(9): 1735-1740.

[62] JARTYCH E, PIKULA T, MAZUREK M, et al. Structure and magnetic properties of $Bi_5Ti_3FeO_{15}$ ceramics prepared by sintering, mechanical activation and edamm process. a comparative study[J]. Archives of Metallurgy and Materials, 2016, 61(2): 869-874.

[63] ZHAO H, KIMURA H, CHENG Z, et al. Large magnetoelectric coupling in magnetically short-range ordered $Bi_5Ti_3FeO_{15}$ film[J]. Scientific Reports, 2014, 4(7504): 1-8.

[64] ZHANG D, FENG L, HUANG W, et al. Oxygen vacancy-induced ferromagnetism in $Bi_4NdTi_3FeO_{15}$ multiferroic ceramics[J]. Journal of Applied

Physics, 2016, 120(15): 154105-1-154105-7.

[65] BAI W, YIN W, YANG J, et al. Cryogenic temperature relaxor-like dielectric responses and magnetodielectric coupling in Aurivillius $Bi_5Ti_3FeO_{15}$ multiferroic thin films[J]. Journal of Applied Physics, 2014, 116(8): 084103-1-084103-6.

[66] BAI Y, CHEN J, ZHAO S. Magnetoelectric fatigue of Ho-doped $Bi_5Ti_3FeO_{15}$ films under the action of bipolar electrical cycling[J]. RSC Advances, 2016, 6(47): 41385-41391.

[67] DEEPAK N, CAROLAN P, KEENEY L, et al. Tunable nanoscale structural disorder in Aurivillius phase, $n=3$ $Bi_4Ti_3O_{12}$ thin films and their role in the transformation to $n=4$, $Bi_5Ti_3FeO_{15}$ phase[J]. Journal of Materials Chemistry C, 2015, 3(22): 5727-5732.

[68] REHMAN F, LI J-B, ZHANG J-S, et al. Grains and grain boundaries contribution to dielectric relaxations and conduction of $Bi_5Ti_3FeO_{15}$ ceramics[J]. Journal of Applied Physics, 2015, 118(21): 214101-1-214101-6.

[69] CHEN G, BAI W, SUN L, et al. Processing optimization and sintering time dependent magnetic and optical behaviors of Aurivillius $Bi_5Ti_3FeO_{15}$ ceramics[J]. Journal of Applied Physics, 2013, 113(3): 034901-1-034901-7.

[70] BELLADA S S, CHOUGULE B K. Composition and frequency dependent dielectric properties of Li-Mg-Li ferrites[J]. Materials Chemistry and Physic, 2000, 66(1): 58-63.

[71] LAKSHMAN A, SUBBA RAO P S V, RAO K H. High-frequency dielectric behavior of indium and chromium substituted Mg-Mn ferrites[J]. Modern Physics Letters B, 2010, 24(15): 1657-1667.

[72] KAMBALE R C, SHAIKH P A, BHOSALE C H, et al. Studies on magnetic, dielectric and magnetoelectric behavior of (x) $NiFe_{1.9}Mn_{0.1}O_4$ and (1-x) $BaZr_{0.08}Ti_{0.92}O_3$ magnetoelectric composites [J]. Journal of Alloys and Compounds, 2010, 489(1): 310-315.

[73] DAR M A, VERMA V, PANDEY V, et al. Magnetic and electrical properties of Ti substituted lithium zinc ferrites[J]. Integrated Ferroelectrics, 2010, 119(1): 135-142.

[74] JAVADI S, SADRODDINI M, RAZZAGHI-KASHANI M, et al. Interfacial effects on dielectric properties of ethylene propylene rubber-titania nano- and micro-composites[J]. Journal of Polymer Research, 2015, 22(8): 1-9.

[75] FANG M, WANG Z, LI H, et al. Fabrication and dielectric properties of $Ba(Fe_{0.5}Nb_{0.5})O_3$/poly (vinylidene fluoride) composites [J]. Ceramics International, 2015, 41: S387-S392.

[76] ZHANG B, YE F, GAO Y, et al. Dielectric properties of BADCy/$Ni_{0.5}Ti_{0.5}NbO_4$ composites with novel structure fabricated by freeze casting combined with vacuum

assisted infiltration process[J]. Composites Science and Technology, 2015, 119: 75-84.

[77] ZHU B L, ZHENG H, WANG J, et al. Tailoring of thermal and dielectric properties of LDPE-matrix composites by the volume fraction, density, and surface modification of hollow glass microsphere filler[J]. Composites Part B: Engineering, 2014, 58(3): 91-102.

[78] MU Y, ZHOU W, HU Y, et al. Improvement of mechanical and dielectric properties of PIP-SiC_f/SiC composites by using Ti_3SiC_2 as inert filler[J]. Ceramics International, 2015, 41(3): 4199-4206.

[79] ZHOU W, YU D. Thermal and dielectric properties of the aluminum particle/epoxy resin composites[J]. Journal of Applied Polymer Science, 2010, 118(6): 3156-3166.

[80] TANG K, BAI W, LIU J, et al. The effect of Mn doping contents on the structural, dielectric and magnetic properties of multiferroic $Bi_5Ti_3FeO_{15}$ Aurivillius ceramics[J]. Ceramics International, 2015, 41: S185-S190.

[81] REHMAN F, JIN H-B, WANG L, et al. Effect of Nd^{3+} substitution for Bi^{3+} on the dielectric properties and conduction behavior of Aurivillius $NdBi_4Ti_3FeO_{15}$ ceramics[J]. RSC Advances, 2016, 6(25): 21254-21260.

[82] 何鹏，冯杰才，钱乙余. 异种材料扩散连接接头残余应力的分布特征及中间层的作用[J]. 焊接学报，2002，23(1)：76-80.

第5章 氧化铝和蓝宝石玻璃连接及接头强化机理

5.1 电子电路中氧化铝和蓝宝石应用及封装基本特点

氧化铝陶瓷是一种高温结构材料，蓝宝石是氧化铝陶瓷中一种单晶存在形式。氧化铝陶瓷具有强度高、硬度大、耐高温、热膨胀系数小、电绝缘性能好、耐磨耐腐蚀、生物相容性优异的特点，在航空航天、国防军工、微电子器件、医疗化工等领域有着不可替代的重要地位。比如，氧化铝陶瓷常作为高负荷结构部件应用在工程中，也可作为基板材料广泛应用在电子电路中，在电子行业中，常采用蓝宝石作为LED透明封装基板；此外，蓝宝石常被用作战斗机和导弹等高速飞行器的视窗窗口材料。然而氧化铝陶瓷具有普遍陶瓷材料都存在的脆性强、塑性差的缺点，加工难度大、效率低、尺寸有限，并且难以获得具有复杂几何形状的氧化铝及蓝宝石陶瓷部件。因此，实现氧化铝陶瓷的有效连接是其发挥结构和功能材料作用的关键。

目前，连接氧化铝陶瓷的主要方法有金属活性钎焊、扩散焊、Mo－Mn金属化法和玻璃连接法。金属活性钎焊法是采用活性金属元素作为钎料，通过其与陶瓷表面发生反应而形成界面连接的一种方法。金属活性钎焊通常在高温、真空条件下进行，对设备要求比较高，同时，金属钎料与陶瓷的热膨胀系数差别较大，因此接头焊缝内部的应力也比较大；扩散焊是在高温条件下，通过长时间元素扩散而形成接头的一种方法；Mo－Mn金属化法则需要对母材进行一系列的金属化处理后再进行连接。上述连接方法，虽然可以实现氧化铝陶瓷的有效连接，但也存在各自的不足和缺点，比如工艺复杂、连接温度高，接头的应力也比较难以控制。玻璃钎料钎焊法是采用玻璃作为钎料，当温度加热至玻璃软化成黏流态，玻璃通过填缝作用在陶瓷表面铺展润湿并发生界面化学反应，从而与陶瓷母材形成紧密连接，形成的连接接头强度较高、化学性质稳定，并且这种方法工艺简单、成本较低，不仅可以解决以上问题，还可以用于大尺寸以及复杂形状Al_2O_3陶瓷结构部件的制造。

5.2 玻璃钎料设计、制备及性能研究

玻璃钎料钎焊法，其核心在于玻璃钎料，又称为封接玻璃，是指一切能与其他材料如各种金属或合金、陶瓷以及别种玻璃（包括微晶玻璃）封接在一起的玻璃。按照封接温度，可将玻璃钎料分为低熔点玻璃钎料和高熔点玻璃钎料。低熔点玻璃钎料是指玻璃软化点低于600 ℃的封接玻璃，主要有铋酸盐玻璃、硼酸盐玻璃、磷酸盐玻璃等。在众多低熔点体系玻璃中，Bi与Pb的原子量、离子半径和电子构成非常接近，Bi_2O_3与PbO具有相似

的性质，这使得铋酸盐玻璃具有较低的特征温度，且铋酸盐玻璃的热膨胀系数与蓝宝石较为接近，因此选用成分适当的铋酸盐玻璃，可以在较低的连接温度下实现蓝宝石之间的可靠连接。高熔点玻璃钎料是指玻璃软化点高于600 ℃的封接玻璃，主要包括硅酸盐玻璃、硼硅酸盐玻璃等。SiO_2是高熔点玻璃中普遍选择的玻璃形成体之一，在玻璃网络结构中以[SiO_4]四面体的形式存在，可使玻璃具有优异的机械性能、化学稳定性、热稳定性等。此外，在氧化铝陶瓷的玻璃钎焊连接中，如果玻璃中存在B_2O_3成分，那么母材可能会与玻璃中的B_2O_3发生反应生成硼酸铝晶须，对连接接头起到强化作用。硼硅酸盐玻璃作为同时包含SiO_2和B_2O_3这两种成分的高熔点玻璃，是较为理想的用于氧化铝陶瓷连接的玻璃钎料，有望获得机械强度高、化学稳定性及热稳定性良好的氧化铝连接接头。因此，本节主要以低熔点铋酸盐玻璃以及高熔点硼硅酸盐玻璃为例，阐述玻璃钎料的设计思路、制备工艺以及性能研究。

5.2.1　玻璃钎料的设计

1. 铋酸盐玻璃

铋酸盐玻璃是以Bi_2O_3为主要原料制备得到的玻璃体系，Bi_2O_3不是玻璃形成体，无法单独形成玻璃，因此需要在Bi_2O_3中加入SiO_2、B_2O_3和P_2O_5等玻璃网络形成体才可以形成玻璃。由于Bi和Pb的原子序数比较接近，因此Bi_2O_3与PbO性质比较接近。随着玻璃中Bi_2O_3摩尔分数的提高，玻璃的黏度减小，玻璃化转变温度(T_g)和玻璃软化温度(T_f)降低，热膨胀系数(α)提高，密度(ρ)增加。

二元体系玻璃$Bi_2O_3-B_2O_3$是铋酸盐玻璃最简单的玻璃体系。对于$xBi_2O_3-(100-x)B_2O_3$成分的玻璃(摩尔分数范围为$30\%\leqslant x\leqslant 60\%$)，其网络主要由[$BiO_6$]、[$BO_3$]和[$BO_4$]组成。$Bi_2O_3-B_2O_3$玻璃的$T_g$温度范围为390～480 ℃，$\alpha$范围为$6\times10^{-6}\sim8\times10^{-6}$ ℃$^{-1}$。其中，$50Bi_2O_3-50B_2O_3$、$40Bi_2O_3-60B_2O_3$均可形成玻璃，作为玻璃钎料用于蓝宝石的钎焊连接中。对于三元铋酸盐体系玻璃，图5.1和图5.2所示分别为$Bi_2O_3-B_2O_3-SiO_2$玻璃和$Bi_2O_3-B_2O_3-ZnO$玻璃的形成区。表5.1中总结了部分常见的铋酸盐玻璃的特征温度范围及热膨胀系数范围。蓝宝石热膨胀系数约为7.6×10^{-6} ℃$^{-1}$，综合考虑玻璃的特征温度和热膨胀系数，最适用于蓝宝石钎焊连接的玻璃体系为$Bi_2O_3-B_2O_3-ZnO$玻璃，其中Bi_2O_3质量分数较多，可使玻璃保持尽可能低的特征温度，但Bi_2O_3质量分数过多，则可能导致玻璃网络结构松散、玻璃与蓝宝石热膨胀系数差过大，对连接接头强度产生不利影响，因此Bi_2O_3含量要适中。在图5.2所示的玻璃形成区内，$50Bi_2O_3-40B_2O_3-10ZnO$、$50Bi_2O_3-30B_2O_3-20ZnO$均可作为连接蓝宝石的玻璃钎料。

表5.1　部分无铅铋酸盐玻璃的热膨胀系数及温度特性

玻璃体系	T_g/℃	T_f/℃	$\alpha/(\times10^{-6}$ ℃$^{-1})$
$Bi_2O_3-B_2O_3-BaO$	458～481	490～512	—
$Bi_2O_3-B_2O_3-ZnO$	<400	<450	8～11
$Bi_2O_3-B_2O_3-SiO_2$	<475	<500	<11
$Bi_2O_3-B_2O_3-K_2O$	360～410	430～470	10.9～15.3

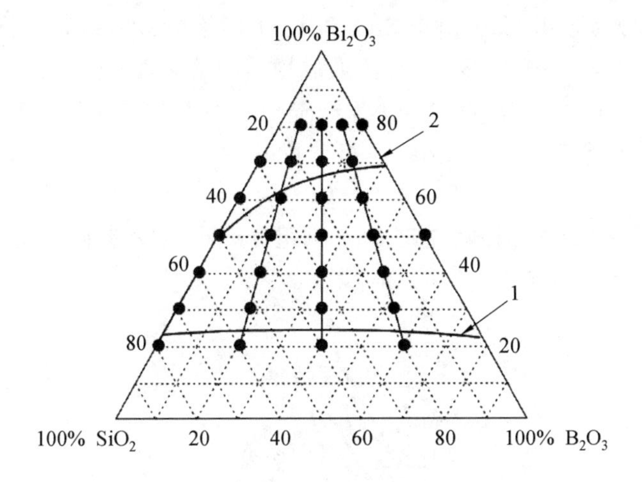

图5.1　$Bi_2O_3-B_2O_3-SiO_2$ 玻璃的形成区

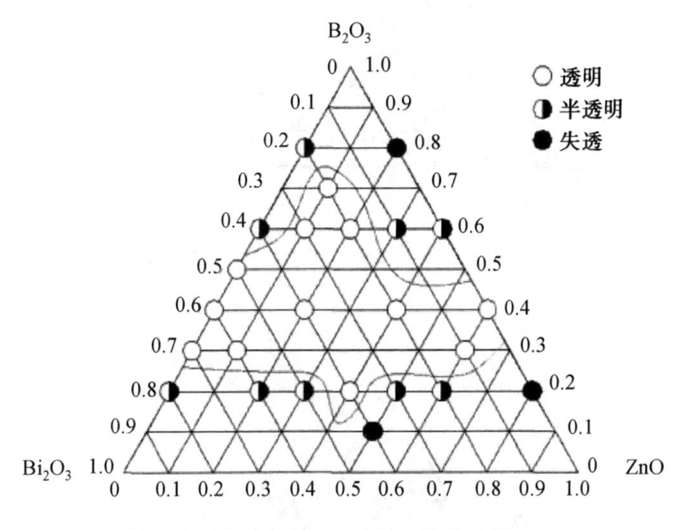

图5.2　$Bi_2O_3-B_2O_3-ZnO$ 玻璃的形成区

2. 硼硅酸盐玻璃

硼硅酸盐玻璃主要成分为 SiO_2、B_2O_3、Na_2O，其中 SiO_2 和 B_2O_3 是玻璃形成体氧化物，可以单独形成玻璃，是硼硅酸盐玻璃的主体，构成玻璃的网络结构，但是由于网络结构差异较大，仅仅将 SiO_2 和 B_2O_3 两种成分混合后高温熔融是不能形成玻璃的。Na_2O 是网络外体氧化物，不能单独形成玻璃，也不参与玻璃的网络结构，Na^+ 与 O^{2-} 之间主要以离子键形式结合，离子性很强，对 O^{2-} 的束缚很弱，主要起到提供游离氧的作用，这些游离氧一部分用于改变网络结构，促使 SiO_2 与 B_2O_3 形成均匀的玻璃，另一部分则用于断开网络结构，使玻璃形成体中结合力较强的桥氧转变为结合力较弱的非桥氧，从而降低玻璃的特征温度、高温黏度等，过多的 Na_2O 则会对玻璃的机械性能、化学稳定性造成非常不利的影响，玻璃中 Na_2O 的摩尔分数一般不超过5%。图5.3所示为硼硅酸盐玻璃的玻璃形成区及等膨胀曲线图，其中 EF 为玻璃化界限，EF 左侧为玻璃形成区。图5.4所示为玻璃的分相图，阴影部分为分相区域，由于 SiO_2 和 B_2O_3 网络结构的差异，硼硅酸盐玻璃若成分设计不当，则会出现分相的现象，即无法形成均匀的玻璃，因此制订玻璃成分时应避开此区域。若固定 Na_2O 摩尔分数为 3%，当 $n(Si_2O)$: $n(B_2O_3)$ 分别为 2、1、0.5，各组分均在玻璃形成区内，即 Si_2O、B_2O_3、Na_2O 组分配比为 $64.7SiO_2-32.3B_2O_3-3Na_2O$、$48.5SiO_2-48.5B_2O_3-3Na_2O$、$32.3SiO_2-64.7B_2O_3-3Na_2O$ 时，均可形成硼硅酸盐玻璃，当作为玻璃钎料用于氧化铝陶瓷连接时，因组分不同，工艺参数、连接接头微观组织结构及力学性能等也不尽相同。

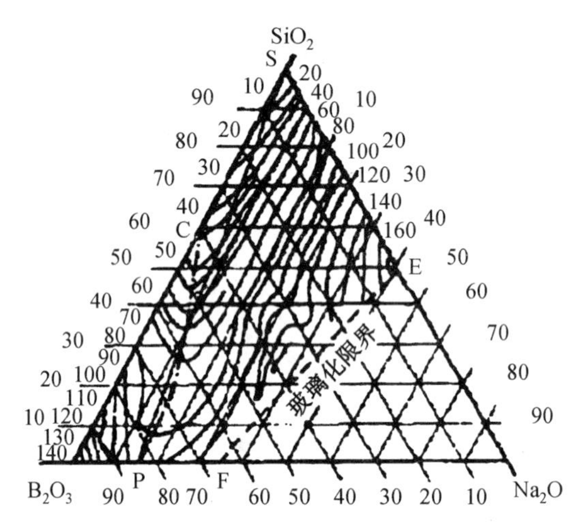

图 5.3　玻璃形成区及等膨胀曲线图

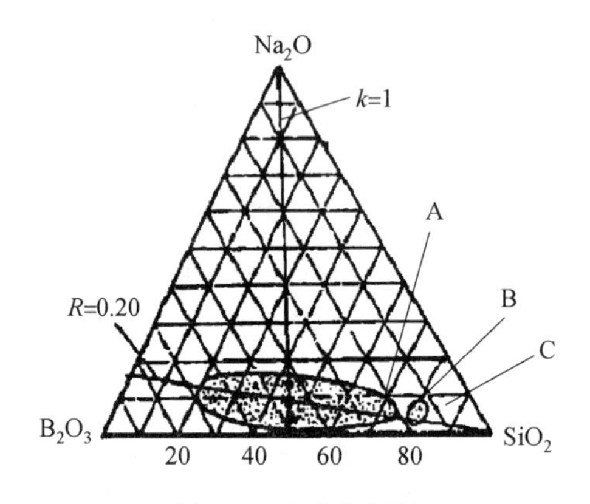

图 5.4　玻璃分相图

5.2.2　玻璃钎料的制备

熔融一急冷法是制备玻璃的最为常用的手段，是将一种或者多种氧化物组分加热到熔制温度后迅速淬火的一种方法。玻璃的制备流程如下：先按照配方计算并称量原料质量，将原料在滚筒式球磨机中均匀混合，随后放置于坩埚中，将盛放原料的坩埚放入空气马弗炉中，以 10 ℃/ min 的升温速率从室温升至熔炼温度。此时，原料呈现完全的熔融态，保温过程中，每 10 min 摇晃一次，待保温结束后，取出坩埚。根据不同的用途，所采用的淬火的方式也不同：① 对于玻璃粉末的制备，先将一部分熔体迅速倒入冷水中，得到尺寸为毫米级（1～2 mm）的玻璃颗粒。随后，将玻璃颗粒进行球磨处理，机器转速为600 r/min，球磨时间为3 h。将球磨得到的玻璃粉末过筛，去除其中的大颗粒粉末，得到用于氧化铝陶瓷连接的小粒径的玻璃粉。② 对于玻璃熔块的制备，则是将高温熔体迅速倒入已经预热好的涂有氮化硼阻焊剂的不锈钢模具上，之后根据试验需要切割成具有一定尺寸的玻璃熔块。

以铋酸盐玻璃为例，图5.5所示为所制备的成分为$50Bi_2O_3-40B_2O_3-10ZnO$玻璃颗粒、玻璃粉末以及玻璃熔块的形貌。如图5.5所示，所熔炼的玻璃呈现黄色，这是一种典型的铋酸盐玻璃颜色。因为玻璃成分中含有大量的Bi_2O_3，Bi_2O_3主要呈现黄色，H_3BO_3和ZnO为白色。对于铋酸盐玻璃来说，Bi_2O_3的摩尔分数越高，则制备的玻璃颜色越深，依据Bi_2O_3摩尔分数的不同，玻璃会呈现出浅黄至深黄色不等。

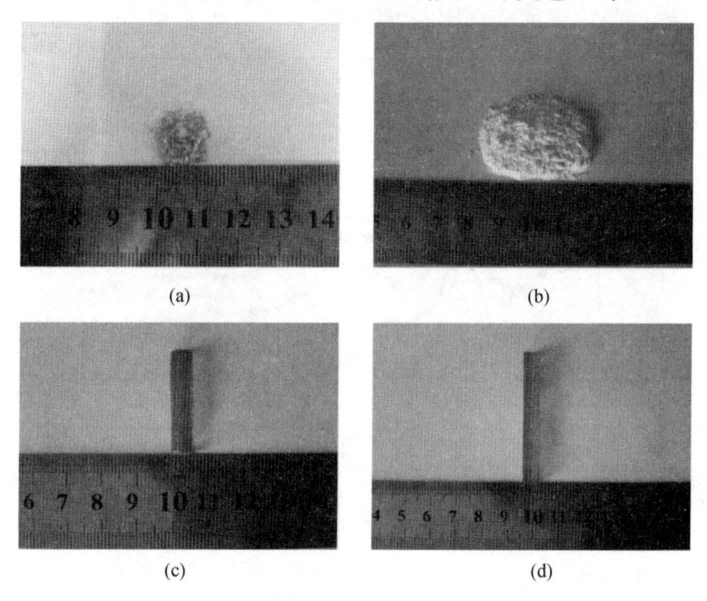

图5.5　熔炼的$50Bi_2O_3-40B_2O_3-10ZnO$玻璃形貌

5.2.3　玻璃钎料的性能研究

1. 玻璃钎料的成玻性

玻璃的制备需要在极短的时间内由高温冷却到室温，所以原子来不及扩散，形成了被“冻结”的状态，原子呈现无序的排列，一般来说，晶体中原子有周期性的规则排列，非晶体原子的排列呈现短程有序、长程无序的状态。图5.6所示为非晶材料与晶体材料内部原子排列的示意图。

玻璃作为一种无规则结构的非晶体材料，它不是像晶体那样存在长程有序的排列，而是像液体那样呈现长程无序、短程有序的状态，因此玻璃具有如下几个特点：①各向同性；②无固定熔点；③能量处于亚稳状态。

非晶体在X射线照射的情况下，会对射线形成散射，因此得不到尖锐的衍射峰，而是

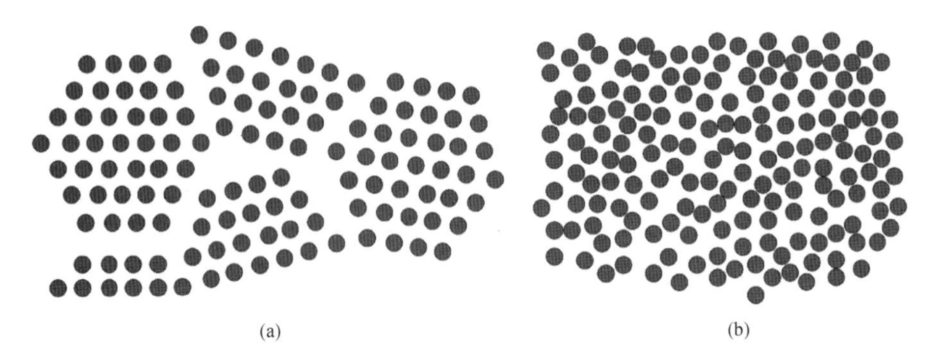

图 5.6　晶体和非晶体原子排列示意图

出现漫散射,形成“馒头峰”。图 5.7 和图 5.8 所示分别为制备的不同成分的低熔点铋酸盐玻璃和高熔点硼硅酸盐玻璃的 XRD 衍射曲线。

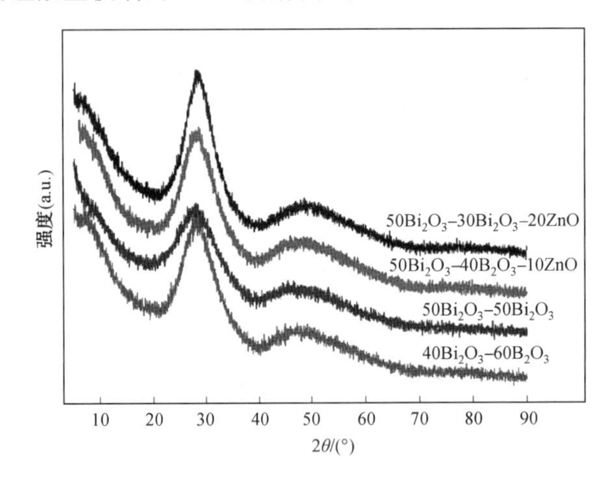

图 5.7　所熔炼低熔点铋酸盐玻璃的 XRD 衍射曲线

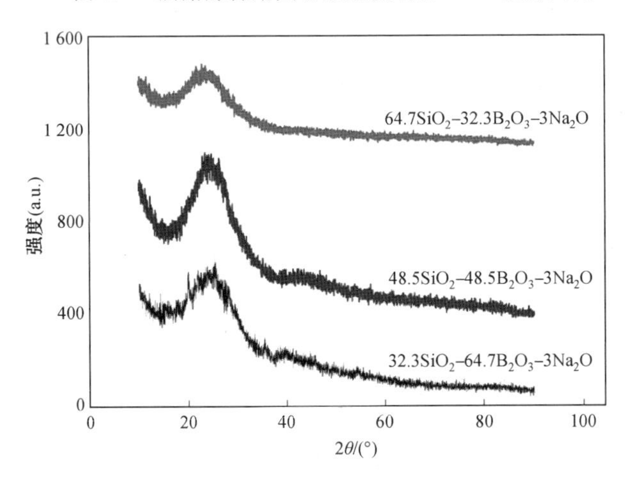

图 5.8　高熔点硼硅酸盐玻璃钎料的 XRD 衍射曲线

2. 玻璃钎料的热膨胀系数

热膨胀系数是玻璃钎料的重要参数之一，因为母材与玻璃的热膨胀匹配性良好是获得良好接头的关键，两者良好的匹配性有利于减少玻璃与母材之间应力，从而获得稳定可靠的接头。玻璃的热膨胀曲线与一般晶体的热膨胀曲线不同，玻璃存在转变点（T_g）和软化点（T_f），在 T_g点以下，其热膨胀系数与温度大致呈现线性关系，当温度超过 T_g温度后，随着温度升高，两者不再呈现线性关系，曲线会达到最高点，这个最高点为玻璃软化点，随着温度的继续升高，玻璃的热膨胀系数开始急剧降低。

以铋酸盐玻璃为例，图 5.9 所示为四种常见的铋酸盐玻璃的热膨胀系数曲线。此处对 $50Bi_2O_3-40B_2O_3-10ZnO$ 玻璃做具体分析，其他玻璃依此类推。从图中 $50BiO_3-40B_2O_3-10ZnO$ 曲线可以看出，在 20～400 ℃区间，玻璃呈现出弹性体的性质，热膨胀系数与温度呈现大致线性的关系，随着温度升高，开始出现上升的趋势，随后达到最高点，在此区间，玻璃已经不再保持弹性态，而是呈现弹性体与黏流态的混合状态，曲线的最高点为玻璃的软化点。随着温度继续升高，当超过软化点温度，玻璃呈现完全的黏流态，一般来说，随着温度的升高，玻璃的黏度越来越小，热膨胀系数急剧降低。通常 T_g是固相和液相分界点，玻璃在 T_g温度以上计算热膨胀系数就失去意义，只有在固态下计算，玻璃的热膨胀系数具有与温度变化的线性关系，于是取玻璃在固相的某一点衡量其热膨胀系数。可以看出，$50Bi_2O_3-40B_2O_3-10ZnO$ 玻璃的 T_f为 419 ℃，T_g为 386 ℃，玻璃在 20～380 ℃区间的热膨胀系数分别为 9.8×10^{-6}℃$^{-1}$。对比不同成分玻璃的热膨胀系数曲线，可以看出，玻璃的热膨胀系数随着 B_2O_3/Bi_2O_3 比例的增加而提高，玻璃的热膨胀系数与原子键强和玻璃结构有着密切的关系。在铋酸盐玻璃中，主要存在[BO_3]、[BO_4]、[BiO_3]和[BiO_6]四种结构的基团，当 Bi_2O_3摩尔分数较低时，玻璃以铋氧结构（[BiO_3]和[BiO_6]）为主，随着 Bi_2O_3摩尔分数的增加，玻璃的网络结构由铋氧结构为主转变为以硼氧结构（[BO_4]和[BiO_3]）为主。相比于铋氧结构（[BiO_3]和[BiO_6]），硼氧结构（[BO_4]和[BiO_3]）的连接更为紧密，结构也更加稳固。因此，随着 Bi_2O_3摩尔分数的降低和 B_2O_3摩尔分数的增加，即 B_2O_3/Bi_2O_3的提高，玻璃的软化温度 T_f提高，热膨胀系数 α 降低。

3. 玻璃钎料的热力学和析晶行为分析

由于玻璃是在急冷情况下得到的，因此玻璃处于高能量的亚稳态，在加热过程中，玻璃一般会倾向于生成低能态的晶体相，即发生析晶现象。本节以 $50Bi_2O_3-40B_2O_3-10ZnO$ 玻璃为例，对其进行热力学分析。图 5.10 所示为 $50Bi_2O_3-40B_2O_3-10ZnO$ 玻璃的 DSC 曲线，玻璃化转变温度 T_g约为 386 ℃。从 DSC 曲线中可以观察到两个相邻的下凹的放热峰 T_{c1}和 T_{c2}，由于析晶表现为由亚稳态（高能态）到稳态（低能态）的过程，在这个过程中会放出热量，因此这两个峰也为 $50Bi_2O_3-40B_2O_3-10ZnO$ 玻璃的析晶峰，峰值分别为 520 ℃和 610 ℃。在两个析晶峰之后，是一个凸起的放热峰 T_m，这个放热峰为晶体的熔化峰，峰值为 630 ℃，说明在这一温度下，前面析出的晶体熔化。

为了确定 $50Bi_2O_3-40B_2O_3-10ZnO$ 玻璃在加热过程中析出晶体的种类，对 $50Bi_2O_3-40B_2O_3-10ZnO$玻璃在析晶峰温度（520 ℃和 610 ℃）下进行热处理。图 5.11 所示为对 $50Bi_2O_3-40B_2O_3-10ZnO$ 玻璃进行热处理后得到的表面形貌，可以看出，$50Bi_2O_3-40B_2O_3-10ZnO$ 玻璃在 520 ℃、保温 20 min 处理工艺条件下，玻璃的析晶相

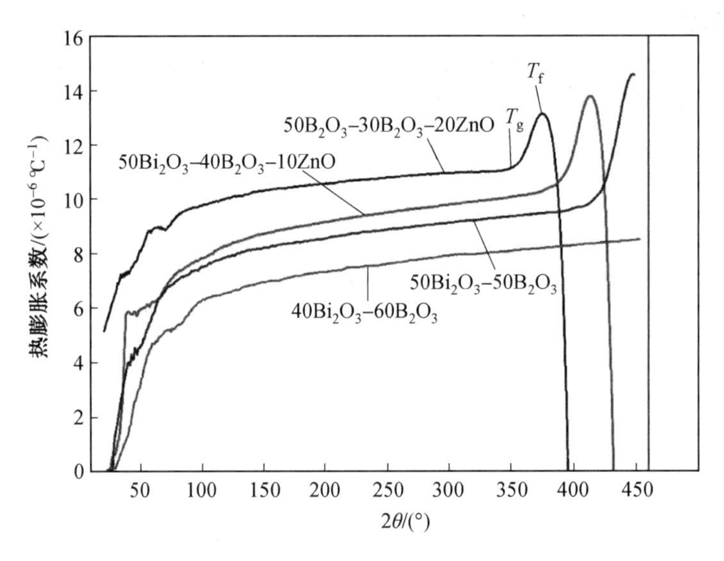

图 5.9　玻璃的热膨胀系数曲线

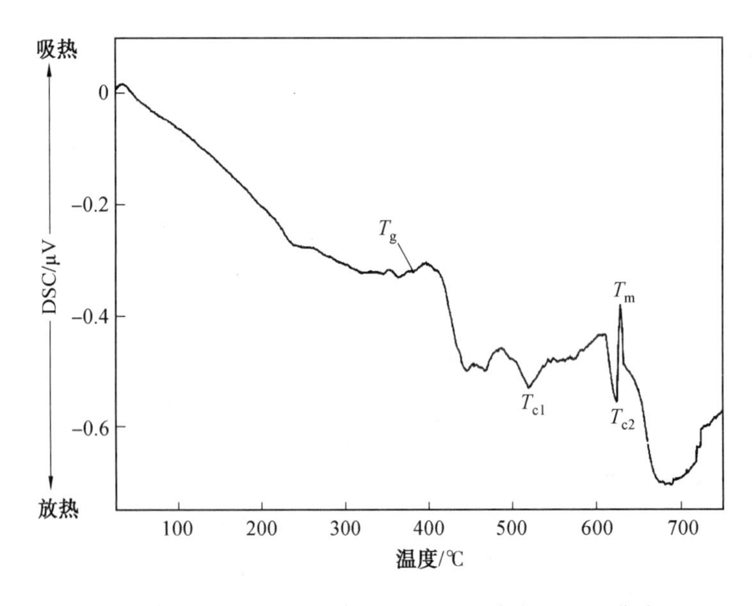

图 5.10　$50Bi_2O_3-40B_2O_3-10ZnO$ 玻璃的 DSC 曲线

为条状，长度为 5～20 μm，析晶相颜色较淡，呈现白色，根据能谱分析结果(表 5.2)，其主要成分为 Bi 和 O。为了进一步确定其化学组成，对样品进行了 XRD 分析，图 5.12 所示为在 520 ℃、保温 20 min 处理条件下玻璃的 XRD 分析测试结果。

在 610 ℃、保温 20 min 处理条件下，玻璃的析出形貌发生了变化(图 5.11(c)和(d))，析出相呈现白色长条状。值得注意的是，与在 520 ℃、保温 20 min 的条件下不同的是，此温度的析晶相大部分呈现长条状，且长度较长，EDS 结果显示此成分与 520 ℃条件下的结果略有不同，但主要成分也为 Bi 和 O。为了进一步确定析出相的种类，对析出相进行了 XRD 分析测试，如图 5.13 所示。结果显示，在 610 ℃、保温 20 min 对玻璃进行处理时，玻璃析出晶体相化学式为 $Bi_{24}B_2O_{39}$，由于在 DSC 曲线上出现了两个析晶峰，但却只出现一个熔化峰，熔点为 630 ℃左右，这可能由于在加热过程中，T_{c2}的温度下没有发生析晶现象，而是发生了如式(5.1)的化学反应：

$$Bi_4B_2O_9(s) + Bi_2O_3(s) = Bi_{24}B_2O_{39}(s) \tag{5.1}$$

在第一个析晶区间生成的 $Bi_4B_2O_9$ 与玻璃中的成分 Bi_2O_3 发生了化学反应，生成了 $Bi_{24}B_2O_{39}$，此反应为放热反应，在 DSC 曲线显示为向下的放热峰。

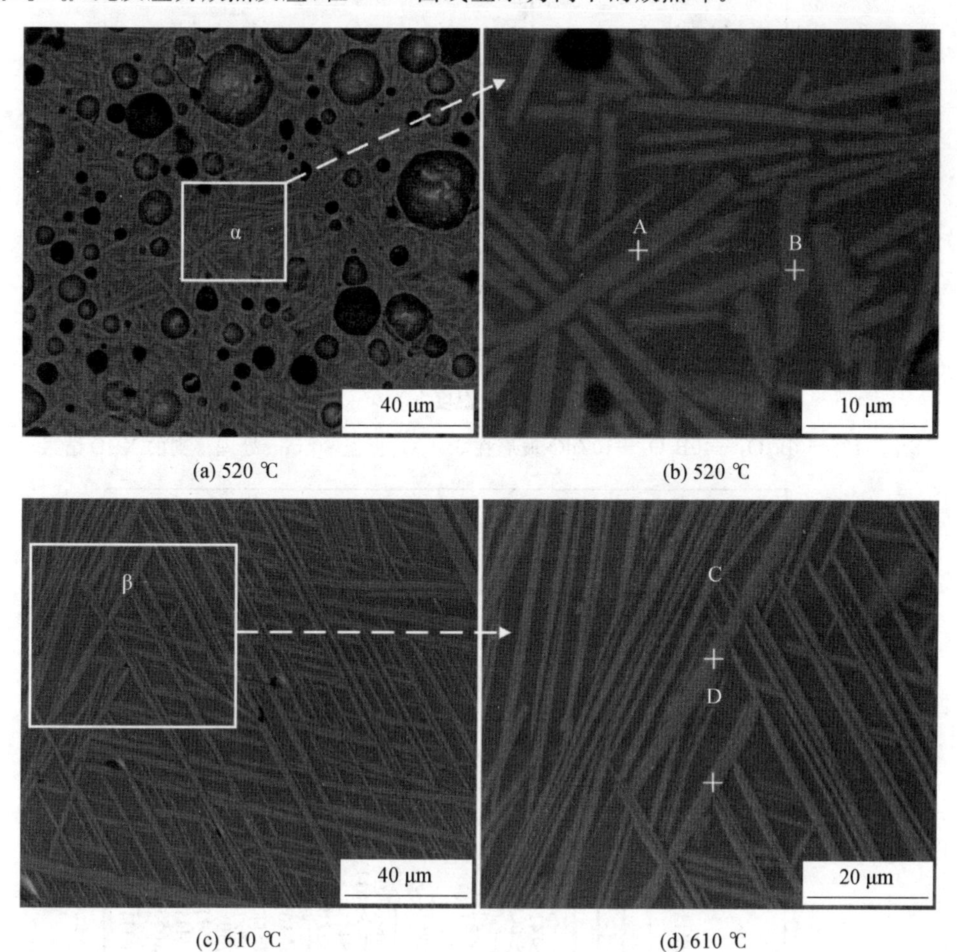

(a) 520 ℃　(b) 520 ℃

(c) 610 ℃　(d) 610 ℃

图 5.11　$50Bi_2O_3-40B_2O_3-10ZnO$ 玻璃经过热处理后的形貌(t=20 min)

表 5.2　图 5.11 各点 EDS 能谱分析结果

位置	Bi	B	Al	O
A	29.74	11.18	0.88	58.20
B	26.58	12.43	0.62	60.37
C	39.92	3.07	0.70	56.31
D	38.89	3.29	0.85	56.97

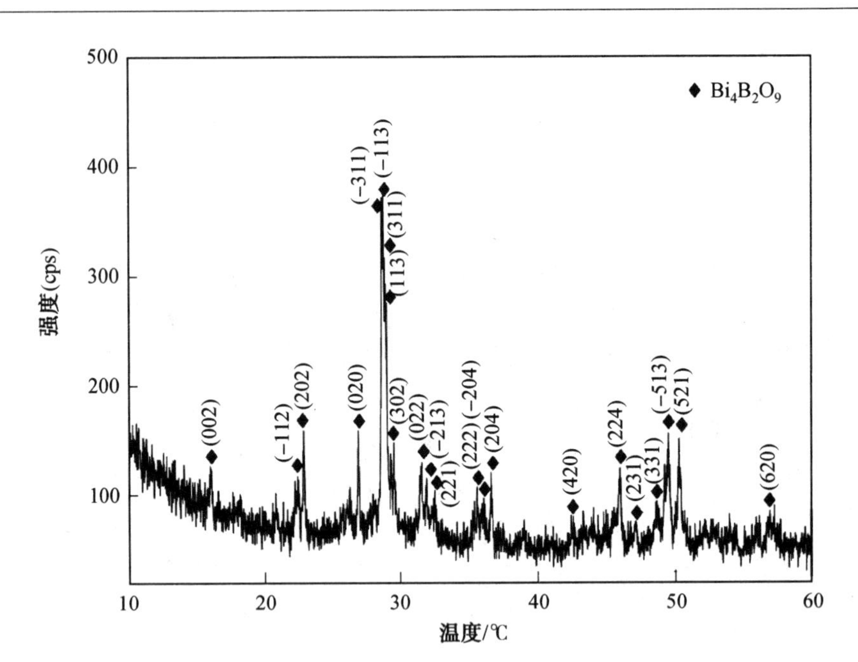

图 5.12　$50Bi_2O_3-40B_2O_3-10ZnO$ 玻璃在 520 ℃、保温 20 min 处理得到的 XRD 结果

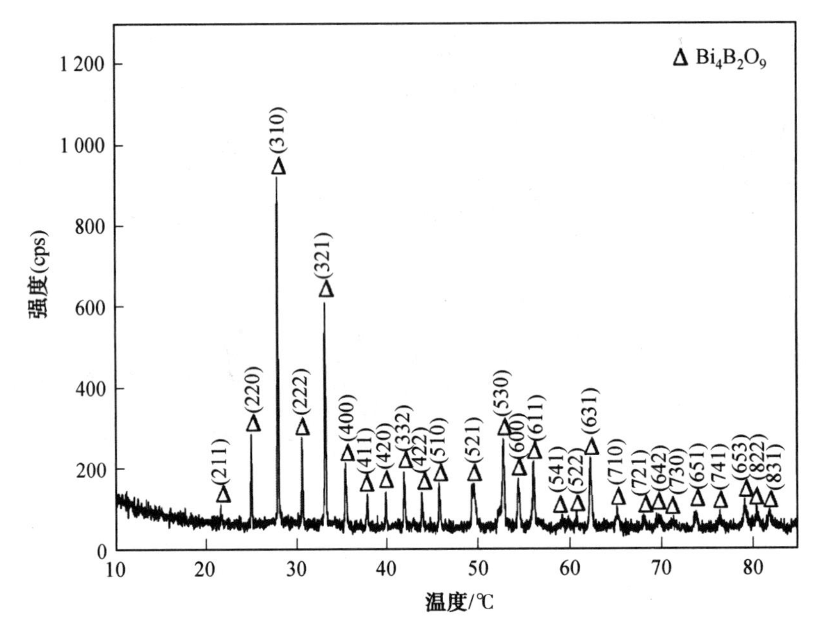

图 5.13　$50Bi_2O_3-40B_2O_3-10ZnO$ 玻璃在 610 ℃、保温 20 min 处理得到的 XRD 结果

4. 玻璃钎料在氧化铝陶瓷表面的铺展润湿行为

玻璃钎料在氧化铝陶瓷母材表面的润湿铺展行为可以直观地反映玻璃钎料的流动性及润湿性，从而初步判断所制备的玻璃钎料是否可以用于陶瓷连接中。通常情况下，良好的润湿性是实现氧化铝陶瓷可靠连接的基础。图 5.14 所示为 $50Bi_2O_3-40B_2O_3-10ZnO$ 玻璃在蓝宝石基体上的铺展润湿形为。

玻璃作为一种非晶体，没有固定的熔点，它的熔点是一个区间，其形状变化不会像晶

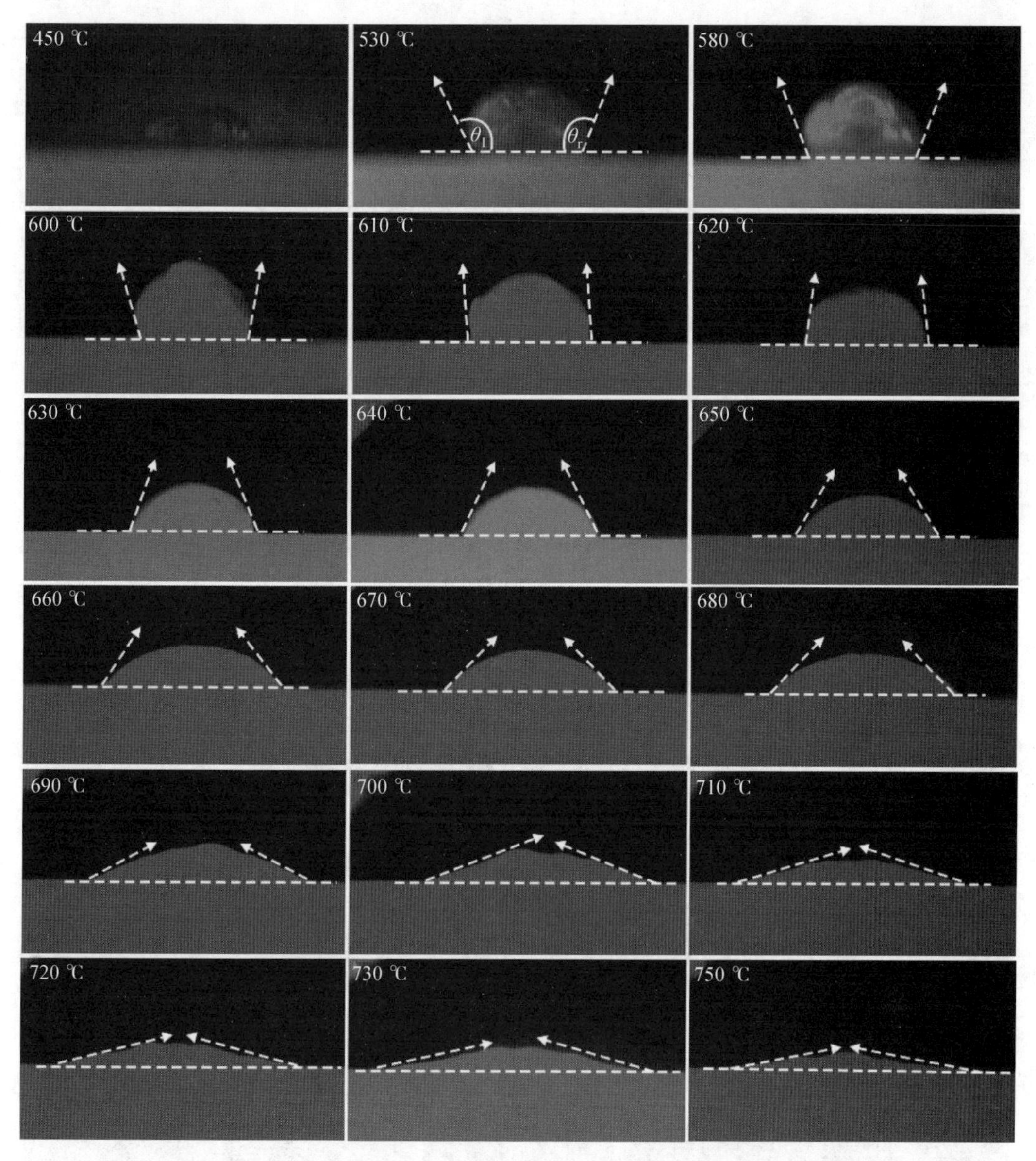

图 5.14　$50Bi_2O_3-40B_2O_3-10ZnO$ 玻璃在蓝宝石基体上的润湿形貌变化

体那样到达熔点后出现一个突变，而是超过软化点之后逐渐变化，其形貌变化主要受黏度控制，而玻璃的黏度则受温度影响最大，一般来说，玻璃的黏度随着温度的升高而降低。当温度为 450 ℃时，已经超过 $50Bi_2O_3-40B_2O_3-10ZnO$ 玻璃的软化温度（$T_f=419$ ℃），可以观察到，玻璃的四角不再保持平直，玻璃的外部形貌已经发生了变化。可以看出，在 450～610 ℃区间，玻璃在蓝宝石基体上的润湿角变化不大，这是由于在此温度区间，$50Bi_2O_3-40B_2O_3-10ZnO$ 玻璃会析出大量的晶体，这增加了玻璃的黏度，阻碍了玻璃在蓝宝石上的铺展润湿。因此，在此温度区间范围内，玻璃在蓝宝石基体上的润湿角也较大。随着温度继续升高至 630 ℃，$50Bi_2O_3-40B_2O_3-10ZnO$ 玻璃在析晶区间析出的晶体相完全熔化，晶体对玻璃流动性的阻碍已经完全消失，因此润湿角会出现突然降低，约为 70°。当温度升高至 650 ℃时，润湿角约为 64.0°，随着温度继续升高，润湿角继续减小，当温度为 750 ℃时，润湿角为 12.6°。由此说明 $50Bi_2O_3-40B_2O_3-10ZnO$ 玻璃在蓝宝石基体上润湿性良好，可尝试在 600～700 ℃实现蓝宝石的连接。

图 5.15 所示为 $32.3SiO_2-64.7B_2O_3-3Na_2O$ 玻璃在 Al_2O_3 陶瓷表面的润湿及铺展过程。玻璃在 450～500 ℃之间的开始融化，为低熔点硼硅酸盐玻璃。随温度升高，玻璃先在表面张力的作用下融化形成一个圆球，然后在 680～720 ℃之间，接触角从 136°迅速降低至 40°以下，在母材表面迅速铺展开，说明玻璃的黏度很低、具有很好的流动性。当温度升高至 800 ℃以后，接触角基本稳定在 23°左右不变，说明此成分的玻璃在 Al_2O_3 陶瓷表面的润湿性良好。

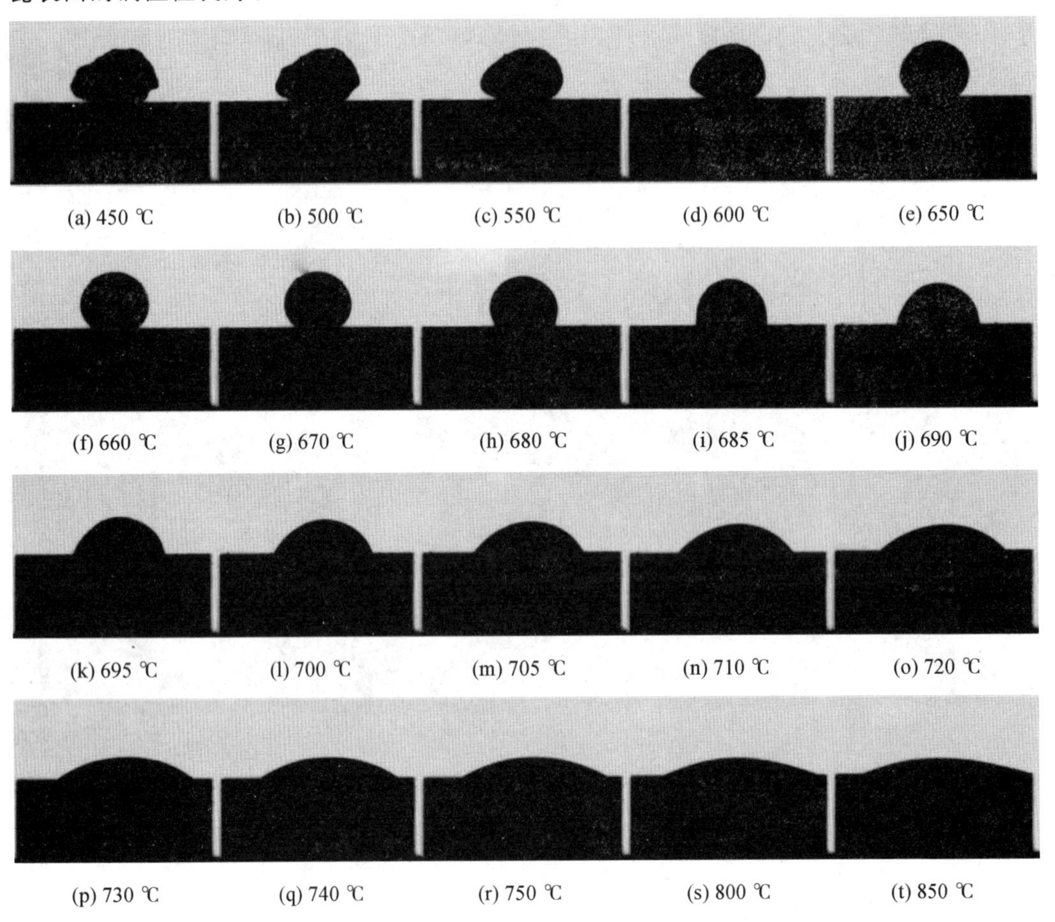

图 5.15　$32.3SiO_2-64.7B_2O_3-3Na_2O$ 玻璃在 Al_2O_3 陶瓷表面的润湿及铺展过程

图 5.16 所示为 $48.5SiO_2-48.5B_2O_3-3Na_2O$ 玻璃在 Al_2O_3 陶瓷表面的润湿及铺展过程，玻璃在 700～750 ℃之间开始融化，为高熔点硼硅酸盐玻璃。随温度升高接触角减小，铺展过程基本集中在 770～830 ℃之间，铺展过程与 $32.3SiO_2-64.7B_2O_3-3Na_2O$ 玻璃相相比较为缓慢。也就是说，随着 $n(SiO_2):n(B_2O_3)$ 增加，玻璃的黏度越来越大、流动性越来越差。其原因依然与玻璃的网络结构相关，对于[SiO_4]数量较多的玻璃，其网络致密性好，并且由于 Si—O 键之间的键能较高，玻璃中各个网络形成体内部、网络形成

体之间均结合紧密，因此黏度较高。而[BO_3]数量较多的玻璃中，由于内部含有大量以范德瓦耳斯力相连的层状结构，所以网络结构疏松，玻璃中各网络单元之间的束缚较弱，因此流动性好、黏度较低。

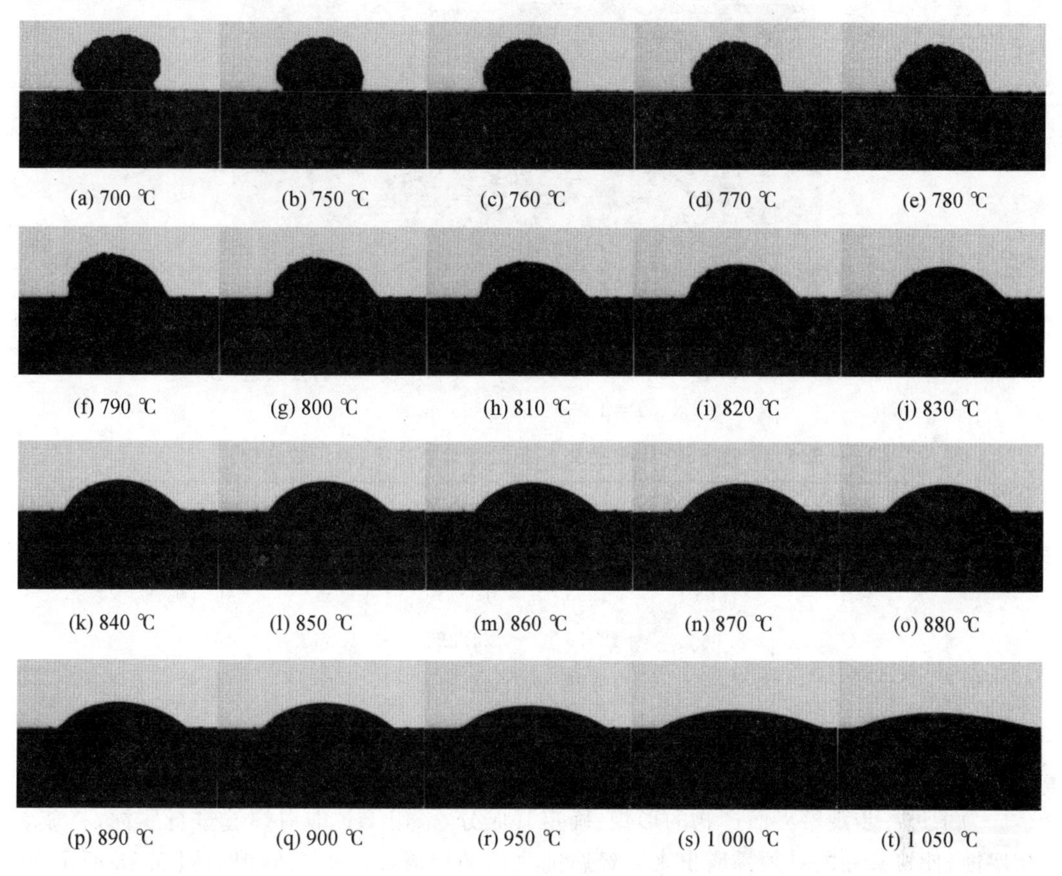

图 5.16 48.5SiO_2－48.5B_2O_3－3Na_2O 玻璃在 Al_2O_3 陶瓷表面的润湿及铺展过程

5.3 氧化铝/玻璃钎料接头的界面组织

5.3.1 典型的氧化铝/玻璃钎料接头显微组织形貌

以硼硅酸盐玻璃钎焊连接氧化铝陶瓷为例，图 5.17 所示为采用 32.3SiO_2－64.7B_2O_3－3Na_2O玻璃在 1 050 ℃保温 60 min 的试验条件下获得的氧化铝连接接头显微组织形貌。可以看出，玻璃钎料与 Al_2O_3之间形成了良好的连接，接头处没有孔洞、裂纹等缺陷，焊缝内部及界面处没有明显的反应层，界面处钎料与母材结合紧密，并生成了晶须，从 Al_2O_3 陶瓷表面生长至焊缝内部。接头处各部分 EDS 能谱分析结果见表 5.3，A、B 处均为玻璃相，其中 Al 元素摩尔分数约为 10%，而原本的玻璃钎料中 Al 元素的摩尔分数低于 1%。说明随着连接过程的进行，大量 Al^{3+} 扩散进入玻璃钎料中，打破原本的玻璃网络结构，而形成新的 SiO_2－B_2O_3－Al_2O_3－Na_2O 玻璃。

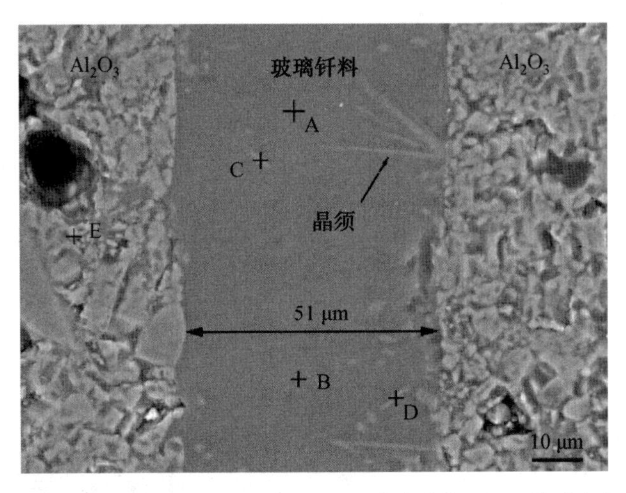

图 5.17　32.3SiO_2－64.7B_2O_3－3Na_2O 玻璃连接 Al_2O_3 接头组织形貌

（T=1 050 ℃，t=60 min）

表 5.3　图 5.17 连接接头 EDS 能谱分析结果(原子数分数)　%

位置	Si	B	Al	Na	O
A	17.87	22.29	10.33	3.68	45.84
B	17.65	21.93	10.43	3.55	46.44
C	8.96	18.76	24.22	1.36	46.70
D	8.51	19.90	24.61	1.50	45.76
E	0.10	—	41.73	0.27	57.90

为了进一步观察界面产物的形貌、确定其成分，采用 HF 酸对焊缝进行腐蚀，将玻璃相腐蚀，使接头处的晶须暴露出来。经腐蚀之后的焊缝显微组织形貌如图 5.18 所示，玻璃与母材在高温下发生化学反应，在界面处原位生成了大量的沿不同方向生长的晶须，晶须平均长度约为 25 μm。图 5.19 所示为焊缝的纵截面局部放大图，可以看出晶须是平均直径约为 1 μm 的四棱柱状结构，尖端变细，晶须表面光滑，不存在明显的缺陷，生长良好，长径比约为 25，有沿着陶瓷母材表面生长的，也有垂直于母材表面的，在界面处交互穿插生长，形成晶须交织结构。结合图 5.20 和图 5.21 对界面处的 XPS 以及 XRD 分析可知，生成的晶须为 $Al_4B_2O_9$ 晶须。

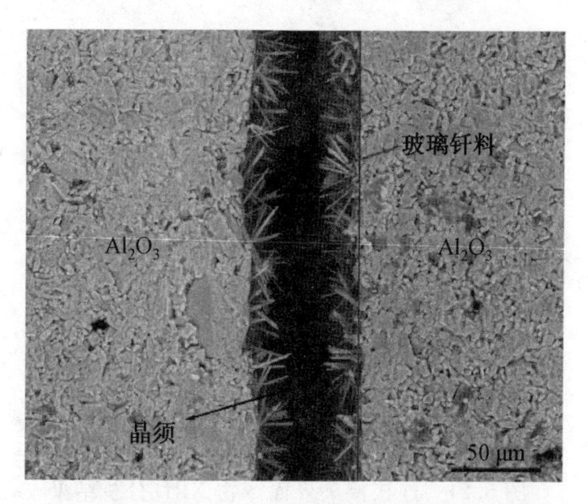

图 5.18　经酸腐蚀之后的连接接头组织形貌

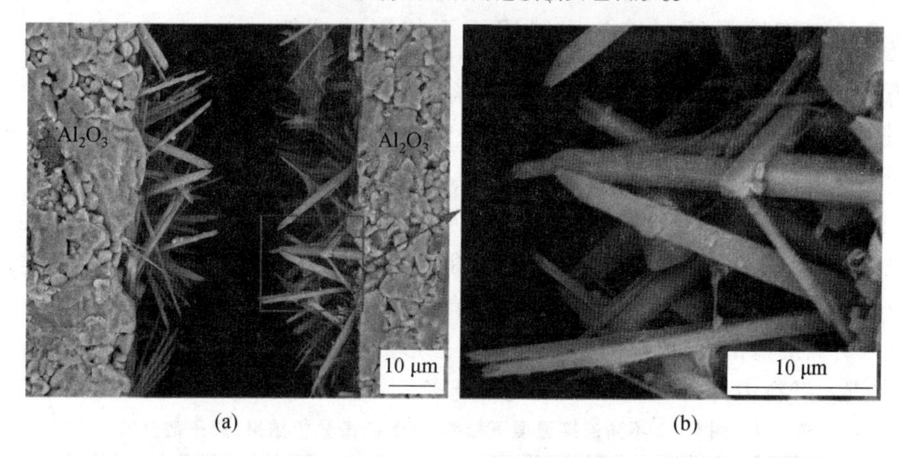

图 5.19　接头组织形貌纵截面局部放大图

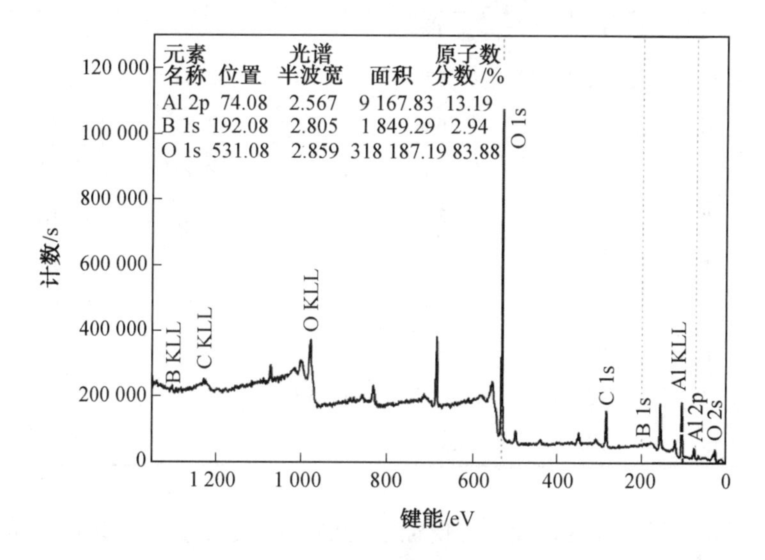

图 5.20　连接接头界面产物 XPS 图谱

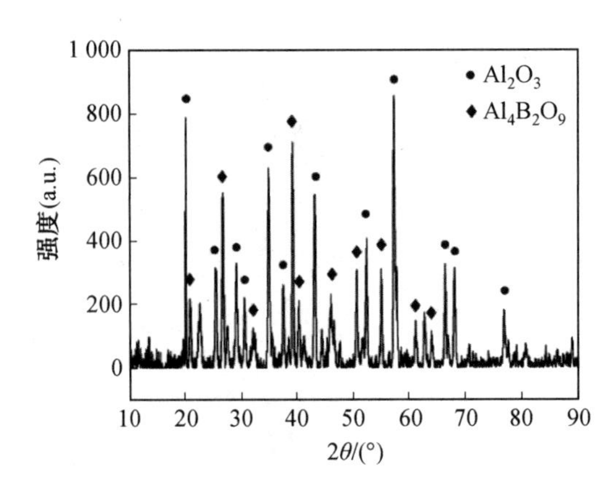

图 5.21　连接接头界面产物 XRD 分析结果

5.3.2　连接温度对接头显微组织形貌影响规律

为探究氧化铝/玻璃钎料接头界面组织演变过程，采用 32.3SiO_2－64.7B_2O_3－3Na_2O玻璃，分别在 975 ℃、1 000 ℃、1 025 ℃、1 075 ℃对氧化铝陶瓷进行连接，图 5.22 所示为不同连接温度下获得的氧化连接接头未腐蚀的显微组织形貌。由图 5.22 可以看出，在不同连接温度下，钎料均与母材形成了良好的连接，焊缝中间层没有孔洞、裂纹等缺陷。表 5.4 为不同温度下连接接头的 EDS 能谱分析结果，不难看出，在不同的连接温度下，母材与玻璃之间在界面处发生了原子间的相互扩散从而形成连接。Al^{3+} 均通过界面扩散进入钎料的内部，与原玻璃钎料重新熔融形成新的玻璃相，并且随着连接温度的升高，扩散进入钎料中的 Al 元素含量也越来越多。

表 5.4　图 5.22 不同连接温度下接头 EDS 能谱分析结果(原子数分数)%

位置	Si	B	Al	Na	O
A	17.90	32.95	7.96	2.98	38.20
B	14.13	29.57	11.40	2.91	41.50
C	17.98	37.68	8.79	3.31	32.24
D	14.99	27.58	13.99	2.94	40.49
E	16.13	35.31	12.13	3.10	33.13
F	18.30	36.30	9.97	3.29	32.14
G	17.87	22.29	10.33	3.68	45.84
H	8.51	19.90	24.61	1.50	45.76
I	17.84	35.42	11.18	3.22	32.34
J	17.50	36.00	10.67	3.26	32.56

图 5.23 所示为不同连接温度下经腐蚀之后的连接接头显微组织形貌，可以看出，在 975 ℃下，晶须在 Al_2O_3 表面刚刚开始形核，个别位置生长出长度约为 1 μm、直径约为 0.1 μm的非常短小的晶须。当温度升高至 1 000 ℃，在界面处出现了大量的晶须，长度约

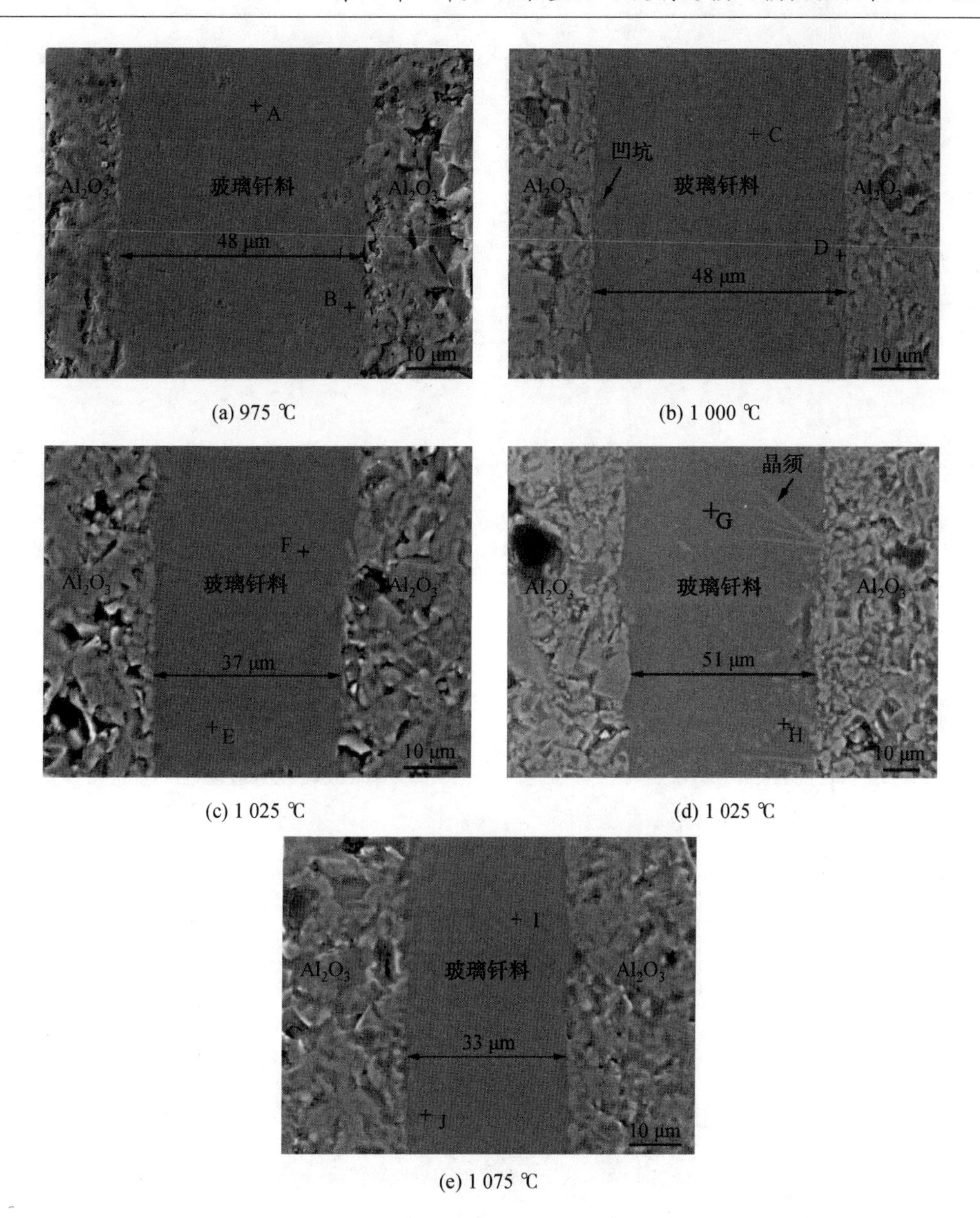

(a) 975 ℃　(b) 1 000 ℃

(c) 1 025 ℃　(d) 1 025 ℃

(e) 1 075 ℃

图 5.22　不同连接温度下未腐蚀的接头组织形貌(t=60 min)

为 8 μm,直径约为 0.5 μm,长径比约为 16。之后随着温度的升高,晶须沿一维方向迅速生长,1 025 ℃时,晶须长度约为 15 μm,直径约为 0.8 μm,长径比约为 18.75。当温度升高至 1 075 ℃,一方面由于高温条件下,钎料流动性非常好,因此焊缝宽度较小;另一方面晶须随温度上升继续生长,因此在接头处几乎生成了可以贯穿焊缝的晶须,晶须长度约为 30 μm,直径约为 1.5 μm,长径比约为 20。

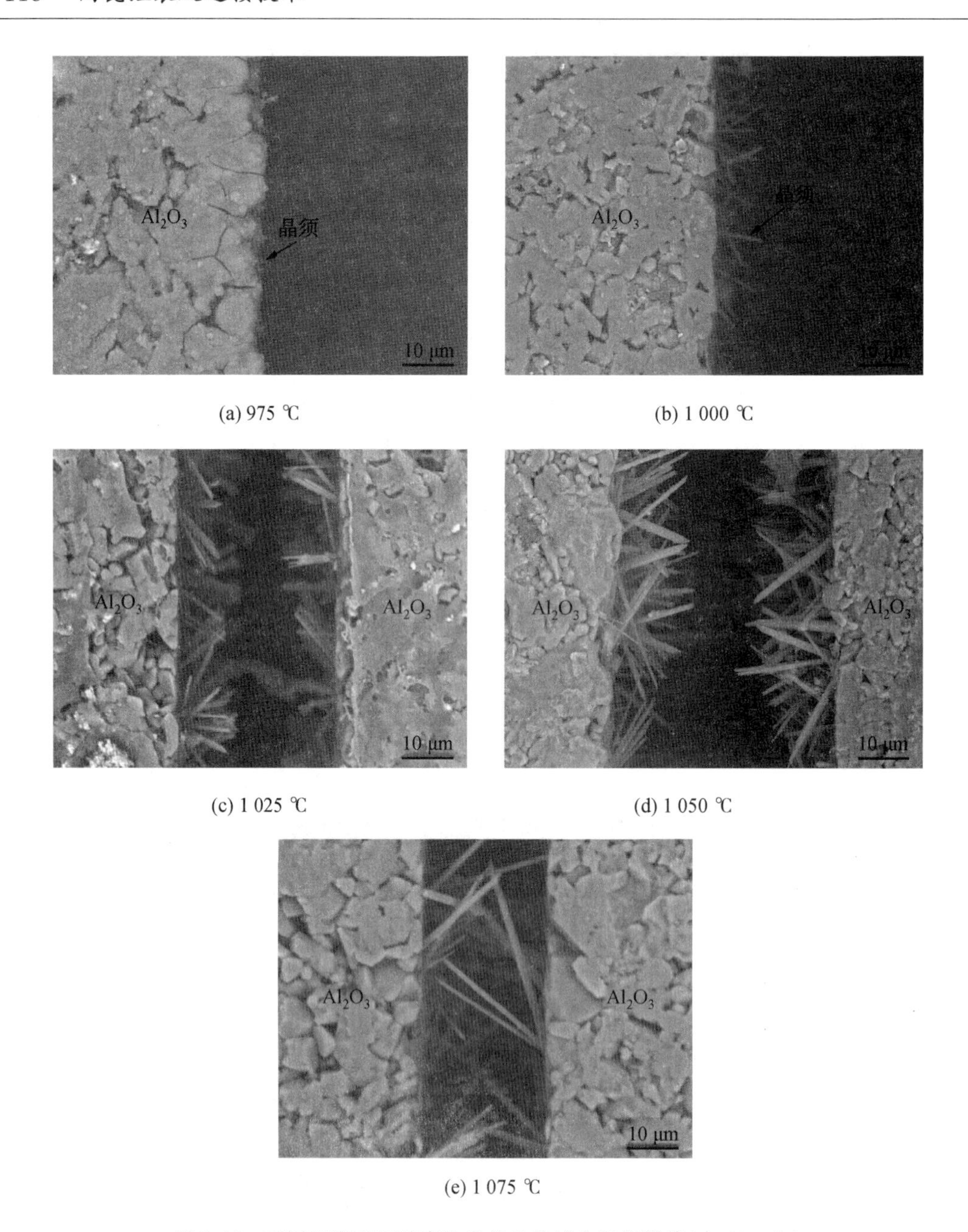

(a) 975 ℃　(b) 1 000 ℃

(c) 1 025 ℃　(d) 1 050 ℃

(e) 1 075 ℃

图 5.23　不同温度下经酸腐蚀后的连接接头组织形貌(t=60 min)

5.4　蓝宝石/玻璃钎料接头的界面组织

5.4.1　典型的蓝宝石/玻璃钎料接头显微组织形貌

图 5.24 所示为采用成分为 $50Bi_2O_3-40B_2O_3-10ZnO$ 的玻璃在 650 ℃、保温20 min 连接工艺条件下得到的蓝宝石接头组织形貌。由图 5.24(a)可以看出，在此工艺条件下

得到的蓝宝石接头良好，没有裂纹和气孔等缺陷。接头大致可分为 3 个区域：① 两侧黑色的蓝宝石母材区域；② 灰白色覆盖了整个焊缝的基体相，初步可以推断为玻璃熔化凝固后的组织；③ 焊缝区域弥散分布于基体相的黑色颗粒。图 5.24(b)为图 5.24(a)中所选 α 区域的高倍放大形貌，可以看出蓝宝石/玻璃界面平直且结合致密，不存在未焊合区域。图 5.24(c)显示了图 5.24(a)所选 β 区域的高倍放大形貌。可以看出，在基体相上分布着近似圆形的黑色颗粒，这些黑色颗粒弥散均匀分布在灰白色基体相上。图 5.24(d)为黑色颗粒相的高倍放大形貌，可以看出接头中弥散分布的黑色相的直径在 200～250 nm之间。

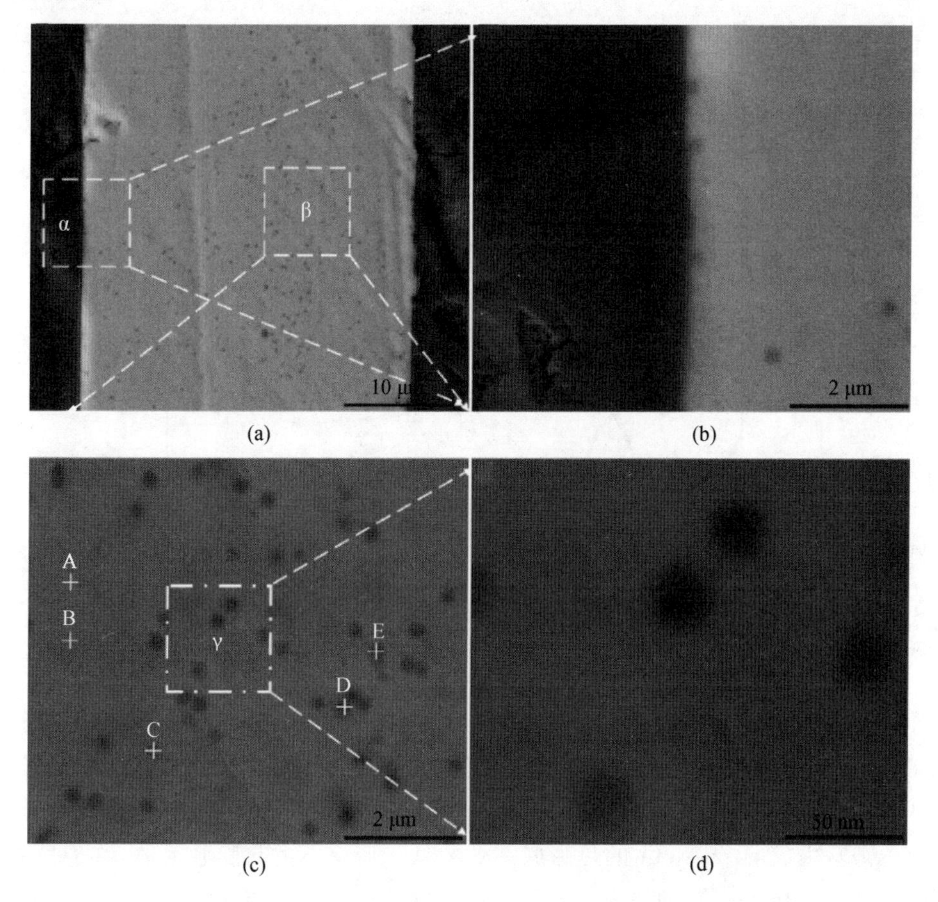

(a)　(b)　(c)　(d)

图 5.24　采用 $50Bi_2O_3-40B_2O_3-10ZnO$ 玻璃连接蓝宝石接头组织
(T=650 ℃，t=20 min)

灰白色基体相和弥散分布的黑色颗粒相的 EDS 分析结果见表 5.5。根据 EDS 能谱分析结果可知，基体相的主要成分为 Bi、Zn 和 O 元素，细小的黑色颗粒的主要成分为 Zn、Al 和 O，为了确定接头中产物的化学式，随后对接头产物进行了 XRD 分析，XRD 分析测试结果如图 5.25 中的曲线 a 所示。根据接头的 XRD 结果可知，在 28°出现的“馒头峰”，这对应着接头中的基体相，结合原始玻璃粉末的 XRD 结果(图 5.25 曲线 b)，可以确定这是一种非晶相。除了在 28°左右出现的非晶相，在 2θ= 31.32°、36.77°、38.47°、44.72°、48.98°、55.54°、59.23°、65.09°和 77.16°出现的晶体峰，对照标准 X 射线衍射 PDF 卡片，分别对应着 ICCD 编号为 05－0669 的 $ZnAl_2O_4$ 的(220)、(311)、(400)、(331)、(422)、(511)、(440) 和(533)面。

表 5.5　图 5.24(c)中各点成分能谱分析结果(原子数分数)　%

位置	Bi	B	Zn	Al	O
A	50.86	1.25	7.07	8.14	32.69
B	53.47	2.17	7.57	9.55	27.24
C	4.26	0.00	25.10	45.20	15.79
D	4.62	0.00	23.10	42.87	20.22
E	5.00	0.00	12.44	54.66	15.70

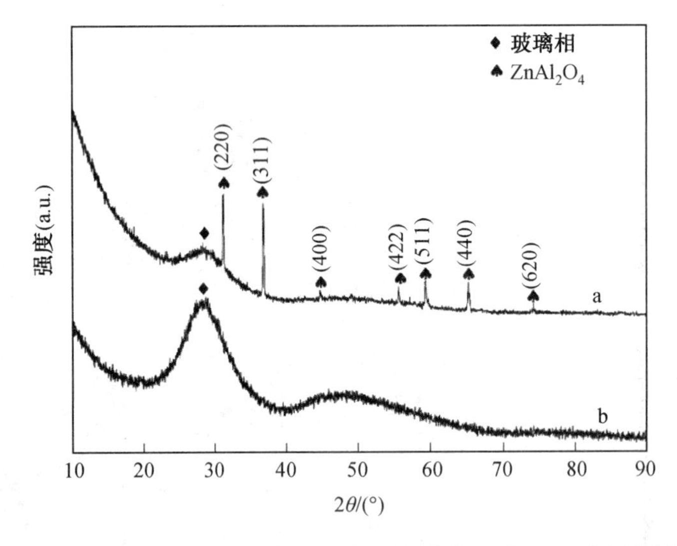

图 5.25　蓝宝石接头(曲线 a)和玻璃粉(曲线 b)的 XRD 分析结果

$ZnAl_2O_4$是一种陶瓷相，为面心立方结构，其熔点为 2 100 ℃，具有较高的硬度，莫氏硬度值为 8，具有很高的强度、弹性模量以及优异的化学稳定性。此外，$ZnAl_2O_4$的热膨胀系数较低，约为 7.0×10^{-6} ℃$^{-1}$(20～900 ℃)，低于蓝宝石的热膨胀系数(7.6×10^{-6} ℃$^{-1}$，20～450 ℃)，生成的 $ZnAl_2O_4$ 的热膨胀系数要低于蓝宝石的热膨胀系数，鉴于只能查询到 $ZnAl_2O_4$在 20～900 ℃的热膨胀系数，但可以推断在20～450 ℃区间内，$ZnAl_2O_4$的热膨胀系数要低于 7.0×10^{-6} ℃$^{-1}$，生成的 $ZnAl_2O_4$ 可以在一定程度上降低焊缝区域的热膨胀系数，使得焊缝区域的热膨胀系数越来越趋向于蓝宝石，这样就缓解了本来存在的应力，使得玻璃和蓝宝石的热膨胀胀系数差值减小。

5.4.2　连接温度对蓝宝石/玻璃钎料接头显微组织形貌的影响

图 5.26 所示为采用 $50Bi_2O_3-40B_2O_3-10ZnO$ 玻璃在 600 ℃、保温 20 min 工艺条件下得到的蓝宝石接头界面组织。图 5.26(a)是接头的二次电子扫描形貌。由图 5.26(a)可以清楚地看到，蓝宝石接头焊缝区域出现了大量孔洞，如图 5.26(a)中圆圈所

示。这主要是由于在此温度下，玻璃的本身黏度较大，流动性较差，不能填补玻璃颗粒之间的空隙。此外，由于玻璃黏度大，在大气环境下，溶于玻璃的空气不能溢出，因此产生气孔。图 5.26(b)为图 5.26(a)中所选蓝宝石/玻璃界面(标记 1)的高倍放大形貌。可以看出，玻璃与蓝宝石的结合较差，玻璃/蓝宝石界面处存在未焊合区域。图 5.26(c)为图 5.26(a)中区域 2 的放大形貌。可以看出，在蓝宝石接头区域，主要形成三个典型的特征区域：①两侧的蓝宝石母材；②基体相(在图 5.26(c)中标记为 A)；③在基体相上分布的块状白色晶体相(图 5.26(c)标记为 B、C 和 D)，这些白色相大多呈现长方形，少数呈现多边形，长度在 5～10 μm 之间，宽度为 2～10 μm。

为了确定基体相和白色晶体相的主要元素组成，结合表 5.6 所示的 EDS 能谱分析结果可知，基体相含有 Bi、B、Zn、Al 和 O 等元素，初步判定其为玻璃凝固后的成分，而接头晶体相 B、C、D、E、F 和 G 的成分比较接近，主要含有 Bi 和 O 元素，且基本上不含有 Zn 元素。这与 $50Bi_2O_3-40B_2O_3-10ZnO$ 玻璃在 520 ℃条件下自身析晶成分和形貌都几乎完全一致，为了对产物进行验证，对接头产物进行了进一步 XRD 分析测试，结果如图 5.27所示，证实了在蓝宝石接头中 $Bi_4B_2O_9$ 和玻璃相的存在。

图 5.26(d)～(f)所示为采用 $50Bi_2O_3-40B_2O_3-10ZnO$ 玻璃在 625 ℃、保温 20 min 工艺条件下连接蓝宝石得到的接头微观组织形貌。由图可以看出，气孔完全消失，这是由于随着温度的提高，玻璃的黏度降低，玻璃的流动性变好。除了相对深颜色的基体相外，在焊缝中生成了大量纵横连续分布的白色相，这些白色相基本上呈现垂直交错分布。EDS 能谱分析结果见表 5.7，结果表明白色长条相主要含有 Bi 和 O 元素，且不含有 Zn 的成分，在其内部发现少量 Al 元素的存在，这是由母材中的 Al 元素固溶造成的，XRD 分析结果如图 5.28 所示，根据结果可知，此产物为 $Bi_{24}B_2O_{39}$，其是一种软铋矿相，具有较低的熔点($T_m=628$ ℃)。可知，在 625 ℃、保温 20 min 工艺条件下接头的产物与原始的 $50Bi_2O_3-40B_2O_3-10ZnO$玻璃在 610 ℃、保温 20 min 得到的析出晶体相的成分一致，而且形状也保持了一致，这说明在 625 ℃、保温 20 min 工艺条件下，玻璃没有同蓝宝石发生化学作用。因此，在 625 ℃、保温 20 min 的蓝宝石接头中存在的主要相为玻璃自身的析晶相，即 $Bi_{24}B_2O_{39}$。

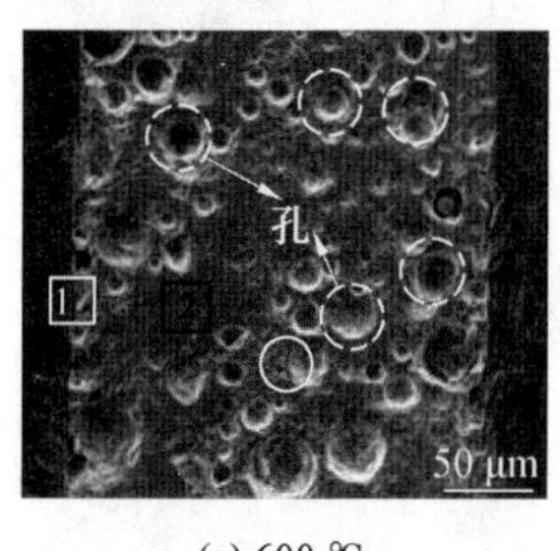

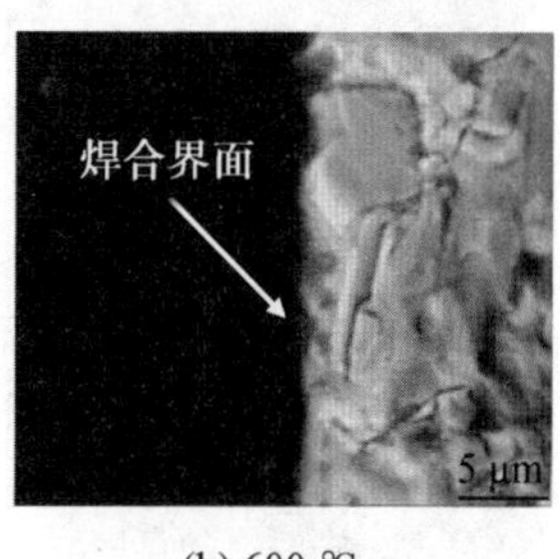

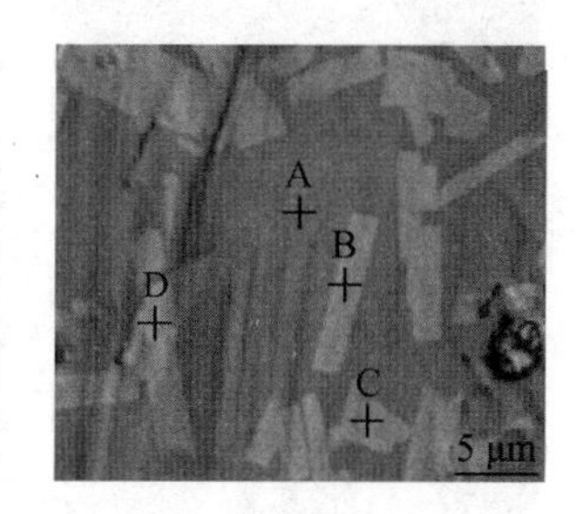

(a) 600 ℃　　(b) 600 ℃　　(c) 600 ℃

图 5.26　连接温度对接头组织的影响($t=20$ min)

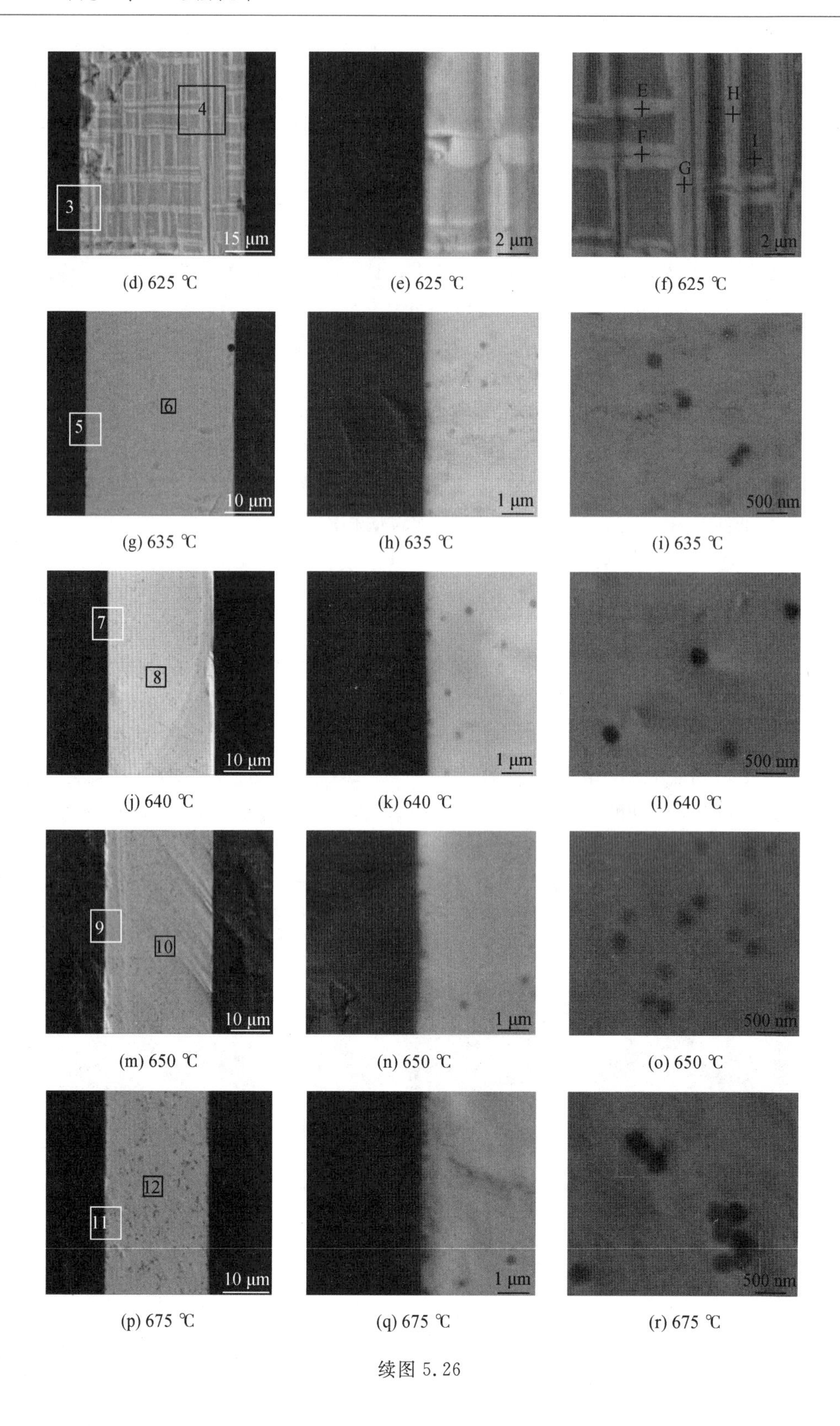

(d) 625 ℃ (e) 625 ℃ (f) 625 ℃

(g) 635 ℃ (h) 635 ℃ (i) 635 ℃

(j) 640 ℃ (k) 640 ℃ (l) 640 ℃

(m) 650 ℃ (n) 650 ℃ (o) 650 ℃

(p) 675 ℃ (q) 675 ℃ (r) 675 ℃

续图 5.26

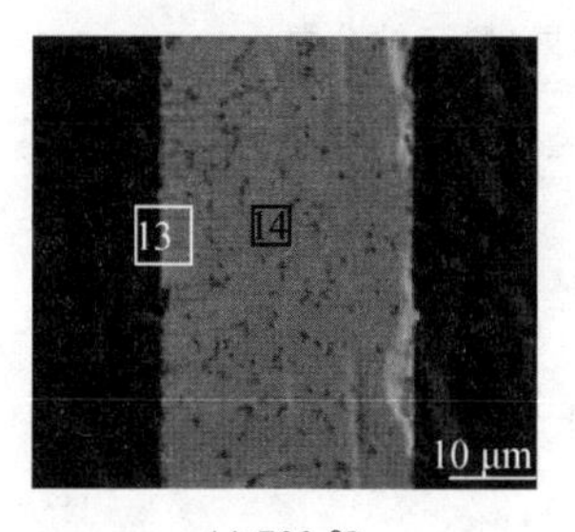

(s) 700 ℃

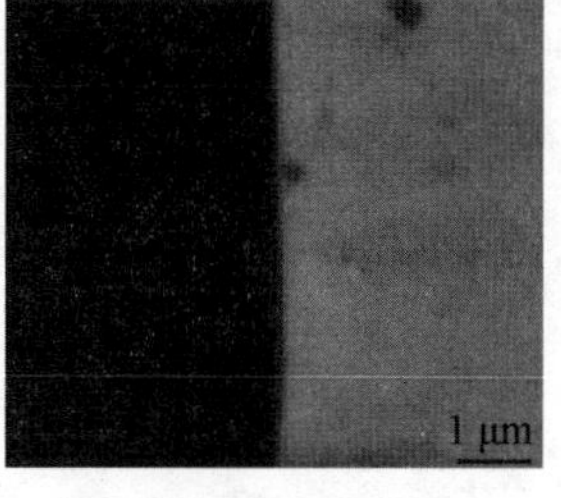

(t) 700 ℃

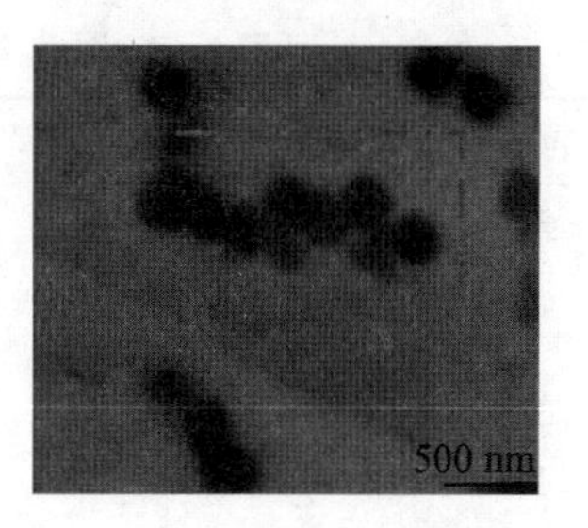

(u) 700 ℃

续图 5.26

表 5.6　图 5.26(c)中各点的 EDS 能谱分析结果(原子数分数)　　%

位置	Bi	B	Zn	Al	O
A	43.13	2.25	9.15	9.14	35.69
B	58.20	2.18	0.00	1.37	38.26
C	53.71	2.77	0.00	1.24	42.27
D	52.49	2.88	0.00	0.95	43.68

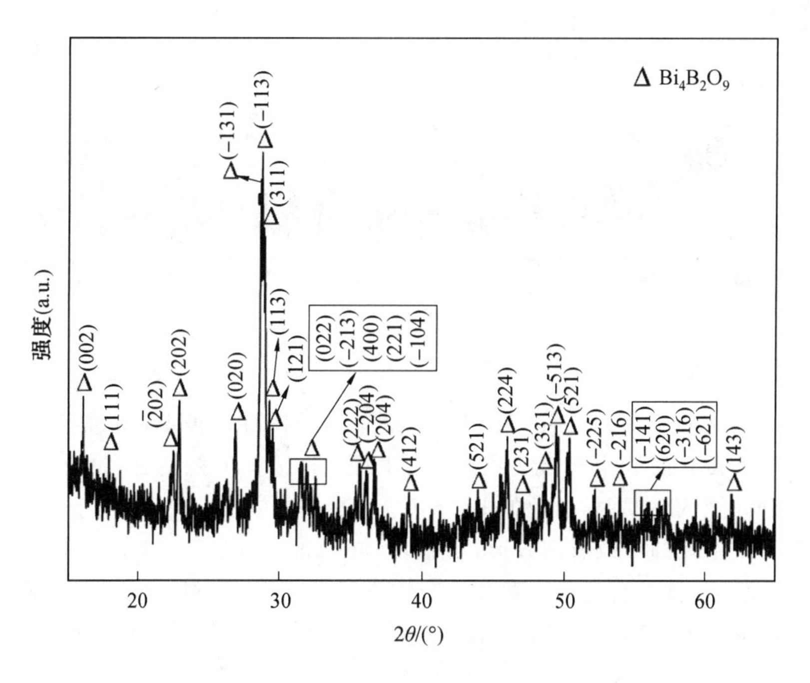

图 5.27　蓝宝石接头 XRD 分析结果(T=600 ℃，t=20 min)

表 5.7　图 5.26(f)中各点的 EDS 能谱分析结果(原子数分数)　%

位置	Bi	B	Zn	Al	O
E	55.30	2.78	1.04	0.20	46.08
F	56.08	2.05	0.46	0.70	37.51
G	51.59	3.80	0.73	1.09	42.79
H	51.90	1.34	0.50	1.50	44.76
I	46.06	1.94	4.60	6.50	40.9

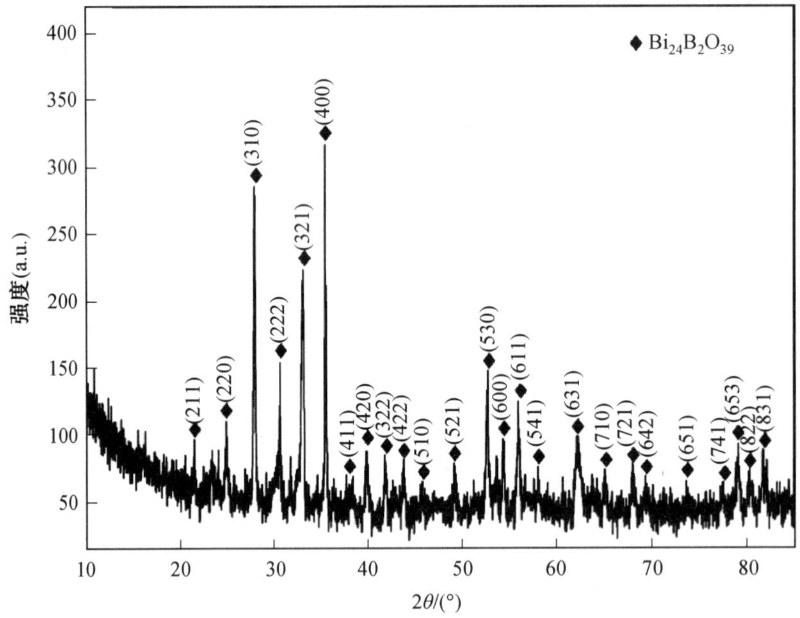

图 5.28　蓝宝石接头 XRD 分析结果(T=625 ℃，t=20 min)

图 5.26(g)～(i)所示为采用 $50Bi_2O_3-40B_2O_3-10ZnO$ 玻璃在 635 ℃、保温 20 min 连接工艺条件下得到的蓝宝石接头组织。可以看到，接头形貌良好、没有气孔裂纹等缺陷。当温度升高至 635 ℃时，白色的 $Bi_{24}B_2O_{39}$完全消失，在焊缝开始出现细小的黑色相，这些黑色相大致呈现圆形或者四方形，尺寸大约在 200 nm 以下，这些颗粒弥散分布于接头中，如同构成了一种复合材料。对接头产物进行了 XRD 分析，如图 5.29 所示，确定了 $ZnAl_2O_4$相的存在，这与在 650 ℃、保温 20 min 工艺条件下接头生成的产物保持了高度的一致性。图 5.26(j)～(u) 所示为采用 $50Bi_2O_3-40B_2O_3-10ZnO$ 玻璃在 640 ℃、650 ℃、675 ℃和 700 ℃保温 20 min 连接蓝宝石得到的接头组织形貌。可以看出，在蓝宝石接头中均生成了 $ZnAl_2O_4$颗粒，颗粒的尺寸随着连接温度的升高逐渐增大。

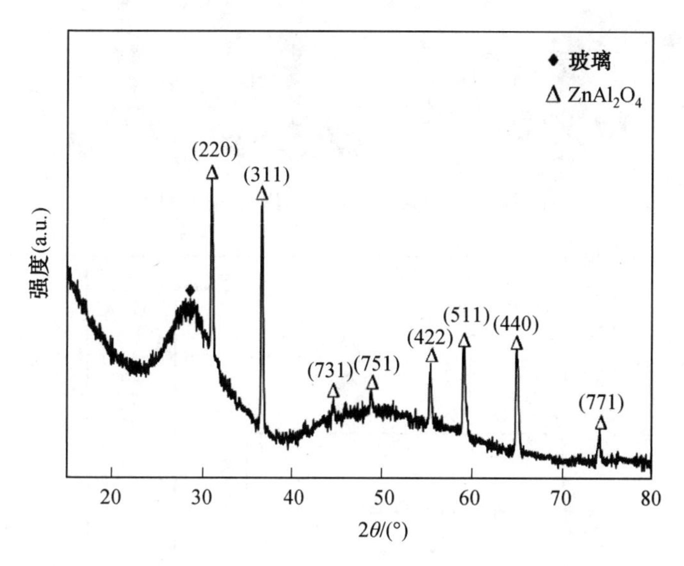

图 5.29　蓝宝石接头 XRD 分析结果(T=635 ℃，t=20 min)

5.5　界面组织的形成机理

5.5.1　氧化铝连接接头形成机理

对于玻璃钎料钎焊连接氧化铝陶瓷，其连接接头的形成主要分为两方面。一方面，Al^{3+}扩散进入玻璃钎料内部，作为一种网络中间体氧化物，虽然不能形成网络结构，但可以起到补网的作用。通过对原始玻璃钎料网络结构分析可知，由于 Na_2O 的存在，因此一部分[SiO_4]四面体结构遭到破坏，桥氧键转化成与游离氧结合的非桥氧键。Al 由于具有较大的核电荷数，对 O^{2-} 具有较强的束缚力，当 Al^{3+} 进入玻璃内部，会夺取这部分游离氧形成[AlO_4]，因此[SiO_4]四面体中的非桥氧键重新恢复成桥氧键(图 5.30)，起到修补网络结构的作用。当 Al^{3+} 数量继续增加，被破坏的[SiO_4]四面体中的游离氧被完全消耗之后，Al^{3+} 会继续夺取[BO_4]四面体中的游离氧，形成结合力更强的[AlO_4](图 5.31)，从而使玻璃的网络结构更为稳固、致密，形成了机械强度更高的 $SiO_2-B_2O_3-Al_2O_3-Na_2O$ 玻璃。玻璃本身是一种具有热软化性黏结剂功能的材料，在被加热后，软化、熔融，会与陶瓷在界面处发生元素互扩散，从而和陶瓷粘接在一起。

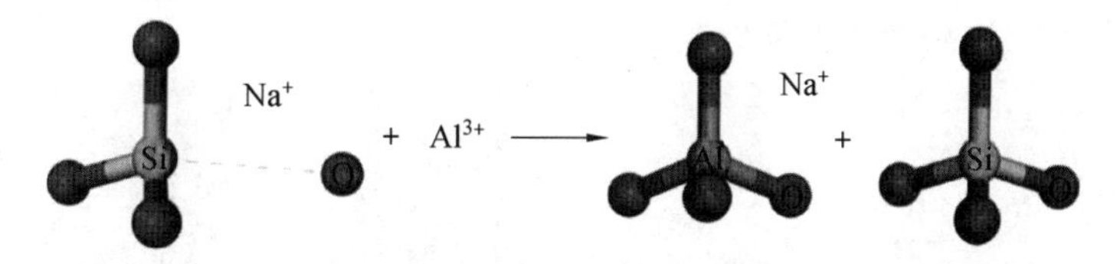

图 5.30　Al 元素修补[SiO_4]网络结构示意图

另一方面，界面产物硼酸铝晶须的生成，图 5.32 所示为 Al_2O_3和 B_2O_3之间的二元相图，可以看出，在 500 ℃以上，Al_2O_3与 B_2O_3之间就会发生化学反应生成硼酸铝晶须，在较低温度下主要产物为 $Al_4B_2O_9$，当升高温度或增加 Al_2O_3时，主要产物为 $Al_{18}B_4O_{33}$，化

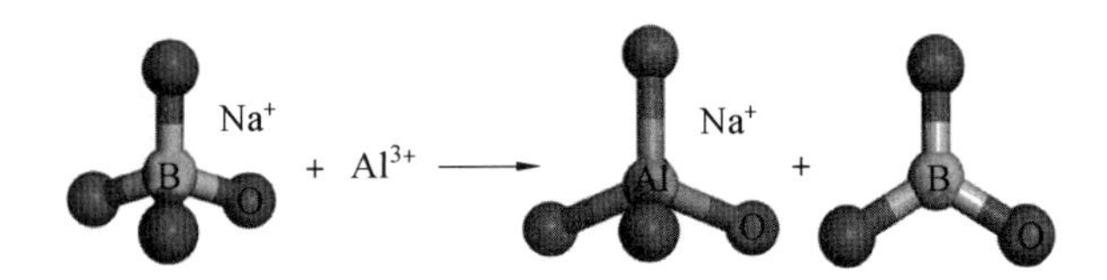

图 5.31　Al 改变[BO_4]网络结构示意图

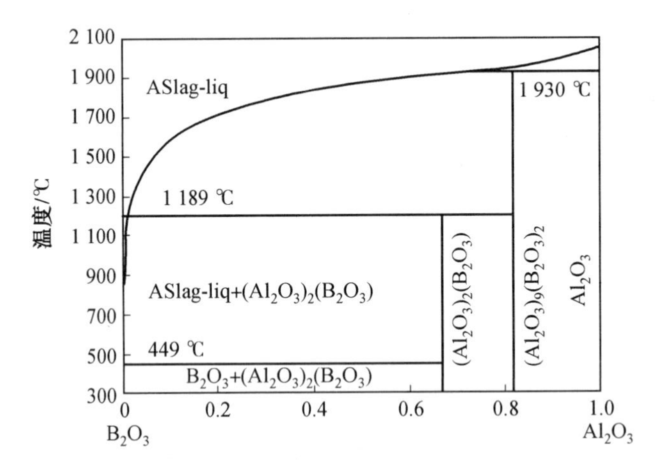

图 5.32　Al_2O_3－B_2O_3二元相图

学反应方程式如下：

$$2\ Al_2O_3(s) + B_2O_3(l) \longrightarrow Al_4B_2O_9(s) \tag{5.2}$$

$$9\ Al_2O_3(s) + 2\ B_2O_3(l) \longrightarrow Al_{18}B_4O_{33}(s) \tag{5.3}$$

在钎料内部伴随着 Al^{3+} 夺取[BO_4]结构中的游离氧形成[AlO_4]，[BO_4]也会转变成[BO_3]结构，玻璃内部[BO_3]数量增多。相对于 SiO_2 和 Na_2O 而言，B_2O_3 的表面张力较小，易被挤到熔体表面，因此在陶瓷母材与钎料的界面，富集了大量的 B_2O_3 成分，高温熔融状态下，以[BO_3]形式存在。根据晶须生长的自催化 S－L－S 理论，陶瓷表面被熔融态玻璃钎料覆盖部分的 Al_2O_3 晶粒会在固液界面处发生部分溶解，并与熔体表面的 B_2O_3 发生反应。由于 Al_2O_3 为多晶体，表面较为粗糙，利于晶体在其表面进行非均匀形核，因此生成的产物会在陶瓷表面形核。由于低熔点玻璃钎料中 B_2O_3 摩尔分数非常多，Al_2O_3 与 B_2O_3 之间在 1 200 ℃以下更倾向于发生式(5.2)的反应，生成 $Al_4B_2O_9$，当 $Al_4B_2O_9$ 在液相中的溶解度达到饱和时，就会从玻璃钎料内析出，以在陶瓷表面形成的晶核为基体，沿一维方向生长成晶须(图 5.33)，并随着连接温度的升高、保温时间的延长，不断从钎料内部析出，在已生成的晶须表面继续生长。

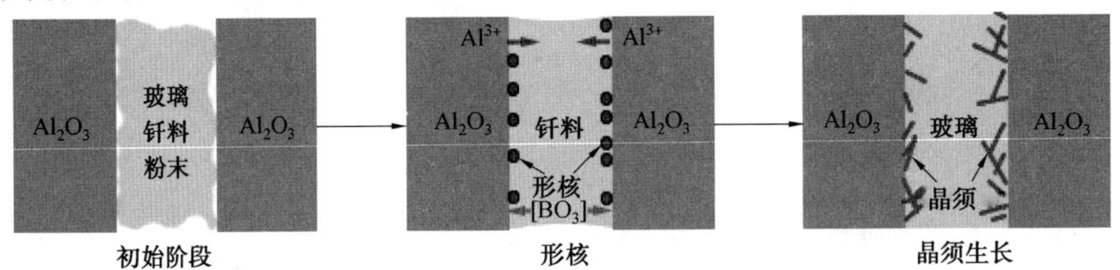

图 5.33　$32.3SiO_2-64.7B_2O_3-3Na_2O$ 玻璃连接 Al_2O_3 接头形成机理

5.5.2　蓝宝石连接接头形成机理

对于铋硼锌玻璃钎焊连接蓝宝石，在连接过程中，当温度达到玻璃软化温度时，玻璃粉末颗粒开始软化并发生变形，玻璃开始慢慢铺展，软化的玻璃与母材产生接触。随着温度的升高，玻璃黏度继续降低，开始呈现黏流态，玻璃粉末颗粒与颗粒之间开始接触，填补之前的空缺，蓝宝石与玻璃的接触也越来越紧密。达到一定温度时，蓝宝石开始向液态玻璃中溶解，玻璃自身发生变化，到达析晶温度，开始析出 $Bi_4B_2O_9$ 晶体。随着温度增加，$Bi_4B_2O_9$ 开始发生相转变，同玻璃中的 Bi_2O_3 反应形成 $Bi_{24}B_2O_{39}$。当到达 $Bi_{24}B_2O_{39}$ 熔化温度（T_m=628 ℃）后，晶体熔化，随着温度的升高，开始发生蓝宝石母材与玻璃之间的反应，蓝宝石母材向熔融状态的玻璃中溶解并同玻璃中的 ZnO 发生作用生成 $ZnAl_2O_4$，即

$$Al_2O_3(s) + ZnO(l) = ZnAl_2O_4(s) \tag{5.4}$$

5.6　接头的力学性能及强化机理

5.6.1　氧化铝连接接头力学性能及强化机理

为探究连接温度对接头力学性能的影响规律，对采用 $32.3SiO_2-64.7B_2O_3-3Na_2O$ 玻璃获得的不同温度下的连接试样进行了剪切试验。图 5.34 所示为不同连接温度下的接头抗剪强度，可以看出，在连接温度为 975 ℃时，连接强度很低，仅为 19 MPa。随着连接温度的升高，接头的抗剪强度逐渐增强，当连接温度达到 1 050 ℃时，抗剪强度达到最大值 60 MPa，之后随温度升高，强度降低。

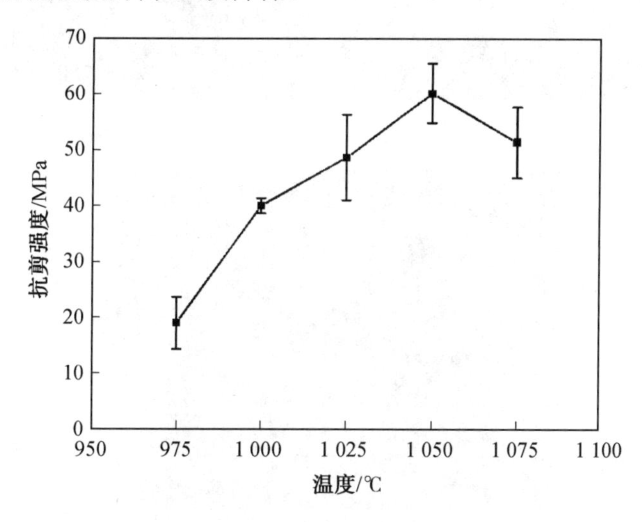

图 5.34　连接温度对抗剪强度的影响规律

图 5.35 所示为不同温度下保温 60 min 获得的接头断口形貌。从图中可以看出，当连接温度为 975 ℃时，玻璃钎料在较低的温度下具有很大的黏度，焊缝内大量的气孔无法溢出，造成接头处出现大量未焊合的区域，降低了接头的连接强度。断裂发生在玻璃钎料

靠近母材处，这是因为虽然在这一连接温度下界面处未生成大量的晶须，但是玻璃本身具有粘接性能，可以通过与母材之间的原子互相扩散形成连接，较低温度下，玻璃钎料内部的[AlO_4]数量较少，对玻璃的增强作用也较小，当中间层强度低于钎料与母材的粘接强度时，断裂发生在玻璃内部，为脆性断裂，以上两种因素叠加在一起，大大降低了这一连接温度下接头的抗剪强度。

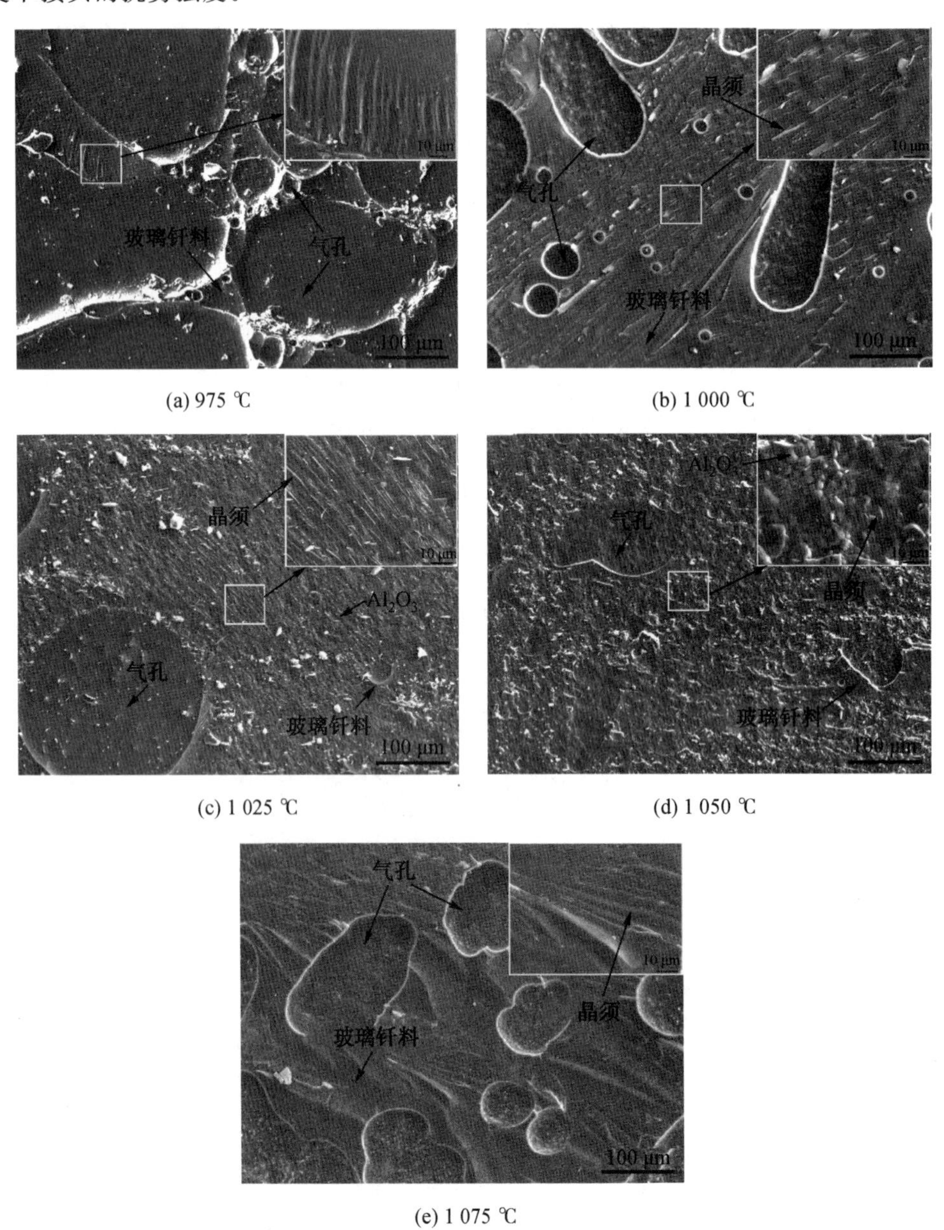

图 5.35　不同连接温度下的断口形貌(t=60 min)

当温度升高至1 000 ℃时，从图5.35(b)中可以明显看出，接头处的气孔减少，未焊合区域面积降低，断裂依然发生在玻璃内部，说明此温度下虽然 Al^{3+} 含量增多，但中间层的强度依然低于钎料与母材之间的粘接强度。此外，断口处除了玻璃之外，还出现了从母材表面生长出来的晶须穿插在玻璃中间，与图5.23(b)所示沿各不同方向生长的晶须不同，断口处的晶须均沿同一方向生长，说明硼酸铝晶须作为一种具有一定机械强度、塑性和韧性的增强体材料，在剪切试验过程中，当裂纹沿玻璃内部扩展至晶须时，晶须对裂纹形成了一定的阻碍，由于这一连接温度下的晶须直径较小，长径比较大，其机械性能相对较弱，而塑性及韧性很好，因此晶须不会发生断裂，而是始终阻碍裂纹扩展，直至裂纹完全经过整个晶须，这一过程使原本生长方向不同的晶须全部延顺至同一方向，这一方向也是裂纹扩展的方向。随着中间层 Al^{3+} 含量的增多，对玻璃的增强作用越来越明显，当连接温度升高至1 025 ℃时，中间层的强度高于母材与钎料之间的粘接强度，而使断裂发生在界面处，与图5.35(b)对比也可以发现，晶须的数量增多、长度变长，对裂纹形成阻碍的平均距离也增长，从而使接头的抗剪强度大大提高。结合图5.35(b)和(c)分析可知，硼酸铝晶须在接头处可以起到缝合界面的作用。

当连接温度为1 050 ℃时，断裂发生在界面处，断口处出现了大量裸露的 Al_2O_3 晶粒，Al_2O_3 晶粒表面仅有少量沿裂纹扩展方向生长的晶须。出现这种现象的原因是随着温度升高，玻璃钎料自身的强度增大，网络结构更为致密，与晶须之间的结合更加紧密，增加了裂纹在晶须与玻璃之间扩展需要消耗的能量。在断裂过程中，晶须有试图将玻璃钎料钉扎在界面的趋势，对裂纹扩展起到了阻碍的作用，当玻璃与晶须之间的结合力大于晶须与 Al_2O_3 之间的结合力时，玻璃会将母材表面的晶须连根拔起，断裂发生在晶须与 Al_2O_3 的晶界处，这一过程对接头起到了强化的作用。

继续升温，晶须长度、直径均增加，不仅自身机械强度越来越高，根部与 Al_2O_3 之间的结合面积也越来越大，将晶须连根拔起需要消耗的能量增加，结合力越来越强。Al^{3+} 大量扩散进入玻璃钎料内部，随着温度升高，扩散量也越来越大，夺取玻璃中的游离氧和结合相对较弱的桥氧形成[AlO_4]，这一过程在修补断开的[SiO_4]同时，也会使[BO_4]转化为[BO_3]，从而玻璃内[BO_3]数量增多。当界面处的 Al_2O_3 无法消耗过量的[BO_3]时，这一部分[BO_3]就会留在玻璃内部，使玻璃网络中的范德瓦耳斯力增大，玻璃网络结合变弱、致密性下降。当玻璃内残留的[BO_3]数量达到一定值之后，玻璃就会出现“铝硼反常”，即玻璃机械强度随 Al_2O_3 摩尔分数增加不仅不会继续增强，反而减弱的现象。因此当连接温度达到1 075 ℃时，玻璃自身的强度低于界面的结合强度，断裂发生在玻璃内部。此外，由于高温下钎料流动性较好，因此焊缝内气孔数量增多，也是这一参数下接头抗剪强度降低的原因之一。

5.6.2 蓝宝石连接接头力学性能及强化机理

图5.36所示为采用 $50Bi_2O_3-40B_2O_3-10ZnO$ 玻璃，在不同温度下连接蓝宝石得到的接头抗剪强度。可知，当连接温度为600 ℃时，蓝宝石接头抗剪强度较低，为15 MPa。图5.37(a)～(d)所示为此工艺参数下得到的蓝宝石接头断口形貌，可以看出，断口大部分断裂在玻璃/蓝宝石界面上，这说明蓝宝石/玻璃界面是接头的薄弱环节。在此温度下，玻璃的黏度大，流动性差，与蓝宝石的润湿角较大，不能形成紧密连接。

随着连接温度升高至625 ℃，接头抗剪强度有一个较大幅度的提高。这主要是由于随着温度的提高，玻璃的黏度降低，流动性提高，玻璃/蓝宝石界面结合加强，此时焊缝处（玻璃）成为薄弱环节。由图 5.37(e)～(g)可以看出，此温度连接的蓝宝石接头断裂位置处于玻璃焊缝处，相比于 600 ℃得到的蓝宝石接头，在 625 ℃时玻璃的黏度降低，但玻璃的结构依旧较为疏松，这也是虽然蓝宝石/玻璃界面处不再是薄弱环节但接头强度增加有限的原因。

当连接温度升高至 635 ℃时，接头强度有一个较大的提高，增大为 65 MPa，焊缝处开始出现 $ZnAl_2O_4$ 相。当温度为 650 ℃时，强度达到最大值，为 85 MPa，随后，接头强度随着温度的升高而降低。

当温度超过 635 ℃时，接头的强度主要由生成相 $ZnAl_2O_4$ 的数量、尺寸与分布情况共同决定。焊缝可以看作玻璃和 $ZnAl_2O_4$ 组成的复合材料，研究表明，增强相的数量和大小决定复合材料的强度。一般来说，当数量越多、颗粒越细小、分布越弥散，则弥散增强效果越好。当连接温度为 635 ℃时，生成的 $ZnAl_2O_4$ 颗粒细小，但是生成的 $ZnAl_2O_4$ 数量也较少，因此强度并不是最大值，相比之下，650 ℃条件下生成的 $ZnAl_2O_4$ 虽然较 635 ℃和 640 ℃时生成的颗粒粗大，但弥散分布均匀，数量较多，颗粒增强效果达到最佳。随着温度的升高，在 675 ℃时，$ZnAl_2O_4$ 出现颗粒团聚，颗粒粗大，而且弥散性遭到了破坏，对复合材料（$ZnAl_2O_4$＋玻璃）的强度造成了破坏，在外表现为接头强度降低，且随着温度的升高，这种破坏作用越来越严重，接头强度也越来越低。$ZnAl_2O_4$ 颗粒的硬度极大，裂纹不能够穿过这些颗粒，如图 5.37(g)和(l)所示，裂纹会绕过这些颗粒，在接头焊缝区域内，数量多且弥散分布的 $ZnAl_2O_4$ 颗粒更有利于裂纹的偏转，可以有效增加断裂能，从而起到强化韧化接头的作用。

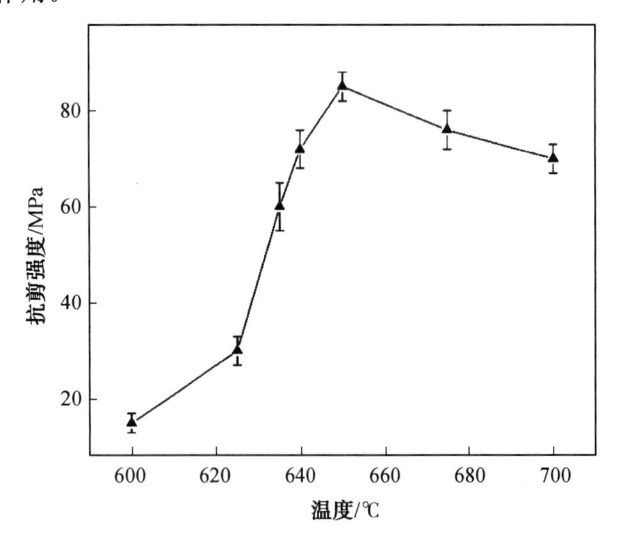

图 5.36 温度对接头抗剪强度的影响

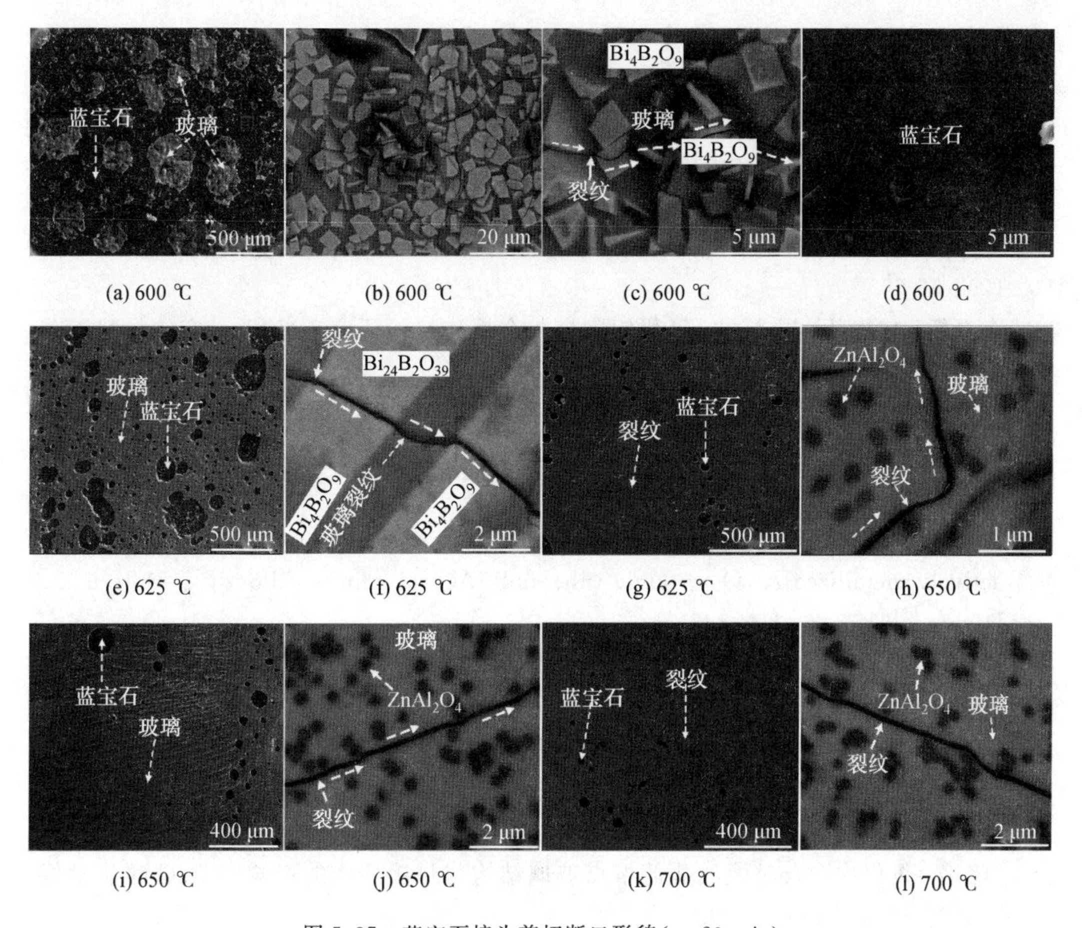

(a) 600 ℃　(b) 600 ℃　(c) 600 ℃　(d) 600 ℃

(e) 625 ℃　(f) 625 ℃　(g) 625 ℃　(h) 650 ℃

(i) 650 ℃　(j) 650 ℃　(k) 700 ℃　(l) 700 ℃

图 5.37　蓝宝石接头剪切断口形貌(t=20 min)

习题及思考题

5.1　采用玻璃钎料钎焊连接氧化铝陶瓷的优势有哪些？

5.2　请简述玻璃钎料制备流程以及玻璃钎料钎焊连接氧化铝陶瓷的试验过程。

5.3　请简述铋酸盐玻璃钎焊连接蓝宝石的接头形成机理及接头强化机理。

本章参考文献

[1] PENG X, SHIMAI S, SUN Y, et al. Wet green-state joining of alumina ceramics without paste[J]. Journal of the American Ceramic Society, 2015, 98(9): 2728-2731.

[2] ALI M, KNOWLES K M, MALLINSON P M, et al. Microstructural evolution and characterisation of interfacial phases in Al_2O_3/Ag-Cu-Ti/Al_2O_3 braze joints[J]. Acta Materialia, 2015, 96: 143-158.

[3] RIJNDERS M R, PETEVES S D. Joining of alumina using a V-active filler metal [J]. Scripta Materialia, 1999, 41(10): 1137-1146.

[4] SUGAR J D, MCKEOWN J T, AKASHI T, et al. Transient-liquid-phase and liquid-film-assisted joining of ceramics [J]. Journal of the European Ceramic Society, 2006, 26(4): 363-372.

[5] 王颖，曹健，张丽霞，等. 氧化铝陶瓷与金属活性钎焊研究进展[J]. 焊接，2009 (2): 56-60.

[6] 李卓然，樊建新，冯吉才. 氧化铝陶瓷与金属连接的研究现状[J]. 宇航材料工艺，2008 (4): 6-10.

[7] YADAV D P, KAUL R, GANESH P, et al. Study on vacuum brazing of high purity alumina for application in proton synchrotron[J]. Materials & Design, 2014, 64: 415-422.

[8] WANG Y, YANG Z W, ZHANG L X, et al. Low-temperature diffusion brazing of actively metallized Al_2O_3 ceramic tube and 5A05 aluminum alloy[J]. Materials & Design, 2015, 86: 328-337.

[9] 崔炜. 超声辅助蓝宝石/铝反应外延机制及中低温钎焊工艺研究[D]. 哈尔滨：哈尔滨工业大学，2012.

[10] 王承遇，陶瑛. 玻璃性质与工艺手册[M]. 北京：化学工业出版社，2013.

[11] 刘远平. 低熔点铋酸盐封接玻璃的研究[D]. 杭州：中国计量学院，2012.

[12] 赵偶. 低温封接玻璃的研究[D]. 长沙：湖南大学，2007.

[13] 陈培. 氧化物掺杂对磷酸盐低熔点玻璃结构与封接性能的影响[J]. 硅酸盐学报，2008，27(6): 1134-1139.

[14] FUJITSU S, ONO S, NOMURA H, et al. Joining of single-crystal sapphire to alumina using silicate glasses[J]. Journal of Ceramic Society of Japan, 2008, 111 (7): 448-451.

[15] 罗夏林，于晓杰，王咏丽，等. SiO2—BaO 体系玻璃与金属的封接工艺[J]. 硅酸盐学报，2013，41(6): 858-862.

[16] BROW R K. The structure of simple phosphate glasses[J]. Journal of Non-Crystalline Solids, 2000, 263: 1-28.

[17] 何峰，谭刚健，程金树. 低熔点封接玻璃的研究现状与发展趋势[J]. 建材世界，2009，30(1): 1-4.

[18] MORENA R. Phosphate glasses as alternatives to Pb-based sealing frits[J]. Journal of Non-Crystalline Solids, 2000, 263: 382-387.

[19] HONG J, ZHAO D, GAO J, et al. Lead-free low-melting point sealing glass in SnO-CaO-P_2O_5 system[J]. Journal of Non-Crystalline Solids, 2010, 356(28): 1400-1403.

[20] KOUDELKA L, MOSNER P. Borophosphate glasses of the ZnO-B_2O_3-P_2O_5 system[J]. Materials Letters, 2000, 42(3): 194-199.

[21] 葉志贤. 无铅低熔点 SnO－MgO－P_2O_5玻璃[D]. 台北：大同大学，2004.
[22] SHIH P Y, CHIN T S. Preparation of lead-free phosphate glasses with low T_g and excellent chemical durability[J]. Journal of Materials Science Letters, 2001, 20(19): 1811-1813.
[23] LISITSYNA E A. Production and structure of the glasses 0.4Zn $(PO_3)_2$ · (0.6-x) Al $(PO_3)_3$ · $x(PO_3)_3$[J]. Journal of Glass Physics and Chemistry, 1998, 14(4): 333-336.
[24] TAKEBE H, BABA Y, KUWABARA M. Dissolution behavior of ZnO-P_2O_5 glasses in water [J]. Journal of Non-Crystalline Solids, 2006, 352 (28): 3088-3094.
[25] 成茵. 新硼酸盐功能玻璃结构及析晶动力学研究[D]. 长沙:湖南大学，2004.
[26] 李长久，黄幼榕，崔竹，等. 环境友好型无铅低温封接玻璃最新进展[J]. 玻璃，2007，34(6)：17-23.
[27] JANAKIRAMA-RAO B V. Structure and mechanism of conduction of semiconductor glasses[J]. Journal of the American Ceramic Society, 1965, 48(6): 311-319.
[28] 李长久，黄幼榕，俞琳，等. 钒酸盐系统无铅低温封接玻璃最新进展[J]. 中国建材科技，2007 (3)：30-33.
[29] 白进伟. 低熔封接玻璃组成及其发展[J]. 材料导报，2002，16(12)：43-46.
[30] 时磊艳. V_2O_5－B_2O_3－TeO_2系玻璃形成能力及性能研究[D]. 青岛：中国海洋大学，2012.
[31] FRANCIS G L, MORENA R. Non-lead sealing glasses. US: 5281560 [P]. 1994-01-25.
[32] YAMANAKA T. Lead-free tin silicate-phosphate glass and sealing material containing the same. US: 6617269 [P]2003-09-09.
[33] PENG Y B, DAY D E. High thermal expansion phosphate glasses[J]. Glass technology,1991, 32(6): 200-205.
[34] SHARMA B I, ROBI P S, SRINIVASAN A. Microhardness of ternary vanadium pentoxide glasses[J]. Materials Letters, 2003, 57(22): 3504-3507.
[35] 樊先平，洪樟连，翁文剑. 无机非金属材料科学基础[M]. 杭州：浙江大学出版社，2004.
[36] BOURHIS E L. Glass mechanics and technology[M]. Weinheim: Wiley-Vch Verlag GmbH & Co. KGaA, 2008.
[37] 陈福，殷海荣，武丽华，等. Na_2O－Al_2O_3－B_2O_3系统低熔点玻璃的研究[J]. 陕西科技大学学报：自然科学版，2005，23(4)：33-36.
[38] 吴春娥，秦国斌. 一种无铅低熔玻璃粉及其制造. 中国:200310103592 [P]. 2005-05-18.
[39] KLIMAS D A, FRAZEE B R. Lead-free glass frit compositions. US: 4970178

[P]. 1989-08-14.

[40] MERIGAUD B. Zinc-containing lead and cadmium-free glass frits method of their production and their use. US：5342810 [P]. 1994-08-30.

[41] NAUMANN K，WINKLER T，WOELFEL U，et al. Lead-free bismuth-containing silicate glasses and uses thereof. US：6403507 [P]. 2002-06-11.

[42] RODEK E，KIEFER W，SIEBERS F. Lead-and cadmium-free glass composition for glazing，enameling and decorating glass. US：5633090 [P]. 1997-05-27.

[43] 田英良，孙诗兵. 新编玻璃工艺学[M]. 北京：中国轻工业出版社，2009.

[44] 赵彦钊，殷海荣. 玻璃工艺学[M]. 北京：化学工业出版社，2006.

[45] CHENG Y，XIAO H，GUO W，et al. Structure and crystallization kinetics of Bi_2O_3-B_2O_3 glasses[J]. Thermochimica Acta，2006，444(2)：173-178.

[46] SHAABAN E R，SHAPAAN M，SADDEEK Y B. Structural and thermal stability criteria of Bi_2O_3-B_2O_3 glasses[J]. Journal of Physics：Condensed Matter，2008，20(15)：155108.

[47] BECKER P. Thermal and optical properties of glasses of the system Bi_2O_3-B_2O_3 [J]. Crystal Research and Technology，2003，38(1)：74-82.

[48] CHENG Y，XIAO H N，GUO W M. Influences of La^{3+} and Er^{3+} on structure and properties of Bi_2O_3-B_2O_3 glass [J]. Ceramics International，2008，34 (5)：1335-1339.

[49] SINGH S P，KARMKAR B. Synthesis and characterization of low softening point high Bi_2O_3 glasses in the K_2O-B_2O_3-Bi_2O_3 system[J]. Materials Characterization，2011，62(6)：626-634.

[50] QIAO W，CHEN P. Study on the properties of Bi_2O_3-B_2O_3-BaO lead-free glass using in the electronic pastes[J]. Glass Physics and Chemistry，2010，36(3)：304-308.

[51] 于立安，杜俊平，韩敏芳，等. Bi_2O_3－BaO－SiO_2－R_xO_y玻璃的结构及其封接性能[J]. 北京科技大学学报，2012，33(12)：1529-1533.

[52] GOLUBKOV V V，ONUSHCHENKO P A，STOLYAROVA V L. Studies of glass structure in the system Bi_2O_3-B_2O_3-SiO_2[J]. Glass Physics and Chemistry，2015，41(3)：247-253.

[53] 何峰，谭刚健，程金树，等. Bi_2O_3－ZnO－B_2O_3低熔点封接玻璃的性能研究[J]. 武汉理工大学学报，2009，31(11)：16-19.

[54] 何峰，王俊，邓大伟，等. Bi_2O_3－ZnO－B_2O_3低熔点封接玻璃的烧结特性[J]. 硅酸盐学报，2009，37(10)：1791-1795.

[55] HE F，CHENG J，DENG D，et al. Structure of Bi_2O_3-ZnO-B_2O_3 system low-melting sealing glass[J]. Journal of Central South University of Technology，2010，17(2)：257-262.

[56] HE F，WANG J，DENG D W. Effect of Bi_2O_3 on structure and wetting studies of

Bi_2O_3-ZnO-B_2O_3 glasses[J]. Journal of Alloys and Compounds, 2011, 509(21): 6332-6336.

[57] BALE S, RAHMANS, AWASTHI A M, et al. Role of Bi_2O_3 content on physical, optical and vibrational studies in Bi_2O_3-ZnO-B_2O_3 glasses[J]. Journal of Alloys and Compounds, 2008, 460(1): 699-703.

[58] 董福惠，夏秀峰，贺雅飞，等. Bi_2O_3含量对电子玻璃电性能及结构的影响[J]. 电子元件与材料，2009，27(8)：33-35.

[59] 邓大伟. Bi_2O_3－B_2O_3－ZnO 系低熔点无铅封接玻璃结构与熔体性质研究[D]. 武汉:武汉理工大学，2011.

[60] 房玉. 硼硅酸盐玻璃组成、结构与性能的研究[D]. 武汉:武汉理工大学，2012.

[61] GUO W, LIN T, HE P, et al. Microstructure and characterization of interfacial phases of sapphire/sapphire joint bonded using Bi_2O_3-B_2O_3-ZnO glass[J]. Journal of the European Ceramic Society, 2017, 37(3): 1073-1081.

[62] KONG L, YIN X, YE F, et al. Electromagnetic wave absorption properties of ZnO-based materials modified with $ZnAl_2O_4$ nanograins[J]. The Journal of Physical Chemistry C, 2013, 117(5): 2135-2146.

[63] SERQUEIRA E O, DANTAS N O, ANJOS V, et al. Raman Spectroscopy of SiO_2－Na_2O－Al_2O_3－B_2O_3 Glass Doped with Nd^{3+} and CdS Nanocrystals[J]. Journal of Alloys and Compounds, 2014, 582(5): 730-733.

[64] 王义峰. 氧化铝与镍铝合金表面生长晶须及钎焊接头组织与性能[D]. 哈尔滨:哈尔滨工业大学,2016.

第 6 章　间隙碳化物陶瓷低温连接高温使用方法及机理

6.1　间隙碳化物陶瓷简介

过渡金属碳化物具有高达 3 000 ℃以上的熔点，被称为超高温陶瓷，结合其高硬度、耐磨、耐腐蚀、抗辐射和导电的特性，在超音速飞行器、航空发动机、核反应堆等领域具有潜在的应用价值。

过渡金属碳化物是由第Ⅳ和Ⅴ过渡族金属 M 与 C 组成的化合物，具有 NaCl 型晶体结构，含离子键和共价键，但主要键型为金属键。由于碳原子与金属原子半径比为 0.41～0.59，这类碳化物具有间隙型晶体结构，即碳原子和金属原子分别位于对方的八面体间隙中，因此也被称为间隙碳化物。其晶体结构参数和主要物理性质见表 6.1。

表 6.1　第Ⅳ和Ⅴ过渡族金属碳化物的晶体结构参数和主要物理性质

MC_x	x 取值范围	C/M 半径比	晶体结构	晶格参数/nm	维氏硬度/GPa	熔点/℃	线膨胀系数/($\times10^{-6}$℃$^{-1}$)
TiC_x	0.47～0.99	0.526	B1(NaCl)	0.432 8	28～35	3 067	7.4
ZrC_x	0.55～0.99	0.483	B1(NaCl)	0.469 8	25.9	3 420	6.7
HfC_x	0.60～0.99	0.486	B1(NaCl)	0.463 6	26.1	3 928	6.6
VC_x	0.73～0.99	0.576	B1(NaCl)	0.415 9	27.2	2 830	7.3
NbC_x	0.70～0.99	0.530	B1(NaCl)	0.446 9	19.65	3 600	6.6
TaC_x	0.73～0.99	0.529	B1(NaCl)	0.445 5	16.7	3 950	6.3

间隙型的晶体结构使过渡金属碳化物具有非化学计量比的特性，即在碳的分点阵上存在碳缺位。较高的碳缺位浓度是这种碳化物的显著特点，导致金属与碳之间的化学键减少，进而对熔点、硬度、弹性模量、扩散性等化学键有关的材料特性均产生影响。

间隙碳化物的另一个重要特点是不同间隙碳化物之间的彼此互溶性，如图 6.1 所示。同一过渡族内金属的碳化物可以完全互溶，而ⅣB 和ⅤB 族金属的碳化物之间，除 VC 不能完全固溶ⅣB 族金属碳化物外，其余均也可完全互溶。需要说明的是，即便可以完全互溶，其固溶体也并非完全温度存在，在某些体系中，低于一定温度时，可发生相分离，即一种碳化物从另一种碳化物的基体中析出。

本章利用碳缺位对扩散的促进作用和碳化物之间的互溶特性，以典型间隙碳化物陶瓷 ZrC 为母材，以 Ti、Zr 等过渡金属为中间层，使其与碳元素形成碳化物，然后与母材元素相互扩散形成均质的全碳化物陶瓷接头，从而实现间隙碳化物陶瓷的低温扩散连接，且满足高温使用的要求。

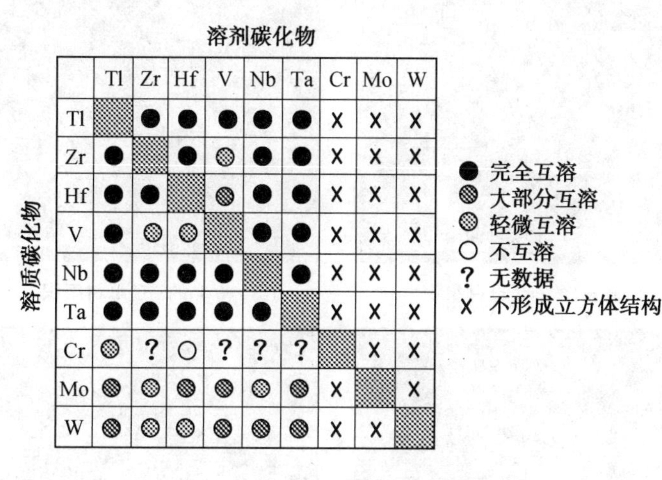

图 6.1　间隙碳化物陶瓷之间的互溶性

6.2　以 Ti 为中间层的均质接头的形成和碳缺位的作用机制

6.2.1　ZrC_x母材的制备和表征

本章所用的 ZrC_x(x=1,0.85,0.7,0.55)母材是以 ZrH_2和 C 粉为原料,以反应热压烧结方式制备的。由于更高碳缺位浓度的母材具有更强的扩散性,为了确保上述 4 种母材具有相近的晶粒度,采用的烧结温度依次降低(分别为 1 900 ℃、1 800 ℃、1 700 ℃、1 600 ℃)的方式。用阿基米德法测密度,通过与理论密度的比较,得出其致密度依次为 96.9%、98.3%、97.1%和 95.9%。SEM 图像展示了 4 种母材的微观组织,可见其晶粒大小较为均匀,平均尺寸依次为 4.54 μm、4.53 μm、4.57 μm 和 3.92 μm,如图 6.2(a)～(d)所示。XRD 分析表明,母材由 ZrC_x相组成,不含可检测到的 ZrH_2和 C 残余,如图 6.2(e)所示;随着碳缺位的增多,衍射峰逐渐右移,表明晶格常数有所减小,如图 6.2(f)所示。采用高温烧蚀无水滴定的方法测定了 4 种母材的碳含量,其质量分数分别为 11.59%、9.68%、8.29%和 6.47%,与理论值相差均小于 5%。三点弯曲测试表明 4 种母材的平均抗弯强度均达到 200 MPa 以上。这些结果表明制备的母材具有均匀的成分、组织和良好的力学性能,满足扩散连接的需要。

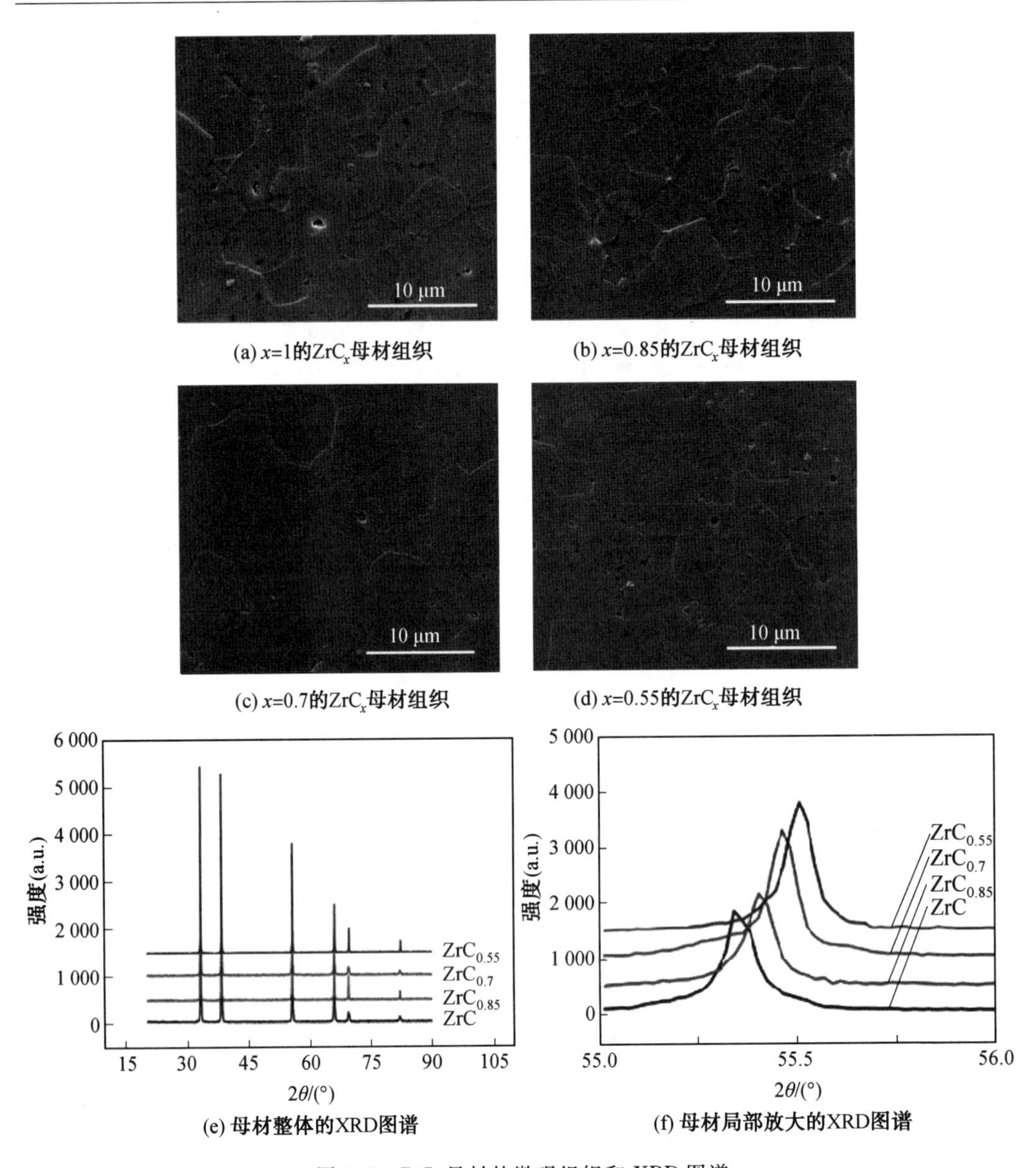

图 6.2 ZrC_x 母材的微观组织和 XRD 图谱

6.2.2 ZrC/Ti/ZrC 接头的典型界面组织和结构演变

首先以 50 μm 厚的 Ti 箔为中间层连接含碳缺位较少的 ZrC 陶瓷，以避免中间层消耗殆尽对接头界面反应产物分析带来的影响。图 6.3 所示为 1 300 ℃/1 h/20 MPa 的连接条件下，ZrC/Ti/ZrC 接头的典型界面形貌，界面良好无缺陷。由陶瓷母材至焊缝中心，界面由 3 层连续的反应层组成，依次为：浅灰色的扩散层Ⅰ，黑色反应层Ⅱ以及由白色基底物质和深灰色针状结构物质组成的反应层Ⅲ。结合 EDS 分析，推测Ⅰ层为 Ti 在 ZrC 中的扩散层 ZrC(Ti)层，Ⅱ层为固溶一部分 Zr 的 TiC 层，Ⅲ层中灰色和白色相分别为 αTi 和 βTi。

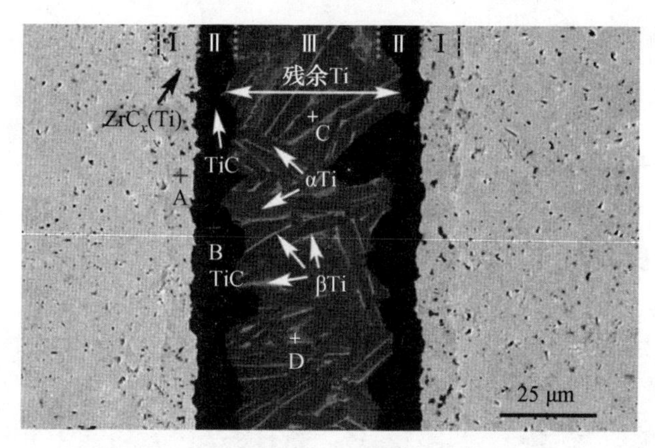

图6.3　ZrC/Ti/ZrC接头的典型界面形貌

采用TEM确定接头区域的物相，其微观形貌和SAED图谱如图6.4所示。结果与SEM分析一致，证实了Ⅰ、Ⅱ层分别为Ti在ZrC中和Zr在TiC中的扩散层，而Ⅲ层由针状αTi和固溶较多Zr元素的βTi组成。

综上所述，以50 μmTi为中间层进行ZrC陶瓷自身扩散连接时，由陶瓷侧至焊缝中心，接头的典型界面结构为ZrC(Ti)/TiC(Zr)/(α+β)－Ti(Zr,C)。

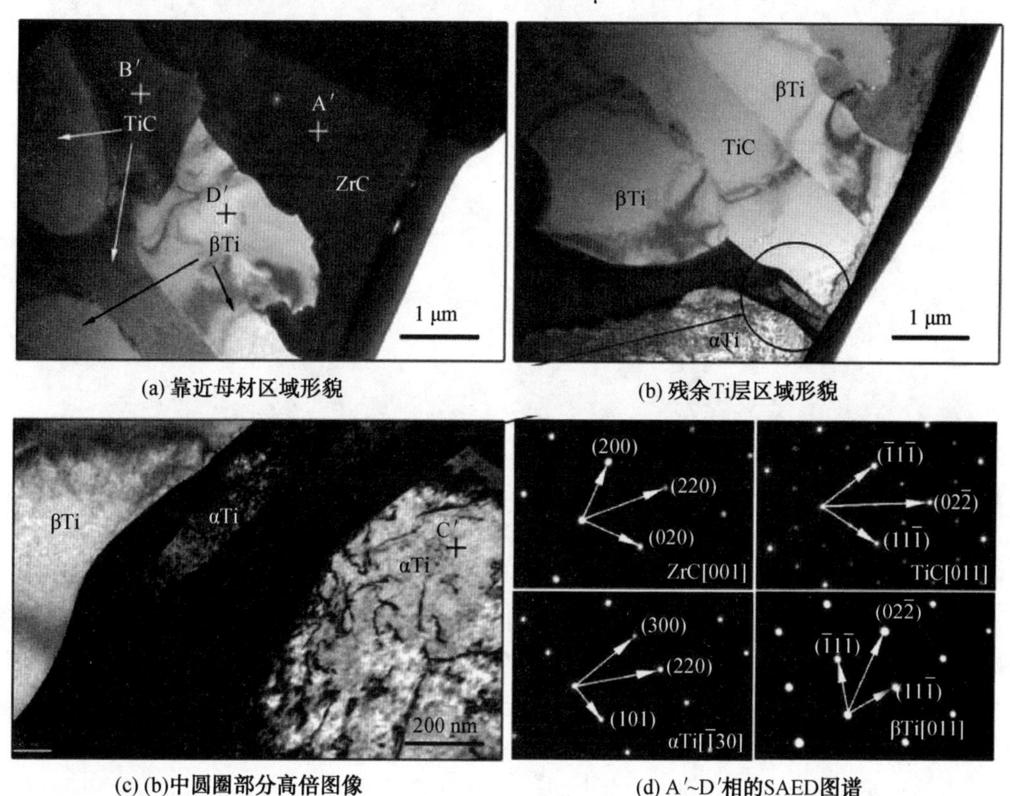

图6.4　ZrC/Ti/ZrC接头区域的TEM分析

使用50 μm厚的Ti中间层时，焊缝中残留超过30 μm厚的残余Ti层，金属层的存在将限制接头的高温性能。因此后续试验中使用 10 μm 厚的 Ti 中间层,以尝试避免金属层的残余。图 6.5 所示为 1 h/20 MPa 下,不同连接温度对 ZrC 陶瓷接头界面形貌的影响。连接温度为 1 100 ℃时,界面由 TiC(Zr)层和(α+β)−Ti(C,Zr)层组成。1 200 ℃时,Ti 中间层几乎被完全消耗,形成厚度约为 16 μm 的 ZrC(Ti)扩散层和 8 μm 的 TiC 层。此后,继续提高连接温度到 1 400 ℃,甚至到 1 500 ℃时,接头组织形貌并没有发生明显的变化,接头依然由 ZrC(Ti)层和 TiC(Zr)层组成,且与连接温度为 1 200 ℃时相比,各层的厚度均没有发生明显的变化。

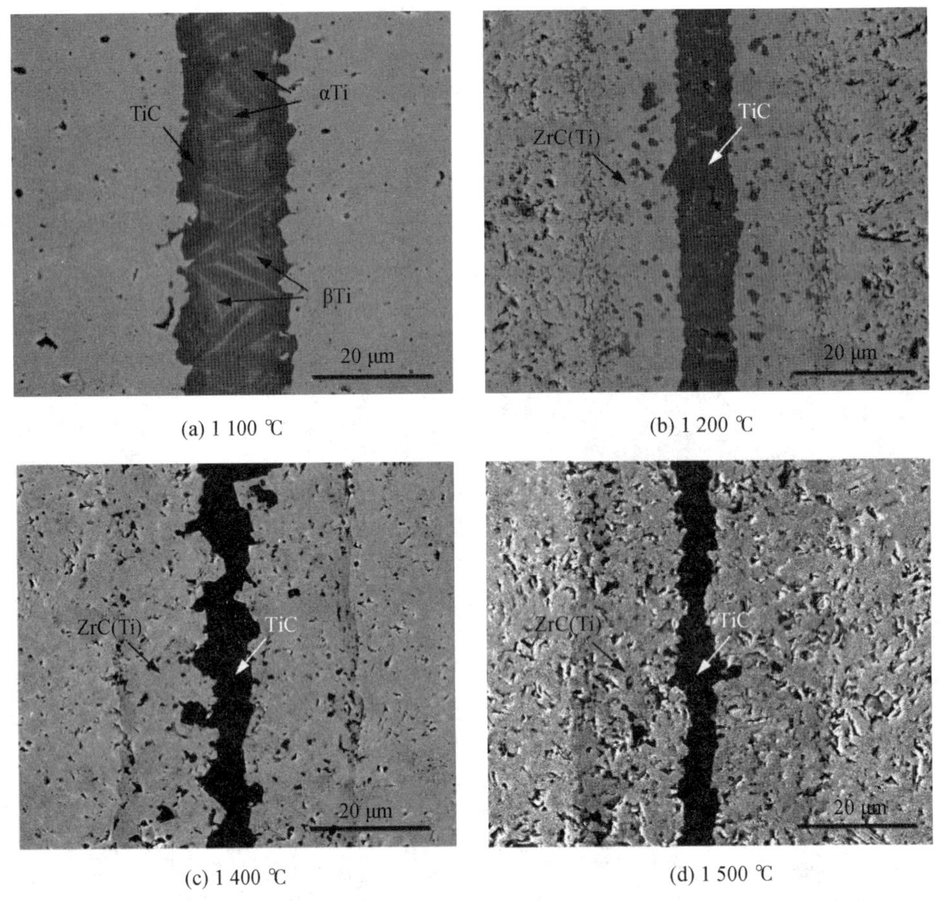

(a) 1 100 ℃　(b) 1 200 ℃

(c) 1 400 ℃　(d) 1 500 ℃

图 6.5　不同连接温度下 ZrC/Ti(10 μm)/ZrC 接头的微观形貌

延长保温时间与提高连接温度的效果相似,在 1 400 ℃/20 MPa 的连接条件下,保温 10 min 时,中间层 Ti 已经全部转化为厚度约为 7 μm 的 TiC,且在界面处形成了厚度约为 17 μm 的 ZrC(Ti)扩散层,此后持续保温至 5 h,界面相组成和各反应层厚度均无明显变化。

由此可见,以 10 μm 厚的 Ti 为中间层连接化学计量比的 ZrC 陶瓷时,当中间层 Ti 全部转变为 TiC 以后,无论提高温度或延长时间,都不能使 ZrC 和 TiC 完全固溶,因不能形成均质接头。

6.2.3　含碳缺位的 ZrC_x/Ti/ZrC_x 均质接头的形成

为了便于研究界面结构的变化，首先以 50 μm 厚的 Ti 为中间层连接含有不同碳缺位浓度的 ZrC_x 陶瓷，在 1 300 ℃/1 h/20 MPa 下，不同 ZrC_x（x=1，0.85，0.7，0.55）陶瓷自身扩散连接接头的微观形貌如图 6.6 所示。随着碳缺位浓度增大，界面均由 ZrC_x(Ti)/TiC/(α+β)－Ti(ss)组成，但 ZrC_x(Ti)扩散层宽度显著增大，而 TiC 层逐渐变窄，直到 x=0.55 时 TiC 层几乎完全消失，焊缝整体宽度由 112 μm 增大到 185 μm。沿着各图白线所作的元素线扫描结果显示，从 ZrC 到 $ZrC_{0.55}$，扩散区宽度由 10 μm 增加到 68 μm，这表明碳缺位浓度的增加促进了 Ti 在 ZrC_x 陶瓷中的扩散。此外，$ZrC_{0.7}$ 和 $ZrC_{0.55}$ 的接头中，残余金属层中均出现颗粒状的 ZrC，这可能是因为在含有较多碳缺位的母材中，Zr 和 C 元素得以快速扩散至 Ti 层中，随着界面处连续的 TiC 层的快速形成，被阻隔的 Zr 和 C 元素被推至中心，形成 ZrC 颗粒。

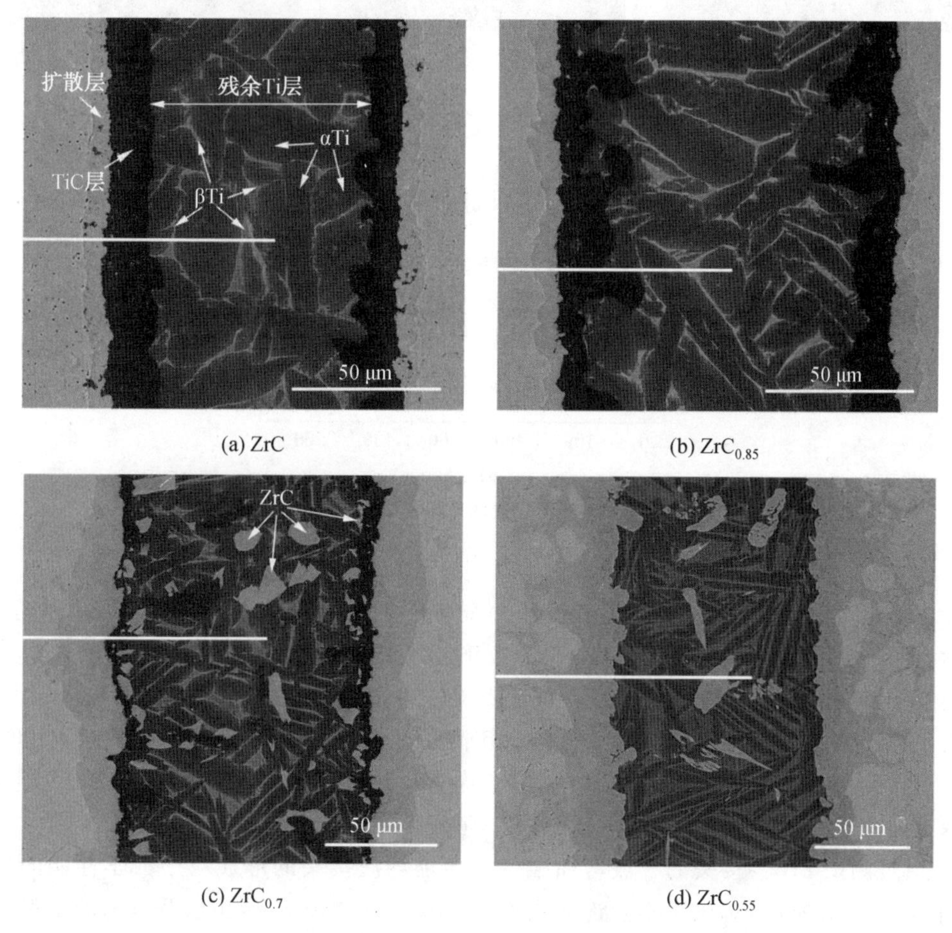

(a) ZrC　(b) $ZrC_{0.85}$

(c) $ZrC_{0.7}$　(d) $ZrC_{0.55}$

图 6.6　不同 ZrC_x/Ti(50 μm)/ZrC_x 陶瓷接头的微观形貌

值得注意的是，按照公认的观点，碳缺位的增多同时促进 C 原子和 Ti 原子的扩散，则 TiC 层的厚度应随之增加，这与试验现象不符。这可能是由于碳缺位的增多还促进了

TiC_x与 ZrC_x两相之间的固溶，这也与其他报道相符。

碳缺位对于元素在界面的扩散和碳化物之间的互溶的促进作用，为均质全陶瓷接头的形成提供了可能。但使用 50 μm 厚的 Ti 中间层仍有较厚的金属残余。改用 10 μm 厚的 Ti 中间层，如图 6.7 所示，在 $ZrC_{0.7}$或碳缺位更多的母材接头中，不再有残余金属 Ti 或者 TiC，接头与母材形成均一相。线扫描结果也证实了元素分布的均匀性，验证了均质焊缝的形成。

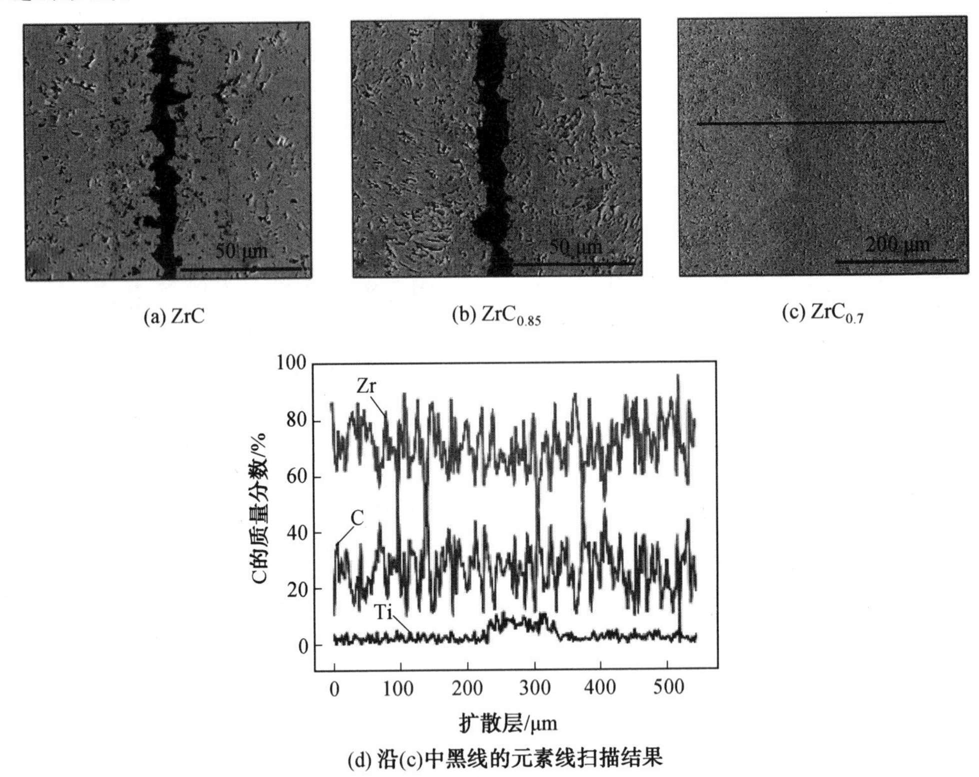

图 6.7 以 10 μm 厚的 Ti 为中间层，不同 ZrC_x 接头的界面形貌

以 $ZrC_{0.7}$为母材，从连接温度和时间两个角度研究均质接头的形成过程。如图 6.8 所示，在 1 h/20 MPa 的条件下，从 1 100 ℃开始提高连接温度，TiC 层和残余 Ti 层厚度均逐渐减少，而扩散层厚度不断增大，直至 1 300 ℃时，中间层 Ti 已被完全消耗，TiC_x也消失不见，接头处全部由 ZrC_x(Ti)固溶体组成，从而形成了均质焊缝。当连接温度继续提高到 1 400 ℃时，焊缝区域更加均匀，整个均质区域达到了 180 μm。在 1 300 ℃下，延长保温时间至 1 h 可使 Ti 和 TiC 层均消失，继续保温则成分更加均匀化。

通过测试 $ZrC_{0.7}$接头的三点弯曲强度以验证均质接头的形成对于力学性能的提高作用，如图 6.9 所示，对比了不同连接温度下 $ZrC_{0.7}$/Ti/$ZrC_{0.7}$接头以及母材的室温和高温(1 000 ℃)三点弯曲强度。对比各连接温度下的界面组织，可见较低的连接温度(1 100 ℃、1 200 ℃)下，由于中间层金属的残余，界面应存在较大的残余应力，耐热性也较差，因此接头的室温和高温强度均较低。当连接温度高于 1 300 ℃时，由于金属层的耗尽和扩散区更加均匀化，应力和耐热性都显著改善，接头的室温和高温强度均显著提高。

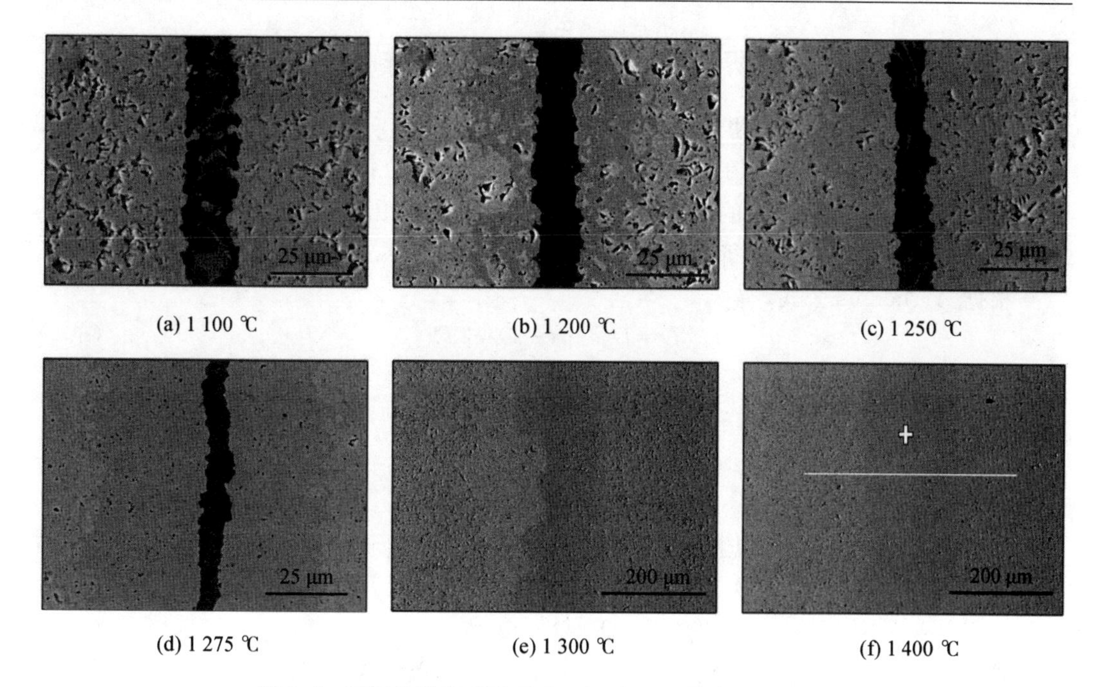

图 6.8　不同连接温度下 $ZrC_{0.7}$/Ti/$ZrC_{0.7}$ 接头的界面组织

1 400 ℃得到的均质接头的高温强度已接近母材强度。考虑到扩散区碳化物固溶体的超高熔点，可以预期均质接头在更高温度下仍能保持可观的强度，具备高温应用的潜力。这证实了碳缺位作用下均质接头形成对间隙碳化物陶瓷接头高温应用的关键作用。

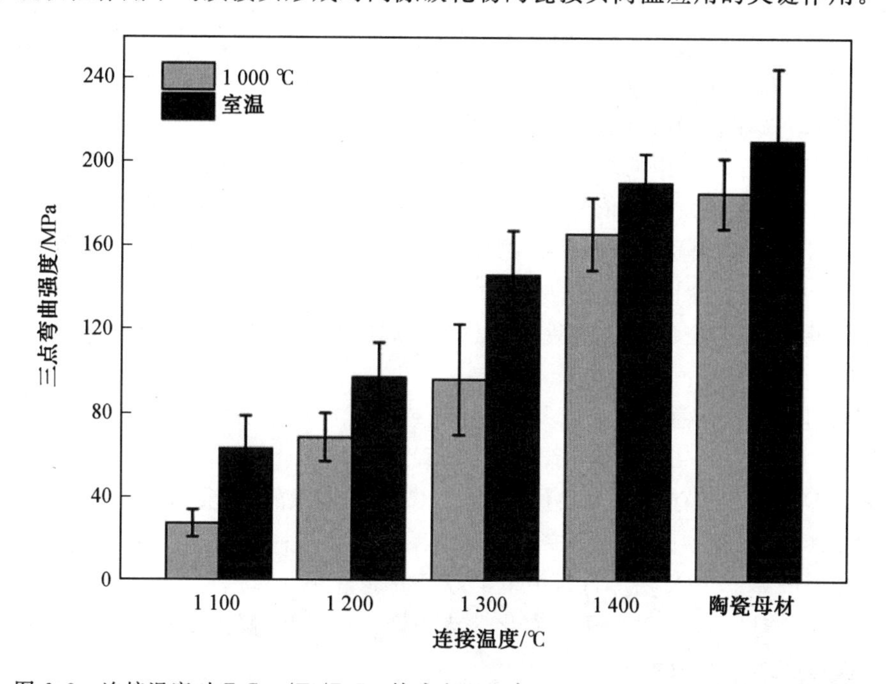

图 6.9　连接温度对 $ZrC_{0.7}$/Ti/$ZrC_{0.7}$ 接头室温和高温(1 000 ℃)三点弯曲强度的影响

6.2.4 碳缺位促进界面元素扩散和碳化物固溶的机制

1. 碳缺位促进界面元素扩散的机制

由于金属原子和碳原子在 ZrC_x 陶瓷内的扩散属于空位扩散机制(在各自分点阵上),本章采用基于密度泛函理论的第一性原理对 ZrC_x 陶瓷内由碳缺位和金属空位构成的不同空位组合的扩散激活能进行计算。

根据 Arrhenius 公式,有

$$D=D_0\exp(-Q/k_BT) \tag{6.1}$$

式中 D_0——指前因子;

Q——扩散激活能;

k_B——玻尔兹曼常数;

T——温度。

对于金属原子的扩散,其扩散激活能包括金属空位的形成能 Q_f 以及金属空位的迁移能 Q_m,即

$$Q=Q_f+Q_m \tag{6.2}$$

首先计算 ZrC_x 陶瓷中可能存在的不同空位组合的形成能,以确定最可能稳定存在的空位形式;随后对其迁移能进行计算。采用基于密度泛函理论的第一性原理方法,在 Materials Sudio 软件中的 CASTEP 模块对体系的电子结构和能量特征进行计算,采用广义梯度近似(GGA)下的守恒赝势和 Perdew-Burke-Ernzerhof (PBE)泛函描述电子间的交互关联作用。采用的力容差为 0.01 eV/Å(1 Å=0.1 nm),每个原子的能量容限为 5.0×10^{-7} eV,最大位移为 5.0×10^{-4} Å。在存储模型中允许每个原子在焓上放松到最小,没有任何限制。收敛计算中,在布里渊区采用 5×5×5 的 k 点网格取样。采用 64 结点的超晶胞(2×2×2),截止能量为 750 eV。

碳缺位(V_C)是 ZrC_x 中的结构空位,依赖于 ZrC_x 本身的成分;金属 Zr 空位(V_{Zr})属于热激活空位,对温度有强烈的依赖性。将 ZrC_x 中可能存在的空位模型总结为两大类:双空位模型和空位团簇模型。双空位模型由一个金属 Zr 空位(V_{Zr})和一个碳缺位(V_C)组成,若两者不相邻,为 Schottky 空位,记为 $V_{Zr}+V_C$;若两者相邻,为 Divacancy,简称 D 双空位,记为 $V_{Zr}-V_C$。空位团簇模型是由一个金属空位 V_{Zr} 和 n 个碳缺位 V_C 组成的空位团簇,即 $V_{Zr}-(V_C)_n$ $(n=2, 3,\cdots)$。

在 ZrC_x 体系中,任意一个空位 V_X(X=Zr 或者 C),其形成能 $E_f(V_X)$ 公式为

$$E_f(V_X)=E_{def}(V_X)-E(ZrC)+E_X^{bulk}+\Delta\mu_X \tag{6.3}$$

式中 $E_{def}(V_X)$——含有一个 X 空位 V_X 的 ZrC_x 超胞体系的总能量;

$E(ZrC)$——无缺陷的 ZrC 完美超胞体系的总能量;

E_X^{bulk}——基态下 X 块体材料中单个原子的能量;

$\Delta\mu_X$——对 ZrC 中 X 原子真实化学势的修正值,用于修正 ZrC 中 X 原子的真实化学势与 E_X^{bulk} 之间的偏差。

在块体材料中,ZrC 的形成能 $\Delta E(ZrC)$ 可用如下方程式计算:

$$\Delta E(ZrC)=\Delta H(ZrC)=E(ZrC)-n_{Zr}E_{Zr}^{bulk}-n_CE_C^{bulk} \tag{6.4}$$

式中　n_{Zr}和n_C——ZrC 超胞中 Zr 原子和 C 原子的个数；

$\Delta H(ZrC)$——n_{Zr}个 Zr 原子和n_C个 C 原子形成 ZrC 前后体系的焓变，在等压条件下，$\Delta E(ZrC)=\Delta H(ZrC)$。

因此，在无缺陷存在的 ZrC 完美超胞中，有

$$\Delta\mu_{Zr}+\Delta\mu_C=\Delta H(ZrC) \tag{6.5}$$

对于含 Zr 原子较多的 ZrC_x 体系，ZrC_x的形成过程可视为向已排列好的 Zr 原子分点阵内填入 C 原子，ZrC_x形成前后体系的焓变则是由 C 原子的化学势变化引起的，因此有

$$\Delta\mu_{Zr}=0,\quad \Delta\mu_C=\Delta H(ZrC) \tag{6.6}$$

根据式(6.3)～(6.6)，同理可知，在含有一个 D 双空位的 ZrC_x体系中，D 双空位的形成能 $E_f(V_{Zr}-V_C)$计算公式为

$$E_f(V_{Zr}-V_C)=E_{def}(V_{Zr-C})-E(ZrC)+E_{Zr}^{bulk}+E_C^{bulk}+\Delta\mu_C \tag{6.7}$$

在含有一个 $V_{Zr}-(V_C)_n$空位团簇的 ZrC_x 体系中，$V_{Zr}-(V_C)_n$空位团簇的形成能 $E_f(V_{Zr}-(V_C)_n)$可表示为

$$E_f(V_{Zr}-(V_C)_n)=E_{def}(V_{Zr}-(V_C)_n)-E(ZrC)+E_{Zr}^{bulk}+nE_C^{bulk}+n\Delta\mu_C \tag{6.8}$$

而肖特基(Schottky)双空位的形成能 $E_f(V_{Zr}+V_C)$可按照下式来计算：

$$E_f(V_{Zr}+V_C)=E_{def}(V_{Zr})+E_{def}(V_C)-2\frac{N-1}{N}E(ZrC) \tag{6.9}$$

式中　N——化学计量比的 ZrC 完美超胞体系中含有的原子个数。

据此计算不同空位形式的形成能，结果如图 6.10 所示。在双空位模式以及 $V_{Zr}-(V_C)_n$ $(n=2\sim7)$空位团簇模式下，ZrC_x陶瓷中最稳定存在的空位组合形式分别为 $V_{Zr}-V_C$(D 双空位)以及 $V_{Zr}-(V_C)_6$空位团簇形式。

分别基于 $V_{Zr}-V_C$(D 双空位)以及 $V_{Zr}-(V_C)_6$空位团簇形式计算 Ti 原子在 ZrC_x中扩散的迁移能，采用过渡态搜索来计算不同空位组合中 C 原子迁移到相邻 C 缺位以及 Ti 原子由 Zr 结点位置迁移到相邻 Zr 空位的迁移能。主要考虑空位的迁移方式和迁移顺序。例如，在 D 双空位模型中，V_{Zr}和 V_C可能作为一个整体一起迁移，也可能分开跳跃。按照分开跳跃的机制，Ti 原子过渡到 V_{Zr}的位置，然后碳原子迁移到相邻碳缺位所在的位置，这两个过程需要克服的能垒的极值分别约为 2.98 eV 和 1.96 eV。由于金属空位需要的迁移能比碳缺位要高 52%，迁移能主要由金属空位的扩散所控制。因此，$V_{Zr}-V_C$双空位的模型中，迁移能为 Ti 原子跳跃需要克服的能垒值为 2.98 eV。在 $V_{Zr}-(V_C)_6$团簇模型中，3 个碳缺位首先迁移，即 3 个碳原子依次跳跃到 $V_{Zr}-(V_C)_6$团簇中的 3 个碳缺位的位置，随后金属 Zr 空位迁移，即 Ti 原子跳跃到 Zr 空位的位置。据此计算得出，Zr 空位需要克服的迁移能极值约为 1.07 eV，即 $V_{Zr}-(V_C)_6$团簇扩散时的迁移能为 1.07 eV。

按照式(6.2)，得出 $V_{Zr}-V_C$双空位与 $V_{Zr}-(V_C)_6$空位团簇的扩散激活能，见表 6.2。$V_{Zr}-(V_C)_6$团簇比 $V_{Zr}-V_C$双空位的扩散激活能降低了 3 eV，表明随着金属空位周围聚集的碳缺位个数的增加，空位组合的扩散激活能逐渐降低，即 ZrC_x接头中界面元素在母材中的扩散随着碳缺位浓度的增加而增强，这就是碳缺位的增加促进金属元素在母材中扩散的动力学原因。

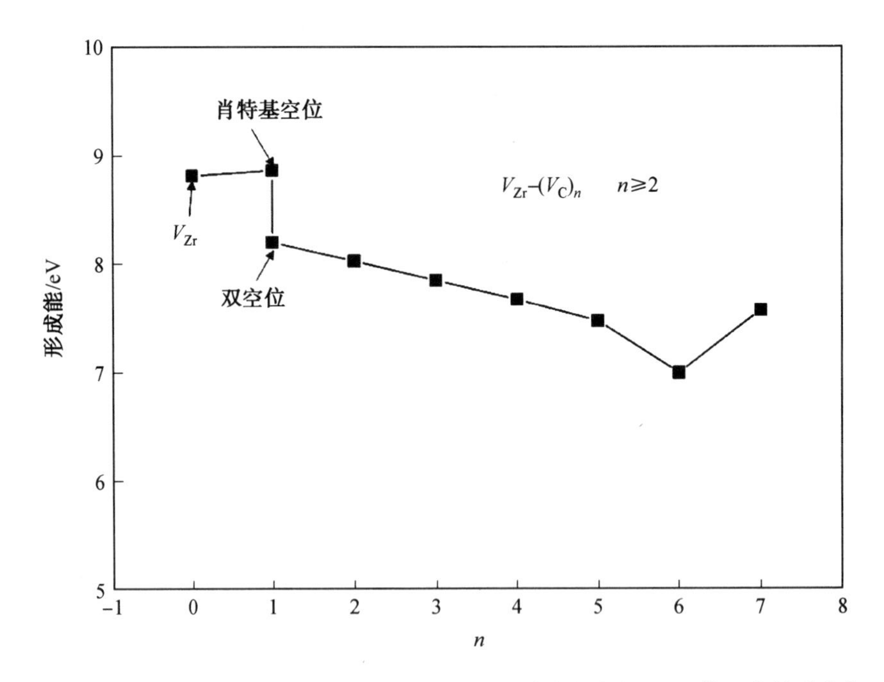

图 6.10　不同 $V_{Zr}-(V_C)_n$（$n=0, 1, \cdots, 7$）空位形式在相应的 ZrC_x 模型中的形成能

表 6.2　ZrC_x 中不同空位组合的扩散激活能

空位形式	形成能 Q_f/eV	迁移能 Q_m/eV	激活能 Q	
			/eV	/(J·mol^{-1})
$V_{Zr}-V_C$	8.203	2.979	11.182	1.06×10^6
$V_{Zr}-(V_C)_6$	6.994	1.072	8.066	7.74×10^5

根据以上分析，在忽略晶界扩散的影响下，ZrC_x 母材中空位的扩散机制定性地推测如下：在加热过程开始之前，ZrC_x 体系中仅存在碳缺位；加热过程开始后，随着温度的升高，在 ZrC_x 体系中开始形成热激活的 Zr 空位，且由于 Zr 空位与碳缺位之间在第一配位层内存在较大的吸引力，所以 Zr 空位在 ZrC_x 晶格内扩散的过程中便与碳缺位自发相互靠近形成相邻的 $V_{Zr}-V_C$，即 D 双空位。随后，若 ZrC_x 内碳缺位的含量较少，如本章的 ZrC 陶瓷，则 V_{Zr} 和 V_C 便倾向于以 D 双空位形式稳定存在；若 ZrC_x 内碳缺位的含量比较多，如本章的 $ZrC_{0.7}$ 陶瓷，则 $V_{Zr}-V_C$ 在扩散途中会继续“收集”遇到的碳缺位，直到 $V_{Zr}-(V_C)_6$ 空位团簇完全组装完毕，即 V_{Zr} 和 V_C 更倾向于以 $V_{Zr}-(V_C)_6$ 空位团簇的形式稳定存在，如图 6.11 所示。因此，ZrC_x 体系中含有的碳缺位越多，则越倾向于形成 $V_{Zr}-(V_C)_6$ 空位团簇，空位组合的扩散激活能逐渐降低，使得界面元素更容易通过 V_C 和 V_{Zr} 在 ZrC_x 体系中进行扩散。

2. 碳缺位促进碳化物固溶的机制

如前文所述，在 ZrC/Ti/ZrC 接头中，采用很高的连接温度和很长的保温时间均未能形成均质接头，界面最终保持 ZrC_x(Ti) 和 TiC_x(Zr) 共存的状态。而在 $ZrC_{0.7}$ 接头中，

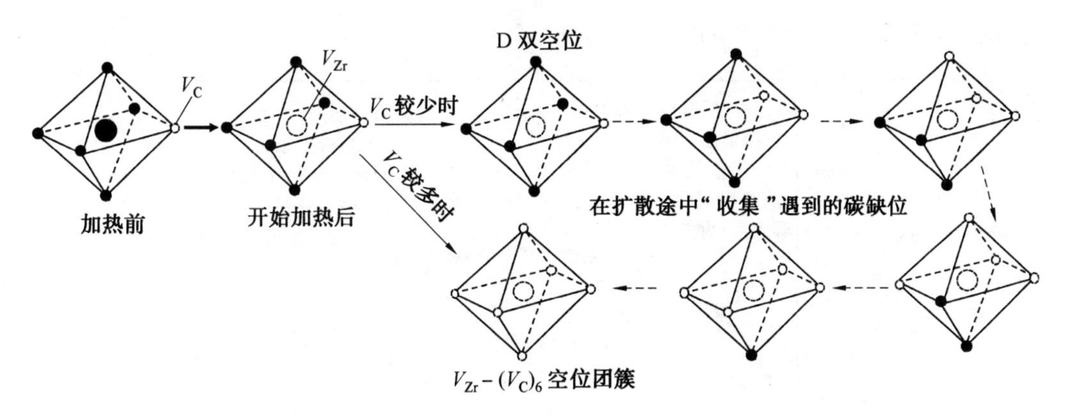

图 6.11 ZrC_x 中不同空位组合的形成过程示意图

TiC_x和 ZrC_x完全互溶，形成均质接头。因此，基于密度泛函理论，采用 EMTO（Exact Muffin-tin Orbitals）法，结合 Debye-grüneisen（DG）模型，研究了碳缺位浓度对 TiC_x－ZrC_x伪二元系统溶解度间隙的影响。

使用 EMTO 程序包计算（Zr，Ti）C_x（x＝1，0.9，0.8）体系的能量特征。计算中忽略碳原子分点阵上的短程有序现象，并假设 Zr、Ti 和 C 原子在各自分点阵内随机分布，且原子取代的无序性采用相干势近似（CPA）的方法来处理。引入全电荷密度方案（Full Charge Density，FCD）计算体系的总能量，采用广义梯度（GGA）近似描述单电子势的电子交换关联作用。采用局部自洽的 Green 方程，在布里渊区采用均匀分布的 25×25×25 的 k 点网格取样（Monkhores-pack 网格），自洽场计算采用软核近似。最后，将上述 EMTO-CPA 的模拟数据导入 Thermo-calc 软件进行最小二乘法拟合，即可得到 ZrC_x－TiC_x伪二元体系的溶解度间隙以及调幅分解曲线。拟合时，假设 ZrC_x－TiC_x体系为亚正规溶液，在 PARROT 模块里进行。采用 $y_i=a_ix_i^2+b_ix_i+c_i$（x_i为体系中 Zr 的原子数分数）的差值公式对空位浓度分别为 0、10％和 20％（原子数分数）的 ZrC_x－TiC_x体系的热力学数据曲线进行计算，即可得到碳缺位浓度分别 15％和 30％（原子数分数）时 ZrC_x－TiC_x体系的热力学数据。

0 K 时，含碳缺位的$(Zr_yTi_{1-y})C_x$体系混合焓变 ΔH_{mix}采用如下公式进行：

$$\Delta H_{mix}(0\ K)=E(Zr_yTi_{1-y}C_x)-yE(ZrC_x)-(1-y)E(TiC_x) \tag{6.10}$$

式中 $E(Zr_yTi_{1-y}C_x)$、$E(ZrC_x)$和 $E(TiC_x)$——在温度为 0 K 时$(Zr_yTi_{1-y})C_x$、ZrC_x和 TiC_x体系的总能量。

$(Zr_yTi_{1-y})C_x$体系的混合吉布斯自由能变化 ΔG_{mix}通过如下公式来计算：

$$\Delta G_{mix}=\Delta H_{mix}+\Delta G_{mix}^{ele}+\Delta G_{mix}^{ph}-T\Delta S_{conf} \tag{6.11}$$

式中 ΔG_{mix}^{ele}——温度升高到有限温度 T 时，电子激发对混合自由能变的贡献；

ΔG_{mix}^{ph}——温度为 T 时晶格振动对体系混合自由能的贡献，即温度变化所带来的晶格膨胀对混合自由能的影响；

ΔS_{conf}——（Zr，Ti）C_x体系的位形熵。

据此可得到不同成分的$(Zr_yTi_{1-y})C_x$体系在温度 T 下的混合吉布斯自由能 ΔG_{mix}曲线，进而得到$(Zr_yTi_{1-y})C_x$体系在该温度 T 下不同成分对应的溶解度间隙线（极小值公切点)和失稳分解线(拐点),如图 6.12 所示。

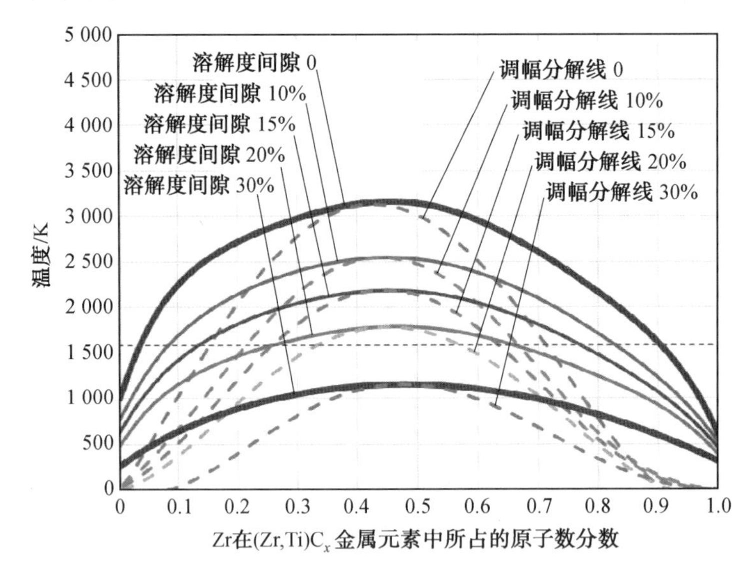

图 6.12 (Zr,Ti)C_x 体系在温度 T 下不同成分对应的溶解度间隙线(实线)以及失稳分解线(虚线)

计算结果表明,随着碳缺位浓度的增加,在 ZrC_x-TiC_x 伪二元相图中,溶解度间隙以及调幅分解线均呈现降低的趋势,其温度区间以及成分区间均缩小,即 ZrC_x 与 TiC_x 之间完全固溶的临界温度逐渐降低。在 1 300 ℃连接时,ZrC 中碳缺位含量视为 0,ZrC_x-TiC_x 之间绝大部分处于溶解度间隙内,即 ZrC_x 与 TiC_x 更倾向两相分离状态;而 $ZrC_{0.7}$ 中碳缺位原子数分数为 30%,ZrC_x-TiC_x 在所有成分区间完全处于溶解度间隙以外,即 ZrC_x 与 TiC_x 在 1 300 ℃已经处于二者完全固溶的临界温度以上,因此,ZrC_x 与 TiC_x 可完全固溶,形成均质焊缝,这是形成均质焊缝的热力学原因。

6.3 其他单层过渡金属中间层连接 ZrC_x 陶瓷

虽然前文以 Ti 为中间层得到了 $ZrC_{0.7}$ 的均质接头,但对于含碳缺位较少的 ZrC_x 陶瓷未能取得成功。除 VC 之外,其余碳化物均可与 ZrC_x 陶瓷完全固溶。因此本节采用 Zr、Ta、Hf 和 Nb 为中间层,尝试用含较少碳缺位的 ZrC_x 陶瓷形成均质接头的可能性。考虑到前述 4 种成分中以 $ZrC_{0.85}$ 熔点最高,更有工程意义,因此本节以 $ZrC_{0.85}$ 陶瓷为母材。

6.3.1 以 Zr 为中间层的 ZrC_x 接头的界面组织和力学性能

图 6.13 所示为 1 300 ℃/1 h/20 MPa 的连接条件下以 Zr 为中间层的 $ZrC_{0.85}$ 陶瓷接头微观形貌。结合能谱分析判断,接头由 Zr 向 $ZrC_{0.85}$ 陶瓷母材中的扩散层(Ⅰ层)和溶解了较多 C 的残余金属 Zr 层(Ⅱ层)组成,分别标记为 ZrC_x(Zr)层和 Zr(C)层。此外,扩散层中母材晶界和原孔洞处也存在 Zr(C)固溶体,这可能是因为晶界和孔洞处存在的大量缺陷为 Zr 原子提供了快速扩散通道。

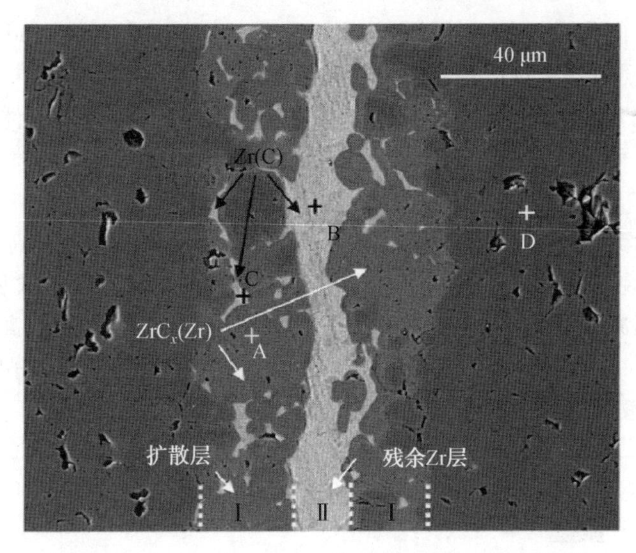

图 6.13　$ZrC_{0.85}/Zr/ZrC_{0.85}$ 陶瓷接头的典型组织形貌

改变连接温度来研究界面结构的演化。如图 6.14 所示，在 1 h/20 MPa 的连接条件下，1 000～1 100 ℃的连接温度不能形成明显的扩散层；温度升高到 1 200 ℃时，界面处可见一层较薄的 ZrC_x(Zr)扩散层；升温至 1 300 ℃时，ZrC_x(Zr)扩散层变得很宽，而 Zr 中间层则被消耗减薄；温度继续升高到 1 400 ℃时，中间层 Zr 被完全消耗，结合元素线扫描，证明焊缝全部由 ZrC_x(Zr)扩散层组成，形成均质全陶瓷接头。然而，1 400 ℃的接头中出现一些孔洞，尤其在母材与原中间层界面附近较为明显，这是由于 C 向中间层 Zr 的

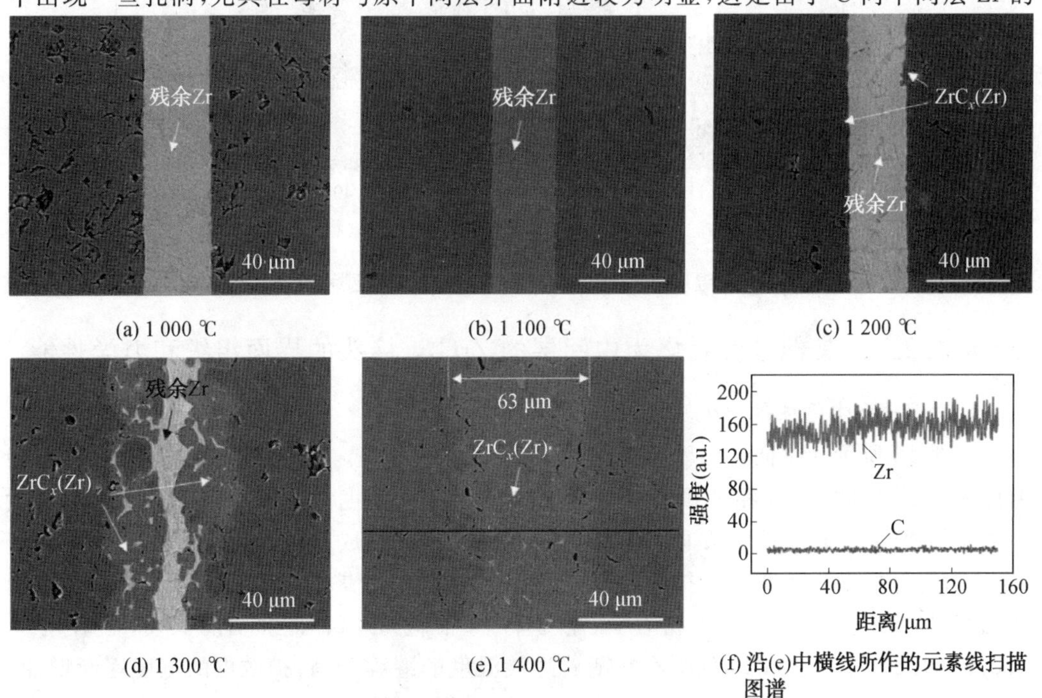

(a) 1 000 ℃　(b) 1 100 ℃　(c) 1 200 ℃

(d) 1 300 ℃　(e) 1 400 ℃　(f) 沿(e)中横线所作的元素线扫描图谱

图 6.14　不同连接温度下 $ZrC_{0.85}/Zr/ZrC_{0.85}$ 接头的界面组织

扩散速度大于 Zr 向陶瓷母材中的扩散速度而形成的柯肯达尔(Kirkendall)孔洞。

延长保温时间与提高反应温度对界面组织影响趋势相同,这里不再赘述。

以 Zr 为中间层连接 ZrC 时,在 1 350 ℃/1 h/20 MPa 的连接条件下可获得均质接头。显然,由于界面形成的物相与母材为 ZrC_x同相,不存在溶解度间隙,更易于获得均质接头。

图 6.15 所示为不同连接温度下 $ZrC_{0.85}/Zr/ZrC_{0.85}$接头的室温和高温三点弯曲强度,与其界面微观形貌形成良好的对应。随着连接温度的升高,元素扩散加剧,界面结合改善,而中间层金属减少,因此即使没有形成均质接头时,接头的常温和高温强度也呈上升趋势。而在 1 400 ℃形成均质接头后,其常温和高温力学性能已经十分接近母材性能,证明了这种活性扩散连接方法对于高温应用的潜力。

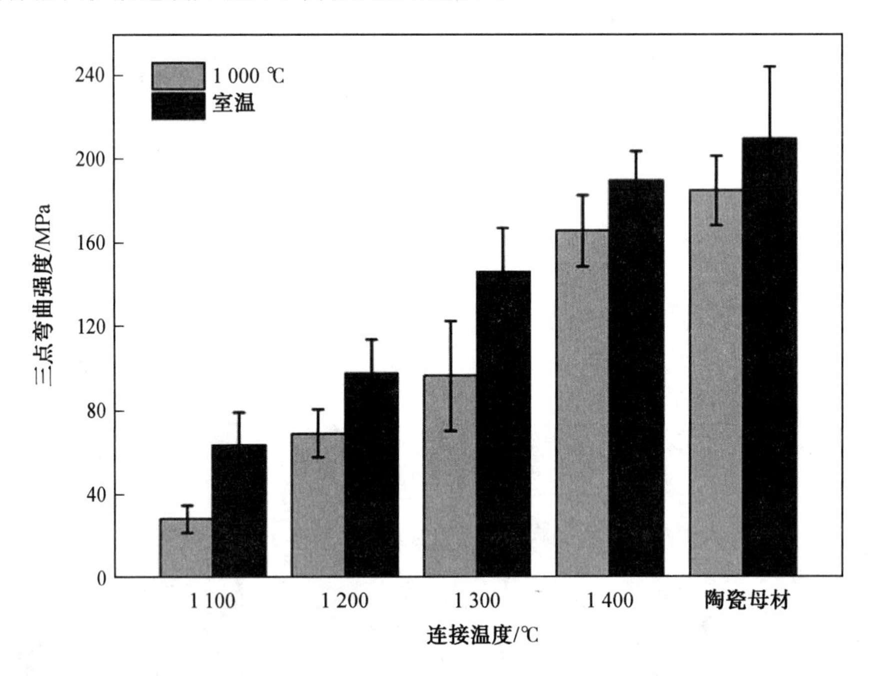

图 6.15　不同连接温度下 $ZrC_{0.85}/Zr/ZrC_{0.85}$接头的室温和高温三点弯曲强度

6.3.2　以其他过渡金属为中间层的 $ZrC_{0.85}$接头的界面组织和力学性能

1. 以 Ta 为中间层的 $ZrC_{0.85}$接头

图 6.16 所示为不同连接温度得到的 $ZrC_{0.85}/Ta/ZrC_{0.85}$接头的微观结构。随着连接温度的升高,中间层 Ta 和 ZrC 逐渐发生互扩散,当连接温度为 1 100 ℃时,接头处尚未发生明显的界面反应,接头主要由残余中间层 Ta(C, Zr)组成;当连接温度为 1 300 ℃时,Ta 向陶瓷母材发生了明显的扩散,界面处形成了不连续的扩散层 ZrC_x(Ta),且出现了少量的针状 $\zeta-Ta_4C_{3-x}$,钉扎在陶瓷母材和中间层 Ta 之间,接头界面结构为 $ZrC_x(Ta)/\zeta-Ta_4C_{3-x}/Ta(C, Zr)$;随着连接温度的继续升高,扩散层的宽度逐渐增加,且针状 $\zeta-Ta_4C_{3-x}$的生成量也逐渐增多,而中间层 Ta 则因为被消耗而逐渐减少;当连接温度升高到 1 500 ℃时,中间层 Ta 被完全消耗,接头仅包括厚度约为 9 μm 的 ZrC_x(Ta)

扩散层以及厚度约为 5 μm 的 $\zeta-Ta_4C_{3-x}$层；此后，继续提高连接温度，$\zeta-Ta_4C_{3-x}$层开始固溶于陶瓷母材，当连接温度升高到 1 550 ℃时，仅有少量的 $\zeta-Ta_4C_{3-x}$残留在接头中心部位；当连接温度继续升高到 1 600 ℃时，$\zeta-Ta_4C_{3-x}$已经完全固溶于陶瓷母材，焊缝全部由 ZrC_x(Ta)扩散层组成，形成了均质焊缝，宽度约为 35 μm；当连接温度升高至 1 700 ℃时，接头处出现了 Kirkendall 孔洞，这主要是由于在连接过程中，Ta 向陶瓷母材的扩散速度大于陶瓷母材中的 Zr 向 Ta 中的扩散速度，在 1 700 ℃的高温下，二者速度差异造成的 Kirkendall 效应较明显，便在接头中形成了 Kirkendall 孔洞。

在 1 400 ℃/20 MPa 的连接条件下保温 3 h 后，中间层 Ta 被消耗完毕，接头由扩散层 ZrC_x(Ta)、中部的针状 $\zeta-Ta_4C_{3-x}$以及针状 $\zeta-Ta_4C_{3-x}$之间包围着的少部分 ZrC_x(Ta)组成。延长保温时间至 8 h，界面组织无明显变化，不能促进 $\zeta-Ta_4C_{3-x}$和 ZrC_x之间的固溶。可见这一体系形成均质接头的温度阈值较高。

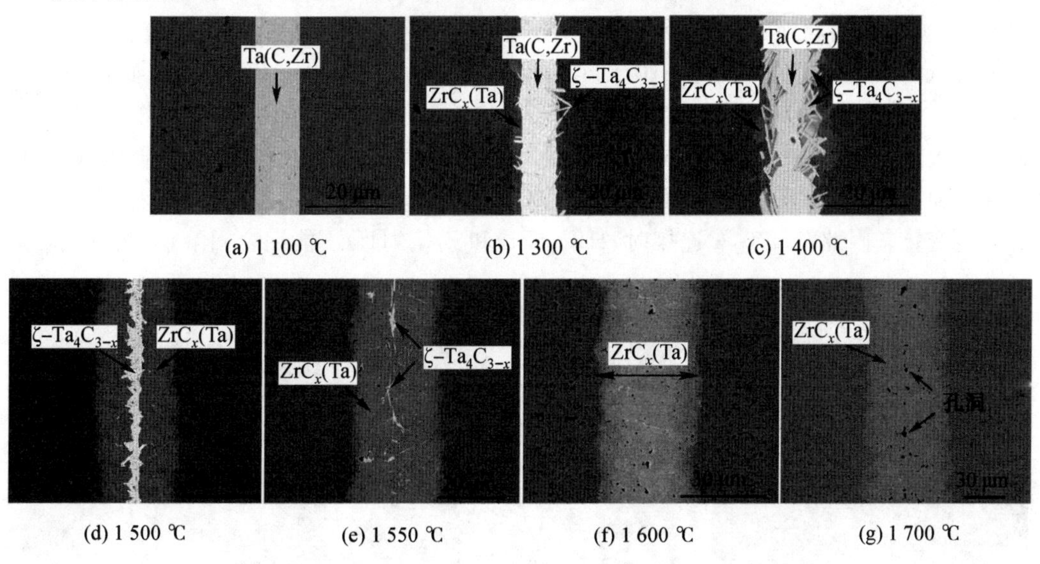

(a) 1 100 ℃　(b) 1 300 ℃　(c) 1 400 ℃

(d) 1 500 ℃　(e) 1 550 ℃　(f) 1 600 ℃　(g) 1 700 ℃

图 6.16　不同连接温度对 $ZrC_{0.85}$/Ta/$ZrC_{0.85}$接头组织形貌的影响

$ZrC_{0.85}$/Ta/$ZrC_{0.85}$接头的室温和高温三点弯曲强度也与其微观组织形成良好对应。随着连接温度的提高，金属 Ta 的消耗和扩散区的均匀化使接头强度不断提高，至 1 600 ℃时达到最大值，室温和高温（1 000 ℃）抗弯强度分别为 187.9 MPa 和 151.7 MPa。至 1 700 ℃时，因 Kirkendall 孔洞的增多，接头强度出现下降。

2. 以 Hf 为中间层的 $ZrC_{0.85}$接头

图 6.17 所示为以 25 μm 厚的 Hf 为中间层连接 $ZrC_{0.85}$时，接头微观形貌随连接温度提高的演化规律。当连接温度为 1 100 ℃时，由于 Hf 向陶瓷母材的扩散，界面处形成了厚度约为 8 μm 的(Hf, Zr)C_x扩散层，接头中心残留了厚度约为 15 μm 的 Hf(C,Zr)中间层。当连接温度升高到 1 300 ℃时，在 Hf(C,Zr)中间层出现了较多板条状 HfC_x(Zr)，接头微观界面结构为(Hf, Zr)C_x/(Hf(C,Zr)＋HfC_x(Zr))。当连接温度提高到 1 400 ℃时，扩散层厚度增加到 13 μm，且接头中存在更多的板条状 HfC_x(Zr)，其间分布着一种低衬度相。对该区域的 TEM 分析表明，这种低衬度相为固溶了一部分 HfC_x的 ZrC_x，记为

ZrC_x(Hf)。因此，1 400 ℃时接头界面结构为(Hf,Zr)C_x/(HfC_x(Zr)＋ ZrC_x(Hf))。连接温度升高到 1 600 ℃时，HfC_x(Zr)数量明显减少，这是因为随着温度的升高 HfC_x(Zr)较多地固溶于 ZrC_x 母材中，扩散层厚度也因此增加到 22 μm，焊缝中部 HfC_x(Zr)＋ZrC_x(Hf)的宽度为 8 μm。连接温度继续提高到 1 700 ℃时，焊缝中 HfC_x(Zr)和 ZrC_x(Hf)完全固溶，焊缝全部由(Hf,Zr)C_x 组成，从而形成了均质焊缝，焊缝宽度约为 85 μm。对均质接头进行纳米压痕测试，其焊缝区域硬度分布比较均匀，平均值为(22.5±1) GPa，与母材硬度(20.8±1)GPa 相近。此测试结果也间接表明了均质焊缝的形成。

以 Hf 为中间层的 $ZrC_{0.85}$ 接头中，形成均质接头需要较高的温度阈值，在较低的温度下长时间保温并不能实现接头的均匀化，这与以 Ta 为中间层时相似。在 1 400 ℃连接时，随着保温时间的增加，HfC_x的生成量以及(Hf, Zr)C_x扩散层的厚度均有所增加，而中间层 Hf 则因被消耗而逐渐减少。保温 1 h 时，中间层 Hf(Zr,C)已基本全部转化为板条状 HfC_x(Zr)和分布在其间的 ZrC_x(Hf)；保温 2 h 时，扩散层变化不明显，而板条状的 HfC_x(Zr)明显减少，其与扩散层之间出现了连续的 HfC_x(Zr)层，这是板条状的 HfC_x(Zr)逐渐长大成块状并联结起来形成的。保温 3 h 时，扩散层仍无明显变化，而 HfC_x(Zr)层厚度增加，板条状的 HfC_x(Zr)几乎消失，ZrC_x(Hf)也减少。保温至 5 h 时，接头组织不再有明显变化。因此，1 400 ℃连接时，HfC_x(Zr)和 ZrC_x(Hf)不能完全固溶，无法形成均质接头。

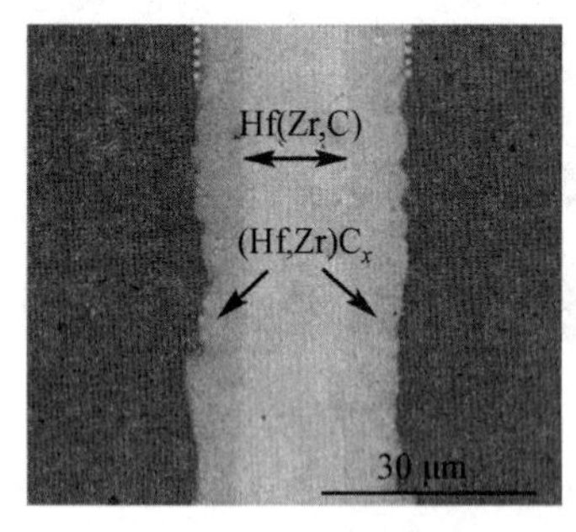

(a) 1 000 ℃

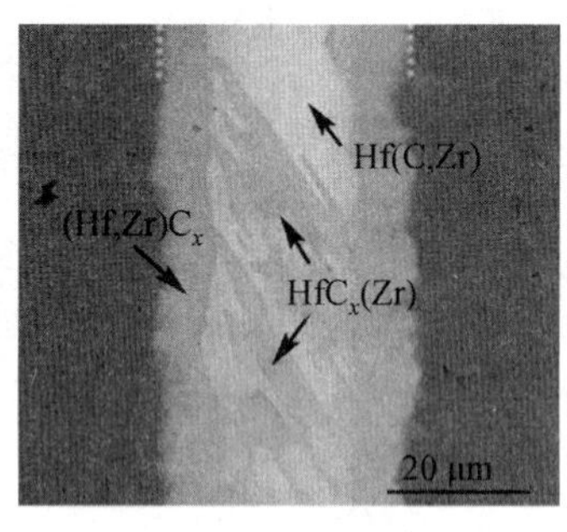

(b) 1 300 ℃

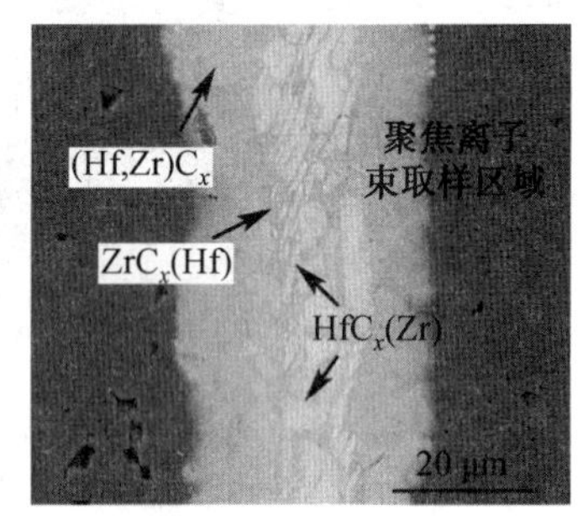

(c) 1 400 ℃

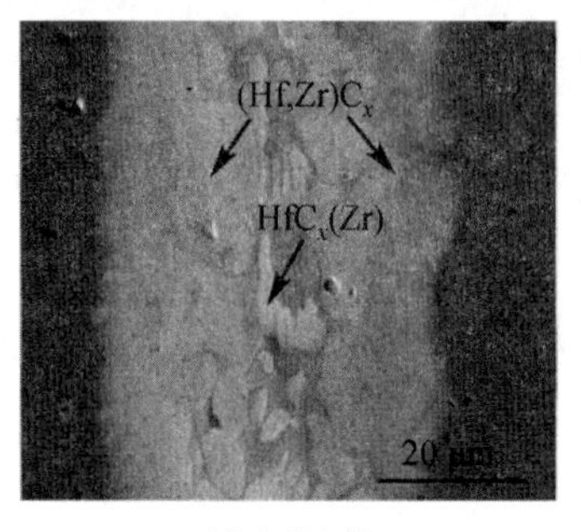

(d) 1 600 ℃

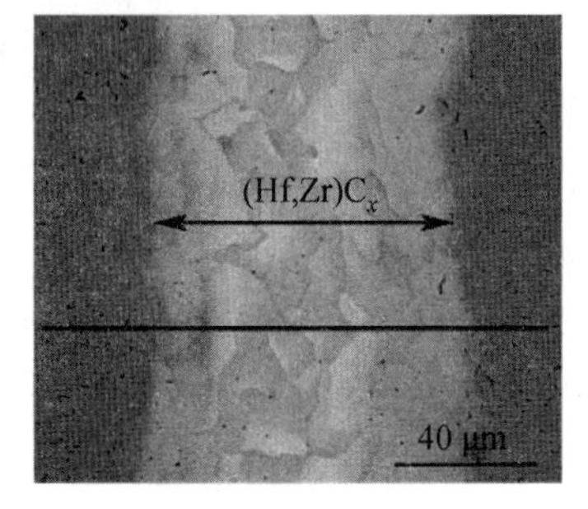

(e) 1 700 ℃

图 6.17　不同连接温度下 $ZrC_{0.85}$/Hf/$ZrC_{0.85}$ 接头的组织形貌

3. 以 Nb 为中间层的 $ZrC_{0.85}$ 接头

图6.18所示为以30 μm厚的Nb为中间层连接 $ZrC_{0.85}$ 时，不同连接温度下的接头微观形貌。当连接温度为1 100 ℃时，接头由残余中间层Nb(C,Zr)组成，有元素扩散而无明显反应层。1 300 ℃时，由于Nb向陶瓷母材中的扩散，在界面处形成了厚度约为20 μm的 ZrC_x(Nb)扩散层，而残余中间层Nb(C,Zr)的厚度则因此被减少到6 μm。此后，随着连接温度的逐渐升高，接头中扩散层的宽度逐渐增加，而中间层Nb则因为向两侧陶瓷母材的扩散而逐渐变窄。1 500 ℃时，中间层Nb被完全消耗，焊缝全部由 ZrC_x(Nb)扩散层组成，形成了均质焊缝，宽度为149 μm。1 600 ℃时，焊缝元素扩散更加均匀，焊缝宽度为166 μm。当连接温度继续提高到1 700 ℃时，由于Nb向陶瓷母材的扩散速度大于Zr向中间层Nb的扩散速度，在焊缝中形成了较多Kirkendall孔洞。

对 $ZrC_{0.85}$/Nb/$ZrC_{0.85}$ 接头的纳米压痕测试结果也证实了均质陶瓷接头的形成。1 300 ℃的接头中，纳米硬度分布不均匀，扩散层的硬度与母材((25.9±1)GPa)相当，达到了(23.9±2)GPa，而金属固溶体层的硬度则比较低，不足7 GPa；当连接温度升高到1 600 ℃时，由于接头中全部由 ZrC_x(Nb,Ti)组成，形成了均质焊缝，硬度分布均匀，为(24.6±1)GPa，与母材硬度((24.1±1)GPa)相当。

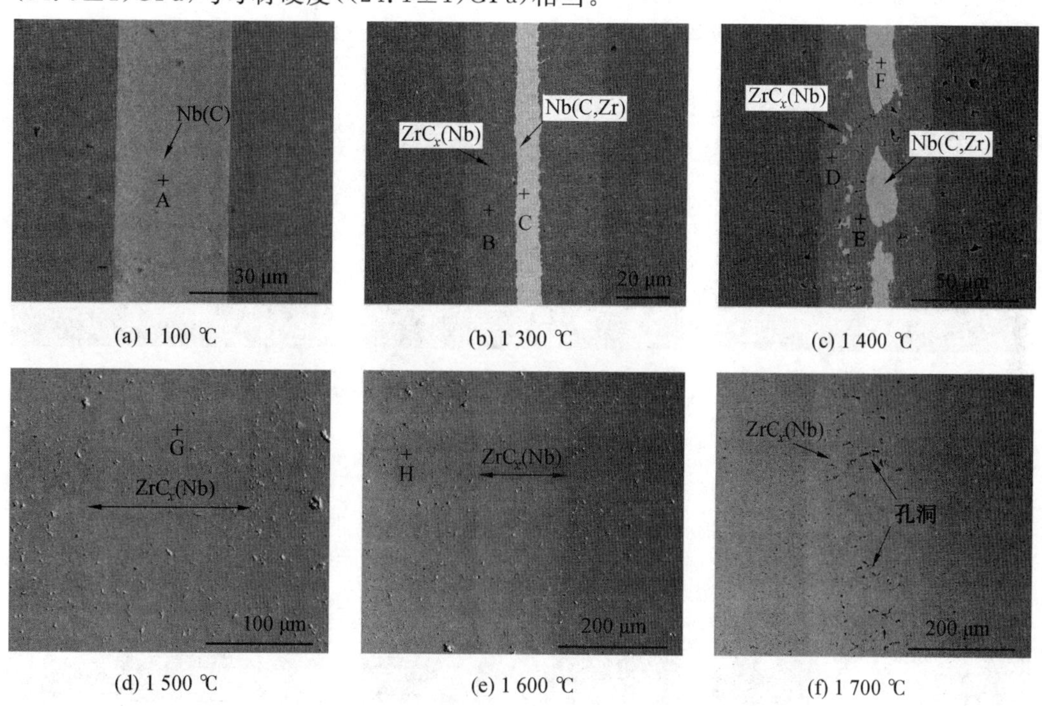

图6.18　不同连接温度下 $ZrC_{0.85}$/Nb/$ZrC_{0.85}$ 接头的微观形貌

6.3.3 不同单层过度金属中间层的比较

为了比较不同中间层与 ZrC_x 陶瓷母材形成均质焊缝的难易程度，将不同中间层M(M=Zr,Ti,Nb,Hf,Ta,V)的厚度统一为10 μm。评价标准包括三项：一是金属中间层的活性，主要参考指标为在相同连接条件下接头的宽度；二是实现界面元素均匀化的能力，主要参考指标为在相同的保温时间下形成均质焊缝的连接温度；三是工艺参数的可控性，主要参考指标为均质焊缝的形成温度与出现 Kirkendall 孔洞的连接温度之间的差异 ΔT。

图 6.19 所示为以不同过渡金属 M 为中间层，在 1 400 ℃/1 h/20 MPa 下连接 $ZrC_{0.85}$ 接头的微观形貌。从焊缝宽度来看，分别以 Zr、Ti、Nb、Hf、Ta 和 V 为中间层时，接头的宽度依次为 62 μm、145 μm、62 μm、62 μm、38 μm 和 11 μm。其中，以 Zr 和 Ti 为中间层时，焊缝处已形成均质焊缝，但接头中已出现了 Kirkendall 孔洞，而 V 与陶瓷母材并没有明显的界面反应。因此，不同中间层的活度由高到低依次为：Ti＞Zr≈Nb≈Hf＞Ta＞V。

在 1 h/20 MPa 的条件下连接 $ZrC_{0.85}$ 时，以 Zr 为中间层，当连接温度为 1 275 ℃时，界面处已经形成了均质焊缝，然而温度提高到 1 300 ℃时，接头中出现了较多的 Kirkendall 孔洞。以 Ti 为中间层，1 325 ℃时形成了均质焊缝，而升温到 1 400 ℃时，接头中出现了少量 Kirkendall 孔洞。以 Nb 为中间层，1 450 ℃时形成均质焊缝，而升温到 1 500 ℃时，接头中出现了少量 Kirkendall 孔洞。以 Hf 为中间层，1 500 ℃时可形成均质焊缝，但此时接头中已经形成大量 Kirkendall 孔洞。以 Ta 为中间层，1 600 ℃时形成均质焊缝，而升温到 1 700 ℃时，接头中出现了少量 Kirkendall 孔洞，如前文所述。因此，不同过渡金属与 ZrC_x 陶瓷形成均质焊缝的能力依次为 Zr＞Ti＞Nb＞Hf＞Ta。

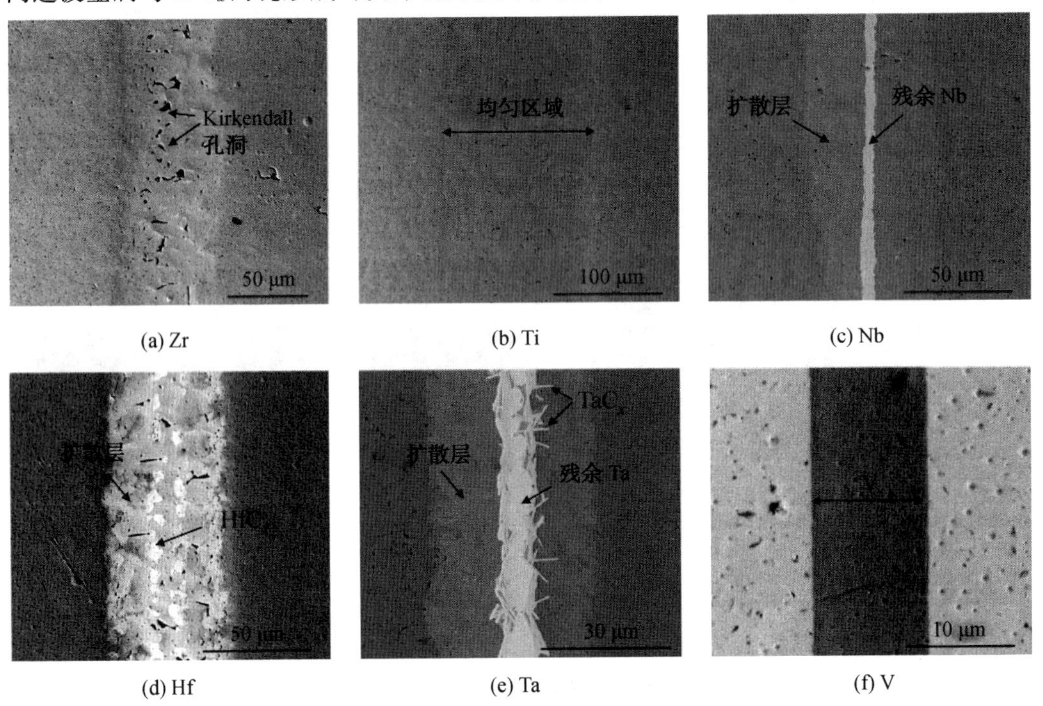

图 6.19　$ZrC_{0.85}$/M/$ZrC_{0.85}$ 接头的界面组织

当连接温度较高时，接头中容易出现 Kirkendall 孔洞，降低接头的性能，因此用 Kirkendall 孔洞出现的温度与均质焊缝的形成温度之间的差值 ΔT 评价均质焊缝形成温度的可控性，差值越大则可控性越好。以 Zr、Ti、Nb、Hf 和 Ta 为中间层连接 $ZrC_{0.85}$ 陶瓷时，ΔT 的大小依次为 25 ℃、75 ℃、50 ℃、0 ℃、100 ℃。因此，不同过渡金属中间层

$ZrC_{0.85}$陶瓷形成均质焊缝的连接温度的可控性大小依次为 Ta>Ti>Nb>Zr> Hf。

6.4　复合过渡金属中间层连接 ZrC_x陶瓷

以单层过渡金属为中间层连接含碳缺位较多和较少的 ZrC_x陶瓷均取得了成功，但不同中间层仍存在各自的局限性，如以 Zr 为中间层时，接头中易形成 Kirkendall 孔洞；分别以 Ta 和 Hf 为中间层连接 $ZrC_{0.85}$陶瓷时，仅在较高的连接温度下才能形成均质焊缝。显然，若能避免界面产生大量与母材难溶的碳化物，连接条件可以降低，Kirkendall 效应也可能避免。由此提出以复合结构的过渡金属 Ti/M/Ti 中间层(M＝Zr, Ta, Nb, Hf)连接 ZrC_x陶瓷的方法。由于金属中间层之间的反应比陶瓷和金属之间的反应容易，Ti 在连接过程中优先与 M 形成 (Ti,M)固溶体，因此避免了在界面处形成大量与母材难溶的碳化物，在随后的扩散反应中，(Ti,M)固溶体与母材发生反应形成(Zr,Ti,M)C_x均质焊缝。两侧金属选用 Ti，厚度为 10 μm，这是因为前文已经证明 Ti 中间层具有最高的活性。

6.4.1　以 Ti/Zr/Ti 为中间层的 ZrC_x接头的界面组织和力学性能

以 Ti/Zr/Ti 复合中间层在不同温度下连接含碳缺位很少的 ZrC，微观形貌如图 6.20 所示，其中保温时间均为 1 h，芯层 Zr 厚度为 30 μm。当连接温度为 900 ℃时，ZrC 陶瓷与 Ti/Zr/Ti 中间层界面尚未形成明显的扩散层，而复合中间层 Ti/Zr/Ti 之间已发生互扩散，形成了针状的 Ti(C,Zr)固溶体层。固溶体层中有少量 ZrC_x颗粒，主要集中在中间层的 Ti/Zr 和 Zr/Ti 的原始接触面处以及初始 Zr 箔的位置，这是因为连接初期，原始接触面上一些未压合的孔洞处原子扩散需要的激活能较低，所以，Ti、Zr 以及 C 原子在互相扩散的过程中首先填补这些孔洞，当(Ti,Zr)固溶体中的 C 浓度达到一定程度以后，便最先在 Ti/Zr 和 Zr/Ti 接触面的位置析出 ZrC 颗粒。当连接温度升高至 1 100 ℃时，新生的 ZrC 颗粒逐渐增多和长大，Ti(C,Zr)固溶体中的 Ti、Zr 原子除了向母材方向扩散以外，也开始向新生的 ZrC 颗粒中扩散，ZrC 颗粒逐渐变成 ZrC(Ti)固溶体颗粒；此外，由于母材中的 C 原子向 Ti(C,Zr)固溶体中的扩散，界面上形成了 ZrC(Ti)薄层。温度升高到 1 150 ℃时，ZrC(Ti)的形成量明显增多，不连续地分布在接头界面处，且新生 ZrC(Ti)颗粒继续增多和长大。连接温度提高到 1 250 ℃时，Ti 向陶瓷母材的扩散也被充分激活，在界面处形成了厚度约为 9 μm 的扩散层，且由于 Ti(C,Zr)固溶体层的消耗和新生 ZrC(Ti)颗粒的长大，少量的 ZrC(Ti)颗粒已经和扩散层接触。1 350 ℃时，ZrC(Ti)颗粒已经和扩散层连接起来，扩散层的厚度增加至约 46 μm，此时仅有少量的 Ti(C,Zr)固溶体残留在接头中心位置。当连接温度升高为 1 400 ℃时，Ti(C,Zr)固溶体被消耗完毕，焊缝全部由 ZrC(Ti)扩散层组成，厚度约为 122 μm，元素线扫描结果也证明了接头中成分的均匀化。此外，扩散层中陶瓷母材原本存在的孔洞已被填充，因此均质焊缝的质量应高于陶瓷母材。

可见，采用复合中间层时，以更厚的中间层连接碳缺位更少的 ZrC_x陶瓷，获得了单层 Ti 中间层未能实现的均质接头。这是由于采用 Ti/Zr/Ti 中间层时，Ti 和 Zr 首先发生互扩散形成了(Ti,Zr)固溶体，“稀释”了界面处 Ti 的浓度，避免了在界面处生成大量与母

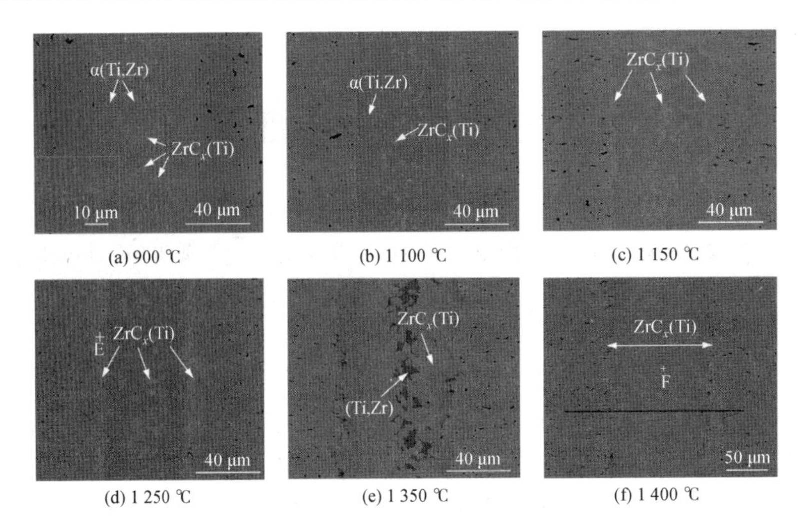

图 6.20 以 Ti/Zr/Ti 为中间层，连接温度对 ZrC 接头组织形貌的影响

材难溶 TiC，从而促进了均质焊缝的形成。

类似地，采用 Ti/Zr/Ti 中间层连接 $ZrC_{0.85}$ 陶瓷，同样在 1 400 ℃/1 h 的条件下实现了接头组织均匀化，只是焊缝宽度更大。而在 1 300 ℃下连接 $ZrC_{0.85}$ 陶瓷，则可以在保温 3 h 时得到均质接头。当把复合层中芯层厚度减小到 10 μm 时，在 1 300 ℃/1 h 的条件下即实现了接头组织的均匀化。

不同连接温度的 $ZrC_{0.85}$ 接头的力学性能与其微观组织形成了良好对应，如图 6.21 所示。随着连接温度的逐渐增加，接头的室温和高温强度均逐渐增加，当连接温度为 1 400 ℃时，接头的弯曲强度达到最大值，分别为 192.6 MPa 和 132.5 MPa，与母材强度相近。纳米压痕测试结果也表明，1 400 ℃的连接接头，焊缝区域的硬度与母材硬度相当。

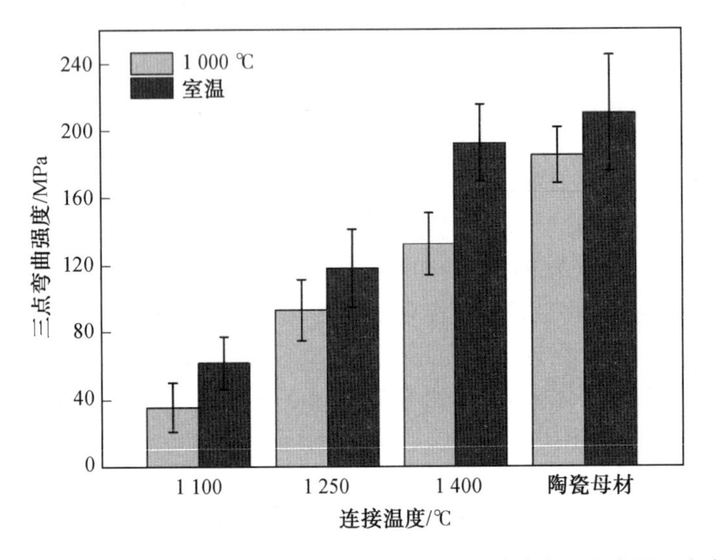

图 6.21 以 Ti/Zr/Ti 为中间层，不同连接温度下 $ZrC_{0.85}$ 接头室温和高温三点弯曲强度

6.4.2　采用其他复合中间层的 $ZrC_{0.85}$ 接头的界面组织和力学性能

1. 以 Ti/Ta/Ti 为中间层的 $ZrC_{0.85}$ 接头

不同温度下，以 Ti/Ta/Ti 为中间层连接 $ZrC_{0.85}$ 接头，其微观形貌如图 6.22 所示。连接温度为 800 ℃时，接头由在界面处不连续分布的 TiC_x(Zr)、含针状特征的 Ti(C,Zr,Ta)固溶体层、无针状特征的 Ti(C,Ta,Zr)固溶体层和残余 Ta(C)层组成。1 000 ℃时，界面处 TiC_x的形成量逐渐增多，且由于 Ta 向陶瓷方向的扩散，TiC_x中固溶的 Ta 也逐渐增多，即 TiC_x(Zr)逐渐变为 TiC_x(Ta,Zr)，且主要分布在各层原始界面处。金属 Ti 固溶体的针状特征消失，同时残余 Ta(C)层的厚度减小。1 100 ℃时，TiC_x(Ta,Zr)向两侧持续生长，残余 Ta 则继续减薄，Ti 固溶体逐渐由 Ti(C,Ta,Zr)转变成 Ti(Ta,C,Zr)。

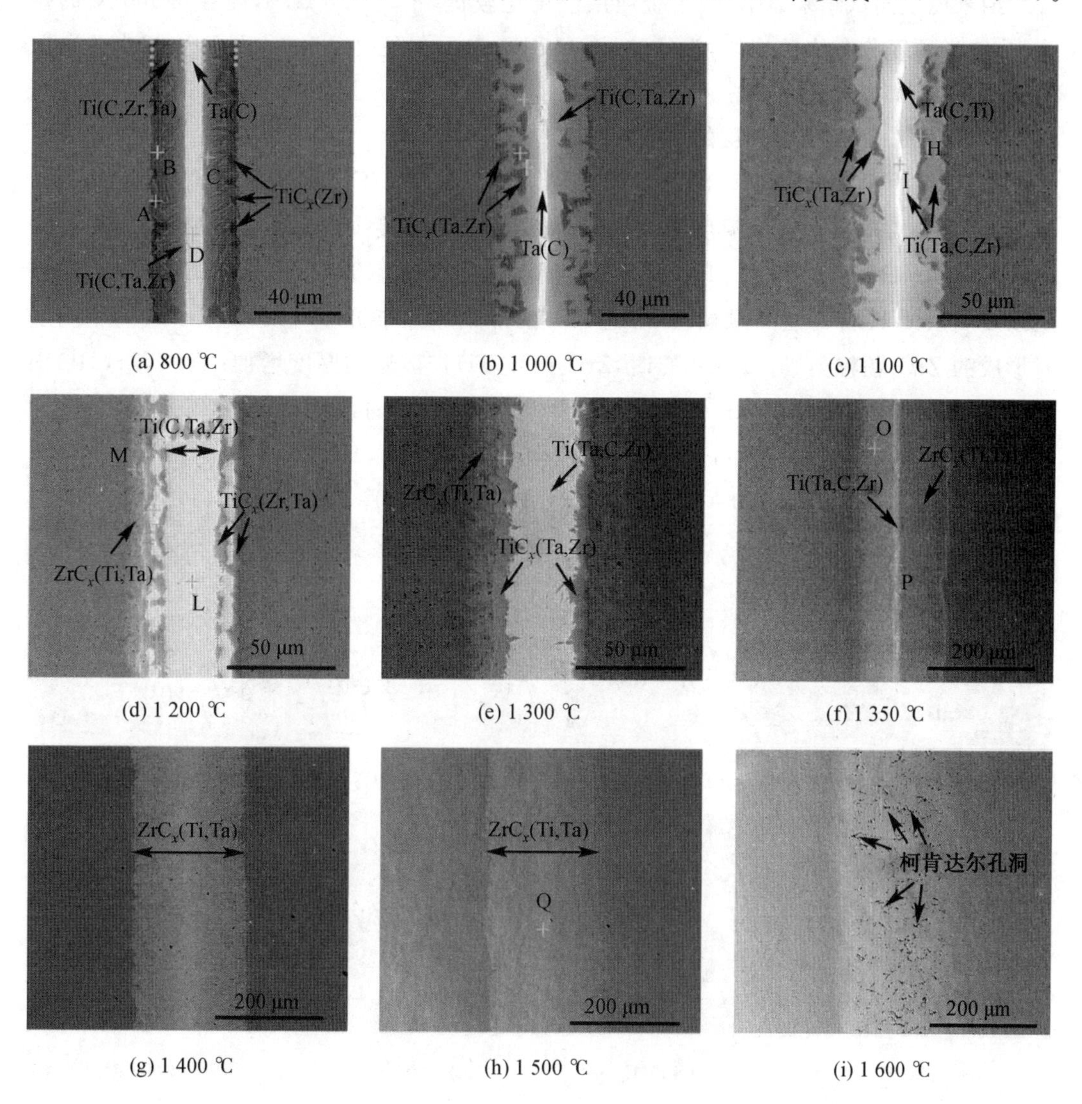

(a) 800 ℃　(b) 1 000 ℃　(c) 1 100 ℃

(d) 1 200 ℃　(e) 1 300 ℃　(f) 1 350 ℃

(g) 1 400 ℃　(h) 1 500 ℃　(i) 1 600 ℃

图 6.22　以 Ti/Ta/Ti 为中间层，不同连接温度下 $ZrC_{0.85}$ 接头的微观形貌

1 200 ℃时，金属 Ta 已经完全被消耗，接头中心部位全部由 Ti(Ta,C,Zr)组成，而界面处形成了 ZrC_x(Ti,Ta)扩散层，同时，Zr 的扩散使 TiC_x(Zr,Ta)转变成 TiC_x(Zr,Ta)固溶体。此外，界面处和接头中部的 TiC_x 持续变宽而逐渐接触。1 300 ℃时，界面处和接头中部的 TiC_x 已经完全融合成一层，且扩散层 ZrC_x(Ti,Ta)的厚度也增加。1 350 ℃时，TiC_x(Zr,Ta)已经完全固溶于陶瓷母材，使 ZrC_x(Ti,Ta)扩散层的厚度大幅增加，而 Ti(Ta,C,Zr)固溶体仅有少量剩余。1 400 ℃时，Ti(Ta,C,Zr)固溶体几乎被完全消耗，直到 1 500 ℃时完全消失，焊缝全部由 ZrC_x(Ti,Ta)组成，实现了组织成分的均匀化。然而，当连接温度继续提高到 1 600 ℃时，虽然均质焊缝的宽度有所增加，但由于界面元素扩散速度不同，接头中出现了较多的 Kirkendall 孔洞。

纳米压痕测试结果显示，残余金属层硬度比较低，不足 7.5 GPa，而在 1 500 ℃的接头中，纳米硬度分布比较均匀，为(26.1±1)GPa，与母材硬度(25.6±2)GPa 相当。这证明了均质接头力学性能的均一性。

2. 以 Ti/Hf/Ti 为中间层的 $ZrC_{0.85}$ 接头

图 6.23 所示为不同温度下以 Ti/Hf/Ti 为中间层的 $ZrC_{0.85}$ 接头的微观形貌，其中芯层 Hf 厚度为 25 μm。连接温度为 800 ℃时，由陶瓷侧至接头中心部位，接头的组织结构依次为 ZrC_x(Hf,Ti)扩散层、Ti(C,Zr,Hf)固溶体层、HfC_x(Ti)颗粒层、Ti(C,Hf)固溶体层以及剩余的 Hf (C)层。颗粒状 HfC_x(Ti)的形成和分布机理与以 Ti/Zr/Ti 为中间层时形成的 ZrC_x 颗粒类似。1 000 ℃时，ZrC_x(Hf,Ti)扩散层的厚度增加；Ti(C,Zr,Hf)固溶体层由于固溶了更多的 Zr、C 和 Hf 元素，呈现出明显的针状特征；HfC_x 颗粒显著增多，尺寸增大，聚集成层；Hf (C)层则已经完全转变成 Ti(C,Hf,Zr)固溶体层和弥散分布其间的 HfC_x 颗粒。到 1 200 ℃时，ZrC_x(Hf,Ti)扩散层的厚度不断增加；HfC_x(Ti)颗粒

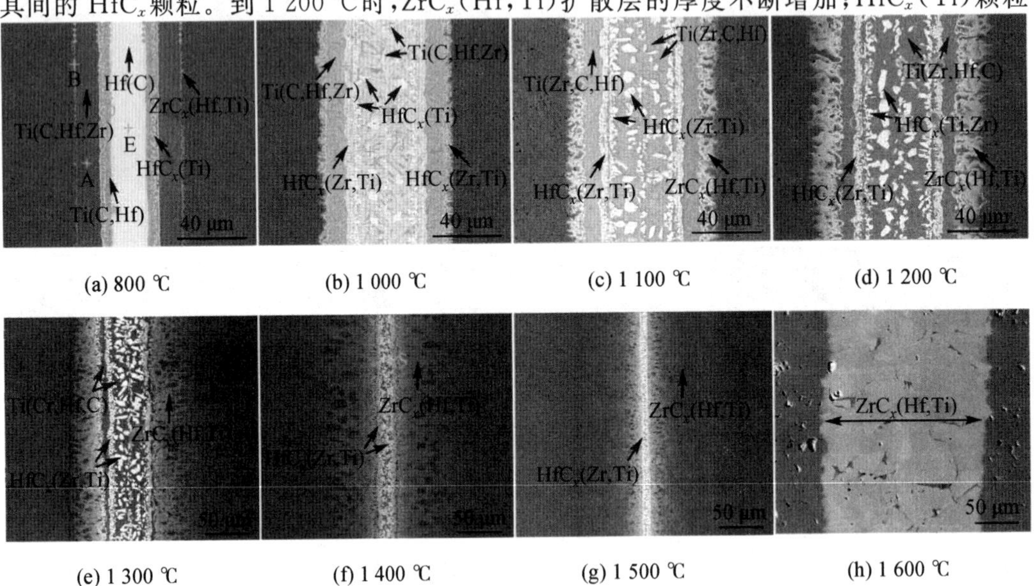

(a) 800 ℃　(b) 1 000 ℃　(c) 1 100 ℃　(d) 1 200 ℃

(e) 1 300 ℃　(f) 1 400 ℃　(g) 1 500 ℃　(h) 1 600 ℃

图 6.23　以 Ti/Hf/Ti 为中间层，不同连接温度下 $ZrC_{0.85}$ 接头的组织形貌

也逐渐增多和增大，且溶入更多 Zr 而逐渐转变成 HfC_x(Zr,Ti)；Ti 固溶体层逐渐消耗而减薄，且随着固溶的 Zr 原子不断增多，逐渐由 Ti(C,Zr,Hf)，经由 Ti(Zr,C,Hf)，最后转变成 Ti(Zr,Hf,C)，针状特征也逐渐消失。1 300 ℃时，ZrC_x(Hf,Ti)扩散层的厚度继续增大，而 Ti(Zr,Hf,C)层几乎被完全消耗。随着连接温度的继续提高，ZrC_x(Hf,Ti)扩散层和 HfC_x(Zr,Ti)颗粒层最终接触，ZrC_x 和 HfC_x 逐渐固溶，形成 ZrC_x(Hf,Ti)，因此，扩散层变宽而颗粒层变窄。到 1 400 ℃时，Ti(Zr,C,Hf)层被完全消耗，接头组织结构由 ZrC_x(Hf,Ti)扩散层和 HfC_x(Zr,Ti)颗粒层组成。这一参数下接头的高温弯曲强度为 100.7 MPa。直到 1 600 ℃时，接头中的 HfC_x(Zr,Ti)颗粒层已经完全固溶于陶瓷母材，焊缝全部由 ZrC_x(Hf,Ti)扩散层组成，最终形成均质焊缝。

3. 以 Ti/Nb/Ti 为中间层的 $ZrC_{0.85}$ 接头

以 Ti/Nb/Ti 为中间层在不同温度下连接 $ZrC_{0.85}$，接头的微观形貌如图 6.24 所示，其中芯层 Nb 厚度为 30 μm，保温时间均为 1 h。800 ℃时，母材与 Ti 界面形成不连续的 TiC_x，原 Ti 层转变为针状的 Ti(C,Nb,Zr)，Nb 层转变为 Nb(C)固溶体层。1 000 ℃时，TiC_x 变成连续层，Ti(C,Nb,Zr)层的针状特征消失，残留 Nb(C)层厚度减小。温度继续升高时，TiC_x(Zr,Nb)层和 Ti(C,Nb,Zr)厚度均增加，而 Nb(C)层厚度继续减小。1 200 ℃时，母材与 TiC_x(Zr,Nb)层之间新出现 ZrC_x(Ti,Nb)扩散层。1 300 ℃时，Ti(C,Nb,Zr)转变成 Nb(Ti,C,Zr)，而 Nb(C)层几乎被完全消耗，到 1 350 ℃时被完全消耗，焊缝中心完全为 Nb(Ti,C,Zr)固溶体。1 400 ℃时，TiC_x(Nb,Zr)已经全部固溶于 ZrC_x(Nb,Ti)中，因此前者消失，后者厚度大幅增加，而 Nb 固溶体由 Nb(Ti,C,Zr)逐渐转变成 Nb(C,Ti,Zr)，其厚度随着温度升高继续减小，至 1 600 ℃时最终全部消失，接头全部由 ZrC_x(Nb,Ti)扩散层组成，形成了均质焊缝。1 700 ℃时，均质焊缝的宽度有所增加，成分更均匀，但在接头中心部位形成了 Kirkendall 孔洞。

在 1 400 ℃连接时，保温 3 h，以 Ti/Nb/Ti 为中间层的 $ZrC_{0.85}$ 接头也实现了成分均匀化。

以 30 μm 厚的单层 Nb 为中间层时，均质焊缝的形成温度为 1 500 ℃；而采用 Ti/Nb/Ti 复合中间层时，在 1 600 ℃实现焊缝均匀化，可见 Ti/Nb/Ti 复合中间层并没有降低形成均质焊缝的工艺条件。这是由于 Nb 本身与 ZrC_x 陶瓷的相溶性比较好，而采用 Ti/Nb/Ti 为中间层时 Ti 层的引入使得接头界面生成了一层 TiC_x，减慢了 Nb 向陶瓷母材的扩散固溶。

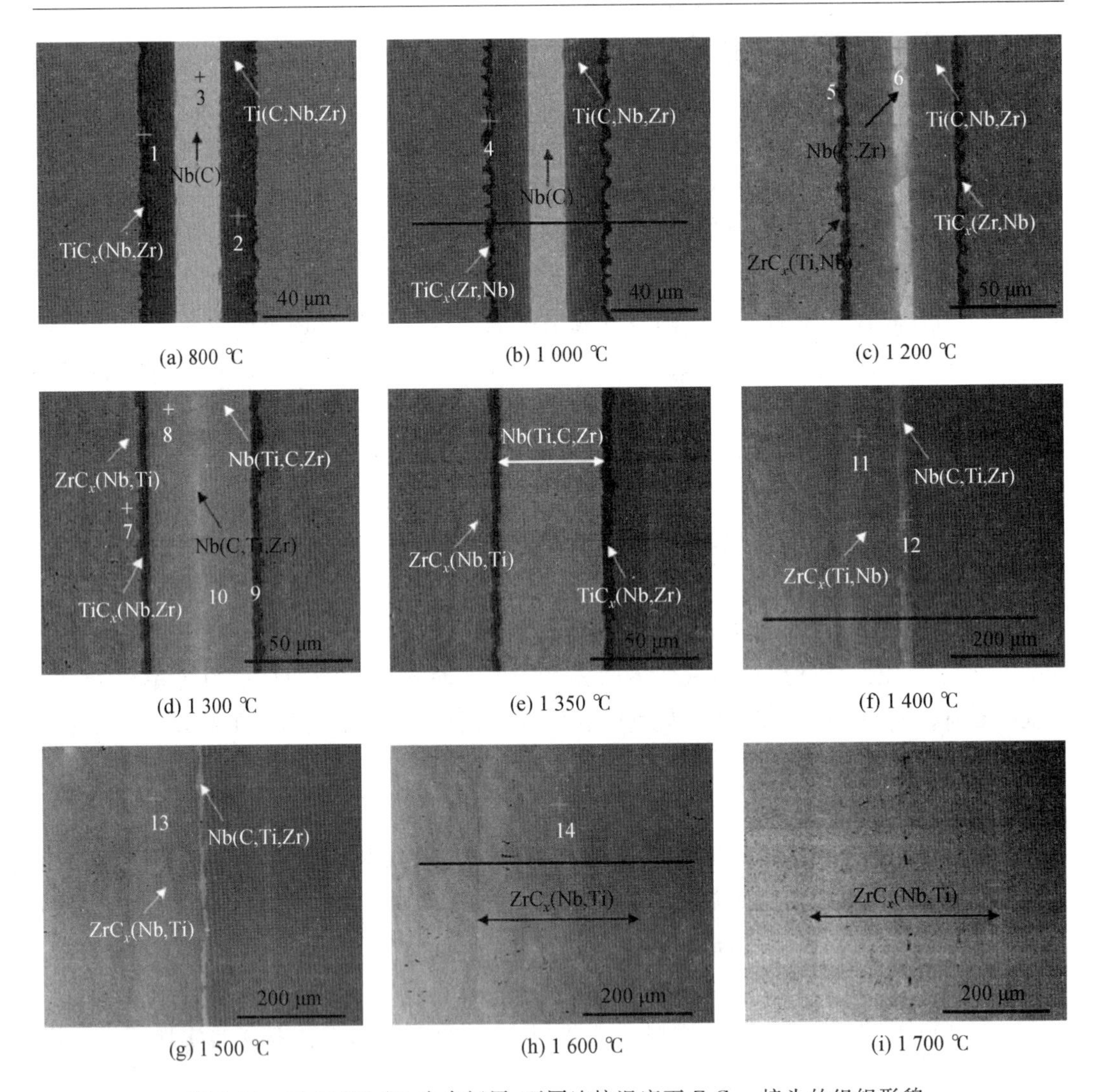

(a) 800 ℃　(b) 1 000 ℃　(c) 1 200 ℃

(d) 1 300 ℃　(e) 1 350 ℃　(f) 1 400 ℃

(g) 1 500 ℃　(h) 1 600 ℃　(i) 1 700 ℃

图 6.24　以 Ti/Nb/Ti 为中间层，不同连接温度下 $ZrC_{0.85}$ 接头的组织形貌

习题及思考题

6.1　间隙碳化物陶瓷包括哪些碳化物？

6.2　本章采用 Ti 中间层连接 $ZrC_{0.7}$ 陶瓷时，接头组织均匀化的实现利用了间隙碳化物的哪些特性？

6.3　本章对不同过渡金属中间层获得均质接头的难易程度的评价是基于哪些标准？

6.4　采用过渡金属复合中间层为什么可以在更低的温度下获得均匀的陶瓷接头？

本章参考文献

［1］PIERSON H O. Handbook of Refractory Carbides and Nitrides：Properties，Characteristics，Processing and Applications［M］. Park Ridge：Noyes Publications，1996.

［2］BORGH I，HEDSTRÖM P，BLOMQVIST A，et al. Synthesis and phase separation of (Ti,Zr)C［J］. Acta Materialia，2014，66：209-218.

［3］RAZUMOVSKIY V I，RUBAN A V，ODQVIST J，et al. Effect of carbon vacancies on thermodynamic properties of TiC-ZrC mixed carbides［J］. Calphad-Computer Coupling of Phase Diagrams and Thermochemistry，2014，46：87-91.

第7章　ZrB_2-SiC 陶瓷连接接头原位晶须强化技术

随着航空航天技术的发展，针对各种苛刻的使用环境，新材料的开发及其可靠性连接成为当今研究热点。超高温陶瓷材料是指在高温下(2 000 ℃以上)仍具有较高物理化学稳定性的一类材料，主要由硼化物、碳化物及其复合材料组成。其中，ZrB_2因其极强的离子键和复杂的共价键而具有高熔点、高热导率和电导率等优异特性，成为超高温陶瓷最具应用潜力的材料之一。尽管 ZrB_2具有较高的熔点，但其高温抗氧化能力较差，因此研究者在 ZrB_2中添加第二相来提高 ZrB_2的抗高温氧化性能，第二相以 SiC 最为常用，本章以 ZrB_2-SiC 陶瓷(简称 ZS)作为研究对象。

在工程应用中，通常需要将 ZrB_2基陶瓷制备成大型构件或复杂的复合构件，这就需要实现陶瓷自身或陶瓷与异种材料的可靠连接。ZrB_2基陶瓷的可靠连接对实现空天飞行器的小型化和轻量化具有重要意义，也是目前工程领域亟待解决的问题。在陶瓷自身或陶瓷与异种材料的可靠连接中，面临的最大问题是接头的残余应力，该残余应力来源于陶瓷与异质的中间层或母材弹性模量差异。

根据 ZrB_2-SiC 陶瓷的基本性质，提出利用硼化物基体的分解，制备、设计 TiB 晶须增强接头的方法，并利用晶须对焊缝热膨胀系数的调节缓解接头残余应力，进而对接头增强、增韧，改善陶瓷接头的力学性能。

7.1　AgCu－Ti/ZS 液相体系中二维 TiB 晶须阵列的制备

将复合材料制备的相关方法和理论应用于陶瓷自身及陶瓷和金属的连接中是一项探索性研究。研究须结合焊接接头本身的一些特点，例如接头连接区域狭窄、存在母材溶解和金属间化合物(IMCs)生成等。因此，接头中采用原位合成方法制备小尺寸短纤维增强体是理想的选择。首先，选用具有较好塑性的 AgCuTi 钎料(以 Ag－Cu 体系为主体，加入一定含量的 Ti 作为活性元素来润湿陶瓷并和陶瓷进行界面反应)，从热力学角度研究原位制备 TiB 晶须的可行性，并基于计算结果探索采用 Ag 基钎料连接 ZS 陶瓷并原位制备 TiB 晶须；其次，研究了 Ti 含量和反应温度对原位反应和接头组织性能的影响，通过控制工艺参数，成功地在 ZS 陶瓷表面制备出了阵列分布 TiB 晶须；再次，根据液相原位反应的相关原理进行了固相反应的研究。通过以上试验总结出了焊接过程中 TiB 晶须的生长规律和接头组织演化规律。

7.1.1　界面的原位反应热力学设计

根据经典热力学理论，判定一个反应能否发生要同时考虑标准反应自由能 ΔG ($\Delta G<0$，反应能够自发进行)和反应进度 α 两个因素。以 $AgCuTi-ZrB_2$和 $CuTi-ZrB_2$

体系为研究对象，首先需要研究反应能否进行，如果反应能够进行，进一步研究反应达到平衡时进行的程度，并以此指导设计原位反应过程。连接过程中可能进行的化学反应方程式为

$$Ti+\langle ZrB_2\rangle \rightleftharpoons \langle TiB_2\rangle+(Zr) \tag{7.1}$$

$$2Ti+\langle ZrB_2\rangle \rightleftharpoons 2\langle TiB\rangle+(Zr) \tag{7.2}$$

反应式中“()”和“⟨ ⟩”分别代表液相和固相。设定反应温度为 900 ℃，通过热力学数据计算得出式(7.1)和式(7.2)的标准反应吉布斯自由能，式(7.1)无法进行而式(7.2)可能进行。

在对原位反应的反应进度进行讨论前，需要首先确定反应体系。钎焊条件下的反应体系较为复杂，对于计算过程中的体系做以下近似假设：

(1)反应体系为孤立体系，不存在与外界的物质交换和能量交换；

(2)液态 Ag－Cu 共晶近似为正规溶液的溶剂，且不与 ZrB_2 发生反应；

(3)Ti 和 Zr 为正规溶液的溶质，且不与其他相反应；

(4)分解出的 B 原子在液体中不发生溶解，全部与 Ti 原子生成固相 TiB。

通过理论计算，对比 Ag－Cu－Ti 和 Ti－Cu 体系中 TiB 的原位反应，Ti 在 Ti－Cu 液相中的初始浓度约为 Ag－Cu－Ti 液相的 7.9 倍，假设溶剂原子不参与反应，Ti－Cu 体系的原位反应进度是 Ag－Cu－Ti 体系中的 588 倍。所以，提高液相中的 Ti 原子浓度可以有效提高原位反应进度，促使反应向正方向偏移。因此，在一定的反应温度下，可以通过增加中间钎料层的 Ti 含量来促进界面原位反应的进行和 TiB 晶须的生成。

实际焊缝体系虽不同于理想体系，但热力学理论分析可以揭示简单体系下 TiB 原位反应的本质以及增加中间层 Ti 含量能有效促进原位反应发生的规律，对后期试验具有非常大的指导作用。

7.1.2　Ti 含量对 ZS/AgCu－Ti/ZS 接头原位反应的影响

为了考查 Ti 含量对接头原位反应的影响，试验中采用 Ag－Cu 共晶粉和 Ti 粉配制质量分数为 5%、10%、15%、20%的 Ti 混合金属粉，在 Ar 氛围中球磨混合得到不同 Ti 质量分数的钎料。用该钎料连接 ZS 陶瓷，钎焊温度为 900 ℃，保温时间为 10 min，所获得的接头组织形貌如图 7.1 所示。从接头整体来看，采用这 4 种钎料均获得了较好的接头，液态钎料能够在 ZS 表面良好润湿，且接头内部未出现孔洞和裂纹。当钎料中 Ti 质量分数较低时(5%)，焊缝中心以 Ag_{ss} 和 Cu_{ss} 为主。Cu_{ss} 在形貌上不规则，焊缝右侧呈连续状分布而左侧呈片状分布。这是由于液态钎料凝固过程中 Cu_{ss} 为降低界面能，会自发从较小的相合并为较大相。根据 Ag－Cu－Ti 三元相图，Ti 会以 Ti－Cu 液相存在而与液态 Ag_{ss} 分离。在浓度梯度的驱动下，Ti－Cu 液相扩散至 ZS 表面与基体反应。当 Ti 原子消耗后，大量 Cu 在 ZS 界面析出并聚集。在图 7.1(b)和(c)中同样可以发现 Ti－Cu 相在 ZS 表面聚集的现象。Ti 质量分数为 5%时接头界面组织如图 7.2(a)所示。由于 SiC 在含 Ti 液相中发生分解，界面生成了棒状和块状的 Ti－Si 和 Ti－Si－C 化合物，但 ZrB_2 的分解产物并未出现。焊缝中心(图 7.1(a))弥散分布着一些纳米颗粒，这些细小相难以用能谱进行表征。该纳米颗粒极有可能为石墨或 TiC，因为 900 ℃时 Ag_{ss} 和 Cu_{ss} 均

可固溶原子数分数约 0.02%的 C，C 原子来自于分解的 SiC，它们原子半径较小，扩散速率快。当温度降低时 C 以石墨颗粒析出或与 Ti 生成 TiC。

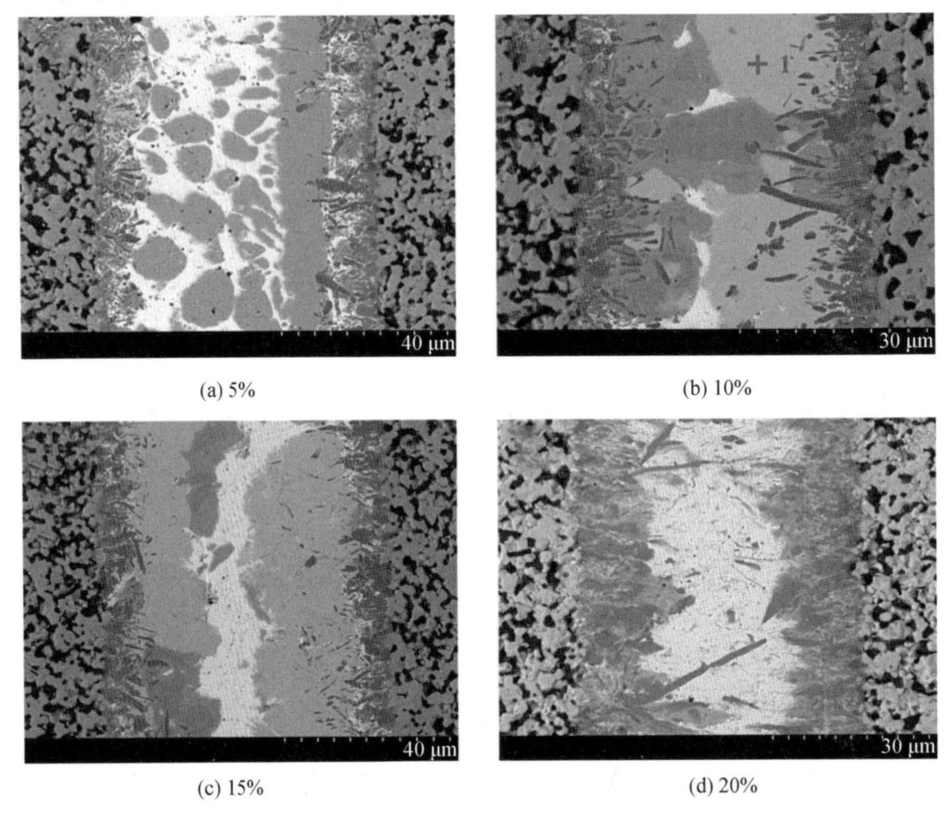

(a) 5%　(b) 10%　(c) 15%　(d) 20%

图 7.1　不同 Ti 质量分数对 ZS/ZS 接头组织的影响（T=900 ℃，t=10 min）

如图 7.1(b)所示，Ti 质量分数的增加导致界面反应趋于剧烈，可以看出 ZS 界面出现大量深色棒状 Ti－Si－C 化合物，这些化合物具有硬脆性，在液相中部分碎裂并“漂移”至焊缝中心。从图中还可以看出，焊缝中有大量灰色相（点 1）生成，能谱分析表明该相中含有 65%Cu、15%Zr、16%Ag、4%Ti（原子数分数）。Zr 相的产生证明 ZrB_2 在钎焊条件下已经发生分解，而含 B 化合物并未在接头中出现。这有可能因为 B 原子半径较小（仅为 88 pm），少量溶解的 B 原子固溶于其他相中（例如 Cu_{ss} 在室温下能够固溶约 0.06%（原子数分数）的 B）。如图 7.1(c)所示，可以发现灰色含 Zr 相尺寸明显增大且在 ZS 表面形成连续分布，该相中出现弥散分布的细针状组织。如图 7.2(b)所示，ZS 界面的 Ag_{ss} 中分布着大量的具有较大长径比的细针状组织，由于该相尺寸较小，无法用能谱和 XRD 进行分析，试验中采用透射电镜对其进行物相确定，该细针状组织的明场相如图 7.3(a)所示。针状组织的宽度为 50～100 nm，长度均大于 1 μm，组织内部出现大量轴向贯穿的条纹，这些条纹应为晶体位错所致。对针状组织进行选区电子衍射分析（SAED），衍射花样如图 7.3(b)所示。通过对其标定发现该针状组织即为试验的目标产物——TiB 晶须。SAED 像中同样呈现条纹状，这与 BF 像结果一致。至此，采用 Ti 质量分数为 15%的 Ag－Cu－Ti钎料成功实现了 ZS 连接过程中 TiB 晶须的原位合成，试验结果证明了热力学计算的正确性。通过比较图 7.1(b)和(c)还可以发现随着 Ti 质量分数的增加,ZS 界面的 Ti－Si、Ti－Si－C 和 TiC 等化合物的数量和尺寸逐渐减小。造成这一反常现象的原因可能是原位反应发生后消耗了 Ti 原子,从而抑制了 SiC 表面的分解反应。当 Ti 质量分数进一步增至 20%时(图 7.1(d)),界面反应更加剧烈,ZS 界面形成连续的反应层。TiB 晶须的密度和长度明显增加(约 15 μm)。ZrB_2分解释放出的 Zr 原子与 Ag 反应,消耗了位于焊缝中心的 Ag_{ss},产生的含 Zr 化合物占据了焊缝主体。

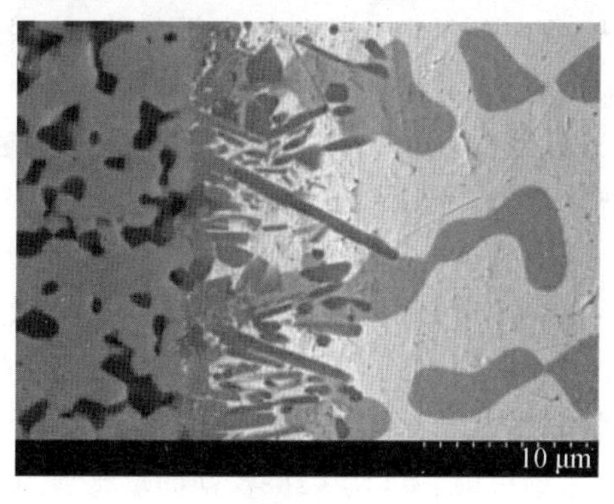

(a) 5%　　(b) 15%

图 7.2　中间层不同 Ti 质量分数接头的界面组织(T=900 ℃,t=10 min)

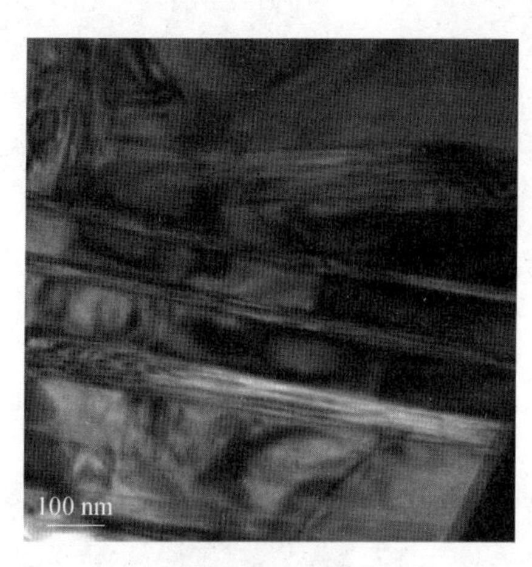

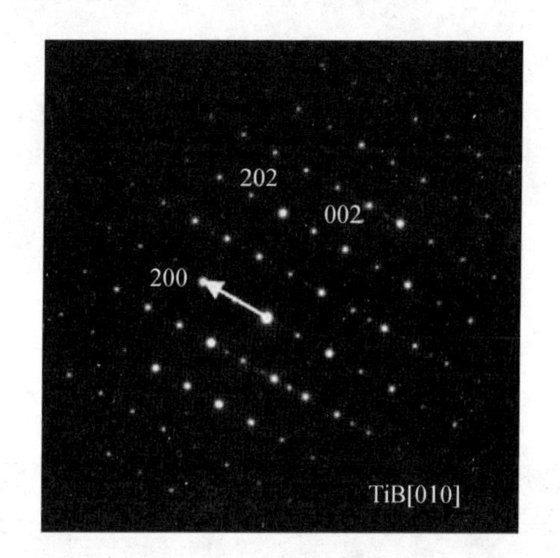

(a) TiB晶须明场像　　(b) TiB选区电子衍射

图 7.3　ZS/Ag－Cu－15%Ti/ZS 接头界面区域 TEM 分析(T=900 ℃,t=10 min)

7.1.3　TiB 晶须阵列增强法连接 ZrB_2－SiC 与 TC4 合金

通过 ZS 陶瓷自身的连接试验证明了 TiB 晶须能够在钎焊过程原位制备。实际应用中,ZS 陶瓷将更多地与金属进行连接组成陶瓷/金属复合接头。本节将采用航天领域经常使用的 Ti_6Al_4V(TC4)合金与 ZS 进行连接,考查接头组织演化和 TiB 原位反应特点。

TC4 合金主要成分为 Ti,试验中钎焊中间层选择 Ag－Cu 共晶箔(100 μm),Ti 源将来自 TC4 母材的溶解。钎焊温度为 840～920 ℃时接头组织结构演化如图 7.4 所示。接头组织演化可分为以下 4 个阶段。

(1)ZS 表面润湿和 SiC 颗粒分解。

当温度高于 790 ℃后，Ag－Cu 共晶熔化为液相，从 TC4 表面溶解的 Ti 将有助于液态合金在 ZS 表面的铺展。从图 7.4(a)可以看出 Cu 优先吸附于 TC4 表面依次形成 $Ti_2(Cu,Al)$(点 4)、TiCu(点 3)和 Ti_3Cu_4(点 2)。Cu 原子向 TC4 内部的固相扩散形成了厚度约为 10 μm 的反应层 A，根据 Ti－Cu 二元相图，βTi 在 840 ℃能够固溶约 6%(原子数分数)的 Cu，降温过程中 βTi 转变为 αTi，它对 Cu 的固溶度几乎为 0，因此固溶的 Cu 原子以 Ti_2Cu 析出，形成了 Ti－Ti_2Cu 的共析组织。ZS 表面 SiC 首先发生了分解，能谱分析(表 7.1)表明反应层主要为 $Ti_2(Cu,Al)$和 Ti_5Si_3。在成分分析时，Ti－Cu 化合物中均发现 Al 元素。Al 溶解自 TC4 合金(Al 原子数分数约为 10.2%)。当 Al 含量较少时，Al 以置换原子的形式占据 Ti－Cu 化合物晶体中 Cu 的位置。

(2)TiB 晶须初始形核。

860 ℃时接头组织未发生明显变化，但是从界面放大图可以看出针状 TiB 晶须已经产生，其长度小于 5 μm。在界面附近还出现了尺寸较小的 $AgCu_4Zr$相。初生 TiB 晶须没有出现明显的择优取向，而且晶须并没有沿 ZrB_2界面外延生长，因此可以判断 TiB 应在液态合金内部形核。SiC 分解所产生的纳米析出物可能为 TiB 提供较好的形核质点。

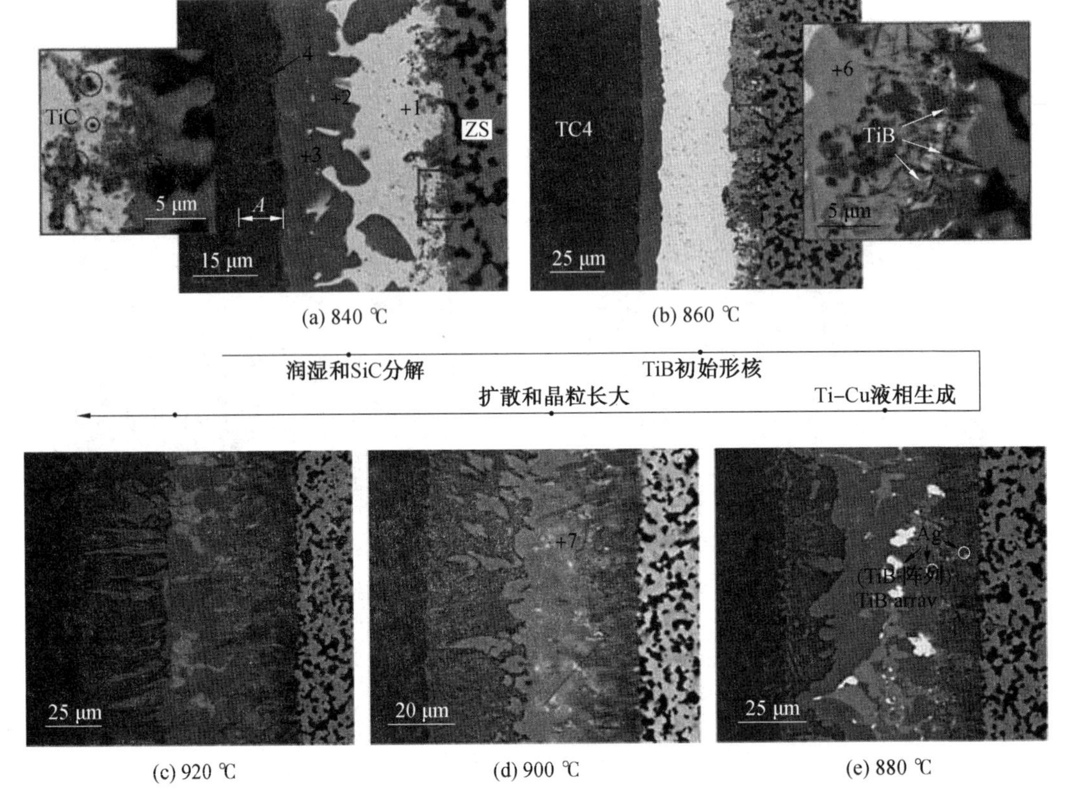

图 7.4　ZS/Ag－Cu/TC4 接头组织结构演化

(3)Ti－Cu 液相形成。

当钎焊温度高于 Ti－Cu 共晶温度时，Ti－Cu 液相形成。此时将加速 TC4 合金的溶解。从图 7.4(c)可以看出，Ti_3Cu_4 和 TiCu 等化合物占据焊缝中心，Ag_{ss} 被随后生成的 Ti－Cu液相逐渐“挤出”焊缝。由于 Ti 大量溶解，TC4 表面的共晶层 A 受到破坏。由图 7.4(c)可以发现 ZS/TC4 接头中所含 $AgCu_4Zr$ 相对较少，而且并未形成 $AgCu_4Zr$/TiCu 反应层。这是因为在高 Ti 含量钎料中，Cu 原子活度受到明显抑制，反应 Ag＋Zr＋Cu→$AgCu_4Zr$ 平衡向左移动，$AgCu_4Zr$ 生成量减少。在 ZS 界面处，TiB 原位反应产生了厚度约为 10 μm 的晶须阵列，在阵列间隙处可以发现大量细小的 Ag_{ss}，由于反应(Ag＋Zr＋Cu→$AgCu_4Zr$)受到抑制，晶须阵列中残存的 Ag_{ss} 得以保留。这种弥散有韧性相的晶须阵列层能够较好地调节陶瓷一侧的应力，实现金属向陶瓷的梯度过渡。

(4)固相扩散和晶体长大。

Ti－Cu 液相的存在时间较短，随着 Ti 的溶解和成分均匀化，焊缝中心生成了熔点更高的 TiCu 和 Ti_2Cu。此后，接头转入固相反应和扩散。比较图 7.4(c)和(d)可以发现，二者组织结构变化较小。ZS 表面原位反应层未发生明显增厚，而晶须阵列中细小的 Ag_{ss} 已完全反应消耗。

表 7.1　图 7.4 中各相的能谱分析结果(原子数分数)　%

区域	Ti	Cu	Ag	Al	Zr	Si	可能相
1	—	9	91	—	—	—	Ag_{ss}
2	43	55	2	—	—	—	Ti_3Cu_4
3	49	48	3	—	—	—	TiCu
4	61	31	2	6	—	—	Ti_2Cu
5	45	36	2	6	—	11	$Ti_5Si_3/Ti_2(Cu,Al)_3$
6	3	65	16	—	16	—	$AgCu_4Zr$
7	45	1	—	—	24	30	$(Ti,Zr)_2Si$

7.2 Nb/Ti/ZS 固相体系中二维 TiB 晶须阵列的制备

扩散焊所获得的接头具有强度高、使用温度高等优点，由于焊接过程不存在合金的熔化和凝固过程，因此焊缝残余应力小，接头组织结构简单。本节将采用纯 Ti 箔作为中间层连接 ZS 陶瓷和金属 Nb，考查固相条件下原位反应的特点和规律。

7.2.1 ZS/Ti/Nb 接头固相反应的典型界面组织

采用 Ti 箔(40 μm)作为中间层连接 ZS 陶瓷和金属 Nb，施加压力为 10 MPa，连接温度为 1 000 ℃，保温时间为 60 min，所获得的接头组织如图 7.5 所示。接头中 Ti 与 Nb 及 Ti 与 ZS 在高温下均发生了反应，形成良好的连接。从接头整体来看可以分为 3 部分：左侧为 Ti－Nb 之间的扩散层，厚度约为 20 μm；中部为未反应完全的 Ti 层，厚度约为 30 μm；右侧反应层较薄，厚度仅为 3～4 μm，该层为 SiC 和 ZrB_2 固相分解所形成的非连续反应层。根据 Ti－Nb 二元相图，两种元素能够形成无限固溶。在高温长时间保温后，

Ti、Nb之间充分互扩散形成β(Ti,Nb)$_{ss}$，降温后高Nb区的β(Ti,Nb)$_{ss}$得以保留，而低Nb区(Nb原子数分数小于38%)将生成α(Ti,Nb)$_{ss}$和β(Ti,Nb)$_{ss}$共析区，该区如图7.5(a)中的放大图所示，共析区形成大量细针状组织(点1)，而靠近Nb一侧的区域中由于Nb含量较高，形成了不含针状组织的β(Ti,Nb)$_{ss}$。β(Ti,Nb)$_{ss}$具有优异的韧性和较低的模量，存在于接头内部能够较好地缓解接头应力。

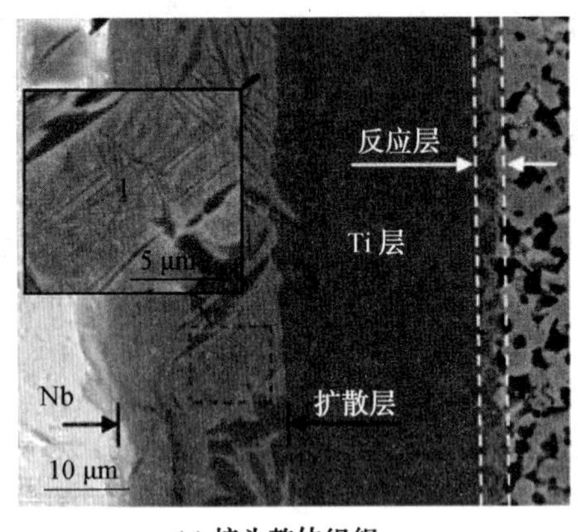

(a) 接头整体组织

(b) 接头界面组织

图7.5　ZS/Ti/Nb接头(1 000 ℃/60 min)背散射电子图

图7.5(b)所示为ZS界面反应层的放大图。该反应层由浅灰色相(点2)和针状TiB晶须组成。能谱分析结果(表7.2)表明2区为Ti－Zr－Si三元复杂化合物。SiC界面处仅出现较薄的灰色反应层，从前面的分析可知该相应为Ti_3SiC_2相。TiB晶须主要生长在ZrB_2表面，从分布方式来看可以分为垂直于陶瓷表面生长的晶须(TiB_v)以及方向无序、主要分布在反应层和Ti界面的晶须(TiB_d)。固相中晶须长径比明显降低。从图7.5晶须界面的放大图可以发现，部分TiB_v深入ZrB_2内部形成“钉扎”结构，这是由TiB晶须生长导致其根部区域的ZrB_2分解速度加快所形成的。接头断口XRD分析如图7.6所示。断口主要位于接头区域和部分陶瓷基体，衍射峰证明了β(Ti,Nb)$_{ss}$和TiB的存在。

表7.2　图7.5中各相的能谱分析结果(原子数分数)　%

区域	Ti	Nb	Zr	Si	可能相
1	76.2	23.8	—	—	β(Ti,Nb)$_{ss}$
2	48.1	—	24.7	27.2	$(Ti,Zr)_2Si$/β(Ti,Zr,Si)$_{ss}$

7.2.2　不同连接温度下接头的组织演化规律

图7.7所示为采用Ti箔为中间层，连接温度为900～1 400 ℃(t=60 min)时接头的界面组织。在所有连接温度下陶瓷和金属均获得了良好的连接。由于固相反应初期Ti直接与ZrB_2接触反应，TiB晶须能够在较低温度下产生。初生TiB呈无序分布，晶须长度小于3 μm。ZrB_2分解释放出的Zr原子固溶于Ti中，形成厚度约5 μm的固溶区(点3，Ti、Zr、Si原子数分数分别为91.4%、6.9%、1.7%，可能相为(Ti、Zr)$_{ss}$)。和钎焊过程不同，SiC在固相反应中呈现惰性。从图7.7(a)可以发现部分SiC表面仅生成了较薄的

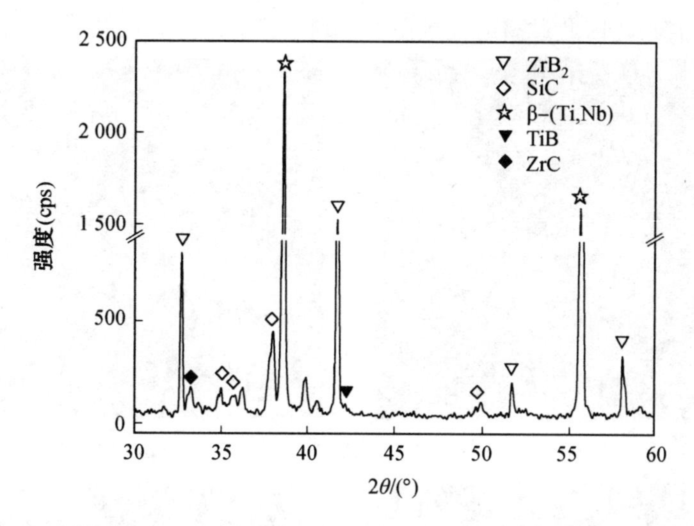

图7.6　ZS/Ti/Nb接头(1 200 ℃/60 min)断口XRD分析

灰色反应层，这可能是由于Ti_3SiC_2反应层在固相Ti中不易分解。而即使分解它所产生的TiC仍能存在于SiC表面，抑制了SiC的分解反应。

Ti－Zr－Si三元化合物(浅灰色)在1 000 ℃时完全生成，它与TiB共同组成了ZS界面的反应层。有研究发现在以Ti为基体的Ti－Zr－Si三元体系中，Ti、Zr可以以一定比例混溶生成5－3型S1相($(Ti,Zr)_5Si_3$)和2－1型S2($(Ti,Zr)_2Si$)相以及$\beta(Ti,Zr,Si)_{ss}$固溶体，对应的反应方程式为

$$\langle \beta(Ti,Zr)_{ss}\rangle + \langle Ti_3SiC_2\rangle \longrightarrow \langle (Ti,Zr)_5Si_3\rangle + \langle TiC\rangle \quad (7.3)$$

$$\langle \beta(Ti,Zr)_{ss}\rangle + \langle Ti_3SiC_2\rangle \longrightarrow \langle (Ti,Zr)_2Si\rangle + \langle TiC\rangle \quad (7.4)$$

$$\langle \beta(Ti,Zr)_{ss}\rangle + \langle (Ti,Zr)_5Si_3\rangle + \langle (Ti,Zr)_2Si\rangle \longrightarrow \langle \beta(Ti,Zr,Si)_{ss}\rangle \quad (7.5)$$

需要指出的是，TiC不仅存在于SiC表面，在反应层和Ti之间的界面上同样发现少量TiC，如图7.7(d)所示。根据文献，$\beta(Ti,Zr,Si)_{ss}$对Si的固溶度较小(Si的原子数分数小于5%)，因此反应(7.5)可能发生在Ti含量较高的反应层左侧界面上。在不同温度样品的反应层中，对Ti－Zr－Si浅灰色相进行能谱分析。发现不同样品、不同区域的Ti－Zr－Si物质的量比存在变化，而且不同区域相的衬度存在微小差异。因此可以推断该浅灰色相组织应为S1、S2和$\beta(Ti,Zr,Si)_{ss}$的混合相。

对于1 000～1 300 ℃的接头，陶瓷侧反应层厚度随温度升高逐渐增加。TiB_v在1 300 ℃的平均长度达到5 μm，但是位于反应层和Ti界面的TiB_d的数量逐渐减少，长度逐渐降低。这是由于反应层增厚将不利于B原子扩散，TiB_d的生长受到抑制。温度升高还能够促进Nb向Ti内部扩散。从图7.7(a)～(d)可以看出，$\beta(Ti,Nb)_{ss}$层逐渐增厚，这将有利于提高接头的韧性。1 400 ℃时接头反应程度明显增加，由于此时温度已经高于Ti－Si和Zr－Si的共晶点，接头界面可能有瞬时液相产生。从图7.7(f)可以发现，灰色Ti－Zr－Si混合相已完全溶入左侧富Ti相中。剧烈的界面反应导致富Ti层和ZS界面出现大量孔洞。随着Si向左侧扩散，$\beta(Ti,Nb)_{ss}$和$\beta(Ti,Zr)_{ss}$转变为复杂的Ti－Nb－Zr－Si四元化合物，从图7.7(e)和(f)可以看出$\beta(Ti,Nb)_{ss}$针状组织转变为块状白色和深灰色相。脆性组织大量生成将导致接头对裂纹更加敏感，而且高温下形成的大量缺陷很

容易形成裂纹的源头，因此过高的连接温度不利于接头的力学性能。

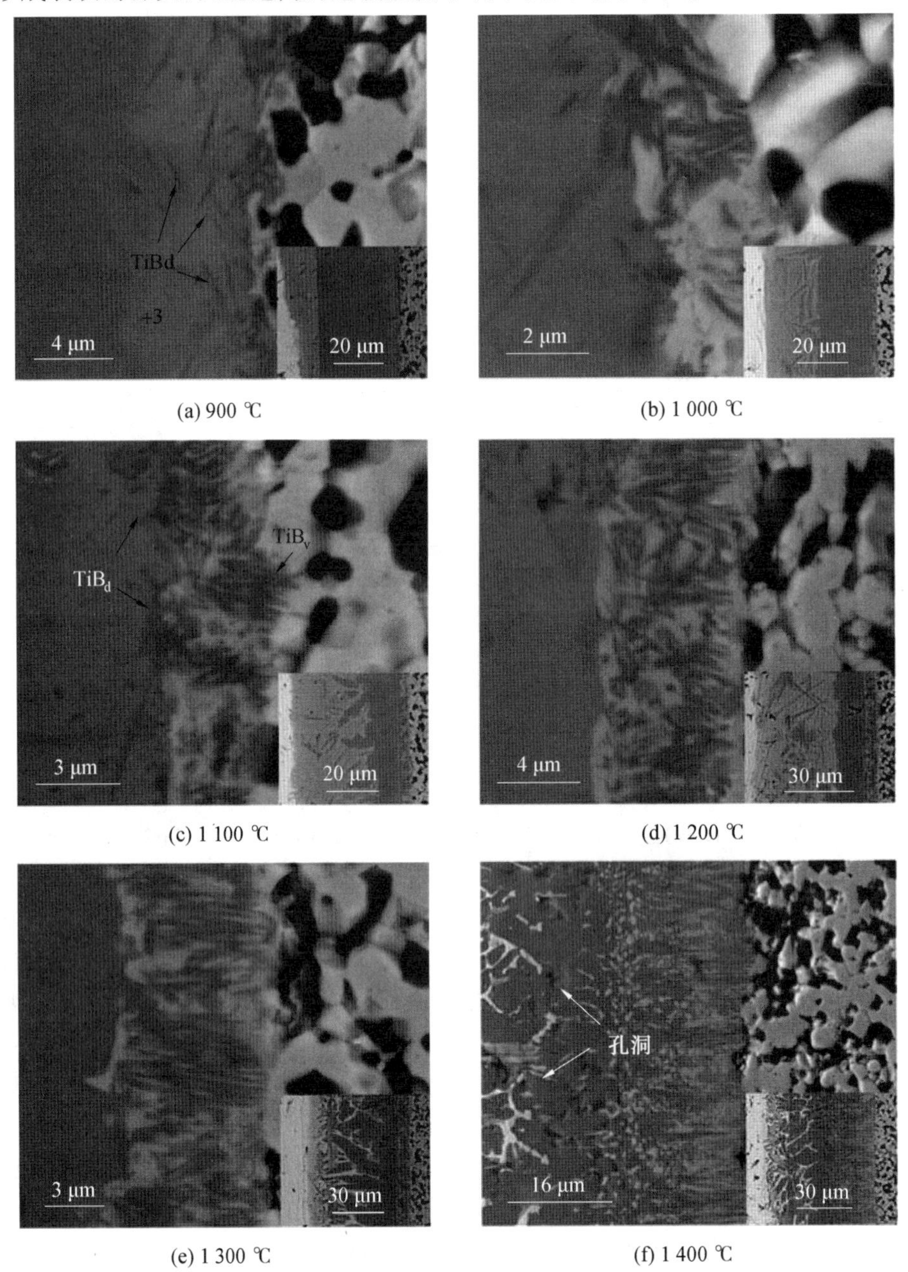

(a) 900 ℃　(b) 1 000 ℃　(c) 1 100 ℃　(d) 1 200 ℃　(e) 1 300 ℃　(f) 1 400 ℃

图 7.7　连接温度对 ZS/Ti/Nb 接头(60 min)界面组织的影响

7.3 Ti－Cu/ZS液相体系中三维TiB晶须的制备

采用原位反应法制备TiB晶须增强相具有制备过程简单，生成相与基体相结合牢固等优点。但是控制生成相的分布和取向是原位合成技术的难点。实际上，TiB晶须的分布和取向对接头的性能具有重要影响：作为一维针状结构，TiB对于其轴向基体的应力调节起到有效的作用；而在其截面方向，由于晶须截面积较小，对应力的调节效果与颗粒增强体相似，远逊于轴向。因此，三维分布TiB原位合成技术具有更好的减缓应力作用。在陶瓷复合接头中，陶瓷会受到平行方向的压应力和垂直方向的拉应力，如果能够同时实现两个方向的应力调节，将对接头性能的提高具有重要意义。

因此，本章将重点研究三维分布的TiB原位合成技术，以期实现对接头多个方向的应力调节。研究将从Ti－Cu体系出发，通过试验探索和理论分析揭示焊接过程中三维TiB晶须生长的内在本质。

7.3.1 反应温度对接头组织结构的影响

采用Ti(30 μm)/Cu(20 μm)叠层箔为中间层，接头组合方式为ZS/Ti/Cu/TC4，连接工艺为900 ℃/10 min。接头的界面组织如图7.8所示，对应点成分见表7.3。连接过程为接触反应钎焊，当温度高于Ti－Cu共晶点，Ti/Cu界面的形成的扩散层将熔化为液相。液相加速了Ti、Cu的溶解并在毛细作用下迅速扩展至整个界面。连接温度为900 ℃时(图7.8(a))，Ti箔未完全溶解(点1)，它在中心将焊缝分为两个液相区。在TC4一侧液相凝固后形成多层Ti－Cu化合物。在ZS一侧液相与ZS反应形成了界面反应层。从界面放大图可以看出，液相形成初期ZS界面已经产生厚度为10 μm的反应层。反应层内TiB取向可以明显分为两类，紧邻ZS界面的晶须垂直生长成阵列分布(Ⅴ区)，晶须间隙为深灰$Ti_2(Cu,Si)$相；在阵列层外侧晶须呈平行或无序分布(D区)，ZrB_2分解出的Zr原子扩散至此处形成浅色富Zr化合物。

连接温度为920 ℃时中间层反应完全(图7.8(b))，接头从宏观可以分为3部分：①ZS界面反应层(Ⅰ)；②Ti_2Cu层(Ⅱ)，由液相等温凝固形成；③$\alpha(Ti,Al)_{ss}+Ti_2Cu$共析组织(Ⅲ)，由$\beta(Ti,Cu)$固溶体降温时共析转变形成。其中(Ⅰ)和(Ⅱ)为焊缝液相区。在ZS界面处(图7.8(c))，原位反应层厚度达20 μm。Ti－Cu液相中，ZrB_2的分解速度大于SiC。这是因为液相中Ti活度较高，原位反应进度明显增加。反应产物TiB晶须无法对ZrB_2表面形成覆盖，产生的Zr原子同样无法在Ti－Cu液相生成高温IMCs层。因此ZrB_2在液相中将持续分解。而SiC在液相中反应后会在表面生成Ti_3SiC_2和Ti_5Si_3层，能够阻止其进一步分解。从图7.8(c)可以发现，由于界面处ZrB_2快速分解，因此反应较慢的SiC颗粒脱离基体。原位生成TiB晶须成三维分布，在靠近基体的V区TiB垂直生长，它们大部分分布于ZrB_2/ZrB_2(A点)和ZrB_2/SiC(B点)晶界处。在反应层外侧的D区，TiB长度较短且取向无序，密度从右至左呈梯度分布。Zr原子在D区与Ti、Si形成了浅色的$(Ti,Zr)_2Si$相(点5)。940 ℃和960 ℃时，原位反应层完全占据焊缝，接头内组织为TiB、$(Ti,Zr)_2Si$、$Ti_2(Cu,Al)$、TiC。这些化合物具有较高的熔点，进一步升高温度对接头组织影响较小。

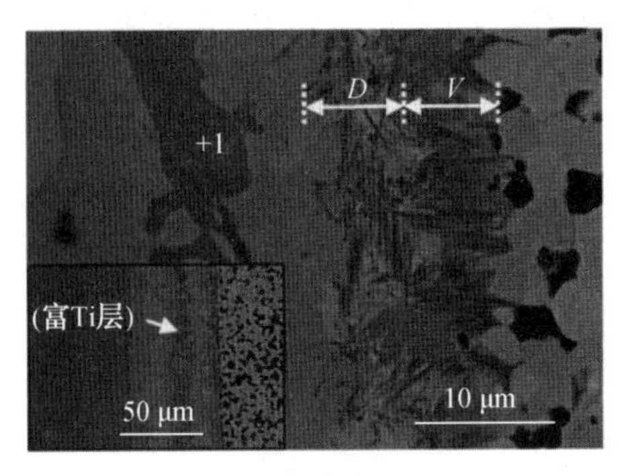

(a) 900 ℃

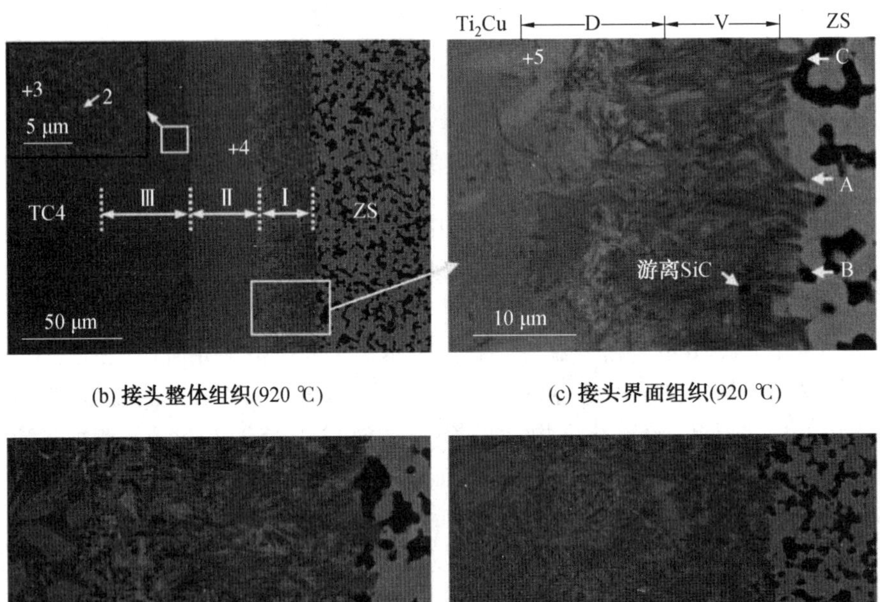

(b) 接头整体组织(920 ℃)　　(c) 接头界面组织(920 ℃)

(d)　　(e)

图 7.8　连接温度对 ZS/Ti/Cu/TC4 接头(10 min)界面组织的影响

表 7.3　图 7.8 中各相的能谱分析结果(原子数分数)　　%

区域	Ti	Cu	Al	Zr	Si	可能相
1	97	—	3	—	—	αTi
2	63	32	2	3	—	Ti_2Cu
3	87	2	11	—	—	$\alpha(Ti,Al)_{ss}$
4	64	31	—	5		Ti_2Cu
5	41	—	—	26	33	$(Ti, Zr)_2Si$

接头（T＝920 ℃，t＝10 min）断口 XRD 分析如图 7.9 所示。由于 TiB 在接头中的体积分数的增加，其衍射峰强度显著提高。在界面能谱分析时未发现 $Ti(Cu,Al)_2$ 相，该相可能存在于 V 区的 TiB 间隙中。其他化合物，如 Ti_5Si_4、Ti_2Cu 等在衍射峰中得以确认。

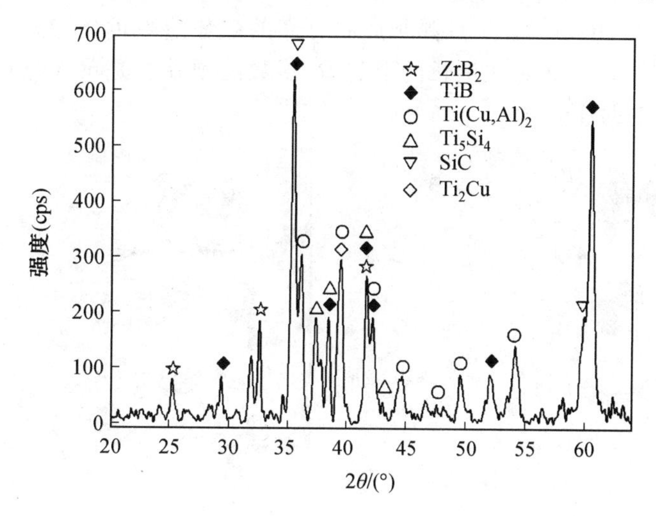

图 7.9　ZS/Ti/Cu/TC4 接头平面（920 ℃/10 min）XRD 分析

7.3.2　三维 TiB 晶须增强体的形成机制

原位反应在 Ti－Cu 和 Ag－Cu－Ti 体系中的反应机制相似，但是由于缺少 Ag_{ss} 在初期对 ZS 的阻隔，液态 Ti－Cu 从润湿过程开始就可以造成 ZrB_2 的分解。液相中 Ti 原子活度较高，因此 B 原子的扩散行为将成为 TiB 形核生长的控制因素。

对于烧结态的 ZS 陶瓷，ZrB_2 颗粒的边界往往具有活泼的化学性质，因为在这里晶体存在较多位错、空位等缺陷，Zr 原子和 B 原子受晶格引力场约束小，容易脱离占位参与反应。此外，在真空钎焊条件下，流动性较好的液态合金可以通过毛细作用进入颗粒间隙处，使得这里成为反应的活化点（如图 7.10（a））。ZrB_2 分解释放的 B 原子在晶界外侧形成聚集区。相比之下，ZrB_2 与液相的界面处反应程度较小。因此，在 ZS 晶界处几个微米的区域内形成了 B 原子的不均衡扩散区。在扩散区外侧，受传质和钎料流动影响形成对流区，B 原子和 Ti 原子在此处浓度相对均匀。当晶界各区域达到临界形核浓度后，TiB 结晶析出。对流区形成的 TiB 受 Ti、B 原子活度限制，生长尺寸较小且分布无序。在扩散区的活化点，B 原子活度达到最大值，多个 TiB 晶须将沿浓度梯度方向快速生长，形成垂直簇状分布。TiB 晶须向 ZrB_2 晶界内部延伸将加速这一区域反应，使晶界间隙扩大，并且伴随着体积效应逐渐将 ZrB_2 晶粒“翘起”。这一现象可以在界面形貌中被证实（图 7.8（c）中 C 点）。随着反应的进行，位于 ZS 表层的 ZrB_2 晶粒逐渐分解缩小、脱离 ZS 基体，而依附于 ZrB_2 生长的 TiB 将一同脱离 ZS 表面（图 7.10（c））。由于 ZrB_2 反应产物中缺少高温 IMCs（TiB 除外），ZS 的新生界面将继续延续上述步骤分解产生 TiB。通过这种层层剥离的反应机制最终形成了 ZS/Ti/Cu/TC4 接头中的三维 TiB 分布。

从 920 ℃连接的接头界面（图 7.11（a））中，可以清楚地观察到由 TiB 晶须组成的、脱离 ZS 基体的层状结构(虚线所示)。ZrB_2在 Ti—Cu 液相中分解速度很快,因此在焊缝中并未发现脱离的 ZrB_2晶粒。而在 TiB 剥离层右侧可以发现一同与 ZrB_2晶粒脱离的 SiC 晶粒。在 ZS 界面上,TiB 晶须在新形成的晶界处重新生长。接头原位反应层平行方向的组织形貌如图 7.11(b)所示。TiB 晶须簇状分布的趋势清晰可见,每一个簇状生长点都对应一处 ZrB_2晶界区。从簇状生长的形貌看,多数晶须并不是单独存在,而是多个晶须形成了某个方向上的连续体。

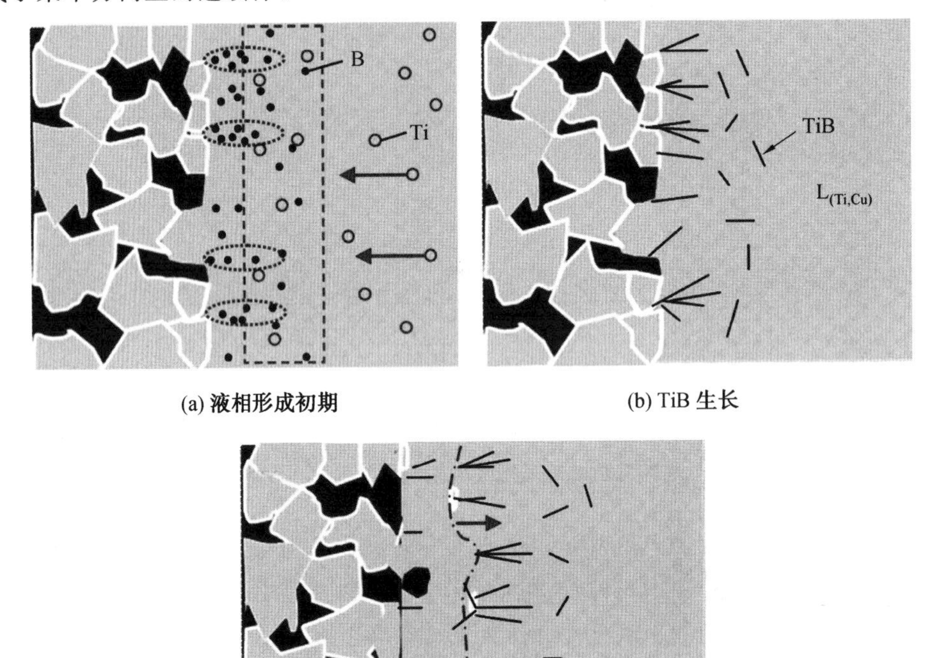

(a) 液相形成初期　(b) TiB 生长

(c) TiB 脱离界面

图 7.10　ZS/Ti/Cu/TC4 接头三维 TiB 形成机制

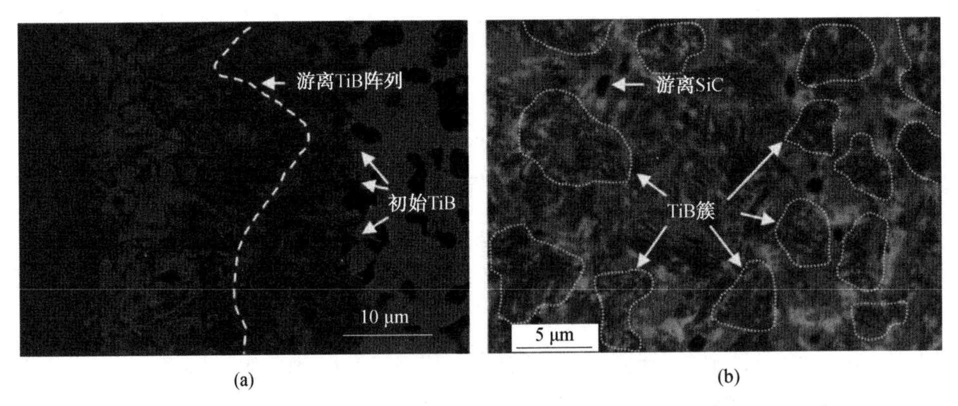

(a)　(b)

图 7.11　ZS/Ti/Cu/TC4 接头(920 ℃/10 min)界面形貌

通过液态 Ti－Cu 合金与 ZS 的剧烈反应能够获得三维分布的 TiB 晶须增强接头。然而这种方法造成接头内部 TiB 密度过大，而且反应产生大量脆性 IMCs，使接头模量和硬度增加，对裂纹和应力反而更加敏感。因此这种方法并不是制备三维 TiB 晶须增强接头的理想方法。

7.4　Ti－Ni/ZS 液相体系中三维 TiB 晶须的制备

制备三维分布的 TiB 增强接头首先要保证 B 原子形成充分扩散，使 TiB 能够在距离界面较远处形核长大；其次要避免 ZrB_2 过量分解造成接头脆性增加。因此，连接过程中应适当增加连接温度以提高 B 原子扩散系数，此外还要适当降低液态合金中 Ti 原子活度以防止 TiB 生成密度过大。与 Ti－Cu 合金相比，Ti－Ni 合金具有较高的熔点，高温下连接可以促进 B 原子扩散，而且所获得的接头具有良好的高温力学性能。此外，Ti－Ni 亲和能较大，这将限制合金中 Ti 原子的活度，防止 ZrB_2 过量分解。

7.4.1　Ti－Ni 原位反应设计

若将 Ti－Ni 液态合金同样近似为正规溶液，则 Ti 和 Ni 的超额吉布斯自由能 $\Delta \bar{G}^{xs}$ 可以表示为

$$\Delta \bar{G}_{Ti}^{xs} = RT\ln \gamma_{Ti} = \lambda x_{Ni}^{2} \tag{7.6}$$

$$\Delta \bar{G}_{Ni}^{xs} = RT\ln \gamma_{Ni} = \lambda x_{Ti}^{2} \tag{7.7}$$

式中　γ—— 活度系数；

　　　λ—— 交换能，J；

　　　x—— 摩尔分数。

有研究者用 Langmuir 蒸发法测定了 1 500 ℃时 Ti－Ni 液相中 $\lambda = -151\ 000$ J。将 λ 值代入式(7.6)和式(7.7)中可以获得 Ti、Ni 的活度变化，如图 7.12 所示。从图中可以看出 Ti 和 Ni 的活度曲线呈对称分布，二者均大幅向理想值的负方向偏移。当 $x_{Ti} < 0.4$ 时，Ti 的活度几乎为零。当 $0.4 < x_{Ti} < 0.5$ 时，Ti 和 Ni 均能保持较低的活度。而当 $x_{Ti} > 0.6$时，Ti 的活度呈指数变化迅速增加。Ti－Ni 合金这种性质能够保证低 Ti 液相中呈现化学惰性，而高 Ti 液相呈现化学活性。通过控制 Ti/Ni 比例能够精确控制原位反应进程。

试验中将采用 Ti/Ni 复合箔片接触反应钎焊连接 ZS 陶瓷。根据 Ti－Ni 二元相图，Ti－Ni 化合物之间可以形成 3 个共晶液相点，分别对应 Ti－24% Ni(942 ℃)、Ti－61% Ni(1 118 ℃)和 Ti－83% Ni(1 304 ℃)(原子数分数)。考虑到原位反应对 Ti 原子的活度要求，反应温度区间设定为高于第一共晶点(942 ℃)而低于第二共晶点(1 118 ℃)。如果不计 Ti－Ni 反应中的热效应，将反应视为准稳态过程，Ti/Ni 中间层将经历以下 3 个阶段：

(1)固相扩散和反应。升温过程中 Ti、Ni 原子在界面处互扩散，形成 $\beta(Ti,Ni)_{ss}$(高于 765 ℃)、Ti_2Ni、TiNi、Ti_3Ni 和$(Ni,Ti)_{ss}$。由于接触反应钎焊压力较小，因此固相反应

层并不是均衡的反应层。

(2)共晶液相形成。当温度高于 942 ℃时，固相反应层发生共晶反应，即

$$\langle Ti_2Ni \rangle + \langle \beta-(Ti,Ni)_{ss} \rangle \longrightarrow L \tag{7.8}$$

液相将加速 Ti 和 Ni 表面反应层的溶解，并在毛细作用下扩展至整个焊缝，使界面反应区域均匀。当温度高于 984 ℃，Ti_2Ni 生成液相和 TiNi，即

$$\langle Ti_2Ni \rangle \longrightarrow L + \langle TiNi \rangle \tag{7.9}$$

(3)等温凝固。随着 Ni 的溶解以及焊缝中 Ti 的消耗，液相成分点向 Ni 方向移动，并最终以 TiNi 相析出。

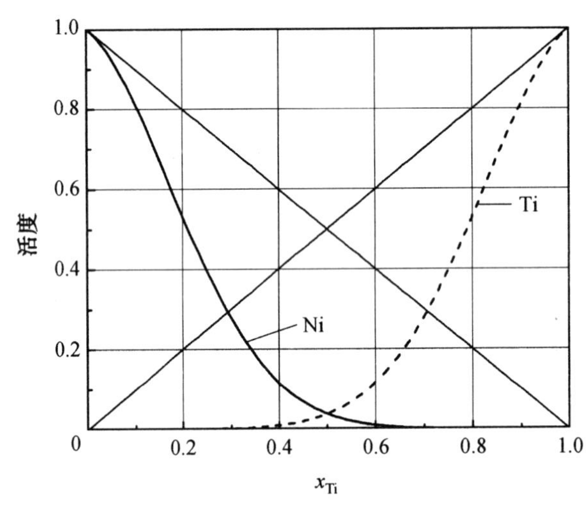

图 7.12　Ti－Ni 液相中原子活度曲线(1 500 ℃)

可行性试验中采用厚度总和为 60 μm Ti 箔和 20 μm Ni 箔，对应的理论成分点为 65% Ti(原子数分数)。连接温度设定为 1 050 ℃，在该温度下液态 Ti－Ni 合金中 Ti 原子数分数范围为 65%～78%(图 7.13(a))。对比图 7.12 可以发现，该浓度范围对应 Ti

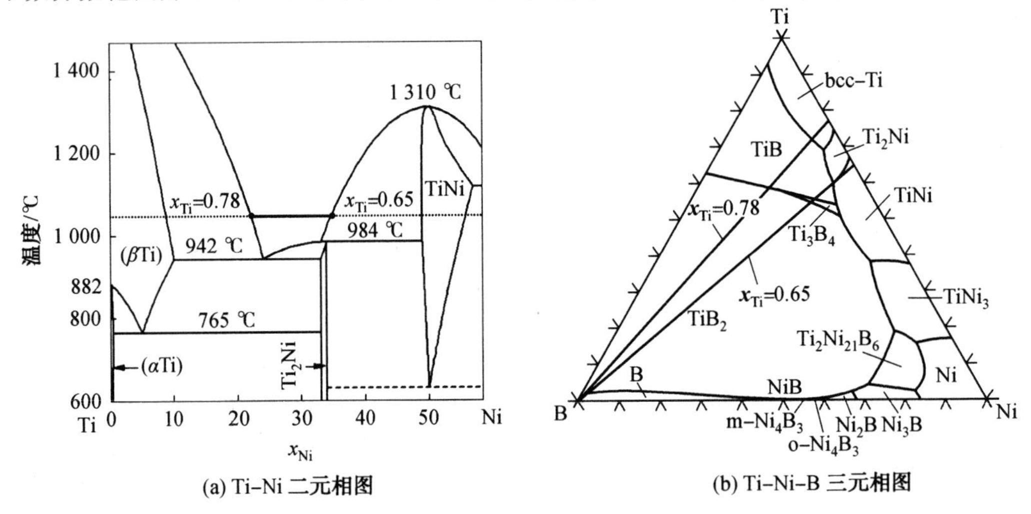

图 7.13　Ti－Ni 二元相图和 Ti－Ni－B 三元相图

活度曲线的迅速增加段，但活度值仍然较低（小于 0.48）。有研究者采用相图计算的方法获得了 Ti－Ni－B 三元相图的共晶液相线和凝固相区域（图 7.13(b)）。将液相成分点对 B 作连接线可以发现两线均可通过 TiB 凝固区，这说明当 B 在液态 Ti－Ni 中浓度逐渐增加时 TiB 有可能析出。

7.4.2　不同 Ti/Ni 叠放方式对 ZS/ZS 接头组织结构的影响

钎焊中采用两种钎料叠放方式：ZS/Ni(10 μm)/Ti(60 μm)/Ni(10 μm)/ZS(方式 1)和 ZS/Ti(30 μm)/Ni(20 μm)/Ti(30 μm)/ZS(方式 2)。钎焊工艺为 1 050 ℃/10 min，接头的组织结构如图 7.14 所示。尽管两种连接方式所用的钎料中间层成分相同，但是接头的组织结构却有很大差别。采用方式 1 连接的接头 ZS 反应更加剧烈。接头中心存在一个厚约 10 μm 的反应带，它由细小的矩形黑色相、浅色相和灰色相组成。靠近 ZS 界面 20 μm的区域内，组织结构与接头中心的反应带相似，但是各相的尺寸明显增大。能谱分析结果（表 7.4），黑色相（点 1）主要由 Ti 和 Zr 组成，从定性分析来看该相还含有大量 B。而且在接头平面的 XRD 分析中发现接头组织中存在 TiB_2衍射峰。因此，从形貌、成分和 XRD 结果综合分析可以确定该黑色相为（Ti，Zr）B_2。TiB_2和 ZrB_2具有相同的晶体结构和相似的晶胞参数，ZrB_2可以部分固溶于 TiB_2中。ZS 陶瓷界面处存在较多的浅色相（点

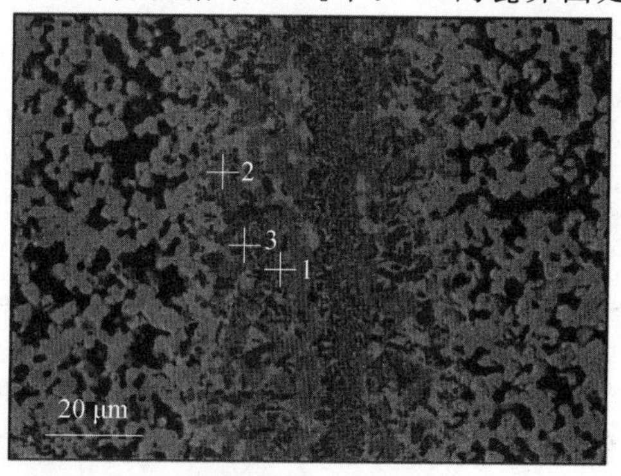

(a) ZS/Ni/Ti/Ni/ZS接头

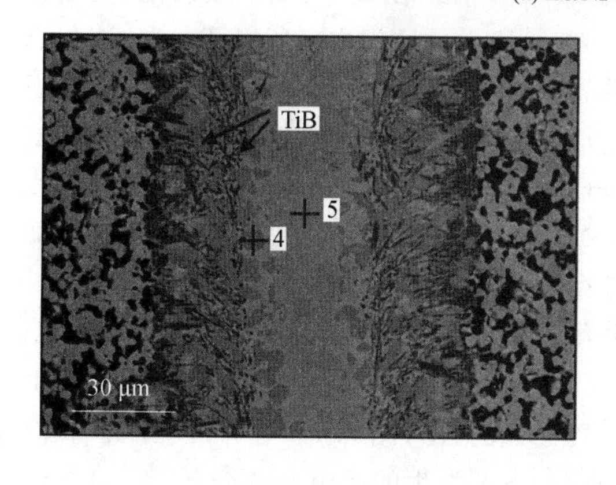

(b) ZS/Ti/Ni/Ti/ZS接头

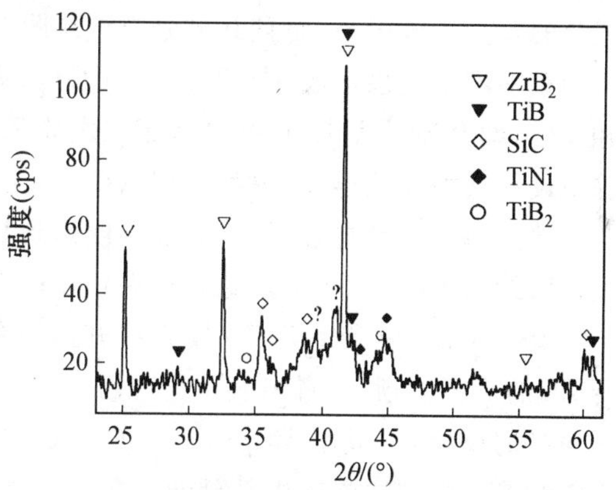

(c) ZS/Ti/Ni/Ti/ZS 接头平面XRD分析

图 7.14　Ti/Ni 组合方式（原子数分数为 65％Ti）对接头组织结构的影响和 XRD 分析

2)，结合 Ni－Zr－Si 三元相图和元素分析确定该化合物为 $Ni_{16}Si_7Zr_6$。灰色相(点 3)主要含有 Ti、Ni、Si 3 种元素，可能为 Ti_3Ni_2Si。

图 7.14(b)所示为采用方式 2 钎焊所获得的接头组织。该条件下 ZS 陶瓷未发生过度分解。接头按形貌可以分为两部分，一部分是位于 ZS 表面的反应层，它主要由黑色针状相和深灰色相组成。能谱和 XRD 分析表明接头中的针状相为 TiB 晶须，深灰色相为 Ti_2Ni。另一部分是位于焊缝中心的连续浅灰色组织(点 5)，能谱分析表明该相为 TiNi。采用方式 2 获得的接头组织证明了采用 Ti/Ni 中间层制备原位 TiB 增强接头的可行性，而且从界面形貌可以看出，TiB 向接头中心延伸生长，分布的区域厚达 30 μm，形成了陶瓷表面的三维晶须分布。和采用 Ti/Cu 中间层的接头(图 7.12)相比，该方法获得的晶须增强体密度适中，晶须取向多样，而且基体组织结构简单。

表 7.4 图 7.14 和图 7.15 中各相的能谱分析结果(原子数分数) %

区域	Ti	Ni	Si	Zr	可能相
1	90	—	—	10	TiB_2
2	3	53	25	19	$Ni_{16}Si_7Zr_6$
3	46	33	18	3	Ti_3Ni_2Si
4	61	32	—	7	Ti_2Ni
5	46	49	1	4	TiNi
6	—	85	1	14	Ni_5Zr
7	—	100	—	—	Ni
8	100	—	—	—	Ti

接触反应钎焊中，当温度大于 Ti－Ni 第一共晶点(942 ℃)时液相会瞬间产生。液相形成后可能会在 Ti 和 Ni 表面的微小区域内形成浓度梯度，但是这种浓度差异会受液体流动的影响而消失。因此，当不同叠放方式的 Ti－Ni 液相在 ZS 表面形成润湿时，液相成分的差异应该很小，而且其成分应该在图 7.13(a)所示的区间内。所以 Ti－Ni 液相成分的影响本不应该造成 ZS 界面反应的巨大差异。另一种可能影响界面反应的因素是固相反应，即升温过程中，在共晶液相点之前 ZS 与 Ti 和 Ni 之间可能发生的反应。为此，试验中设计两种固相连接过程，分别以 Ti(10 μm)和 Ni(10 μm)箔为中间层。程序升温段与上述接触反应钎焊过程相同，在温度达到 900 ℃时随即停止加热并随炉冷却(高温段降温速度约为 80 ℃/ min)。通过这两组试验考查升温段 ZS 与钎料箔可能存在的反应。

ZS/Ti/ZS 和 ZS/Ni/ZS 接头在升温段的组织如图 7.15 所示。从图中可以看出 Ti 与 ZS 的界面清晰，二者未发生反应。而以 Ni 为中间层时，ZS 陶瓷内部靠近界面处发生了明显的反应，形成厚 10 μm 的反应区(*A* 区)。从放大图(图 7.15(a))可以看出 Ni 沿 ZrB_2 和 SiC 颗粒边界向内部延伸。在 *A* 区内 Ni 与 SiC 发生的反应为

$$\langle Ni\rangle + \langle SiC\rangle \longrightarrow \langle Ni_2Si\rangle + \langle C\rangle \tag{7.10}$$

分解后的 SiC 颗粒区域生成了纳米尺寸的石墨和 Ni_2Si 的混合物。在区域 *A* 和 Ni

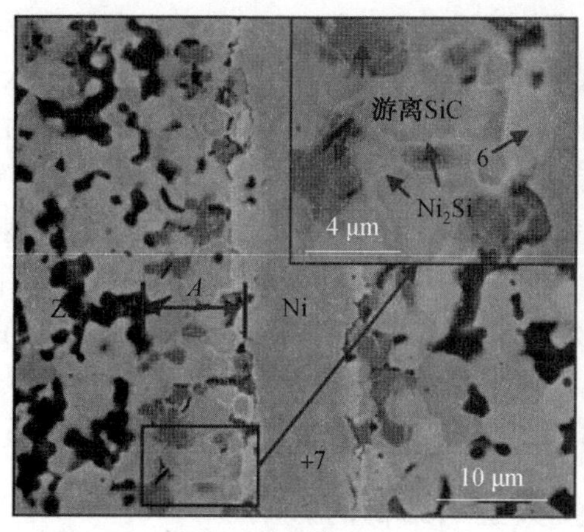

(a) ZS/Ni/ZS 接头

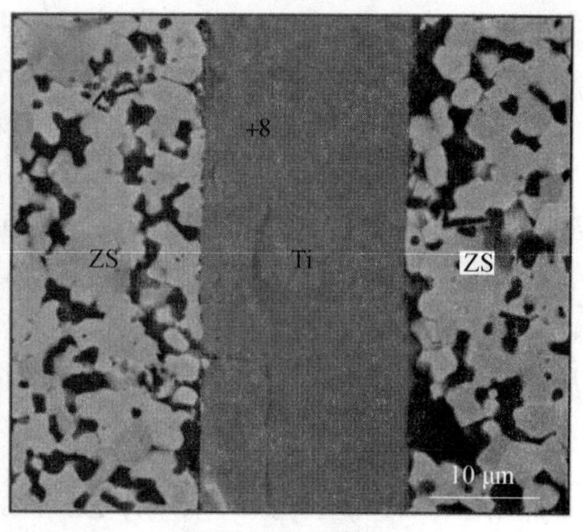

(b) ZS/Ti/ZS 接头

图 7.15　经历升温过程的 ZS/Ni/ZS 和 ZS/Ti/ZS 接头组织结构

层的界面处形成了不连续的反应层(点 6)。结合能谱分析结果(表 7.4)和相图,确定该相为 Ni_5Zr。Ni－Zr 化合物的出现说明 ZrB_2 同样发生了分解。由于试验中加热温度并未达到体系中可能出现的共晶液相点,因此 Ni 在较低温度、较短时间内发生明显的晶间渗入现象比较反常。有研究发现,纯 ZrB_2 在与 Ni 的固相反应中并未发生晶间渗入,所以 SiC 可能是导致 Ni 晶间渗入的原因。在制备 ZS 陶瓷的 ZrB_2 和 SiC 颗粒表面均会存在较薄的氧化层。烧结纯 ZrB_2 陶瓷时,氧化层中的 O 会与 ZrB_2 反应生成 B_2O_3,这种化合物熔点很低(约 450 ℃),烧结升温时会逐渐蒸发消失。但是当 SiC 加入后,O 会与游离 Si 原子生成更稳定的 Si－O 化合物(如 SiO_2),它在陶瓷烧结过程中难以消除,烧结完成后存在于晶界处。在 ZS 陶瓷与 Ni 固相连接时,含有 Si－O 化合物的陶瓷晶界处成为反应的活化点,由于 Ni 和 O 具有较高的亲和能,迅速发生如下反应:

$$\mathrm{Ni} + \mathrm{O} \longrightarrow \mathrm{NiO} \tag{7.11}$$

$$\Delta_r G = -232\ 450 + 83.59T\ (\mathrm{J/mol})$$

$$2\mathrm{NiO} + \mathrm{SiO_2} \longrightarrow 2\mathrm{NiO} \cdot \mathrm{SiO_2} \tag{7.12}$$

$$\Delta_r G = -15\ 500 + 9.2T\ (\mathrm{J/mol})$$

Si－O 化合物具有复杂的相变过程,相变中原子脱离原来的位置形成新的晶格结构,这时原子将不受晶格引力束缚而表现出某种程度的液态反应特质,致使晶界处的扩散和反应加速,并形成 Ni 原子快速迁移的通道。此外,Ni 还可以与 ZrB_2 表面游离 B 原子反应生成 Ni－B 化合物,方程式如下:

$$\mathrm{Ni} + \mathrm{B} \longrightarrow \mathrm{NiB} \tag{7.13}$$

$$\Delta_r G = -175\ 700 + 8.37T\ (\mathrm{J/mol})$$

$$4\mathrm{Ni} + 3\mathrm{B} \longrightarrow \mathrm{Ni_4B_3} \tag{7.14}$$

$$\Delta_r G = -318\ 000 + 33.1T\ (\mathrm{J/mol})$$

$$3\mathrm{Ni} + \mathrm{B} \longrightarrow \mathrm{Ni_3B} \tag{7.15}$$

$$\Delta_r G = -132\ 720 + 44.18T\ (\mathrm{J/mol})$$

从 Ni－B 化合物的生成吉布斯自由能可以看出它们在热力学上并没有 ZrB_2 稳定,但是考虑到 Zr 与 Ni 之间的混合焓以及可能生成的化合物(如 Ni_5Zr)，ZrB_2 分解会使体系(由 ZrB_2 和固态 Ni 组成)整体的自由能降低，这将进一步扩大晶界间隙，促进晶间渗入。

综合以上分析，Ni 在 ZS 内部发生的固相晶间渗入反应实际上是由晶界处杂质相与 Ni 的快速反应造成的。钎焊过程中当温度高于 964 ℃时，晶界处的 Ni－Si 化合物熔化，导致晶间渗入层解体进入焊缝。由于比表面积增大，ZrB_2 晶粒在 Ti－Ni 液相中会迅速溶解，释放出大量 B，这将使图 7.13(b)所示的液态成分点连接线越过 TiB 区进入 TiB_2 区。因此从图 7.14(a)中可以观察到大量 TiB_2 在焊缝中产生。而 ZS/Ti/Ni/Ti/ZS 接头在中间层熔化后才发生界面反应，反应时间较短，而且液相反应仅在 ZS 界面发生，所以陶瓷的溶解量有限。当 Ti－Ni 液相中 B 含量较低时，TiB 晶须可以原位产生。

7.4.3　不同 Ti/Ni 比例对 ZS/ZS 接头组织结构的影响

上述的试验设计证明了采用 ZS/Ti/Ni/Ti/ZS 的组合方式能够获得反应程度适度、TiB 分布良好的接头。本节将着重考查在这种组合方式下 Ti/Ni 比例对接头组织的影响。4 种接头钎焊中间层设置为 Ti(10 μm)/Ni(10 μm)/Ti(10 μm)、Ti(30 μm)/Ni(20 μm)/Ti(30 μm)、Ti(30 μm)/Ni(10 μm)/Ti(30 μm)和 Ti(40 μm)/ Ni(10 μm)/Ti(40 μm)，分别对应理论 Ti 原子数分数为 55%、65%、71% 和 79%，焊接温度为 1 050 ℃，保温时间为 10 min，接头界面组织如图 7.16 所示。

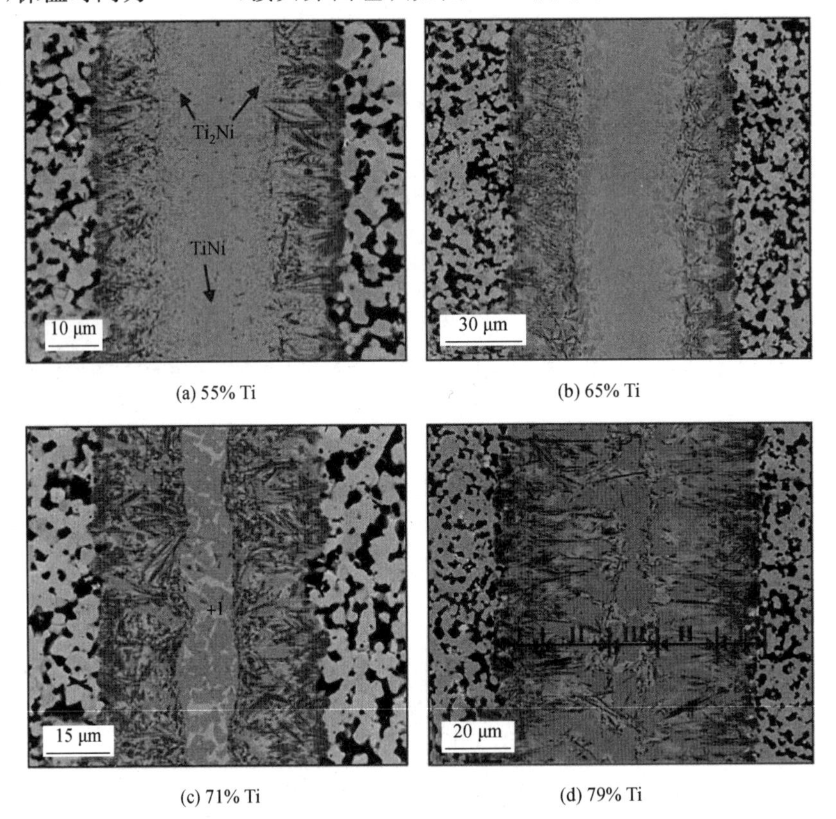

(a) 55% Ti　(b) 65% Ti

(c) 71% Ti　(d) 79% Ti

图 7.16　Ti 原子数分数对 ZS/Ti/Ni/Ti/ZS 接头(1 050 ℃/10 min)界面组织的影响

当 Ti 原子数分数小于或等于 65%时接头基体以 TiNi 化合物为主。从图 7.13(a)可知此时中间层的理论成分点在液相区右侧。接触反应发生后位于 ZS 表面的 Ti 层会快速溶于液相中,而 Ni 层在反应中将不能完全熔化。液相存在时间非常短暂,随着 Ni 不断溶解扩散,液相等温凝固生成 TiNi。这一过程近似于瞬时液相扩散连接,但是得益于较高的反应温度,ZS 界面反应速度较快。从图 7.16(a)可以看出界面产生了厚约 10 μm 的二维原位反应层,反应层内多数 TiB 晶须垂直生长,长径比较小。这可能是由于液相中 Ti 活度偏低造成 TiB 生长不充分。在反应层内和焊缝中心,TiNi 相中出现大量弥散分布的灰色 Ti_2Ni 相,该相可能是由液相与析出的 TiNi 在 984 ℃发生包晶反应而产生。当 Ti 原子数分数大于 65%时,接头基体以深色 Ti_2Ni 为主,此时焊缝成分点位于 Ti－Ni 液相区,液相停留时间的增长加大了界面反应程度。从图 7.16(c)可以发现原位反应层内 TiB 尺寸粗大、生长密集,焊缝中心为 Ti_2Ni/TiNi 混合组织。当中间层 Ti 原子数分数为 79%时,ZS 界面原位反应层在接头内部连为一体(图 7.16(d)),此时接头反应最为充分,TiB 生成形貌和分布最具代表性,下面将以原子数分数为 79%的 Ti 接头进行详细讨论。

如图 7.16(d)所示,TiB 在整个焊缝形成了三维分布,其中Ⅰ区和Ⅱ区是 TiB 垂直分布区,Ⅲ区是 TiB 平行分布区。TiB 在 ZS 表面形成密集的准连续分布,其界面组织如图 7.17(a)所示。ZS 界面除了有 TiB 生成外还有一些尺寸较小的白色相(点 2),能谱分析发现该相含有较多的 Zr,根据原子计量比和 Ti－Zr－Si 三元相图可以确定为$(Zr,Ti)_3Si$。$(Zr,Ti)_3Si$ 在液相中不稳定,会进一步生成 $\beta(Ti,Zr,Si)_{ss}$(点 3)。从接头元素面分布(图 7.18)可以发现 $\beta(Ti,Zr,Si)_{ss}$形成了 Zr 和 Si 的富集区,它们大量存在于 TiB 晶须周围。

焊缝中心主要为平行分布的 TiB。值得注意的是,大多数平行分布的 TiB 分布于浅色相区,从图 7.17(b)可以看出 TiB 截面的聚集区和浅色相具有相同的轮廓。能谱分析结果(表 7.5)表明浅色相为(Ti,Zr)Ni,深色相为 Ti_2Ni。TiB 优先分布于(Ti,Zr)Ni 是一种非常特殊的现象,因为(Ti,Zr)Ni 有较高的熔点,它先于液相凝固,而且(Ti,Zr)Ni 中 Ti 原子数分数较低,不利于 TiB 生长。这种特殊现象可以从晶体生长的角度解释。晶体的择优取向生长不仅和晶体的结构特点有关,还会受外部因素影响,如温度场、浓度场、界面张力等。在钎焊条件下,浓度场和界面张力是最有可能影响 TiB 生长的外部因素。有研究发现 TiB－TiNi 体系具有更高的稳定性,因此 TiB 在(Ti,Zr)Ni 中优先生长极有可能是由于体系中较低的表面能。在图 7.14(b)中同样可以发现 TiNi 中平行分布的 TiB,此时 TiB 生长会受到浓度场和界面张力的双重约束,在这些约束下,只有在 TiNi 中靠近 ZS 平行分布的 TiB 既能够保持较低的表面能又能够获得晶体生长的 Ti、B 原子。

表 7.5　图 7.16(c)和图 7.17 中各相的能谱分析结果(原子数分数)　%

区域	Ti	Ni	Si	Zr	可能相
1	44	49	1	6	(Ti,Zr)Ni
2	22	12	20	46	$(Zr,Ti)_3Si$
3	30	3	35	32	$\beta(Ti,Zr,Si)_{ss}$
4	58	33	—	9	Ti_2Ni
5	40	49	—	11	(Ti,Zr)Ni

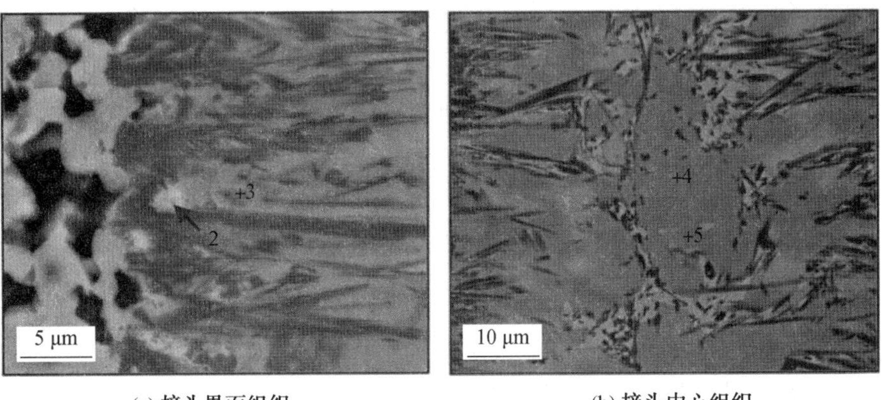

(a) 接头界面组织　　(b) 接头中心组织

图 7.17　ZS/Ti/Ni/Ti/ZS 接头(原子数分数为 79%的 Ti/1 050 ℃/10 min)组织形貌

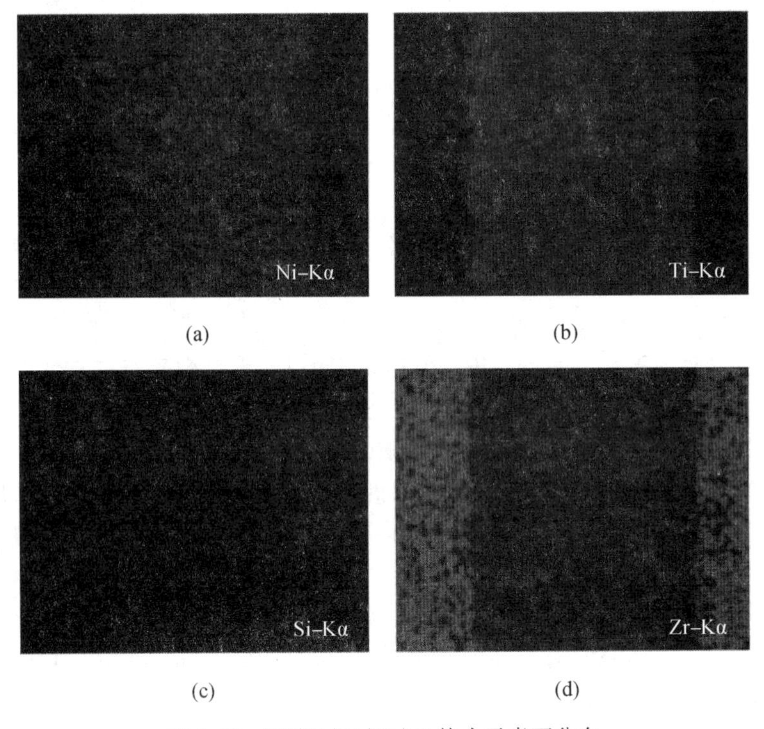

(a)　(b)　(c)　(d)

图 7.18　ZS/Ti/Ni/Ti/ZS 接头元素面分布

将图 7.16(d)所示接头进行逐层打磨剥离可以获得接头平面的形貌，如图 7.19 所示。TiB 晶须三维分布的趋势可以在图中清晰体现。Ⅲ区内为平行分布的 TiB 聚集区，它们在平行于接头的平面内呈现出无序分布，多数 TiB 位于(Ti,Zr)Ni 中。Ⅱ区和Ⅰ区为 TiB 垂直分布区，在平行方向显示为 TiB 的截面。从Ⅱ区到Ⅰ区 TiB 的密度逐渐增加，而且明显呈簇状聚集。采用 TiNi 中间层制备的三维 TiB 增强接头可以在更大范围、更多方向对残余应力进行调控，而且接头基体材料(TiNi、Ti_2Ni)熔点更高，可以将接头应用于更高的温度环境中。

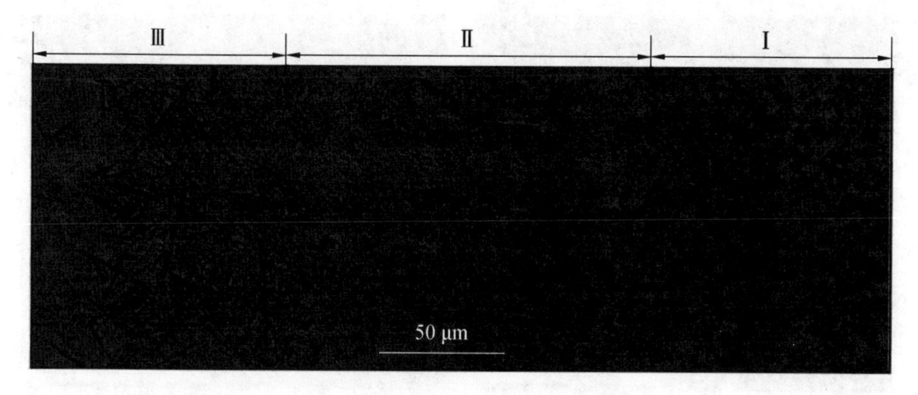

图 7.19　ZS/Ti/Ni/Ti/ZS 接头(原子数分数为 65%的 Ti/1 050 ℃/10 min)平面组织形貌

7.4.4　反应温度对 ZS/ZS 接头组织的影响

不同温度对 ZS/Ti(30 μm)/Ni(20 μm)/Ti(30 μm)/ZS 接头原位反应和组织结构的影响如图 7.20 所示，图中各点能谱见表 7.6。1 020 ℃和 1 050 ℃的接头组织相似，二者的界面均形成了厚约 20 μm 的三维分布 TiB 反应层。由于采用低原子数分数 Ti(小于或等于 65%)的中间层，原位反应在瞬时液相中发生。1 020 ℃的接头中，Ti 和 Ni 的接触反应不充分，瞬时液相不能形成充分的毛细填充，焊缝中心出现少量孔洞。液相凝固后形成局部的 Ti_2Ni 聚集区。在 1 050 ℃，Ti－Ni 液相在焊缝中的润湿得到显著改善(图 7.20(b))，Ni/Ti 之间充分扩散形成连续的 TiNi 相。液相凝固后产生的 Ti_2Ni 均匀地分布于原位反应层中。

当温度升至 1 080 ℃时接头出现明显的变化。ZS 持续分解消耗了界面附近的 Ti，这一方面使接头内基体相的 Ti 原子数分数减少，冷却后接头不再发生包晶反应产生 Ti_2Ni。另一方面导致瞬时液相中产生的 TiB 发生分解，生成了高温下更加稳定的 TiB_2：

$$(Ti) + 2(B) \longrightarrow \langle TiB_2 \rangle \tag{7.16}$$

$$\Delta_r G = -284\ 500 + 20.5T\ (J/mol)$$

TiB_2的生成反应最先在 ZS 界面进行，因为这里 B 原子浓度最高。从图 7.20(c)可以看出部分分解的 TiB 晶须尺寸明显减小。ZrB_2分解释放的 Zr 原子替换 TiNi 中部分 Ti 原子形成(Ti，Zr)Ni(点 1)，SiC 分解释放的 Si 与(Ti，Zr)Ni 生成了复杂的四元化合物(点 2)，根据原子计量比可记为$(Ti,Zr)_8Ni_5Si_3$，这是一种脆性 IMC，在图中可以看出化合物内出现了较多的微裂纹。温度进一步升高至 1 110 ℃，接头内部 TiB 晶须已完全分解，生成的 TiB_2密集分布在 ZS 表面。(Ti，Zr)Ni 相中生成新的白色相(点 6)，该相含有较高的 Ni、Zr 和 Si。$(Ti,Zr)_8Ni_5Si_3$随着温度升高尺寸增大，并从焊缝中心迁移至陶瓷表面。当焊接温度升至 1 140 ℃，此时已高于 Ti－Ni 第二共晶点，接头将重新由固相转变为液相。从图 7.20(e)可以看出(Ti，Zr)Ni 相完全消失，产生的富 Ni 液相进入 ZS 界面参与反应，生成 $Ni_{16}Si_7(Zr,Ti)_6$(点 7)。此外，TiB_2在液相中大量生成并占据整个焊缝，整个接头组织与图 7.14(a)非常相似。

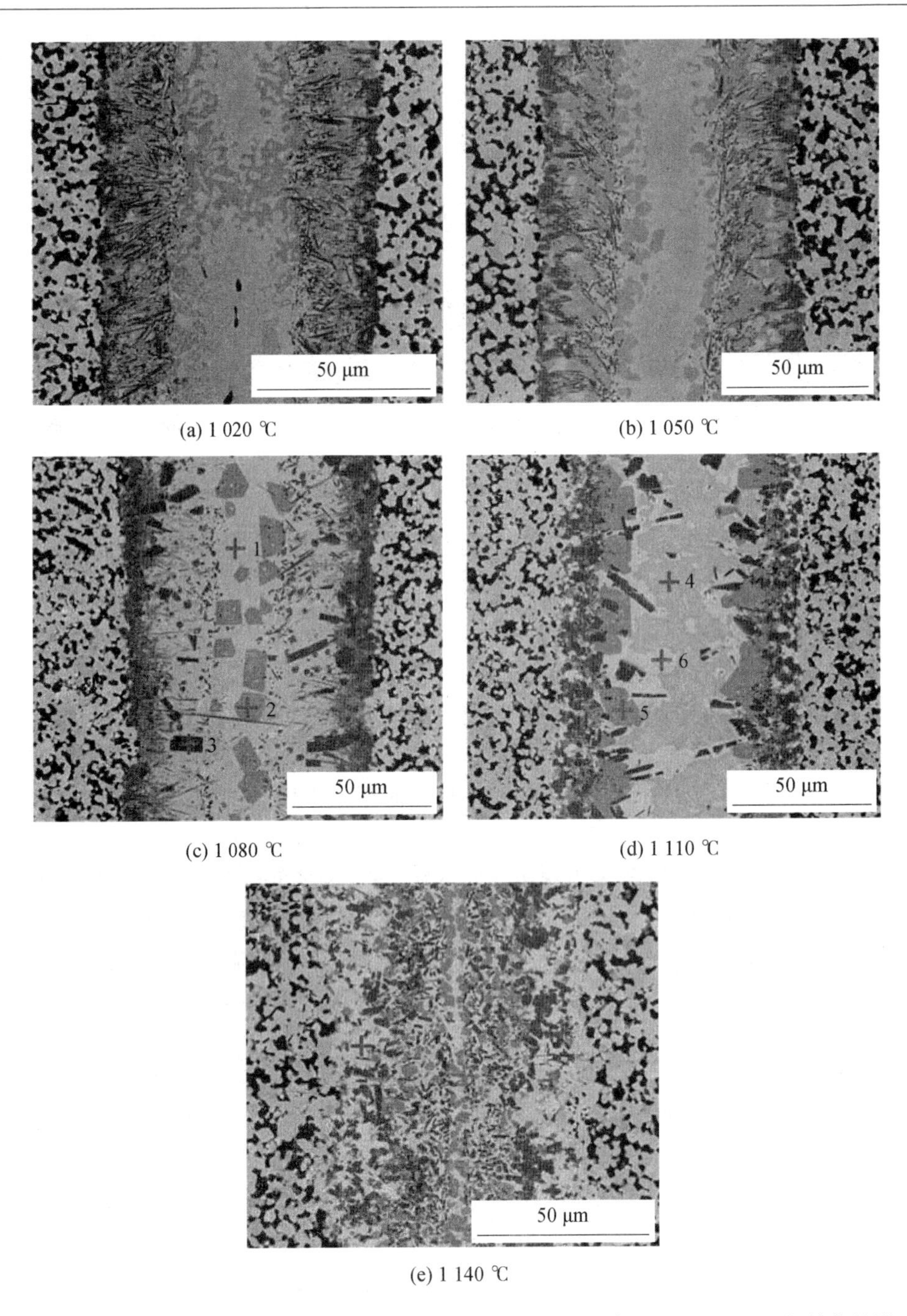

(a) 1 020 ℃　(b) 1 050 ℃　(c) 1 080 ℃　(d) 1 110 ℃　(e) 1 140 ℃

图 7.20　连接温度对 ZS/Ti/Ni/Ti/ZS 接头(原子数分数为 65%的 Ti/10 min)组织结构的影响

表 7.6　图 7.20 中各相的能谱分析结果(原子数分数)　%

区域	Ti	Ni	Si	Zr	可能相
1	40	50	1	9	(Ti,Zr)Ni
2	46	33	18	3	$(Ti,Zr)_8Ni_5Si_3$
3	91	2	—	7	TiB_2
4	39	53	—	8	(Ti,Zr)Ni
5	43	33	19	5	$(Ti,Zr)_8Ni_5Si_3$
6	11	41	25	23	—
7	3	53	25	19	$Ni_{16}Si_7(Zr,Ti)_6$

7.4.5　Ti－Ni 体系连接 ZS/Nb

通过对 ZS 陶瓷自身连接的研究，证明了采用 Ti/Ni/Ti 中间层(原子数分数为 65% Ti)在钎焊工艺为 1 050 ℃/10 min 时，能够获得以 TiNi 为基体的三维 TiB 晶须增强接头。为了拓展 ZS 的应用范围，采用该方法将其与金属 Nb 进行连接。Nb 具有较高的熔点和优异的塑韧性，用 Ti/Ni 连接 ZS 和 Nb 可以获得高温环境下应用的钎焊接头。

试验中首先沿用 ZS/ZS 接头的连接工艺，装配方式为 ZS/Ti(30 μm)/ Ni(20 μm)/ Ti(30 μm)/Nb，连接温度为 1 050 ℃/10 min，接头组织如图 7.21 所示。从图中可以看出金属和陶瓷形成了很好的冶金结合。Ti 向 Nb 内扩散形成$(Nb,Ti)_{ss}$(点 1)，固溶体表面生成一些条状浅灰色化合物。ZS 界面发生了反应，然而界面放大图(图 7.21(b))显示 TiB 晶须出现了明显的溶解现象。从晶须的尺寸和分布来看，界面原位反应实际上已经形成了垂直和平行分布的 TiB。溶解过程应该在原位反应完成后逐渐产生，从图中可以看出 TiB 发生横向断裂，并从断口向内部逐渐溶解。在 ZS/Ti－Ni/ZS 的连接试验中曾发现 TiB 在高温、高 B 环境中会发生 TiB 的逆反应过程，导致其分解。然而当前试验环境并不符合 TiB 分解条件。在对界面处的不同化合物进行成分分析时发现(点 2、3、4)，Nb 原子在钎焊中已扩散至 ZS 表面并参与反应。根据文献，Nb 可以与 B 形成多种稳定化合物。当 Nb 扩散至原位反应层后可能会发生如下置换反应：

$$TiB + Nb \longrightarrow Ti + NbB \tag{7.17}$$

该反应将导致 TiB 逐渐分解释放出 Ti。Nb 在接头中的快速扩散很有可能与液相形成区域有关。前面的研究中证明了低 Ti 原子数分数的 Ti/Ni 中间层会经历瞬时液相过程。根据 Ti－Nb 二元相图，Ti 和 Nb 可以形成无限固溶。升温过程中 Ti－Nb 之间首先形成固相扩散，当温度高于 Ti－Ni 共晶点后，液相将分别在 Nb 和 ZS 界面产生。固溶的 Nb 随液相快速进入焊缝中。因此，尽管液相形成时间短暂，但 Nb 仍然形成较充分的扩散。在 ZS 一侧，瞬时液相促进原位反应发生，形成了三维分布的 TiB，随后高温下 Nb 扩散进入原位反应层与 TiB 发生置换反应，导致 TiB 逐渐溶解。由于 Nb 的分布受扩散控制，在原位反应层外侧 TiB 溶解更加充分。在界面图中并没有发现 NbB 的相区，其原因可能是 Nb 原子仅在 TiB 表面反应。根据文献，NbB 具有 B_f 结构(空间群 Cmcm)，它与 TiB 晶体

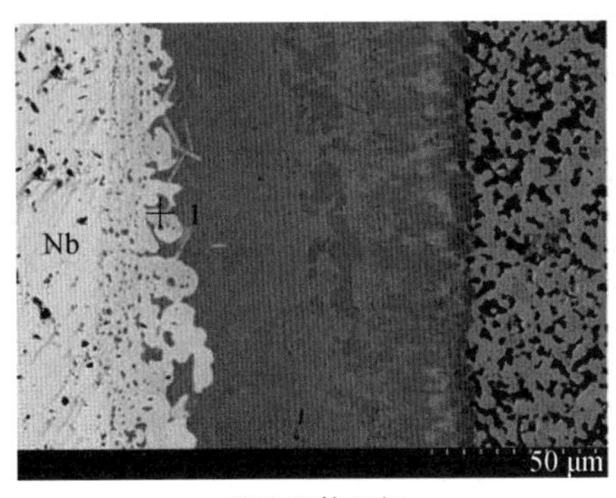

(a) 接头整体组织

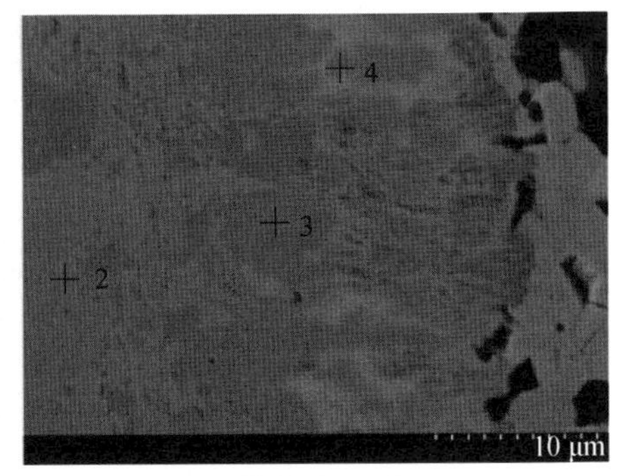

(b) 接头界面组织

图 7.21　ZS/Ti/Ni/Ti/Nb 接头(原子数分数为 65%的 Ti/1 050 ℃/10 min)的组织结构

的 B27 结构非常近似，所以产生 NbB 有可能与残余 TiB 共同存在。

为了避免瞬时液相中 Nb 原子的快速扩散，试验中改进了工艺过程。新的连接过程采用的装配方式为 ZS/Ti(40 μm)/Ni(20 μm)/Nb(Ti 原子数分数为 55%)，连接温度为 1 030 ℃/10 min。试验将接触反应溶解速度较慢的 Ni 直接与 Nb 接触，而且降低了 Ti 原子数分数和反应温度，以期缩短 Ti－Ni 液相停留时间。

工艺改进后的 ZS/Nb 接头组织如图 7.22 所示。在此条件下 ZS 表面原位反应层保存良好，而且 Nb 与 Ti/Ni 中间层也形成较好的冶金反应。钎焊过程中，瞬时液相仅在 ZS 表面出现，焊缝在 Ni 完全溶解前进入固相。Nb 与中间层完全在固相中反应。与图 7.21(b)相比，固相反应中 Nb 表面比较平整，界面处生成了厚度约 6 μm 的反应层(点 6)，该层成分比较复杂，记为四元 Ni－Nb－Ti－Si 化合物。Ni－Nb－Ti－Si 层向焊缝方向形成不规则的延伸，在其外侧为同样不规则分布的(Ti，Nb，Zr)Ni(点 6)。在(Ti，Nb，Zr)Ni 内部有尺寸较小的白色相析出(点 8)，能谱分析发现该相含有较高含量的 Nb 和 Si，记为 Nb－Ti－Si 化合物。灰色 TiNi 区可以分为两部分，一部分为 Nb 的高扩散影响区(点 7)，这里 Nb 扩散较充分，Nb 原子置换 Ti 原子形成(Ti，Nb)Ni。高 Nb 扩散影响区约占焊缝宽度的一半。另一部分为 Nb 的低扩散影响区(点 9)，从表 7.7 中可以看出 Nb 含量非常低，所以原位反应层在这里基本不受 Nb 的影响。

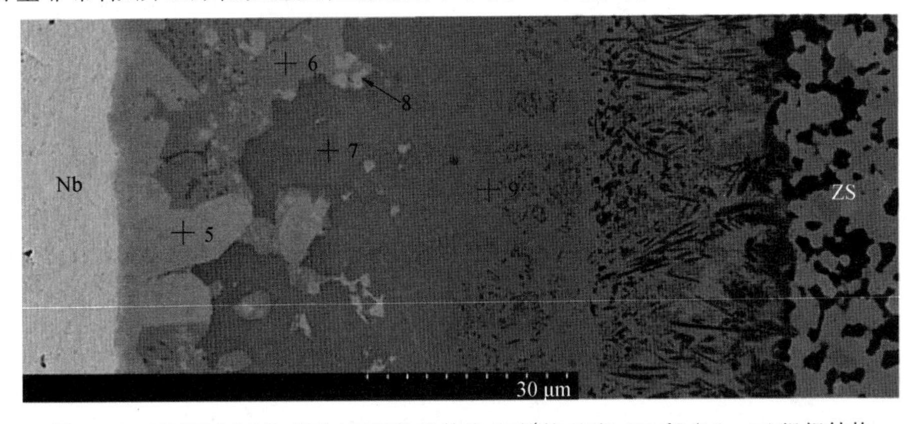

图 7.22　ZS/Ti/Ni/Nb 接头(原子数分数为 55%的 Ti/1 030 ℃/10 min)组织结构

表 7.7　图 7.21 和图 7.22 中各相的能谱分析结果(原子数分数)　%

区域	Ti	Ni	Si	Nb	Zr	可能相
1	27	—	4	69	—	$(Nb,Ti)_{ss}$
2	42	48	—	8	2	(Ti,Nb)Ni
3	59	32	2	3	4	$(Ti,Nb,Zr)_2Ni$
4	33	2	32	6	27	$\beta(Ti,Zr,Si)_{ss}$
5	14	44	4	38	—	—
6	34	50	—	13	3	(Ti,Nb,Zr)Ni
7	35	51	—	14	—	(Ti,Nb)Ni
8	25	—	18	57	—	—
9	45	51	—	2	2	TiNi

改进后的中间层 Ti 原子数分数为 55%，将图 7.22 与图 7.20(a)相比可以发现这里的原位反应更加充分，TiB 晶须形成了清晰的垂直、平行两种分布方式，反应层厚度达到 30 μm。这是由于在 ZS/Nb 接头中 Ti 原子仅在一侧 ZS 中反应消耗，较高的 Ti 活度保证了 TiB 充分生长。这种 TiB 晶须三维交错的生长方式保证陶瓷附近的焊缝组织在平行和垂直两个方向上均可以较好地调节应力。原位反应层外侧为弥散分布的 Ti_2Ni 相。Ti_2Ni 相具有较高的硬度和脆性，大尺寸 Ti_2Ni 将对焊缝产生不利影响。但是，这种尺寸较小、分布均匀的 Ti_2Ni 可以起到弥散强化的作用，而且它们分布在原位反应层外侧，形成了弥散强化层—平行 TiB 层—垂直 TiB 层—ZS 陶瓷的梯度过渡，这种结构将有利于提高接头强度。

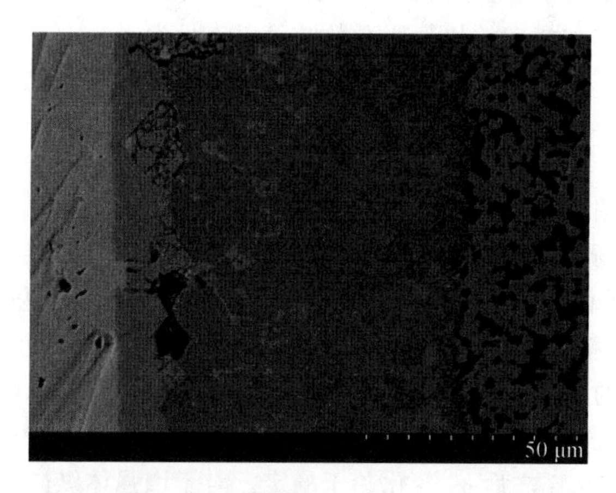

图 7.23　ZS/Ti/Ni/Nb 接头(原子数分数为 55%的 Ti/1 050 ℃/10 min)组织结构

从图 7.22 可以看出，Nb 原子的扩散距离非常重要。当 Nb 高扩散影响区延伸至原位反应层时将导致 TiB 分解。图 7.23 所示为 ZS/Ti(40 μm)/Ni(20 μm)/Nb 接头在 1 050 ℃/10 min连接时的组织结构。可以看出提高连接温度后 Nb 的扩散加强，原位反应层中的 TiB 出现溶解。此外，Nb 外侧的 Ni－Nb－Ti－Si 反应层出现了大范围的碎裂。通过对图 7.22 不同相区的成分分析可以发现，Si 原子趋向于扩散至富 Nb 相中，形成复杂 IMCs。这些相往往脆性较大，机械性能较差，接头应力容易导致其碎裂。当连接温度较高时，Nb 界面附近的 Ni－Nb－Ti－Si 和 Nb－Ti－Si 会明显长大，使接头变脆。因此连接 ZS/Nb 时应严格控制反应温度和连接时间。

7.5 TiB 晶须对接头的强化机制

对于原位 TiB 增强 ZS/ZS 接头或 ZS/金属接头，TiB 晶须的分布、密度、方向会直接影响接头的力学性能。分析实际接头中晶须对焊缝力学性能的影响是难以做到的，因为晶须周围基体的成分构成过于复杂。但通过对简化模型的分析，总结出晶须对接头力学性能影响的规律，将有助于纤维增强接头的设计和对短纤维增强接头的力学性能进行评估。

本章分别从两个方面详细分析了晶须对接头力学性能的提升作用。首先，TiB 晶须可以降低接头的残余应力；其次，TiB 还可以提高接头增强区的韧性。此外，对不同生长方向的晶须的作用进行了对比分析。

7.5.1 调节接头的残余应力

1. 调节接头增强区热膨胀系数

对于单向有序分布的 TiB 增强区，其热膨胀系数会受晶须方向的影响呈现各向异性。降温过程中，由于纤维和基体的热膨胀系数不同，二者的收缩量会出现差异。这将在纤维和基体上产生应力，互相阻止各自的位移。纤维和基体上的应力变化趋势可以在有限元模拟中清楚地观察到。对于纤维长径比大于 10 的增强体系，忽略纤维两端的应力值，增强体沿纤维轴向和横向的热膨胀系数 α 可以表示为

$$a_1=\frac{\varphi_f a_f E_f+\varphi_m a_m E_m}{\varphi_f E_f+\varphi_m E_m} \tag{7.18}$$

$$a_2=\varphi_f a_f(1+\nu_f)+\varphi_m a_m(1+\nu_m)-a_1(\nu_f\varphi_f+\nu_m\varphi_m) \tag{7.19}$$

式中 ν——材料的泊松比；

φ_f、φ_m—— 晶须和基体的体积分数，它们存在关系 $\varphi_f+\varphi_m=1$。

将 TiB 周围的基体近似为 Ag－Cu－Ti 合金，并将 TiB 近似为各向同性材料。晶须和基体的各项力学性能参数见表 7.8。根据式(7.18)和式(7.19)可以得出增强体不同方向热膨胀系数随 φ_f 的变化趋势，如图 7.24 所示。从图中可以看出轴向热膨胀系数 α_1 随 TiB 数量增加在初始段会迅速下降，当 φ_f 约为 0.17 时 α_1 即可达到基体与 TiB 热膨胀系数差值的一半。φ_f 值在 0.4 之后 α_1 变化趋于稳定。对于增强体纵向，纤维对基体热膨胀系数的调节近似于颗粒增强体，其变化规律(α_2) 近似为线性。另外，可以发现在 α_2 的初始段数值甚至有所增加，这是由于 α_1 在此处快速降低，基体要保证内部体积变化的协调性。

表 7.8　有限元模拟所用的材料参数

材料	温度 /K	热膨胀系数 /($\times10^{-6}K^{-1}$)	弹性模量 /GPa	屈服强度 /MPa	泊松比
AgCuTi	293	19.0	100	230	0.363
	473	19.7	90	170	
	673	20.2	80	98	
	873	20.5	67	25	
	1 073	21.0	58	20	
TiB	293	8.6	482	—	0.15

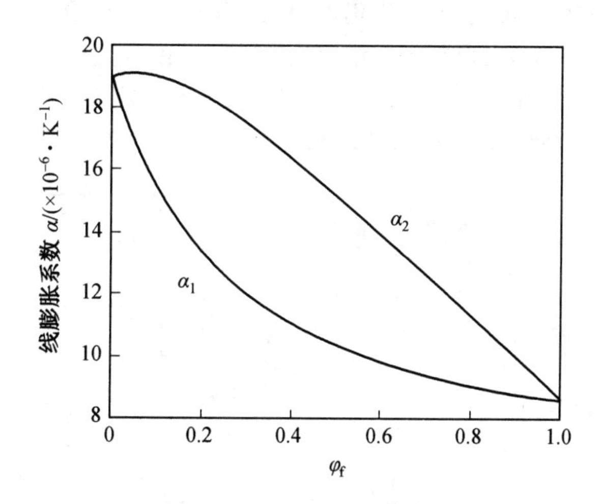

图 7.24　晶须阵列增强体热膨胀系数随 φ_f 的变化关系

值得注意的是，采用式(7.18)和式(7.19)预测有序 TiB 增强区的热膨胀系数并未考虑到基体的塑性变形。有研究发现晶须对屈服强度较低的塑性金属应力影响范围较小。当塑性基体中晶须体积分数较小时，在晶须轴向会出现非均匀变形：远离 TiB 区域的基体受约束较小，体积变化较大。所以，要实现增强区整体热膨胀系数的调节所需 φ_f 值较高。实际接头中 TiB 周围基体多由 IMCs 组成，其模量和屈服强度相对较高。采用式(7.18)和式(7.19)能够较准确地反应 TiB 对基体热膨胀系数的调节效果。

对于无序分布的 TiB 增强区，晶须对基体的调节可以用混合率来表示(式(7.20))。可以看出此时 TiB 对基体的调节效果与颗粒增强体相同，材料整体显示各向同性。

$$\alpha_c = \varphi_m \alpha_m + \varphi_f \alpha_f \tag{7.20}$$

2. 调节增强区弹性模量

原位反应法的重要优势就是可以在连接过程中通过界面反应产生增强相，实现对接头模量的增强。和颗粒增强方法不同，短纤维增强接头的不同区域受纤维取向的影响会呈现各向异性。研究中可以通过计算的方法对焊缝微区的模量进行预测，为接头力学性能评估提供参考。

根据 Halpin－Tsai 方程，对于长度一定的单向短纤维增强材料的轴向模量可以表示为

$$\frac{E_1}{E_m}=\frac{1+(2l/d)\eta_1\varphi_f}{1-\eta_1\varphi_f} \tag{7.21}$$

$$\eta_1=\frac{E_f/E_m-1}{E_f/E_m+2l/d} \tag{7.22}$$

式中 E_1—— 轴向模量；

E_m—— 基体模量；

l/d—— 纤维长径比；

φ_f—— 纤维体积分数。

有研究发现，TiB 轴向和横向模量相差较小，这里取两方向的平均值 482 GPa。接头中原位反应层的基体相比较复杂，这里仍近似为 Ag－Cu－Ti 合金。参照表 7.8 的相关参数和式(7.21)、式(7.22)可以得到纤维增强区域轴向模量关于纤维体积分数 φ_f 和长径比 l/d 的三维变化趋势，如图 7.25(a)所示。从三维分布图可以看出增强区轴向模量值随 φ_f 几乎呈线性增长，而 l/d 对模量的影响较小。

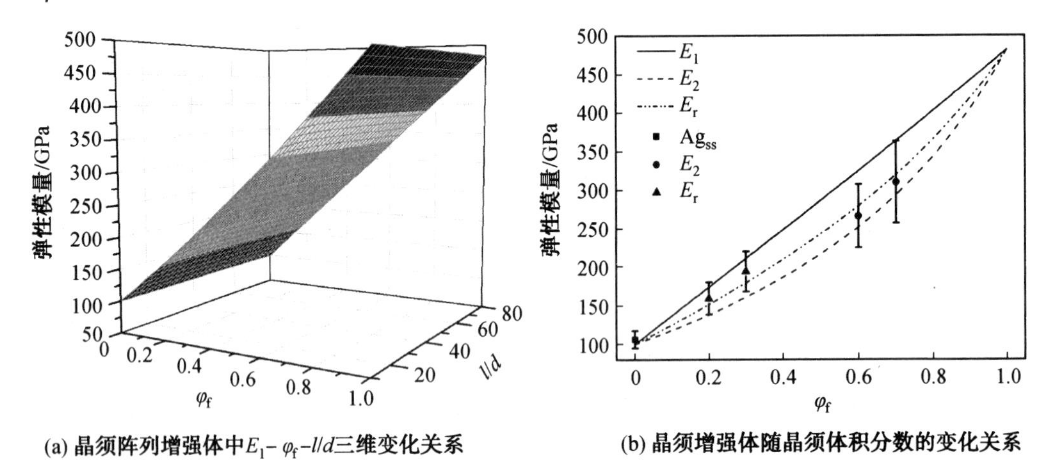

图 7.25 TiB 对基体模量的增强效果

E_1、E_2—晶须阵列增强体轴向和横向模量；E_r—无序晶须增强体模量

对于单向短纤维增强区的横向模量 E_2，可以表示为

$$\frac{E_2}{E_m}=\frac{1+2\eta_2\varphi_f}{1-\eta_2\varphi_f} \tag{7.23}$$

$$\eta_2=\frac{E_f/E_m-1}{E_f/E_m+2} \tag{7.24}$$

此外，晶须阵列层外侧往往存在较薄的 TiB 无序区，这里的模量 E_r 可以通过经验公式获得

$$E_r=\frac{3}{8}E_1+\frac{5}{8}E_2 \tag{7.25}$$

在 Ag－Cu－Ti 体系中 TiB 的平均长径比约为 40(900 ℃/10 min)。E_1、E_2、E_r 关于 φ_f 的函数曲线如图 7.25(b) 所示。从图中可以看出，相同 φ_f 时反应层轴向模量要高于横

向模量。3种模量在 $\varphi_f=0.4\sim0.7$ 时差值较大，此时有序TiB增强区显示出最强的模量各向异性。采用纳米压痕法测试ZS/Ag－Cu/Ti/ZS接头中（880 ℃和900 ℃）各微区的模量。在900 ℃接头中，位于焊缝中心的 Ag_{ss} 模量平均值为106 GPa，与计算所采用的基体模量非常相近。从图7.2可知部分TiB增强区基体为 Ag_{ss}，如果将TiB视为均匀分布，体积分数约为0.6和0.7时对应的模量平均值与 E_2 曲线变化趋势相近。同样，880 ℃接头中，以 Ag_{ss} 为基体的TiB无序分布区的微区模量与 E_r 曲线变化相近。从图7.25(b)可以发现实测值总是略高于理论值，这可能与体积分数估值以及基体中其他高模量IMCs影响有关。

7.5.2　增强接头增强区的韧性

对于TiB增强接头，其原位反应层可以近似成微区纤维增强复合材料。这里，裂纹的形成和扩展也将符合复合材料损伤的相关准则。

根据接头原位反应的特点，原位反应层可以分为韧性增强区和脆性增强区。韧性增强区主要出现在Ag－Cu－Ti体系中TiB形成的初始阶段。反应层的基体组织主要为塑性较好的 Ag_{ss}。当反应层承受载荷时，塑性金属首先发生位错滑移，而晶须增强体作为陶瓷相不发生位错运动，因此晶须处形成位错塞积。载荷足够大时，模量、脆性较大的晶须将萌生微裂纹。当裂纹扩展至塑性基体时，裂纹缺口区域出现三向应力，形成“缺口强化”效果，这时裂纹尖端钝化不再扩展（图7.26(a)）。若晶须体发生多次断裂，则在它周围基体形成多处强化区。实际接头中，韧性增强区较小且裂纹很难沿韧性增强区扩展，焊缝中的断口多出现在韧性中间层（如 Ag_{ss}/Cu_{ss} 层）或较脆的IMCs层。

相对于韧性增强区，原位反应层的脆性增强区较常出现。由于TiB产生于陶瓷界面，这里同样会产生较多IMCs。当TiB以IMCs为基体时，二者都具有较高的模量和硬度。如果裂纹在IMCs内萌生并扩展至TiB（图7.26(b)），此时裂纹沿路径Ⅰ扩展需要克服晶须纵向的有效强度，这也是裂纹形成的阻力，可以表示为

$$\sigma_{\mathrm{I}}=\sqrt{\frac{\pi E_{\mathrm{I}} G_{\mathrm{I}}}{2(1-\nu_{\mathrm{I}}^2)d_{\mathrm{I}}}} \tag{7.26}$$

式中　σ_{I}——TiB临界断裂应力；

G——临界能量释放率；

ν——泊松比；

d——增强体尺寸。

能量较高的主裂纹通常沿路径Ⅰ扩展。而对于能量较小的微裂纹，它们更容易沿TiB与IMCs的界面（路径Ⅱ）扩展。因为这里本身聚集较大应力，且处于两相区，G 值较小。当裂纹扩展至TiB端面时，又会出现两种路径可能：一种是继续向前扩展，这时裂纹要克服IMCs临界断裂应力 σ_{II}；另一种是继续沿两相界面，裂纹发生偏移。无论哪种方式都将消耗更多的断裂能。实际接头断口中可以发现一些TiB“拔出”现象（图7.26(c)），由于TiB脆性较大，受拉伸拔出的可能性很小，这种裸露在外的晶须应该均为微裂纹沿路径Ⅱ扩展所形成。

对于接头平面方向，可以更容易理解TiB阵列诱导裂纹偏转的行为。如图7.26(c)

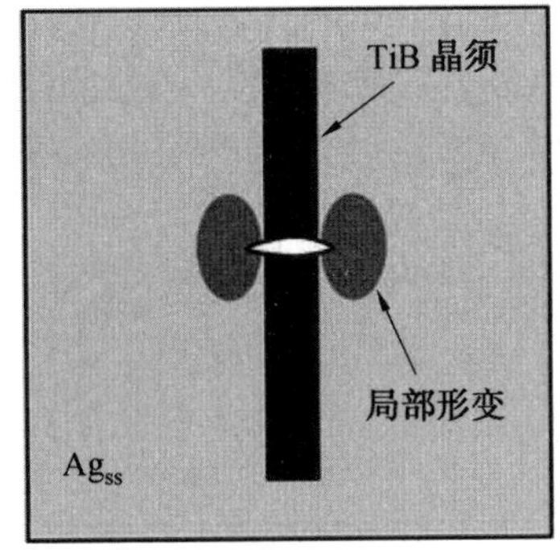

(a) 韧性基体裂纹扩散

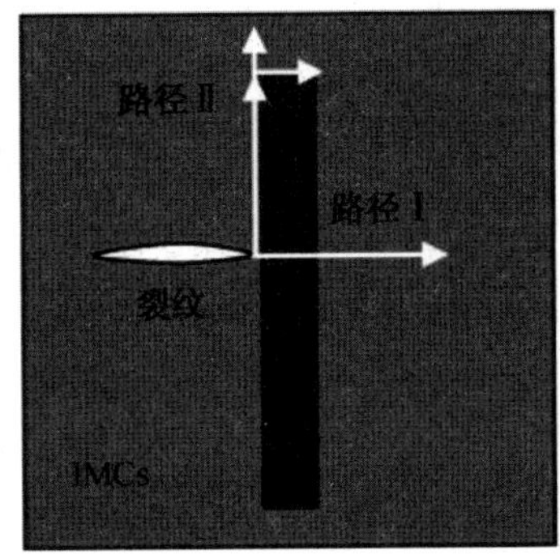

(b) IMC基体中单根TiB周围裂纹扩展

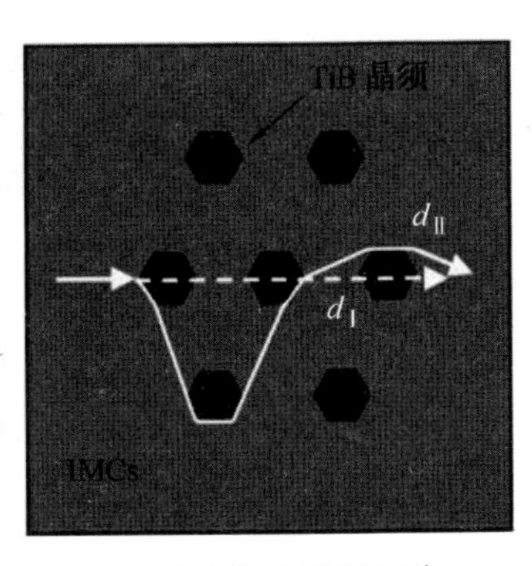

(c) IMC基体TiB阵列区裂

图 7.26　TiB 增强区裂纹扩散模型

所示，当微裂纹从左侧扩展至 TiB 时，裂纹会沿阻力较小的两相界面偏移，由于实际的 TiB 截面为六角形，裂纹会在某一角度形成的应力弱区沿 IMCs 扩展至下一个 TiB 处，如此经历多次折返（如线路 $d_{\text{Ⅱ}}$）。若不考虑裂纹横截面积造成的影响，裂纹的断裂能可以表示为

$$Q_m = A_{\text{Ⅰ}} l_{\text{Ⅰ}} \lambda \sigma_{\text{Ⅰ}} + A_{\text{Ⅱ}} l_{\text{Ⅱ}} \sigma_{\text{Ⅱ}} = A_{\text{Ⅰ}} l_{\text{Ⅰ}} \lambda \sqrt{\frac{\pi E_{\text{Ⅰ}} G_{\text{Ⅰ}}}{2(1-\nu_{\text{Ⅰ}}^2) d_{\text{Ⅰ}}}} + A_{\text{Ⅱ}} l_{\text{Ⅱ}} \sqrt{\frac{\pi E_{\text{Ⅱ}} G_{\text{Ⅱ}}}{2(1-\nu_{\text{Ⅱ}}^2) d_{\text{Ⅱ}}}} \tag{7.27}$$

式中　A—— 裂纹截面积；

l——TiB 表面或 IMCs 中裂纹扩展距离；

λ—— 裂纹偏转系数。

式(7.27)中角标Ⅰ代表 TiB/IMCs 界面区，Ⅱ代表 IMCs 区。在图 7.26(c)中，IMCs 中若不存在 TiB，微裂纹将沿直线传播（线路 $d_{\text{Ⅰ}}$），裂纹扩展距离为 l_p，此时裂纹的断裂能为

$$Q_p = A_{\text{Ⅱ}} l_p \sigma_{\text{Ⅱ}} = A_{\text{Ⅱ}} l_p \sqrt{\frac{\pi E_{\text{Ⅱ}} G_{\text{Ⅱ}}}{2(1-\nu_{\text{Ⅱ}}^2) d_{\text{Ⅱ}}}} \tag{7.28}$$

比较式(7.27)和式(7.28)可以发现，TiB 阵列对裂纹诱导偏转后，偏转断裂能 Q_m 显然大于未偏转断裂能 Q_p 。这说明 TiB 阵列在 IMCs 内能够起到有效的增韧作用。

图 7.27 所示为实际接头原位反应层中的微裂纹扩展模式。在箭头所指的区域可以发现裂纹在 TiB 处发生明显的偏移。裂纹的第二次偏移可能同样在 TiB 处，但是从图 7.27(a)所在的平面区无法观察到裂纹深度方向的形貌。此外还可以发现部分微裂纹尖端停止于 TiB，这是因为此处裂纹能量较小，裂纹无法形成新的偏转。图 7.27(b)所示为典型的 TiB 增强区断口形貌。可以发现 TiB 沿轴向部分裸露在外，部分与 IMCs 相连，这是裂纹沿 TiB/IMCs 界面扩展偏移形成的。裂纹的偏转在断口处形成多个“棱角”，而断口处的 IMCs 显示为平直的脆性断裂。

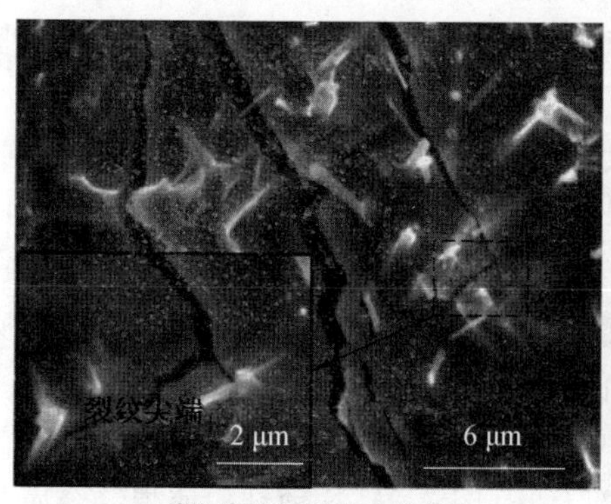

(a) 裂纹偏转和裂纹尖端停止

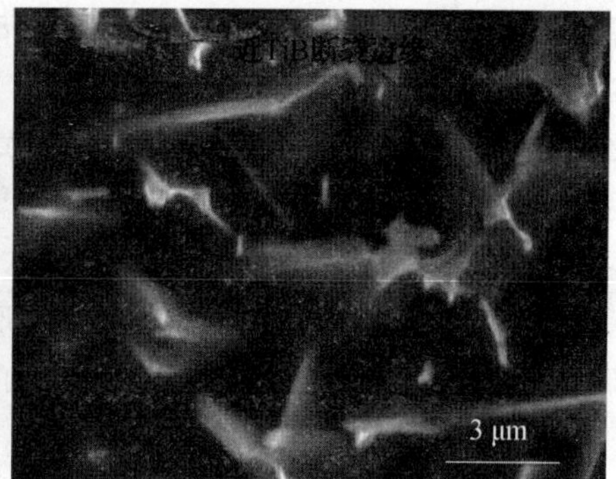

(b) 晶须增强区断口形貌

图 7.27　裂纹在 TiB 阵列增强区内的扩展

7.6　接头的力学性能

本节将研究不同连接条件下 TiB 增强接头的抗剪强度，分析断口形貌，考查接头的断裂行为，并着重研究 TiB 晶须对接头强度提升所起到的作用。

7.6.1　二维 TiB 晶须阵列增强接头的抗剪强度

1. ZS/AgCuTi/ZS 接头

图 7.28 所示为采用 Ag－Cu－Ti 粉末钎料钎焊 ZS 陶瓷自身所获得的抗剪强度。当 Ti 质量分数较低时，接头强度值相近，断裂方式以韧性断裂为主。这是因为较低的 Ti 质量分数未引发原位反应，ZS 界面主要为 SiC 分解形成的 Ti－Si－C 化合物。在焊缝中心为 Ag_{ss} 和 Cu_{ss} 形成的共晶组织。韧性金属可以通过塑性变形吸收一部分应力，未吸收的残余应力主要集中于陶瓷边缘与焊缝结合处，而此处形成的 IMCs 和陶瓷本身都为脆性组织，微裂纹在剪切力作用下容易扩展。低质量分数 Ti 的接头断口主要在焊缝处，说明

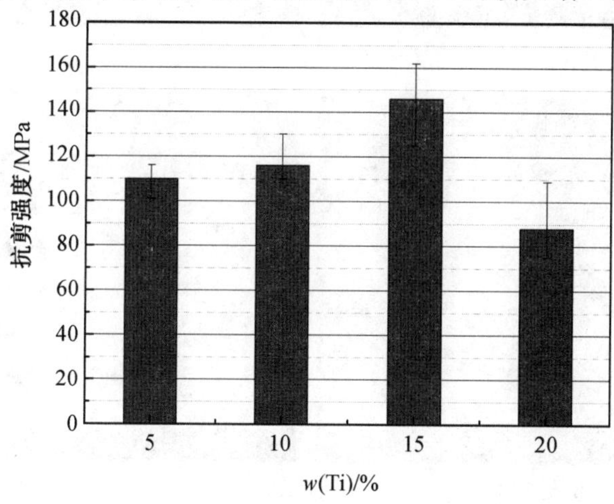

图 7.28　Ti 质量分数对 ZS/Ag－Cu/Ti/ZS 接头抗剪强度的影响

ZS 内部并未形成较大应力集中。裂纹形成后在 Ag_{ss}/Cu_{ss} 共晶组织内传播，呈现韧性断裂。

当 Ti 质量分数为 15%时，接头获得最大抗剪强度(146 MPa)。接头较高的抗剪强度主要得益于三方面因素：首先，在该条件下原位反应发生，ZS 界面生成了 TiB 阵列，阵列基体主要为 Ag_{ss} 和 Ti_2Cu。这种软－硬－软交替分布的组织结构可以调节热膨胀系数，有效缓解接头边缘的应力集中。其次，接头形成了自焊缝中心向陶瓷方向的模量梯度过渡。焊缝中心为模量最低的 Ag_{ss}，具有较好的塑性变形能力，当剪切力作用于接头时，应力逐层传递至接头，并在传递中通过金属塑变吸收部分能量，使陶瓷避免了载荷直接冲击。最后，ZS 表面 SiC 区域的分解形成"锚定"作用(图 7.2)，这种结构使焊缝金属与陶瓷之间结合更加牢固。

质量分数为 15%的 Ti 接头断口如图 7.29(a)所示。断口主要包含 Ag_{ss} 层、原位反应层和 ZS 基体 3 个区域，其中 Ag_{ss} 为主要断裂区，从该区的放大图(图 7.29(b))可以看出 Ag_{ss} 明显有滑移撕裂的痕迹，说明该处断裂为韧性断裂。从金属滑移的方向可以判断裂纹最初从焊缝中心 Ag_{ss} 中形成，并扩展至部分 ZS 基体和原位反应层。图 7.29(c)所示为原位反应层的断口形貌，从中可以看出大量拔出的 TiB 晶须。晶须拔出会伴随大量裂纹偏转，这将增加接头的断裂能，提高接头断裂韧性。ZS 断裂区较薄，这可能与 SiC 分解后形成"锚定"作用有关。从图 7.29(d)可以看出 ZS 薄区 SiC 位置处被 IMCs 所取代，而

(a) 整体形貌　(b) Ag_{ss} 区

(c) 原位反应层　(d) ZS 基体

图 7.29　ZS/Ag－Cu/Ti/ZS 接头(质量分数为 15%的 Ti/900 ℃/10 min)断口形貌

ZrB_2晶粒得到保留。这种“锚定”作用使焊缝界面能够抵抗较大的剪应力，所以部分裂纹会在 ZS 内部沿“锚定”层末端扩展。

当 Ti 质量分数升至 20%时，ZS 界面发生过度分解。焊缝中 Ag_{ss}完全反应生成模量、脆性较高的 $AgCu_4Zr$。当接头受剪应力时，焊缝中具有较高模量的 IMCs 会直接将应力传递至陶瓷，导致接头脆断。所以在高 Ti 质量分数情况下，接头强度会出现明显下降，接头断裂方式在工程中也是非常危险的。

2. TC4/AgCu/ZS 接头

采用 Ag－Cu 共晶中间层连接 ZS 和 TC4 合金，不同连接温度的接头强度如图 7.30 所示。较低温度时接头的强度较低，这是因为低温下液态合金未发生液层分离，Ti 在液态合金中的活度很低，ZS 表面仅 SiC 区域参与反应，焊缝合金不能和 ZS 形成有效的冶金结合。接头强度在 880 ℃显著提高并达到最大值 141 MPa，该温度下液态合金分离出富 Ti－Cu 液相，它加速了 ZS 分解，TiB 晶须阵列完全形成。由于处于液层分离的初始阶段，大量 Ag_{ss}在焊缝中得以保留。它们分布于晶须阵列间隙和焊缝中心区域，形成韧性区，这将有利于接头应力的吸收。880 ℃连接的接头断口形貌如图 7.31 所示。断口一部分位于焊缝区域，另一部分则在 ZS 内部。焊缝区域金属出现明显的滑移，显示为韧性断裂。图 7.31(b)所示为焊缝区域局部放大图。白色滑移区为 Ag_{ss}，其中分布的灰色相为 Ti－Cu 化合物以及部分原位反应层。反应层区具有较高的模量，断裂形式为脆性，它与周围的 Ag_{ss}构成混合断裂模式。断口约有一半的区域位于 ZS 内部，从断裂形貌看陶瓷呈中间高边缘低，为典型的应力型断裂。造成陶瓷内部应力过高的原因有两个方面：①ZS与 TC4 母材之间热膨胀系数差异较大。750 ℃时 TC4 热膨胀系数达 $11.5\times10^{-6}K^{-1}$，从高温段形成应力积累，导致 ZS 残余应力较大。②原位反应层分布不均衡。TiB 阵列能有效缓解陶瓷边缘的应力集中。然而在液层分离初始阶段，部分富 Ag 液相仍集中存在于焊缝边缘处，使得该处原位反应不充分。在图 7.31(a)焊缝边缘处可以发现 Ag_{ss}富集区。此处在没有 TiB 调节的同时聚集大量高热膨胀系数金属，因此造成陶瓷边缘残余应力较大，剪切测试时成为接头的薄弱区。900 ℃和 920 ℃接头强度值稳定在 110 MPa 以上。较高温度下接头随 Ti 的扩散等温凝固，残留的 Ag_{ss}与 Zr 和 Cu 固相反

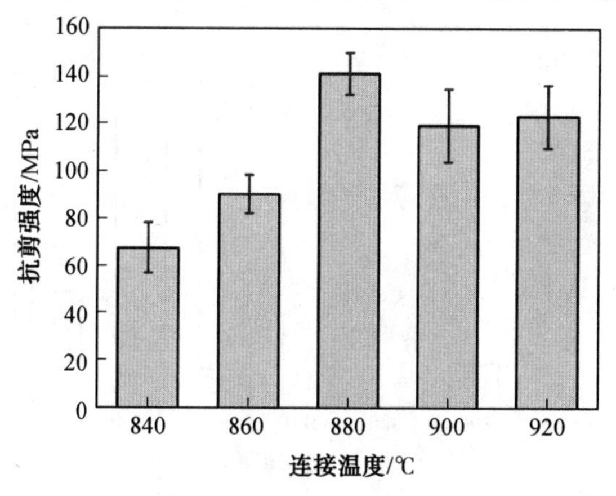

图 7.30　连接温度对 ZS/Ag－Cu/TC4 接头抗剪强度的影响

应生成 $AgCu_4Zr$。接头由于缺少吸收应力的韧性中心，接头强度有所降低。接头断口同样位于焊缝和陶瓷基体，但基体断口区域较小，而且呈层状分布，应为陶瓷正常的失效形式。

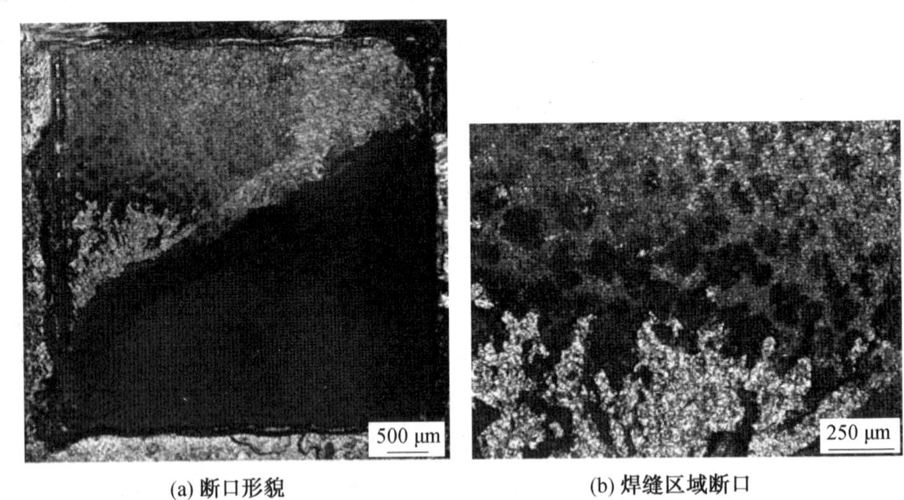

(a) 断口形貌　　(b) 焊缝区域断口

图 7.31　ZS/Ag－Cu/TC4 接头(880 ℃/10 min)断口形貌

3. Nb/Ti/ZS **接头**

图 7.32 所示为采用 Ti 中间层扩散连接 ZS 和 Nb 的接头抗剪强度。在所研究的温度范围内接头强度出现了非常明显的变化：900～1 200 ℃范围内，接头强度随连接温度的升高而快速提高，这主要得益于高温下 Ti－Nb 之间充分的互扩散以及 ZS 界面原位反应的进行。未完全反应的 Ti 中间层在降温时会形成脆性较大的 αTi，因此低温连接的接头大多沿 Ti 层或 ZS 界面发生脆性断裂。Ti－Nb 互扩散形成的 $\beta(Ti,Nb)_{ss}$ 具有良好塑性，随着连接温度的提高 $\beta(Ti,Nb)_{ss}$ 层厚度增加，αTi 层厚度减小，所以焊缝的力学性能得到改善。另外，升高温度有利于 ZS 界面的原位反应。从图 7.7 可以看出，当温度高于 900 ℃，Ti－Zr－Si 反应层和垂直分布的 TiB 逐渐生长。虽然 ZS 和 Nb 本身热膨胀系数差异较小，晶须的调节效果有限，但晶须分布于脆性 IMCs 中可以起到增韧的作用。从接

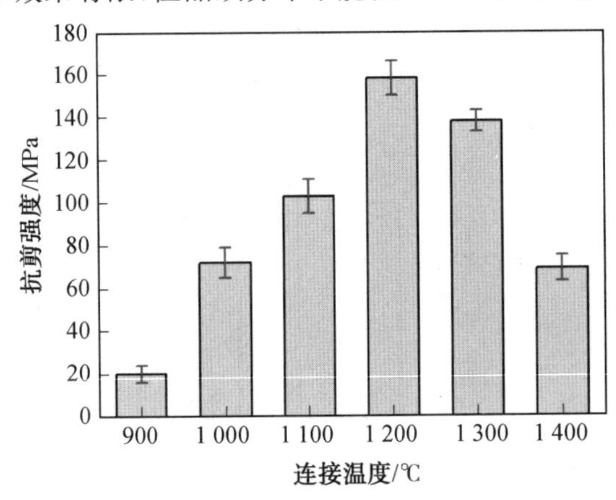

图 7.32　连接温度对 ZS/Ti/Nb 扩散焊接头抗剪强度的影响

头断口来看(1 100 ℃≤T≤1 300 ℃),断口位置在原位反应层的比例非常小,这也间接证明了原位反应层具有较好的力学性能。

ZS/Ti/Nb 接头的最高抗剪强度为 158 MPa。接头断口主要位于 $\beta(Ti,Nb)_{ss}$、ZS 基体和少量原位反应层(图 7.33(a))。从深度合成图(图 7.33(b))可以发现断口表面非常粗糙,说明裂纹在接头扩展时发生多次偏折。$\beta(Ti,Nb)_{ss}$ 区呈现滑移撕裂痕迹(图 7.33(a)),说明该反应层主要承载应变并发生韧性断裂。ZS 断裂区呈非连续的岛状分布。这可能是由于原位反应层中的 TiB 将裂纹诱导偏转至 ZS 基体,ZS/Ti/Nb 接头本身应力较小,裂纹仅在陶瓷表层扩展,形成岛状剥离。不同连接温度时接头的位移－载荷曲线如图 7.34 所示。连接温度为 900 ℃时,接头含有较厚 αTi 层,断裂形式为典型的脆性断裂。升高连接温度后,接头在强度极值出现平台。处于强度极值的接头已萌生大量裂纹,但裂纹在传播中受到多次偏转,接头产生残余抗力,因此曲线出现平台。这种断裂形式使接头的断裂能大幅提高。

(a) 典型接头断口形貌和Ti-Nb扩散层断裂区(右下)　　(b) 断口深度合成图

图 7.33　ZS/Ti/Nb 接头断口形貌

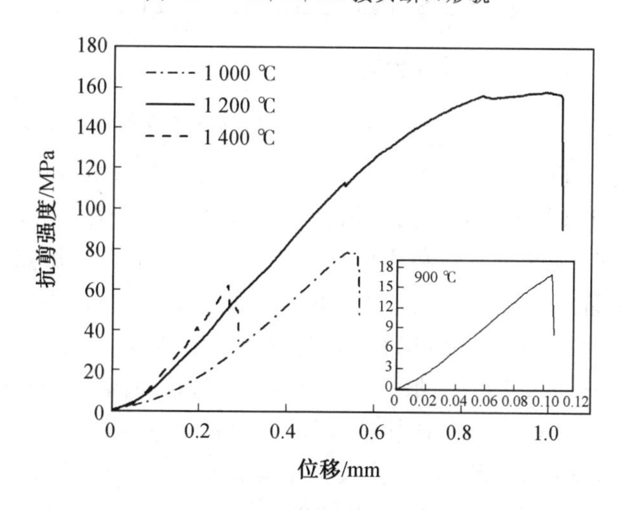

图 7.34　ZS/Ti/Nb 接头位移－抗剪强度曲线

从图 7.34 可以看出,连接温度高于 1 200 ℃之后接头强度出现快速降低。这是由于过高的连接温度导致 ZS 界面反应层加厚，接头脆性增加。当温度达到 1 400 ℃时，Ti－Si 瞬时液相产生，B 原子扩散至 $\beta(Ti,Nb)_{ss}$ 层生成 Nb－B 化合物，焊缝完全由硬脆的 IMCs 构成，接头强度大幅降低。

7.6.2　三维 TiB 晶须增强接头的抗剪强度

图 7.35 所示为采用 Ti－Ni 中间层得到的三维 TiB 增强 ZS/ZS 接头的抗剪强度。当 Ti 原子数分数为 65％时，不同中间层叠放方式的接头强度相差很大。采用 Ti/Ni/Ti 中间层的接头（原子数分数为 65％Ti）抗剪强度达到最大值（134 MPa），是采用 Ni/Ti/Ni 中间层接头抗剪强度的 3.35 倍。较大的强度差异是由接头组织结构决定的。从 7.4.2 节的分析可知，Ni 的固相晶间渗入导致 ZS 剧烈分解，接头生成相以 TiB_2 和 Ti－Zr－Ni－Si复杂 IMCs 构成，接头本身模量和脆性较高。此外，TiB_2 作为陶瓷相分布不合理：在靠近界面处为大尺寸矩形颗粒，而焊缝中心为数量众多的小尺寸颗粒，它们呈近乎连续分布。大颗粒 TiB_2 在降温时受周围应力影响内部形成细小微裂纹。当接头承受载荷时，微裂纹扩展至焊缝中心的 TiB_2 准连续层，该处组织具有高模量和高硬度，成为裂纹快速传播的通道。接头断口全部位于焊缝处，呈典型的脆性断裂。

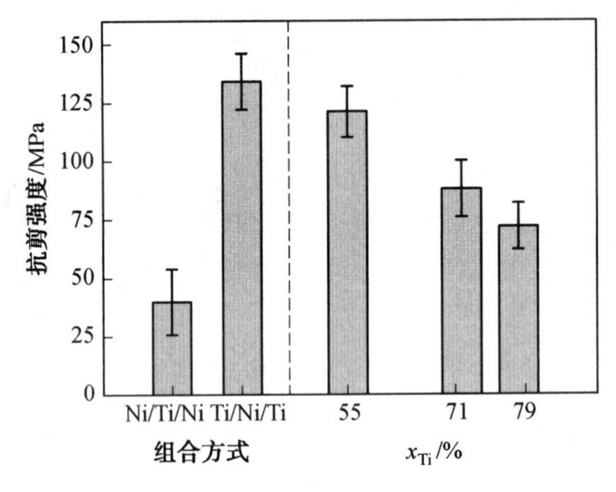

图 7.35　Ti－Ni 组合方式和 Ti 原子数分数对接头抗剪强度的影响

图 7.35 中，随着 Ti 原子数分数的增加，接头强度明显降低。研究发现，Ti_2Ni 是一种硬脆化合物，而 TiNi 则具有良好的塑韧性。中间层 Ti 原子数分数较低时，焊缝经历瞬时液相过程，随着 Ni 的逐渐溶解和均匀化，Ti－Ni 液相生成了熔点更高、塑性更好的 TiNi。降温时的包晶反应仅会产生尺寸较小、数量较少的 Ti_2Ni。它们分布于 TiNi 中起到颗粒增强的作用（图 7.16（a）和（b））。Ti 原子数分数为 55％的接头中，原位 TiB 以二维阵列的方式分布于 ZS 表面。根据 7.6.1 节的分析，单向晶须增强体对横向热膨胀系数的调节非常有限。由于 TiNi 热膨胀系数较大，此时陶瓷容易受到因中间层收缩引起的横向拉应力，因此陶瓷内部应力集中，接头强度降低。Ti 原子数分数为 65％时（图 7.35 中 Ti/Ni/Ti 中间层接头）ZS 表面形成了垂直/平行三维分布的 TiB 增强区，这种晶须分布方式实现了各方向的应力调节。从接头整体来看，焊缝中心为模量低、韧性高的 TiNi 连续层，陶瓷界面为模量高、强度高的 TiB 原位反应层。这种不同区域模量的梯度过渡

使接头能够承受较大外载荷冲击。相同中间层体系下，三维 TiB 增强接头比二维 TiB 增强接头提高约 11％。当 Ti 原子数分数高于 71％，Ti－Ni 液相凝固后几乎全部生成 Ti_2Ni，接头基体相脆性增加。此外，液相时间延长使 TiB 获得充分生长。大尺寸晶须对应力非常敏感，晶须内部容易萌生裂纹。当裂纹沿晶须轴向扩展时更加危险，晶须本身会成为裂纹快速扩展的通道。而且脆性金属基体无法钝化裂纹尖端，这种裂纹扩展形式即便在小载荷下也很容易造成接头失效。高 Ti 原子数分数的接头断口通常呈现脆性断裂。

图 7.36 所示为 ZS/Ti/Ni/Ti/ZS 接头断口形貌。剪切测试后，Ti 原子数分数为 65％接头在焊缝附近呈粉碎式断裂。图 7.36(a)为拼接后的断口宏观形貌图，可以看出 ZS 基体内部有多条横贯焊缝区域的裂纹。接头焊缝区的断口主要在 TiNi 层，形式为韧性断裂，从图 7.36(b)可以观察到焊缝基体出现大量不规则韧窝。高 Ti 原子数分数的接头断口连贯。图 7.36(c)所示为原子数分数为 79％Ti 接头焊缝区域的断口形貌，基体相断口平整，部分 TiB 与基体脱离，断口为典型的脆性断裂。

(a) ZS/Ti/Ni/Ti/ZS接头(65%Ti)断口形貌

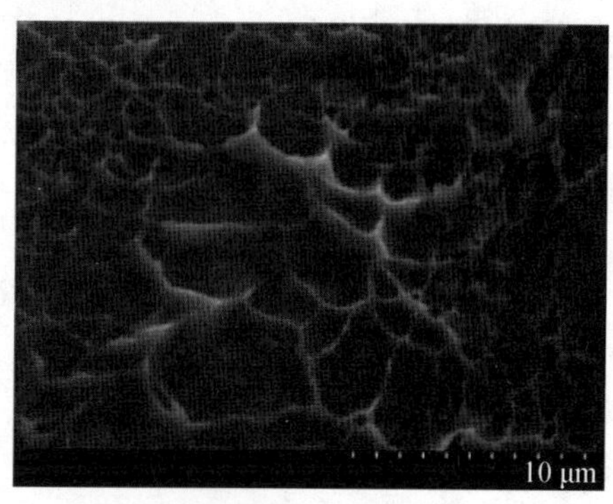

(b) 图(a)中TiNi区断口

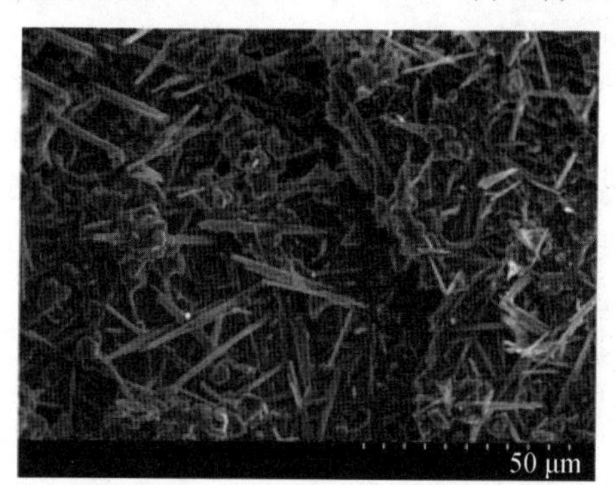

(c) ZS/Ti/Ni/Ti/ZS接头(79%Ti)断口形貌

图 7.36　ZS/Ti/Ni/Ti/ZS 接头(1 050 ℃/10 min)断口形貌

习题及思考题

7.1　如何构建二维 TiB 晶须？

7.2　如何构建三维 TiB 晶须？

7.3　二维和三维 TiB 晶须对接头性能的影响有何异同点？

本章参考文献

[1] 鲁芹，胡龙飞，罗晓光，等. 高超声速飞行器陶瓷复合材料与热结构技术研究进展[J]. 硅酸盐学报，2013，41(2)：251-260.

[2] TANG S F, DENG J Y, WANG S J, et al. Ablation behaviors of ultra-high temperature ceramic composites[J]. Materials Science and Engineering A, 2007, 465(1-2): 1-7.

[3] ZIEMNICKA-SYLWESTER M. TiB_2-based composites for ultra-high-temperature devices, fabricated by SHS, combining strong and weak exothermic reactions[J]. Materials, 2013, 6(5): 1903-1919.

[4] FAHRENHOLTZ W G, HILMAS G E, TALMY I G, et al. Refractory diborides of zirconium and hafnium[J]. Journal of the American Ceramic Society, 2007, 90(5): 1347-1364.

[5] ZHANG X H, XU L, DU S Y, et al. Preoxidation and crack-healing behavior of ZrB_2-SiC ceramic composite[J]. Journal of the American Ceramic Society, 2008, 91(12): 4068-4073.

[6] CHAMBERLAIN A L, FAHRENHOLTZ W G, HILMAS G E, et al. High strength ZrB_2-based ceramics[J]. Journal of the American Ceramic Society, 2004, 87(6): 1170-1172.

[7] 张启运，庄鸿寿. 焊接手册[M]. 2版. 北京：机械工业出版社，2008.

[8] 杨敏旋. 原位自生TiB晶须增强 Al_2O_3/TC4钎焊接头组织结构及性能研究[D]. 哈尔滨：哈尔滨工业大学，2012.

[9] KOVALEV S P, MIRANZO P, OSENDI M I. Finite element simulation of thermal residual stresses in joining ceramics with thin metal interlayers[J]. Journal of the American Ceramic Society, 1998, 81(9): 2342-2348.

[10] LIN T, EVANS A G, RITCHIE R O. Stochastic modeling of the independent roles of particle-size and grain-size in transgranular cleavage fracture[J]. Metallurgical Transactions A, 1987, 18(4): 641-651.

[11] 刘玉章. TiNiNb系钎料及其对复合材料与活性金属的钎焊机理研究[D]. 哈尔滨：哈尔滨工业大学，2011.

[12] CACCIAMANI G, RIANI P, VALENZA F. Equilibrium between MB_2 (M = Ti, Zr, Hf) UHTC and Ni: A thermodynamic database for the B-Hf-Ni-Ti-Zr system[J]. Calphad-Computer Coupling of Phase Diagrams and Thermochemistry. 2011, 35(4): 601-619.

[13] SALPADORU N, FLOWER H. Phase equilibria and transformations in a Ti-Zr-Si system[J]. Metallurgical and Materials Transactions A, 1995, 26(2): 243-257.

[14] 沈观林，胡更开. 复合材料力学[M]. 北京：清华大学出版社，2006.

第8章　氧化铝/TC4连接接头原位晶须强化技术

8.1　陶瓷一金属异种材料连接主要问题及研究现状

随着近代科学技术的飞跃发展，电子工业、核能、航天航空等高新技术领域对工程材料的要求越来越高。金属材料作为工程材料的主导，已无法满足某些特种条件下对结构材料特殊性能的需求，例如金属材料的力学性能在高温下将大幅下降；而陶瓷作为另一种重要的工程材料，虽因具有高熔点、耐高温、耐腐蚀、耐磨损、抗辐射、耐高频高压绝缘等特殊性能而被广泛应用于当代高新技术领域，但其本身脆性高、韧性差等特性却易造成陶瓷零件加工性差，单独使用时抵抗应力和冲击载荷差等不良后果。在此背景下，陶瓷材料与具有良好塑性、韧性的金属材料的连接一直是工程材料应用研究的重点，也是生产和制造陶瓷产品的关键技术之一。

目前，发达国家已将陶瓷与金属连接技术列为科研的前沿课题，我国也已将陶瓷与金属连接项目列入“863”高新科技，成为科研和高等院校试验研究的热门课题。在过去几十年中，针对金属和陶瓷的连接需求，国内外研究者开发了包括机械连接、黏结、高能束焊、摩擦焊、超声连接、微波连接、表面活化连接、自蔓延高温合成连接、局部过渡液相连接、钎焊、扩散连接等在内的多项连接技术。其中，钎焊是通过熔化的钎料润湿被连接材料而形成接头，其连接过程中被连接母材可不熔化，在连接性能差异较大的材料和对熔化敏感的材料等方面具有独特优点，被广泛应用于陶瓷与金属材料的连接。

由于陶瓷材料与金属材料在化学键型、微观结构、物理性质和力学性能等方面存在极大差异，二者的钎焊连接主要存在润湿难与接头应力大的两大难题。目前，金属钎料在陶瓷表面的润湿性能已通过向钎料中添加活性元素得以改善，但如何缓解陶瓷/金属钎焊接头中存在的残余应力仍是实现陶瓷和金属高质量连接的最大难题。

根据陶瓷/金属钎焊接头残余应力产生的根源：一方面是陶瓷和金属间的物性不匹配，尤其是陶瓷与金属之间的热膨胀系数、弹性模量等性质差异大，使得陶瓷与金属的结合区形成较大应力梯度；另一方面是陶瓷的高强度、高硬度和高弹性模量，使得陶瓷/金属钎焊接头中产生的残余应力不易释放。目前，除了接头结构设计外，较为常用的缓解接头残余应力的方法主要包括：

（1）低温连接，在尽量低的温度条件下连接，缩小陶瓷和金属的变形差异，有效地控制残余变形和应力。

（2）采用软钎料，软钎料的屈服强度低，可通过钎料本身的塑性变形，较好地缓解陶瓷和金属由热膨胀系数差异而引起的应力梯度。

（3）添加中间层法，添加的中间层包括软性中间层、硬性中间层和软/硬复合中间层，软性中间层的延展性较好，夹在金属钎料与陶瓷之间可以吸收或释放接头中产生的残余应力；硬性中间层的弹性模量较高，夹在金属钎料与陶瓷之间可通过调节陶瓷与金属间的弹性模量和热膨胀系数来缓解接头的残余应力；软/硬复合中间层则结合二者的优点，通过对接头应力的吸收、释放及调节达到缓解接头残余应力的目的。

(4)接头复合化法，通过向金属钎料中引进弹性模量高、热膨胀系数低的陶瓷颗粒、硬金属颗粒和纤维等作为增强相，形成复合或具有梯度结构中间层的接头界面。通过适当降低钎缝的热膨胀系数，提高其弹性模量，减小钎缝与陶瓷材料之间热膨胀系数和弹性模量的差异，减缓接头的残余应力；同时，增强相的引入也有利于强化、韧化接头，从而吸收更多的热应力，降低了接头的残余应力。

低温连接和软钎料方法存在钎料熔点低、高温软化等问题，难以满足高温应用需求；中间层方法限制了接头的连接形式，限制了复杂结构工程构件的制备；而接头复合化法的操作简单、成本低、接头可设计性强、适用范围广，成为目前陶瓷和金属连接的主流方法之一。

根据增强相的添加形式，接头复合化法可分为直接添加法和原位生成法。前者是指直接向钎料中添加增强相，且增强相在钎焊过程中不与钎料反应，并以最终形态存在于接头中；后者则是通过控制钎焊过程中的化学反应以及熔体的生长，原位生成陶瓷或类陶瓷增强相，从而实现对基体材料增强。相比于直接添加法，原位生成的增强相通过反应直接合成生长于基体中，不仅增强增强相与基体的相容性，而且还避免了外加增强相带来的污染、增强相与基体界面之间的化学反应。另外，原位自生增强相的尺寸可控，在基体中的分布均匀且合成的工艺易控制。同时，利用原位合成法还可生成传统上不能获得的增强相，丰富了增强相的选择范围。因此，原位生成增强相的方法对获得高质量的钎焊接头具有极为重要的意义。

8.2　原位自生 TiB 晶须增强 Al_2O_3/TC4 合金钎焊接头的可行性

原位自生 TiB 晶须增强 Al_2O_3/TC4 合金钎焊接头，其基本原理是在钎焊过程中通过外加 B 源(如 B 粉、TiB_2等)与活性元素 Ti(钎料本身或 TC4 母材溶解提供)反应原位生成 TiB 晶须，利用晶须调节钎缝的热膨胀系数并增强、增韧钎缝，从而提高钎焊接头的综合性能。其实现前提是 TiB 晶须在钎缝中的形成在热力学上是可能的，在动力学上速度是可观的。下面将从热力学和动力学两个方面，分析钎缝中原位自生 TiB 晶须的可行性。

8.2.1　热力学分析

B 源的添加一般采用在钎料中添加 B 或者 TiB_2 粉末而制成复合钎料的方式，也可采用其他特殊方式引入，如在钎料箔片或母材表面镀含 B 镀层。在钎焊过程中，Ti 和 B(或 TiB_2)可能存在如下化学反应：

$$Ti+B \longrightarrow TiB \tag{8.1}$$

$$Ti + 2B \longrightarrow TiB_2 \tag{8.2}$$

$$TiB_2 + Ti \longrightarrow 2TiB \tag{8.3}$$

根据热力学计算结果，上述反应的吉布斯自由能在 500～1 000 ℃范围内均为负值，即理论上反应均可发生；但式(8.2)的吉布斯自由能远低于式(8.1)的吉布斯自由能，这说明 B 和 Ti 之间的反应将优先生成 TiB_2。但是，反应体系中存在的平衡相受温度和成分的影响，根据 Ti－B 二元相图(图 8.1)，只要钎焊过程中钎缝内 B 的质量分数低于 18.5%，先生成的 TiB_2 在 Ti 元素过量的环境下，将通过式(8.3)生成 TiB，钎缝中即可生成稳定的 TiB 增强相；相反，当复合钎料体系中 B 元素过多时，钎缝中将会出现 TiB_2。

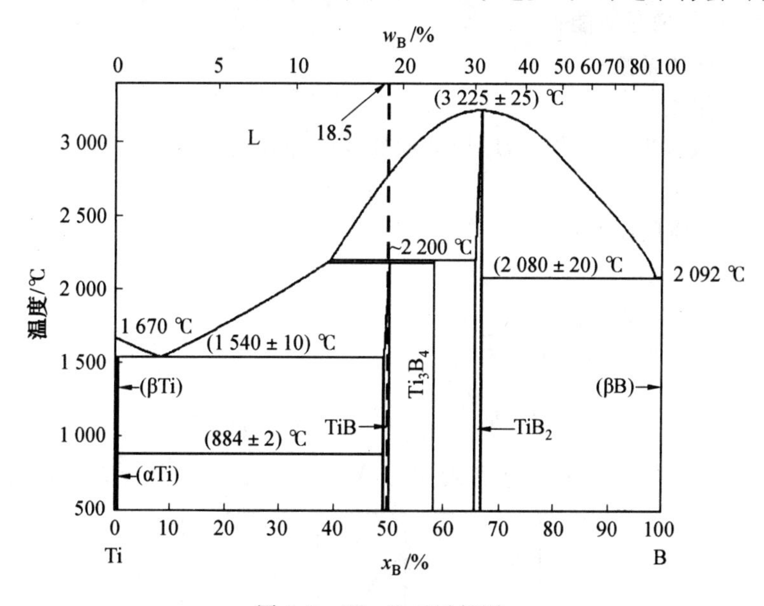

图 8.1　Ti－B 二元相图

8.2.2　动力学分析

在钎焊过程中，TiB 晶须的形成不仅受热力学因素影响，其生长动力学也是重要影响因素之一。根据 Dybkov 等建立的描述互不相溶的两单质 A 与 B 形成化合物 A_mB_n 的固态生长动力学反应扩散模型。A_mB_n 固态生长受两个同时进行的反应控制，如图 8.2 所示，A 原子扩散通过 A_mB_n，在 A_mB_n/B 界面处与 B 原子的反应为

$$m\text{A}\,(\text{扩散}) + n\text{B}\,(\text{表面}) = \text{A}_m\text{B}_n \tag{8.4}$$

同时，B 原子扩散通过 A_mB_n，与 A/A_mB_n 界面处 A 原子的反应，即

$$n\text{B}\,(\text{扩散}) + m\text{A}\,(\text{表面}) = \text{A}_m\text{B}_n \tag{8.5}$$

虽然以上两个反应的物质一样，但因参加反应的物质为扩散原子或者表面原子，故式(8.4) 和式 (8.5) 是不同的。

假设整个反应扩散过程由原子扩散控制，且扩散过程为稳态时，A_mB_n 层生长的动力学可描述为

$$x^2 = 2\left(D_B \frac{C_{B2} - C_{B1}}{C_{B1}} + D_A \frac{C_{A1} - C_{A2}}{C_{A2}}\right) t \tag{8.6}$$

式中　D—— 扩散系数；

C—— 浓度；

A、B—— 反应物；

1、2—— 界面。

式（8.6）中的扩散系数 D 与温度的关系可由 Arrhenium 方程表示为

$$D = D_0 \exp\left(-\frac{Q^{\mathrm{D}}}{RT}\right) \tag{8.7}$$

式中　D_0—— 扩散常数；

Q^{D}—— 扩散激活能；

R—— 气体常数；

T—— 温度。

此外，由扩散过程控制的 A_mB_n 层的抛物线生长方程为

$$x = k t^{1/2} \tag{8.8}$$

式中　x—— 反应层厚度；

t—— 反应时间；

k—— 反应物的生长速率。

将式（8.8）代入式（8.6）中即得

$$k^2 = 2\left(D_{\mathrm{B}} \frac{C_{\mathrm{B2}} - C_{\mathrm{B1}}}{C_{\mathrm{B1}}} + D_{\mathrm{A}} \frac{C_{\mathrm{A1}} - C_{\mathrm{A2}}}{C_{\mathrm{A2}}}\right) \tag{8.9}$$

由式（8.9）可看出 $\mathrm{A}_m\mathrm{B}_n$ 的生长速率与 A、B 原子通过 $\mathrm{A}_m\mathrm{B}_n$ 层的扩散有关。

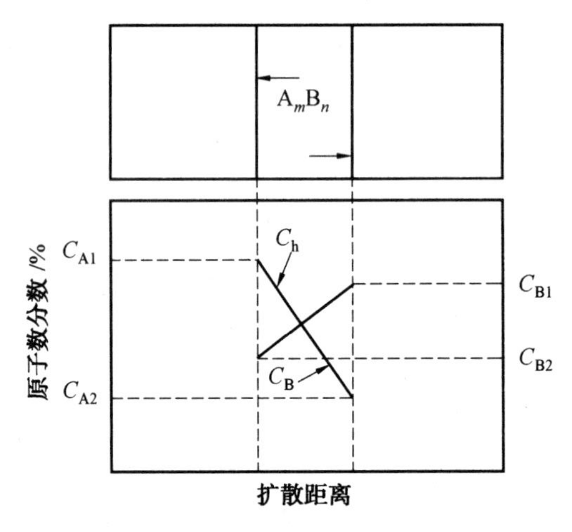

图 8.2　$\mathrm{A}_m\mathrm{B}_n$ 层生长的反应扩散模型

在钎焊过程中，TiB_2 或 TiB 原位自生的环境是熔融的液相金属基钎料，Dybkov 的反应扩散模型中参加反应的物质均为固体。根据 Ti－B 二元相图，Ti 和 B 元素之间几乎不互溶，且 TiB 应是 B 原子向液态钎料中的 Ti 扩散而成的，因此可做如下假设：钎缝由 B 原子扩散生成 TiB_2、TiB 的过程属稳态扩散；TiB 由 TiB_2 中的 B 原子扩散，即反应 TiB_2＋Ti ⟶ TiB 生成；TiB 的形成过程只发生 B 原子向 Ti 中扩散，不发生或只有极少量 Ti 向 B 中扩散，故可忽略 Ti 向 TiB_2 和 TiB 中的扩散。

基于以上假设，即可利用 Dybkov 所建立模型对钎焊过程 TiB_2 和 TiB 形成的动力学进行研究。图 8.3 所示为采用 AgCuTi+B 复合钎料钎焊连接 Al_2O_3 与 TC4 合金时，钎缝中 B 原子向 Ti 中扩散的两个连续过程：B 原子扩散通过 TiB_2，与 TiB_2/Ti 界面处的表面原子 Ti 发生式 (8.10) 的反应，即

$$\text{B (扩散)} + \text{Ti (表面)} = \text{TiB}_2 \tag{8.10}$$

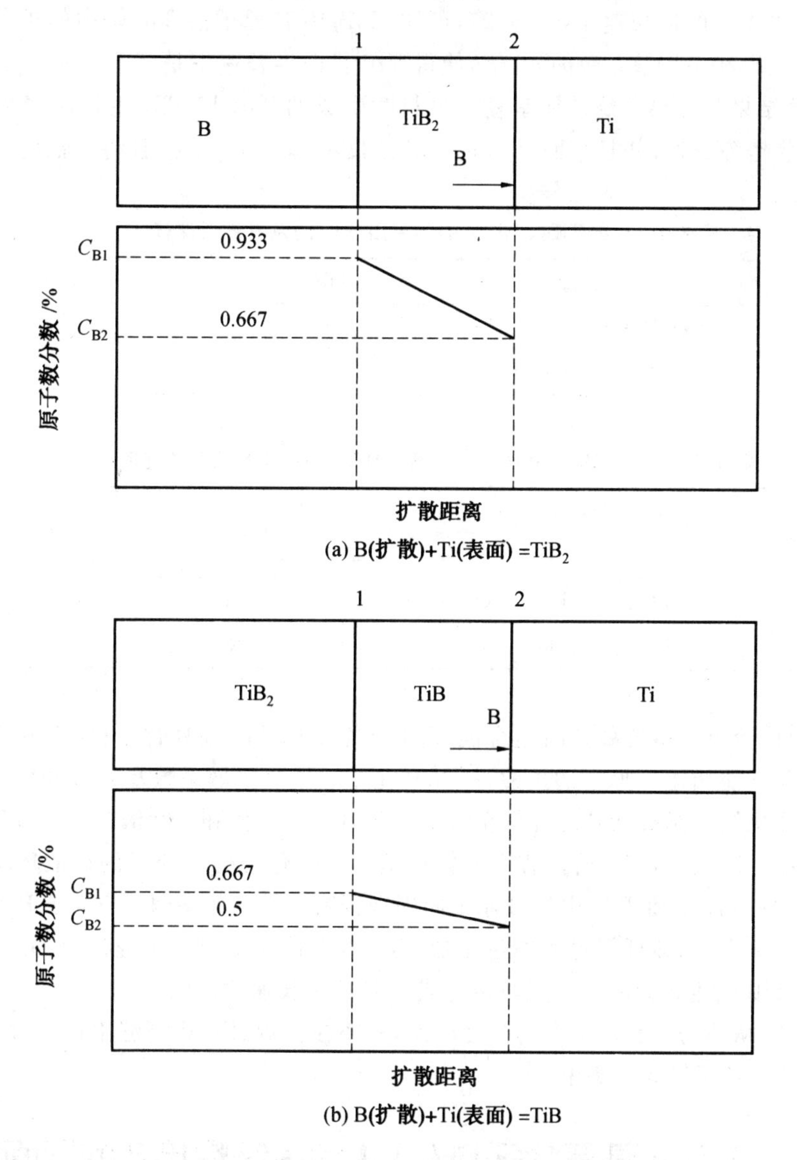

图 8.3　TiB_2 和 TiB 的生成反应示意图

B 原子在 TiB 中扩散，与 TiB/Ti 界面处表面原子 Ti 按式 (8.11) 发生反应，即

$$\text{B (扩散)} + \text{Ti (表面)} = \text{TiB} \tag{8.11}$$

由于建立钎焊过程 TiB 的生长模型时，Ti 向 TiB、TiB_2 中的扩散量已忽略，故式 (8.9) 可精简为

$$k^2 = 2\left(D_B \frac{C_{B2} - C_{B1}}{C_{B1}}\right) \tag{8.12}$$

由于扩散系数受温度的影响，采用 AgCuTi 钎料的熔化温度 790 ℃作为下限，常用钎焊温度 900 ℃作为上限分别研究 B 原子扩散对 TiB 和 TiB_2 生长的影响。根据文献中提供的数据(表 8.1)、式(8.7) 和式(8.12)，可得不同温度下 B 原子在 TiB_2 和 TiB 中的扩散系数及 TiB_2 和 TiB 的生长速率(表 8.2)，可知：TiB_2 中 B 原子沿 TiB 轴向的扩散系数约为 B 原子在 TiB_2 相中扩散系数的 45 倍，使得 TiB 径向生长速率是 TiB_2 轴向生长速率的 6 倍。该计算结果与在热压烧结钛基复合材料时生成的 TiB 与 TiB_2 生长速率及 B 原子在其中的扩散趋势一致，并且表明 TiB 的生长速度将远大于 TiB_2，且将沿轴向择优生长为晶须形状。

表 8.1　B 在 TiB_2、TiB 中的频率因子(D_0)及其激活能(Q^D)

变量	TiB_2	TiB
$D_0/(\times 10^{-8}\ m^2 \cdot s^{-1})$	6.807	437.6
$Q^D/(kJ \cdot mol^{-1})$	187.1	190.4

表 8.2　B 在 TiB_2、TiB 中扩散系数(D)及 TiB_2、TiB 的生长速率(k)

温度/℃	$D/(\times 10^{-16}\ m \cdot s^{-1})$		$k/(\times 10^{-8}\ m \cdot s^{-1/2})$		$D_B^{TiB} / D_B^{TiB_2}$	k_{TiB} / k_{TiB_2}
	TiB_2	TiB	TiB_2	TiB		
790	0.43	19.06	0.586	3.568	44.33	6.09
900	3.14	143.88	1.583	9.804	45.82	6.19

此外，尚俊玲等利用自蔓延高温合成 TiB 制备 TiB_w/Ti 基复合材料时，发现高温使得钛基体熔化从而加速 B 原子的扩散，使得 B 在 TiB 中的扩散系数及 TiB 的生长速度分别是利用热压烧结法制备钛基复合材料时生成 TiB 的 8 万倍和 280 倍。钎焊过程中温度虽与热压烧结温度接近，但钎焊过程金属钎料基体的熔化使得 B 原子的扩散环境也为液态，故 B 粉中的 B 原子和 TiB_2 中的 B 原子向周围钎料扩散的频率因子应大于 B 原子在固相扩散中的频率因子，即钎焊过程原位生成 TiB 的生长速率应大于理论值，并介于自蔓延高温合成 TiB 的生长速率和热压烧结合成 TiB 的生长速率之间。

综上所述，从热力学和动力学的角度出发，只要在钎焊过程中钎缝中存在过量的 Ti，TiB 即可原位自生于钎焊接头中。

8.3　Al_2O_3/Ag 基复合钎料/TC4 合金钎焊接头的界面行为

Ag 基钎料熔点低、蒸气压低、工艺性好、强度与韧性兼备、导电性和导热性良好，是目前应用最为广泛的钎料之一。本节将以 Ag 基复合钎料为例，分析 Al_2O_3/TC4 接头典型微观组织，揭示钎料成分、钎焊工艺对微观组织的影响规律，阐明接头界面组织形成机制及演变机理，为实现原位自生 TiB 晶须的含量和分布控制、接头的界面组织优化和接头残余应力缓解提供支撑。除特殊说明外，本节中的 AgCuTi 钎料均指 Ag－26.4%Cu－4.5%Ti(质量比)共晶钎料。

8.3.1　Al_2O_3/TC4 合金钎焊接头典型界面组织分析

图 8.4 所示为在钎焊温度 900 ℃、保温时间 10 min 时 Al_2O_3 与 TC4 合金钎焊接头的界面组织。复合钎料采用的是添加 B 粉末的 AgCuTi 共晶粉，其中 B 粉末的添加量可使接头中原位生成体积分数为 40%的 TiB。由图可见，钎料与母材均形成良好的冶金结合，接头中无裂纹、微孔等缺陷存在。为便于分析，根据组织形貌可将接头分为 4 部分：即靠近 Al_2O_3 侧的Ⅰ区；紧邻Ⅰ区的Ⅱ区；分布有黑色针状晶须的Ⅲ区及 TC4 合金侧的Ⅳ区。

图 8.4(b)所示为接头中Ⅰ、Ⅱ区的高倍放大图，可看出Ⅰ区主要由灰色 A 相组成；Ⅱ区主要由灰色 B 相、灰黑色 C 相、分布于 B 相晶界处的黑色 G 相及少量的白色 D 相组成。图 8.4(c)所示为钎缝的Ⅲ区放大图，主要由白色 D 相、浅灰色 E 相、灰色 B 相及弥散分布于三相上的黑色针状 J 相组成。图 8.4(d)所示为 TC4 合金侧Ⅳ区放大，由灰色 F 相、黑色 G 相及花纹组织 H 相组成。

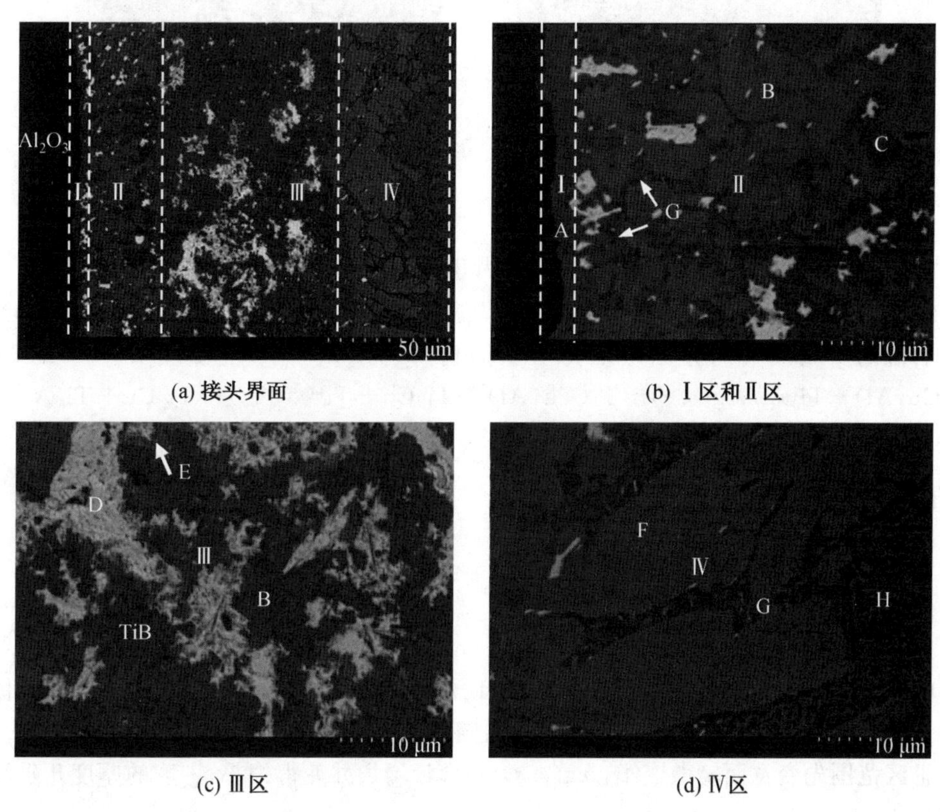

图 8.4　Al_2O_3/AgCuTi+B/TC4 合金钎焊接头的微观组织

($\varphi_{TiB}=40\%$，$T=900$ ℃，$t=10$ min)

通过能谱和 Ag－Cu－Ti、Ti－B 相图分析可知：Al_2O_3 侧Ⅰ区中的 A 相为 $Ti_3(Cu,Al)_3O$，是由 Al_2O_3 溶出的 Al 原子固溶于 Ti_3Cu_3O 中的 Cu 生成的。Ⅱ区中的 B 相和 C

相分别为 Ti_2Cu 和 $Ti_2(Cu,Al)$，由于 Al 元素的固溶造成 $Ti_2(Cu,Al)$ 相衬度比 Ti_2Cu 相大，黑色相 G 为 Ti_3Al。Ⅲ区中的白色 D 相为 Ag 基固溶体 Ag(s. s)，灰黑色 E 相为 Ti(Cu,Al)，而均匀分布在 Ag(s. s)、Ti(Cu,Al) 和 Ti_2Cu 上的针状黑色相 J 由 Ti、B 元素构成。TC4 合金侧的Ⅳ区中灰色大块 F 相为 Ti_2Cu，其晶界处分布的黑色 G 相为 Ti_3Al；花纹状组织 H 相为过共析组织（αTi）+ Ti_2Cu，该相由高温时钎料中的 Cu 元素向 TC4 合金中扩散固溶，又因 Cu 的极限固溶度在降温时降低而析出形成的。J 相中的硼含量较高，由于硼为轻元素，难以通过 EDS 能谱确定具体成分比例。因此，采用透射电子显微镜对 J 相进行分析，结果表明 J 相是沿[$1\bar{2}2$]晶带轴生长，并以晶须形式存在于接头中的 TiB(图 8.5)。

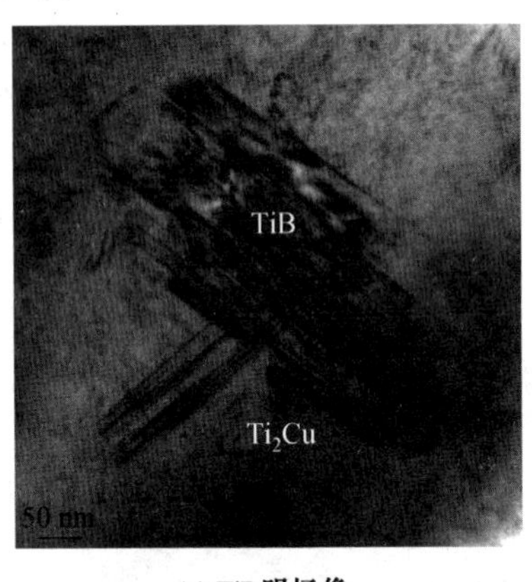

(a) TiB明场像

(b) 电子衍射花样

图 8.5　Al_2O_3/AgCuTi+B/TC4 合金钎焊接头中原位生成的 TiB 截面的 TEM 形貌

综上，采用 AgCuTi+B 复合钎料在钎焊温度 900 ℃、保温 10 min 下钎焊 Al_2O_3 与 TC4 合金时所获接头的界面组织为层状结构，即为 $Al_2O_3/Ti_3(Cu,Al)_3O/Ti_2Cu+Ti_2(Cu,Al)+Ti_3Al$/Ag(s. s)+Ti(Cu,Al)+$Ti_2Cu$+TiB/(αTi)+$Ti_2Cu+Ti_3Al$/TC4 合金。

8.3.2　接头界面组织的演变规律

1. 钎料成分对接头界面组织的影响

(1)B 含量的影响。

图 8.6 所示为钎焊温度 900 ℃、保温 10 min 时采用不同 B 体积分数的复合钎料钎焊 Al_2O_3 与 TC4 合金所得到的接头界面组织，B 粉的添加量可分别在接头中理论生成体积分数为 10%～50%的 TiB 晶须。由图可知：随 B 粉添加量增多，TiB 晶须生成量增大；接头中Ⅲ区范围先变宽而轻微变小，Ag(s. s) 的含量增加并变得细小；Ⅰ区的厚度几乎没有发生变化。

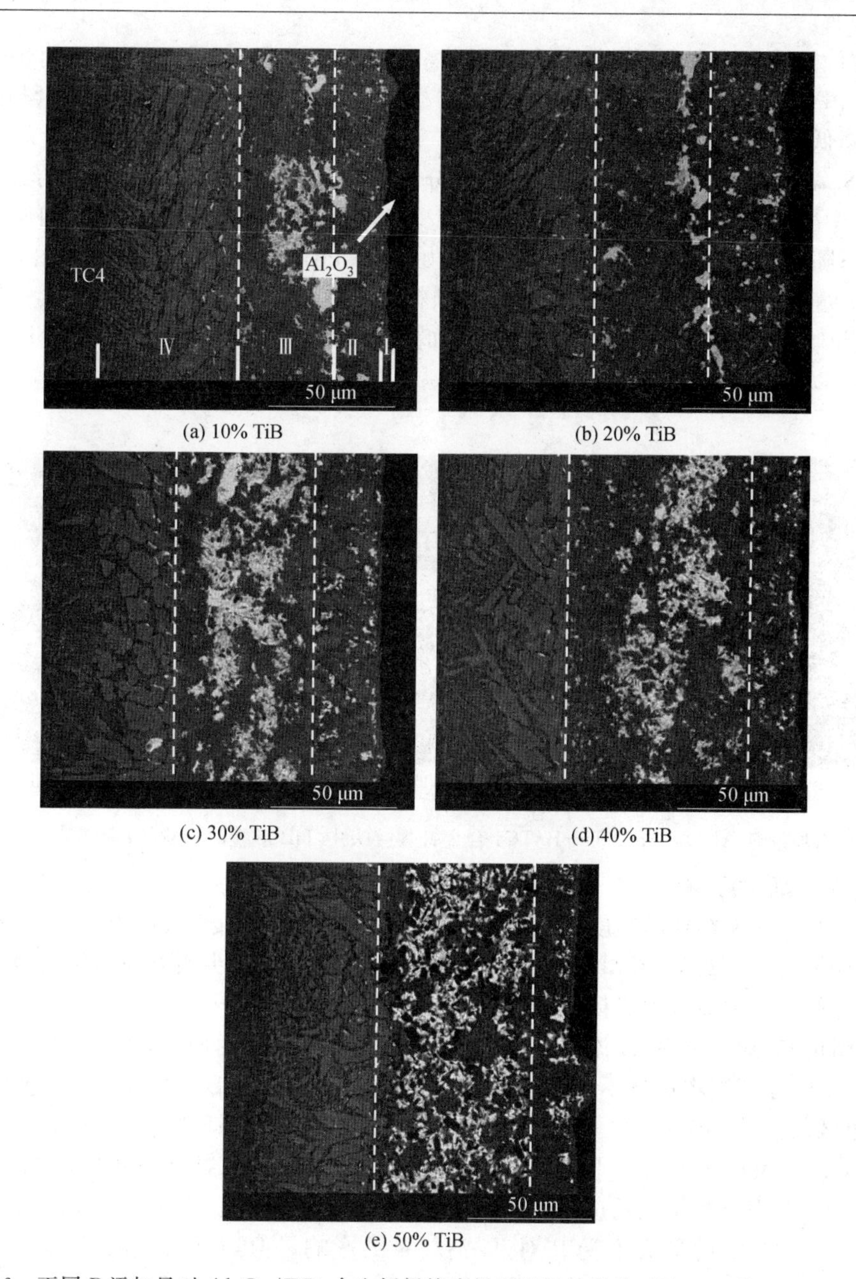

(a) 10% TiB　(b) 20% TiB　(c) 30% TiB　(d) 40% TiB　(e) 50% TiB

图 8.6　不同 B 添加量对 Al_2O_3/TC4 合金钎焊接头界面组织的影响（T=900 ℃，t=10 min）

根据钎缝中各元素之间的偏摩尔焓（Ag－Ti：25，Cu－Ti：－10，Ag－Cu：23，B－Ti：－42，单位 kJ/mol）可知，B 元素与 Ti 元素极易结合，而 Ag 元素与 Ti 元素之间则相互排斥。随着钎料中 B 粉添加量增加，钎缝中 Ti 的消耗量将增大，Ti 对 Ag 的排斥作用减弱，因此保留在Ⅲ区的 Ag(s. s)增加。同时，TiB 晶须是在钎料熔化后开始形成的，而 Ag(s. s)形成是在钎缝的凝固阶段，TiB 分布在 Ag(s. s)晶界并阻碍 Ag(s. s)长大，从而使得Ⅲ区中 Ag(s. s) 变得更加均匀细小。此外，根据晶体学理论及 TiB（a=0.612，b=0.306，c=0.456）与 TiCu（a=0.311，b=0.311，c=0.589）之间的晶格匹配度，TiB 可作为 Ti(Cu，Al) 的形核质点，故Ⅲ区中 Ti(Cu，Al) 也随 TiB 生成量的增加而变得细小。然而，如图 8.6(e)所示，当 B 粉含量过高时，钎缝中的 Ti 含量由于反应而快速减少，虽然 Ti－Ag 排斥作用减弱而使得 Ag(s. s) 生成量增加，但 Ti(Cu，Al) 生成量却因 Ti 量减少而降低，最终使得钎缝中由 Ag(s. s) 与 Ti(Cu，Al) 构成的Ⅲ区变窄。

图 8.7 所示为采用添加不同 B 粉体积分数的银基复合钎料钎焊 Al_2O_3 与 TC4 合金时，接头中生成 TiB 的形貌。当 B 添加量较少时，接头中生成的 TiB 晶须均匀而细小(图 8.7(a))；随着 B 添加量继续增加，接头中开始出现 TiB_2 未完全反应的痕迹(图 8.7(b))；而 B 添加量过高时，接头中则出现了 TiB_2 颗粒(图 8.7(c))。当钎焊工艺参数一定时，钎缝中的 Ti 含量是一定的，随着钎料中 B 添加量的增加，Ti 消耗量增多，故当 Ti 含量被消耗至不足以与 TiB_2 反应时，无法满足 $TiB_2 + Ti \longrightarrow TiB$ 发生的必要条件，接头中出现 TiB_2。

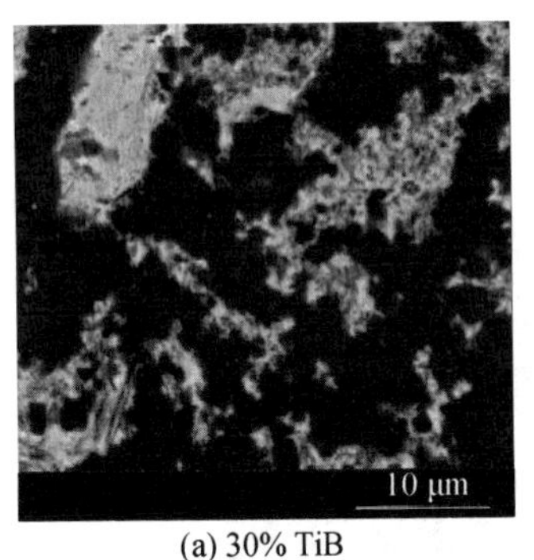

(a) 30% TiB

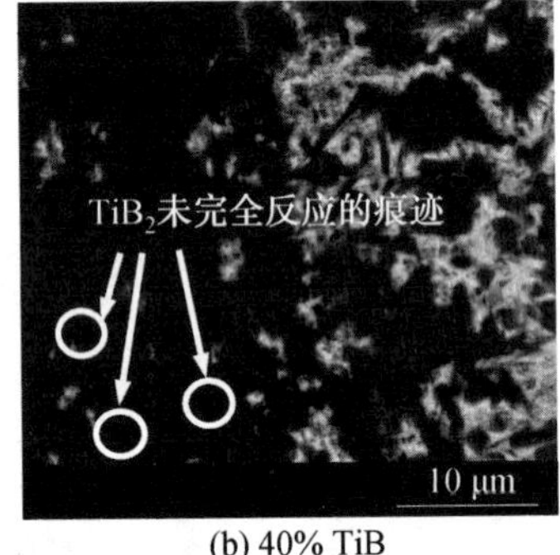

(b) 40% TiB

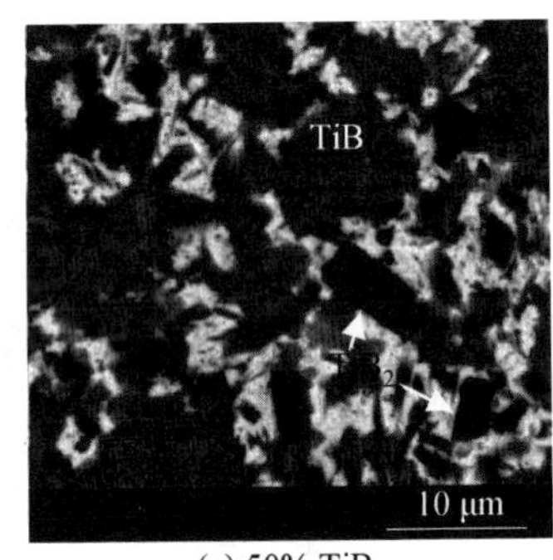

(c) 50% TiB

图 8.7　B 添加量对 Al_2O_3/AgCuTi+B/TC4 合金钎焊接头中 TiB 形貌的影响（T=900 ℃，t=10 min）

(2)Ti 含量的影响。

图 8.8 所示为在钎焊温度 900 ℃、保温 10 min 下，采用 AgCuTi+B+ xTi ($w(x)$ = 0、5%、10%、15%、20%)钎料钎焊 Al_2O_3 与 TC4 合金所获接头的界面组织，钎料中 B 的添加量可使接头中原位生成体积分数为 20%的 TiB 晶须。

由图可知：随钎料中 Ti 添加量增大，Al_2O_3 侧的Ⅰ区厚度增加；当 Ti 质量分数增至 15%时，Ⅰ区厚度基本保持不变。结合前文中Ⅰ区并没有随 B 添加量增加而减薄，可解释为：Ⅰ区的 $Ti_3(Cu,Al)_3O$ 是由 Al_2O_3 释放的 O、Al 原子和钎料中富集在 Al_2O_3 表面的 Ti 和 Cu 原子反应生成的。Ⅰ区厚度受 Ti、Cu、Al 和 O 元素共同作用的影响，$Ti_3(Cu,Al)_3O$ 与 TiB 在钎料熔化后应该是同时开始形成的，而且还有 TC4 合金提供的 Ti 元素，故 $Ti_3(Cu,Al)_3O$ 的形成不受 B 对 Ti 消耗量的影响。但当钎料中的 Ti 含量增多时，Al_2O_3 侧在初始阶段时的 Ti 含量较高，从而 $Ti_3(Cu,Al)_3O$ 的生成速度加快，厚度增加。当Ⅰ区增至一定厚度时，Al_2O_3 通过扩散释放的 Al 和 O 的速度降低，因此当钎料中的 Ti 质量分数超过 15%时，Ⅰ区停止增厚。

当钎料中的 Ti 添加量增加时，钎缝中Ⅱ区厚度则是先增加后减小，当 Ti 质量分数为 10%时，Ⅱ区厚度最大；Ⅳ区的厚度随着 Ti 含量的增加而减薄。当钎料中 Ti 质量分数低于 10%时，钎料中有足量的 Cu 与 Ti 反应，使 Ti－Cu 化合物的生成量增加；而当 Ti 质量分数大于 10%时，因为钎料中 B 粉和 AgCu 粉+Ti 粉的含量是一定的，当 Ti 添加量增加时，AgCu 粉的含量就减少，Cu 的含量也减少，所以生成的 Ti－Cu 化合物含量减少，由 Ti_2Cu 和 $Ti_2(Cu,Al)$构成的Ⅱ区减薄。同时，当钎缝中的 Ti 消耗量减小时，TC4 合金的

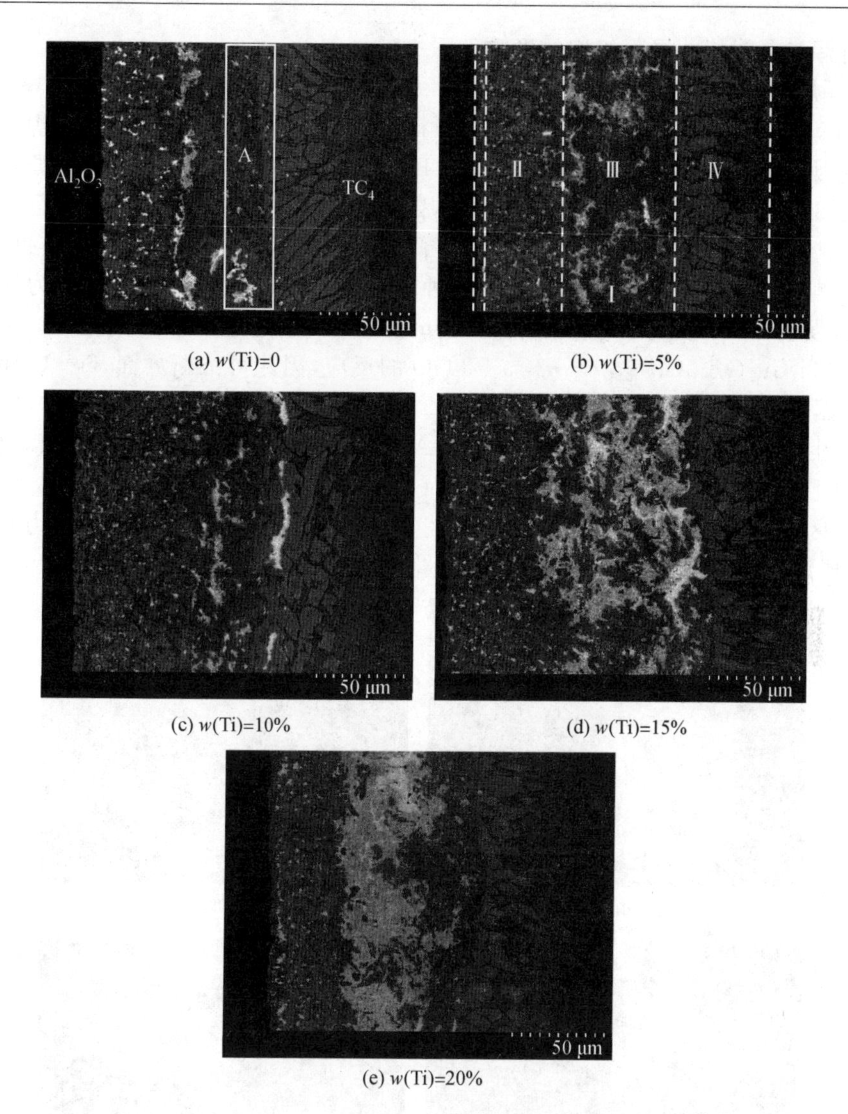

(a) w(Ti)=0　(b) w(Ti)=5%

(c) w(Ti)=10%　(d) w(Ti)=15%

(e) w(Ti)=20%

图 8.8　Ti 质量分数对 Al_2O_3/TC4 合金钎焊接头界面组织的影响（T=900 ℃，t=10 min）

溶解量也减小，加之钎料中的 Cu 含量减小，固溶于 TC4 合金中的 Cu 含量也减小，最终导致钎缝中的Ⅳ区也减薄。

由图 8.8 还可看出，随钎料中 Ti 添加量的增加，钎缝Ⅲ区中的 Ag(s. s)生成量增加并且发生聚集，Ti(Cu，Al) 生成量减少。这是因为钎缝中 Cu 量随 Ti 添加量的增加而减少，所以生成的 Ti(Cu，Al) 量减少；钎料中 Ti 添加量的增多将引起钎料铺展能力下降，Ag 液相不易挤出，使得钎缝中的 Ag(s. s) 量增加；而钎缝中 Ti 元素对 Ag 元素排斥作用增强，使得液相聚集而最终生成块状的 Ag(s. s)。当钎料不添加 Ti 粉时，图 8.8(a)所示钎缝的 A 区出现 TiB_2颗粒，而在添加 Ti 粉的钎料所获钎缝中没有出现 TiB_2颗粒，此现象再次证明了过量的 Ti 环境是 TiB_2向 TiB 转变的必要条件。钎料中的 Ti 添加量越多，TiB_2/Ti 界面间的接触越充分，TiB_2中 B 原子向 Ti 中越易扩散，TiB 越易生成。

2. 钎焊工艺对接头界面组织的影响

(1)钎焊温度的影响。

图 8.9 所示为采用 AgCuTi+B 复合钎料在不同温度下保温 10 min 钎焊 Al_2O_3 与 TC4 合金所得接头的界面组织,复合钎料中 B 的添加量可使接头在钎焊过程原位生成体积分数为 20%的 TiB 晶须。在陶瓷界面处,随钎焊温度升高,Ⅰ区逐渐减薄且变得不连续。图 8.10 所示为图 8.9(d)中接头 Al_2O_3 侧的界面放大图和元素线扫描结果,表明紧邻 Al_2O_3 侧反应层的主要成分为 Ti、O 两种元素。Kar 等采用 Ti_3Cu_3O 作为钎料钎焊 Al_2O_3 时,发现 Al_2O_3 侧有 TiO 生成;而 Carim 和 Mohr 也通过采用 Ti_3Cu_3O 钎焊 Al_2O_3,并提出了 $Ti_3Cu_3O+2O_{(氧化铝)} \longrightarrow 3Cu+3TiO$ 的反应,因此可推断界面 Ti—O 化合物为 TiO。根据图 8.9,只有当钎焊温度高于 900 ℃时,先形成的 $Ti_3(Cu,Al)_3O$ 才可与 Al_2O_3 继续反应生成 TiO,这是因为较高的温度下 Al_2O_3 更易向钎料释放 Al、O 元素,这也解释了接头中Ⅰ区随钎焊温度升高逐渐减薄进而变得不再连续的现象。由于生成的 TiO 使接头中Ⅰ区的硬度和弹性模量增大,因此产生较大的残余应力并使得残余应力释放较困难,当钎焊温度升高至 950 ℃时,Al_2O_3 侧发生开裂,如图 8.9(e)中 B 区所示。

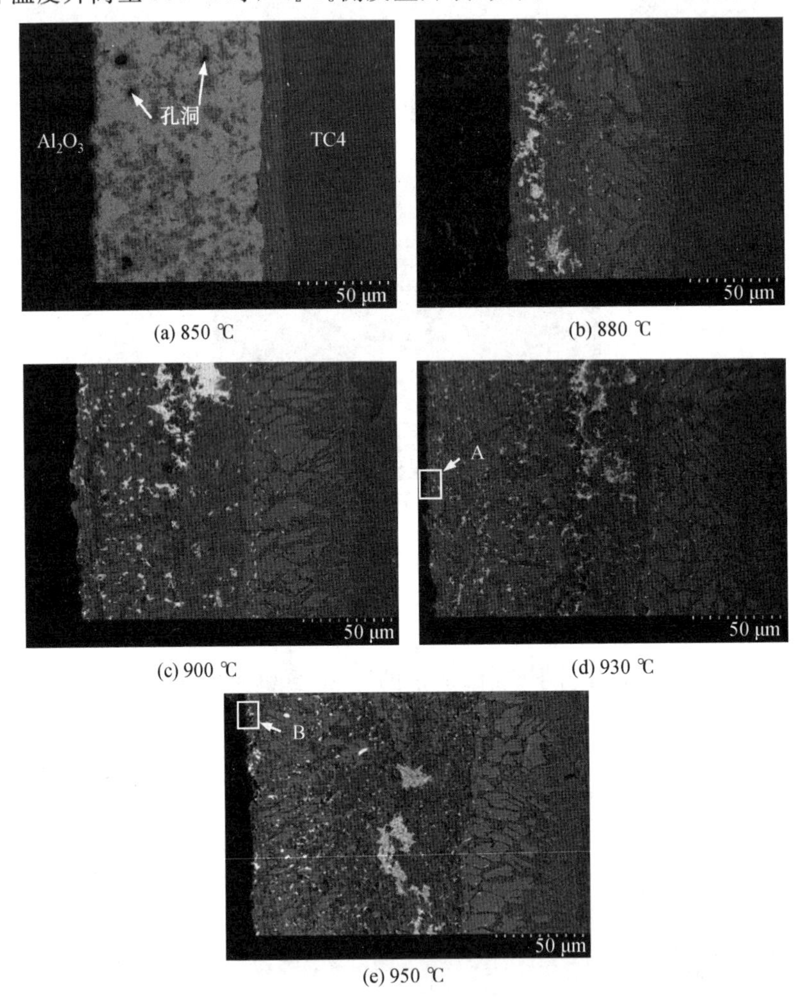

图 8.9 不同钎焊温度下的 Al_2O_3/TC4 合金钎焊接头界面形貌(t=10 min)

(2)钎焊时间的影响。

钎焊时间的影响与钎焊温度基本一致。当没有保温时，由于钎缝中的原子没有扩散充分就开始凝固，接头界面组织均匀性较差，钎缝中局部出现大片Ag(s.s)。随保温时间延长，接头界面组织开始逐渐变得均匀。随保温时间延长，TC4合金向钎缝中扩散溶解的Ti、Al含量增加，钎缝中TiCu和Ti(Cu,Al)生成量减少，而Ti_2Cu和$Ti_2(Cu,Al)$生成量增加；Ⅰ区逐渐减薄并随之变得不连续；由Ti_2Cu和$Ti_2(Cu,Al)$组成的Ⅱ区增厚，且其中$Ti_2(Cu,Al)$所占比例增大，当保温时间增至30 min时，Ⅱ区中出现裂纹；TiB晶须分布的Ⅲ区宽度没有改变，其中的Ti(Cu,Al)也并没有完全转变为$Ti_2(Cu,Al)$，且仍然存在于Ⅲ区。其中，Ⅰ区减薄并变得不连续也是因为在较长的保温时间下发生$Ti_3Cu_3O+2O_{(氧化铝)} \longrightarrow 3Cu+3TiO$反应。Ⅱ区的开裂则是因为在过长的保温时间下，TC4合金扩散溶解至钎缝的Ti、Al含量持续增加，Ⅱ区中Ti_2Cu和$Ti_2(Cu,Al)$的生成量增加，尤其是$Ti_2(Cu,Al)$，二者均具有较大的硬脆性，从而导致接头中产生较大的残余应力而且不易释放。

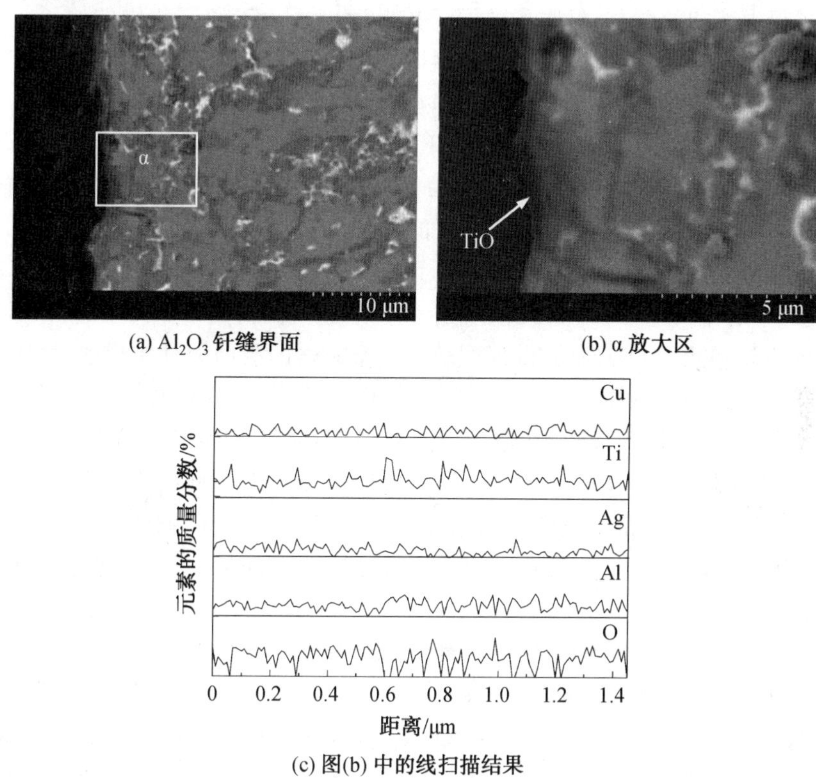

(a) Al_2O_3钎缝界面

(b) α放大区

(c) 图(b)中的线扫描结果

图8.10 Al_2O_3/TC4合金钎焊接头界面组织及其线扫描结果

($\varphi_{TiB}=20\%$，$T=930$ ℃，$t=10$ min)

8.3.3 接头界面的形成机制

1. TiB晶须的形成机制

TiB晶须的形核和生长机制，随着试验条件的不同具有显著的差别。在钛基复合材料制备中，普遍认为 TiB 的形成机制与钛基复合材料制备时所能达到的最高温度(T)有关，当 $T>T_{\text{Liquid}}$时(如感应熔炼)，B 和 Ti 二者间发生液一液反应，TiB 的形成遵循溶解一析出机制；当 $T>T_{\text{Liquid}}$时(如热压烧结))，B 和 Ti 之间的反应为固一固反应，TiB 的形成则遵循扩散机制。

吕维洁等利用非自耗电弧熔炼工艺原位合成 TiB/Ti 基复合材料时，提出 TiB 的形核及长大过程中具有相同化学配比 Ti 和 B 原子的面生长速度大于其化学配比不同面的生长速度，于是 TiB 沿 $[010]_{\text{TiB}}$方向优先生长成六面体的短纤维状，其生长面由 (100)、$(10\bar{1})$ 和 (101) 组成。冯海波等利用热压烧结制备的 TiB/Ti 基复合材料中，原位自生的 TiB 是由 (100)、$(10\bar{1})$ 和 (101) 晶面组成的六边形横截面沿 $[010]_{\text{TiB}}$方向生长而成的。

考虑到钎料基体虽然发生溶化，但钎料中的 B 源(B、TiB_2粉等)仍为固相，即在钎焊过程中，B 和 Ti 之间的反应应当为固一液反应，TiB 的形成机制应遵循扩散机制。同时，由于钎焊过程中液相的参与，钎料中的原子扩散速度远大于纯固相中的原子扩散，因此，其生长机制与热压烧结制备 Ti 基复合材料时的形成机制有所不同，钎焊过程 TiB 的形成应当比热压烧结时更加剧烈。

因此，钎料中 TiB 晶须的形成机制如下：当钎料未熔化时，AgCuTi 粉和 B 粉处于简单机械接触状态。由于 B 粉的颗粒直径为 1～3 μm，是 AgCuTi 粉颗粒直径的 1/10～1/20，B 粉颗粒应分布于 AgCuTi 粉颗粒的间隙中。当炉内温度升至 790 ℃，即到达 AgCuTi 粉的熔点时，AgCuTi 粉开始熔化，而高熔点的 B 粉仍为固态颗粒。液态钎料将在活性元素 Ti 的作用下在 B 颗粒表面润湿和铺展。B 粉颗粒可作为 TiB 或 TiB_2的非均匀形核质点，TiB 在与(100)面的 Ti 匹配较好或半共格的晶面处开始形核，又因 TiB 晶须是沿 (100) 面堆垛而长大的，故其晶核应是一平行于 (100) 面的薄片。当钎缝中 Ti 含量不足时就会有 TiB_2生成，而当钎缝中 Ti 足量时，生成的 TiB_2又将随自身 B 原子向钎料中 Ti 的扩散而转化为 TiB，TiB 在 TiB_2晶面上形核并长大。钎缝中的 TiB 或剩余 TiB_2随 B 原子向 Ti 的继续扩散而逐渐长大，直至钎缝中残留的 TiB_2颗粒在充足的 Ti 量下完全转换为 TiB。钎焊过程 TiB 的原位生成遵循的是扩散机制，而生长过程 B 原子向 TiB 中的扩散属空位扩散。

2. TC4/AgCuTi/Al_2O_3钎焊接头界面的形成机制

采用 AgCuTi+B 复合钎料钎焊 Al_2O_3与 TC4 合金时，来自于母材和钎料的元素可发生反应生成 Ti－Cu、Ti－B、Ti－Cu－O 和 Ti－Cu－Al 等系列化合物。图 8.11 所示为可能的化学反应及生成吉布斯自由能。当温度低于 1 000 ℃时，各化合物的生成吉布斯自由能均为负值，这说明各化合物在试验条件下均可生成，这与接头组织中含 $Ti_3(Cu,Al)_3O$、Ti_2Cu、$Ti_2(Cu,Al)$、Ti_3Al、Ag(s. s)、Ti(Cu,Al) 及 TiB 或 TiB_2等相一致。

在所有反应产物当中，Ti_3Cu_3O 最易形成，其次是 TiB 和 TiB_2，最后是 TiB、Ti_2Cu 和 TiCu。值得注意的是，虽然 TiB_2的生成吉布斯自由能比 TiB 低，说明 TiB_2比 TiB 更易生成，但只要钎缝中有足量的 Ti，TiB_2和 Ti 将会继续反应，最终生成稳定的 TiB 晶须。试验中也发现：只有当钎料中 B 粉添加量过多(Ti 不足时)时，钎缝中才能出现 TiB_2相。

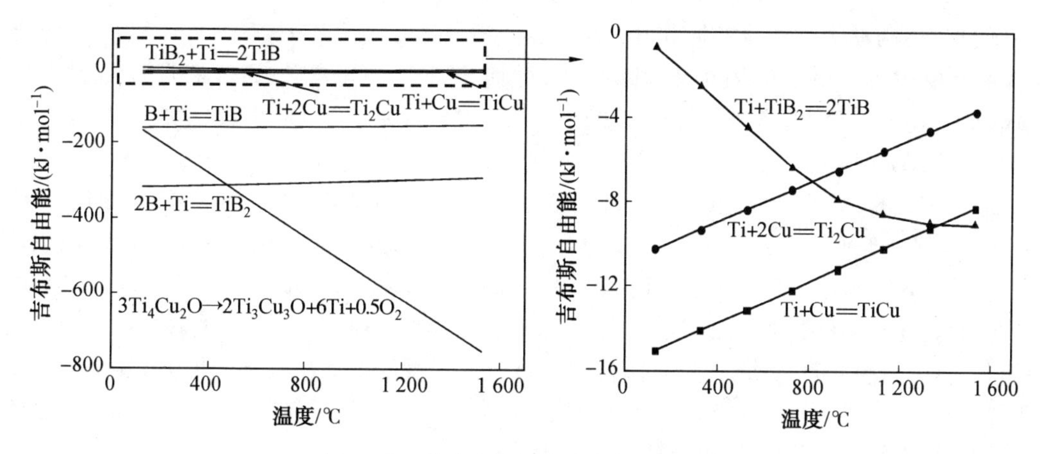

图 8.11　反应产物的生成吉布斯自由能

根据各反应产物生成吉布斯自由能的计算结果和接头界面组织随钎料成分及钎焊工艺的变化规律，Al_2O_3/TC4 合金钎焊接头的形成可分为以下 4 个阶段。

(1)待焊母材表面与钎料间的物理接触（20 ℃$<T<T_M$，T_M为钎料熔化温度）：随加热温度升高，钎料粉末在压力作用下发生软化，与 Al_2O_3和 TC4 合金母材间结合更加紧密，且原子运动速度加快，为钎料内部、钎料与母材之间的原子扩散、相互作用及界面反应的发生提供了前提。此阶段钎料没有熔化，化学反应可忽略不计。

(2)钎料熔化，TC4 合金开始向液态钎料中扩散溶解，TiB 晶须和 $Ti_3(Cu,Al)_3O$ 形成（$T_M\leqslant T<T_B$，T_B 为钎焊温度)）：当温度加热至钎料熔点时，钎料开始熔化，钎料与母材之间的原子相互扩散。由于 B 的熔点为 2 300 ℃，此温度下仍为固态，其与周围液相中的 Ti 通过扩散接触反应生成 TiB。元素间电负性越强，吸引电子能力越强，越倾向于生成稳定的化合物，其中 O 的电负值为 3.44，Al 的电负值为 1.61，而液相钎料中 Ag 的电负值为 1.93，Cu 的电负值为 1.90，Ti 的电负值为 1.54，Ti 与 O 之间的电负性差大于 Al 与 O 之间的，故 Al_2O_3中的 O 对 Ti 具有较强的选择吸附作用，使得 Al_2O_3侧的 Ti 原子浓度增大，富集于 Al_2O_3侧的 Ti 原子将与钎料中的 Cu 原子及 Al_2O_3提供的 O、Al 原子共同作用，在 Al_2O_3侧生成 $Ti_3(Cu,Al)_3O$。

(3) TiB 与 $Ti_3(Cu,Al)_3O$ 继续形成，Ti_2Cu 和 $Ti_2(Cu,Al)$形成（$T=T_B$）：当温度加热至钎焊温度时，随保温时间延长，钎料与母材之间继续发生原子间的扩散：钎料中的 Cu 原子继续向两侧母材扩散；TC4 合金中的 Ti、Al 和 Al_2O_3中的 Al、O 继续向液态钎料中扩散溶解。虽然 Cu 原子的半径比 Ti 原子的半径小，但因 TC4 合金中 Ti 原子的扩散属从固相到液相的扩散且浓度梯度比 Cu 原子的大，故整个钎焊过程 Ti 仍是强扩散元素。此阶段 Al_2O_3侧的 $Ti_3(Cu,Al)_3O$ 层继续增厚，直至该处的 Ti、Cu 原子浓度满足 Ti_2Cu生成的成分条件，液相发生等温凝固生成 Ti_2Cu，并且在成分过冷及动力学过冷共同作用下，$Ti_2(Cu,Al)$形成于 Ti_2Cu 晶界处。未完全反应的 B 原子或 TiB_2继续向 TiB 转化。

(4) TiCu 及 Ti(Cu,Al) 的形成，(αTi)＋Ti_2Cu 及 Ag(s.s) 的析出（20 ℃$\leqslant T<T_B$）：当炉内温度开始下降，液相钎料开始凝固，并在原子扩散作用下发生元素的再分配。

在成分过冷与动力学过冷共同作用下，剩余液相凝固形成 TiCu 和 Ti(Cu，Al)。固溶于 TC4 合金中的 Cu 原子因极限固溶度降低而形成 Ti_2Cu 与（βTi），当温度继续降至 AgCuTi 共晶温度 790 ℃时，发生（βTi）⟶（αTi）＋Ti_2Cu 的反应生成（αTi）＋Ti_2Cu，同时钎缝中 Ag(s. s) 凝固。

综上所述，Al_2O_3 侧的 $Ti_3(Cu,Al)_3O$ 层是由钎料熔化后 Ti 原子向 Al_2O_3 的富集生成的；弥散分布于 Ag(s. s) 和 Ti(Cu，Al) 上 TiB 晶须是由 Ti、B 原子的扩散而反应生成的，当 Ti 不足量时接头中将会出现 TiB_2 颗粒；Ti_2Cu、Ti(Cu，Al) 及 $Ti_2(Cu,Al)$ 是钎缝中的 Ti、Cu 和 Al 之间发生反应生成的；TC4 合金侧的（αTi）＋Ti_2Cu 过共析组织也是由 Cu 向 TC4 合金扩散固溶，然后在降温时因极限固溶度降低而生成的。因此，强扩散元素 Ti 在钎焊接头界面产物的形成过程中起着非常重要的作用，是界面的主控元素，亦是所有界面产物的主要来源，作用于钎焊接头形成的整个过程。

8.4 Al_2O_3/Cu 基复合钎料/TC4 合金钎焊接头的界面行为

Cu 基钎料具有工艺性好、强度与韧性兼备、导电性和导热性良好等优点，并且其熔点更高，是目前应用最为广泛的钎料之一。本节将介绍采用 Cu－23％Ti＋TiB_2 和 Cu＋TiB_2 两种 Cu 基复合钎料钎焊 Al_2O_3 与 TC4 合金时，接头界面组织演变规律，阐明演变机理。除特殊说明外，本章中 TiCu 复合钎料特指 Cu－23％Ti＋TiB_2 复合钎料。

8.4.1 Al_2O_3/TC4 合金钎焊接头典型界面组织

1. Al_2O_3/TiCu 复合钎料/TC4 合金钎焊接头的典型微观组织

图 8.12 所示为在钎焊温度 930 ℃、保温时间 10 min，采用 TiCu＋TiB_2 复合钎料钎焊 Al_2O_3 和 TC4 合金所获接头的界面组织。由图可知，接头界面完整，未出现裂纹或孔洞等缺陷，整个接头根据接头组织形貌可分为 5 个区域。通过 XRD 和 EDS 综合分析，可确定，Al_2O_3 侧Ⅰ区中 A1 相为 $Ti_3(Cu,Al)_3O$，A2 相为 $Ti_4(Cu,Al)_2O$，这两相均是由扩散至 Al_2O_3 表面的 Cu、Ti 原子与 Al_2O_3 释放的 Al、O 原子反应形成的。Ⅱ区中浅灰色 B 相为 Ti_2Cu，黑色 C 相为 Ti_3Al，D 相为（αTi）＋Ti_2Cu。E1 相与和Ⅲ区中的 E2 相两者衬度一致，均为 $Ti_2(Cu,Al)$，但由于该化合物在钎缝中的形成位置不同，因此 Cu、Al 原子比不同。Ⅳ区的灰色 F 相为 Ti_2Cu，白色 G 相为 $AlCu_2Ti$，弥散分布于二者中的大量黑色针状 H 相，通过 TEM 分析确定为 TiB 晶须。TC4 合金侧Ⅴ区中 J 相为（αTi）＋Ti_2Cu 过共析组织。

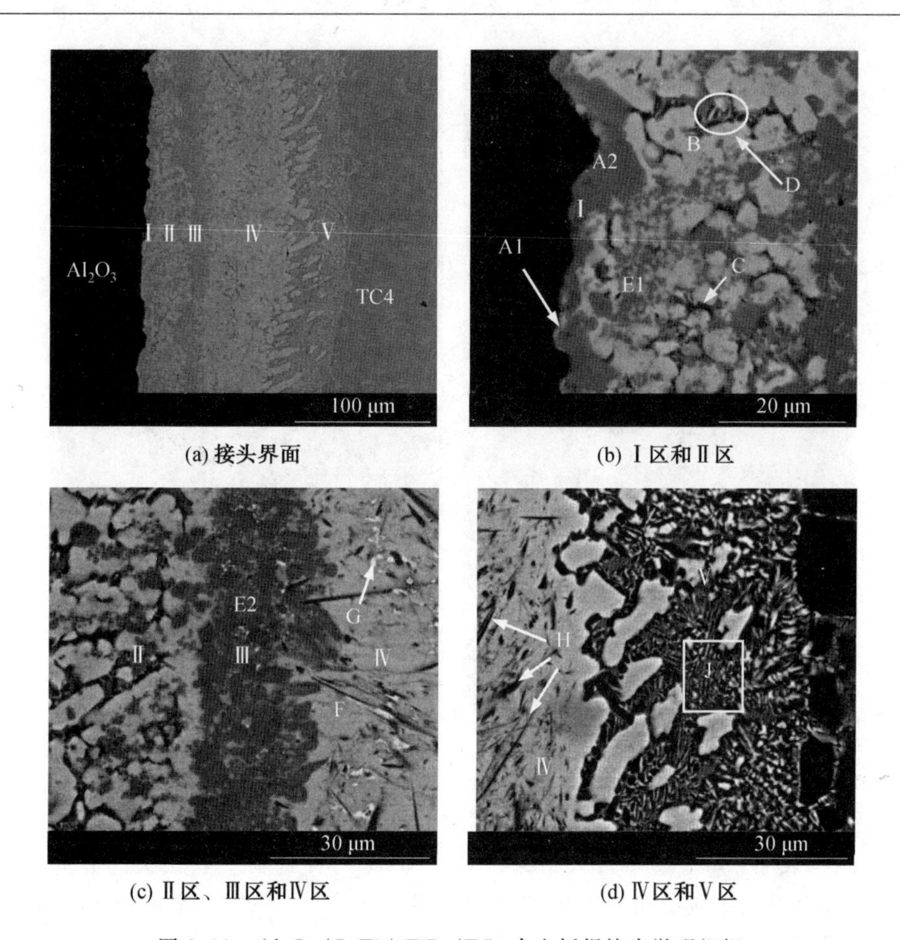

(a) 接头界面　(b) Ⅰ区和Ⅱ区

(c) Ⅱ区、Ⅲ区和Ⅳ区　(d) Ⅳ区和Ⅴ区

图 8.12　Al_2O_3/CuTi+TiB_2/TC4 合金钎焊接头微观组织

($\varphi_{TiB}=30\%$，$T=930$ ℃，$t=10$ min)

综上所述，CuTi+TiB_2复合钎料钎焊 Al_2O_3 和 TC4 合金时，所得接头的界面组织为 Al_2O_3/Ti_3(Cu，Al)$_3$O+Ti_4(Cu，Al)$_2$O/Ti_2Cu+Ti_3Al+((αTi)+Ti_2Cu)+Ti_2(Cu，Al)/Ti_2(Cu，Al)/Ti_2Cu+AlCu$_2$Ti+TiB/(αTi)+T_2Cu/TC4 合金。

2. Al_2O_3/Cu+TiB_2/TC4 合金钎焊接头的典型微观组织

图 8.13 所示为钎焊温度 930 ℃、保温时间 10 min 时，采用 Cu+TiB_2复合钎料钎焊 Al_2O_3和 TC4 合金所获接头的界面组织结构，接头界面完整，未出现裂纹或孔洞等缺陷。根据接头组织形貌，整个接头也可分为 5 个区域，分别是由 Ti_3(Cu，Al)$_3$O、A 相 Ti_4(Cu，Al)$_2$O 构成的 Ⅰ 区；B 相 Ti_2Cu、E 相 Ti_3Al、C1 相 Ti_2(Cu，Al) 组成的 Ⅱ 区；C2 相 Ti_2(Cu，Al)、F 相 AlCu$_2$Ti 组成的Ⅲ区；F 相 Ti_3Al、F 相 AlCu$_2$Ti、C3 相 Ti_2(Cu，Al)、G 相 TiB 组成的Ⅳ层；以及 Ti_2Cu、(αTi)+Ti_2Cu 组成的Ⅴ区。因此，Al_2O_3/Cu+TiB_2/TC4 合金钎焊接头在的界面组织为 Al_2O_3/Ti_3(Cu，Al)$_3$O+Ti_4(Cu，Al)$_2$O/Ti_2Cu+Ti_3Al+((αTi)+Ti_2Cu)+Ti_2(Cu，Al)/Ti_2(Cu，Al)/Ti_2Cu+AlCu$_2$T+TiB/(αTi)+Ti_2Cu/TC4 合金。

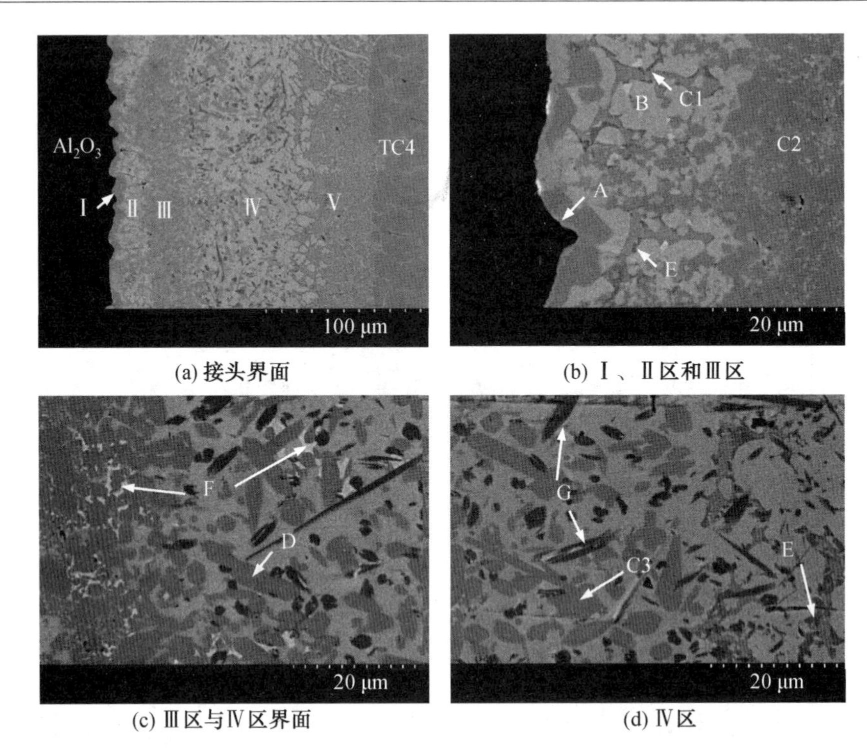

(a) 接头界面 (b) Ⅰ、Ⅱ区和Ⅲ区

(c) Ⅲ区与Ⅳ区界面 (d) Ⅳ区

图 8.13 Al_2O_3/Cu+TiB_2/TC4 合金钎焊接头微观组织

($\varphi_{TiB}=30\%$，$T=930$ ℃，$t=10$ min)

上述结果表明，Cu－23％Ti＋TiB_2和 Cu＋TiB_2两种钎料所获接头的界面组织基本相同，即使复合钎料中没有可与 B 元素反应的活性元素 Ti，TC4 合金中的 Ti 也可在钎焊过程扩散至钎缝而与 B 元素反应，进而促使 TiB 原位自生反应的进行。由于采用 Cu＋TiB_2钎料时活性元素 Ti 的主要来源是 TC4 合金的扩散溶解，Ti 含量相比于 TiCu＋TiB_2钎料时减少，因此采用 Cu＋TiB_2钎料时接头中的 Ti_2Cu 相减少；而 Al 元素的扩散伴随着 TC4 的溶解而增加，因而 $AlCu_2Ti$、Ti_2(Cu，Al)相增多。

8.4.2 接头界面组织演变规律

1. 钎料成分对接头微观组织的影响

(1)Ti 添加量(质量分数)对接头界面组织的影响。

图 8.14 所示为采用 Cu＋ xTi＋TiB_2复合钎料 ($w(x)$ ＝0、15％、23％、35％) 在930 ℃保温 10 min 下钎焊 Al_2O_3与 TC4 合金所获接头的界面组织。随钎料中 Ti 添加量的增加，Al_2O_3/TC4 合金钎焊接头中的Ⅲ区逐渐增厚；Ⅱ区中出现了(αTi)＋Ti_2Cu 过共析组织；Ⅲ区和Ⅳ区中的 $AlCu_2Ti$ 相逐渐消失；Ⅳ区中的 TiB 晶须变得细小。在图 8.14(b) 和图 8.14(d)中，TC4 合金侧的Ⅴ区与Ⅳ区交界处出现连续的 Ti_2Cu 层。

因为钎料中 Ti 添加量增多时，TC4 合金向钎料中的溶解量减小，而固溶于 Ti 中的 Cu 越多。当钎料凝固时将先生成 (βTi)＋Ti_2Cu，然后(βTi) 转化为 (αTi)＋Ti_2Cu，最终钎缝中 Ti_2Cu 的生成量增加。其中，Ti_2Cu 首先形核于 Cu(Ti) 固溶体过饱和时的某缺陷处，此后，晶核长大成为“小岛”，小岛横向生长连成一连续 Ti_2Cu 层，然后该层纵向生

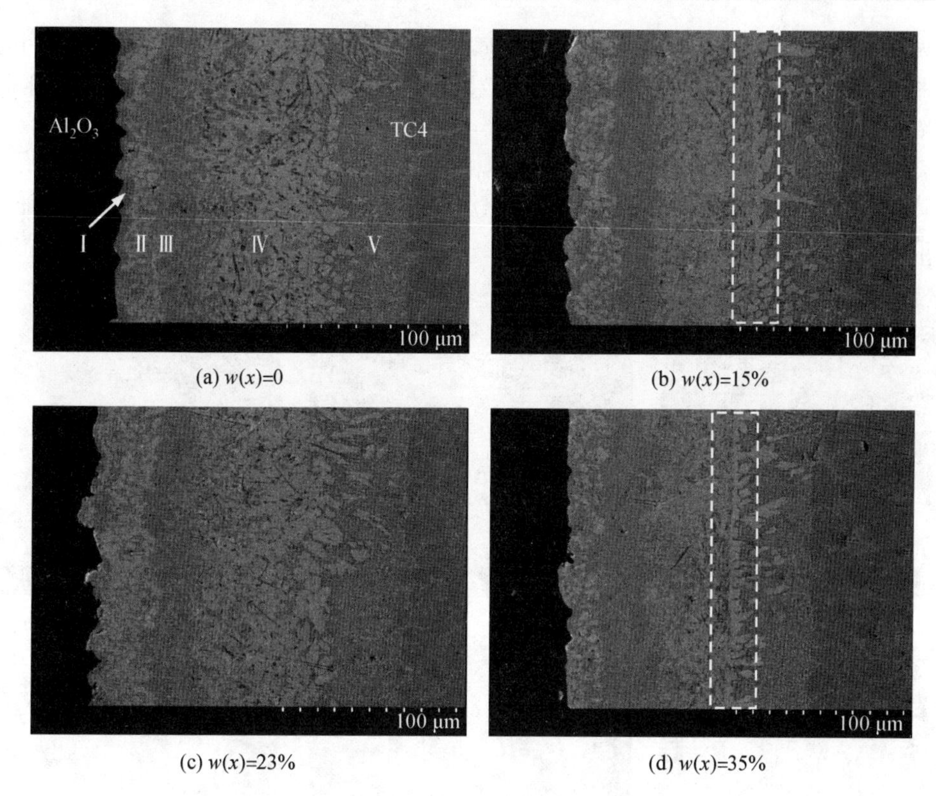

(a) $w(x)=0$　(b) $w(x)=15\%$

(c) $w(x)=23\%$　(d) $w(x)=35\%$

图 8.14　Ti 含量对 Al_2O_3/TC4 合金钎焊接头界面的影响

（$\varphi_{TiB}=30\%$，$T=930$ ℃，$t=10$ min）

长，厚度增加。而采用 Cu－23%Ti＋TiB_2 钎料时，因 Cu、Ti 含量满足共晶成分，钎料在共晶温度熔化，向 TC4 合金侧扩散固溶的 Cu 量减少，故并没有形成的 Ti_2Cu，没有横向连接成层。

（2）TiB_2 添加量（体积分数）对接头界面组织的影响。

本节研究不同 TiB_2 添加量的 Cu＋TiB_2 和 TiCu＋TiB_2 复合钎料钎焊连接 Al_2O_3 与 TC4 合金所获得接头界面组织和演变规律。TiB_2 添加量按理论可在钎焊过程分别生成体积分数为 0、10%、20%、30%、40%、50%的 TiB 晶须。

①TiCu＋TiB_2 复合钎料。图 8.15 所示为采用不同 TiB_2 添加量的 TiCu＋TiB_2 钎料钎焊 Al_2O_3 与 TC4 合金得到的接头界面组织。由图可知，随着 TiB_2 添加量增加，TiB 分布的Ⅳ区变宽；TiB 的生成量增加，钎缝中由 Ti_2(Cu，Al) 组成的Ⅲ区随之出现，继而变得连续，并向 Al_2O_3 侧移动；钎缝变宽。

Ⅰ区由于 TiB 的生成量增多，所消耗的 Ti 量增加，TC4 合金向钎料中的扩散溶解量增大，钎缝中的 Ti、Al 含量增加，Ⅲ区的主要组织 Ti_2(Cu，Al) 生成量增加。其次，TiB 生成时对 Ti 的消耗，使扩散至 Al_2O_3 侧的 Ti 量减少，Al_2O_3 侧 Ti_2Cu 生成量减少，由 Ti_2Cu 组成的Ⅱ区变窄，于是造成了Ⅲ区向 Al_2O_3 侧的移动。Ⅳ区的变宽除受Ⅱ区变窄的影响外，TiB 生成量的增加是直接导致Ⅳ区增宽的一个原因。另外，TiB_2 添加量影响的是钎缝中的 Ti 含量，没有影响 Cu 的含量。因此，Cu 向 TC4 合金中的固溶量没有改变，Ⅴ区宽度没有随 TiB 生成量变化而变化。TiB 生成量的增加消耗了大量 Ti，但钎料中 Ti 量是一定的，故需要 TC4 合金向钎料中不断扩散溶解以减小钎缝与 TC4 合金母材之间 Ti 元素的浓度梯度，最终使得钎缝变宽。此外，由图可知，当钎缝中 TiB 生成量过低（小于10%时）或者过高（如 50%）时，Al_2O_3侧出现明显开裂；而当钎缝中 TiB 生成量适中时（如20%～40%）时，接头界面结合良好，无裂纹及缺陷等产生。这一现象将在力学性能分析中给出详细解释。

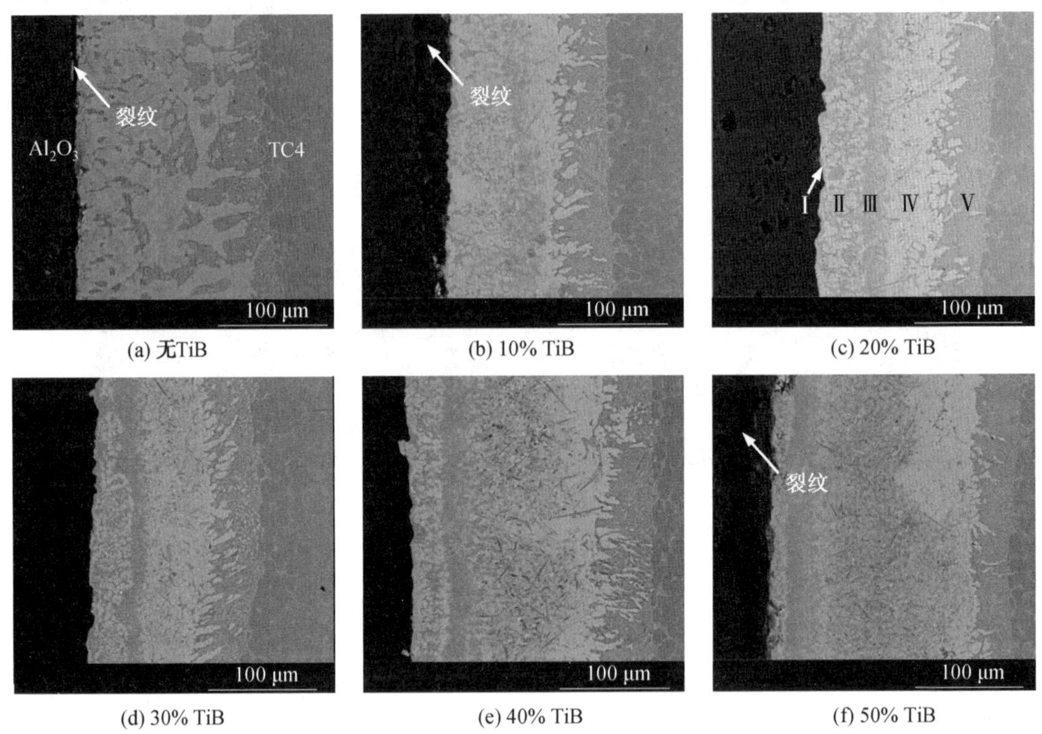

图 8.15　TiB_2添加量对 Al_2O_3/TC4 合金钎焊接头界面组织的影响（T=930 ℃，t=10 min）

②Cu+TiB_2复合钎料。图 8.16 所示为采用 Cu+TiB_2钎料时所获 Al_2O_3/TC4 合金钎焊接头界面组织。由图可知，当不添加 TiB_2时，接头组织主要由灰白色 Ti_2Cu 相及过共析组织（αTi）+Ti_2Cu 组成，整个接头未出现分层。随着 TiB_2含量的增加，钎缝中 TiB 晶须开始生成，出现由 Ti_2(Cu，Al) 组成的Ⅲ区，即钎缝中出现了分层现象。Ⅱ区随着 TiB_2含量的增加而变窄，当钎缝 TiB 体积分数增至 40%～50%时，钎缝的Ⅱ区几乎消失，此时Ⅲ区紧邻 Al_2O_3/钎缝界面处的Ⅰ区形成。Ⅱ区消失是由于 TiB_2消耗大量的 Ti，扩散至 Al_2O_3侧的 Ti 含量减少，从而 Ti_2Cu 生成量减少、Ⅲ区的左移，而 TiB 晶须的分布区Ⅳ随着Ⅲ区的移动逐渐变宽。

总体而言，TiB_2含量的增加对于 TiCu+TiB_2复合钎料和 Cu+TiB_2复合钎料钎焊接头的微观组织变化具有相同的规律，但对 Cu+TiB_2复合钎料的影响程度更为剧烈。这是由于采用 CuTi+TiB_2钎料钎焊 Al_2O_3和 TC4 属普通钎焊，是一个钎料发生熔化后母材再参与其中的过程；而采用 Cu+TiB_2钎料钎焊时，则是一个接触反应钎焊的过程，液相先产生于钎料与 TC4 合金的接触界面处，然后钎料与 TC4 合金继续向先生成的液相中溶解进而进行钎焊，元素的扩散对接头组织的影响比普通钎焊时更大。至于 TiB_2 的添加将引起的接头界面分层现象的原因，将在 TiB 晶须对钎缝的成缝行为的影响中进行详细阐述。

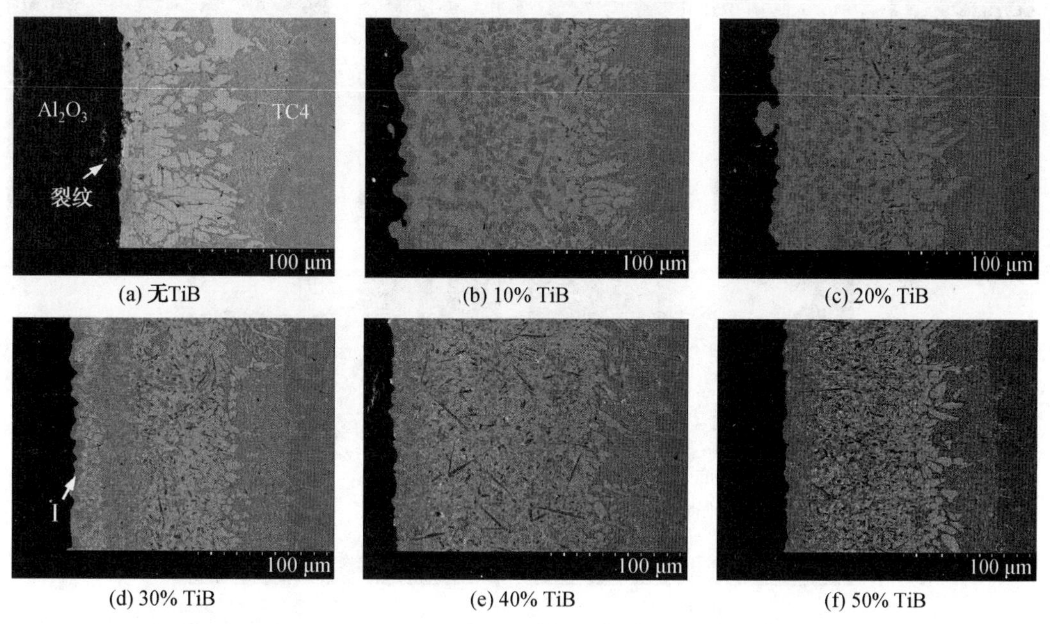

图 8.16　TiB_2 添加量对 Al_2O_3/TC4 合金钎焊接头界面组织的影响（T=930 ℃，t=10 min）

2. 钎焊工艺对接头界面组织的影响

Ti、B 元素是 Al_2O_3/TC4 合金钎焊接头可原位自生 TiB 晶须的主控元素。其中，B 元素由外加 B 源决定，而 Ti 元素除外加 Ti 源外，TC4 合金也可为钎缝提供大量的 Ti。钎焊温度和保温时间直接影响 TC4 合金的溶解，从而影响接头界面组织，本节将介绍钎焊温度和时间对 Al_2O_3/TC4 合金钎焊接头界面组织的影响。

(1)钎焊温度对接头界面组织的影响。

①TiCu+TiB_2 复合钎料。图 8.17 所示为钎焊温度分别为 890 ℃、910 ℃、930 ℃、950 ℃和 970 ℃，保温时间为 10 min 时，采用 TiCu+TiB_2 钎料钎焊 Al_2O_3 与 TC4 合金所获接头的界面组织。由图可知，钎焊温度的变化没有改变接头界面的反应产物类型，只是影响各反应产物的分布及含量。

当钎焊温度较低时(890 ℃)，接头界面组织与其他钎焊温度下差异较大。Al_2O_3 侧生成了 Ti(Cu，Al)相，且在该相中分布有大量 TiB 晶须及少量残余 TiB_2 颗粒；由 Ti_2(Cu，Al)组成的Ⅲ区在此接头界面中没有出现；TiCu 相呈大块状形成于钎缝中，(αTi)+Ti_2Cu 过共析组织则变得细小，在 TiCu 与 (αTi)+Ti_2Cu 之间形成连续 Ti_2Cu 层。这是由于钎焊温度较低时，钎缝中各原子间的扩散速度减慢造成，TC4 合金的溶解量较少，扩散至钎缝中的 Ti、Al 含量也较少。另外，低温下 Cu 向 TC4 合金的扩散固溶量减少，扩散距离缩短，从而 TC4 合金侧的Ⅴ区变窄。

当钎焊温度升高时，TC4 合金向钎缝中的溶解量增大，扩散溶解至钎缝中 Ti 含量也增加，接头界面中Ⅰ区的 $Ti_3(Cu,Al)_3O$ 界面反应层增厚；Ti_2Cu、Ti_2(Cu，Al) 以及 Ti_3Al

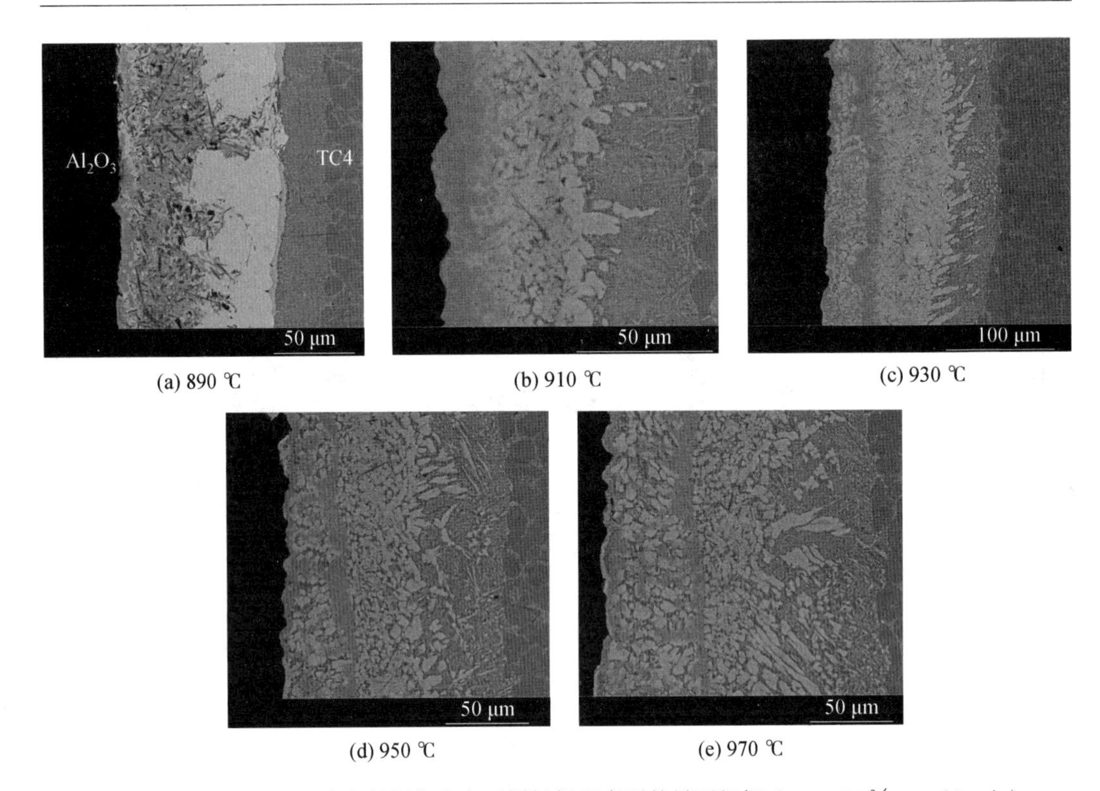

(a) 890 ℃　(b) 910 ℃　(c) 930 ℃　(d) 950 ℃　(e) 970 ℃

图 8.17　Al_2O_3/TC4 合金钎焊接头在不同钎焊温度下的界面组织（$\varphi_{TiB}=30\%$，$t=10$ min）

组成的Ⅱ区增宽；Ti(Cu,Al)的生成量减少并缓慢消失；而 Ti_2(Cu,Al) 生成量增加，由其组成的Ⅲ区先出现后逐渐变窄并远离 Al_2O_3。温度升高，不仅使钎缝中的 Ti、Al 含量增大，而且钎缝中各原子的扩散速度也加快，使得接头中元素的分布更易趋于均匀。同时，钎缝中的 Ti 含量增大，必将使扩散至 Al_2O_3 侧的 Ti 含量也增大，形成的 Ti_2Cu 越多，由其组成的Ⅱ区也就越宽。Ⅲ区变窄的原因则是高温下扩散至钎缝的 Al 含量增加，使 Ti_3Al的形成条件易满足，从而固溶取代 Cu 原子的 Al 含量减少，组成Ⅲ区的 Ti_2(Cu,Al) 生成量减少。Cu 原子向 TC4 合金的扩散固溶量随钎焊温度的提高而增加，TC4 合金侧的Ⅴ区变宽，且钎缝Ⅴ区中的 Ti_2Cu 生成量增加。

② Cu+TiB_2复合钎料。图 8.18 所示为采用 Cu+TiB_2钎料在不同钎焊温度下钎焊 Al_2O_3与 TC4 合金时所获接头的界面组织形貌，可看出接头界面组织的变化与 TiCu+TiB_2时类似。当钎焊温度为 890 ℃时，接头中生成大量灰白色长条状的 TiCu 金属间化合物，且有灰色 Ti(Cu,Al)+Ti_2(Cu,Al) 金属间化合物弥散相间生成于 TiCu 周围。TC4 合金侧的 (αTi)+Ti_2Cu 过共析组织组成区较窄且界面较平整。大块状灰色 Ti_2Cu 相在钎缝中形成，并在 Ti_2Cu 的晶界处出现 $AlCu_2Ti$ 相。TiB 晶须分布于 TiCu、Ti_2Cu 与 $AlCu_2Ti$ 中，长径比较大的 TiB 晶须可贯穿 TiCu 晶粒，证明 TiB 晶须在液相下即已形成。

当钎焊温度在 910～970 ℃范围内时，接头中出现由 Ti_2(Cu,Al) 组成的Ⅲ区，钎缝界面出现分层。随钎焊温度升高，Ti_4(Cu,Al)$_2$O 相形成于Ⅰ区中，并逐渐变得连续且增厚，先生成的 Ti_3(Cu,Al)$_3$O 层也增厚；Ⅱ区中形成于 Ti_2Cu 晶界处的 Ti_2(Cu,Al) 含量增加；Ⅲ区逐

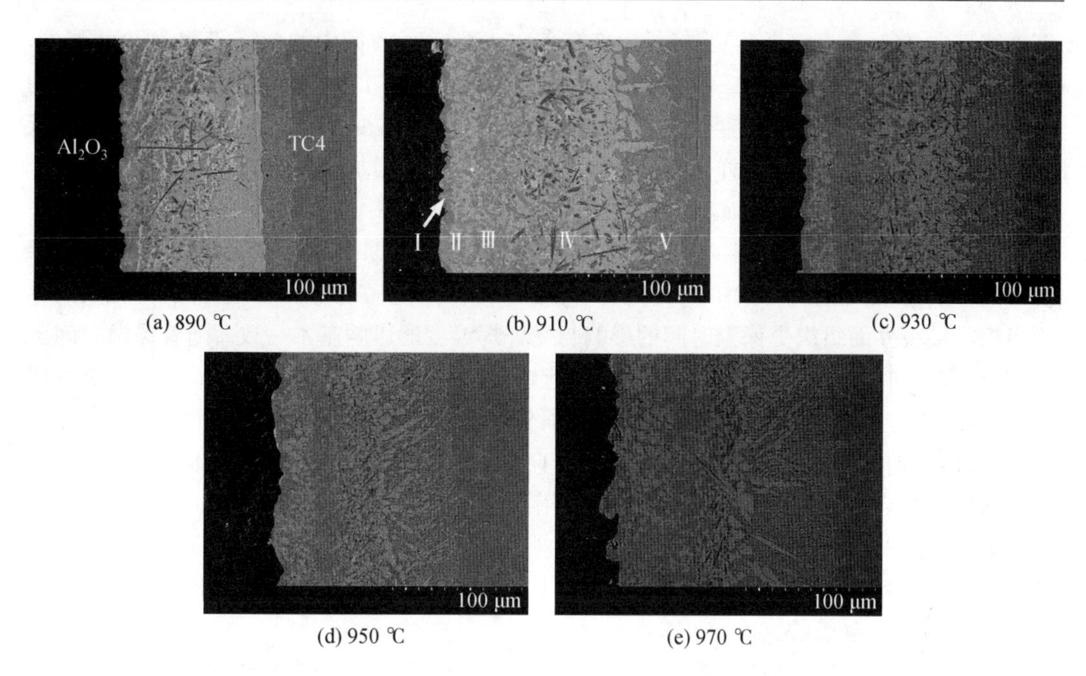

(a) 890 ℃　(b) 910 ℃　(c) 930 ℃

(d) 950 ℃　(e) 970 ℃

图 8.18　不同钎焊温度下 Al_2O_3/Cu+TiB_2/TC4 合金钎焊接头的界面组织

（$\varphi_{TiB}=30\%$，$t=10$ min）

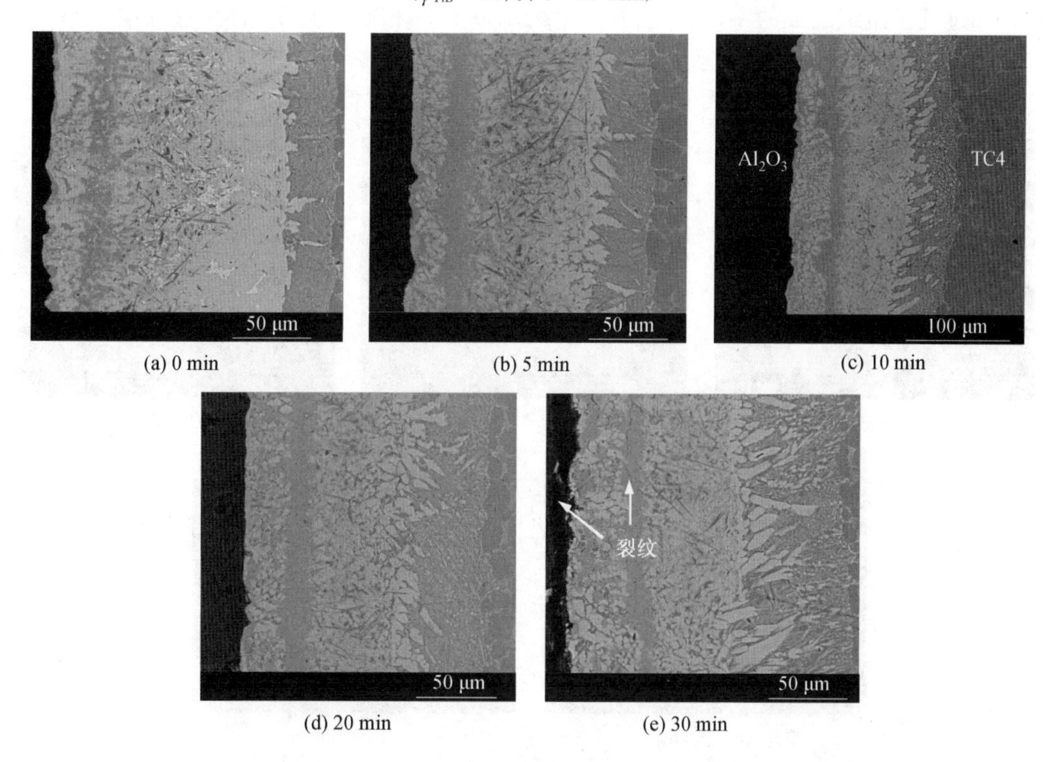

(a) 0 min　(b) 5 min　(c) 10 min

(d) 20 min　(e) 30 min

图 8.19　Al_2O_3/TC4 合金钎焊接头在不同保温时间下的界面组织

（$\varphi_{TiB}=30\%$，$T=930$ ℃）

渐变宽且向 TC4 合金侧迁移；当钎焊温度高于 950 ℃后Ⅲ、Ⅳ区中的$AlCu_2Ti$相减少并消失，TiB 主要分布在 Ti_2Cu 中，并因扩散时间的缩短分布于 Ti_2Cu 中的 TiB 变得粗大；Ⅴ区中的过共析组织变得粗大且其宽度也增大，最终导致了钎缝整体变宽。上述接头界面组织随钎焊温度升高而产生的变化同样归因于钎缝中 Ti、Al 含量的增加。

(2)保温时间对接头界面组织的影响。

① CuTi+TiB_2复合钎料。图 8.19 所示为采用 CuTi+TiB_2钎料在钎焊温度 930 ℃，保温时间分别为 0 min、5 min、10 min、20 min 和 30 min 时所获 Al_2O_3/TC4 合金钎焊接头的界面组织。接头界面组织受保温时间的影响与受钎焊温度的影响基本一致。随着保温时间延长，TC4 合金向钎缝的扩散溶解量增多，钎缝中的 Ti、Al 含量增加，$Ti_2(Cu,Al)$ 生成量增加，由其组成的Ⅲ区变得连续并增厚，TiB 晶须分布区域内的 $AlCu_2Ti$ 相逐渐消失。

此外，长时间保温下，钎料中的 Cu 原子向 TC4 合金中的扩散固溶量也增大，这就造成Ⅴ区的共析转变温度降低，Ti_2Cu 生成量增加且其尺寸变大，最终使得Ⅴ区增宽。值得注意的是，当保温时间延长至 30 min 时，Al_2O_3侧以及由 $Ti_2(Cu,Al)$ 构成的Ⅲ区中产生裂纹，这是钎缝中大量生成的 Ti_2Cu 和 $Ti_2(Cu,Al)$ 具有较大的硬脆性，使得接头的残余应力不易释放而造成的。

② Cu+TiB_2复合钎料。图 8.20 所示为采用 Cu+TiB_2钎料在钎焊温度 930 ℃、不同保温时间下所获 Al_2O_3/TC4 合金钎焊接头的界面组织。随保温时间延长，由(αTi)+Ti_2Cu过共析组织组成的Ⅴ区变宽，Ⅳ区中的 $AlCu_2Ti$ 相减少直至消失，Ⅲ区中 $Ti_2(Cu,Al)$ 生成量增加且该区先增厚后减薄，最终偏聚于 Al_2O_3侧，Ⅳ区中的 TiB 变得细小，当Ⅳ区中存在 $AlCu_2Ti$ 时，分布在 $AlCu_2Ti$ 中的 TiB 比分布在 Ti_2Cu 中的 TiB 更细小。

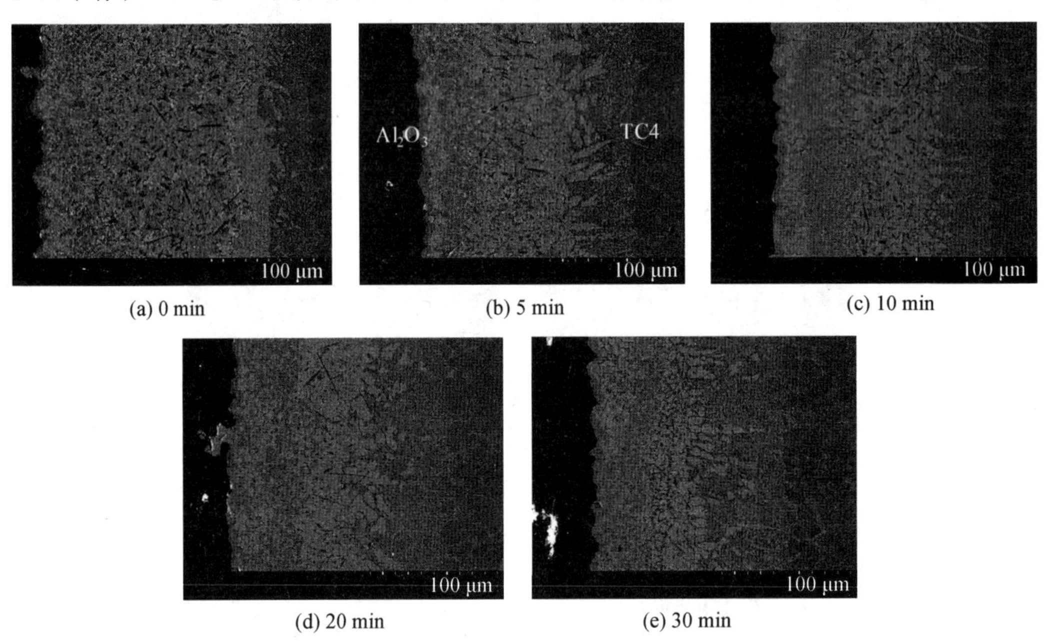

(a) 0 min (b) 5 min (c) 10 min (d) 20 min (e) 30 min

图 8.20 不同保温时间下采用 Cu+TiB_2钎料所获钎焊接头的界面组织（$\varphi_{TiB}=30\%$，$T=930$ ℃）

根据 Al－Cu－Ti 三元相图、Cu－Ti 二元相图和 Ti_2Cu、$AlCu_2Ti$ 的形成位置推断，$AlCu_2Ti$ 在 Ti_2Cu 之后形成，故分布于 Ti_2Cu 中粗大的 TiB 晶须是因 B、Ti 原子相互作用时间短造成的，分布于 $AlCu_2Ti$ 中细小的 TiB 是因 B、Ti 原子间作用时间充分而形成的。此外，$AlCu_2Ti$ 形成于 Ti_2Cu 晶界处，晶界处原子的扩散速度较快也是细小 TiB 晶须形成于 $AlCu_2Ti$ 中的重要原因.

8.4.3　接头的界面形成机制

1. TiB 晶须对钎缝成缝行为的影响

前文中指出，使用 CuTi＋TiB_2、Cu＋TiB_2 钎料钎焊 TC4 和 Al_2O_3 陶瓷时，接头界面出现分层现象；而该现象在 AgCuTi＋B 钎料中也同样存在。当钎料中含有 B 源时，即接头中生成 TiB 晶须，接头的界面也随之出现分层，说明 TiB 的生成是造成接头界面分层的主要原因。下面以 Al_2O_3/CuTi＋TiB_2/TC4 合金钎焊接头界面为例，阐述 TiB 晶须对钎缝分层现象的具体作用机制。

TiCu 钎料中是否添加 TiB_2 粉末，将直接影响钎缝中 Ti、Al 的含量，进而影响钎缝中形成金属间化合物的种类和含量。当采用 CuTi 钎料钎焊 Al_2O_3 与 TC4 合金时，钎料在 Cu－Ti 共晶点 875 ℃时开始熔化，TC4 合金中的 Ti、Al 原子开始向液态钎料中溶解扩散，钎料中 Cu 原子向两侧母材扩散，并固溶于 TC4 合金中。由于没有 B 元素的降熔作用，钎缝中的 Al 含量相对较少，钎焊过程主要发生 Ti、Cu 间的反应。Ti_2Cu 作为主要的反应产物，保温阶段通过等温凝固形成于钎缝中，且在没有 B 元素时，钎料成分在浓度梯度作用下分布较均匀，故形成的 Ti_2Cu 几乎占据了整个钎焊接头。Ti_2(Cu，Al) 和 (αTi)＋Ti_2Cu在降温阶段分别通过固相扩散析出及共析反应 $(\beta Ti) \longrightarrow (\alpha Ti) + Ti_2Cu$ 生成于 Ti_2Cu 的晶界和 TC4 合金侧。

采用 CuTi＋TiB_2 钎料钎焊 Al_2O_3 与 TC4 合金，当加热温度升至 Cu－Ti 共晶点 875 ℃时钎料开始熔化，并瞬间全部变为液相。TiB_2的熔点为 2 980 ℃，因此 TiB_2并没有熔化，但可发生向液态钎料中的扩散，扩散入液态钎料的 B 原子和 Ti 反应生成 TiB。此反应放出的热量增大了 TC4 合金向液态钎料中的溶解量，于是钎缝中的 Ti、Al 含量增加。Ti 原子在浓度梯度和 Al_2O_3的吸附作用下向 Al_2O_3侧富集。由于 TiB 生成对 Ti 的消耗，使钎缝中部的 Ti 含量比 Al_2O_3侧的低。钎缝中的 Ti 含量越大，越易通过成分过冷形成 Ti_2Cu，因此 Ti_2Cu 的形成始于 Al_2O_3侧。形成于 Al_2O_3侧的 Ti_2Cu 向钎缝中心生长，并将含 TiB 的剩余液相向 TC4 合金侧推斥，Ti、Al 元素发生正偏析富集于 Ti_2Cu 的晶界及固/液界面的前沿。结晶前沿液体金属中元素的浓度呈周期变动，Ti_2(Cu，Al) 和 Ti_3Al 形成于晶界处，并在凝固的固/液界面前沿形成连续的 Ti_2(Cu，Al) 层。此外，当结晶过程释放的潜热达到一定数值时，钎缝中的结晶暂时停顿，而后随钎缝散热及 Ti、Cu 元素的扩散，结晶又重新开始，于是形成周期性结晶。TiB 随剩余液相向 TC4 合金侧被推斥的过程中，TC4 合金继续向钎缝提供 Ti。根据 Cu－Ti 二元相图，钎缝中的 Ti 含量升高时，液相凝固温度将升高。因此，随剩余液相中 Ti 含量的增加以及 TiB 对液相流动的阻碍，剩余液相快速凝固，形成由 TiB 晶须和 Ti_2Cu 构成的区域。此时，Al_2O_3/TC4 合金钎焊接头在元素扩散、结晶潜热和成分偏析等共同作用下已完全凝固并形成明显的由不同组织所组成的区域。综上所述，钎焊过程中原位自生 TiB 时对接头各元素，尤其是 Ti 元素分布的影响是造成 Al_2O_3/TC4 合金钎焊接头界面分层的根本原因。

此外，TiB 晶须与固/液界面处的相互作用也是导致钎缝分层的一个原因。钎料熔化后先生成的 TiB 以固相形式存在于整个钎焊过程，且钎缝成形过程中固/液界面前沿存在的浓度梯度和温度梯度可造成液相的流动。根据金属凝固界面前沿颗粒的推斥/吞没行为，钎缝的分层将受到固/液界面推进速度(即液相钎料的凝固速度)的影响。如图8.21所示，位于剩余液相固/液界面前沿的 TiB 晶须主要受四种力：一是 TiB 晶须因密度差而受到的有效重力 F_g；二是固/液界面向前推进时对 TiB 晶须的推力 F_γ；三是 TiB 晶须本身具有运动速度时所受的周围液相的黏滞阻力 F_D；四是液相平行于界面的流动力 F_L。其中，V_L 是液相钎料平行于固/液界面的流动速度，V_{SL} 是固/液界面向前推进的速度。首先，钎焊过程真空炉内的钎焊件与钎料是由辐射加热升温，故钎缝内没有大的温度梯度；其次，液相钎料的流动主要由钎料的浓度梯度和温度梯度决定，然而钎焊过程中这两者均不会引起液相钎料的强对流。因此，钎缝凝固过程，液相钎料与 TiB 晶须之间的相互作用可用 Stefanescu 等提出的固/液界面与其前沿固相颗粒间的相互作用进行解释：当固/液界面的凝固速度 $V<V_{cr}$(固/液界面凝固的临界速度)时，TiB 随固/液界面的推进而被推斥；当 $V>V_{cr}$ 时，TiB 被凝固的固/液界面所吞并，分布于已凝固的相中。钎缝的分层即可解释为从 Al_2O_3 向 TC4 合金的凝固过程中 $V<V_{cr}$，TiB 晶须随剩余液相被推斥至 TC4 合金侧，此后，剩余液相在成分浓度和温度变化的作用下瞬时凝固 $V>V_{cr}$，TiB 被凝固界面吞并，分布于凝固相中，出现钎缝的分层现象。

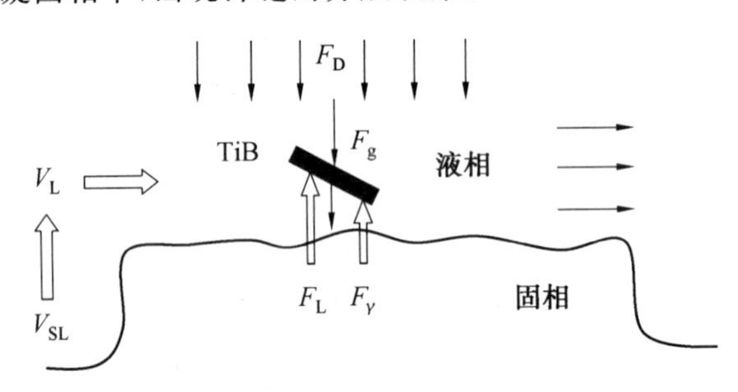

图 8.21 固/液界面前沿 TiB 晶须的受力图

2. 接头界面的形成机制

根据接头界面组织随钎料成分、钎焊温度和保温时间的变化，以 Cu+TiB_2 钎料为例阐述，Cu 基钎料钎焊 Al_2O_3 与 TC4 合金时接头界面的形成过程可分为以下 5 个阶段，各阶段的界面演变过程及接头中的原子行为如下。

(1)待焊母材表面与所用 Cu+TiB_2 钎料间的物理接触(20 ℃ $<T<T_M$，T_M 为 Cu−Ti二元共晶温度 875 ℃)：随炉内温度升高，Cu+TiB_2 钎料粉末在外加压力作用下与 Al_2O_3 和 TC4 合金间结合更加紧密，原子的运动速度加快，这为钎料之间、钎料与母材之间相互作用及界面反应的发生提供了前提。此阶段 Cu+TiB_2 钎料并未熔化，也无任何化学反应发生。

(2)钎料/TC4 合金界面的局部熔化及 TiB 的形成($T_M \leqslant T<T_L$，T_L 为钎料全部熔化的温度)：在原子扩散作用下，钎料与 TC4 合金接触界面处满足共晶成分，当炉内温度

升至 Cu－Ti 共晶温度 875 ℃时，在钎料与 TC4 合金接触处的局部区域出现液相。随炉内温度继续升高，液相区逐渐扩大并向 Al_2O_3 侧扩展。钎料中 Cu 原子向 TC4 合金中扩散固溶，TC4 合金中的 Ti、Al 原子向已生成的液相中扩散溶解。已形成的液相中未熔化的 TiB_2 颗粒中的 B 原子向钎料中的 Ti 扩散并发生 $TiB_2 + Ti \longrightarrow TiB$ 反应形成 TiB。

(3)钎料全部熔化，TiB、$Ti_3(Cu,Al)_3O$ 及 $Ti_4(Cu,Al)_2O$ 的形成（$T_L \leqslant T < T_B$，T_B 为钎焊温度）：在达到钎焊温度之前，钎料即可完全熔化。TC4 合金中的 Ti、Al 原子在浓度梯度作用下向液相钎料中扩散溶解，钎料中的 Cu 原子也向两侧母材扩散。Ti 原子在 Al_2O_3 中 O 元素的选择吸附作用下富集于 Al_2O_3 侧，并与 Al_2O_3 释放的 O、Al 原子发生反应，在界面处生成 $Ti_3(Cu,Al)_3O$ 反应产物。随温度升高及原子扩散，$Ti_3(Cu,Al)_3O$ 连续成层，$Ti_4(Cu,Al)_2O$ 开始在 $Ti_3(Cu,Al)_3O$ 侧生成，这是由高的钎焊温度下钎缝中 Ti 含量增大造成的。

(4)钎料成分均匀化，TiB、Ⅱ区中 Ti_2Cu 和 Ti_3Al 的形成，Ⅴ区中 Ti_2Cu 及Ⅲ区中 $Ti_2(Cu,Al)$ 的形成（$T = T_B$）：在钎焊温度下随保温时间的延长，TC4 合金中的 Ti、Al 原子继续向钎料扩散溶解，钎料中的 Cu 也继续向 TC4 合金扩散固溶，只是随扩散的进行 Ti、Cu 及 Al 原子扩散速度减慢，整个系统趋于动态平衡。随 Ti 原子向 Al_2O_3 侧的富集，$Ti_3(Cu,Al)_3O$ 增厚，其一侧的 $Ti_4(Cu,Al)_2O$ 也逐渐变得连续并增厚。未反应的 TiB_2 颗粒在剩余液相中继续与 Ti 反应生成 TiB。因 Al_2O_3 侧富集 Ti，该侧易先满足 Ti_2Cu 等温凝固的成分条件，故 Ti_2Cu 以 Al_2O_3 侧的 $Ti_4(Cu,Al)_2O$ 为基向钎缝中部生长。随 Ti_2Cu/液相钎料界面的推进 Ti、Al 元素发生正偏析富集与 Ti_2Cu 晶界处及 Ti_2Cu/液相钎料的界面前沿，Ti_3Al 和 $Ti_2(Cu,Al)$ 形成于 Ti_2Cu 晶界与 Ti_2Cu/液相钎料界面前沿。

(5) Ⅳ区中 $AlCu_2Ti$ 的形成，TiB 继续形成直至Ⅳ区完全凝固，Ⅴ区过共析组织 $(\alpha Ti) + Ti_2Cu$ 析出（20 ℃ $\leqslant T < T_B$）：炉内温度下降时，Ⅳ区中 Ti_2Cu 生成，随温度继续降低 $AlCu_2Ti$ 生成于Ⅳ区，分布于 $AlCu_2Ti$ 中的 TiB 尺寸比分布于 Ti_2Cu 中的更加均匀细小，表明分布于 $AlCu_2Ti$ 中的 TiB 比分布于 Ti_2Cu 中的反应和扩散时间更加充分，也证明了 $AlCu_2Ti$ 比 Ti_2Cu 后凝固。原先固溶于钎料/TC4 合金界面处的 Cu 原子的极限固溶度随炉内温度的降低而降低，于是，发生过共析反应析出 $(\alpha Ti) + Ti_2Cu$。至此 Al_2O_3/TC4 合金钎焊接头界面完全形成。值得注意的是，降温速度的快慢将影响钎缝剩余液相的铺展，过快的降温速度将导致接头中出现空洞。

8.5　Al_2O_3/TC4 合金钎焊接头的力学性能及强化机理

8.5.1　Al_2O_3/TC4 合金钎焊接头的力学性能

1. 钎料成分对接头抗剪强度的影响

(1)B 或 TiB_2 含量对接头抗剪强度的影响。

钎料成分影响了 Al_2O_3/TC4 合金钎焊接头界面组织，从而将对接头的力学性能产生影响。图 8.22 所示为采用不同复合钎料时接头的室温抗剪强度，接头抗剪强度随 B 或 TiB_2 粉添加量(即 TiB 含量)的增加先增大后减小。

在钎焊后，钎缝可视作 TiB 增强金属基复合材料，其热膨胀系数受 TiB 含量调节。当钎缝中 TiB 生成量较少时，其调节作用不足，Al_2O_3/钎缝界面易产生较大的残余热应力，使接头抗剪强度下降，甚至接头开裂。随着原位自生的 TiB 晶须的增加，TiB 调节钎缝的热膨胀系数的能力增强，并且其均匀和细小的针状形貌在弥散强化接头的同时，还起到钉扎强化接头的作用，提高了接头强度，因此接头的室温抗剪强度随 TiB 生成量增加而升高。然而，TiB 生成量的增大虽然可降低钎缝的热膨胀系数，但同时使得钎缝的硬度和弹性模量上升，钎缝变形困难，导致残余热应力不易释放，当接头中的 TiB 生成量超过其最佳值继续升高时，接头的室温抗剪强度反而开始减小。

此外，在相同 TiB 含量下采用 Cu 基复合钎料时的接头抗剪强度普遍高于采用 Ag 基复合钎料的接头。这是由于 Al_2O_3 的热膨胀系数为$(6.0\sim8.6)\times10^{-6}$℃$^{-1}$，AgCuTi、CuTi 和 Cu 的热膨胀系数分别为$(19.7\sim21)\times10^{-6}$℃$^{-1}$、$(10\sim13)\times10^{-6}$℃$^{-1}$和$(11\sim13)\times10^{-6}$℃$^{-1}$，即 AgCuTi 与 Al_2O_3 之间的热膨胀系数差异较大，因此采用 Ag 基钎料的接头残余应力水平较高。同时，较大的热膨胀系数差异需要更多的、具有低热膨胀系数和高弹性模量的 TiB 进行调节，因此 Ag 基钎料获得最高强度时的 TiB 含量也较高。

因此，在陶瓷/金属钎焊接头残余热应力的调控中，不仅要通过调节钎缝的热膨胀系数，使其与母材的热膨胀系数尽量接近，同时还需在钎缝中生成易于吸收、释放残余应力的延性反应产物，只有兼顾以上两方面的平衡，才能使钎焊接头获得较高的力学性能。

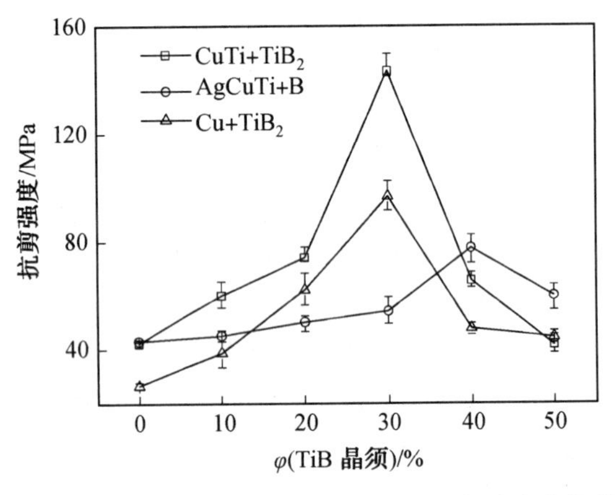

图 8.22　含不同 TiB 量 Al_2O_3/TC4 合金钎焊接头的抗剪强度

(2)Ti 添加量对接头抗剪强度的影响。

钎缝中 Ti 含量的改变将引起钎缝中 Ti－Cu 等化合物生成量的变化，最终影响 Al_2O_3/TC4合金钎焊接头的力学性能。下面以 Ag 基钎料为例，介绍钛含量对 Al_2O_3/TC4合金钎焊接头力学性能的影响。

图 8.23 所示为采用 Ag 基钎料时接头的室温抗剪强度，可发现接头的抗剪强度随钎料中 Ti 添加量的增加先增大后减小，当 Ti 质量分数为 10%时接头抗剪强度达最大值(52 MPa)。结合微观组织分析，可知：当钎料中的 Ti 质量分数小于 10%时，$Ti_3(Cu,Al)_3O$反应层较薄，不足以承受接头的抗剪力，故接头的室温抗剪强度较低；随着钎料中 Ti 添加量的增加，界面反应层有所增厚，且钎料与 TC4 合金之间的浓度梯度降

低，TC4 合金向钎料中的溶解量减小，这可避免 TC4 合金母材的过分溶蚀，从而 Al_2O_3/TC4 合金钎焊接头的抗剪强度增加。当钎料中的 Ti 添加量过高，本身具有较大的硬脆性，$Ti_3(Cu,Al)_3O$ 反应层过厚，并且钎缝Ⅲ区中低模量的 Ti(Cu,Al) 相减少，高模量的 $Ti_2(Cu,Al)$ 相增加，使得接头中残余应力不易释放，接头抗剪强度降低。

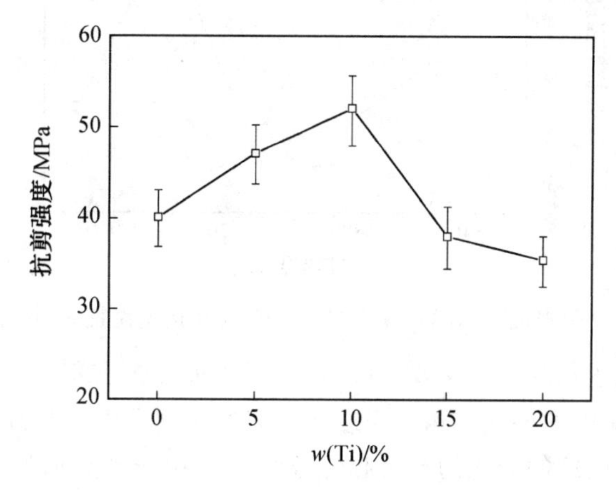

图 8.23 AgCuTi 钎料含不同 Ti 量时的 Al_2O_3/TC4 合金钎焊接头抗剪强度（$\varphi_{TiB}=20\%$，$T=900$ ℃，$t=10$ min）

上述结果表明：除了通过控制 B 或 TiB_2 的添加量来控制 TiB 晶须生成量对接头进行强化外，还可通过调节钎料中 Ti 的添加量来控制钎缝中硬脆性相的含量及 TC4 合金母材的溶解量，从而提高钎焊接头力学性能。

2. 钎焊工艺对接头抗剪强度的影响

(1)钎焊温度对接头抗剪强度的影响。

图 8.24 所示为在保温时间 10 min 时，不同钎焊温度下，分别采用 AgCuTi＋B、CuTi＋TiB_2 和 Cu＋TiB_2 3 种钎料钎焊 Al_2O_3 和 TC4 合金所获接头的室温抗剪强度。可以发现，钎焊接头的室温抗剪强度随钎焊温度的升高先增大后减小，对于 AgCuTi 钎料，当钎焊温度为 850 ℃时，接头的抗剪强度达最大值(78 MPa)；对于 Al_2O_3/Cu＋TiB_2/TC4 合金钎焊接头接头强度在 930 ℃时分别达最大值(143 MPa 和 97 MPa)。

当钎焊温度过低时，钎缝中 Al_2O_3 侧的 $Ti_3(Cu,Al)_3O$ 反应层不完整，不足以承受较大载荷；钎缝中存在大量因钎料流动性不好而产生的孔洞使得接头的连接界面不完整，故接头的抗剪强度较低。随着温度的升高，钎缝中 Al_2O_3 侧的 $Ti_3(Cu,Al)_3O$ 反应层由于原子扩散增强而开始增厚，界面也因钎料的流动性增强而变得完整；TC4 合金向钎料中溶解的 Ti、Al 含量增加，使得钎缝Ⅱ区和Ⅳ区中 Ti_2Cu 晶界处的硬脆性相 Ti_3Al 生成量增加，$Ti_2(Cu,Al)$ 组成的Ⅲ区从无到有，接头呈现“软－硬－软”的结合状态，使得接头应力由母材向焊缝中部转移，这些因素均使得接头强度升高。当温度过高时，过厚的 $Ti_3(Cu,Al)_3O$ 和过多的 Ti－Cu 脆性化合物使得接头残余应力不易释放；钎焊温度高也导致钎焊接头中产生较大的残余应力，使得接头抗剪强度减小。

一般认为，在低温下进行钎焊，母材的形变量较小，由此而引起的残余应力也较小，有助于提高接头的抗剪强度。但试验结果表明，只有在保证钎焊接头连接质量的前提下，尽

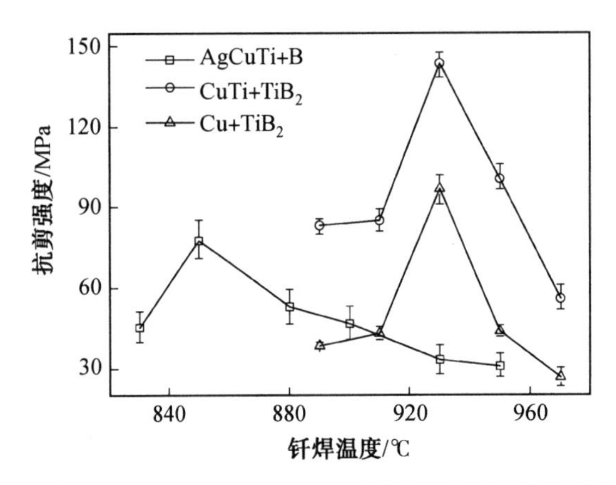

图 8.24 不同钎焊温度下 Al_2O_3/TC4 合金钎焊接头的室温抗剪强度（t=10 min）

量降低钎焊温度才能达到降低接头残余应力，提高接头抗剪强度的目的。同时，随钎焊温度的变化而迁移，接头中的层状结构消失或各层间的比例发生改变；钎缝中硬脆相生成量的增加及各区位置和比例的变化均会引起钎缝组织热膨胀系数和弹性模量的变化，进而影响接头的抗剪强度。

(2)保温时间对接头抗剪强度的影响。

对于 AgCuTi+B、CuTi+TiB_2 和 Cu+TiB_2 等复合钎料制备的接头，其接头的室温抗剪强度随保温时间的延长呈波浪形上升而后下降，这与钎焊温度升高时所引起的变化一致。在前文中指出，温度和保温时间对接头微观组织的影响相似，而接头的力学性能很大程度上取决于接头微观组织，此处不再赘述变化原因。

综上所述：保温时间和温度钎缝中 Ti 的溶入使 Ti－Cu 化合物和 Ti－Cu－Al 化合物在钎缝中的生成量增加，引起钎缝热膨胀系数和弹性模量的改变，进而影响接头中的残余应力。因此优化钎焊工艺，使钎缝具有合适的热膨胀系数和弹性模量是使接头获得良好力学性能的另一关键。

8.5.2 Al_2O_3/TC4 合金钎焊接头的强化机理

1. TiB 晶须对残余应力的缓解和转移作用

力学性能测试证实接头的力学性能在一定范围内随着 TiB 晶须含量的增加而提高。通过对 Al_2O_3/CuTi+TiB_2/TC_4 合金钎焊接头的断口形貌进行分析，发现接头断裂位置随钎缝中 TiB 生成量的增加逐渐由 Al_2O_3 向钎缝转移，当 TiB 体积分数为 10%时，断裂主要发生在 Al_2O_3 中；当 TiB 生成量增至 30%时，断裂贯穿 Al_2O_3 与钎缝，属混合断口；当 TiB 生成量增至 50%时，断裂发生在钎缝中。

上述结构表明，TiB 晶须通过缓解和转移接头应力，提高了接头的力学性能。一方面，原位自生 TiB 晶须通过调节母材和钎缝间的热膨胀系数差异，降低了接头的残余应力水平，减缓了陶瓷以及钎缝因热应力导致的性能退化，有利于保持母材和钎缝原有的良好力学性能；另一方面，TiB 晶须的引进使得接头应力集中区域由硬脆性的陶瓷基体转移至断裂韧性较好的钎缝区域，这有利于提高接头裂纹萌生的抵御能力。

2. TiB 晶须对钎缝的增强和韧化作用

图 8.25 所示为采用 CuTi 钎料时所获接头的断口形貌。当钎料中不含有 B 时，断口表面出现明显裂纹，且裂纹沿平行于钎缝的方向扩展；断口处有 Al_2O_3、Ti_2Cu 和 $Ti_4(Cu,Al)_2O$ 相，说明裂纹是由 Al_2O_3/钎缝界面处的残余应力引起的且发生在 Al_2O_3 侧 Ⅰ 区、Ⅱ 区和 Al_2O_3 中。通过在钎缝中引入体积分数为 30% 的 TiB 晶须后，如图 8.25(b)所示，断口表面出现球形韧窝，表明此处发生韧性断裂；其断裂主要发生在接头的 Ⅱ 区、Ⅲ 区和 Ⅳ 区，表明接头内集中在 Al_2O_3 侧的残余应力已在一定程度上得以缓解和转移。这一结果进一步证实了 TiB 晶须对残余应力的缓解和转移作用。

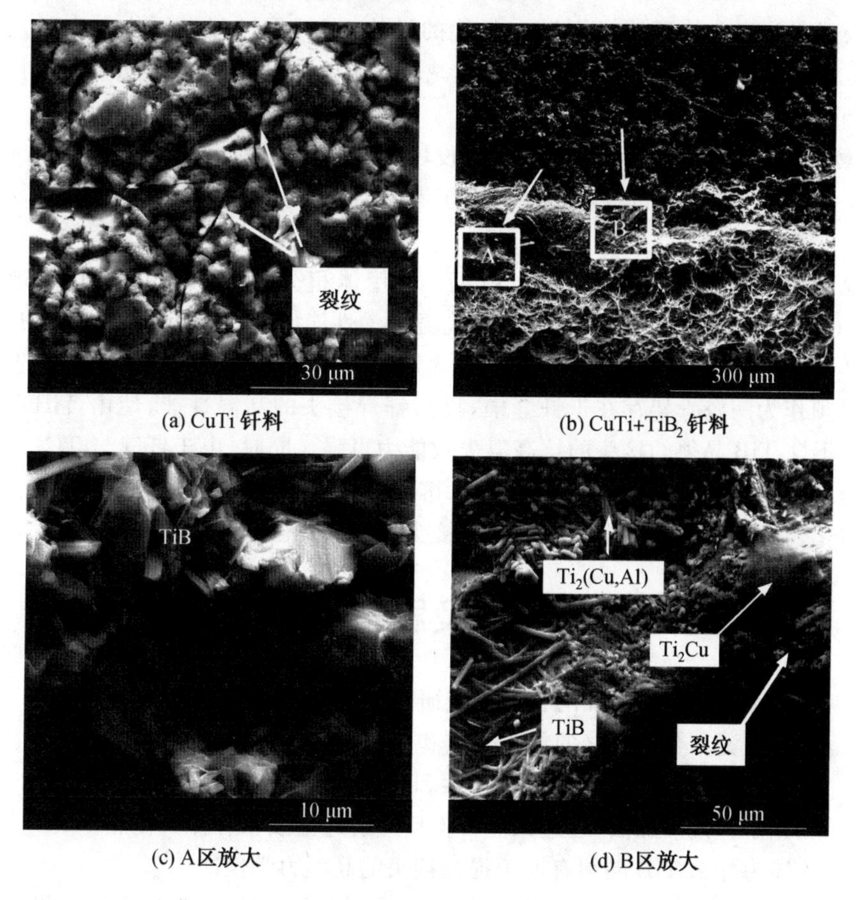

图 8.25　用 CuTi 和 CuTi+TiB_2 钎料所获 Al_2O_3/TC4 合金钎焊接头的断口形貌（T=930 ℃，t=10 min）

对断口 A 区进行放大观察，发现大量断裂或被拔出的 TiB 晶须存在断裂处，TiB 晶须与其分布基体 Ti_2Cu 和 $AlCu_2Ti$ 之间的结合界面紧密，彼此间连接良好。由于 TiB 的弹性模量为 443 GPa，远高于 Ti_2Cu 和 $AlCu_2Ti$ 的弹性模量（分别为 186 GPa 和 142 GPa），因此接头内原位自生的 TiB 可将应力从裂纹尖端转移至远离裂纹尖端的区域，降低裂纹尖端的应力集中，并且具有较大长径比的 TiB 晶须相对于等轴状增强相更有利于对钎缝的弥散强化和钉扎强化，从而提高钎缝的强度。B 区的放大图像证明：当裂纹扩展至 TiB 晶须分布区时终止，说明弥散分布于 Ti_2Cu 和 $AlCu_2Ti$ 中的 TiB 晶须使裂纹的扩展变得困难。因此，TiB 晶须通过对接头的增强和增韧作用，提高了接头在室温下的抗剪强度。

3. TiB 晶须对接头微观结构的调整作用

在接头微观组织的研究中指出，采用 CuTi＋TiB_2、Cu＋TiB_2或者 AgCuTi＋B 复合钎料钎焊 Al_2O_3和 TC4 合金接头时，TiB 晶须的生成使得接头界面均呈层状结构。

以 CuTi＋TiB_2钎料获得的接头为例(930 ℃，10 min，TiB 体积分数为 30%)，通过纳米压痕技术对各区的弹性模量进行测定，发现各区的弹性模量为：Ⅰ区 (182 GPa)－[Ⅱ区 (254 GPa)－Ⅲ区 (287 GPa)－Ⅳ区 (293 GPa)]－Ⅴ区 (145 GPa)，此结构满足有效降低接头残余热应力的延性－刚性－延性的结构，即钎焊过程中原位自生于接头中的 TiB 可实现接头的组织结构优化，从而有效减缓接头残余应力，提高接头的力学性能。

4. TiB 晶须的“高温骨架”作用

Al_2O_3与 TC4 合金的连接结构件的服役环境(包括室温和高温环境)及室温下长时间运行产生的热量都对接头的高温性能提出了考验，良好的高温力学性能对于接头的实际应用具有重要意义。

试验发现：在 930 ℃下保温 10 min 下，使用体积分数为 30%的 TiB 晶须增强的 Al_2O_3/Cu＋TiB_2/TC4合金接头的室温和高温力学性能(400 ℃和 500 ℃)均优于 Al_2O_3/Cu＋TiB_2/TC4 合金接头，这在一定程度上表明 TiB 晶须高熔点及较大长径比的特征，使得 TiB 晶须作为陶瓷骨架存在于钎缝中，提高钎焊接头的高温性能，使由 TiB 晶须增强的接头比不含 TiB 晶须的接头的抗高温失效能力更强。同时，由于钎缝与 TC4 合金中原子扩散速度在高温时加快，接头中可析出高熔点和高弹性模量的金属间化合物，此时生成的金属间化合物也可作为接头的骨架提高接头高温抗剪强度。

习题及思考题

8.1 为什么要进行金属和陶瓷的连接研究？

8.2 简述陶瓷和金属连接的主要难点和应对方法。

8.3 简述原位自生 TiB 晶须的可行性和必要条件。

8.4 相比于直接添加法，通过原位自生反应引进增强相有什么优点？

8.5 简述为什么 TiB 晶须有助于提高接头的高温力学性能。

8.6 阐述原位自生 TiB 晶须增强 Al_2O_3/TC4 合金钎焊接头的断裂机制和强化机制。

本章参考文献

[1] 张勇，何志勇，冯涤. 金属与陶瓷连接用中间层材料[J]. 钢铁研究学报，2007(2)：1-4,34.

[2] NASLAIN R. Design，preparation and properties of non-oxide cmcs for application in engines and nuclear reactors：an overview [J]. Composites Science and

Technology, 2004, 64(2): 155-170.

[3] 钱耀川，丁华东，傅苏黎. 陶瓷一金属焊接的方法与技术[J]. 材料导报，2005(11): 98-100,104.

[4] 刘会杰，冯吉才. 陶瓷与金属的连接方法及应用[J]. 焊接，1999(6): 5-9.

[5] 顾钰熹,邹耀弟,白闻多. 陶瓷与金属的连接[M]. 北京:化学工业出版,2010.

[6] 吴铭方，马骋，张超，等. 陶瓷/金属钎焊接头强度研究现状[J]. 焊接技术，2006(4): 4-6,79.

[7] 李潇一. 氧化物陶瓷与金属的活性钎焊工艺及其机理研究[D]. 天津:天津大学 2009.

[8] 丁文锋，徐九华，沈敏，等. 活性元素 Ti 在 CBN 与钎料结合界面的特征[J]. 稀有金属材料与工程，2006(8): 1215-1218.

[9] 张启运,庄鸿寿. 钎焊手册[M]. 2版. 北京:机械工业出版,2008.

[10] ZHU S, WLOSINSKI W. Joining of AlN ceramic to metals using sputtered Al or Ti film[J]. Journal of Materials Processing Technology, 2001, 109(3): 277-282.

[11] ZHOU Y, IKEUCHI K, NORTH T, WANG Z. Effect of plastic deformation on residual stresses in ceramic/metal interfaces[J]. Metallurgical and Materials Transactions A, 1991, 22(11): 2822-2825.

[12] ZHONG Z, ZHOU Z, GE C. Brazing of doped graphite to Cu using stress relief interlayers[J]. Journal of Materials Processing Technology, 2009, 209(5): 2662-2670.

[13] XIAN A P. Residual stress in a soft-buffer-inserted metal/ ceramic joint[J]. Journal of American Ceramic Society, 1990, 73(11): 5.

[14] TAE-WOOA K,SANG-WHANB P. Effects of interface and residual stress on mechanical properties of ceramic/metal system [J]. Key Engineering Materials, 2000 (187): 1279-1284.

[15] PIETRZAK K, KALINSKI D, CHMIELEWSKI M. Interlayer of Al_2O_3-Cr functionally graded material for reduction of thermal stresses in alumina-Heat resisting steel joints[J]. Journal of the European Ceramic Society, 2007, 27(2-3): 1281-1286.

[16] LEVY A. Thermal residual stresses in ceramic-to-metal brazed joints[J]. Journal of the American Ceramic Society, 1991, 74(9): 2141-2147.

[17] BROCHU M, PUGH M D, DREW R A L. Brazing silicon nitride to an iron-based intermetallic using a copper interlayer[J]. Ceramics International, 2004, 30(6): 901-910.

[18] AKSELSEN O M. Advances in brazing of ceramics[J]. Journal of Materials Science, 1992, 27(8): 1989-2000.

[19] ABED A, BIN HUSSAIN P, JALHAM I S,et al. Joining of sialon ceramics by a stainless steel interlayer[J]. Journal of the European Ceramic Society, 2001, 21

(16)：2803-2809.

[20] 朱定一，王永兰，高积强，等. Al_2O_3/Ni－Ti 钎料/Nb 的封接及其组织和性能的研究[J]. 西安交通大学学报，1997(3)：24-29.

[21] 冀小强，李树杰，马天宇，等. 用 Zr/Nb 复合中间层连接 SiC 陶瓷与 Ni 基高温合金[J]. 硅酸盐学报，2002(3)：305-310.

[22] LEMUS J，DREW R A L. Joining of silicon nitride with a titanium foil interlayer[J]. Materials Science and Engineering：A，2003，352(1-2)：169-178.

[23] KSIAZEK M，MIKULOWSKI B. Bond strength and microstructure investigation of Al_2O_3/Al/Al_2O_3 joints with surface modification of alumina by titanium[J]. Materials Science and Engineering：A，2008，495(1-2)：249-253.

[24] 方洪渊，冯吉才. 材料连接过程中的界面行为[M]. 哈尔滨：哈尔滨工业大学出版社，2005.

[25] 邹家生，翟建广，吴斌，等. Cu－Ni－Ti 钎料连接 Si_3N_4/In718 接头强度及断裂分析[J]. 焊接技术，2003(3)：8-10，3.

[26] 林国标，李海刚. SiC 陶瓷与 Ti 合金的 Ag－Cu－Ti－TiC 复合钎焊研究[C]//第十一次全国焊接会议，中国机械工程学会，2007：79-82.

[27] 林国标，黄继华，毛建英，等. SiC 陶瓷与钛合金(Ag－Cu－Ti)－SiC_P复合钎焊接头组织结构研究[J]. 航空材料学报，2005(6)：27-31.

[28] ZHANG J，HE Y M，SUN Y，LIU C F. Microstructure evolution of Si_3N_4/Si_3N_4 joint brazed with Ag-Cu-Ti ＋ SiC_p composite filler[J]. Ceramics International，2010，36(4)：1397-1404.

[29] YANG J G，FANG H Y，WAN X. Al_2O_3/Al_2O_3 joint brazed with Al_2O_3-particulate-contained composite Ag-Cu-Ti filler material[J]. Journal of Materials Science & Technology，2005，21(5)：782-784.

[30] QIN Y，YU Z. Joining of C/C composite to TC4 using SiCparticle-reinforced brazing alloy[J]. Materials Characterization，2010，61(6)：635-639.

[31] HE Y M，ZHANG J，LIU C F，et al. Microstructure and mechanical properties of Si_3N_4/Si_3N_4 joint brazed with Ag-Cu-Ti ＋ SiC_p composite filler[J]. Materials Science and Engineering：A，2010，527(12)：2819-2825.

[32] 林国标，黄继华，张建纲，等. SiC 陶瓷与 Ti 合金的(Ag－Cu－Ti)－W 复合钎焊接头组织结构研究[J]. 材料工程，2005(10)：17-22.

[33] LIN G B H，ZHANG J H，LIU H Y. Microstructure and mechanical performance of brazed joints of Cf/SiC composite and Ti alloy using Ag-Cu-Ti-W[J]. Science and Technology of Welding & Joining，2006，11：379-383.

[34] HE Y M，ZHANG J，SUN Y，LIU C F. Microstructure and mechanical properties of the Si3N4/42crmo steel joints brazed with Ag-Cu-Ti ＋ Mo composite filler[J]. Journal of the European Ceramic Society，2010，30(15)：3245-3251.

[35] 熊进辉，黄继华，张华，等. C_f/Sic 复合材料与钛合金 Ag－Cu－Ti－C_f复合钎焊

[J]. 焊接学报，2010(5)：77-80,117.

[36] ZHU M, WETHERHOLD R C, CHUNG D D L. Evaluation of the interfacial shear in a discontinuous carbon fiber/mortar matrix composite[J]. Cement and Concrete Research, 1997, 27(3): 437-451.

[37] ZHU M, CHUNG D D L. Active brazing alloy containing carbon fibers for metal-ceramic joining[J]. Journal of the American Ceramic Society, 1994, 77(10): 2712-2720.

[38] ZHU M, CHUNG D. Improving the strength of brazed joints to alumina by adding carbon fibres[J]. Journal of Materials Science, 1997, 32(20): 5321-5333.

[39] LIN G, HUANG J, ZHANG H. Joints of carbon fiber-reinforced sic composites to Ti-alloy brazed by Ag-Cu-Ti short carbon fibers[J]. Journal of Materials Processing Technology, 2007, 189(1-3): 256-261.

[40] CUI C X, SHEN Y T, MENG F B, et al. Review on fabrication methods of in situ metal matrix composites[J]. Journal of Materials Science & Technology, 2000, 16(6): 619-626.

[41] REDDY B, DAS K, DAS S. A review on the synthesis of in situ aluminum based composites by thermal, mechanical and mechanical-thermal activation of chemical reactions[J]. Journal of Materials Science, 2007, 42(22): 9366-9378.

[42] FLEETWOOD M J. Mechanical alloying - the development of strong alloys[J]. Materials science and technology, 1986, 2(12): 1176-1182.

[43] YANG M, LIN T, HE P, et al. In situ synthesis of TiB whisker reinforcements in the joints of Al_2O_3/TC4 during brazing[J]. Materials Science and Engineering: A, 2011, 528(9): 3520-3525.

[44] BAKER H. Asm handbook: alloy phase diagram[M]. ASM INTERNATIONAL: Materials Park, 1992.

[45] PANDA K, RAVI CHANDRAN K. Synthesis of ductile titanium-titanium boride (Ti-TiB) composites with a beta-titanium matrix: the nature of TiB formation and composite properties[J]. Metallurgical and Materials Transactions A, 2003, 34(6): 1371-1385.

[46] FAN Z, GUO Z X, CANTOR B. The kinetics and mechanism of interfacial reaction in sigma fiber-reinforced Ti mmcs[J]. Composites Part A: Applied Science and Manufacturing, 1997, 28(2): 131-140.

[47] 尚俊玲. 原位 TiB_w/Ti 复合材料的组织与性能及其成形特性[D]. 哈尔滨：哈尔滨工业大学，2004.

[48] VILLARS A P, OKAMOTO H. Handbook of ternary alloy phase diagram[M]. Almere: ASM international Metals park, 1995.

[49] HENRY HBHOS D. Asm handbook: alloy phase diagrams[M]. Almere: ASM International, 1992.

[50] KELKAR G P, CARIM A H. Al solubility in m6x compounds in the Ti-Cu-O system[J]. Materials Letters, 1995, 23(4-6): 231-235.

[51] WANG X L, HUBBARD C R, SPOONER S, et al. Mapping of the residual stress distribution in a brazed zirconia-iron joint[J]. Materials Science and Engineering A, 1996, 211(1-2): 45-53.

[52] LI M L C, WANG F, ZHANG W. Comput couple phase diagrams thermochem [J]. Comput Coupl Phase Diagrams Thermochem, 2005, 29: 269.

[53] HULTGREN R. Selected values of thermodynamic properties of binary alloys [M]. OH: ASM International, 1973.

[54] KOZLOVA O, BRACCINI M, VOYTOVYCH R, et al. Brazing copper to alumina using reactive cuagti alloys[J]. Acta Materialia, 2010, 58(4): 1252-1260.

[55] CARIM A H, MOHR C H. Brazing of alumina with Ti_4Cu_2O and Ti_3Cu_3O interlayers[J]. Materials Letters, 1997, 33(3-4): 195-199.

[56] KELKAR G P, CARIM A H. Synthesis, properties, and ternary phase stability of m6x compounds in the Ti-Cu-O system[J]. Journal of the American Ceramic Society, 1993, 76(7): 1815-1820.

[57] PANDA K, RAVI CHANDRAN K. Synthesis of ductile titanium-titanium boride (Ti-Tib) composites with a beta-titanium matrix: the nature of TiB formation and composite properties[J]. Metallurgical and Materials Transactions A, 2003, 34 (6): 1371-1385.

[58] AH K G S K C. Thermodynamic evaluation of reaction-products and layering in brazed alumina joints [J]. Journal of Materials Research, 1994, 9(9): 7.

[59] ARROYAVE R, EAGAR T W, KAUFMAN L. Thermodynamic assessment of the Cu-Ti-Zr system[J]. Journal of Alloys and Compounds, 2003, 351(1-2): 158-170.

[60] 冯海波. SPS 原位 TiB 增强 Ti 基复合材料的组织结构与 TiB 生长机制[D]. 哈尔滨：哈尔滨工业大学，2005.

[61] ALLRED A L. Electronegativity values from thermochemical data[J]. Journal of Inorganic and Nuclear Chemistry, 1961, 17(3-4): 215-221.

[62] 余毅，薛卫东. A－Al_2O_3(0001)表面电子结构的理论研究[J]. 四川大学学报(自然科学版)，2004(4)：825-828.

[63] ELREFAEY A, TILLMANN W. Effect of brazing parameters on microstructure and mechanical properties of titanium joints[J]. Journal of Materials Processing Technology, 2009, 209(10): 4842-4849.

[64] 吕维洁，张荻，张小农，等. 原位合成 TiB/Ti 复合材料的微观结构及力学性能[J]. 上海交通大学学报，2000(12)：1606-1609,1614.

[65] 吕维洁，张小农，张荻，等. 原位合成 TiB/Ti 基复合材料增强体的生长机制[J]. 金属学报，2000(1)：104-108.

[66] RAVI CHANDRAN K P, PANDA K B; SAHAY S S. TiB_W-reinforced Ti composites: processing, properties, application prospects, and research needs[J]. JOM, 2004, 56: 42-48.

[67] FENG D J M, CROWE C R. The formation of Ti_3Al within TiAl during the deformation of Xd™ titanium aluminide [J]. Scripta Materialia, 1989, 23: 6.

[68] SRIVASANIAI T S, MOHAMED F A, LAVERNIA E J. Processing techniques for particle reinforced metal aluminum matrix composites[J]. Journal of Materials Science, 1991, 26: 14.

[69] 钟云波，任忠鸣，孙秋霞，等. 电磁场中金属凝固界面前沿颗粒的推斥/吞没行为[J]. 金属学报，2003(12): 1269-1275.

[70] STEFANESCU D, JURETZKO F, CATALINA A, et al. Particle engulfment and pushing by solidifying interfaces: part II. microgravity experiments and theoretical analysis [J]. Metallurgical and Materials Transactions A, 1998, 29(6): 1697-1706.

[71] JURETZKO F, STEFANESCU D, DHINDAW B, et al. Particle engulfment and pushing by solidifying interfaces: Part 1. Ground Experiments[J]. Metallurgical and Materials Transactions A, 1998, 29(6): 1691-1696.

[72] YE F, LIU L, WANG Y, ZHOU Y, et al. Preparation and mechanical properties of carbon nanotube reinforced barium aluminosilicate glass-ceramic composites[J]. Scripta Materialia, 2006, 55(10): 911-914.

第9章　C_f/SiC复合材料和TiAl合金钎焊连接技术

9.1　复杂陶瓷构件关键制造技术——碳化硅陶瓷连接研究现状

9.1.1　SiC基陶瓷材料连接技术研究进展

高温结构材料中，SiC基陶瓷材料因具有高温强度高、抗氧化性强、热稳定性好、密度低、耐磨损、耐腐蚀等一系列优点而受到各国材料学界的普遍关注。目前，SiC基陶瓷材料已在机械、石油、化工等领域广泛应用，在航空、航天、军工及核能等尖端领域也被认为是未来制造火箭燃烧室内衬、飞机涡轮发动机叶片、核反应堆容器内壁等高温零部件最有希望的候选材料之一。SiC是以共价键为主的化合物，其固有的脆性和低的冲击韧性导致加工性能差、难以制造尺寸大且形状复杂的零件，通常需要通过陶瓷/陶瓷之间的连接技术来制备形状复杂的零部件。因此，陶瓷连接技术是结构陶瓷实用化的重要手段。近几十年来，许多工业发达国家相继开发和研究了各种陶瓷连接技术，包括活性金属钎焊法、热压扩散连接、自蔓延高温合成焊接法、过渡液相连接法、热压反应烧结连接和反应成型连接法等，其中比较成熟的是活性金属钎焊法和热压扩散连接。

1. 钎焊技术

活性金属钎焊法因在焊料中添加了Ti、Zr和Hf等活性元素，可以实现对大部分碳化物、氮化物、氧化物陶瓷的润湿，从而直接实现陶瓷之间以及陶瓷与金属之间的连接，逐渐成为一种有发展前景的连接工艺方法。目前活性金属钎焊工艺连接陶瓷的研究重点主要包括：①钎焊工艺对连接强度和界面显微结构的影响；②如何消除或降低焊料和母材之间因热膨胀系数不匹配而产生的热应力；③界面反应的热力学、动力学以及界面反应产物的控制。

刘岩等采用三元Ag－Cu－Ti活性焊料连接常压烧结碳化硅陶瓷，在900 ℃保温30 min得到最高四点弯曲强度为342 MPa，由于活性元素Ti的加入，界面形成了以TiC和Ti_5Si_3两相为主的厚度不到1 μm的反应层，这是接头强度提升的主要原因。

北京航空制造研究院的Zhao等利用AgCuTi活性钎料与Cu中间层组合，实现了SiC与因瓦合金的钎焊。钎焊界面中生成了Ti－Cu、Ti－Fe以及Ti－Si－C化合物，当钎焊温度达到850 ℃、保温15 min时，接头抗剪强度最高，达到77 MPa，并且接头的断裂位置发生在陶瓷基体的近缝区一侧。

日本大阪大学的Masaaki Na Ka等利用Ti－Ni钎料对SiC实现了高温钎焊。研究发现在焊接温度为1 823 K、保温时间30 min的条件下，接头抗剪强度随钎料中Ti原子

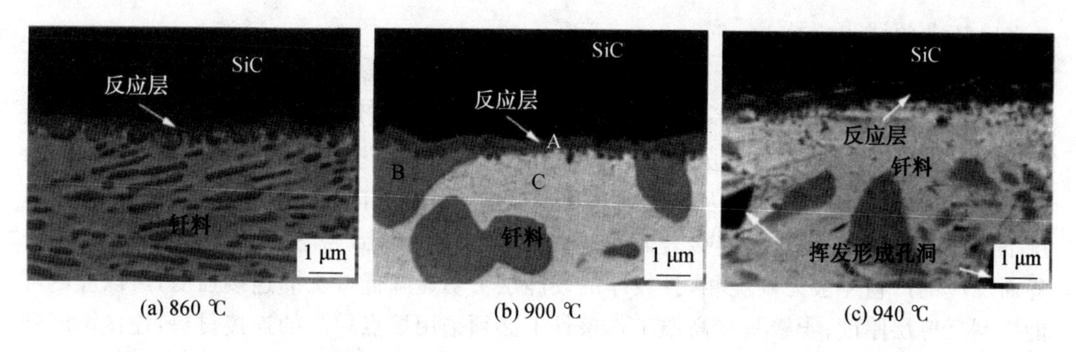

(a) 860 ℃ (b) 900 ℃ (c) 940 ℃

图 9.1 不同钎焊温度下保温 10 min 制备的 SiC_f/SiC 接头连接界面微观结构

数分数的增加而增加，当钎料中 Ti 原子数分数达 50%时，接头抗剪强度达到峰值(129 MPa)。这是由于 Ti 原子数分数的提升有利于抑制 Ni－Si 脆性化合物的生长，从而保证了接头性能。同时研究发现，Ti－Ni 钎料对应的 SiC 接头在高温下性能较好，1 000 ℃时仍能保持 260 MPa 的弯曲强度，但随温度的升高强度下降。

2. 扩散焊技术

扩散连接是将试件待连接面打磨至一定平整度后，精确组合，使母材界面处的原子在预设温度和保压时间下，相互扩散从而形成接头的连接方法，因此扩散焊接头质量往往较高。但由于 SiC 弹性模量较大，焊接表面很难发生塑性变形，难以保证待焊接面的紧密接触。因此 SiC 的扩散焊接通常需要塑性较好的金属中间层来保证焊接面的紧密结合。

S. Morozumi 等分别利用 20 μm Ti 中间层与 Zr 中间层，在 1 500 ℃、0.56 MPa 条件下保温 1 h 扩散连接 SiC 陶瓷。结果表明，使用 Ti 做中间层时接头弯曲强度较高，室温下接近 300 MPa，1 000 ℃下弯曲强度也可达 250 MPa。分析表明，Ti 做中间层时，接头最终反应产物几乎全为 Ti_3SiC_2 相。该产物与 SiC 晶格常数极为接近，故界面晶格匹配较好。此外由于生成 Ti、Si、C 三元陶瓷相线膨胀系数与 SiC 陶瓷较为接近，因此界面残余应力小，故整体接头强度较高。

北京科技大学 Li 等利用 Ti_3SiC_2 作为中间层对 SiC 陶瓷进行了扩散连接。连接温度范围为 1 200～1 600 ℃，保温时间为 30 min，焊接压力为 20～60 MPa。对焊接界面组织观察以及对断面 XRD 分析结果可知，中间层与母材发生反应，生成 TiC 与 $TiSi_2$ 相，从而形成中间层与母材界面的有效键合。弯曲强度测试结果表明，1 600 ℃下该方法得到的接头强度最高，为 110 MPa。

9.1.2 C_f/SiC 复合材料可焊性分析及连接技术研究进展

SiC 陶瓷中的 SiC 分子以共价键方式结合，其断裂方式为脆性断裂，在断裂过程中，吸收能量的唯一方式是产生新的断裂表面，因而大大降低了其作为结构材料使用的范围。而碳纤维是一种含碳量(质量分数)超过 95%的高强度、高模量及高温力学性能和热性能好的纤维材料，在惰性气体保护下 2 000 ℃时强度不会发生明显的下降，且与 SiC 具有良好的物理化学相容性。利用碳纤维来强化碳化硅做复合材料，能够有效发挥 SiC 陶瓷耐高温抗氧化等优点，且复合材料在断裂过程中能量的吸收方式主要为纤维拔出、纤维桥联和裂纹偏转，最终断裂方式表现为非脆性断裂，显著提高了韧性，因而越来越广泛地应用于各个工业领域。

1. 可焊性分析

实现 C_f/SiC 复合材料自身及其与金属的可靠连接，应解决以下几个问题：①在连接温度下，C_f/SiC 复合材料与被连接材料在界面上可发生化学反应形成较强的化学键；②由于C_f/SiC 复合材料内部及连接表面存在一定量孔隙，因此，需要连接材料在连接温度下熔化，以便能够填充被连接表面的开放孔隙，从而形成致密、连续的连接界面；③由于界面反应的产物一般为硬脆相，且较厚的硬脆层会明显降低接头的连接强度，所以应尽可能控制反应层厚度；④接头在高温工作条件下必须采用熔点较高的连接材料，连接温度升高不仅容易引起 C_f/SiC 复合材料力学性能的损伤，还在降温过程中增大接头的热应力；⑤C_f/SiC复合材料的力学及物理性能具有明显用有机聚合物连接碳化硅陶瓷及陶瓷基复合材料的各向异性，使得接头残余热应力分布更为复杂，进而给残余热应力的控制与缓解增加了难度。从本质上讲，这些要求还是要解决连接件间化学相容性与物理匹配性的问题。

2. 钎焊技术

林国标、黄继华等采用 Ag－Cu－Ti 系列钎料在 900～950 ℃、5～30 min 条件下连接了 C_f/SiC 和 TC4。采用 67.6Ag－26.4Cu－6Ti 粉末钎料，在 900 ℃、5 min 时接头抗剪强度最高，室温 102 MPa、500 ℃时达到 51 MPa。焊后含体积分数为 15％TiC 的 Ag－Cu－Ti－(Ti＋C)粉末在 900 ℃、30 min 和 950 ℃、5 min 时连接接头的室温抗剪强度分别为 131 MPa 和 160 MPa，500 ℃时抗剪强度分别为 67 MPa 和104 MPa。原位生成的 TiC_x 降低了界面的热膨胀系数，提高了接头的强度；而且生成的 TiC_x 颗粒和钎料有较强的结合，同时起到了颗粒增强相的作用。含体积分数为 12％的 C_f接头在 900 ℃、30 min 焊接时室温抗剪强度为 84 MPa，接头中的短 C 纤维大致平行母材的被焊接表面，在短 C 纤维周围和附近区域生成了 TiC_x。短 C 纤维的存在降低了钎缝的热应力，同时对钎料起到增强的作用。短 C 纤维的量太少，不能充分发挥纤维的作用；过多则纤维与钎料中 Ti 的反应剧烈，将影响钎料与 C_f/SiC 母材的结合。

由于 Ag－Cu－Ti 活性钎料的熔点较低，其接头的高温性能较差，用这种钎料所连接的构件使用温度一般不超过 500 ℃。因此黄继华等采用 Cu－Ti 钎料，通过加入石墨粉原位合成 TiC 连接 C_f/SiC 复合材料和钛合金，在 940 ℃、40 min 的连接条件下，接头最大抗剪强度达到 126 MPa。钎料中的 Ti 和从石墨粉中扩散出来的 C 原位合成 TiC，形成以 TiC 强化的连接良好的复合接头，降低了接头的热应力。

M. Singh 等分别用 MBF－20 和 MBF－30 真空钎焊连接 Ti 与 C_f/SiC 复合材料，连接温度比钎料的熔点高 15～20 ℃，连接时间为 4 min。结果表明钎料与复合材料连接紧密，但在 MBF－20 钎焊区域发现明显裂纹，裂纹的产生是由 MBF－20 钎料中的 Bo、Cr 导致的。

3. 扩散焊技术

扩散焊也是 C_f/SiC 复合材料与金属连接常用的方法，张建军等用 Zr/Ta 复合中间层通过真空热压扩散焊工艺连接 C_f/SiC 和 GH128 型镍基高温合金。连接主要靠界面区域的元素互扩散以及由于中间层金属向陶瓷孔隙中浸渗所形成的机械咬合来实现。焊接温度和保温时间是影响接头抗弯强度的主要工艺参数。1 000 ℃、20 min 时，接头的抗弯强度达到 96.6 MPa；当焊接温度为 1 020 ℃和 1 050 ℃时，随着保温时间的延长，接头的强度降低；最佳工艺参数时，强度高达 110 MPa。连接件的断口主要位于邻近连接界面的 C_f/SiC 内部，断口表面有大量从 C_f/SiC 母材中脱粘拔出的 C 纤维。

李树杰等采用 Cu/W/Cu/W/Cu 复合中间层，通过热压扩散反应连接 C_f/SiC 和 Ni 基高温合金，界面上发生了元素的互扩散，促进了界面结合，连接件四点弯曲强度达到 102 MPa。

固相扩散焊的主要优点在于连接强度高，接头高温性能和耐腐蚀性能好。不足之处在于扩散温度高、时间长、试件尺寸和形状受到限制，特别是扩散焊对母材的表面状态要求严格，而且在连接过程中需要对母材施加较高的压力，这将损害 C_f/SiC 复合材料的性能。

部分瞬时液相扩散连接方法（PTLP）兼有钎焊和固相扩散焊的优点，既能降低连接温度，又能提高接头的使用温度。该方法借助多层中间层，通过低熔点金属层的熔化或层间材料的相互扩散和反应形成局部液相区，随后液相区发生等温凝固和固相成分均匀化形成接头。

熊江涛等采用 Ti/Cu 复合箔对 C_f/SiC 和 Nb 合金进行连接研究。试验采用阶梯加热，高温段属于 TLP 连接，主要完成金属中间层和复合材料的连接，决定了接头的性能。高温下形成的 Cu－Ti 液相可以很好地润湿复合材料表面，在 Ti 与 SiC 覆盖层发生界面反应的同时，还出现了 Cu－Ti 液相沿着 SiC 覆盖层的孔洞和裂纹向 C_f/SiC 材料的渗入，但保温时间太长时，由于 TiC、$Ti_5Si_3C_x$ 等反应产物的聚集，因此接头的强度下降。残余 Cu 层的存在，缓解了由于 C_f/SiC 和 Nb 合金弹性变形不匹配和热膨胀不匹配而产生的应力。当第一阶段为 850 ℃、6 MPa、40 min 及第二阶段为 980 ℃、0.05～0.01 MPa、30 min时，采用 Ti－Cu 核心中间层加 Cu 辅助中间层的叠层结构连接的接头抗剪强度达到最大值（14.1 MPa）。

PTLP 方法连接温度低，通过加入中间层能有效地缓解接头残余应力。但是，接头界面的化学反应难以控制，接头的抗剪强度很低。这两方面限制了 C_f/SiC 复合材料与金属的可靠连接。

4. 先驱体连接技术

还有一部分学者采用先驱体连接技术对 C_f/SiC 进行连接。先驱体连接技术是以先驱体有机聚合物作为连接材料，在一定温度下发生裂解转化为无定形陶瓷，得到组成和显微结构与被连接母材相近的连接层。同时，连接层与母材直接以化学键结合，所获得的接头的热应力较小，连接件的耐高温性能好。

所俊等研究了连接温度、保温时间以及焊后保温处理对 Si－O－C 陶瓷先驱体连接 C_f/SiC 复合材料接头质量的影响。适当提高连接温度，可以减小中间层的厚度，提高连接层的致密性，减少缺陷，对提高连接强度有利。焊后保温处理时，随时间延长接头强度降低。在硅树脂中加入活性纳米填料 Al、Si 粉，接头的抗剪强度由 1.4 MPa 提高到 11.25 MPa，这是因为添加活性填料的试样裂解后生成的 Si－O－C 陶瓷相当致密，所以接头的抗剪强度提高了。但是由于添加的活性填料的比例可能不是最佳的化学比，界面的产物除含有预期产物 Al_2O_3、SiC 和 SiO_2 以外，还有少量 Si、Al_4C_3 和 Al 的存在。

刘洪丽等采用乙烯基聚硅氮烷(PSZ)为主要连接剂，分别对 C_f/SiC 复合材料的两类典型连接界面进行连接。对以 SiC 相为主的连接界面，采用单一的聚硅氮烷经两次浸渍/裂解增强处理即可实现连接；对以 C 纤维端面为主的连接界面，采用聚硅氮烷并加入活性填料纳米 Al 粉可实现其连接。两类界面获得的接头结构致密，但抗剪强度不超过30 MPa。

先驱体法连接 C_f/SiC 复合材料仅局限于其本体的连接且接头界面存在裂纹，接头强度较低。因此，先驱体法不适用于金属与 C_f/SiC 的连接。

综上，先驱体法仅适用于 C_f/SiC 复合材料本体的连接，而扩散连接过程中施加的较高压力又损害了复合材料的性能。因此，钎焊是 C_f/SiC 复合材料和 TiAl 合金可靠连接的主要方法。

9.2　钎焊连接 TiAl 合金钎料设计及可行性分析

TiAl 合金连接技术主要涉及熔焊和固态焊接。TiAl 合金熔焊接头易产生凝固裂纹，淬硬倾向较大，因而力学性能普遍很差。摩擦焊虽然可以实现 TiAl 合金自身以及与其他材料的连接，但难以连接复杂形状的构件。对 TiAl 合金自身以及与其他材料扩散连接的研究表明，接头界面脆性相较多，接头强度分散性较大。同时，扩散连接对试件加工精度要求较高，难以适用复杂形状构件的连接。TiAl 合金自蔓延高温合成连接方法可以选择梯度中间层材料缓解异种材料接头处的残余应力，但是瞬间的剧烈反应使获得的 TiAl 合金接头孔隙率大、强度分散。另外，自蔓延高温合成连接的工艺复杂，反应过程不可控因素多也是导致接头强度分散的因素。因此，钎焊仍是连接 TiAl 合金的一种优势方法，发挥着不可替代的作用。通过对 C_f/SiC 复合材料连接技术研究现状的分析，钎焊连接更适合 TiAl 基合金连接。因此下面重点介绍 TiAl 基合金的钎焊工艺。

钎料是影响钎焊接头性能的重要因素。TiAl 合金性质活泼，容易与其他材料发生强烈的反应，要实现其钎焊连接，首先要对钎料进行优选。从表 9.1 中可见，目前用来钎焊 TiAl 合金的钎料大体上可分为 Ag 基、Ti 基、Al 基等三大类。其中，Ti 基钎料包括 Ti—Ni、Ti—Cu—Ni、Ti—Zr—Ni—Cu 等，多用来钎焊 TiAl 合金的自身，并获得了较高的力学性能；Ag 基钎料包括纯 Ag、Ag—Cu 共晶钎料、Ag—Cu—Ti 和 Ag—Cu—Zn 等，可实现 TiAl 合金自身及其与其他材料的钎焊，在 TiAl 合金与其他材料的钎焊中获得了较高的力学性能；Al 箔主要用来钎焊 TiAl 合金自身，并且相对 Ti 基钎料和 Ag 基钎料来说，获得的钎焊接头强度较低。

要实现 TiAl 合金和 C_f/SiC 复合材料的可靠连接，活性元素的加入是必不可少的。上述分析表明，Ag 基钎料可实现 TiAl 合金的高强度连接，同时，可与复合材料发生反应形成强键结合的反应层。

表 9.1 钎焊 TiAl 合金的钎料

钎料种类	w(TiAl)/%	其他材料	钎焊温度/℃	保温时间/s	接头强度/MPa
Ti－15Cu－15Ni	Ti48Al2Cr2Nb	—	1 100～1 200	30～60	322(s)
	Ti48Al2Cr2Nb	—	1 040,1 000	600,1 800	220(s)
Ti－Ni	Ti47Al2Cr2Nb	—	1 100～1 200	600	
Al 箔	$Ti_{50}Al_{50}$	—	800～900	15～300	63.9
BAg－8	$Ti_{50}Al_{50}$	—	900～1 150	15～180	343(s)
Ag－Cu－Ti	Ti47Al2Cr2Nb	40Cr	900	600	426(t)
Ag－Cu 镀 Ti	TiAl	AISI 4140	800	60	294(t)

注：s 表示抗剪强度，t 表示三点弯曲强度，其余为四点弯曲强度。

钎料选定后，TiAl 合金接头性能主要受钎焊工艺参数的影响。S. J. Lee 等研究了工艺参数对 Ti－48Al－2Cr－2Nb 红外钎焊接头性能的影响。指出当钎焊温度不变时，随着保温时间在一定范围内增加，接头的抗剪强度增加；当保温时间一定，随着钎焊温度在一定范围内增加，接头强度降低；接头强度的分散性随着钎焊温度的增加或保温时间的缩短而增大，这种变化趋势是由接头组织随温度、保温时间的变化引起的。

英国的 I. C. Wallis 等对厚度为 1 mm 的 γ－TiAl 板进行了钎焊试验，在钎焊温度、保温时间一定的条件下(1 040 ℃/10 min，1 000 ℃/30 min)，研究了钎缝间隙和预紧力对接头性能的影响。结果发现，钎缝间隙、预紧力在较大范围内变化时，钎焊接头抗剪强度稳定在 200 MPa 以上，即在一定的钎缝间隙范围内，预紧力对接头强度的影响不大；对接头性能影响较大的是钎焊温度和保温时间。

R. K. Shiue 等采用 BAg－8 钎料红外加热钎焊 TiAl 合金，研究了 950 ℃温度条件下保温时间对接头强度的影响。结果指出，接头强度随保温时间的增加先增加再减小，这种变化是由界面组织的变化引起的，母材边界脆性相反应层厚度随保温时间的变化是接头强度变化的决定因素。

综上，工艺参数中的钎焊温度和保温时间对钎焊接头性能的影响较大。工艺参数对接头性能影响的本质是接头界面组织的变化。钎料选定的情况下，接头界面组织的形成主要取决于钎焊过程中母材与钎料的相互作用。

9.3 C_f/SiC 复合材料与 TiAl 合金钎焊连接接头微观组织及力学性能

9.3.1 C_f/SiC 复合材料与 TiAl 合金连接接头微观组织

图 9.2 所示为(C_f/SiC)/AgCu/TiAl 试样在钎焊温度为 900 ℃、保温 10 min 时的背散射像，其相应点的能谱分析结果见表 9－2。TiAl 基体的成分如图 9.2(b)中的 A、B 所示，能谱分析结果表明 A 区为典型的 γTiAl 相，Ti 和 Al 元素原子比接近于 1∶1；B 区由

于β稳定元素V的富集,因此该处为残余的β相。由于TiAl基体与熔化钎料在钎焊过程中发生互相扩散溶解,因此靠近钎料侧的TiAl溶有少量的Ag和Cu原子。试验结果表明,Ag元素不与TiAl基体发生反应,但Cu与TiAl基体发生强烈反应形成灰黑色D区,该区的Al、Cu、Ti的原子数分数接近1∶2∶1,推测其为$AlCu_2Ti$相,图9.2(c)所示的TiAl侧的能谱分析结果证实了此相的存在。在形成$AlCu_2Ti$相的同时,TiAl基体中向钎料中溶解的V原子聚集形成黑色点状相,如图9.2(b)中E所示。$AlCu_2Ti$相在钎缝中的形成将导致熔化钎料中Cu元素的消耗。因此,在钎缝中观察到字母F标记的富银区。能谱分析结果表明富银相溶解的Al原子比Ti原子多,所以Ti原子在中间层富集。在复合材料侧富集的活性元素Ti与复合材料反应,形成较薄的反应层,如图9.2(c)所示。

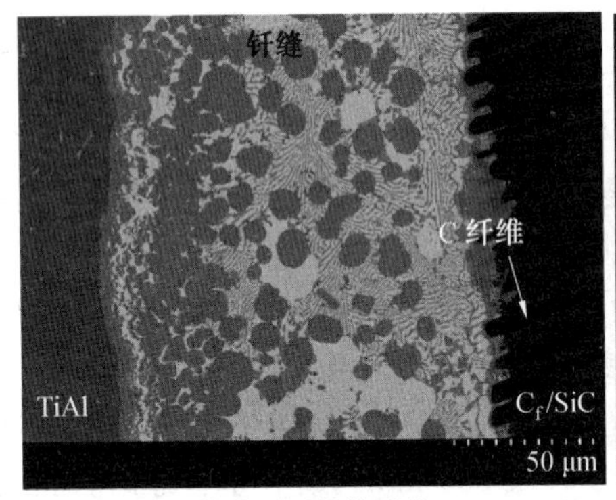

(a) 接头界面整体形貌

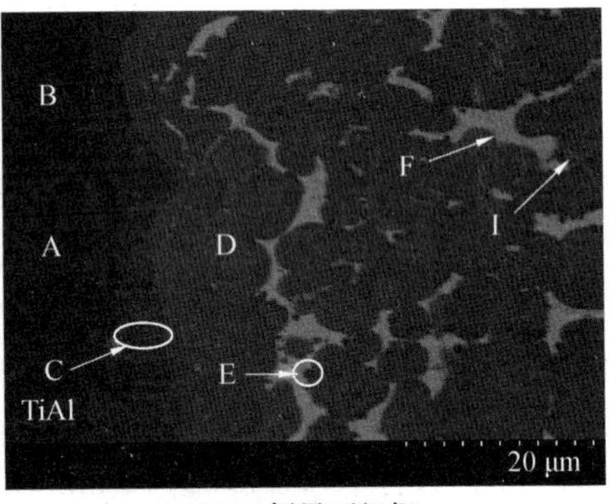

(b) TiAl 侧界面组织

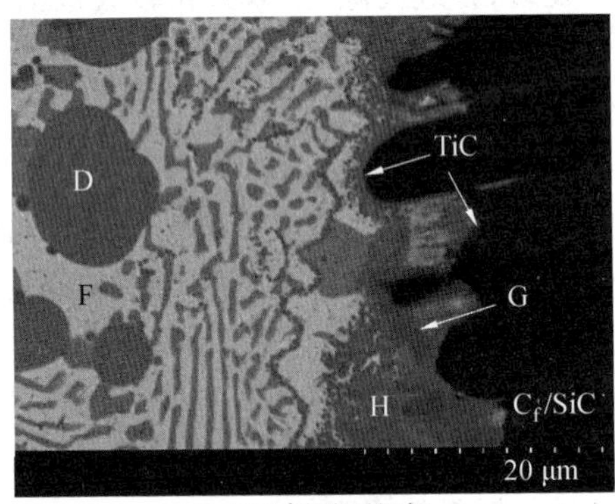

(c) C_f/SiC 侧界面组织

图9.2 AgCu钎焊接头界面组织分析

图9.3所示的Al—Cu—Ti三元相图液相面投影图表明,主要有以下3种路径形成$AlCu_2Ti$相:① 沿路径E直接从液相钎料生长;② 以富铜区为形核质点,沿着U_{10}生长;③ 沿着路径U_6—U_7—U_9附着AlCuTi相生长。根据图9.2的显微组织特征,钎缝中的$AlCu_2Ti$相主要沿着路径①和②生长。TiAl基体附近区域的$AlCu_2Ti$相的自由成形边界表明其沿路径E从熔化的钎料中生长。中间区域的$AlCu_2Ti$相以富铜区域为形核质点生长。两个理由证明了此观点的合理性:在图9.2(b)中$AlCu_2Ti$相边界处观察到剩余富铜相,这可能是未反应完全的$AlCu_2Ti$形核区;能谱分析表明$AlCu_2Ti$相中的铜原子

与 Ti 原子的比例大于 2∶1。

表 9.2　图 9.2 中相应点能谱分析(原子数分数)　%

元素	A	B	C	D	E	F	G	H	I
Ti	40.86	44.20	35.84	22.68	5.69	1.36	63.05	47.17	3.83
Al	52.24	39.34	35.91	24.91	8.47	3.67	2.03	15.72	16.23
V	4.50	14.71	6.61	4.10	67.91	1.14	—	2.50	—
Cu	1.48	1.08	20.65	47.09	5.02	5.36	5.62	28.67	77.90
Ag	0.50	0.37	0.72	1.22	11.73	86.39	—	—	1.48
Si	0.41	0.31	0.26	—	1.19	2.09	29.30	1.94	0.56
相	γTiAl	βTi	AlCuTi	$AlCu_2Ti$	富 V	富 Ag	Ti_5Si_3	—	富 Cu

为进一步确认 C_f/SiC 复合材料与 TiAl 合金钎焊接头界面的反应产物，对钎焊温度为 900 ℃、保温时间为 10 min 时的接头界面组织进行逐层 X 射线衍射分析，即试样打磨后在显微镜下观察其界面组织，从而确定打磨面所在的层，进而按照从 C_f/SiC 侧反应层到钎缝中间区域再到 TiAl 合金侧的顺序测试，图 9.4 所示为 XRD 结果。

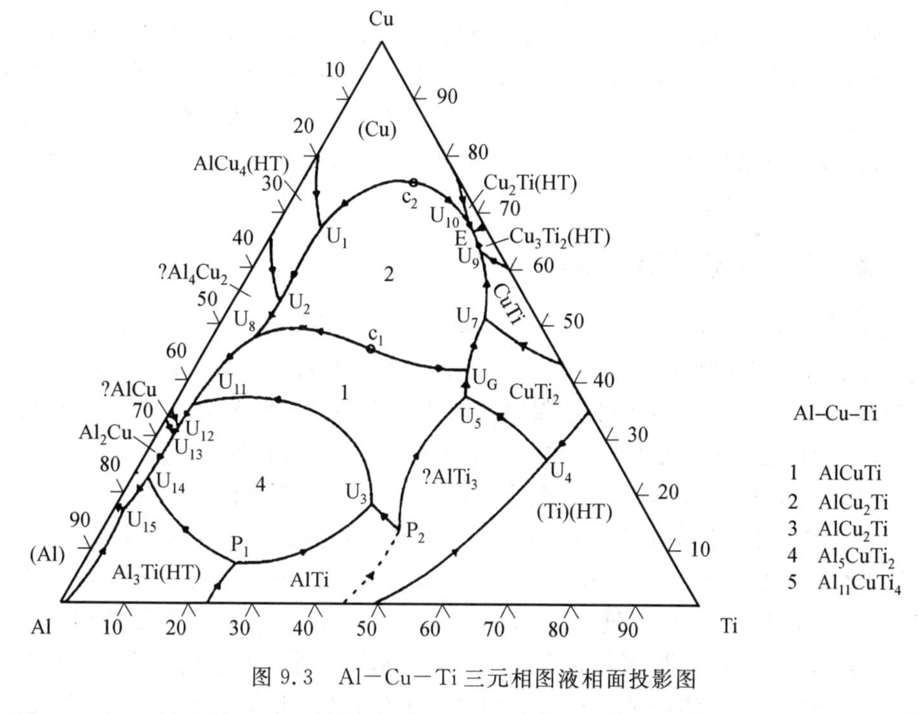

图 9.3　Al—Cu—Ti 三元相图液相面投影图

图 9.4 中 a 所示的 XRD 结果表明，C_f/SiC 复合材料侧的反应产物主要有 TiC 和 Ti_5Si_3 相。在 900 ℃时，活性元素 Ti 与 SiC 基体反应形成 TiC 反应层和 Si 原子的吉布斯自由能为－100 kJ/mol，表明此反应在 900 ℃时可以进行。生成的 Si 原子在浓度梯度的驱动下将向熔化的钎料中扩散，因此在复合材料附近形成 Ti_5Si_3 区域，此反应在 900 ℃时的吉布斯自由能为－580 kJ/mol。图 9.4 中 c 结构表明，在钎缝中间区域和 TiAl 基体附

近存在 $AlCu_2Ti$ 相和富银相,这与上述分析结果一致。

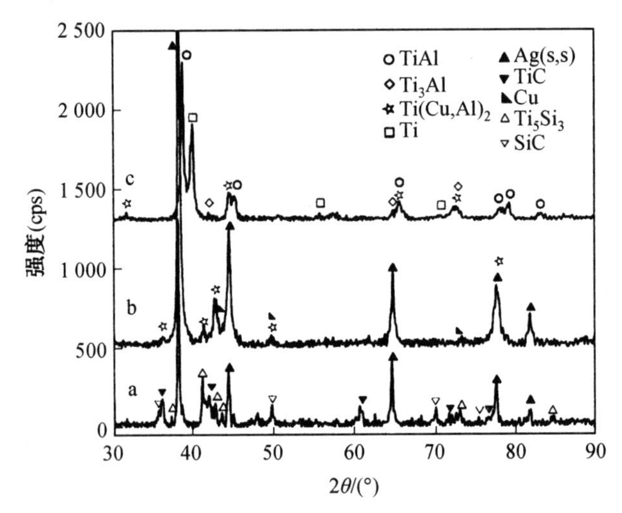

图 9.4　AgCu 钎焊接头 XRD 逐层分析结果

a—C_f/SiC 侧；b—钎缝；c—TiAl 侧

上述分析表明,在 TiAl 基体附近存在 $AlCu_2Ti$ 相和少量的条状 AlCuTi 相。C_f/SiC 复合材料侧的反应比较复杂,C 纤维侧的反应物主要是 TiC 反应层,SiC 基体附近不仅含有 TiC 反应层,还有少量的 Ti_5Si_3 相。这也解释了复合材料侧反应层犬牙交错结构的形成,即活性元素 Ti 与 C 纤维的反应弱于与 SiC 基体的反应。这种现象增加了界面连接面积,对接头的性能应该具有积极作用。在钎缝的中间区域,Al、Cu、Ti 与 Ag 反应形成富银相,Ag－Cu 共晶和块状 $AlCu_2Ti$ 相。

9.3.2　TiAl 溶解与组织演化

图 9.5 所示为 Ag－Cu 钎料在不同的钎焊参数条件下连接 C_f/SiC 复合材料与 TiAl 合金获得接头显微组织照片。由图可见,接头的显微组织随着钎焊温度或保温时间的增加发生显著变化。当钎焊温度较低或保温时间较短时,$AlCu_2Ti$ 相只在 TiAl 基体附近生成,同时 TiC 反应层较薄。增加钎焊温度或保温时间,复合材料侧 TiC 反应层厚度增加,钎缝中的 Ag－Cu 共晶相逐渐减少直至消失,如图 9.5(c)和(f)所示。

钎焊工艺参数影响接头显微组织的实质是通过影响 TiAl 合金向液态钎料中的溶解,即 TiAl 基体向钎缝中溶解的 Ti 和 Al 原子是接头显微组织演化的主要控制因素。当 TiAl 基体的溶解量较少时,钎缝主要由 $AlCu_2Ti$ 相、AgCu 共晶和富银相组成。随着 TiAl 溶解量的增大,$AlCu_2Ti$ 聚集长大,并在 TiAl 基体附近形成连续反应层。连续反应层的形成将导致 TiAl 基体与 $AlCu_2Ti$ 之间发生相互扩散。根据 Al－Cu－Ti 三元相图,$AlCu_2Ti$ 和 γTiAl 中间相隔 AlCuTi,因此 $AlCu_2Ti$ 和 γTiAl 不能共存,在它们之间存在连续的 AlCuTi 反应层。这个结论已经被 R. K. Shiue 证实。但是,在本试验中观察到 $AlCu_2Ti$ 相可以和 βTi 共存,这与图 9.6 所示的 800 ℃的 Al－Cu－Ti 等温截面图符合。

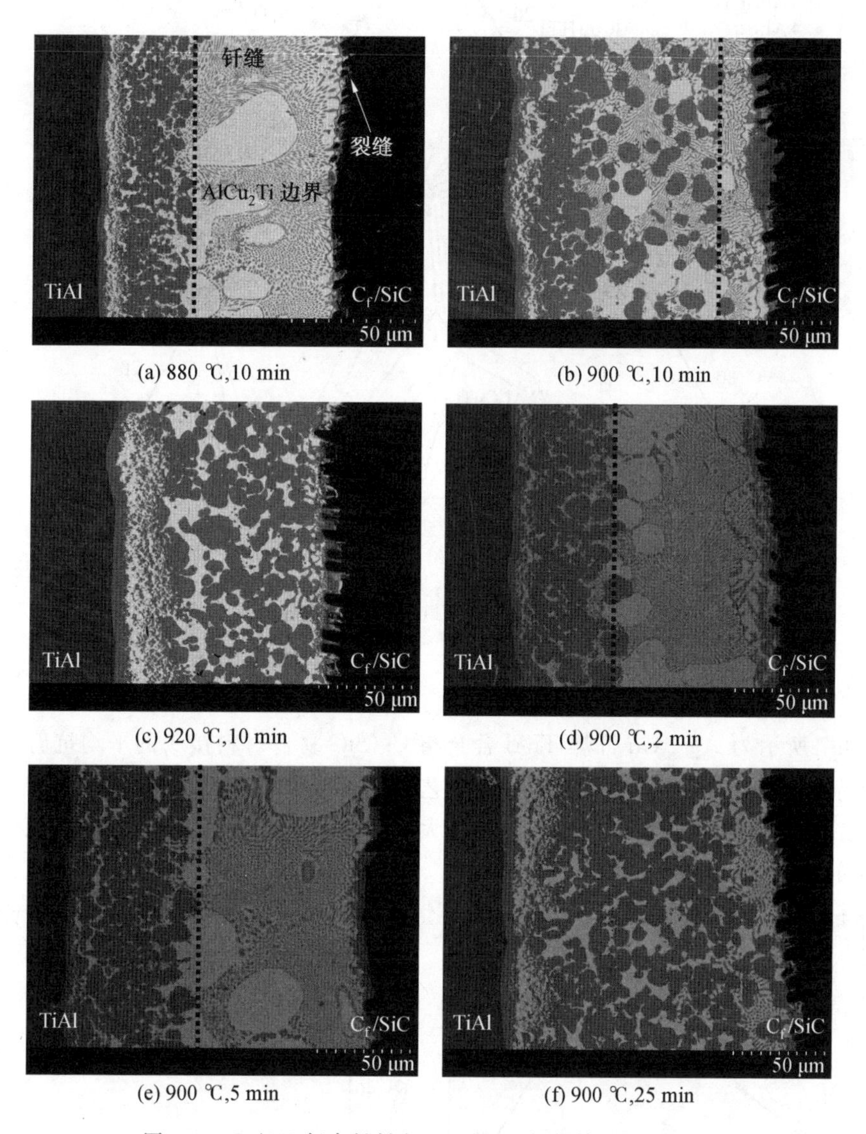

图 9.5　C_f/SiC 复合材料/AgCu/TiAl 钎焊接头界面组织

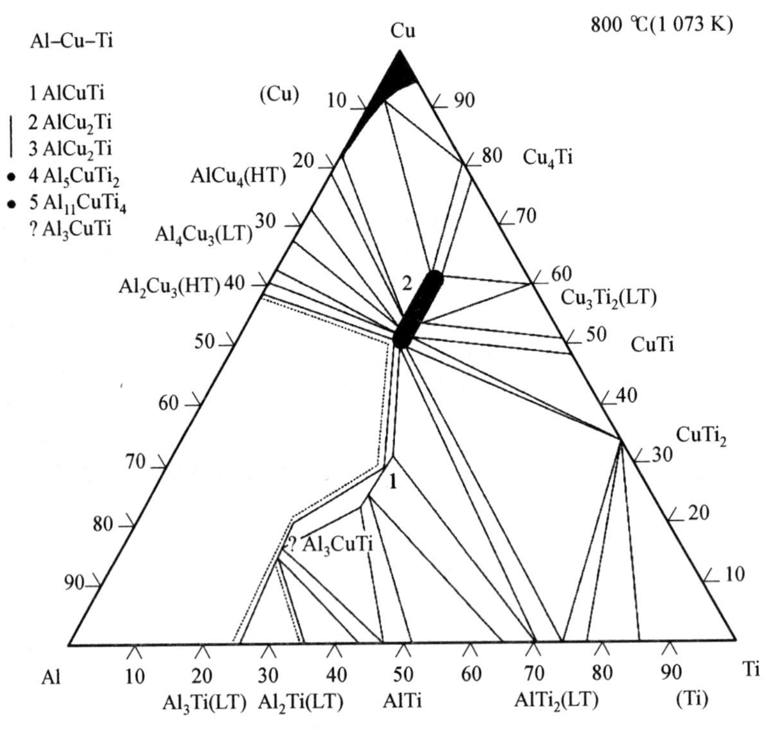

图 9.6 Al－Cu－Ti 800 ℃等温截面图

9.3.3 接头抗剪强度

图 9.7 所示为 Ag－Cu 钎焊 TiAl 合金与 C_f/SiC 复合材料接头的平均抗剪强度随工艺参数变化的关系。试验结果表明，钎焊工艺参数对接头抗剪强度影响较大，随着钎焊温度或保温时间的增加，接头的抗剪强度先增大后减小。当钎焊温度为 900 ℃、保温10 min 时，接头的抗剪强度最大达到 85 MPa。

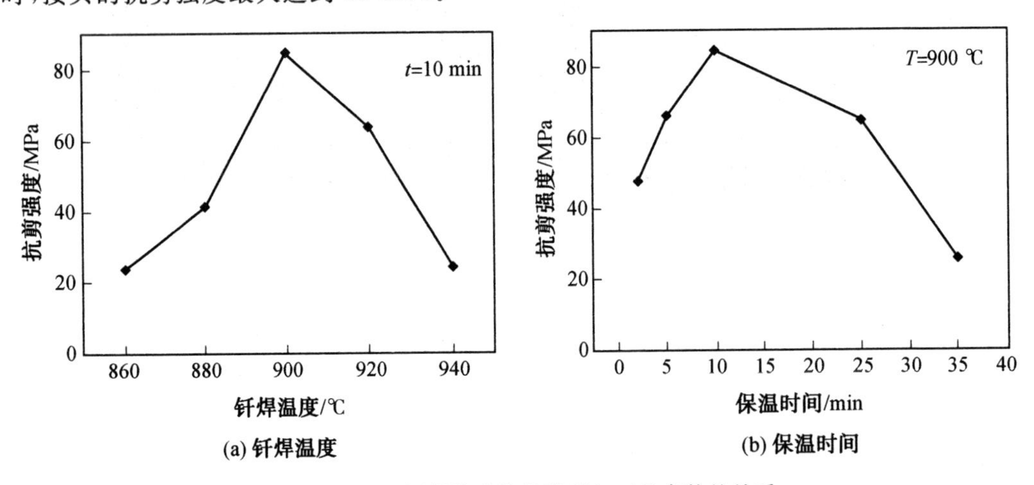

图 9.7 AgCu 钎焊接头抗剪强度与工艺参数的关系

C_f/SiC 复合材料与 TiAl 合金钎焊接头的抗剪强度的变化主要取决于界面组织的种

类和形态。当钎焊温度较低或保温时间较短时，TiAl 基体的溶解量较少，因此没有足够的活性元素扩散到复合材料附近参与反应形成 TiC 反应层。此时的复合材料侧的界面连接薄弱，从图 9.5(a)可观察到裂纹，接头连接强度较低。但是，当 TiAl 基体的溶解量较大时，复合材料侧 TiC 反应层较厚，此时由热膨胀系数和弹性模量不匹配引起的热应力是恶化接头性能的主要因素。

图 9.8 所示为 C_f/SiC 复合材料与 TiAl 合金钎焊接头经过剪切试验后的断面形貌图。在钎焊温度为 900 ℃、保温 10 min 时，接头主要沿富银区断裂；延长保温时间到 25 min时，接头的薄弱区域转移到 TiC 反应层。这与上述抗剪强度随工艺参数的变化一致。由此可见，Ag－Cu 钎焊 C_f/SiC 复合材料与 TiAl 合金接头的薄弱区域发生在靠近复合材料侧的 TiC 反应层。图 9.9 所示为复合材料侧反应层与保温时间的关系。反应层太薄，造成连接强度低；反应层太厚，热膨胀系数不匹配导致的热应力弱化接头的性能。因此，控制复合材料侧反应层的厚度是提高接头抗剪强度的主要措施。而复合材料侧反应层的厚度主要取决于 TiAl 基体中活性元素 Ti 的扩散溶解。

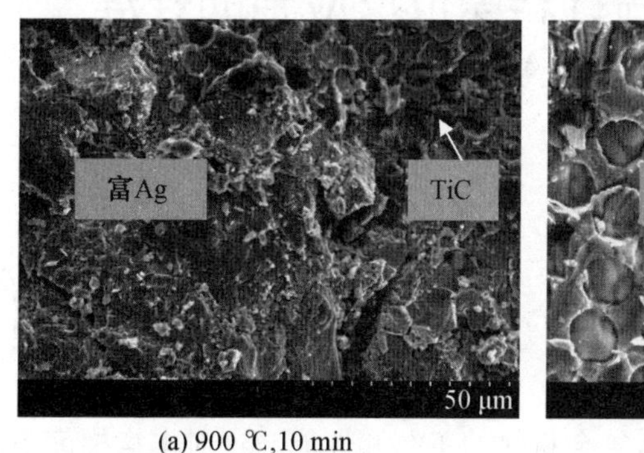

(a) 900 ℃,10 min

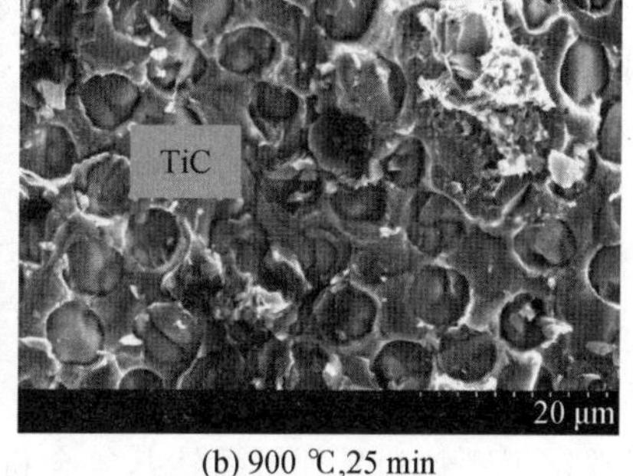

(b) 900 ℃,25 min

图 9.8　AgCu 钎焊接头断口形貌

上述分析表明，采用 Ag－Cu 钎料可以实现 TiAl 合金与 C_f/SiC 复合材料的可靠连接。但是，接头的使用温度局限于 500 ℃以下，这将限制构件的使用范围。

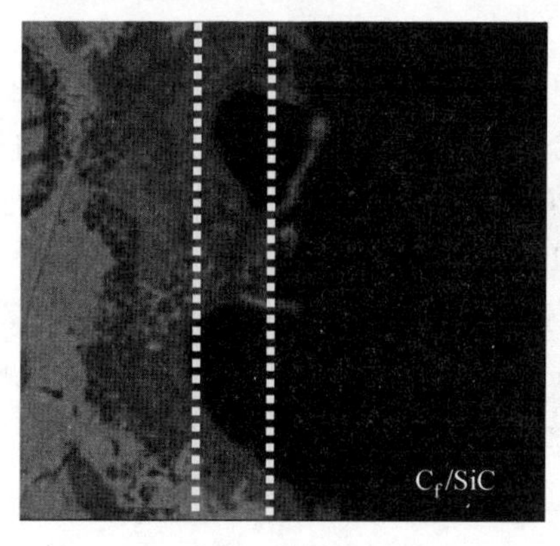

(a) 900 ℃, 2 min

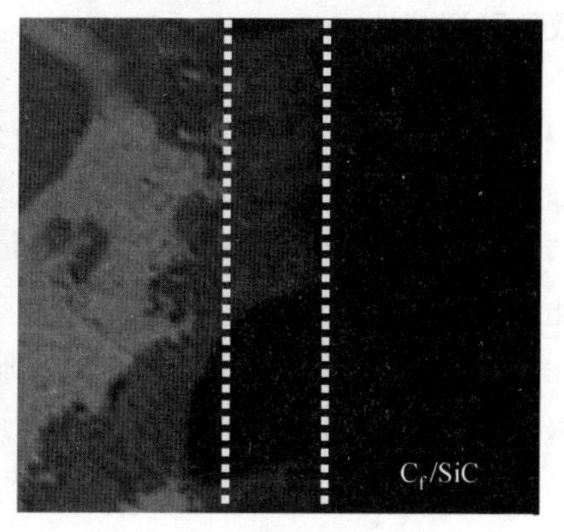

(b) 900 ℃, 5 min

图 9.9　C_f/SiC 复合材料侧反应层随保温时间变化图

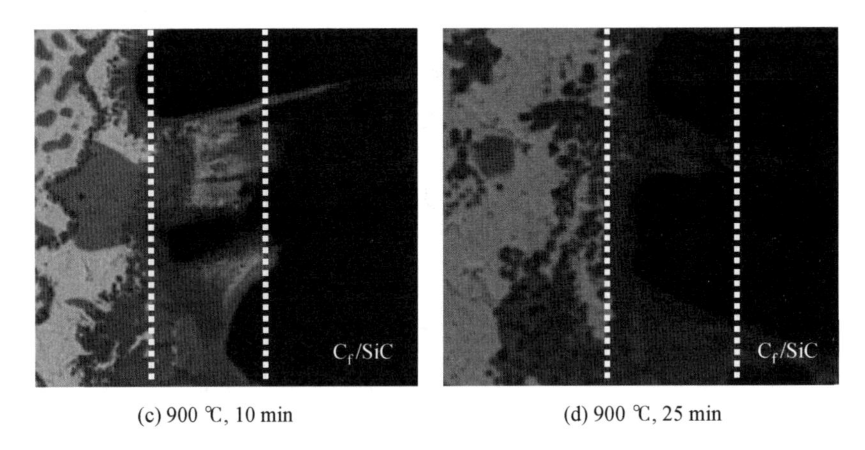

(c) 900 ℃, 10 min　　(d) 900 ℃, 25 min

续图 9.9

9.4　TNB 高温钎料原位反应辅助钎焊 C_f/SiC 与 TiAl 的连接机理

9.4.1　原位反应辅助钎焊 C_f/SiC 与 TiAl 的提出

TiAl 合金与 C_f/SiC 复合材料的理化性质差异大，特别是热膨胀系数差异较大，在连接接头处易产生很大的残余热应力。因此，为得到可靠的连接，需要考虑缓解残余应力的措施。

文献总结了颗粒和晶须增强钛基复合材料的工艺和性能。这对本章梯度中间层的设计具有很大的启发性。因此，是否可以在钎料中加入一种元素，利用其与钎料的原位反应来辅助钎焊 C_f/SiC 复合材料和 TiAl 合金，利用生成的热膨胀系数小的颗粒或晶须实现中间层的梯度过渡呢？这种方法的优点不仅在于对焊缝进行增强，而且实现了中间层热膨胀系数的可调节性。

在使用 Ag－Cu 钎料分析 TiAl 合金与 C_f/SiC 复合材料的焊接性的结论中，得到从 TiAl 基体中溶解到钎缝中的活性元素 Ti 对界面组织和复合材料侧反应层影响很大。为了在选择钎料时避免考虑这种影响因素，可以选择含活性元素 Ti 的钎料，进而把 TiAl 基体溶解的活性元素 Ti 的作用等价于钎料中 Ti 质量的变化。

因此，理想的中间层是一种能满足接头高温性能要求的钛基钎料。通过在这种钎料中加入能与活性元素 Ti 原位反应生成热膨胀系数小的增强颗粒或晶须来实现中间层热膨胀系数的梯度过渡，即原位反应辅助钎焊连接 TiAl 合金和 C_f/SiC 复合材料。此方法的提出也为陶瓷及陶瓷基复合材料与金属的可靠连接，提供了新的思路。

9.4.2　原位反应中间层的设计与优化

原位反应辅助钎焊是否能够获得从 TiAl 合金到 C_f/SiC 复合材料侧热膨胀系数梯度过渡的界面组织，关键在于中间层的设计与优化。

Ti－Ni 作为中间层的主要反应体系，它的成分直接决定接头界面组织。从 Ti－Ni 相图（图 9.10）可以看出，适合作为钎料反应体系的主要有以下 3 种：① 942 ℃时的共晶成分，Ti－Ni24；② 具有良好塑性的 TiNi 成分，Ti－Ni50；③ 1 118 ℃时的共晶成分，Ti－Ni60。这里主要考虑共晶成分的 Ti－Ni 体系。

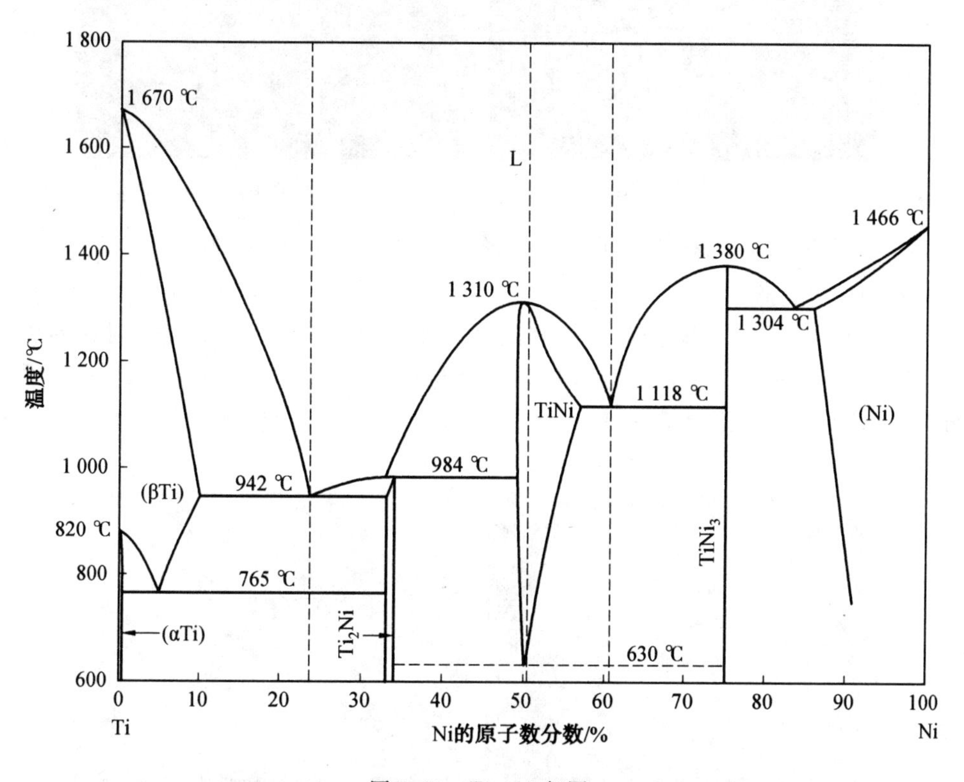

图 9.10 Ti－Ni 相图

使用 Ti－Ni24 在钎焊温度为 1 050 ℃、保温 10 min 时获得的 TiAl 合金与 C_f/SiC 复合材料的接头界面组织如图 9.11(a)所示。从图中观察到接头界面中存在平行于钎缝方向的裂纹，恶化接头的性能。同时，由于钎料中活性元素 Ti 的原子数分数较高，与复合材料反应剧烈，在一定程度损害复合材料的性能。因此，基于以上两方面原因，在梯度中间层成分的设计中排除 Ti－Ni24 共晶成分作为课题研究的钎料体系。

活性元素 Ti 原子数分数过多将会改性复合材料，不管改性后的复合材料的性能怎样，这都是人们不希望得到的结果。所以，采用 1 118 ℃时的共晶成分，Ti－Ni60 对 TiAl 合金和 C_f/SiC 复合材料进行连接。钎焊温度为 1 150 ℃、保温 10 min 时的接头界面组织如图 9.11(b)所示。从图中可以发现，复合材料侧连接良好，钎缝中存在裂纹，表明接头热应力较大，这与上述 TiAl 合金与 C_f/SiC 复合材料的焊接性分析符合。消除接头界面由热应力而导致的裂纹正是控制中间层梯度过渡的目的之一。

梯度中间层的设计是利用在反应体系中加入 B 与活性元素 Ti 原位生成热膨胀系数小的 TiB，从而起到调节中间层线膨胀系数，降低残余应力，提高连接质量的作用。因此，B 原子数分数的选择要使钎缝中间层具有合理的线膨胀系数，实现从 TiAl 合金到 C_f/SiC

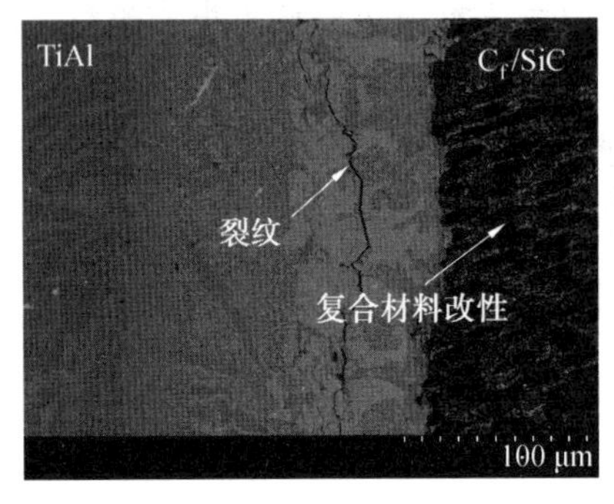

(a) Ti–24Ni

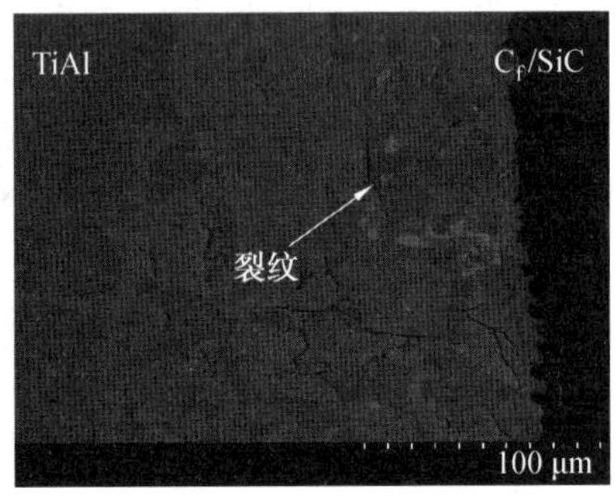

(b) Ti–60Ni

图 9.11 两种成分 Ti－Ni 体系钎焊 TiAl 和 C_f/SiC 的接头界面组织

复合材料的梯度过渡。

考查 TNB(Ti－Ni－B)原位反应辅助钎焊 TiAl 合金和 C_f/SiC 复合材料的界面结构。如图 9.12 所示，加入 B 元素后，TiAl 合金与 C_f/SiC 复合材料连接良好，整个接头界面分为 TiAl 基体侧的溶解扩散层Ⅰ，复合材料侧反应层Ⅲ以及占据钎缝大部分区域的Ⅱ层。Ⅱ层主要为 τ_3 基体上弥散分布的长条状 TiB。

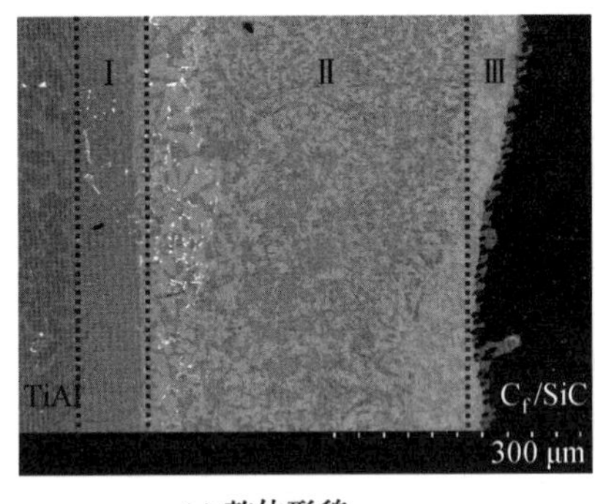

(a) 整体形貌

(b) Ⅱ层放大

图 9.12 Ti－Ni－B 钎焊接头界面组织

占据整个接头界面大部分区域Ⅱ层的性质直接影响原位反应辅助钎焊接头的残余应力。根据复合材料的观点，Ⅱ层可以看作“τ_3 基 TiB 短纤维增强复合材料”。按照细观力学夹杂理论，可以计算短纤维增强复合材料的线膨胀系数。TiB 短纤维在整个接头界面随机分布，故可认为材料为各向同性。所有过程基于一个单胞计算，再等效为整体材料的物理性能。

在均匀温差 ΔT 作用下，复合材料的线膨胀系数 α_c 为

$$\alpha_c = \alpha_m + \langle \varepsilon \rangle / \Delta T \tag{9.1}$$

式中 α_m—— 基体线膨胀系数；

$\langle \varepsilon \rangle$—— 由于热失配引起的平均应变场；

$$\langle \varepsilon \rangle = \varphi \alpha^* - \varphi [(C_f - C_m)(S - I) + C_f]^{-1} [(C_f - C_m)\bar{\varepsilon} + (C_f - C_m)(\boldsymbol{S} - I)\alpha^*]$$

式中 φ —— 纤维的体积分数，$\varphi = V_f / V$；

α^* —— 纤维和基体之间的热失配应变，$\alpha^* = (\alpha_f - \alpha_m)/\Delta T$；

C_f、C_m—— 纤维和基体材料的弹性常数；

$$\boldsymbol{C}_i=\begin{bmatrix}\lambda_i+2G_i & \lambda_i & \lambda_i & 0 & 0 & 0\\ \lambda_i & \lambda_i+2G_i & \lambda_i & 0 & 0 & 0\\ \lambda_i & \lambda_i & \lambda_i+2G_i & 0 & 0 & 0\\ 0 & 0 & 0 & G_i & 0 & 0\\ 0 & 0 & 0 & 0 & G_i & 0\\ 0 & 0 & 0 & 0 & 0 & G_i\end{bmatrix}$$

$G_i=\dfrac{E_i}{2(1+\nu_i)}$，$\lambda_i=\dfrac{E_i\nu_i}{(1+\nu_i)(1-2\nu_i)}$，$\lambda_i+2G_i=\dfrac{E_i(1-\nu_i)}{(1+\nu_i)(1-2\nu_i)}$，$E_i$、$\nu_i$ 分别为基体和纤维对应的弹性模量和泊松比。

$\boldsymbol{S}$—— 材料的 Eshelby 张量，

$$\boldsymbol{S}=\begin{bmatrix}S_{1111} & S_{1122} & S_{1133} & 0 & 0 & 0\\ S_{2211} & S_{2222} & S_{2233} & 0 & 0 & 0\\ S_{3311} & S_{3322} & S_{3333} & 0 & 0 & 0\\ 0 & 0 & 0 & S_{1212} & 0 & 0\\ 0 & 0 & 0 & 0 & S_{1313} & 0\\ 0 & 0 & 0 & 0 & 0 & S_{2323}\end{bmatrix}$$

式中 $S_{1111}=S_{2222}=S_{3333}=\dfrac{7-5\nu}{15(1-\nu)}$；

$$S_{1122}=S_{2233}=S_{1133}=S_{2211}=S_{3322}=S_{3311}=\frac{5\nu-1}{15(1-\nu)};$$

$$S_{1212}=S_{1313}=S_{2323}=\frac{4-5\nu}{15(1-\nu)}。$$

体系中应力的产生主要是引入的短纤维膨胀失配导致的，所以 Eshelby 张量中所涉及的柏松比为短纤维的泊松比。

$\boldsymbol{I}$—— 六阶单位置换张量，

$$\boldsymbol{I}=\begin{bmatrix}1 & 0 & 0 & 0 & 0 & 0\\ 0 & 1 & 0 & 0 & 0 & 0\\ 0 & 0 & 1 & 0 & 0 & 0\\ 0 & 0 & 0 & 1 & 0 & 0\\ 0 & 0 & 0 & 0 & 1 & 0\\ 0 & 0 & 0 & 0 & 0 & 1\end{bmatrix}$$

$\bar{\varepsilon}$—— 材料内部扰动平均应变，$\bar{\varepsilon}=-f(S-I)(\alpha^*+\varepsilon^*)$，其中 ε^* 为纤维夹杂的等效本征应变，

$$\varepsilon^*=-[(C_f-C_m)(\boldsymbol{S}-\boldsymbol{I})+C_f]^{-1}[(C_f-C_m)\bar{\varepsilon}+(C_f-C_m)(\boldsymbol{S}-\boldsymbol{I})\alpha^*]$$

将以上各式代入式(9.1)，即可得到复合材料的线膨胀系数。

τ_3 相及 TiB 的相关性质见表 9.3，其中 τ_3 相的相关数据经过以下处理。Ti－Al－Ni 相图表明 τ_3 相成分范围很大，故其性质难以确定，已有文献没有查到它的相关数据，这里

按混合定律计算得到 τ_3 相的线膨胀系数，同时把弹性模量和泊松比等同于原始钎料中Ti－Ni合金。TiAl 合金中，β 相的成分接近 Ti_3Al，因此，β 相的相关性质借鉴 Ti_3Al 也具有一定的合理性。

表 9.3　τ_3 相及 TiB 相关的性质

物相	线膨胀系数 /($\times10^{-6}$℃$^{-1}$)	弹性模量 /GPa	泊松比
τ_3 相	16	62	0.35
TiB	8.6	550	0.28
β	12	144	0.28

对于 τ_3 基 TiB 短纤维增强复合材料，则有

$$\boldsymbol{\alpha}_m=\begin{bmatrix}16\\16\\16\\0\\0\\0\end{bmatrix},\quad \boldsymbol{\alpha}_f=\begin{bmatrix}8.6\\8.6\\8.6\\0\\0\\0\end{bmatrix},\quad \boldsymbol{C}_f=\begin{bmatrix}703.1&273.4&273.4&0&0&0\\273.4&703.1&273.4&0&0&0\\273.4&273.4&703.1&0&0&0\\0&0&0&214.8&0&0\\0&0&0&0&214.8&0\\0&0&0&0&0&214.8\end{bmatrix}$$

$$\boldsymbol{C}_f-\boldsymbol{C}_m=\begin{bmatrix}603.1&219.4&219.4&0&0&0\\219.4&603.1&219.4&0&0&0\\219.4&219.4&603.1&0&0&0\\0&0&0&191.8&0&0\\0&0&0&0&191.8&0\\0&0&0&0&0&191.8\end{bmatrix}$$

$$\boldsymbol{S}-\boldsymbol{I}=-\begin{bmatrix}0.48&0.037&0.037&0&0&0\\0.037&0.48&0.037&0&0&0\\0.037&0.037&0.48&0&0&0\\0&0&0&0.76&0&0\\0&0&0&0&0.76&0\\0&0&0&0&0&0.76\end{bmatrix}$$

将以上参数分别代入式(9.1)，得到Ⅱ层的线膨胀系数，由于材料的各向同性取其数值作为最后结果。得到线膨胀系数与 TiB 体积分数之间的关系曲线，如图 9.13 所示。以此为依据，选择合理的 TiB 短纤维体积分数，可以大大降低接头界面的残余应力。

因此，要实现原位反应辅助钎焊接头热膨胀系数的梯度过渡，中间层的线膨胀系数应介于 $12\times10^{-6}\sim14.6\times10^{-6}$℃$^{-1}$。所以，合理的 TiB 的体积分数范围是 12%～38%。上述 TiB 的体积分数范围是从纯理论角度推导得出的，下面通过试验进一步确定其合理性。

图 9.14 所示为 TNB20(Ti－66Ni)$_{1-x}$B$_x$(w_x＝2.3%，即体积分数为 20%的 TiB)钎

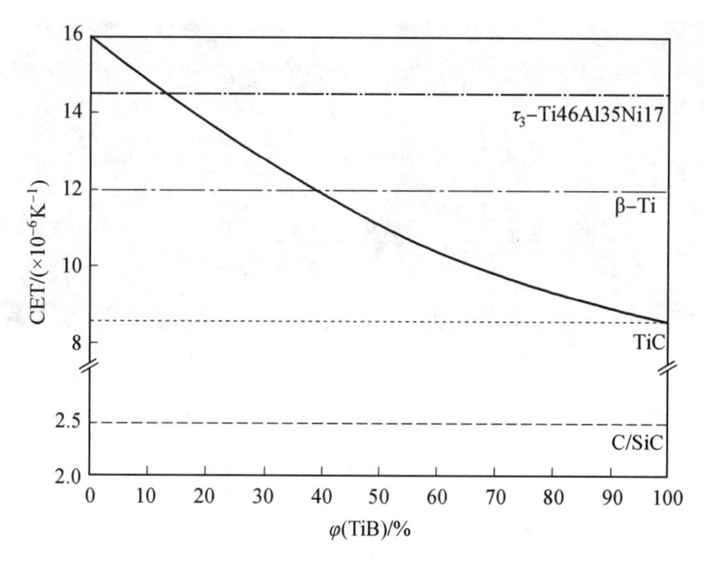

图 9.13　Ⅱ层线膨胀系数与 TiB 体积分数的关系曲线

料在钎焊温度 1 180 ℃、保温 20 min 条件下获得的 TiAl 合金和 C_f/SiC 复合材料钎焊接头的界面组织。图示表明，焊后钎缝中 TiB 的体积分数较少，TiB 仅存在于钎缝中间区域，复合材料侧没有 TiB 的存在。由于 TiB 没有均匀分布在钎缝中，接头界面线膨胀系数没有真正意义上实现梯度过渡，不利于缓解接头热应力。综上，当 TiB 的体积分数为 20%时，可以实现 TiAl 合金和 C_f/SiC 复合材料的良好连接，接头界面没有裂纹，但没有获得理想的梯度中间层。

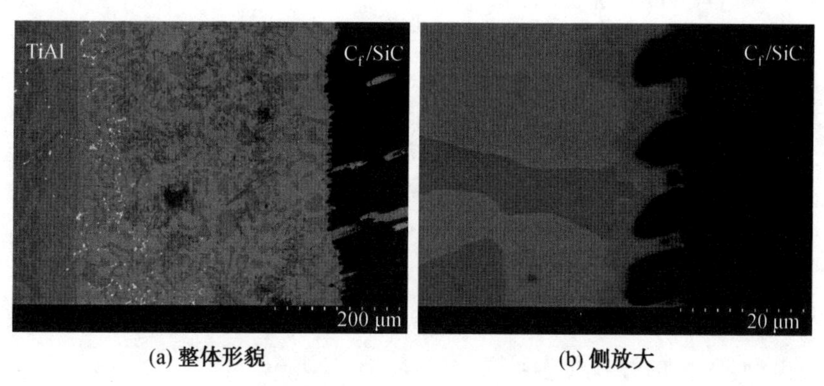

(a) 整体形貌　　(b) 侧放大

图 9.14　TNB20 钎焊接头界面组织

提高 TiB 的体积分数至 35%，在钎焊温度为 1 180 ℃、保温 10 min 条件下获得 TiAl 和 C_f/SiC 钎焊接头界面组织如图 9.15 所示。此时，界面上出现了 TiB 团聚的现象，严重弱化了中间层质量。以上分析可得，合理的 TiB 的体积分数应为 20%～35%。所以，本章取 TiB 体积分数为 30%作为研究对象。

中间层中的 TiB 是由活性元素 Ti 与 B 粉在钎焊过程中反应形成的。因此，TiB 的体积分数可由控制活性金属中 B 元素的质量分数来实现。

要获得含 TiB 体积分数为 φ 的中间层，则中间层 B 的质量分数 w_B 为

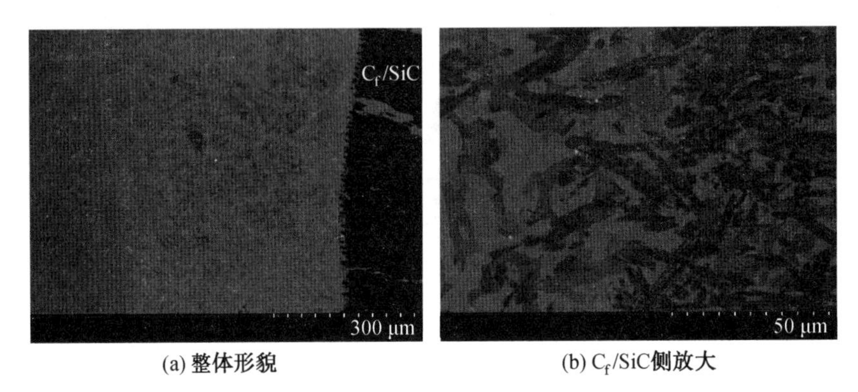

(a) 整体形貌　　(b) C_f/SiC侧放大

图 9.15　TNB35 钎焊接头界面组织

$$w_B = \frac{\frac{1}{\rho_c}\varphi\rho_{TiB}M_B}{M_{TiB}} = \frac{\varphi\rho_{TiB}M_B}{\rho_c M_{TiB}} \tag{9.2}$$

式中　M_B—— B 的摩尔质量,10.8 g/mol;

M_{TiB}—— TiB 的摩尔质量,58.8 g/mol;

ρ_{TiB}—— TiB 的密度,3.5 g/cm;

ρ_c—— 中间层的平均密度,g/cm。

对于复合材料的平均密度,由于不涉及增强相与基体之间的相互作用,因此可以按照混合定律进行计算,有

$$\rho_c = (1-\varphi)\rho_{TiNi} + \varphi\rho_{TiB} \tag{9.3}$$

式中　ρ_{TiNi}—— Ti－60Ni 密度,7.14 g/cm。

将式(9.3)代入式(9.2)并化简,得

$$w_B = \frac{\varphi}{11-5.66\varphi} \tag{9.4}$$

式(9.4)可以确定钎料体系中合适的 B 质量分数为 2.3%～4.0%,本章取 3.2%的 B 作为研究对象。

9.4.3　TNB 钎料的制备

采用粉末机械合金化和电弧熔炼合金两种方法制备成分为$(Ti-66Ni)_{1-x}B_x$(w_x=3.2%,即 φ_{TiB}为 30%)的钎料作为研究对象,简记 TNB30。

粉末机械合金化工艺简单,制备的粉末钎料适用于复杂构件的连接。采用相同成分的金属箔片和硼粉进行电弧熔炼制备合金,然后线切割成需要的厚度作为钎料,这种方法可精确控制钎料的添加量,但 B 源的添加形式发生改变。因此,两种方法制备的钎料性能需分别分析。

1. TNB 粉末钎料的制备

由 Ti 粉、Ni 粉和 B 粉混合的 TNB30 粉末经 300 r/min 球磨 2 h 后的 XRD 分析表明,在球磨的过程中粉末没有发生反应,仍以单质形式存在,如图 9.16 所示。

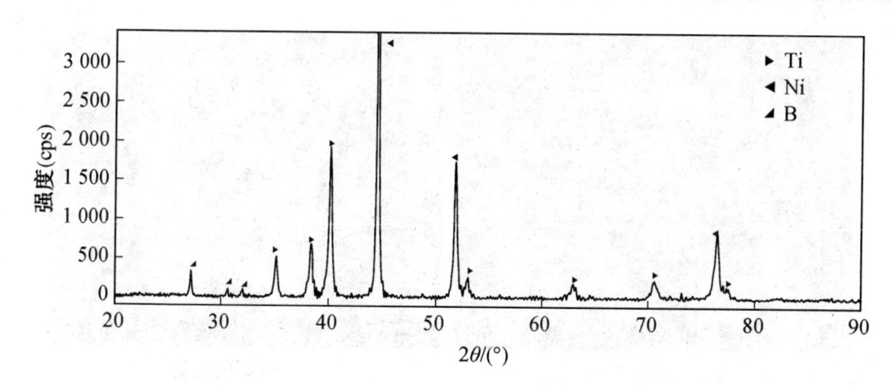

图 9.16　TNB30 粉末 XRD 分析结果图

图 9.17 所示为 TNB30 粉末钎料的 DTA 分析曲线，在 1 120 ℃附近曲线存在明显下降峰，说明 TNB30 粉末钎料的熔点大约在 1 120 ℃。这符合 Ti－Ni60 体系的选择，即共晶温度为 1 118 ℃，B 粉末的加入对 Ti－Ni60 体系的熔点影响不大。

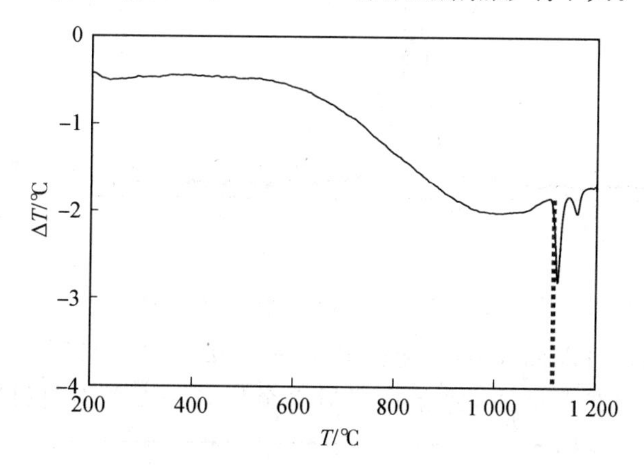

图 9.17　TNB30 粉末钎料 DTA 曲线图

上述分析表明，粉末钎料在机械合金化过程中并没有发生化学反应，各元素仍以单质形式存在；机械合金化使得粉末混合均匀，保证了钎料的成分。钎料的熔点约为 1 120 ℃，适用于 TiAl 合金的高温连接。

2. TNB 电弧熔炼合金

图 9.18 所示为电弧熔炼 TNB30 合金的形貌图。EDS 和 XRD 分析结果(图 9.19)表明，TNB30 合金的基体相为 TiNi 和 $TiNi_3$ 共晶组织，黑色块状物为 TiB_2 相。TNB30 合金的低倍形貌图表明，TiB_2 均匀分布在共晶组织中，没有发生聚集，合金成分均匀。在电弧熔炼过程中，Ti 元素与 B 元素发生化学反应形成 TiB_2。这是由于反应体系中形成 TiB_2 的吉布斯自由能远小于形成 TiB 的吉布斯自由能，即 TiB_2 相优先生成，而且电弧熔炼过程的反应时间短，没有发生后续的 TiB_2 向 TiB 的转变。关于此反应的转变将在 TiB 的形成机制中分析。

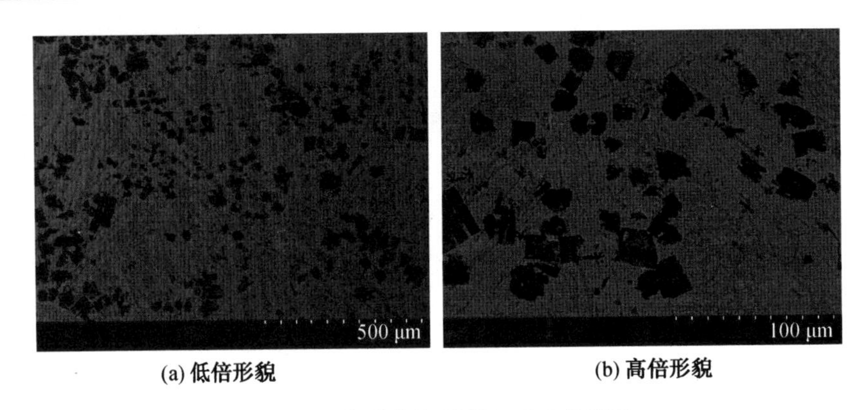

(a) 低倍形貌　　(b) 高倍形貌

图 9.18　电弧熔炼 TNB30 合金的形貌

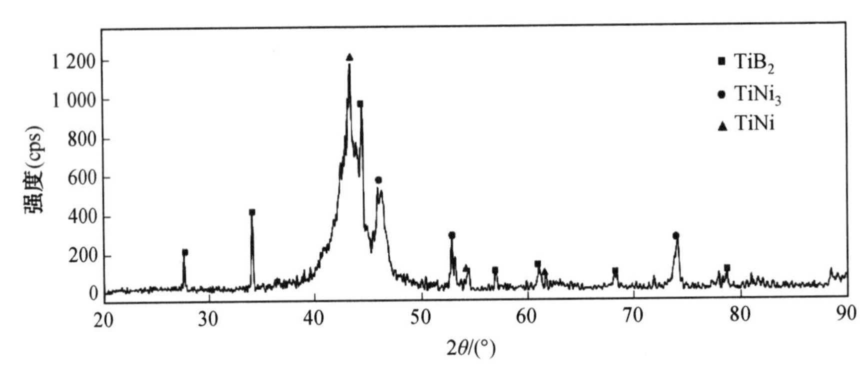

图 9.19　TNB30 电弧熔炼合金的 XRD 分析

图 9.20 所示的 DTA 曲线表明，电弧熔炼的 TNB30 合金钎料的熔点并没有发生太大变化，仍保持在 1 120 ℃左右，适合于 TiAl 合金与 C_f/SiC 复合材料的钎焊连接。

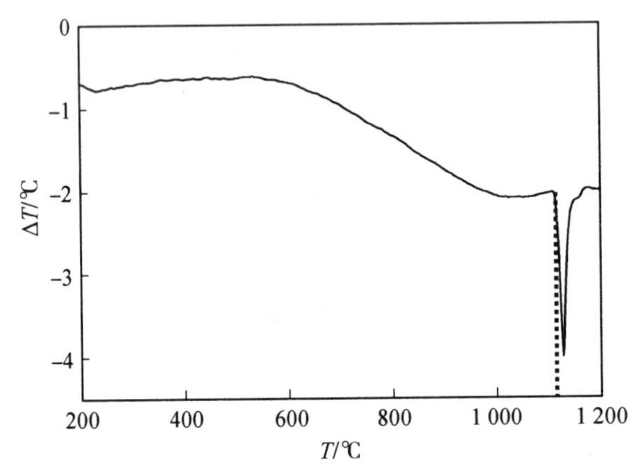

图 9.20　TNB30 熔炼合金的 DTA 曲线

9.4.4　TNB 原位反应辅助钎焊接头的组织及性能分析

虽然机械合金化和电弧熔炼制备的 TNB30 钎料的组织差异显著，尤其是调节中间层热膨胀系数的 B 源的添加形式发生很大变化。但是两种形式的钎料原始成分相同，获得的接头界面组织相似。因此，本节以 TNB30 粉末钎料作为研究对象分析 TiAl 合金和 C_f/SiC 复合材料钎焊接头的界面组织和性能，仅用电弧熔炼合金钎焊接头作为对比分析。

1. 界面组织分析

图 9.21 所示为钎焊温度为 1 180 ℃、保温 10 min 时 TNB30 粉末钎料原位反应辅助钎焊 TiAl 和 C_f/SiC 接头的典型界面组织，其相应区域能谱分析见表 9.3。图 9.21(a)表明，接头界面主要包含 TiAl 基体侧的溶解扩散层、钎缝中间层以及复合材料侧反应层。

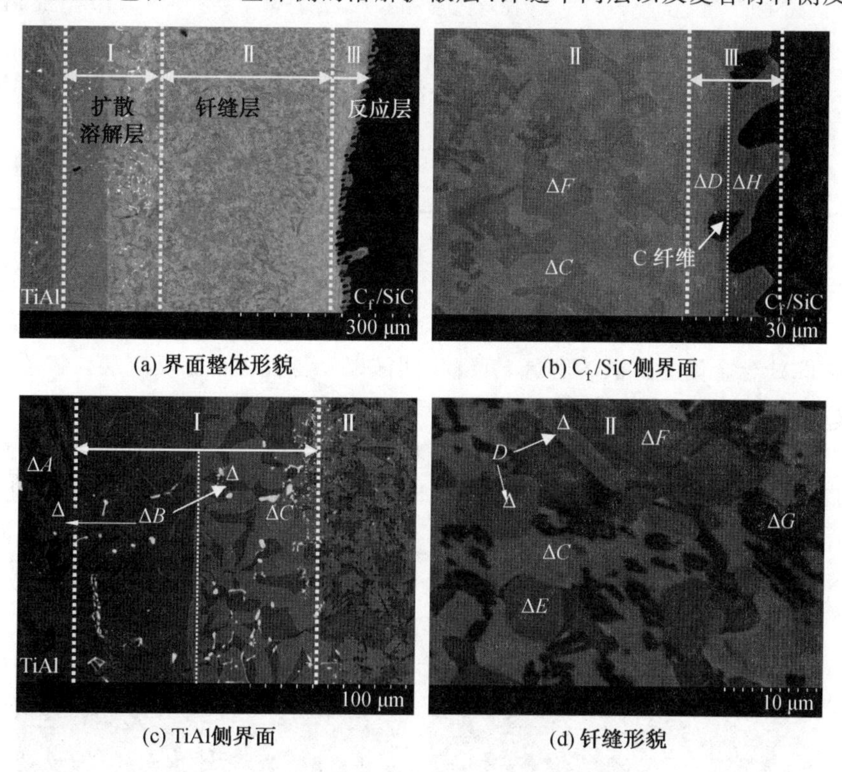

图 9.21　TNB30 粉末钎料接头界面组织形貌

从各层的组织放大图可以看出，TiAl 侧的扩散溶解层主要含有灰色相反应层和灰色与灰白色相间的反应层。EDS 分析表明，灰色反应层是 βTi 相，灰白色区域的成分主要含有 Ti、Al 和 Ni 3 种元素，其原子比满足 Ti－Al－Ni 三元相图的 τ_3 相。靠近复合材料侧反应层的 Ti 与 C 元素的原子比接近 1∶1，因此推断其为 TiC 反应层。TiC 反应层犬牙交错的形状表明活性元素 Ti 与复合材料中的 SiC 陶瓷基体的反应程度强于 C 纤维。这种结构的出现使得复合材料侧的连接面积增大，有利于提高接头的强度。钎缝中间层的基体相为 τ_3 相，在 τ_3 相上分布的黑色近似条状的反应物为 TiB_w 相。TiB_w 起到调节Ⅱ层热膨胀系数的作用，强化了接头，关于 TiB_w 的体积分数与中间层热膨胀系数的关系在钎料的设计中已经分析。

表 9.4　图 9.21 相应点能谱分析(原子数分数)　%

点	Ti	Al	V	Ni	B	Si	C	可能相
A	42.87	51.18	4.94	0.65	—	0.36	—	γTiAl
B	48.16	38.32	10.07	2.85	—	0.60	—	β 或 B_2
C	34.29	38.30	3.15	23.28	—	0.98	—	τ_3 Ni17Ti35Al48
D	46.62	35.00	0.95	16.41	—	1.02	—	Ti46Al35Ni17
E	63.93	23.33	1.06	9.92	—	1.77	—	Ti65Al25Ni10
F	52.18	33.34	9.81	3.52	—	1.14	—	β
G	41.74	1.63	4.12	0.88	51.42	0.21	—	TiB
H	42.58	0.33	—	0.54	—	0.32	56.23	TiC

图 9.22 所示为 TNB 电弧熔炼 TNB30 合金钎焊 TiAl 和 C_f/SiC 接头的界面组织，钎焊温度为 1 160 ℃，保温 10 min。图示表明，接头的界面结构与 TNB 粉末钎焊接头相似，主要包含 TiAl 合金侧的扩散溶解区、钎缝中间区以及复合材料侧反应层。扩散溶解区域的 β 相反应层 d_1 较厚，β 相与 τ_3 间隔形成的反应层 d_2 很窄且 β 相比粉末钎料减少。上述现象的原因可能是 TNB30 电弧熔炼合金钎料全部转化为液态的时间较短，从而增加了低温段 TiAl 合金向液态钎料中的溶解扩散时间，而在低温段形成的 β 相反应层阻碍了 Al 原子在高温段向液态钎料的进一步扩散。因此，钎料中的 Al 较少，导致析出的 β 相较

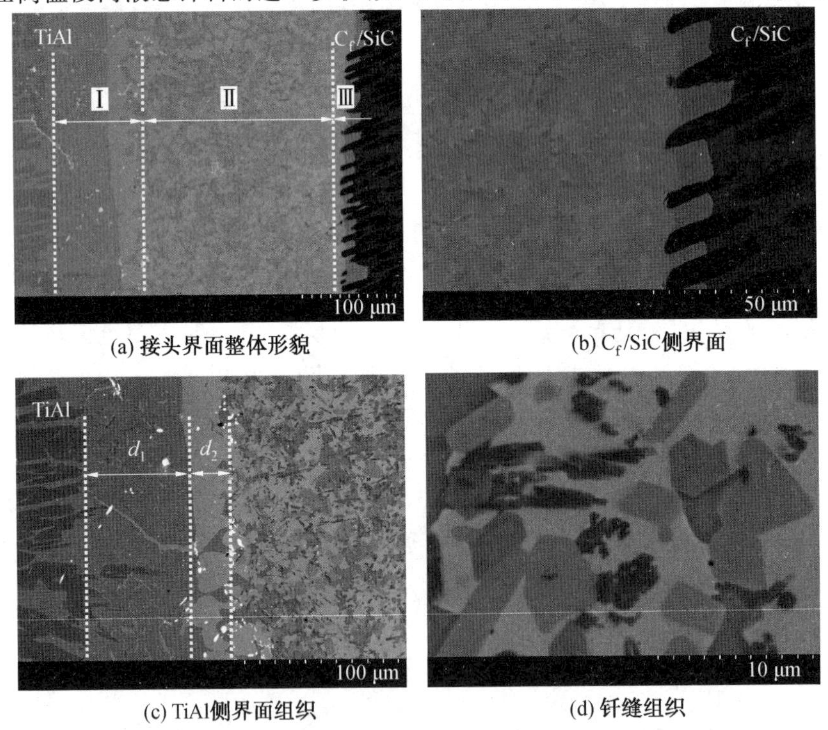

(a) 接头界面整体形貌　(b) C_f/SiC侧界面

(c) TiAl侧界面组织　(d) 钎缝组织

图 9.22　TNB30 电弧熔炼合金钎焊接头界面组织

少。此外,在钎缝中间区域的黑色 TiB 相发生团聚。关于 TiB 相团聚的原因将在连接机理中分析。

2. 工艺参数对界面组织的影响

在 TNB30 粉末钎料原位反应辅助钎焊 TiAl 合金和 C_f/SiC 复合材料的过程中,最优化工艺的选择是必不可少的部分。在其他工艺参数不变的条件下,本章重点分析原位反应辅助钎焊温度及时间的作用。

固定连接温度为 1 180 ℃,分别在 5 min、10 min 及 20 min 的钎焊时间下进行 TNB30 粉末原位反应辅助钎焊 TiAl 和 C_f/SiC 的试验。

图 9.23 所示为钎焊时间为 5 min 时的接头界面组织。从图中可以观察到,在复合材料侧没有形成连续的反应层,只在 SiC 陶瓷基体局部形成 TiC 反应层。这是由于活性元素 Ti 与复合材料的反应时间较短,界面反应没有充分进行。同时,靠近 TiAl 基体侧的扩散溶解层的厚度也相应减小,但整个钎焊中间层的界面结构与保温 10 min 时获得接头界面结构相似,说明界面的整个反应过程并没有发生变化。

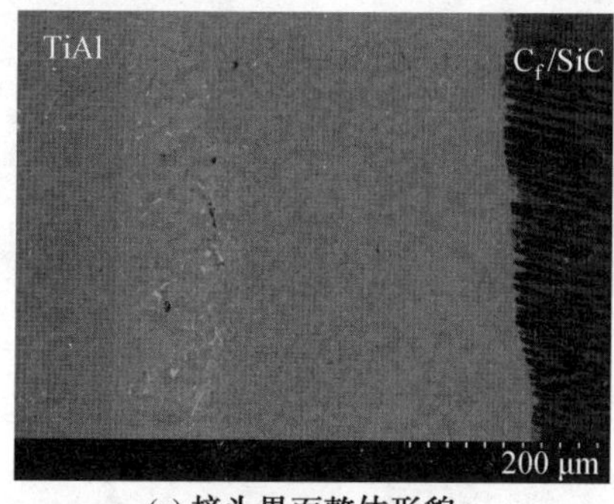

(a) 接头界面整体形貌

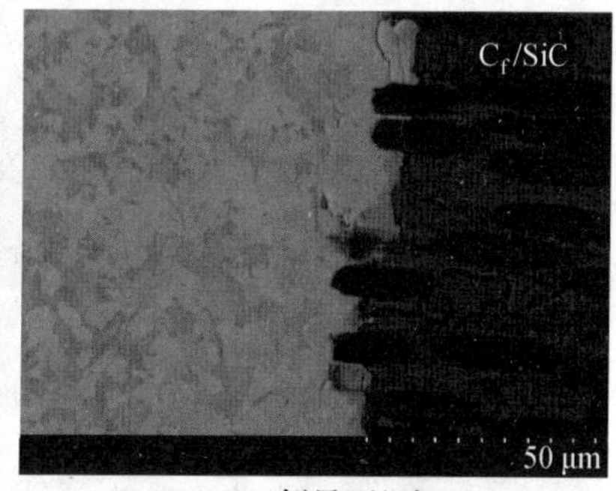

(b) C_f/SiC侧界面组织

图 9.23　TNB30 粉末钎焊时间为 5 min 时的接头界面组织

保温时间延长到 10 min 时,在复合材料侧形成连续的反应层,TiAl 基体侧扩散溶解层厚度也相应增加,如图 9.21 所示。继续增加钎焊时间至 20 min 时,钎缝中间层的 TiB 增强相发生聚集,这将弱化接头的性能,如图 9.24 所示。

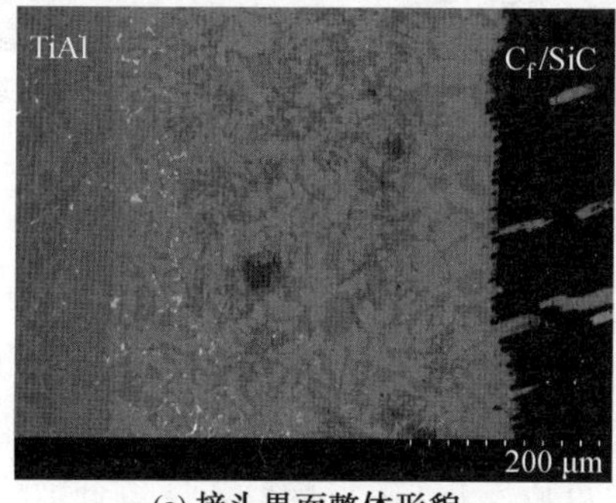

(a) 接头界面整体形貌

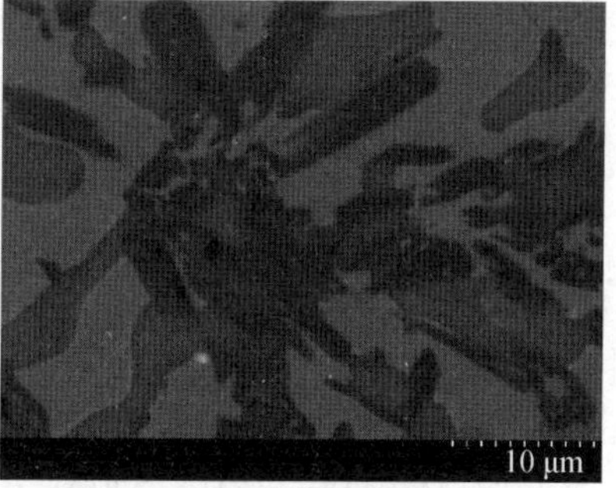

(b) C_f/SiC侧界面组织

图 9.24　TNB30 粉末钎焊时间为 20 min 时的接头界面组织

为研究原位反应辅助钎焊温度对界面组织的影响,固定连接时间为 10 min,分别在 1 160 ℃、1 180 ℃及 1 200 ℃的温度下进行 TNB30 粉末原位反应辅助钎焊 TiAl 和

C_f/SiC的试验。

图 9.25 和 9.26 所示分别为钎焊温度为 1 160 ℃、1 200 ℃时接头的界面组织。对比两图可知，钎焊温度对界面组织的影响不大，即只要钎料能熔化，经过一定的反应时间后，接头的界面结构既保持不变，都包含 TiAl 基体扩散溶解层、钎缝中间层以及复合材料侧反应层。当钎焊温度为 1 160 ℃时，TiC 已经能够形成连续反应层。增加钎焊温度至 1 200 ℃时，钎缝中间层的 TiB 增强相明显长大，但没发生聚集现象。

综上，使用 TNB30 粉末原位反应辅助钎焊 TiAl 合金和 C_f/SiC 复合材料时，工艺参数对 TiAl 基体扩散溶解层的厚度、复合材料侧反应层的形态以及 TiB 增强相的大小都产生明显影响。当钎焊时间较短时，复合材料侧没有形成连续反应层，随着保温时间的延长，TiB 相发生聚集长大，这两种情况都将弱化接头的性能。钎焊温度对界面组织的影响没有保温时间明显。

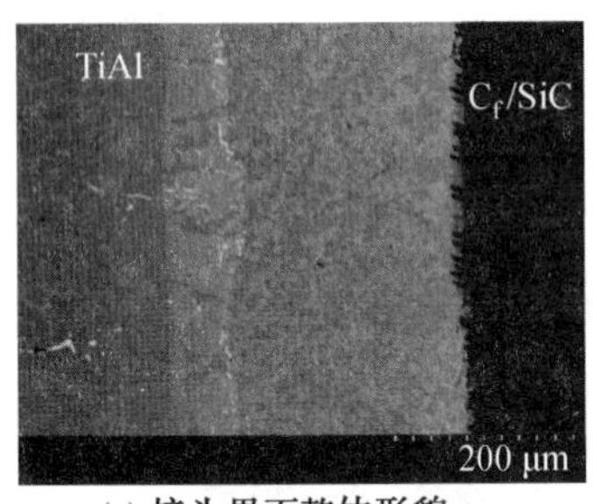

(a) 接头界面整体形貌

(b) C_f/SiC侧界面组织

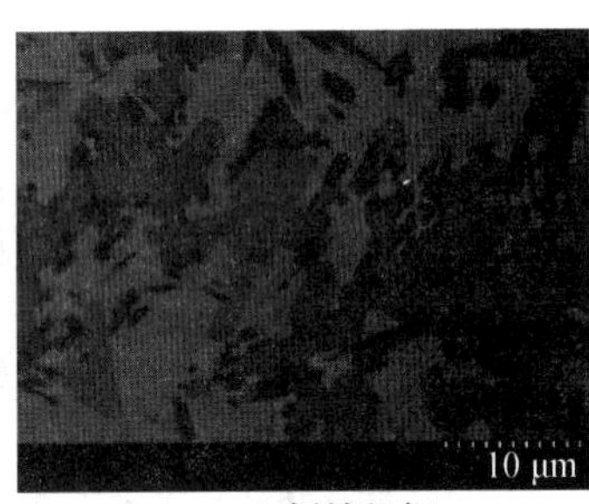

(c) 钎缝组织

图 9.25　TNB30 粉末钎焊温度为 1 160 ℃时的接头界面组织

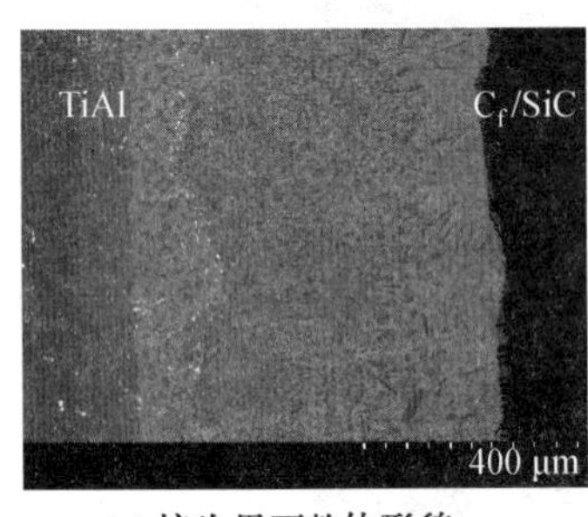

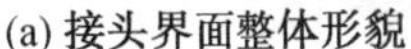
(a) 接头界面整体形貌

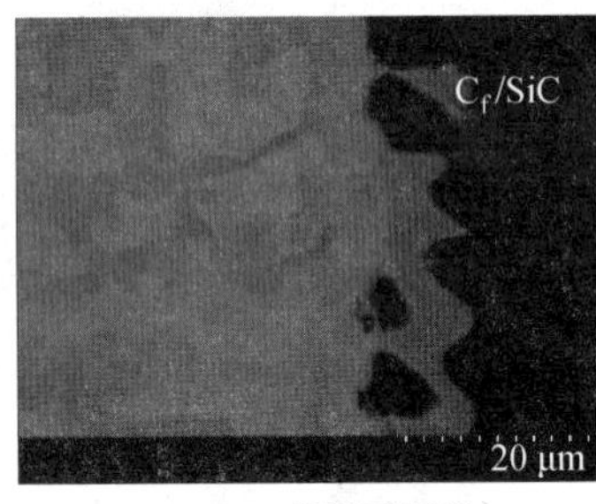

(b) C_f/SiC侧界面组织

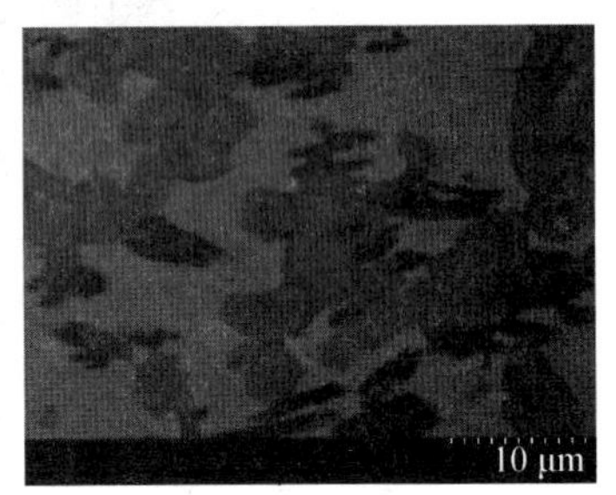

(c) 钎缝组织

图 9.26　TNB30 粉末钎焊温度为 1 200 ℃时的接头界面组织

9.4.5　接头抗剪强度及断口分析

钎料成分和钎焊工艺参数对接头抗剪强度的影响见表 9.5。当钎焊温度为1 180 ℃、保温 10 min 时，TNB30 粉末钎料钎焊接头的室温抗剪强度和 600 ℃高温抗剪强度最高，平均值分别为 99 MPa 和 63 MPa。但从表中可以看出，接头抗剪强度值分散性较大，这与复合材料的制备方法及其性能有关。

表 9.5　钎料成分和钎焊工艺参数对接头抗剪强度的影响

钎料成分	钎焊温度/℃	时间/min	室温抗剪强度/MPa				600 ℃抗剪强度/MPa		
			1	2	3	平均值	1	2	平均值
TNB30 粉	1160	10	100	42	57	66			
	1 180	5	67	56	51	58			
	1 180	10	121	105	73	99	73	54	63
	1 180	20	82	65	94	80			
	1 200	10	89	86	68	81	32	40	36
TNB30 箔	1 180	10	111	78	91	93	56	49	52
TNB20 箔	1 180	10	64	104	59	75			

分析钎焊接头经抗剪强度试验后的断裂路径可以了解接头的薄弱区域,从而确定提高接头强度的控制目标。在 TiAl 合金与 C_f/SiC 复合材料的焊接性分析中,得到复合材料侧反应层是整个接头的薄弱地带。这里不再累述钎焊工艺参数对反应层厚度的影响,仅以优化工艺参数条件下(1 180 ℃、10 min) 获得的钎焊接头为研究对象,从而得到接头的断裂路径。

TNB30 粉末钎料优化工艺参数条件下试件的断口 SEM 照片如图 9.27 所示,其中图 9.27(a)为宏观形貌,图 9.27(b)、(c)、(d)为各区域微观形貌放大图。当连接温度为 1 180 ℃、保温时间为 10 min 时,断口集中在复合材料侧的 3 个区域,但主要以Ⅲ区断裂形式为主。Ⅰ区是靠近 TiC 反应层的钎缝组织,呈现过渡特征,过渡后的Ⅱ区更为光滑,C 区是复合材料基体被剪断后的棱状台阶。结合表 9.6 所示的能谱以及之前的界面组织分析,可以确定Ⅰ区中 A 对应于图 9.21 中反应层Ⅲ中灰白色组织。Ⅱ区主要是沿复合材料侧 TiC 反应层断裂,断面沿 C 纤维呈现光滑凸台,这与图 9.21 中复合材料侧犬牙交错的界面组织吻合,即突出的位置是 C 纤维的反应层。Ⅲ区是复合材料被剪断后的棱状台阶,此时复合材料中的 C 纤维被拔出,基体相 SiC 陶瓷被撕断。C 纤维的存在改变了复合材料的断裂路径。

综上,TNB30 粉末钎料在钎焊温度 1 180 ℃、保温 10 min 时获得的钎焊接头的断裂路径主要沿复合材料自身以及复合材料侧的 TiC 反应层。

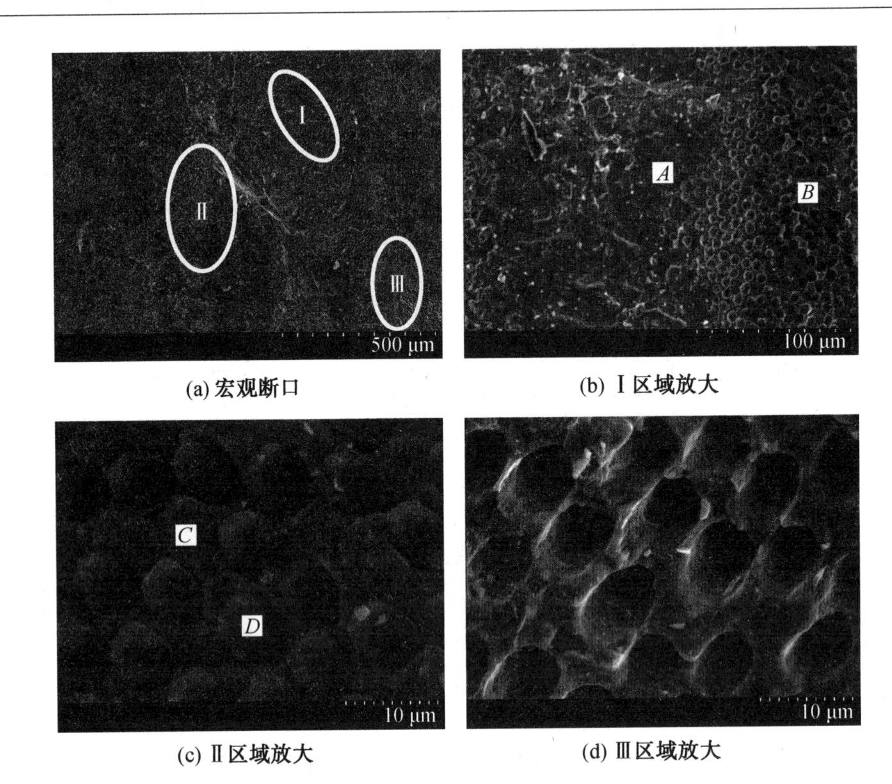

(a) 宏观断口　(b) Ⅰ区域放大

(c) Ⅱ区域放大　(d) Ⅲ区域放大

图 9.27　TNB30 粉末钎焊接头断口形貌

表 9.6　试件断口能谱分析(原子数分数)　%

点	Ti	Al	Ni	Si	C	可能相
A	39.84	36.91	21.96	1.29	—	τ_3
B	41.96	—	—	0.54	57.90	TiC
C	41.73	—	—	—	58.27	TiC
D	0.58	—	—	—	99.42	C
E	0.73	0.32	0.30	36.83	61.59	SiC

9.4.6　TNB 原位反应辅助钎焊机理研究

1. TiAl 溶解与组织演化

图 9.28 所示为 TiAl 合金母材侧的界面组织随钎焊时间演化的背散射电子相。结合 Ti—Al 相图(图 9.29)可知，图 9.28 中 TiAl 合金母材侧的界面组织包含两个明显的反应层，即 βTi 反应层和 βTi 分布在 τ_3 基体构成的反应层。钎焊时间较短时，TiAl 合金向熔化的钎料扩散溶解的时间较短，βTi 反应层的厚度 d_1 相对较薄。增加保温时间至 10 min，d_1 层厚度显著增加，d_2 层厚度减小，但在 d_1 反应层中出现长条状 γTiAl 相。下面分析钎焊温度为 1 180 ℃时 TiAl 侧接头界面组织的演化。

图 9.22 中 B 区域的能谱分析表明，d_1 层中 β 相稳定元素 V 较多，Al 原子明显减少，

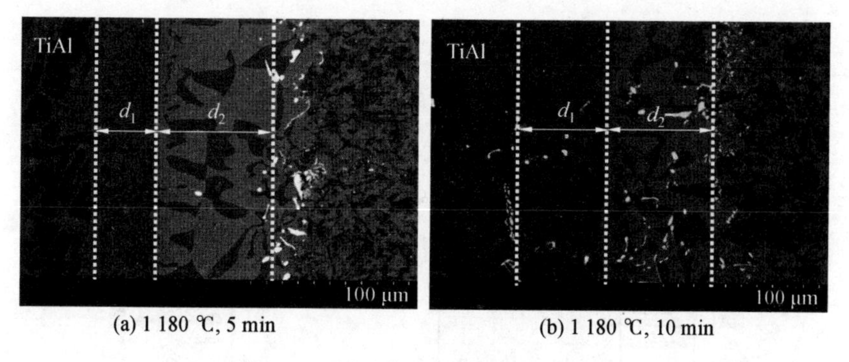

(a) 1 180 ℃, 5 min　　(b) 1 180 ℃, 10 min

图 9.28　TiAl 合金母材侧的界面组织

即 V 原子向液态钎料中的扩散速度远小于 Al 原子。由于 β 相稳定元素 V 的存在，在降温过程中 β 相发生有序转变，转化为室温状态下稳定的 B_2 相。

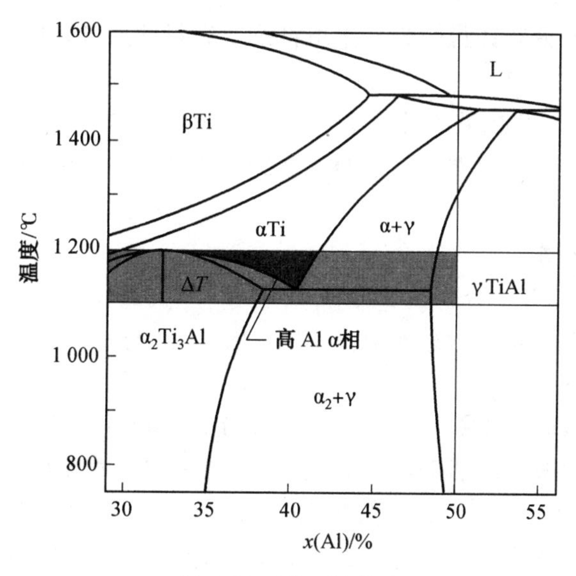

图 9.29　Ti－Al 相图

Al 和 V 原子向液态钎料中扩散的同时，钎料中的 Ni 原子也向 TiAl 中扩散。图 9.22中 A 区域能谱分析表明，d_1层含有少量的 Ni 原子，这证实了上述互扩散过程。

由前述的接头界面组织和固态相变分析结果可以建立 TiAl/TNB/C_f/SiC 钎焊过程中 TiAl 合金侧组织的转变机制，如图 9.30 所示。

2. Ti－Ni－Al 三元系金属间化合物的反应路径

钎缝组织演化分为以下 4 个步骤。

(1)液态钎料熔化后，靠近液态钎料侧的 TiAl 基体中的 Al、V 原子向钎料中扩散，与此同时，钎料中的 Ni 原子向 TiAl 中扩散。

(2)随着原子扩散的持续进行，在固－液界面形成连续的 βTi 反应层。此反应层的形成改变了原子的扩散，γTiAl 中的 Al 与钎料中的 Ni 原子要越过 βTi 层进行互扩散。原子在液相中的扩散速率一般要大于在固相中的扩散速率。因此，βTi 的形成将阻碍 TiAl 基体的溶解。

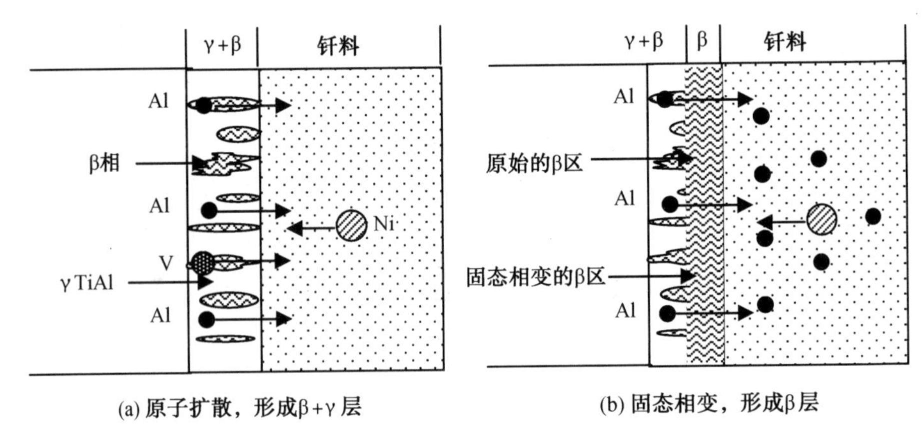

图 9.30 TiAl 侧组织转变示意图

(3) TiAl 基体与液态钎料的相互作用将改变钎料的成分，钎料的成分由 Ti－Ni60 逐渐转变成 D 区域的成分。

(4)在冷却过程中，D 区域的成分转化为含 Al 量较高的 β 区以及 τ_3 基体相。在稳定元素 V 存在的条件下，含 Al 量较高的 D 区在凝固的过程中不发生向 $\alpha_2 Ti_3Al$ 层的转变，能够稳定存在。

3. TiB 的形成机制

电弧熔炼后的 TNB30 合金主要含有 TiNi 和 $TiNi_3$ 共晶组织，黑色块状相为 TiB_2。如图 9.31 所示，钎焊后的钎缝组织完全不同于 TNB30 合金的组织。而且，钎焊温度不同，钎缝的组织也将发生显著变化。

当钎焊温度较低时(1 140 ℃/10 min)，原子互扩散相对缓慢，靠近钎料的 TiAl 基体的固态相变层相对较薄。由于 TiAl 基体向熔化钎料中的扩散溶解量少，焊缝中没有足够的活性元素 Ti 与 TiB_2 反应，生成条状的 TiB 相。此时，焊缝组织主要是 τ_3 基体相，块状的 TiB_2 相周围有少量的条状 TiB 生成。焊缝中几乎没有 β 相生成，这也进一步证实了上述分析过程。在 τ_3 相中存在长条状的裂纹，这可能是 τ_3 相较脆引起的，但关于此相的性能没有详细的报道。提高钎焊温度，TiAl 侧的固态相变层将显著增厚，说明在较高的温度下，原子互扩散剧烈。大量的 Ti、Al、V 原子进入熔化的液态钎料中，使得钎料的成分发生变化。此时，钎缝中有一定量的活性元素 Ti 与 TiB_2 反应，形成长条状的 TiB，随着钎焊温度的提高，反应越剧烈。生成的 TiB 在液态钎料中将向焊缝中弥散分布。与此同时，钎缝中出现 β 相，β 相能够在凝固过程中稳定存在，主要是其稳定元素 V 的作用。另外，Ni 也是 β 相的稳定元素，促进了 β 相的稳定存在。β 相无规则地分布于 τ_3 基体的同时，焊缝的裂纹倾向弱化了。关于 β 相的作用机理尚不清楚。

上述关于 TiB 的分析表明，只有在过量活性元素 Ti 存在的情况下，TiB_2 才会转化为长条状的 TiB 相。此观点与 K. Morsi 关于 TiB 生长机制的论述一致。图 9.32 所示为 Ti 合金中 TiB_2 向 TiB 转化的过程。该机制认为大颗粒状的 TiB_2 相聚集在 Ti 基体的晶界处，随后活性元素 Ti 与 TiB_2 反应生成长条状的 TiB 均匀分布在基体中。

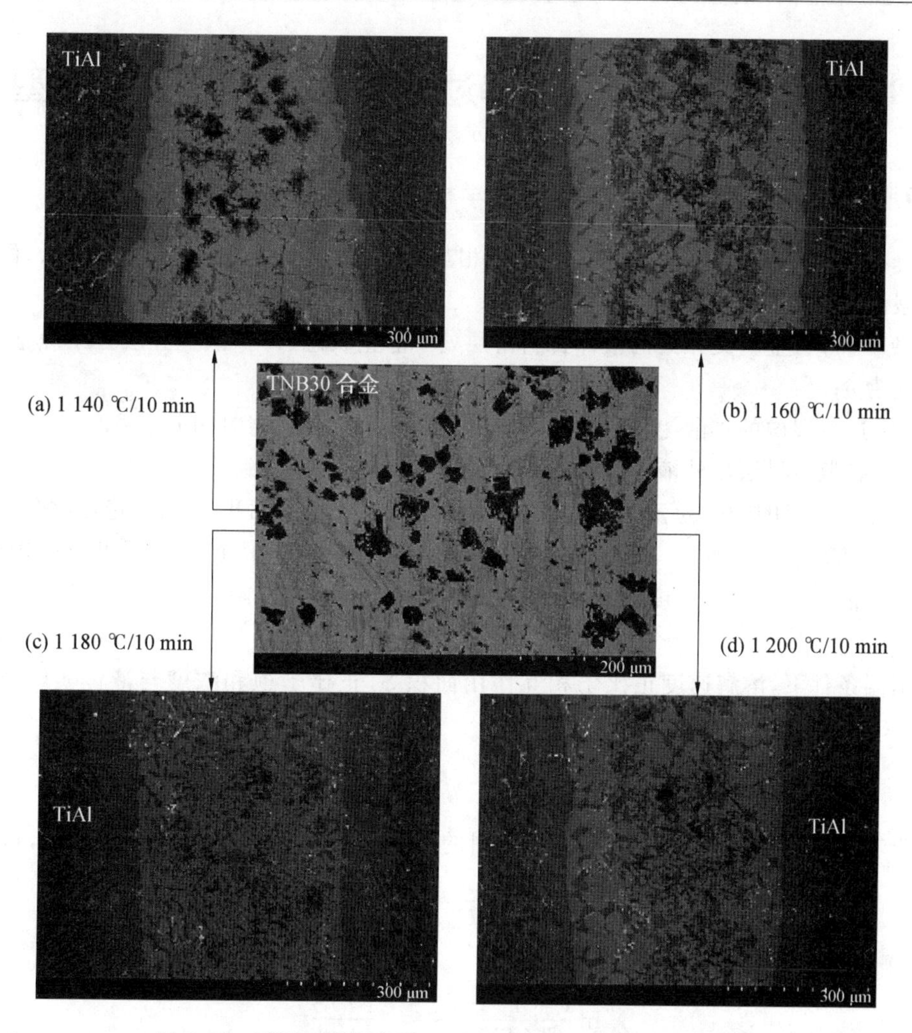

图 9.31　不同钎焊温度下 TiAl/TNB/TiAl 的接头界面形貌

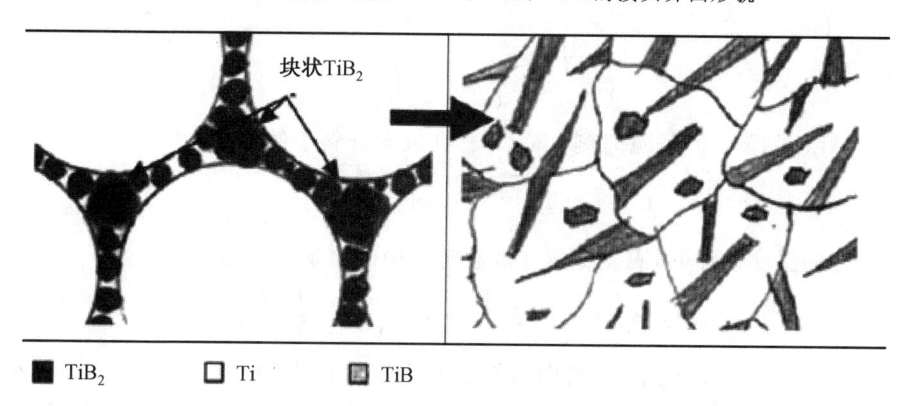

图 9.32　TiB_2向 TiB 转化的过程

9.5 原位反应辅助钎焊过程中 TiAl 溶解厚度模型

9.5.1 TiAl 合金溶解厚度的数学模型

母材在实际钎焊过程中的溶解行为是相当复杂的，为了避免使问题过于复杂，做如下几点假设：

(1) 与母材金属交界处的液体钎料薄层处于静止状态，即扩散边界层处于静止状态，其厚度为 δ；

(2) 边界层内的扩散为稳态扩散，即浓度只随距离变化，与时间 t 无关；

(3) 扩散边界层以外液态钎料为自由液体，各处的浓度一致。

设液态钎料的密度为 ρ_L，体积为 V_L，固－液相互作用的面积为 S，假定母材金属在液态钎料中的初始浓度为 C_0，极限溶解度为 C_0^L，在经过一定时间 t 的固－液相互作用后，母材组分在液态钎料中的浓度为 C，母材向液态钎料中的质量溶解量为

$$Q = \rho_L V_L (C - C_0) \tag{9.5}$$

恒温条件下，溶解速度正比于相互作用面积 S，正比于饱和浓度与液体实际浓度差 $(C_0^L - C)$，因此，溶解速度可表示成

$$\frac{dQ}{dt} = \frac{d(\rho_L V_L C)}{dt} = -K(T)S[C - C_0^L(T)] \tag{9.6}$$

母材向钎料中溶解的过程中，液态钎料的体积 V_L 和固液相面积可认为不变，则

$$\frac{dC}{C_0^L(T) - C} = \frac{K(T)S}{\rho_L V_L} dt \tag{9.7}$$

当 $t = 0$ 时，$C = C_0$，式(9.7) 积分得

$$\ln \frac{C_0^L(T) - C_0}{C_0^L(T) - C} = \frac{K(T)S}{\rho_L V_L} t \tag{9.8}$$

由式(9.8) 得

$$\frac{C_0^L(T) - C_0}{C_0^L(T) - C} = \exp\left(\frac{K(T)S}{\rho_L V_L} t\right) \tag{9.9}$$

当初始浓度 $C_0 = 0$，任意时刻 t 时，母材在液态钎料中的浓度为

$$C = C_0^L(T)\left[1 - \exp\left(-\frac{K(T)S}{\rho_L V_L} t\right)\right] \tag{9.10}$$

在一定的温度条件下，固态金属在液态钎料中的质量溶解量为

$$Q = \rho_L V_L C_0^L(T)\left[1 - \exp\left(-\frac{K(T)S}{\rho_L V_L} t\right)\right] \tag{9.11}$$

式(9.11) 是钎焊过程中，母材向液态钎料中溶解过程的经典数学描述。但是，应用这个方程定量评价母材的溶解量比较困难。一是液态钎料流动的状态下，液／固接触面积不易精确定出；二是质量溶解量这一参量缺乏具体的物理意义和描述对象。因此，如果能够对母材向液态钎料中的溶解厚度进行描述，那么可以更好地对母材向钎料中的溶解过程进行研究，母材向钎料中溶解的厚度可以通过对接头界面组织的测量获得。

选取液态钎料中微小单元 dV_L 作为研究对象，由(9.11) 可得

$$dQ = \rho_L C_0^L(T) dV_L \left[1 - \exp\left(-\frac{K(T)dS}{\rho_L dV_L} t\right)\right] \tag{9.12}$$

母材的质量溶解量可写成

$$dQ = \rho_S dV_S \tag{9.13}$$

式中　V_S—— 母材溶解的体积；

ρ_S—— 母材的密度。

母材溶解的体积微元记作：

$$dV_S = W_S dS \tag{9.14}$$

式中　W_S—— 母材溶解的厚度。

将式(9.13)、式(9.14) 代入式(9.12) 可得

$$\rho_S W_S = C_0^L(T) \rho_L \frac{dV_L}{dS} \left[1 - \exp\left(-\frac{K(T)dS}{\rho_L dV_L} t\right)\right] \tag{9.15}$$

母材的溶解厚度可表示为

$$W_S = \frac{\rho_L}{\rho_S} C_0^L(T) \frac{dV_L}{dS} \left[1 - \exp\left(-\frac{K(T)dS}{\rho_L dV_L} t\right)\right] \tag{9.16}$$

选取的液态钎料微元体积可写为

$$dV_L = W_B \cdot dS \tag{9.17}$$

式中　W_B—— 焊缝的宽度。

将式(9.17) 代入式(9.16) 可得母材的溶解厚度公式为

$$W_S = C_0^L(T) W_B \frac{\rho_L}{\rho_S} [1 - \exp(-\frac{K(T)}{\rho_L W_B} t)] \tag{9.18}$$

式中　W_S—— 母材的溶解厚度；

W_B—— 焊缝的宽度；

ρ_S—— 母材密度；

ρ_L—— 液态钎料密度；

$C_0^L(T)$—— 母材在液态钎料中的极限溶解度；

$K(T)$—— 母材在液态合金中的溶解速度系数；

t—— 钎焊时间。

由式(9.18) 可知，焊缝间隙越大，母材溶解量越多，溶解厚度越大；随着钎焊保温时间的增加，溶解厚度也增加；母材在液态钎料中的极限溶解度 $C_0^L(T)$ 随温度升高而增大，当温度升高时，母材在钎料中的溶解速度系数 $K(T)$ 也增大，因此，随着钎焊温度升高，母材溶解厚度也增加。溶解厚度与钎焊温度关系可由 $C_0^L(T)$ 和 $K(T)$ 随钎焊温度的变化规律推出。

9.5.2　TiAl 合金溶解厚度数学模型的验证

1. TiAl 合金溶解厚度的测量

由于 TiAl 合金与 C_f/SiC 复合材料的钎焊间隙难以精确控制，因此采用 TNB 高温钎料钎焊 TiAl 合金自身来研究工艺参数对其溶解厚度的影响。本章设计的平行间隙试件

装配示意图如图 9.33 所示。

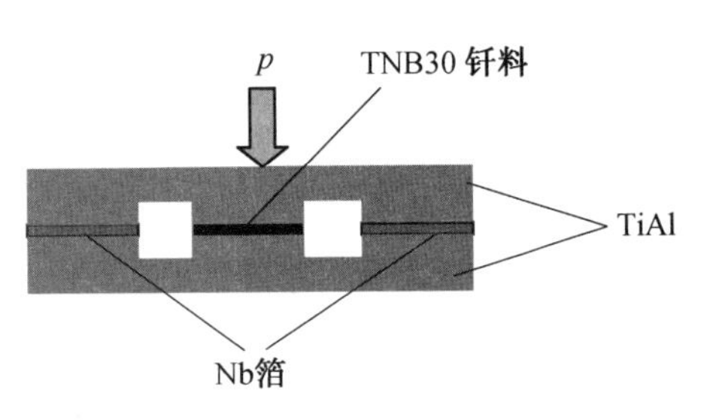

图 9.33 平行间隙试件装配示意图

图 9.33 设计的装配形式保证了钎焊过程中固一液相互作用面积不变，实现了钎缝间隙可调、可控。但是，TiAl 合金向液态钎料中溶解后其表面并不是真正意义上的平面，这给厚度的测量带来很大困难。本章采用等间隙测量和单侧溶解厚度测量两种测量方法对 TiAl 合金溶解厚度进行测量，其测量示意图如图 9.34 所示，其中 W_B 为焊缝设定间隙，W_J 为焊后宽度，W_S 为测量的溶解厚度，满足 $W_S = W_J - W_B$。

在实际测量过程中，这两种方法吻合性较高，测量示意图如图 9.35 所示，对应于图 9.34(b)方法。综合考虑组织和成分两方面来定义边界层，本章选择固态相变层作为测量边界。固态相变 β 层也属于母材和钎料相互作用形成的反应层，但是 Ni 很少，说明钎料和母材在该层的反应程度较弱，而且这层的厚度对焊缝成分改变很小，所以测量过程中没有考虑该层的影响；而 τ_3 反应层的 Ni 很多，母材和钎料产生强烈的相互作用，更重要的是 τ_3 反应层的厚度直接决定钎缝的组织，所以把 β 和 τ_3 之间的界限定义为边界。

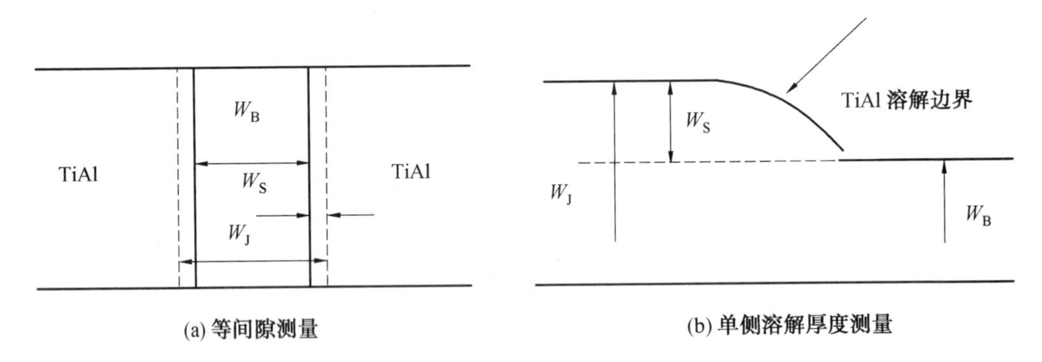

图 9.34 TiAl 溶解厚度测量示意图

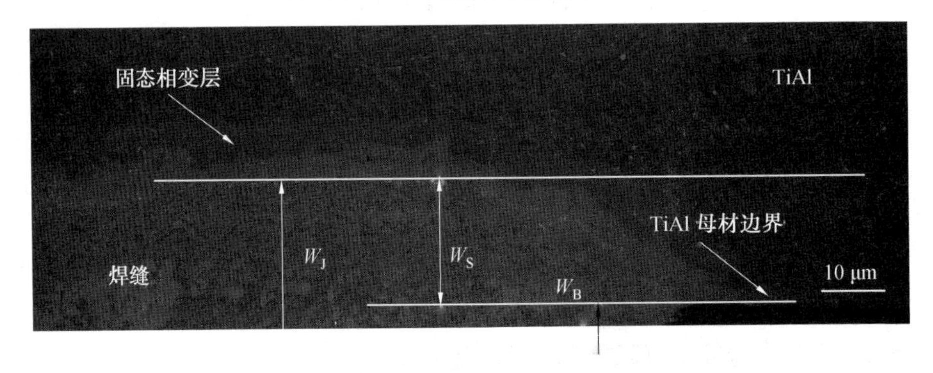

图 9.35 TiAl 溶解厚度测量示意图

2. 钎缝间隙对 TiAl 合金溶解厚度的影响

图 9.36 所示为在钎焊温度 1 160 ℃、保温时间 10 min 时，不同钎缝间隙下获得的

TiAl/TNB30/TiAl 钎焊接头界面组织背散射照片，对应的 TiAl 合金溶解厚度的测量值见表 9.7。从图中可以看到，随着钎缝间隙的增加，TiAl 合金向液态钎料中的溶解厚度明显增大，符合式(9.14)给出的结论。

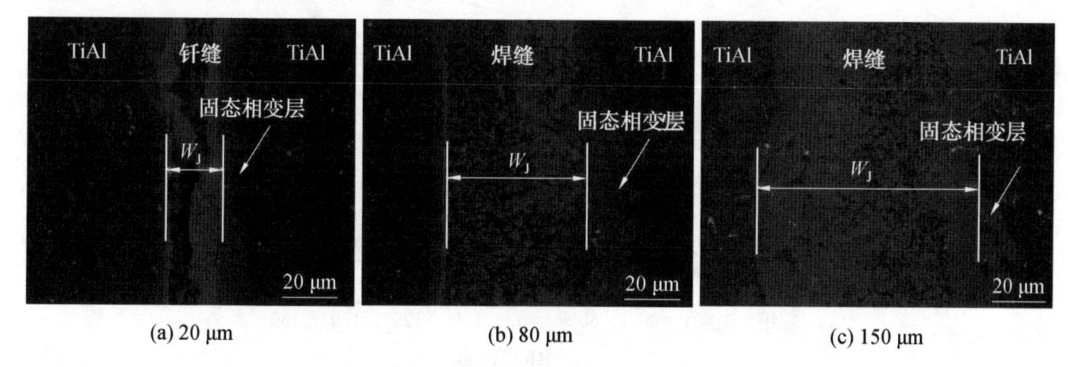

(a) 20 μm　　(b) 80 μm　　(c) 150 μm

图 9.36　不同钎缝间隙下的 TiAl/TNB30/TiAl 钎焊接头界面组织

表 9.7　不同钎缝间隙下的溶解厚度 W_S 的测量值

W_B/ μm	20	80	150
W_S(1 160 ℃/10 min)	8.24	13.47	16.50
W_S(1 180 ℃/10 min)	10.67	15.53	17.75
W_S(1 200 ℃/10 min)	11.86	16.31	18.43

钎焊工艺参数为 1 180 ℃、10 min 以及 1 200 ℃、10 min 的相应钎缝间隙下的 TiAl 合金的溶解厚度采用相同的方法测量，其测量值见表 9.7。如图 9.37 所示，随着钎焊温度的增加以及钎缝间隙的增加，TiAl 基体的溶解厚度增加。液态 Ti－Ni 钎料合金的密度 ρ_L 约为 7.14 g/cm^3，TiAl 合金密度约为 4 g/cm^3，比值 ρ_L/ρ_S 约为 1.8。将上述的数据代入式(9.18)，在每一个确定的钎焊温度下都可以得到关于 $C_0^L(T)$ 和 $K(T)$ 的二元非线性方程组，分别对应于不同的钎缝间隙值，方程中钎缝间隙 W_B、溶解深度 W_S 及钎焊保温时间 t 均为已知的常数，而 $C_0^L(T)$ 和 $K(T)$ 为变量；因此，在不同的钎焊温度下可以分别求出溶解度 $C_0^L(T)$ 和溶解速率系数 $K(T)$，然后对 $C_0^L(T)$ 和 $K(T)$ 与温度 T 的关系进行拟合。从现有的资料来看，$C_0^L(T)$ 和 $K(T)$ 与温度之间的关系复杂，可以采用数学拟合的方法对其进行求解，得出二个对应于 $C_0^L(T)$ 和 $K(T)$ 的常数值。

本章采用较为简单的 Origin 拟合方法对 $C_0^L(T)$ 和 $K(T)$ 求解，具体过程如下：

$$\frac{W_S\rho_S}{W_B\rho_L}=C_0^L(T)\left[1-\exp\left(-K(t)\frac{t}{\rho_L W_B}\right)\right] \tag{9.19}$$

令 $\frac{t}{\rho_L W_B}=X$，$\frac{W_S\rho_S}{W_B\rho_L}=Y$，$K(t)=K$，$C_0^L(T)=A$，得到

$$Y=A\cdot[1-\exp(-KX)] \tag{9.20}$$

得到拟合的结果为

$$C_0^L(T)=5.35\times10^{-3}T-0.86$$
$$K(T)=6.86\times10^{-8}T-5.63\times10^{-6}$$

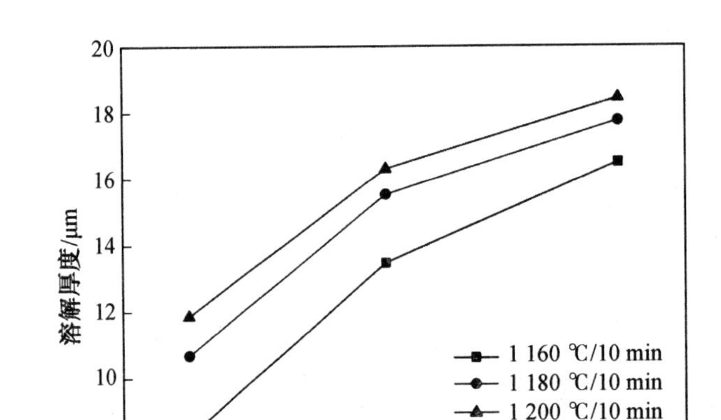

图 9.37 不同工艺参数条件下钎缝间隙与溶解厚度的关系

将 $C_0^L(T)$ 和 $K(T)$ 的拟合值代入式(9.18),可得到 TiAl 合金溶解厚度的计算公式,即

$$W_S = (9.63\times10^{-3}T-1.55)W_B\left\{1-\exp\left[(5.63\times10^{-6}-6.86\times10^{-8}T)\frac{0.14t}{W_B}\right]\right\} \tag{9.21}$$

采用钎焊工艺参数为 1 160 ℃、20 min,钎缝间隙为 20 μm、80 μm、150 μm 的试验验证 TiAl 合金的溶解厚度模型,如图 9.38 所示。结果表明,TiAl 合金溶解厚度的模型拟合值与试验测量值吻合较好,此模型可用于研究高温钎焊条件下母材的溶解特性及评价钎料对母材的溶蚀。

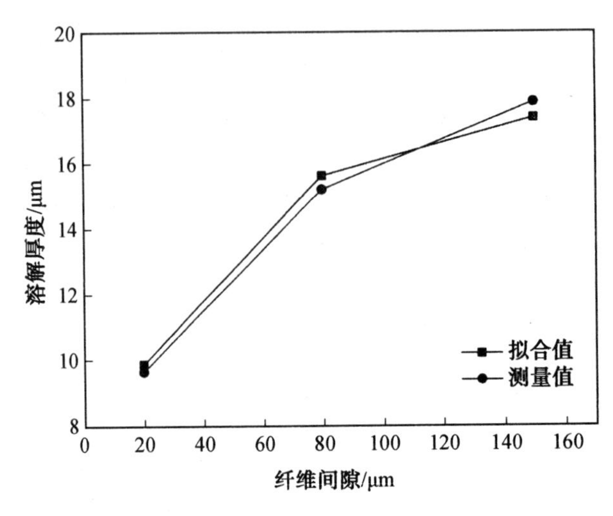

图 9.38 TiAl 合金溶解厚度模型验证

习题及思考题

9.1　为什么熔焊不能用于 C_f/SiC 复合材料的连接？

9.2　简述 Ti 在活性钎焊连接 C_f/SiC 复合材料中的作用。

9.3　简述缓解异种材料连接热应力的几种方式。

9.4　如何提高 TiAl 合金接头强度？

9.5　简述 Ti 原子数分数对界面组织的影响。

9.6　如何调控 Ti 原子数分数以获得想要的组织？

9.7　试推导 TiAl 合金溶解厚度数学模型。

本章参考文献

[1] 余继红，江东亮. SiC 陶瓷的发展与应用[J]. 陶瓷工程，1998，32(3):4-11.

[2] 邹武，张康助，张立同. 陶瓷基复合材料在火箭发动上的应用[J]. 固体火箭技术，2000，23(2):176-198.

[3] 陈明和，傅桂龙，张中元，等. 反应烧结 SiC 陶瓷航天器燃烧室的研制[J]. 航空材料学，1999，19(4):58-62.

[4] 任家烈，吴爱萍. 先进材料的连接[M]. 北京:机械工业出版社，2000.

[5] LOEHM AN R E . Recent progress in ceramic joining[C]. Key Engineering Materials: the Science of Engineering Ceramics Ⅱ; Proceedings of the 2nd International Symposium on the Science of Engineerng Ceramics(Encera′98). Osaka , Japan，1999,161-163:657-662.

[6] 张建军，李树杰. 非氧化物陶瓷连接进展[J]. 硅酸盐学报，2002，30(1):102-107.

[7] SINGH M . A reaction forming method for joining of silicon carbide ceramics[J]. Scripta Marerialia , 1997，8:1151-1154.

[8] ZHANG J，ZHOU Y，NAKA M. Trans Nonferrous Met Soc China，2005，15 (4): 261-265.

[9] 刘岩，黄政仁，刘学建，等. 活性钎焊法连接碳化硅陶瓷的连接强度和微观结构[J]. 无机材料学报，2009(2):91-94.

[10] LEI Z，XIAOHONG L，JINBAO H，et al. Bonding of C_f/SiC composite to invar alloy using an active cement，Ag-Cu eutectic and Cu interlayer[J]. Applied Surface Science，2012，258(24): 10053-10057.

[11] NAKA M，TANIGUCHI H，OKAMOTO I. Heat-resistant brazing of ceramics (report Ⅰ): brazing of SiC using Ni-Ti filler metals (physics，process，instrument& measurement)[J]. Transactions of JWRI，1990，19(1): 25-31.

[12] MOROZUMI S，ENDO M，KIKUCHI M，et al. Bonding mechanism between silicon carbide and thin foils of reactive metals[J]. Journal of materials science,

1985，20(11)：3976-3982.

[13] DONG H，LI S，TENG Y，et al. Joining of SiC ceramic-based materials with ternary carbide Ti_3SiC_2[J]. Materials Science and Engineering：B，2011，176(1)：60-64.

[14] 韩绍华，薛丁琪. 基于核应用下碳化硅陶瓷及其复合材料的连接研究进展[J]. 硅酸盐通报，2016，35(5)：1520-1526.

[15] 何柏林，孙佳. 碳纤维增强碳化硅陶瓷基复合材料的研究进展及应用[J]. 硅酸盐通报，2009，28(6)：1197-1202.

[16] LIN G B，HUANG J H. Brazed joints of Cf-SiC composite to Ti alloy using Ag-Cu-Ti-(Ti＋C) mixed powder as interlayer[J]. Powder Metallurgy，2006，49：345-348.

[17] LIN G B，HUANG J H，ZHANG H. Joints of carbon fiber-reinforced SiC composites to Ti-alloy brazed by Ag-Cu-Ti short carbon fibers[J]. Journal of Materials Processing Technology，2007，189(1-3)：256-261.

[18] XIONG J H，HUANG J H，ZHANG H，et al. Brazing of carbon fiber-reinforced SiC composite and TC4 using Ag-Cu-Ti active brazing alloy[J]. Materials Science and Engineering A，2010，527：1096-1101.

[19] BAN Y H，HUANG J H，ZHANG H，et al. Microstructure of reactive composite brazing joints of C_f/SiC composite to Ti-6Al-4V alloy with Cu-Ti-C filler material [J]. Rare Metal Materials and Engineering，2009，38(4)：713-716.

[20] SINGH M，ASTHANA R，SHPARGEL T P. Brazing of ceramic-matrix composites to Ti and hastealloy using Ni-base metallic glass interlayers [J]. Materials Science and Engineering A，2008，498：19-30.

[21] 张建军，李树杰，段辉平，等. 用Zr/Ta复合中间层热压扩散连接C_f/SiC和镍基高温合金[J]. 稀有金属材料与工程，2002，31(增刊1)：393-396.

[22] LI S J，ZHANG J J，LIANG X B，et al. Joining of carbon fibre reinforced SiC (C_f/SiC) to Ni-based super-alloy with multiple interlayers [J]. International Journal of Modern Physics，2003，17(8-9)：177-178.

[23] 熊江涛，李京龙，张赋升. 二维碳/碳化硅复合材料与铌合金的连接[J]. 无机材料学报，2006，21(6)：1391-1396.

[24] 所俊. SiC陶瓷及其复合材料的先驱体高温连接及陶瓷金属基梯度材料的制备与连接研究[D]. 长沙：国防科技大学，2005.

[25] 刘洪丽，田春英，吴明忠. 陶瓷先驱体聚硅氮烷连接C_f/SiC工艺及连接性能[J]. 中国有色金属学报，2008，18(2)：278-281.

[26] LEE S J，WU S K. Infrared joining strength and interfacial microstructures of Ti-48Al-2Nb-2Cr intermetallics using Ti-15Cu-15Ni foil[J]. Intermetallics，1999，7(1)：11-21.

[27] 王彦芳，王存山，高强，等. TiAl合金的非晶钎焊[J]. 焊接学报，2004，25(2)：

111-114.

[28] GUEDES A, PNTO A M P, VIERA M F, et al. The influence of the processing temperature on the microstructure of γ-TiAl joints brazed with a Ti-15Cu-15Ni alloy[J]. Materials Science Forum, 2003, 426-432(5):4159-4164.

[29] WALLIS I C, UBHI HS, BACOS M P. Brazed joints in γ-TiAl sheet: microstructure and properties[J]. Intermetallics, 2004, 12(3):303-316.

[30] GUEDES A, PNTO A M P, VIERA M F, et al. Joining Ti-47Al-2Cr-2Nb with a Ti/(Cu, Ni)/Ti clad-laminated braze alloy[J]. Journal of Materials Science, 2003, 38(11):2409-2414.

[31] KEISUKE U, HIROYUKI S, KOJIRO K F. Joining of intermetallic compound TiAl by using Al filler metal[J]. Zeitschrift Fuer Metallkunde, 1995, 86(4): 270-274.

[32] SHIUE R K, WU S K, CHEN S Y. Infrared brazing of TiAl using Al-based braze alloys[J]. Intermetallics, 2003, 11:661-671.

[33] SHIUE R K, WU S K, CHEN S Y. Infrared brazing of TiAl intermetallic using BAg-8 braze alloy[J]. Acta Materialia, 2003, 51:1991-2004.

[34] 潘竹. 多元铝合金相图拓扑关系的理论和试验研究[D]. 长沙:中南大学, 2007.

[35] QIN Y Q, FENG J C. Microstructure and mechanical properties of C/C composite/TC4 joint using AgCuTi filler Metal [J]. Materials Science and Engineering A, 2007, 454:322-327.

[36] 梁英教,车荫昌. 无机物热力学手册[M]. 沈阳:东北大学出版社,1993.

[37] ZENG K, SCHMID-FETZER R, HUNEAU B, et al. The ternary system Al-Ni-Ti part Ⅱ: thermodynamic assessment and experimental investigation of polythermal phase equilibria[J]. Intermetallics, 1999, 7:1347-1359.

[38] XIANA P. Residual stress in a soft-buffer-inserted metal/ ceramic joint[J]. Journal of American Ceramic Society, 1990, 73(11):3462-3466.

[39] ZORC B, KOSEC L. A new approach to improving the properties of brazed joints [J]. Welding Journal, 2000, 79:24-31.

[40] 张春光, 乔冠军, 金志浩. Ni－Ti 焊料部分液相瞬间连接高纯 Al_2O_3－Kovar 工艺的研究[J]. 稀有金属材料与工程, 2002, 31(4):299-302.

[41]孙德超, 柯黎明, 邢丽. 陶瓷与金属梯度过渡层的自蔓延高温合成[J]. 焊接学报, 2000, 21(3):44-46.

[42] MORSI K, PATELV V. Processing and properties of Titanium-Titanium boride (TiB_w) matrix composites－a review[J]. Journal of Material Science, 2007, 42: 2037-2047.

[43] TJONG S C, MAI YW. Processing-structure-property aspects of particulate- and whisker-reinforced titanium matrix composites [J]. Composites Science and Technology, 2008, 68:583-601.

[44] GORSSE S, MIRACLE D B. Mechanical properties of Ti-6Al-4V/TiB composites with randomly oriented and aligned TiB reinforcements [J]. Acta Materialia, 2003, 51:2427-2442.

[45] BANERJEE R, GENC A, HILL D, et al. Nanoscale TiB precipitates in laser deposited Ti-matrix composites[J]. Scripta Materialia, 2005, 53:1433-1437.

[46] LU W J, XIAO L, GENG K, et al. Growth mechanism of In-situ synthesized TiB_w in Titanium matrix composites prepared by common casting technique[J]. Materials Characterization, 2008, 59:912-919.

[47] YAMAMOTO T, OTSUKI A, ISHIHARA K, et al. Synthesis of near net shape high density TiB/Ti composite[J]. Materials Science and Engineering A, 1997, 239:647-651.

[48] PANDA K B, CHANDRAN K S R. Synthesis of ductile titanium-titanium boride (Ti-TiB) composites with a beta-titanium matrix: The nature of TiB formation and composite properties[J]. Metallurgicaland Materials Transactions A, 2003, 34:1371-1385.

[49] SCHUSTER J C. Critical data evalution of the aluminium-nickel-titanium system [J]. Intermetallics, 2006, 14:1304-1311.

第10章　C/C复合材料和TiB_w/TC4复合材料钎焊连接技术

10.1　金属热管理系统组装技术——C/C复合材料连接研究现状简介

10.1.1　C/C复合材料连接特性

C/C复合材料由于具备密度低、强度高、耐高温、导电性能好、导热性好、热膨胀系数低、断裂韧性好及耐摩擦磨损等特性，世界各国均把C/C复合材料用作导弹及先进飞行器高温区的主要热结构材料，如发动机涡轮、燃烧室、导弹的尾喷、发动机喷管喉衬、鼻锥等。然而，C/C复合材料的生产制备周期长、成本高，很难制备大尺寸以及复杂构件，因此极大地限制了其在实际工程中的应用。为了弥补C/C复合材料的不足，提高效率并降低成本，将其与金属材料连接制备复合构件成为目前C/C复合材料应用时的理想选择。

C/C复合材料类似于石墨，因此它的连接问题也类似于石墨。但C/C复合材料又不同于石墨，它不同于均质材料，而是由碳纤维和基体相（焦炭、烧结碳或石墨）组成的复合材料，因此尽管人们已对石墨连接进行了大量研究，但C/C复合材料本身的结构特点和性能上的特殊性决定了对其进行连接时还会遇到许多问题，主要有以下几点：

(1)热膨胀系数低于大多数金属材料，从高温到低温冷却过程中接头易产生较大的残余应力，使其极易在热应力的作用下产生裂纹甚至断裂。

(2)润湿性不好，钎焊时大多数常用钎料难于润湿或不能润湿C/C复合材料。

(3)加热过程会放出大量的气体，严重影响连接工艺过程的接头质量，导致接头中产生大量气孔。

(4)材料本身存在一定数量的空隙，会吸取熔化的中间层使中间层难以保持在接头中，从而弱化和降低了接头性能。

(5) C/C复合材料在空气中673 K左右开始氧化，因此连接时必须在真空或惰性气体保护下连接。

(6)机械加工表面上会残留纤维和基体相碎屑，在钎焊或扩散焊等连接时会使接头弱化。

C/C复合材料与金属连接报道较少，而且由于C/C复合材料熔点高，难以形成液相，因此在已报道的C/C复合材料与金属的连接方法中很少有传统的熔焊方法，主要的连接方法有钎焊和扩散焊。

10.1.2　C/C 复合材料与金属扩散连接

扩散连接是指被连接材料相互接触的表面，在高温和压力的作用下，被连接表面紧密接触（接触距离在几埃米到几十埃米以内），原子间产生相互扩散，通过回复、再结晶及晶界变化在界面处形成金属键或化学键，形成新的扩散层，从而形成可靠连接接头，目前对于 C/C 复合材料与金属扩散连接研究相对较少。

熊江涛、李京龙、张赋升等采用 Ti－Cu 复合中间层，用固相扩散焊与瞬间液相扩散焊相结合的方法，成功地将 2D C/C 复合材料与镍合金连接起来。结果表明，在连接界面处残留的 Cu 层（或辅助 Cu 中间层）有效地缓解了接头的残余应力；在瞬间液相扩散焊过程中产生的 Ti－Cu 共晶液相，不仅与表面沉积的 C 层反应提高 Ti－Cu 层在 C/C 复合材料表面的润湿性能，而且渗入到 C/C 中形成钉扎结构，从而提高了连接强度，获得的 2D C/C 复合材料与镍合金接头的最大室温抗剪强度为 28.6 MPa。

日本的 Nishida 等采用高频感应炉对 UD C/C 和 2D C/C 复合材料与镍合金进行了扩散连接。2D C/C 复合材料/Ni 的接头弯曲强度不到 40 MPa，而 UD C/C 复合材料/Ni 接头弯曲强度可达到 120 MPa。作者认为 2D C/C 复合材料的连接面上存在的横向碳纤维与镍合金热膨胀系数差异较大导致 C/C 复合材料与镍合金界面有较大的残余应力，容易使界面产生开裂，因此不能得到较高的接头强度。

熊江涛等在 C/C 复合材料与 TC4 钛合金的扩散连接中，首先在温度为 1 953～1 983 K时，在 C/C 复合材料的表面预制 Ti64 金属层，然后直接扩散连接 C/C 复合材料和 TC4 钛合金，在真空度为 1.4×10^{-3} Pa、压力为 4 MPa、1 173 K 下保温 1 h，焊后试件接头抗剪强度可达到 41.63 MPa。

扩散连接虽然能获得强度较好的接头，但连接的温度较高，连接时间长，对试件尺寸、表面状态要求严格，因此生产效率低，成本高，不适用于大量生产使用。

10.1.3　C/C 复合材料与金属钎焊连接

钎焊是钎料熔化，被连接母材不熔化，液态钎料在母材的间隙中或表面上润湿、毛细流动、填充、铺展，钎料与母材相互作用，然后冷却凝固形成接头的一种连接方法。钎焊方法具有连接温度低、对母材组织和性能影响较小、可实现批量生产，并且能在高温、高应力、腐蚀环境下服役，因此钎焊方法已成为一种常用的碳质材料的连接方法。碳材料的钎焊方法主要分为两类，一类是间接钎焊；另一类是直接钎焊法。

间接钎焊通常是在碳材料表面沉积一层牢固的金属膜或生成碳化物薄层，然后再用常用的钎料进行钎焊。用于碳材料表面金属化处理的金属有 Mo、W、Ni、Cu 等，大多数是采用 CVD 法将金属化元素沉积在碳材料表面，金属与碳基体是靠机械连接，结合力较弱；对于生成碳化物的表面处理时，由于这些碳化物与碳材料界面处晶间错配度较小，结合比较牢固，适合生成碳化物表面层的元素有 Cr、Ti、Mo、Ta 等。间接钎焊由于增加了一道工序，因此应用不太广泛。

西北有色金属研究院的李争显等在其申请的专利中提出，在 C/C 复合材料表面通过扩渗、沉积方式形成金属梯度层，即靠近 C/C 复合材料的梯度层为 Ni、W、Ta、Mo、Ru 等金属的一种或任两种的合金，靠近焊缝的梯度层为 Ti 合金层，然后用银基或钛基钎料钎焊 C/C 复合材料与钛合金，可获得抗剪强度达到 48 MPa 的接头，如图 10.1 所示。

Appendino 将含有 Cu 金属颗粒的黏结剂涂覆在 C/C 复合材料的表面，在氩气保护的情况下，在 1 573 K 下保温 1 h，在 C/C 复合材料的表面得到一层 C、Cu 化合物层，在高于 Cu 熔点的温度下(1 373 K/20 min)对 Cu 和 C/C 复合材料进行连接，接头界面连接情况如图 10.2 所示，在 Cu 与 C/C 的连接界面处没有出现气孔、微裂纹，性能测试显示接头的抗剪强度达到 24 MPa，与 C/C 复合材料本身的强度相当。

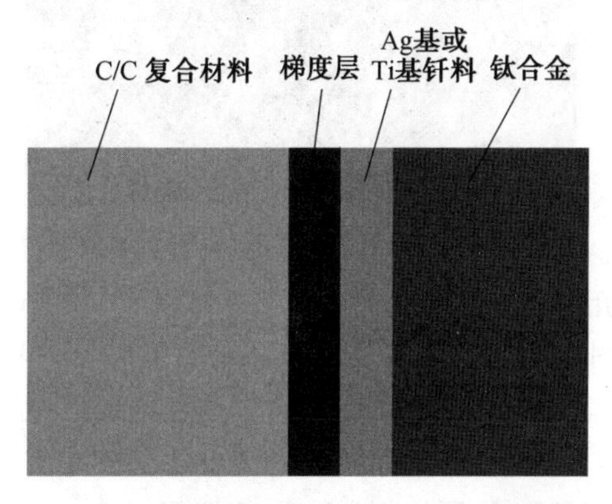

图 10.1　C/C 复合材料与 TC4 钛合金的连接接头示意图

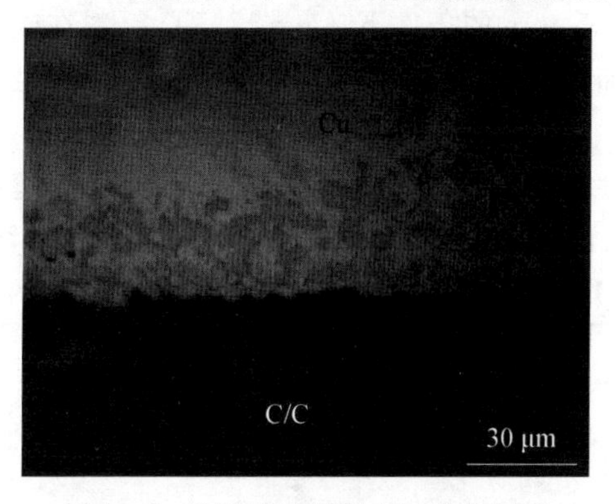

图 10.2　C/C 复合材料/Cu 接头界面

直接钎焊又称为活性钎焊，它是目前钎焊碳材料应用最多的方法。活性钎焊法是利用钎料中的活性元素与碳材料发生反应，在界面处生成碳化物层，从而改善了钎料对碳材料的润湿性。

碳材料具有非常稳定的电子配位结构，因此很难被一般金属所润湿。众多关于碳质材料的钎焊研究报道表明，一些强烈生成碳化物元素例如 Ti、Ta、Zr、Nb、V 和 Mo 等可以改善液态金属对碳材料的润湿性。活性元素能够改善液态金属对石墨的润湿性，主要是由于它们在接触界面上偏析，并与碳材料发生强烈的化学反应，生成连续的碳化物薄层，降低液态金属与石墨之间的表面能。

易振华提出使用 Ti－Cu 钎料润湿 C/C 复合材料，铜基体中添加 Ti 元素后，由于化学和物理吸附的作用，Ti 元素向界面处富集并形成 TiC，在该过程中界面张力下降，因此铜基合金钎料对 C/C 复合材料的润湿性得到改善。合金钎料通过毛细管力的作用渗入 C/C 复合材料的空隙和孔洞内，形成较强的界面结合，如图 10.3 所示。试验结果表明，当 Ti 的质量分数为 12%～16%时，合金钎料对 C/C 复合材料有较好的润湿性。

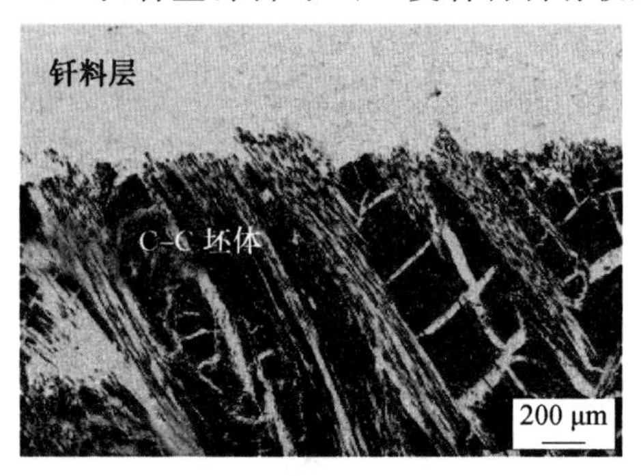

图 10.3 C/C 复合材料与钎料界面

Gregory 等分别采用 AgCu 基、Ti 基、Cu 基钎料钎焊 C/C 复合材料与 Ti 管，试验结果表明在使用 Cu 基钎料钎焊时，两种材料的钎焊区域更大，连接强度更高，与 C/C 复合材料本身的抗剪强度相当。Eustathopoulos 指出纯铜在 C/C 复合材料的表面很难润湿（润湿角 137°～140°），然而加入 Ti 元素后大大改善了 Cu 对 C/C 复合材料表面的润湿性。Li 通过试验发现在 1 350 K 保温 5 min 的条件下，Cu－9Ti 钎料在碳表面的润湿角接近 0°；在 1 373 K 保温 5 min 的条件下，Cu－17.5Ti 钎料在碳表面的润湿角达 10°。这是因为在 Cu 基钎料中加入 Ti 元素后，Ti 与 C 发生化学反应生成 TiC，改善钎料对母材的润湿性。

综上所述，在钎料中加入适量的活性金属元素，可以大幅度提高钎料对 C/C 复合材料的润湿性。表 10.1 给出几种金属基钎料润湿性随 Ti 质量分数变化情况。

表 10.1 含 Ti 量(质量分数)不同的钎料在碳表面的润湿角

钎料成分	温度/K	润湿角/(°)
Ag－0.1Ti	1 273	45(a),85(b)
Ag－0.45Ti	1 273	5(a)
Ag－1.0Ti	1 273	7(b)
NiPd－50Ti	1 523	16(c)
Ni－45Ti	1 523	137(c)
Cu－12Ti	1 350	0(c)
Cu－17Ti	1 373	10(d)
CuSn－50Ti	1 473	11(a)

注：a— 金刚石；b— 石墨；c— 玻璃碳；d— 多孔石墨。

目前采用钎焊连接 C/C 复合材料与金属时，主要使用的钎料基本局限于 Cu 基、AgCu 基和 Ti 基。表 10.2 给出钎焊碳材料的一些典型钎料及其连接条件。

表 10.2　不同条件下活性钎焊连接碳材料

钎料成分(质量分数)	待焊材料	钎焊温度/K	接头强度/MPa
AgCu－2Ti	C/C－CuCr	1 123	16(抗剪)
AgCu－3Ti	石墨－Cu	1 123	31.9(抗剪)
Ag－26.7Cu－4.5Ti	C/C－Ti	1 183	0.23(抗拉)
Cu－3Si－2Al－2.2Ti	C/C－Ti	1 313	0.25(抗拉)
Cu－30Ti	C/C－Cu	1 203	7(抗剪)
Ti－15Cu－15Ni	C/C－Ti	1 248	0.13(抗拉)
Ti－15Cu－15Ni	C/C－Cu	1 273	24(抗剪)
Ni－11Cr－10P	C/C－Cu	1 208	7(抗剪)

10.2　钎料设计及可行性分析

10.2.1　钎料设计

碳材料与金属基材料的热膨胀系数差异很大,碳材料比一般金属的热膨胀系数低,其数值相差达到了一个数量级,见表 10.3。由于金属的热膨胀系数大,在冷却时产生的体积收缩量大,而 C/C 复合材料的热膨胀系数小,体积收缩量小,因此接头碳材料侧靠近焊缝处的侧表面产生较大的残余应力,直接导致接头的连接强度降低。因此,在焊接过程中必须采取有效的措施来缓解两者之间的应力。

表 10.3　碳材料和一些金属的热膨胀系数

材料	热膨胀系数/($\times10^{-6}K^{-1}$)	材料	热膨胀系数/($\times10^{-6}K^{-1}$)
Au	14.2	SiC	4.7
Ag	19.68	Ti_3SiC_2	9
Al	23.6	TiC	7.4～8.6
Cu	16.5	Kovar	6.0
Mo	5.7	Ti_5Si_3	11.0
Ni	13.3	Inconel600	6.7
Ti	9.7	石墨	0.6～4.3
W	4.6	C/C 复合材料	0～2
Zr	5.85	TiZrNiCu	8.5
Si	4.7	TiB_2	7.4

试验中所用的钎料为商用非晶态 TiZrNiCu 箔片与自行制备的颗粒增强 Cu－Ni 基复合钎料。表 10.4 给出 TiZrNiCu 钎料的化学成分及物理性能。

表 10.4 TiZrNiCu 钎料的化学成分及物理性能

项目	w(Ti)/%	w(Zr)/%	w(Ni)/%	w(Cu)/%	w(其他)/%	熔点/K
性能参数	余量	35	10	15	<5	1 128

制备钎料所使用的颗粒粉末主要是铜、镍粉和 TiB_2/SiC 增强相颗粒。铜和镍颗粒的尺寸为 50～80 μm，TiB_2 颗粒的尺寸为 2～8 μm，SiC 颗粒的尺寸为 0.5～8 μm，TiB_2 和 SiC 颗粒的形貌如图 10.4 所示。

(a) TiB_2颗粒 (b) SiC 颗粒

图 10.4 增强相 TiB_2 颗粒和 SiC 颗粒形貌

在钎料制备的过程中，首先使用电子天平分别称量铜、镍粉和 TiB_2/SiC 增强相颗粒，Cu、Ni、TiB/SiC 的质量配比为 47∶47∶3；然后将按比例称量好的粉末与 Al_2O_3 陶瓷球混合，球料质量比为 30∶1，在行星式球磨机中进行钎料制备，设定转速为 300 r/min，球磨时间为 3 h，球磨结束后冷却 30 min。

10.2.2 可行性分析

碳材料是一种脆性材料，无法像金属一样通过弹塑性变形来缓解残余应力。为了缓解接头的残余应力，提高接头强度，可采取的方法有：中间层、结构梯度层和低热膨胀系数的增强体颗粒。

1. 中间层

为了缓解接头的残余应力提高接头强度而插入的中间层，主要分为单一中间层和复合中间层。

(1)单一中间层。

缓解残余应力的单一中间层主要包括具有低弹性模量、低屈服极限和高塑性的金属 Cu、Ag、Al 或 Ni 等，通过中间层的弹、塑性变形，可以在很大程度上吸收接头在降温过程中产生的热应力，达到降低残余应力的目的。但是这些中间层的熔点均较低，会使接头的工作温度受到限制。

董振华采用单层的 Ni 箔连接 C_f/SiC 复合材料与 TC4 钛合金，在 T=1 373 K、t=30 min时，接头的抗剪强度最高，达到 128 MPa。模拟预测结果表明，采用高塑性的 Ni 中间层，整个钎焊结构的残余应力峰值可以从使用 TiZrNiCu 时的 340 MPa 降低到

150 MPa,从而接头的抗剪强度可提升至128 MPa。

(2)复合中间层。

这类中间层中不仅包含易变形的软金属层,同时还包含弹性模量高、热膨胀系数小的硬金属层,如W、Nb、Mo等。通过添加硬金属层,提高中间层的总体模量(与单一中间层相比),减少中间层总体模量与被连接材料的模量之差,进而减小因热膨胀系数差异引起的残余应力,同时可以提高抗热震性能。

李树杰等采用Cu/W/Cu/W/Cu复合中间层,通过热压扩散反应连接工艺连接C_f/SiC和Ni基高温合金,连接件四点弯曲抗弯强度达到102.1 MPa。冀小强等用Zr/Nb复合中间层,通过真空压力扩散焊连接SiC陶瓷与Ni基高温合金,在T=1 373 K、t=30 min、压力为11.5 MPa时,接头的抗弯强度达到SiC母材强度的52%,微观组织研究表明,在界面处发生了元素的相互扩散,生成了反应扩散层,实现了良好的冶金结合,同时中间层通过向陶瓷的开孔渗透形成机械咬合作用。

2. 结构梯度层

结构梯度层即是在被连接的材料表面预先制造出特殊的形状,如矩形、正弦波、三角波等,增大连接过程中钎料与被连接材料的接触面积,并结合接头的热应力有限元计算,优化接头区域的热应力场,从而调整接头的热应力分布,降低热应力的集中,或者将热应力集中区从比较弱的接头界面转移至陶瓷材料的基体内部,进而提高接头的强度。

熊江涛等采用钛合金作为中间层来改善焊接性。采用波形接头界面(矩形波、正弦波、三角波等)构建中间层与C_f/SiC梯度过渡结构,从而达到了提高接头强度的目的,所形成的接头室温抗剪强度达到30～50 MPa。

3. 低热膨胀系数的增强体颗粒

低热膨胀系数的增强体颗粒,一方面可以降低钎料的热膨胀系数,进而降低被连接材料间热膨胀系数差异的而产生的热应力;另一方面增强体颗粒在焊缝中与活性元素发生反应,生成的化合物有钉扎强化的作用。

林国标等以Ag－Cu－Ti钎料为基体,添加C纤维、W、SiC和TiC颗粒增强相,连接C_f/SiC复合材料和Ti合金。添加增强相颗粒的接头室温强度增幅为28%～64%,500 ℃强度增幅为53%～103%。钎料中添加的增强相颗粒能够降低钎缝的热膨胀系数,提高接头强度,而且原位生成的增强颗粒弥散分布在钎料基体,起到颗粒增强的作用。如图10.5所示为使用Ag－Cu－Ti钎料+C纤维钎焊C_f/SiC复合材料和Ti合金。

张杰等用SiC颗粒增强的Ag－Cu－Ti钎料钎焊Si_3N_4陶瓷,当钎焊温度为1 173 K、保温10 min时,接头的三点弯曲强度最大为506.3 MPa。SiC颗粒与Ag－Cu－Ti钎料中的Ti元素发生反应,在SiC的周围由外至内的原位生成物为Ti_3SiC_2、Ti－Si和SiC,降低了钎缝的热膨胀系数,提高了接头的强度。

因此,采用非晶态TiZrNiCu箔片与自行制备的颗粒增强Cu－Ni基复合钎料一方面能够通过中间层的弹、塑性变形吸收接头在降温过程中产生的热应力,达到降低残余应力的目的;另一方面能够通过颗粒增强焊缝来提高接头强度。

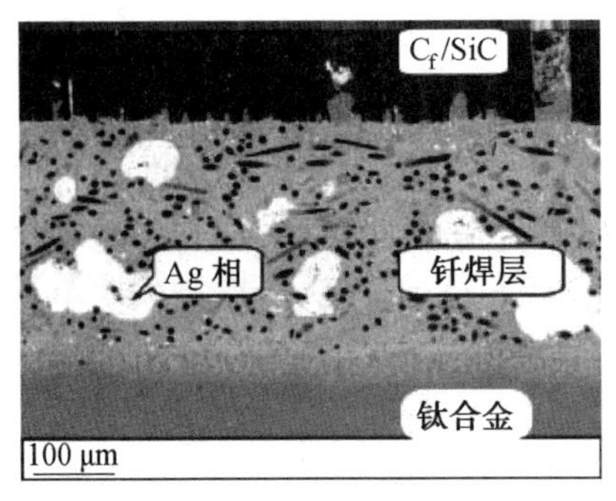

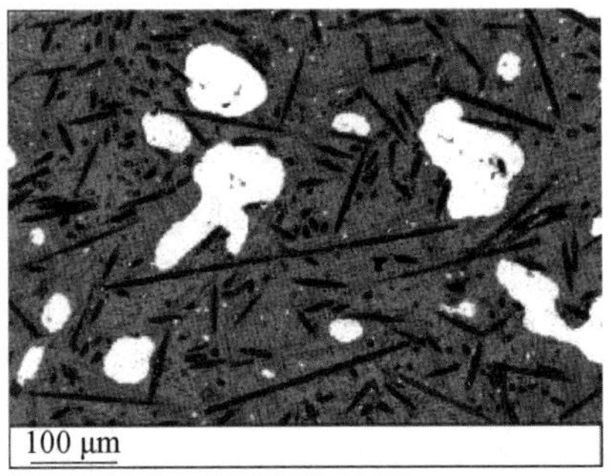

图 10.5 Ag－Cu－Ti 钎料＋C 纤维

10.3 C/C 复合材料与 TiB_w/TC4 复合材料连接接头微观组织

10.3.1 TiZrNiCu 钎焊 C/C 复合材料和 TiB_w/TC4 合金

1. 接头微观组织分析

图 10.6 所示为钎焊温度为 1 173 K、保温 10 min 时，C/C 复合材料/TiZrNiCu/TiB_w/TC4 复合材料接头界面组织形貌。图 10.6(b)和(c)为图 10.6(a)两母材侧的反应界面放大图。由图 10.6(a)可见接头界面主要分为 3 层：C/C 复合材料/钎料界面侧的灰色带状层Ⅰ；靠近反应层Ⅰ的白色带状层Ⅱ；靠近 TiB_w/TC4 侧带有共晶花纹的灰色组织与不规则白色物质相间的反应层Ⅲ。

为确定各反应层中相组分，对图 10.6 中 A～E 各相区进行能谱分析，各点的平均化学组成及各点可能对应的反应相见表 10.5。通过对 A 相区的能谱分析结果可知，相区 A 中，以 Ti、C 和 Zr 元素为主，由于 C 和 Ti、Zr 反应的吉布斯自由能均为负，根据 Ti－C 和 Zr－C 相图，该相区可能为 TiC 和 ZrC，但由于母材中大量的 Ti 元素溶入钎料和 Ti 的原子半径较 Zr 小，因此在 A 相区中的反应产物主要以 TiC 为主。相区 B 的颜色较浅，说明含有很多大原子量元素，根据能谱分析结果可知，主要以 Ti、Zr、Ni 和 Cu 元素为主，根据 Ti－Zr－Cu 和 Ti－Cu－Ni 三元相图，此成分可能为 Ti_2Cu、Ti_2Ni、Zr_2Cu 和 Zr_2Ni。相区 C 中主要以 Ti 元素为主，同时含有少量的 Zr、Ni 和 Cu，分析可能为 Ti(s,s)和 $(Ti,Zr)_2(Ni,Cu)$。相区 D 呈现出黑色长条，Ti 元素的原子数分数继续增高，同时 Zr、Ni 和 Cu 的原子数分数降低，分析可能为 Ti 基固溶体。相区 E 中的元素主要以 Ti 和 B 元素为主，分析是母材中的 TiB 强化相。

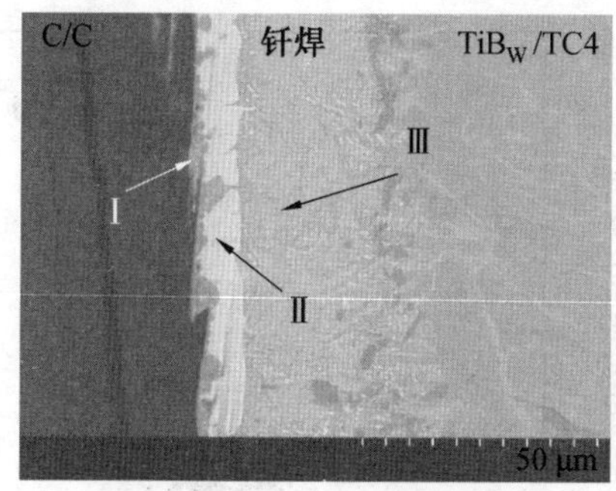

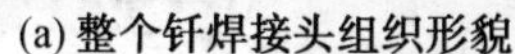
(a) 整个钎焊接头组织形貌

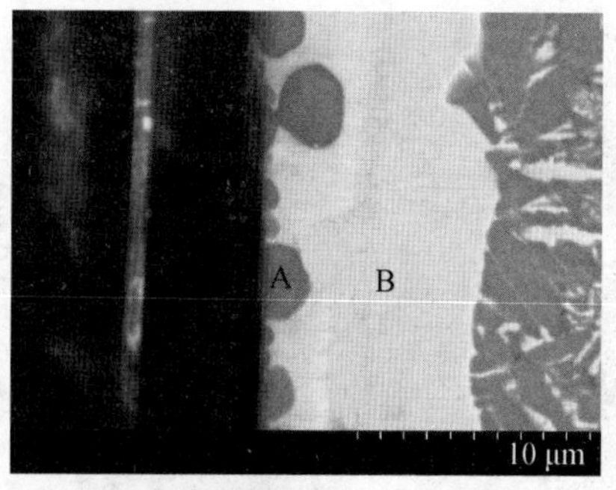

(b) C/C复合材料/TiZrNiCu界面

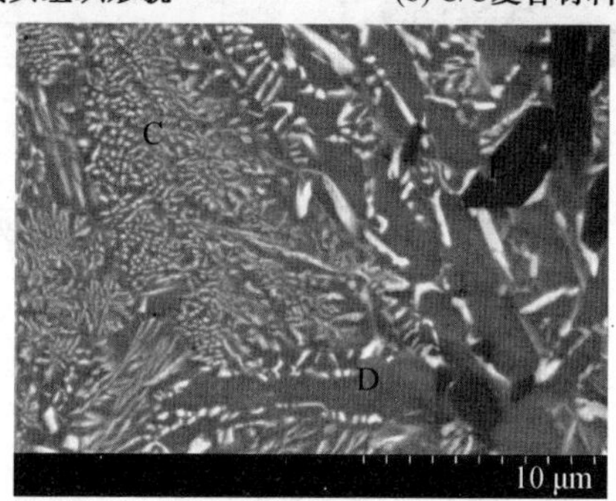

(c) TiZrNiCu/TiB_W/TC4 界面

图 10.6　C/C 复合材料/TiZrNiCu/TiB_w/TC4 复合材料钎焊接头及界面形貌

表 10.5　钎焊接头的微观组织能谱元素分析结果(原子数分数)　　%

相区	C	Ti	Zr	Ni	Cu	Al	B	可能相
A	50.77	44.14	4.07	0.32	0.45	0.22	—	TiC、ZrC
B	14.12	31.41	20.87	12.99	14.88	5.41	—	(Ti,Zr)2(Cu,Ni)
C	9.26	71.55	5.98	2.83	2.00	7.87	—	Ti(s,s)+$(Ti,Zr)_2(Cu,Ni)$
D	9.30	78.77	4.28	1.28	1.91	4.28	—	Ti(s,s)
E	—	16.84	0.26	0.40	0.87	0.22	81.41	TiB

对钎焊界面沿白色实线路径进行 EDS 逐点成分分析，结果显示 C 元素在 C/C 复合材料与钎料的界面处快速降到最低(图 10.7)；而 Ti 元素在 C/C 复合材料与钎料、钎料与 TiB_w/TC4 复合材料的界面处有所富集。Ⅰ层中含有较多的 Ti 和 C；Ⅱ层中主要是 Zr、Ti、Ni 和 Cu，而且这 4 种元素在该区出现平台，元素成分稳定，说明可能有化合物形成，与对图 10.6 中 B 相区的推测相符，该区可能为金属间化合物；Ⅲ层主要是 Ti 元素，此外还有少量的 Zr、Ni、Cu 和 Al。

为确定界面反应产物，对该工艺参数下的试件断口进行分层次的 X 射线衍射分析，按照从复合材料到钛合金的顺序逐层剥离。结果如图 10.8 所示，靠近 C/C 复合材料侧主要是 Ti、Zr 和 C 的反应产物 TiC 和 ZrC；在焊缝的中心区主要是 Ti、Zr、Ni 和 Cu 4 种元素间的反应产物 $(Ti,Zr)_2(Ni,Cu)$。通过能谱和 X 射线衍射分析可知，在 1 173 K 保

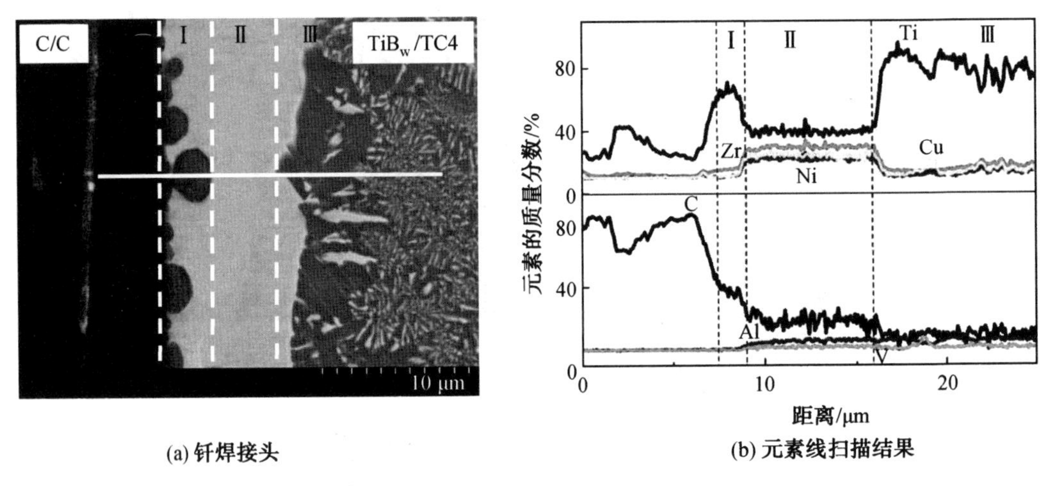

(a) 钎焊接头　　(b) 元素线扫描结果

图 10.7　C/C 复合材料/TiZrNiCu/TiB$_w$/TC4 钎焊接头及线扫描结果

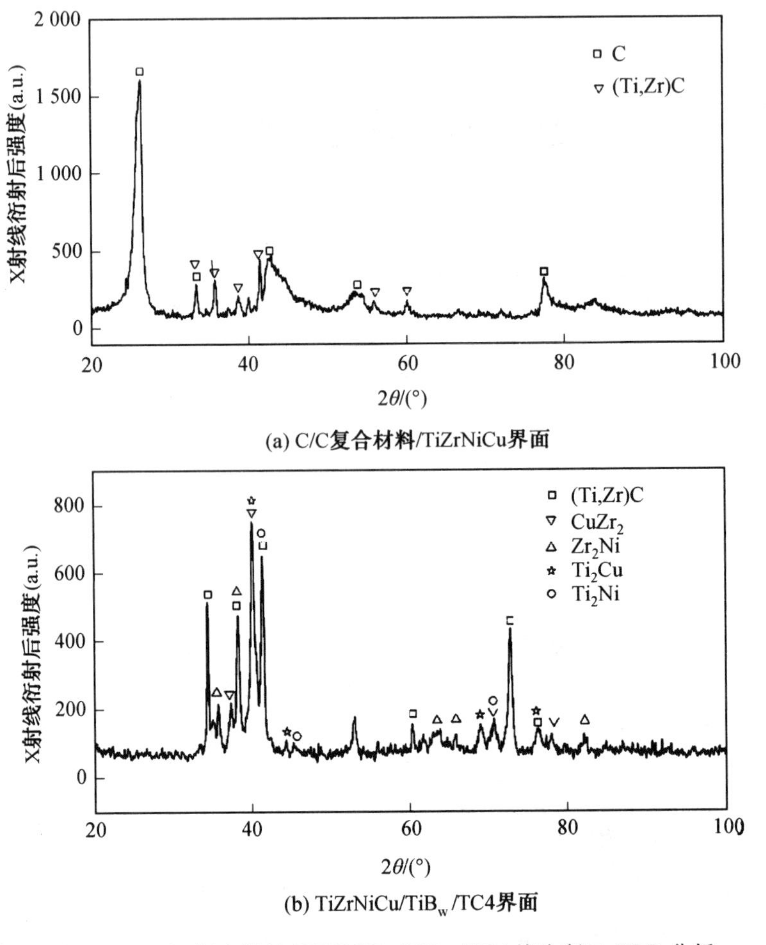

(a) C/C复合材料/TiZrNiCu界面

(b) TiZrNiCu/TiB$_w$/TC4界面

图 10.8　C/C 复合材料/TiZrNiCu/TiB$_w$/TC4 接头断口 XRD 分析

温 10 min 时，钎焊接头组成为 C/C 复合材料/(Ti,Zr)C/$(Ti,Zr)_2(Ni,Cu)$/Ti(s,s)＋$(Ti,Zr)_2(Ni,Cu)$/TiB_w/TC4 复合材料。

2. 钎焊温度对接头界面组织的影响

为研究钎焊温度对接头界面的影响，设定固定保温时间为 10 min，采用相同的加热及冷却速度，分别进行 1 143 K、1 173 K、1 193 K 温度条件下的钎焊试验。

图 10.9 所示为钎焊保温时间为 10 min，不同钎焊温度下的 C/C 复合材料/TiZrNiCu/TiB_w/TC4 钎焊接头界面组织背散射图像。观察可知，随着钎焊温度的升高，钎焊接头界面生成产物的种类并没有发生改变，但接头各组织的分布和反应层的厚度随温度的改变呈现规律性变化。如图 10.9(a)所示，当钎焊温度为 1 143 K 时，钎料的熔化不充分，钎料与 C/C 复合材料之间未形成连续的反应层，在焊后残余应力的作用下，界面呈现破碎状态，但钎料与 TiB_w/TC4 侧已形成连续的 Ti(s,s)＋$(Ti,Zr)_2(Ni,Cu)$反应层；当钎焊温度升高至 1 173 K 时，钎料与 C/C 复合材料间形成了连续的反应层，整个接头界面组织均匀。当钎焊温度提升至 1 193 K 时，如图 10.9(c)所示，钎料与 C/C 复合材料的界面反应层厚度增大，随着钛合金母材中大量 Ti 向焊缝中的扩散，钎缝中心的$(Ti,Zr)_2(Ni,Cu)$化合物层逐渐弥散分布在 Ti(s,s)层中。

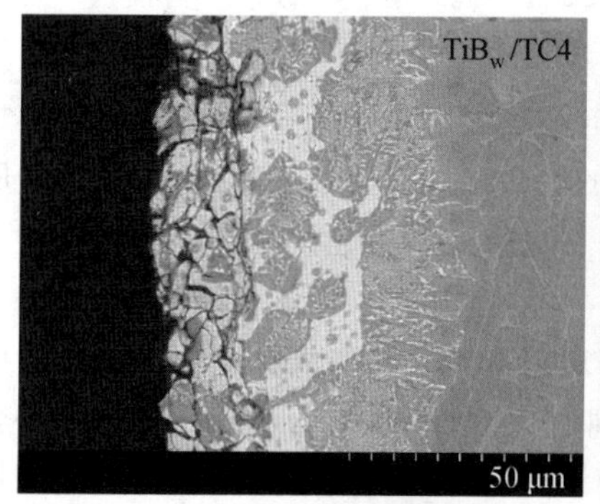

(a) T=1 143 K, t=10 min

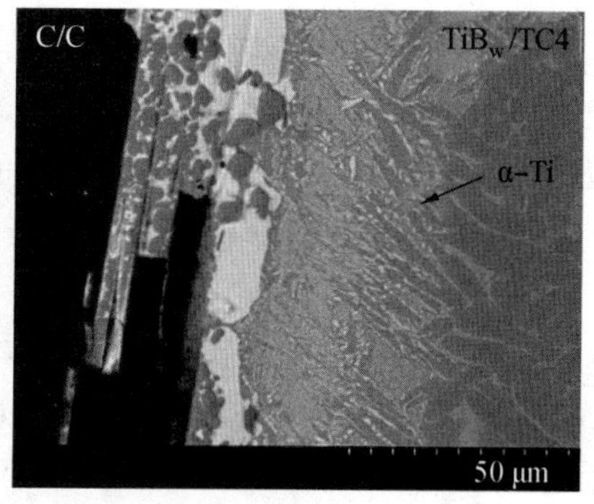

(b) T=1 173 K, t=10 min

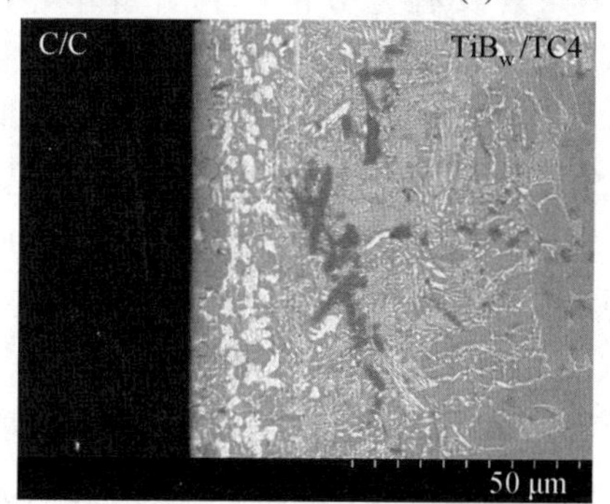

(c) T=1 193 K, t=10 min

图 10.9　不同钎焊温度下 C/C 复合材料/TiZrNiCu/TC4 合金接头界面组织形貌(t=10 min)

随着钎焊温度的提高，母材向钎料中的溶解以及钎料向母材中的扩散都进行得更充分，并且 Ti 元素与各合金元素的扩散能力增强，钎料与 TiB_w/TC4 侧的 Ti(s,s)＋$(Ti,Zr)_2(Ni,Cu)$层逐渐增厚，αTi 成长为粗大的枝晶(图 10.9)。在 C/C 复合材料与 TiB_w/

TC4 的连接中,钎料与 C/C 复合材料之间的反应强弱直接影响整个接头的抗剪强度,因此有必要研究钎焊温度对 C/C 复合材料侧反应层的影响。如图 10.10 所示,随着钎焊温度的升高,C/C 复合材料侧的反应层 TiC 的厚度是逐渐增加,由 1 173 K 时的 1 μm 增加到 1 193 K 时的 6 μm。随着钎焊温度的升高,Ti 和 C 元素的扩散速度更快,Ti 和 C 元素的反应更充分,TiC 生成量增加,因此反应层 TiC 厚度更厚。

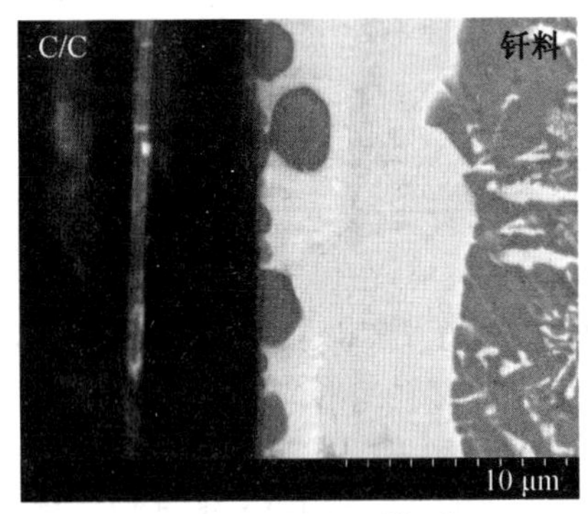

(a) T=1 173 K, t=10 min

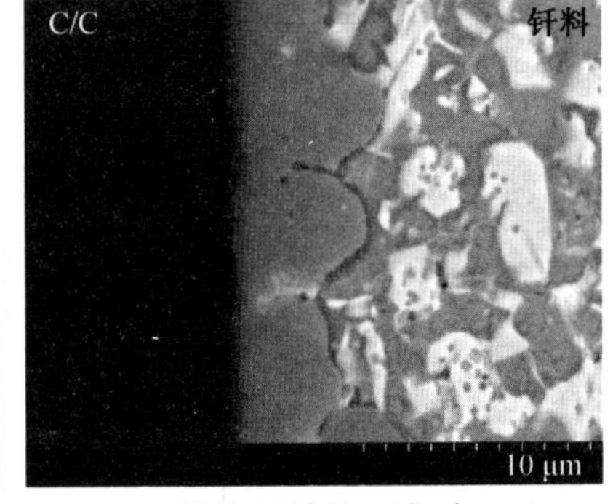

(b) T=1 193 K, t=10 min

图 10.10　不同钎焊温度下 C/C 复合材料/TiZrNiCu 界面 TiC 层

3. 保温时间对接头界面组织的影响

为研究保温时间对接头界面的影响,设定钎焊温度为 1 173 K,采用相同的加热及冷却速度,进行保温 5 min、15 min 及 35 min 的钎焊试验。图 10.11 与图 10.12 所示为保温时间为 5 min、15 min 及 35 min 条件下获得的接头界面组织形貌与 TiC 反应层的组织形貌。

如图 10.11 所示,随着保温时间的延长,母材向钎缝中的溶解量增加,焊缝中各元素之间的反应更充分。保温时间为 5 min 时,如图 10.11(a)所示,钎料与 C/C 复合材料的侧未形成连续反应层,只在部分位置出现 TiC,在钎料与 TiB_w/TC4 侧,Ti(s,s)形成连续层,说明此时母材中的 Ti 元素没有充分溶解到钎缝中,钎缝中 Ti 与不规则分布的 $(Ti,Zr)_2(Ni,Cu)$ 组成反应层;当保温时间达到 15 min 时,如图 10.11(b)所示,在 C/C 复合材料与钎料侧形成连续的反应层,钎缝中心出现带状的 $(Ti,Zr)_2(Ni,Cu)$ 层,钎料与 TiB_w/TC4 出现连续分布的 Ti(s,s)层,此时母材中 Ti 元素已充分扩散到整个焊缝中,而且焊缝中各元素的反应充分;当保温时间继续延长至 35 min 时,如图 10.11(c)所示,此时 C/C 复合材料与钎料层的反应层 TiC 厚度增加,从焊缝中心到 TiB_w/TC4 层,呈现出以 Ti(s,s)为主的界面组织,$(Ti,Zr)_2(Ni,Cu)$ 已分散溶解到 Ti(s,s)中。

随着保温时间的延长,由图 10.12 可知,TiC 反应层的厚度由保温时间 5 min 时的 0.5～1 μm增厚到保温时间 35 min 时的 3～4 μm。反应层厚度的增加是因为随着保温时间的延长,Ti 原子扩散更加充分,与复合材料一侧的 C 原子反应更加充分,生成更多 TiC。

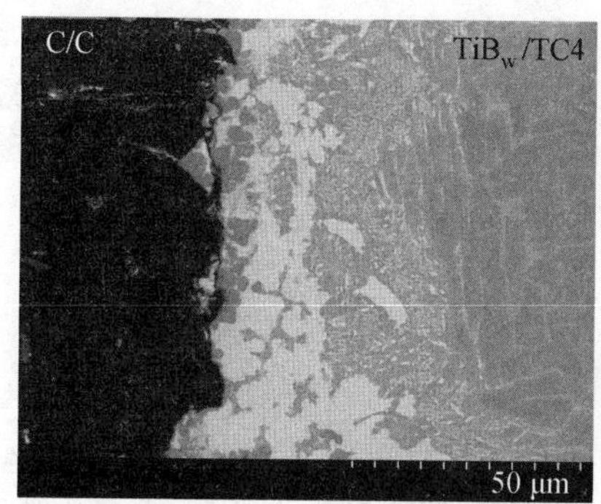

(a) T=1 173 K, t=5 min

(b) T=1 173 K, t=15 min

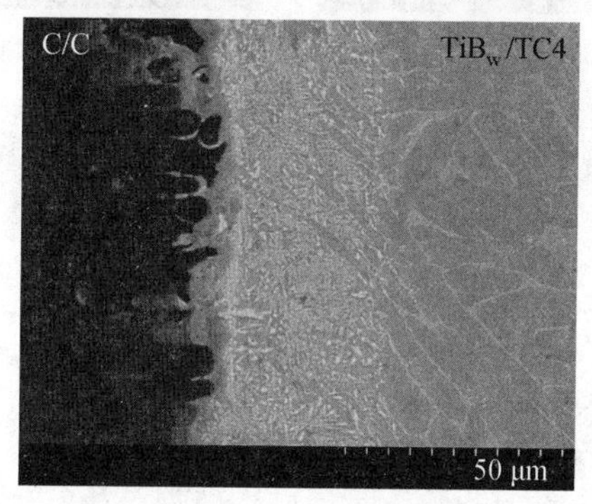

(c) T=1 173 K, t=35 min

图10.11　不同保温时间下C/C复合材料/TiZrNiCu/TC4合金接头界面组织

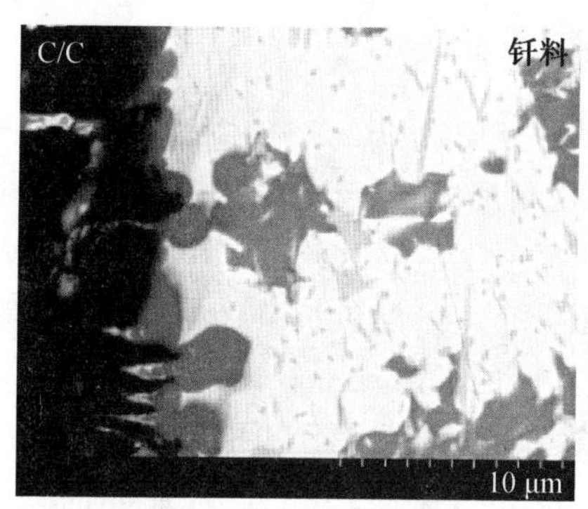

(a) T=1 173 K, t=5 min

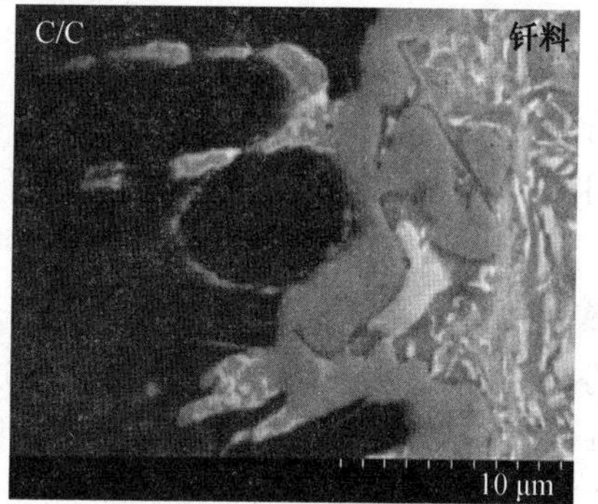

(b) T=1 173 K, t=35 min

图10.12　不同保温时间下C/C复合材料/TiZrNiCu/TC4合金接头TiC反应层

10.3.2　Cu－Ni－TiB_2/SiC钎焊C/C复合材料和TiB_w/TC4合金

1. 接头微观组织分析

以钎焊温度1 223 K、保温时间10 min接头为例分析C/C复合材料/Cu－Ni－[TiB_2/SiC]/TiB_w/TC4合金接头组织。图10.13所示为Cu－Ni－TiB_2钎料钎焊接头组织形貌，图10.14所示为Cu－Ni－SiC钎料钎焊接头组织形貌。由于图10.13和图10.14中钎焊接头所用的钎料基体相同，仅是所添加的增强相不同，因此在分析两种接头的界面组织时，含有很多相同的化合物相，而不同的相为添加颗粒的原位生成产物。

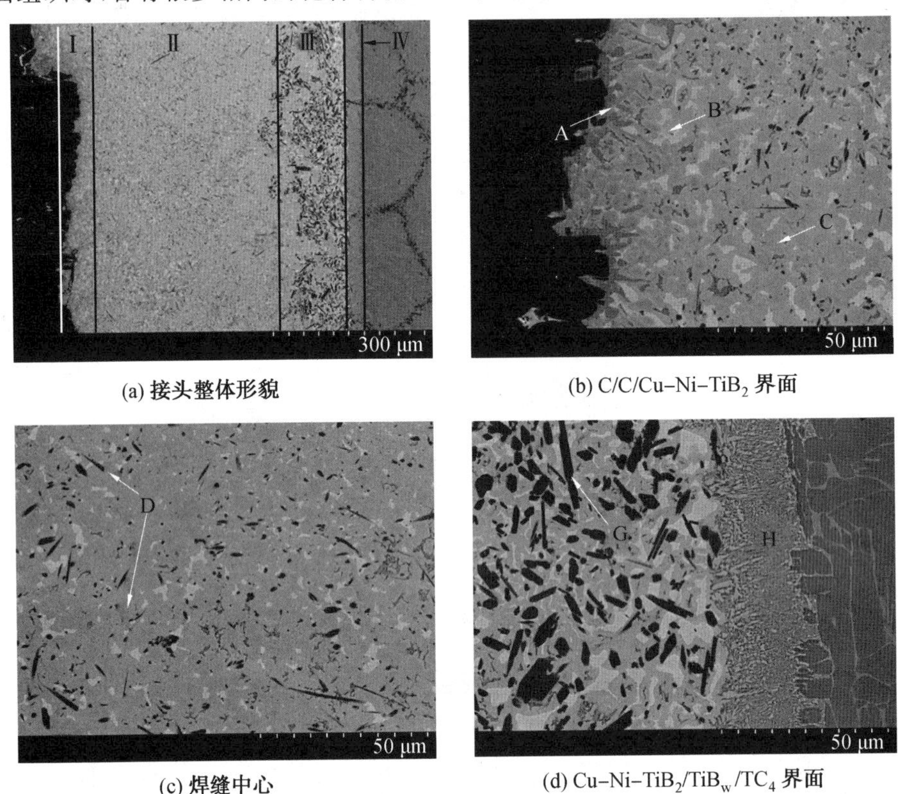

(a) 接头整体形貌 (b) C/C/Cu-Ni-TiB_2 界面

(c) 焊缝中心 (d) Cu-Ni-TiB_2/TiB_w/TC_4 界面

图 10.13 C/C/Cu－Ni－TiB_2/TiB_w/TC4 钎焊接头界面组织（T=1 223 K，t=10 min）

由图 10.13 可知，试件钎焊接头的界面组织大致分为 4 个反应层，其中靠近 C/C 复合材料侧反应生成了厚度只有几个微米的不规则反应层，反应层呈现树枝状钉扎在界面处，称为Ⅰ层；钎缝中心为相间的白色相 B 和灰色相 C，同时分布着针状的黑色相 D，该层称为Ⅱ层；在焊缝和 TiB_w/TC4 之间存在弥散分布大量黑色长条状相 E 的Ⅲ层和带有共晶花纹的灰色组织和不规则分布的白色物质相间的Ⅳ层。

为分析界面反应产物的相成分，分别对图 10.13 和图 10.14 中的 A～H 相进行能谱分析。表 10.6 给出 A～H 各相的能谱分析结果。根据李玉龙等的研究，使用 Ag－Cu－Ti钎料钎焊 TiAl/40Cr，在 40Cr 界面处出现棒状垂直焊缝生长的化合物层 TiC/$Ti(Cu,Al)_2$。由能谱分析的结果可知，相 A 主要含 C、Ti、Cu 和 Al 4 种元素，其呈现出锯齿状向焊缝中生长，由此推测相 A 为 TiC/$Ti(Cu,Al)_2$；灰白色相 B 主要含有 Ti、Cu 和 Ni 3 种元素，根据 Cu－Ni 二元相图可知，Cu 和 Ni 元素可以无限互溶，说明 Cu 和 Ni 元素具有相似的原子尺寸和结构，因此在分析 Ti、Cu 和 Ni 3 种元素形成化合物时，将 Cu 和 Ni 元素作为同种元素考虑，此时 Ti 和 Cu 2 种元素的原子比近似为 44.55Ti－46.74Cu，根据 Ti－Cu 二元相图分析在此原子比例下 Ti 和 Cu 的化合物为 TiCu，因此推测灰白色相 B 为 TiCu 和 TiNi。灰色相 C 中以 Ti、Cu 和 Ni 3 种元素为主，但是各种元素的原子数分数相对相 B 有些差别，同样根据 Cu 和 Ni 元素的相似性，将 Cu 和 Ni 元素作

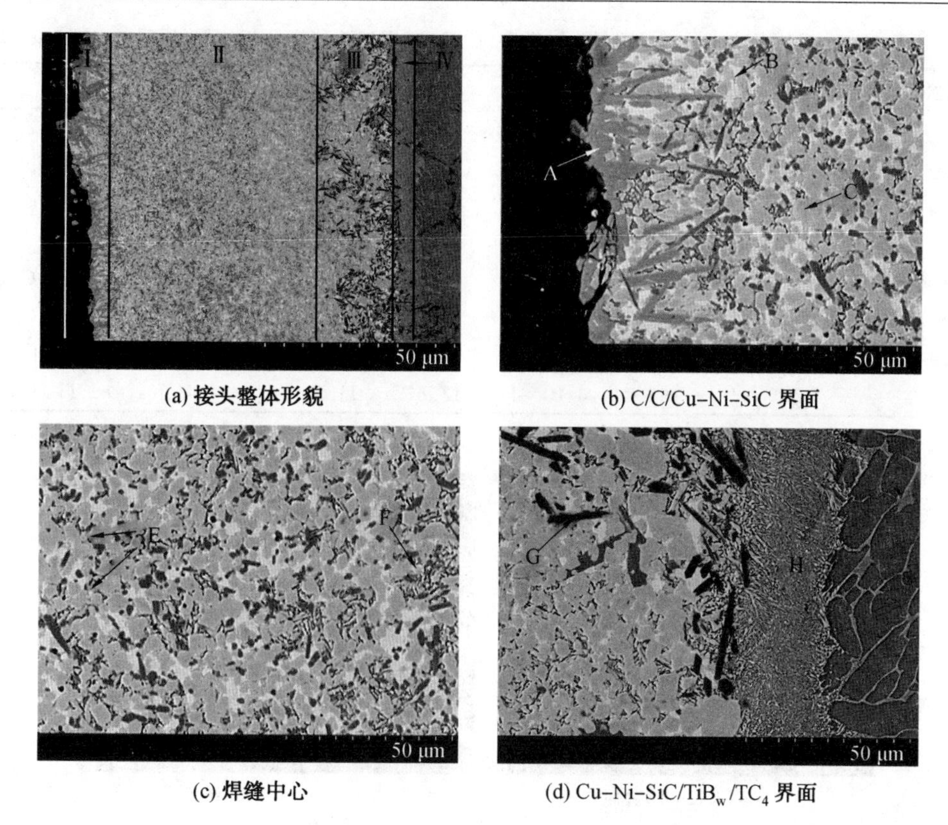

(a) 接头整体形貌　(b) C/C/Cu-Ni-SiC 界面

(c) 焊缝中心　(d) Cu-Ni-SiC/TiB_w/TC_4 界面

图 10.14　C/C/Cu－Ni－SiC/TiB_w/TC4 钎焊接头组织形貌（T=1 223 K，t=10 min）

为同种元素考虑，Ti 和 Cu 2 种元素原子比近似为 60.6Ti－39.4Cu，根据 Ti－Cu 二元相图，该比例的 Ti－Cu 是 Ti_2Cu 和 TiCu 化合物的混合相区，由此推测相 C 可能为 Ti_2Cu、Ti_2Ni、TiCu 和 TiNi 4 种化合物的组合，根据相 C 能谱结果的原子比为 51.43Ti－18.9Cu－14.5Ni，因此推测灰色相 C 可能为 Ti_2Cu 和 TiNi。

相 D 和 G 都是以 Ti 和 B 元素为主，相 D 呈现细针状、细小的不规则的四边形或六边形形态，相 G 则呈现粗大的长条状或块状，其在靠近母材 TiB_w/TC4 侧均匀分布，因此推测相 G 为母材 TiB_w/TC4 中的增强相 TiB 晶须，而相 D 则是在钎焊过程中通过 TiB_2 与 Ti 元素发生原位反应生成的；能谱分析的结果表明相 E 中以 Ti、Si 和 C 3 种元素为主，推测为 Ti－Si－C 化合物。相 F 和相 H 中都以 Ti 元素为主，同时含有少量的 Cu、Ni 和 Al 元素，根据 Ti－Cu 和 Ti－Ni 二元相图可知，在通过 Ti－Cu 和 Ti－Ni 在 1 063 K 和 1 083 K的共晶点时，出现 αTi 和 Ti_2Cu、Ti_2Ni，因此相 F 和相 H 是 Ti(s,s)和 Ti_2(Cu,Ni)。

钎料中添加增强相颗粒，对钎焊接头中的金属间化合物的生长有一定的抑制作用，进而提高接头的力学性能。在 Cu－Ni 基的钎料中添加 TiB_2 和 SiC 颗粒，图 10.15 所示为添加增强相颗粒后界面化合物尺寸的变化。

表 10.6 C/C/Cu－Ni－[TiB_2/SiC]/TiB_w/TC4 钎焊接头能谱分析结果(原子数分数) %

相区	C	B	Ti	Cu	Ni	Al	Si	可能相
A	37.98	—	30.13	10.31	7.05	14.54	—	TiC/Ti(Cu,Al)$_2$
B	—	—	44.55	28.04	18.70	6.75	1.95	TiCu＋TiNi
C	—	—	51.43	18.90	14.50	12.05	3.11	Ti_2Cu＋TiNi
D	—	80.01	15.77	1.14	0.88	0.7	1.5	TiB
E	13.59	—	46.72	1.63	2.32	1.95	30.45	Ti－Si－C
F	—	—	70.34	8.25	4.46	13.35	—	Ti(s,s)＋Ti_2(Cu,Ni)
G	—	80.71	17.82	0.25	0.31	0.36	0.54	TiB(晶须)
H	—	—	66.44	10.91	11.67	11.98	—	Ti(s,s)＋Ti_2(Cu,Ni)

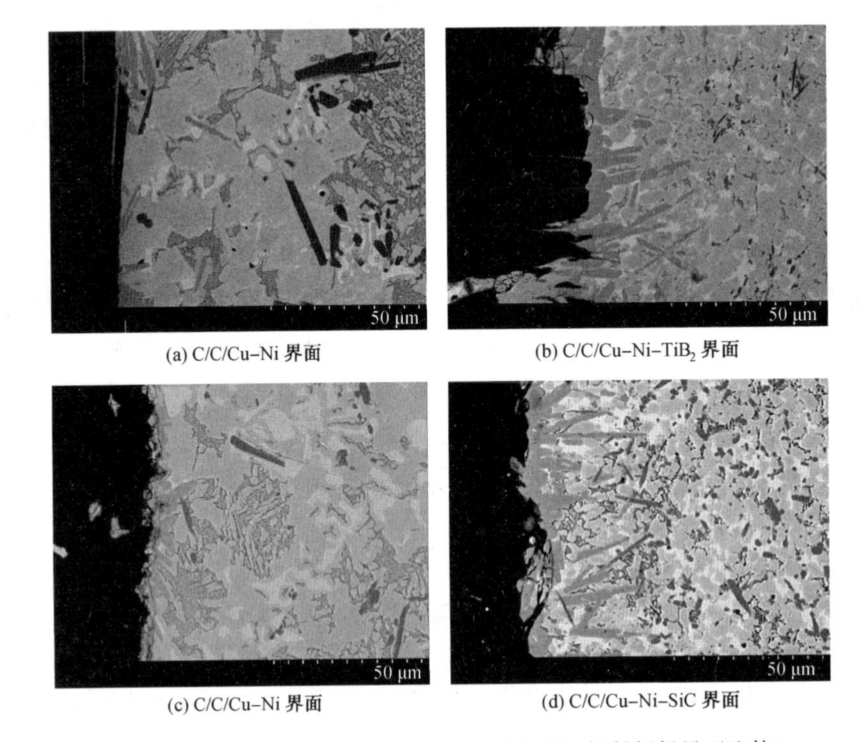

(a) C/C/Cu-Ni 界面　(b) C/C/Cu-Ni-TiB_2 界面
(c) C/C/Cu-Ni 界面　(d) C/C/Cu-Ni-SiC 界面

图 10.15　Cu－Ni 钎料与 Cu－Ni－TiB_2/SiC 钎料钎焊界面比较

在 T＝1 233 K、t＝10 min,未添加 TiB_2颗粒时,Cu－Ni 钎料钎焊接头界面中灰色相呈现为不规则的块状,尺寸在 15～20 μm,而添加 TiB_2颗粒后,钎焊接头界面中灰色相呈现为近似圆形或条状,尺寸缩减为 3～7 μm;在 T＝1 223 K、t＝10 min,未添加 SiC 颗粒时 Cu－Ni 钎料钎焊接头界面中灰色相呈现为不规则的块状,尺寸在 8～12 μm,添加 SiC 颗粒后,钎焊接头界面中灰色相呈现为近似圆形或条状,尺寸缩减为 3～5 μm;而且在图 10.15(b)、(d)中可以看出很多增强相的原位反应产物穿插在化合物的晶界上。因此,在钎料中添加增强相颗粒,通过增强相颗粒与活性元素的原位反应,生成与钎料结合紧密的化合物,这些原位生成的产物在焊缝中的金属间化合物晶界生长,抑制金属间化合物的长大,降低接头的脆性,进而提高接头的力学性能。

为进一步确定钎焊接头界面中的相 A～H，分别对 C/C/Cu－Ni－TiB_2/TiB_w/TC4 和 C/C/Cu－Ni－SiC/TiB_w/TC4 接头界面组织进行分层次的 X 射线衍射分析，按照从 C/C 复合材料到 TiB_w/TC4 钛合金的顺序逐层剥离，X 射线衍射分析结果如图 10.16 所示。在 C/C 复合材料与钎料的界面处的反应产物为 TiC/Ti(Cu，Al)$_2$，而在钎料与 TiB_w/TC4 界面处的反应产物为 Ti_2Cu、Ti_2Ni、TiCu、TiNi、TiB 和 Ti(s，s)。

采用 Cu－Ni－SiC 钎料钎焊时，焊缝中的 Ti－Si－C 化合物为 Ti_3SiC_2 和 $TiSi_2$。在钎焊过程中从 TiB_w/TC4 母材中溶解到焊缝中的 Ti 元素在向 C/C 复合材料富集的过程中，钎料中的 SiC 颗粒被液相的 Ti 元素包裹，按式(10.1)发生反应，生成 Ti_3SiC_2 和 $TiSi_2$，即

$$7Ti+4SiC=2Ti_3SiC_2+TiSi_2 \tag{10.1}$$

钎焊温度为 1 223 K、保温时间为 10 min 时，C/C 复合材料/Cu－Ni－TiB_2/TiB_w/TC4 接头组织组成为 C/C/TiC/Ti(Cu，Al)$_2$/Ti_2Cu＋TiNi＋TiCu＋TiB/共晶组织[Ti(s，s)＋Ti_2(Cu，Ni)]/TiB_w/TC4；C/C 复合材料/Cu－Ni－SiC/TiB_w/TC4 接头组织组成为 C/C/TiC/Ti(Cu，Al)$_2$/Ti_2Cu＋TiNi＋TiCu＋[Ti_3SiC_2＋$TiSi_2$]/共晶组织[Ti(s，s)＋Ti_2(Cu，Ni)]/TiB_w/TC4。

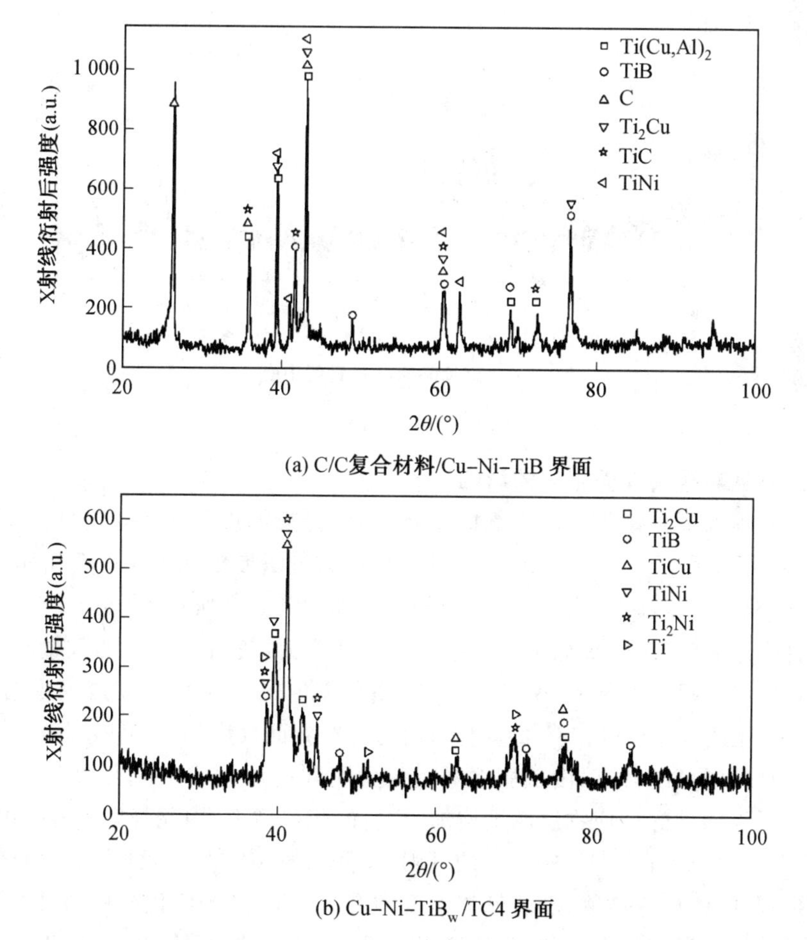

图 10.16　C/C 复合材料/Cu－Ni－[TiB_2/SiC]/TiB_w/TC4 接头的 X 射线衍射结果

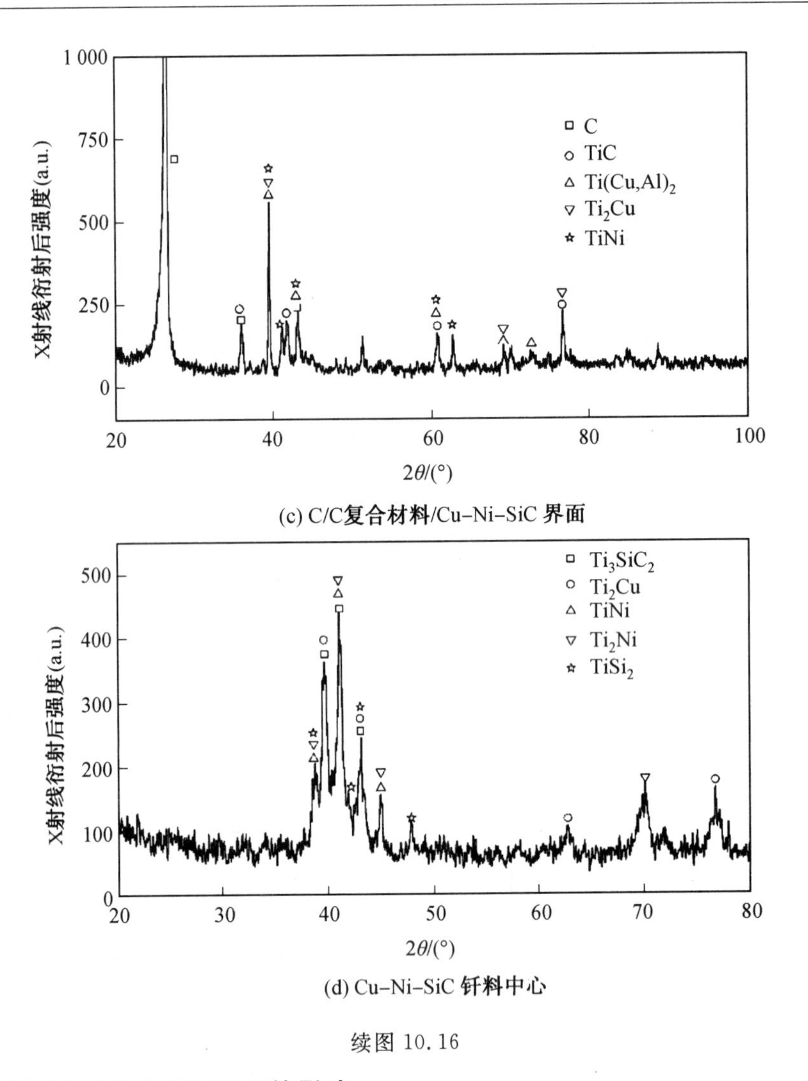

(c) C/C复合材料/Cu-Ni-SiC 界面

(d) Cu-Ni-SiC 钎料中心

续图 10.16

2. 钎焊温度对接头界面组织的影响

为研究钎焊温度对接头界面组织的影响，选取钎焊温度为 1 193 K 和 1 253 K 时的钎焊接头，使用 Cu－Ni－TiB_2/SiC 钎料的钎焊接头组织形貌如图 10.17 所示，C/C 复合材料与 Cu－Ni－TiB_2/SiC 钎料的界面组织形貌如图 10.18 所示。

随着钎焊温度的升高，焊缝中灰色相 C 的尺寸变大，灰白色相 B 的数量减少；C/C 复合材料与钎料界面反应产物相 A(图 10.13)由低温时的长条状转变成高温时的片状相 A，而且在钎焊温度较高时，在 C/C 复合材料与钎料界面反应物相 A 出现破碎，分析主要原因是随着钎焊温度的升高，由热胀系数差异而引起的焊后残余应力增大，而在 C/C 复合材料与钎料界面处的反应物层厚度增加，相应的脆性增大，因此焊后更容易出现破碎或断裂；靠近 TiB_w/TC4Ⅲ层(图 10.13)的 TiB_w 从低温时零散分布，到高温时的带状分布；焊缝中 SiC 与 Ti 的反应产物，随着钎焊温度的升高，Ti－Si－C 化合物的尺寸变大，从低温时的长条状到高温时的大块状，脆性增强相尺寸的增大会降低接头的强度。

在较高钎焊温度时，C/C 复合材料与钎料界面出现了零散分布的黑色颗粒相 1，能谱

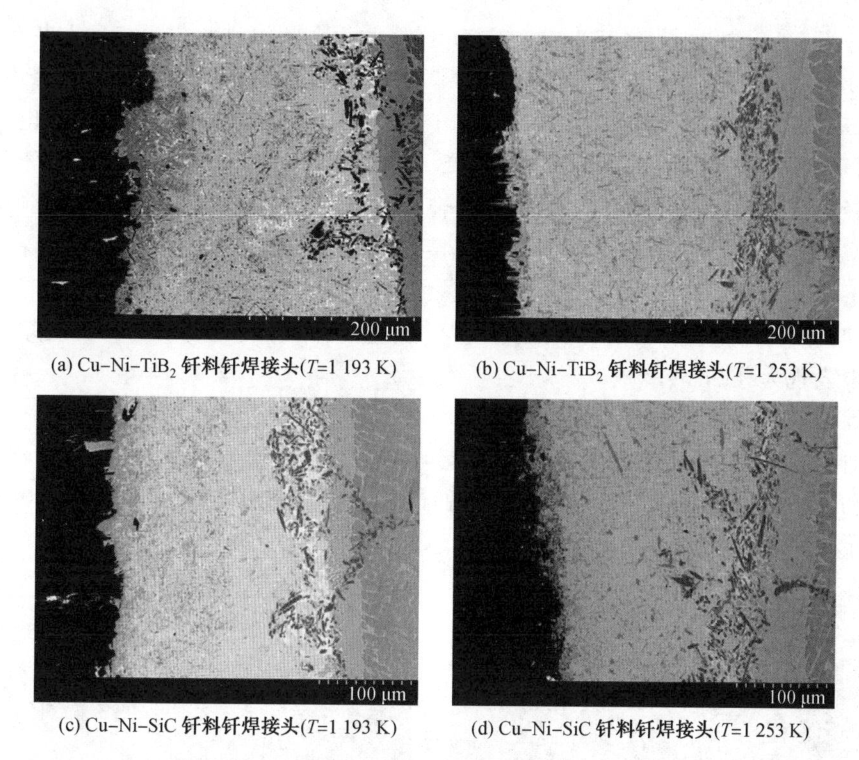

(a) Cu-Ni-TiB_2 钎料钎焊接头(T=1 193 K)　(b) Cu-Ni-TiB_2 钎料钎焊接头(T=1 253 K)

(c) Cu-Ni-SiC 钎料钎焊接头(T=1 193 K)　(d) Cu-Ni-SiC 钎料钎焊接头(T=1 253 K)

图 10.17　不同钎焊温度下 C/C/Cu－Ni－[TiB_2/SiC]/TiB_w/TC4 接头组织形貌

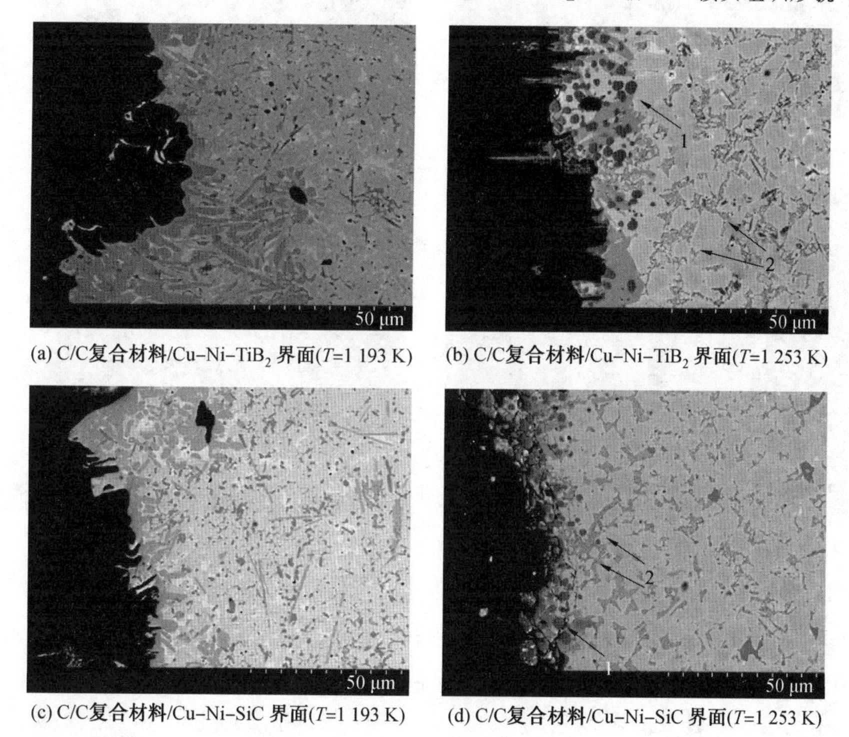

(a) C/C复合材料/Cu-Ni-TiB_2 界面(T=1 193 K)　(b) C/C复合材料/Cu-Ni-TiB_2 界面(T=1 253 K)

(c) C/C复合材料/Cu-Ni-SiC 界面(T=1 193 K)　(d) C/C复合材料/Cu-Ni-SiC 界面(T=1 253 K)

图 10.18　不同钎焊温度下 C/C 复合材料/Cu－Ni－TiB_2/SiC 界面反应层

分析成分为52.8C－46.1Ti，因此此相应为TiC；在化合物相B之间出现带有灰色共晶花纹的相2，能谱分析成分为70.23Ti－5.95Ni－6.91Cu，推测此相应为αTi；焊缝中的灰色相C在高钎焊温度时，由低温时的Ti_2Cu＋TiNi转变成高温时的Ti_2Cu＋Ti_2Ni。在高温时，各元素的扩散速度和扩散量增加，从TiB_w/TC4母材中溶入焊缝中的Ti元素量增加，随着焊缝中Ti元素浓度的增加，在C/C复合材料侧同时有少量的C元素扩散到焊缝中，因此在C/C复合材料与钎料的界面中出现零散分布的TiC；而在焊缝中心，随着大量Ti元素的溶入，Ti与TiNi发生进一步的反应，由Ti－Ni二元相图可以看出，随着Ti元素量的增加，TiNi化合物所占的比例逐渐减少，相应的Ti_2Ni化合物所占的比例增加，在钎焊接头中表现为TiNi转变成Ti_2Ni。

3. 保温时间对接头界面组织的影响

为研究保温时间对接头界面组织的影响，设定钎焊温度为1 223 K，保温时间为10 min和20 min获得钎焊接头。不同保温时间下的接头界面组织形貌如图10.19和图10.20所示。

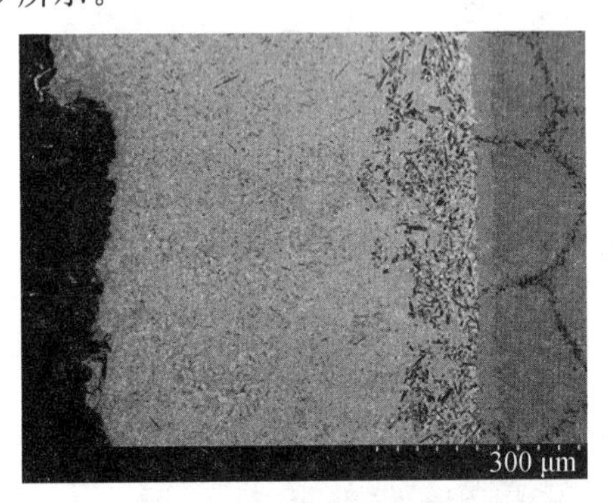

(a) Cu-Ni-TiB_2钎料钎焊接头(t=10 min)

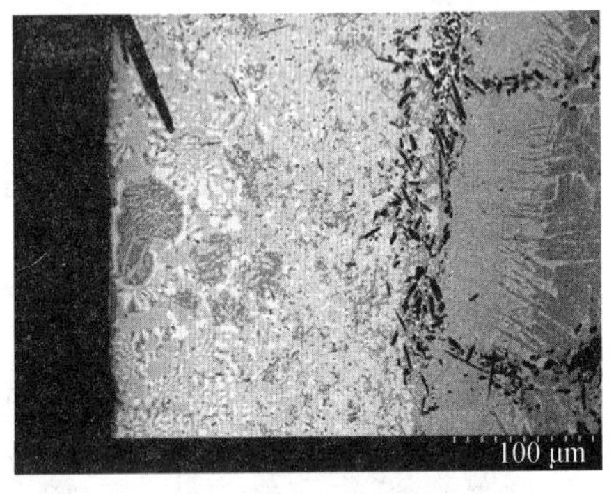

(b) Cu-Ni-TiB_2钎料钎焊接头(t=20 min)

(c) C/C复合材料/Cu-Ni-TiB_2界面(t=10 min)

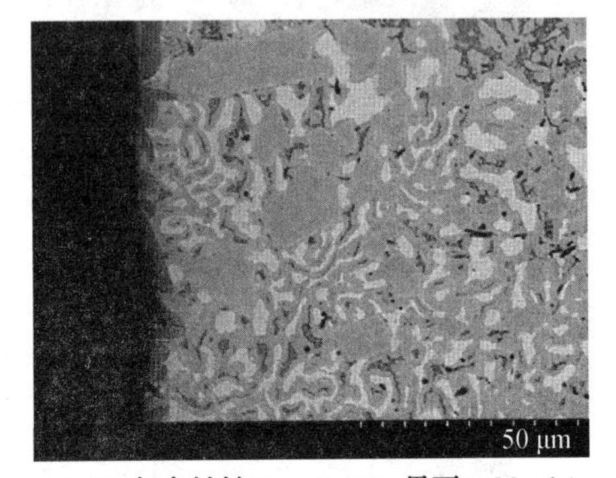

(d) C/C复合材料/Cu-Ni-TiB_2界面(t=20 min)

图10.19　不同保温时间下C/C复合材料/Cu－Ni－TiB_2/TiB_w/TC4合金接头界面组织

随着保温时间的延长，母材向钎缝中的溶解量增多以及钎缝中各元素的反应更加充分。由图10.19、图10.20可以看出，随着保温时间的延长，TiB_w/TC4母材中的Ti大量溶解进入焊缝中，焊缝中出现残余的Ti(s,s)，同时焊缝中Ti_2(Cu,Ni)化合物明显长大，接头的脆性增加，从而影响接头的力学性能，如图10.20所示在焊缝中心出现裂纹；在C/C复合材料与Cu－Ni－TiB_2的反应界面中的TiC/$Ti(Cu,Al)_2$由长条状变成短粗状，尤其是使用 Cu－Ni－SiC 钎料，保温时间为 20 min 时，在 C/C 复合材料与钎料的界面区出现局部断裂区域，将严重影响接头的力学性能。

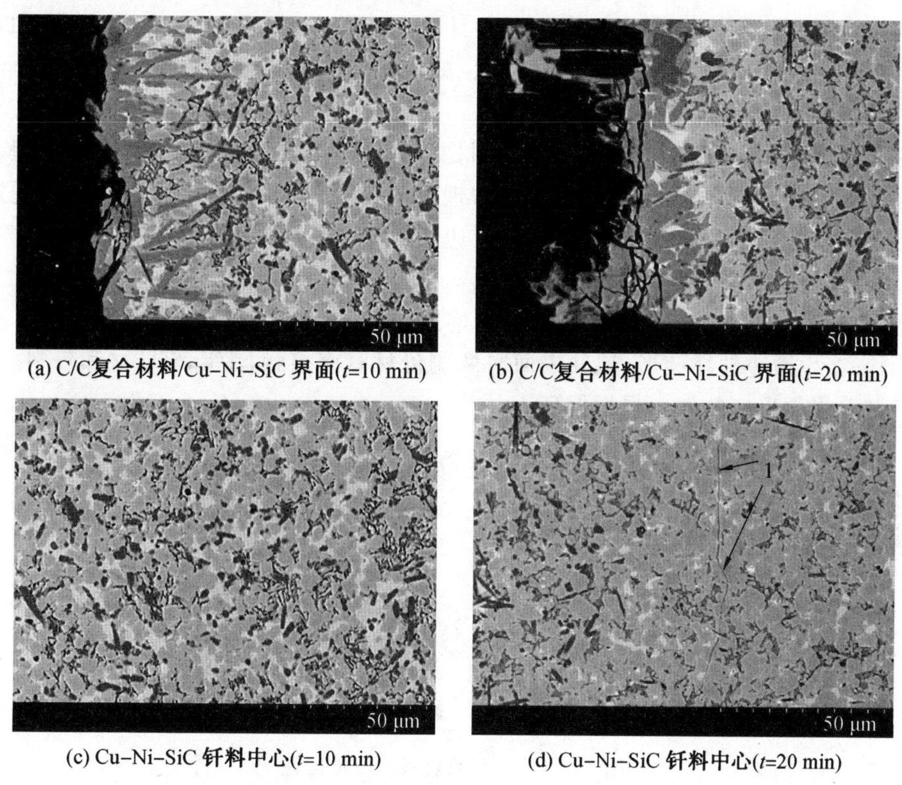

(a) C/C复合材料/Cu-Ni-SiC 界面(*t*=10 min)　(b) C/C复合材料/Cu-Ni-SiC 界面(*t*=20 min)

(c) Cu-Ni-SiC 钎料中心(*t*=10 min)　(d) Cu-Ni-SiC 钎料中心(*t*=20 min)

图 10.20　不同保温时间下 C/C 复合材料/Cu－Ni－SiC 界面组织形貌

10.4　界面微观组织的形成机理

10.4.1　TiZrNiCu 钎焊 C/C 复合材料和 TiB_w/TC4 合金的界面连接机理

采用 TiZrNiCu 钎料钎焊 C/C 复合材料与 TiB_w/TC4 钛合金时，其界面反应产物主要有 TiC、Ti_2Ni、Ti_2Cu、Zr_2Ni 和 Zr_2Cu 等相，在反应过程中所涉及的元素主要有 C、Ti、Zr、Cu 和 Ni。各反应相的标准自由能计算公式为

$$\mathrm{Ti(s)+C(s)=\!=\!=TiC(s)} \tag{10.2}$$

$$\Delta G(\mathrm{TiC})=-184.8+12.55\times10^{-3}T$$

$$\mathrm{Ti(s)+2Cu(s)=\!=\!=Ti_2Cu(s)} \tag{10.3}$$

$$\Delta G(\mathrm{Ti_2Cu})=-12.131+4.688\times10^{-3}T$$

$$\mathrm{Ti(s)+2Ni(s)=\!=\!=Ti_2Ni(s)} \tag{10.4}$$

$$\Delta G(\mathrm{Ti_2Ni})=-73.9-45.05\times10^{-3}T$$

$$\mathrm{Zr(s)+2Cu(s)=\!=\!=Zr_2Cu(s)} \tag{10.5}$$

$$\Delta G(\mathrm{Zr_2Cu})=-84.397+0.325\times10^{-3}T$$

$$Zr(s)+2Ni(s)\xlongequal{}Zr_2Ni(s) \tag{10.6}$$

$$\Delta G(Zr_2Ni)=-187.645-13.626\times10^{-3}T \tag{10.7}$$

根据以上化合物的吉布斯自由能公式计算，在试验温度为 1 143～1 213 K 的范围内，所有化合物的吉布斯自由能均为负值，也就说明在试验温度的范围内，所有化合物均有生成的可能性。

为分析 TiZrNiCu 钎料钎焊 C/C 复合材料与 TiB_w/TC4 钎焊界面的连接机理，通过设定温度界限，可大致分为待焊材料表面物理接触，钎料全部熔化后原子扩散、母材溶解及界面反应层的形成及长大，冷却过程中反应相的析出三个阶段。

(1)待焊材料表面物理接触。

当 293 K$<T<T_1$(TiZrNiCu 钎料的熔点)时，如图 10.21 所示在压力的作用下，TiZrNiCu 产生微小塑性变形，使其表面与两侧母材紧密接触，为后续母材和钎料之间的原子扩散及界面反应的发生提供保证。

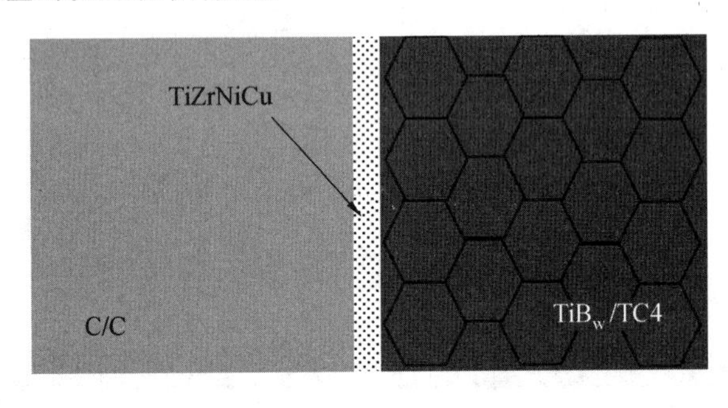

图 10.21 待焊材料表面物理接触

(2)钎料全部熔化后原子扩散、母材溶解及界面反应层的形成及长大。

当 $T_1<T<T_B$(T_B为钎焊温度)时，钎料完全熔化。从热力学观点来说，由于固液界面两侧浓度梯度的存在，在扩散驱动力的作用下，C/C 复合材料中的 C 原子向钎料中扩散，钎料中的 Ti、Zr 原子向 C/C 复合材料与钎料的界面聚集，同时钎料中的 Zr、Cu 和 Ni 原子也向 TiB_w/TC4 进行定向的迁移，TiB_w/TC4 中的 Ti 原子也向钎料中少量地溶解。

在 C/C 复合材料与钎料的界面处，Ti、Zr 原子可以与 C/C 复合材料中的 C 原子发生反应生成相应的碳化物，而且通过前面的反应相热力学分析可知，ZrC 的标准反应生成自由能较 TiC 更低，因此更容易生成。但是根据能谱分析结果可知，在 C/C 复合材料与钎料的界面处主要的界面反应产物是 TiC。主要的原因是 Ti 原子的原子半径为 0.2 nm，而 Zr 原子的原子半径为 0.216 nm，在扩散能力上 Ti 原子强于 Zr 原子，而且 TiB_w/TC4 中的 Ti 原子不断向焊缝中补充，因此在 C/C 复合材料与钎料的界面主要生成 TiC。

在 TiB_w/TC4 与钎料的界面处，Ti 原子不断溶解到靠近界面的钎料中并向远离界面的方向扩散，同时，钎料中心的 Zr、Cu 和 Ni 原子向钎料/TiB_w/TC4 的界面扩散。在 TiB_w/TC4 中，根据 Ti－Zr 二元相图，Zr 和 Ti 可以无限固溶，但 Zr 原子在固相 TiB_w/TC4 的扩散速度远小于在液相钎料中的扩散速度，因此扩散到 TiB_w/TC4 母材中的 Zr 原子的量很少；钎料中的 Cu 和 Ni 原子，根据 Ti－Cu 和 Ti－Ni 相图，Cu 和 Ni 原子在 Ti 中的溶解度很小，Cu 和 Ni 在 Ti 中很快达到饱和，在靠近界面的 TiB_w/TC4 中 Ti、Zr、Cu

和 Ni 原子形成 $(Ti,Zr)_2(Cu,Ni)$ 化合物，弥散分布在 Ti(s,s)中。

在随后的过程中，当化合物的反应速率大于母材的溶解速率时，界面反应层 TiC 和 Ti(s,s)+$(Ti,Zr)_2(Cu,Ni)$ 的厚度增加。当达到钎焊温度时，随着保温时间的延长，钎料内 Ti 原子的浓度达到这一温度下在液态钎料中的最大溶解度时，母材的溶解过程将终止，其过程如图 10.22 所示。

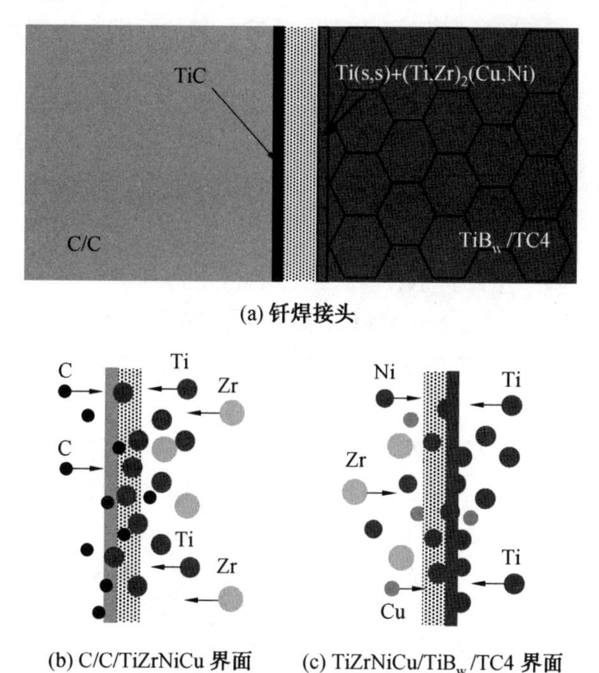

图 10.22 钎料全部熔化后原子扩散、母材溶解、界面反应层的形成及长大

(3)冷却过程中反应相的析出。

当 673 K$<T<T_B$时，焊缝中原处于熔化状态的钎料开始凝固，由于钎料中 Zr、Cu 和 Ni 原子未完全扩散到两侧的母材中，而且焊缝中有母材中溶解的 Ti 原子的补充，因此，在凝固的过程中焊缝中有 Ti、Zr、Ni 和 Cu 4 种原子。根据 Ti－Cu－Ni 和 Ti－Zr－Cu 三元相图及该区域的能谱分析，在焊后，该区域生成 $(Ti,Zr)_2(Cu,Ni)$ 化合物；在 TiB_w/TC4 一侧，弥散分布着 $(Ti,Zr)_2(Cu,Ni)$ 化合物和 Ti(s,s)，在凝固的过程中由 βTi 向 αTi 的转变，αTi 在界面呈现粗大的树枝状。冷却过程中反应相的析出如图 10.23 所示。

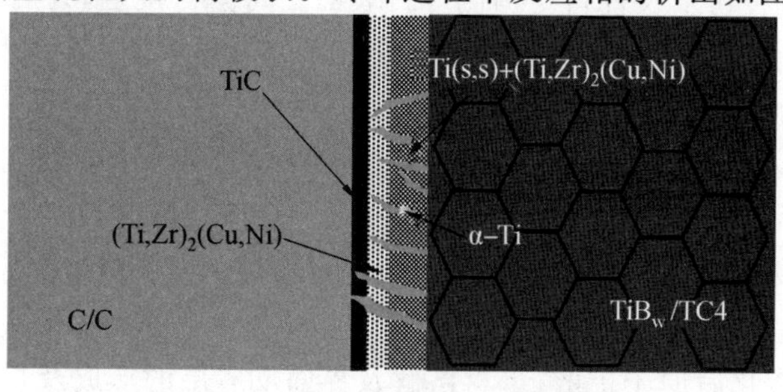

图 10.23 冷却过程中析出的反应相

10.4.2 Cu－Ni－[TiB_2/SiC]钎焊 C/C 复合材料和 TiB_w/TC4 合金的界面连接机理

采用 Cu－Ni－TiB_2/SiC 钎料钎焊 C/C 复合材料与 TiB_w/TC4 钛合金时，其界面反应产物主要有 TiC、Ti_2Ni、Ti_2Cu、TiNi、TiCu、Ti_3SiC_2、$TiSi_2$ 和 TiB 等相，在反应过程中，所涉及的元素主要有 C、Ti、Cu、Ni、Si 和 B。各反应相的标准自由能计算公式为

$$Ti(s)+C(s)=TiC(s) \tag{10.7}$$

$$\Delta G(TiC)=-184.8+12.55\times10^{-3}T$$

$$Ti(s)+2Cu(s)=Ti_2Cu(s) \tag{10.8}$$

$$\Delta G(Ti_2Cu)=-12.131+4.688\times10^{-3}T$$

$$Ti(s)+2Ni(s)=Ti_2Ni(s) \tag{10.9}$$

$$\Delta G(Ti_2Ni)=-73.9-45.05\times10^{-3}T$$

$$Ti(s)+Cu(s)=TiCu(s) \tag{10.10}$$

$$\Delta G(TiCu)=-11.206+3.272\times10^{-3}T$$

$$Ti(s)+Ni(s)=TiNi(s) \tag{10.11}$$

$$\Delta G(TiNi)=-66.9+11.7\times10^{-3}T$$

$$Ti(s)+TiB_2(s)=TiB(s) \tag{10.12}$$

$$\Delta G(TiB)=2.91-9.13\times10^{-3}T$$

$$7Ti(s)+4SiC(s)=2Ti_3SiC_2(s)+TiSi_2(s) \tag{10.13}$$

$$\Delta G=-1\,480.61+0.550T$$

根据以上化合物的吉布斯自由能公式计算，在试验温度为 1 193～1 253 K 的范围内，所有化合物的吉布斯自由能均为负值，也就说明在试验温度的范围内，所有化合物均有生成的可能性。

为分析 Cu－Ni－TiB_2/SiC 钎料钎焊 C/C 复合材料与 TiB_w/TC4 钎焊界面的连接机理，通过设定温度界限，可大致分为待焊材料表面物理接触，钎料部分熔化及母材的溶解，钎料全部熔化后原子扩散、母材溶解及界面反应层的形成及长大，冷却过程中 Ti_2Cu＋Ti_2Ni＋TiCu＋TiNi 的析出。

(1)待焊材料表面物理接触。

当 293 K$<T<T_1$(低于 Cu－Ti 共晶点 1 148 K)时，在压力的作用下，Cu－Ni－TiB_2/SiC 钎料中各种粉末及钎料与两侧母材表面之间紧密接触，为后续母材和钎料之间的原子扩散及界面反应的发生提供保证，如图 10.24(a)所示。

(2)钎料部分熔化及母材的溶解。

当 $T_1<T<T_2$(Ti－Ni 共晶点)，如图 10.24(b)所示，在该温度范围内，在钎料与 TiB_w/TC4 界面上，相互扩散的 Ti 和 Cu 原子在 1 148 K 时，达到 Cu－Ti 的共晶点，钎料发生部分熔化，母材中的 Ti 原子溶入焊缝中，随着温度的升高，Cu、Ti 原子不断溶解到液相中。

(3)钎料全部熔化后原子扩散、母材溶解及界面反应层的形成及长大。

当 $T_2<T<T_B$(T_B为钎焊温度)时，焊接温度超过 Ti－Ni 共晶温度，钎料完全熔化。

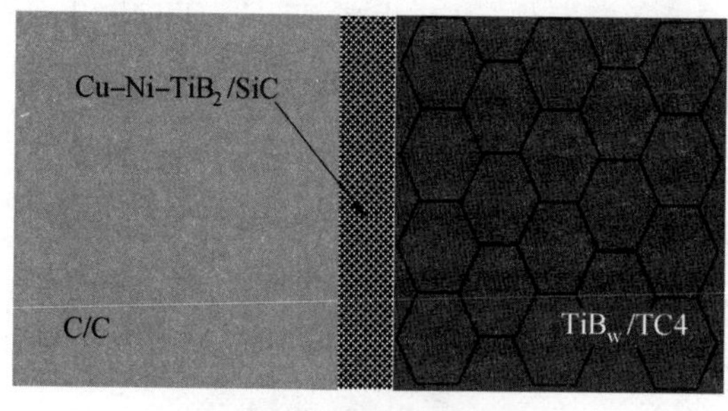

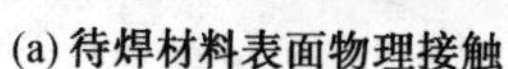
(a) 待焊材料表面物理接触

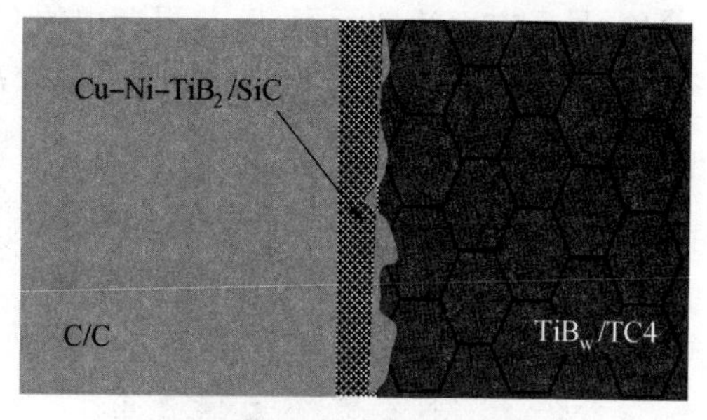

(b) 钎料部分熔化及母材的溶解

图 10.24　C/C 复合材料/Cu－Ni－SiC/TiB_w/TC4 界面形成机理

从热力学观点来说，由于固液界面两侧浓度梯度的存在，在扩散驱动力的作用下，C/C 复合材料中的 C 原子向钎料中扩散，钎料中的 Cu 和 Ni 原子向两侧母材中扩散，由于在 TiB_w/TC4 侧已形成液相，因此 Cu 和 Ni 原子向 TiB_w/TC4 侧扩散速度更快；同时 TiB_w/TC4 中的 Ti 原子也在 Cu 和 Ni 的共同作用下，向焊缝中大量溶入并向 C/C 复合材料侧聚集。

在 TiB_w/TC4 与钎料的界面处，Ti 原子不断溶解到靠近界面的钎料中并向远离界面的方向扩散，同时，钎料中心的 Cu 和 Ni 原子也向钎料/TiB_w/TC4 的界面扩散。在 TiB_w/TC4 中，根据 Ti－Cu 和 Ti－Ni 相图，Cu 和 Ni 原子在 Ti 中的溶解度很小，Cu 和 Ni 在 Ti 中很快达到饱和，在靠近界面的 TiB_w/TC4 中，会生成较多弥散分布的 Ti_2Cu 和 Ti_2Ni，形成 Ti(s,s)＋Ti_2Cu＋Ti_2Ni反应层。

在钎料与 TiB_w/TC4 的界面，Cu 和 Ni 原子可以直接与母材 TiB_w/TC4 中的 Ti 接触，此位置能提供足够的 Ti，因此，根据 Ti－Cu 和 Ti－Ni 相图，在此界面上会形成Ti_2Cu 和 Ti_2Ni 金属间化合物，在界面附近钎料侧某些位置，由于 Ti 原子的供应不足，因此 Ti∶Cu 和 Ti∶Ni 的原子比小于 2∶1，根据 Ti－Cu 和 Ti－Ni 相图，在这些位置会生成 TiCu 和 TiNi 化合物。在母材 TiB_w/TC4 不断溶解的过程中，由于 TiB_w/TC4 中的 Ti 原子大量溶入焊缝，TiB_w/TC4 中 TiB 并未随 Ti 原子进入焊缝，而是在钎料与 TiB_w/TC4 界面处均匀分布。TiB_w/TC4 侧反应相如图 10.25 所示。

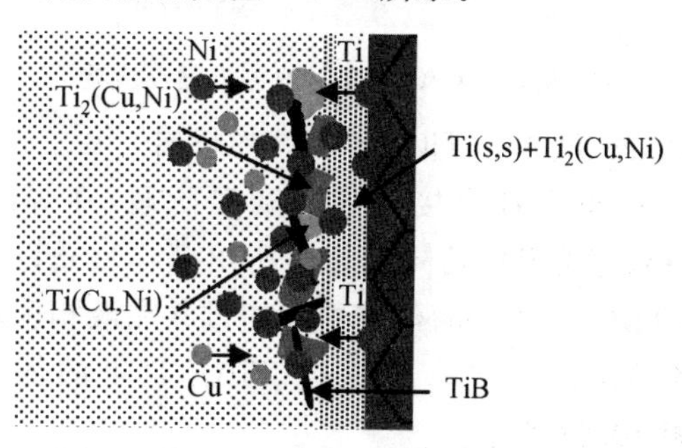

图 10.25　TiB_w/TC4 侧反应相

在 Ti 原子从 TiB_w/TC4 向 C/C 复合材料侧富集的过程中，一方面会与钎料中增强相颗粒 TiB_2/SiC 直接接触，发生反应，进而在焊缝中原位生成 TiB 或 Ti_3SiC_2 和 $TiSi_2$ 化合物；另一方面活性元素 Ti 与焊缝中的 Cu、Ni 元素发生反应，生成 Ti_2Cu、Ti_2Ni、TiCu 和 TiNi，由于这些化合物的自身熔点均较高，因此在焊缝中析出这些金属间化合物。焊缝中析出的反应相如图 10.26 所示。

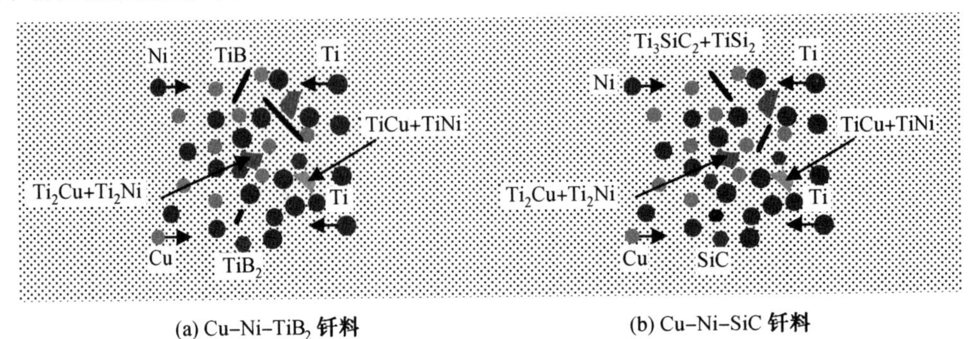

(a) Cu-Ni-TiB_2 钎料　　(b) Cu-Ni-SiC 钎料

图 10.26　焊缝中析出的反应相

在 C/C 复合材料与钎料的界面处，扩散到该界面处的 Ti 原子与 C/C 复合材料中 C 原子发生反应生成 TiC，同时扩散到 C/C 复合材料界面处液态钎料中含有一定量的 Cu 和 Al 原子，在 TiC 形成的同时，也形成了 $Ti(Cu,Al)_2$ 化合物，如图 10.27 所示。

在随后的过程中，Ti 原子不断地向焊缝及 C/C 复合材料侧扩散富集，当化合物的反应速率大于母材的溶解速率时，界面反应层 TiC/$Ti(Cu,Al)_2$ 和 Ti(s,s)+ $(Ti,Zr)_2(Cu,Ni)$ 的厚度增加。当达到钎焊温度时，随着保温时间的延长，钎料内 Ti 原子的浓度达到这一温度下在液态钎料中的最大溶解度时，母材的溶解过程将终止。

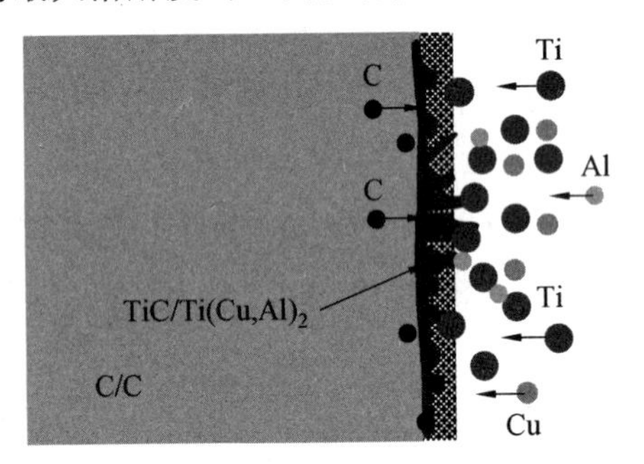

图 10.27　C/C 复合材料侧界面反应物

(4)冷却过程中 $Ti_2Cu+Ti_2Ni+TiCu+TiNi$ 的析出。

当 673 K$<T<T_B$ 时，整个钎焊接头进入降温阶段，在焊缝中部分区域的 Ti 和 Ti_2Cu+Ti_2Ni 的共晶液相，随着温度的降低开始析出 Ti_2Cu+Ti_2Ni 化合物和 βTi，继续降温 βTi 转变为 αTi 和 Ti_2Cu+Ti_2Ni；焊缝中心的过共晶液相区域在冷却的过程中开始析出 Ti_2Cu+Ti_2Ni 和 TiCu＋TiNi；在靠近 TiB_w/TC4 的界面处有 αTi 和弥散的 Ti_2Cu+Ti_2Ni 析出，如图 10.28 所示。

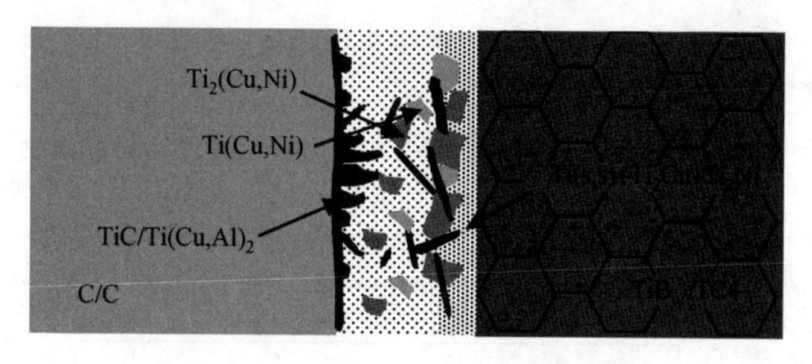

图 10.28　冷却过程中析出的反应相

10.5　接头的力学性能

10.5.1　TiZrNiCu 钎焊 C/C 复合材料和 TiB_w/TC4 合金接头力学性能

1. 钎焊温度对接头抗剪强度的影响

图 10.29 所示为不同钎焊温度下 C/C 复合材料/TiZrNiCu/TiB_w/TC4 合金接头抗剪强度。当保温时间为 10 min 时，随着钎焊温度的升高，接头抗剪强度随之增加；当钎焊温度为 1 173 K 时，接头获得的最大抗剪强度为 13.6 MPa；随着钎焊温度的继续升高，接头的抗剪强度逐渐降低。

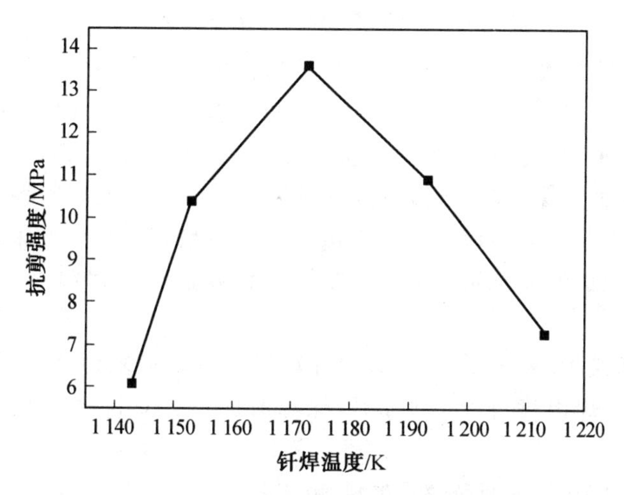

图 10.29　不同钎焊温度下接头抗剪强度

接头抗剪强度随钎焊温度产生这种变化是由界面反应程度以及各反应层相对厚度决定的。当钎焊温度较低时，C/C 复合材料与 TiZrNiCu 钎料之间的原子溶解、扩散和反应不充分，TiC 反应层厚度太薄且不连续，难以实现良好的冶金结合。当钎焊温度为 1 173 K左右时，界面溶解、扩散和反应程度明显增加，C/C 复合材料与 TiZrNiCu 钎焊侧形成连续的 TiC 层，且厚度适中，钎缝中心处 Ti 基固溶体的数量增多，使得接头获得良好的塑性，可以有效缓解热应力，因此接头抗剪强度显著增加，达到最大值。当钎焊温度继续升高到 1 213 K 时，靠近 C/C 复合材料侧的 TiC 反应层厚度明显增加，由于这个反应层的硬度较高，脆性较大，韧性较差，因此接头的强度明显下降。

2. 保温时间对接头抗剪强度的影响

为研究保温时间对 C/C 复合材料/TiZrNiCu/TC4 合金接头抗剪强度的影响，固定钎焊温度 T=1 173 K，得到不同保温时间下接头抗剪强度如图 10.30 所示。可以看出，随着保温时间的增加，接头的抗剪强度呈先增大后减小。当保温时间 t=10 min 时，接头的抗剪强度最大，达到 13.6 MPa。

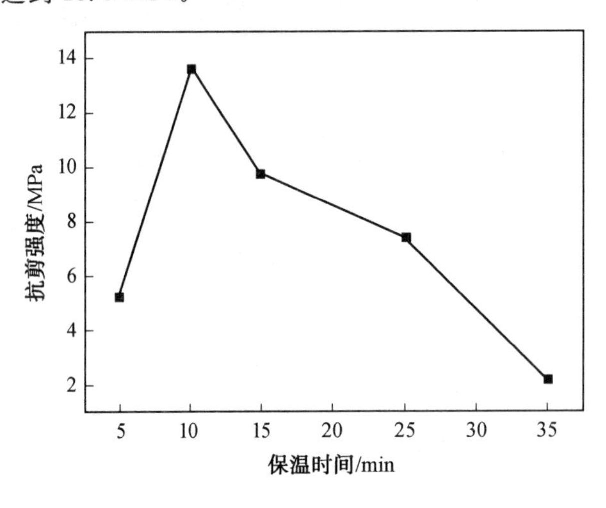

图 10.30　不同保温时间下接头抗剪强度

与钎焊温度的影响类似，保温时间对 C/C 复合材料/TiZrNiCu/TiB_w/TC4 合金接头强度的影响也是通过界面反应和元素扩散的程度来实现的。当保温时间很短时，钎料与 C/C 复合材料之间的原子扩散不充分，界面反应程度较低，难以实现有效的冶金结合，因而接头强度较低。而当保温时间过长时，钎料与 C/C 复合材料之间界面反应过于剧烈，生成的 TiC 反应层过厚，残余应力过大造成接头强度也较低。只有保温时间合适，界面反应既充分，反应层的厚度又适中，接头的强度才较高，因而保温时间的选择存在优化取值。

综合上述分析结果，采用 TiZrNiCu 箔片钎料钎焊 C/C 复合材料/TiB_w/TC4 合金的最佳工艺参数为钎焊温度 T＝1 173 K，保温时间 t＝10 min，此时接头的抗剪强度为13.6 MPa。

3. 钎焊工艺参数对接头断裂位置的影响

T=1 153 K、t=5 min 时钎焊接头 C/C 复合材料/TiZrNiCu/TiB_w/TC4 断口 TiB_w/TC4 形貌如图 10.31 所示。从图中可知，在较低的钎焊温度和较短的保温时间条件下，钎料的流动性差，与母材的反应不充分，断口形貌上表现为在界面上存在焊合缺陷，如图 10.31(a)中的 B 区，这些缺陷的存在必然会降低接头的力学性能。将 A、C 区进行放大，如图 10.31(b)、(c)和(d)所示，C 区的断裂位置在 C/C 复合材料与钎料的过渡位置，有明显的脆性断裂；A 区的断裂位置在 C/C 复合材料一侧。对断口中相 E、F 和 G 进行能谱分析，结果见表 10.7。结合图 10.31 可知，相 E 以 Ti、Zr 和 C 元素为主，是钎料与 C/C 复合材料中的沉积碳的反应产物(Ti，Zr)C，包裹在 C 纤维的周围；相 F 则是被拔出的 C 纤维;相 G 的成分与钎料的本身化学成分相近,推测为钎料 TiZrNiCu。

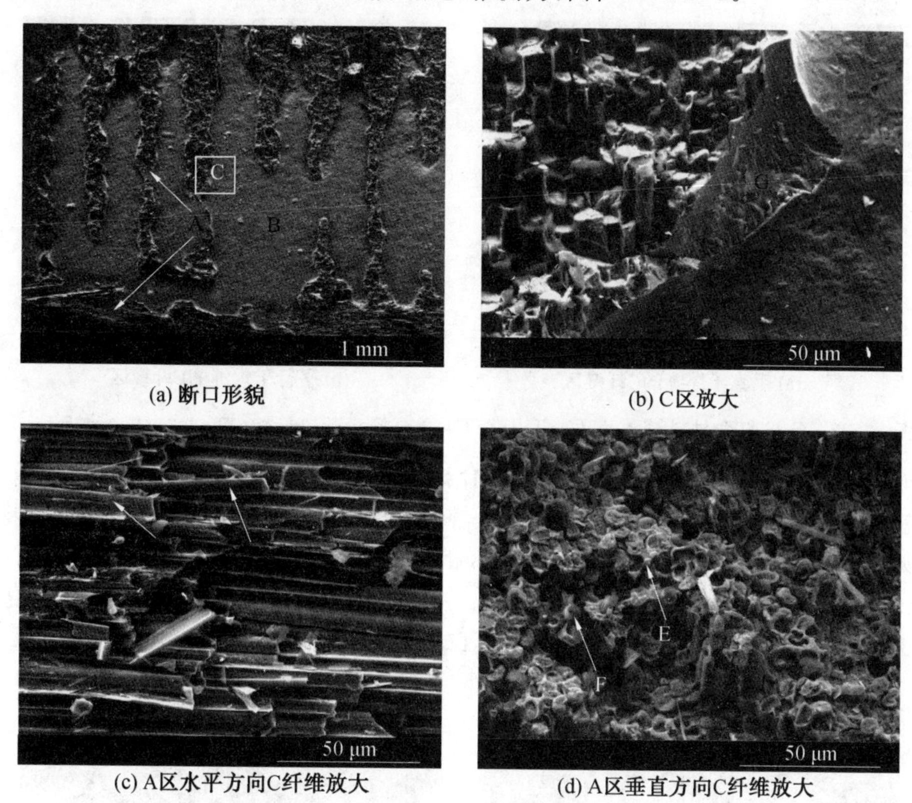

(a) 断口形貌　(b) C区放大　(c) A区水平方向C纤维放大　(d) A区垂直方向C纤维放大

图 10.31　C/C 复合材料/TiZrNiCu/TiB_w/TC4 合金接头断口形貌(T=1 153 K,t=5 min)

表 10.7　钎焊接头断口微观组织能谱元素分析结果(原子数分数)　%

相	C	Zr	Ti	Ni	Cu	可能相
E	55.88	16.97	26.84	0.15	0.16	(Ti,Zr)C
F	98.25	0.78	0.83	0.05	0.09	C
G	—	19.61	48.23	17.4	12.1	TiZrNiCu

综上所述,钎焊温度较低、保温时间较短时,断裂面上有大面积的未焊合区域和被拔出的 C 纤维,部分断裂区域为(Ti,Zr)C 化合物,因此,C/C 复合材料/TiZrNiCu/TiB_w/TC4 接头断裂发生在 C/C 复合材料/(Ti,Zr)C 层。

在 T=1 213 K、t=35 min 时的 C/C 复合材料/TiZrNiCu/TiB_w/TC4 断口 TiB_w/TC4 形貌如图 10.32 所示,可以看出,断裂位置均发生在 C/C 复合材料侧,对图中 A、B 和 C 进行能谱分析,相 A 原子比为 27.45∶9.96∶61.13,相 B 原子比为 34.22∶4.61∶58.77,相 C 原子比为 0.75∶0.65∶98.6,由以上的能谱结果推测 A 和 B 为(Ti,Zr)C,C 为剪断的 C 纤维。综上所述,钎焊温度较高、保温时间较长时,大量的钎料渗入 C/C 复合材料内部,部分纤维被完全反应转变成(Ti,Zr)C,在 C/C 复合材料与钎料的界面上(Ti,Zr)C 层较厚,而且界面的残余应力大,因此,C/C 复合材料/TiZrNiCu/TiB_w/TC4 接头断裂发生在(Ti,Zr)C层。

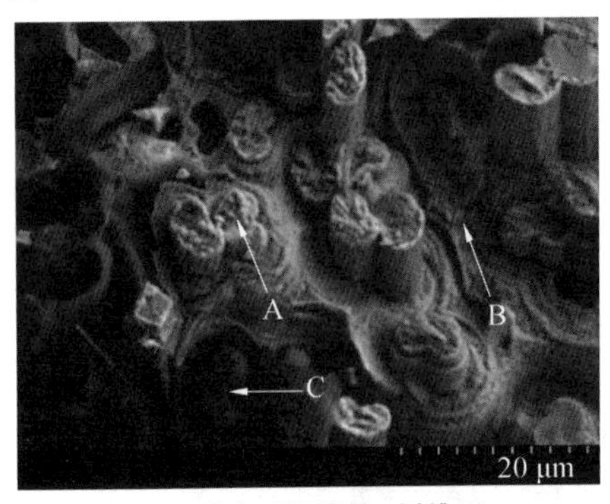

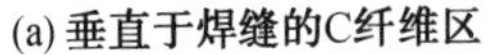
(a) 垂直于焊缝的C纤维区

(b) 平行于焊缝的C纤维区

图 10.32　C/C 复合材料/TiZrNiCu/TiB_w/TC4 合金接头断口形貌(T=1 213K、t=35 min)

在 T=1 173 K、t=10 min 时,C/C 复合材料/TiZrNiCu/TiB_w/TC4 断口 TiB_w/TC4 形貌如图 10.33 所示,在合适的工艺参数下,钎料完全润湿 C/C 复合材料,在断口形貌中未出现未焊合的区域。通过能谱分析可知,相 B 和 C 分别为(Ti,Zr)C 和 C 纤维,此时(Ti,Zr)C 层厚度适中,焊缝中热应力相对较小,接头力学性能较好。因此,C/C 复合材料/TiZrNiCu/TiB_w/TC4 接头断裂发生在(Ti,Zr)C 层中。

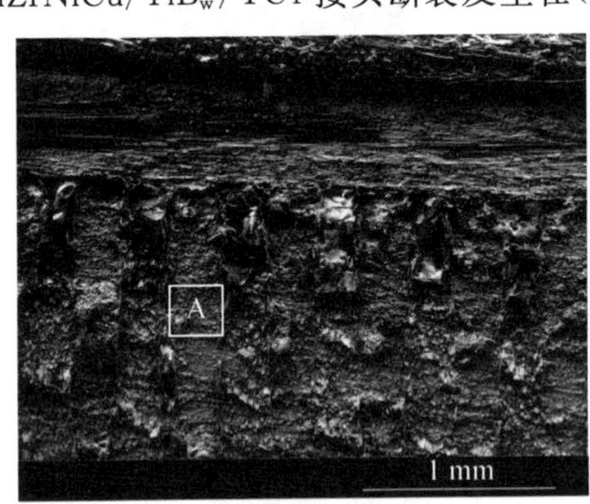

(a) 断口形貌

(b) A区放大

图 10.33　C/C 复合材料/TiZrNiCu/TiB_w/TC4 合金接头断口形貌(T=1 173 K,t=10 min)

10.5.2　Cu－Ni－[TiB_2/SiC]钎焊 C/C 复合材料和 TiB_w/TC_4 合金接头力学性能

1. 钎焊接头室温力学性能

图 10.34 所示为采用 Cu－Ni 钎料钎焊接头的抗剪强度随钎焊工艺参数的变化情况。随着钎焊工艺参数的提高接头的强度呈现出先升高后降低的趋势,而且降低的速率很快。这是因为随着钎焊工艺参数的提高,一方面焊缝中金属间化合物大量生长,金属间化合物的尺寸变大,甚至形成片状(图 10.15),同时金属间化合物自身脆性较大,增加接头的脆性;另一方面焊后接头中的残余应力加大,也会降低接头的力学性能。从图10.34 中可知,在 T=1 223 K、t=10 min 时,接头具有最大抗剪强度,为 8.4 MPa。

在 C/C 复合材料/Cu－Ni－[TiB_2/SiC]/TiB_w/TC4 合金接头界面反应中,钎焊温度

和保温时间对界面反应层和界面中金属间化合物的形貌有明显的作用，因而对接头的力学性能也存在一定的影响。通过改变钎焊温度和保温时间，接头的抗剪强度也随之产生规律性的变化，图 10.34 所示为使用 Cu－Ni－TiB_2/SiC 钎料时，钎焊接头的抗剪强度随钎焊温度和保温时间的变化趋势。

由图 10.34 可知，随着钎焊工艺参数的提高，钎焊接头的抗剪强度呈现出先升高后降低的趋势，采用 Cu－Ni－TiB_2钎料钎焊时，在 T=1 223 K、t=10 min 时，接头出现最大抗剪强度，为 18.5 MPa。采用 Cu－Ni－SiC 钎料钎焊时，在 T=1 223 K、t=10 min 时，接头最大抗剪强度为 22.5 MPa，相比于未添加增强相颗粒的 Cu－Ni 钎料的钎焊接头的抗剪强度有很大的提高。

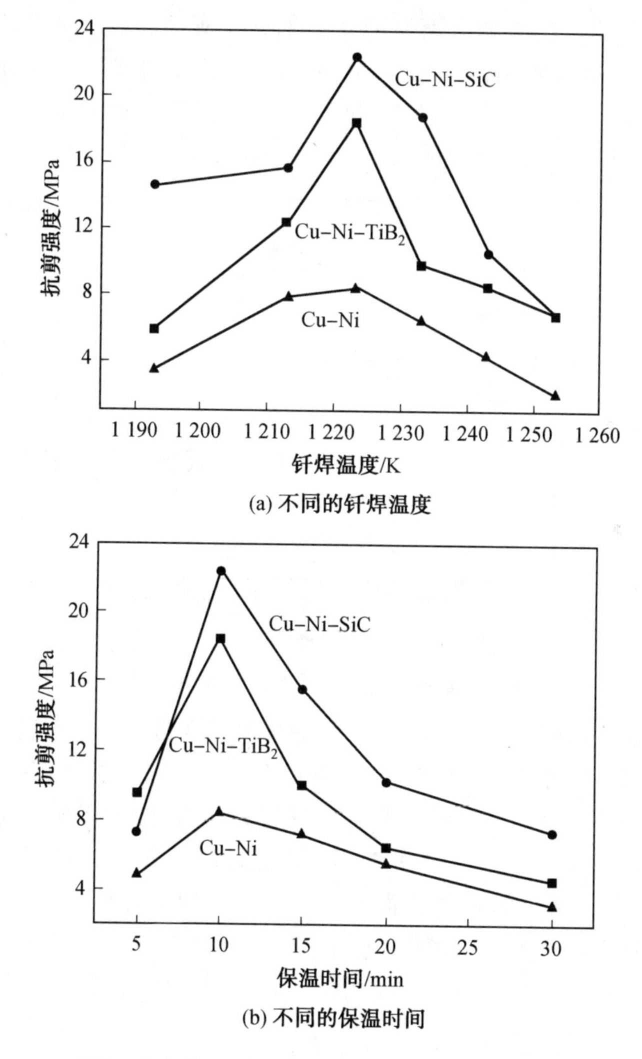

图 10.34　不同工艺参数下 C/C 复合材料/TiB_w/TC4 合金接头抗剪强度

C/C 复合材料/TiB_w/TC4 合金接头的力学性能随着钎焊温度和保温时间出现上述规律性变化的原因，主要是随着钎焊温度的升高和保温时间的延长，一方面 C/C 复合材料与钎料的连接界面中的反应产物层厚度增加，而反应产物层 TiC/$Ti(Cu,Al)_2$本身脆性大，厚度的增加必然使该层的力学性能下降；另一方面随着钎焊温度的升高和保温时间的延长，焊缝中的金属间化合物出现严重的长大，进而降低接头的力学性能。使用添加增强相颗粒钎料钎焊的接头力学性能提高，这是由于添加在焊缝中的增强相颗粒与进入焊缝中的活性元素发生原位反应，生成相应的化合物，这些化合物钉扎在金属间化合物的晶界，抑制了金属间化合物的生长，金属间化合物未形成连续的化合物层，接头的脆性降低。同时增强相颗粒的添加也降低了焊缝的热膨胀系数，降低接头的焊后残余应力，因而提高了接头的力学性能。

2. 钎焊接头高温力学性能

C/C 复合材料和 TiB_w/TC4 钛合金本身都具有良好的高温性能，能够应用于高温工作环境，因而有必要测试接头的高温性能。图 10.35 所示为在 673 K、773 K、873 K 和 973 K 下钎焊接头的抗剪强度。由图 10.35 高温抗剪强度测试结果可知，Cu－Ni－TiB_2 钎料钎焊接头在 673 K 时抗剪强度最大，为 34.5 MPa，973 K 时降至 10 MPa。Cu－Ni－SiC 钎料钎焊接头在 673 K 时抗剪强度出现最大值，为 35.4 MPa，973 K 时降为6 MPa。

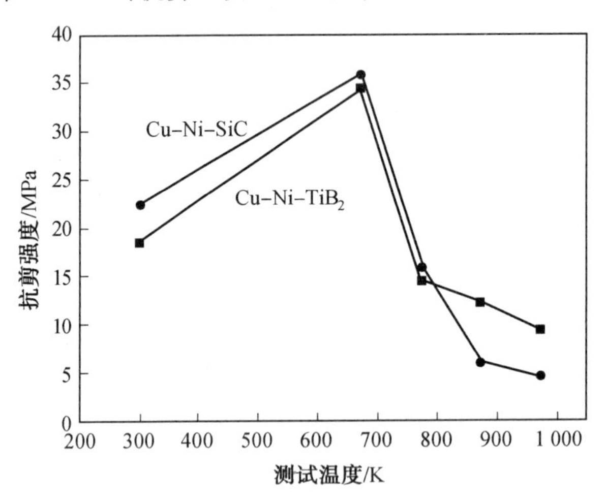

图 10.35　不同测试温度下 Cu－Ni－TiB_2/SiC 钎料钎焊接头的抗剪强度

Cu－Ni－TiB_2钎料钎焊接头在 673 K 时的抗剪强度明显高于室温时的抗剪强度，从图 10.36 室温和 673 K 时的断口比较，可以看出在不同的测试温度下接头的断裂位置出现变化。图 10.36(a)所示的室温断口断裂位置较为一致，标注 1 所指示的位置，能谱分析原子比为 53.35 ∶ 26.09 ∶ 10.35 ∶ 9.47，因此断裂位置为 TiC/$Ti(Cu,Al)_2$层。图 10.36(b)所示的 673 K 断口除去和室温断口中相同断裂位置外(标注 1 所示)，在673 K 的断口中出现新的断裂位置，如标注 2 所示，能谱分析原子比为 26 ∶ 36.67 ∶ 11.03 ∶ 13.11 ∶ 13.12，推测为 Ti_2Cu＋TiNi，因此在 673 K 时，断裂位置为 TiC/$Ti(Cu,Al)_2$＋Ti_2Cu＋TiNi。

在 673 K 时，在 TiC/$Ti(Cu,Al)_2$层中严重的应力集中得以缓解，接头的薄弱位置发生变化，焊缝中的金属间化合物由于脆性大，部分金属间化合物的尺寸过大，进而成为薄弱位置，因此接头的断裂位置发生改变，接头整体的抗剪强度提高。

在 873 K 和 973 K 时，接头的抗剪强度严重降低。如图 10.37 所示，在 973 K 的断口

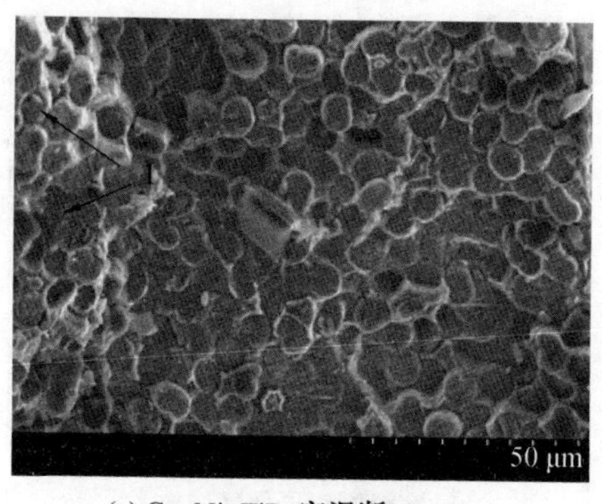

(a) Cu–Ni–TiB_2 室温断口

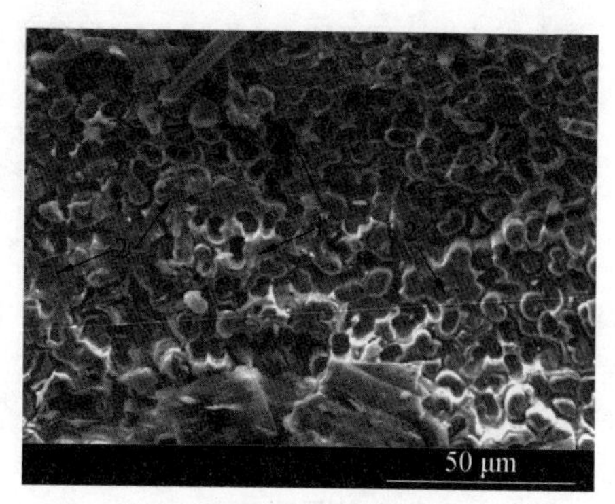

(b) Cu–Ni–$TiB_2$673 K断口

图 10.36　Cu－Ni－TiB_2 钎料钎焊接头室温和 673 K 时断口(T=1 223 K、t=10 min)

中有一条贯穿整个界面的裂纹(标注 1)。

(a) Cu–Ni–TiB_2 973 K断口

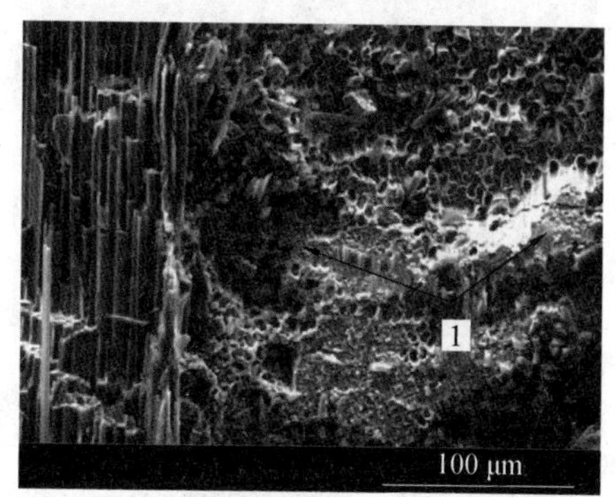

(b) A区放大

图 10.37　Cu－Ni－TiB_2 钎料钎焊接头 973 K 断口形貌(T=1 223 K,t=10 min)

Cu－Ni－SiC 钎料钎焊接头在室温和 673 K 时的断口形貌如图 10.38 所示。在室温下,断裂位置大部分发生在图 10.38(b)中标注 1 所示的位置,能谱分析给出该区的成分原子比为 53.35∶27.09∶9.2∶10.15,由前面的分析可知,这些断裂位置为 TiC/$Ti(Cu,Al)_2$。而 673 K 时,接头的断裂位置大部分发生在图 10.38(c)中所标注 2 所示的区域,能谱分析该区域的成分原子比为 51.04∶16.5∶9.78∶22.68,由前面对界面组织的分析可知,这些区域属于焊缝中心区,断裂处是焊缝中的 Ti_2Cu＋Ti_2Ni 区。

同时在 673 K 下的端口中存在一些有规则形状的颗粒,如图 10.38(d)中标注 3 所示,能谱结果给出这些颗粒的成分原子比为 43.06∶11.05∶37.85,与前面组织结构的分析比较可以得出这些颗粒为 Ti_3SiC_2,是钎料中添加的 SiC 颗粒与 Ti 原子反应的产物。

由室温和 673 K 温度下断口分析可知,在 673 K 时抗剪强度提高是因为较高的环境温度可以释放接头中的残余应力,使应力集中最严重的 TiC/$Ti(Cu,Al)_2$层中的应力得以缓解,进而接头的薄弱区域转向焊缝中脆性的金属间化合物,而焊缝中有增强相颗粒 SiC,因而焊缝中心的抗剪强度提高,表现为钎焊接头的抗剪强度升高。

然而在测试温度为 873 K、973 K 时,接头的抗剪强度严重下降,如图 10.39 中标注 1 所示,在钎料与 TiC/$Ti(Cu,Al)_2$出现裂纹,这些裂纹直接导致接头的强度降低。

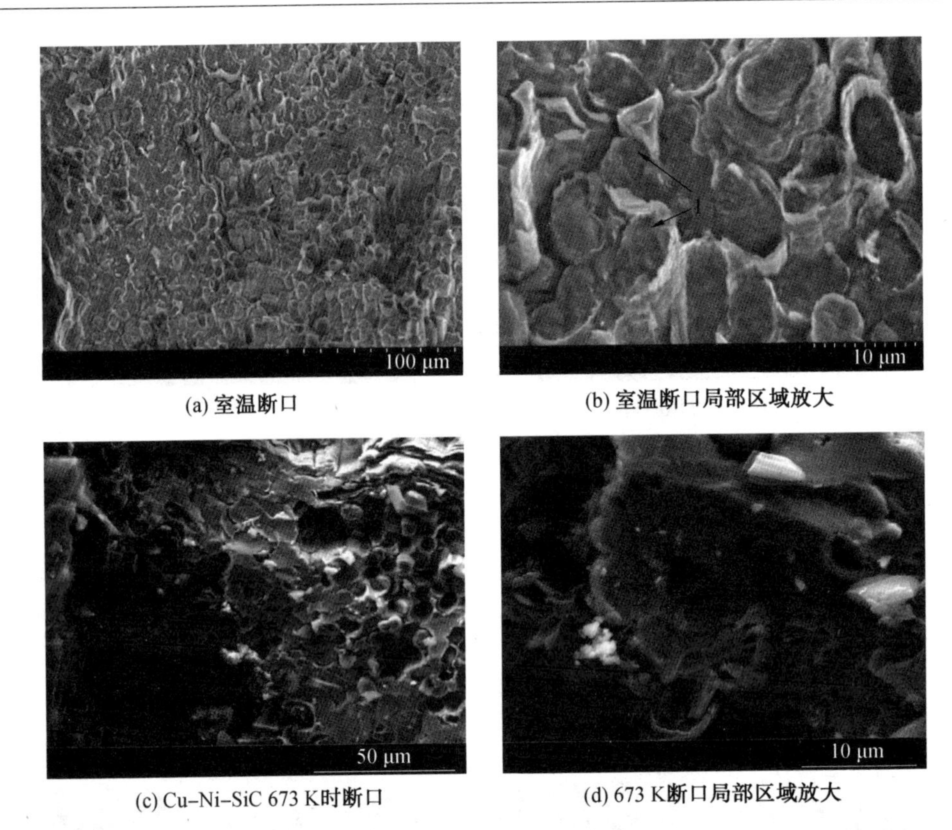

(a) 室温断口　　(b) 室温断口局部区域放大

(c) Cu-Ni-SiC 673 K时断口　　(d) 673 K断口局部区域放大

图 10.38　Cu－Ni－SiC 钎料钎焊接头室温和 673 K 时断口（T=1 223 K、t=10 min）

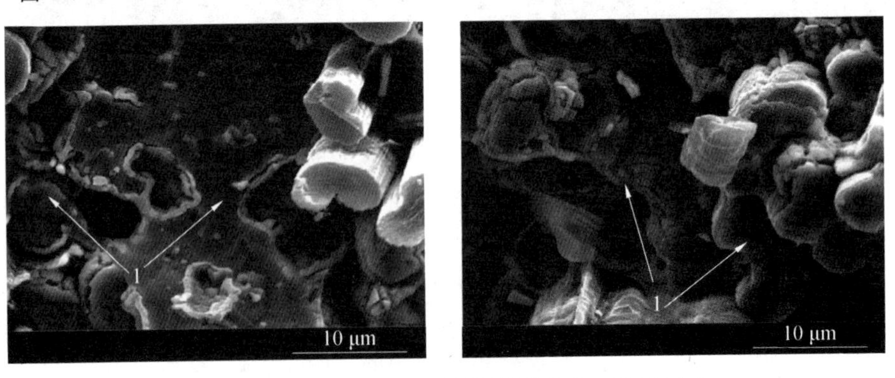

图 10.39　Cu－Ni－SiC 钎料钎焊接头 873 K 下断口

习题及思考题

10.1　C/C 复合材料与金属基材料热膨胀系数相差较大，容易产生较大的焊接残余应力，如何能够减小接头残余应力，更好地实现接头连接性，保证接头强度，请根据所学提出几点措施与方法。

10.2　分析总结焊接工艺如何影响 C/C 复合材料与 TiB_w/TC4 合金接头组织及其力学性能。

10.3　请结合组织变化分析 C/C 复合材料与 TiB_w/TC4 合金接头力学性能变化的内在原因。

本章参考文献

[1] CHOURY J J. Carbon-carbon materials for nozzles of solid propellant rocket motors[J]. American Institute of Aeronautics and Astronauntics,1974：600-609.

[2] BARTON J M，HAMETON L. Mechanical properties of tough high temperature carbon fiber composites from novel functionalized aryl cyanate ester polymers[J]. Polymer for Advanced Technologies,1996，37(20)：4519-4528.

[3] SHU-EN H S U，HUAN-DER W V，TSUNG-MING W V. Oxidation protection for 3D carbon-carbon composites[J]. Acta Astronautica,1995，35(1)：35-41.

[4] 朱良杰，廖东娟. 碳/碳复合材料在美国导弹上的应用[J]. 宇航材料工艺，1993，4(12)：10-31.

[5] 李贺军，罗瑞盈，杨峥. 碳/碳复合材料在航空领域的应用研究现状[J]. 材料工程，1997(8)：8-10.

[6] 张启运，庄鸿寿. 钎焊手册[M]. 北京：机械工业出版社，1998.

[7] 方洪渊，冯吉才. 材料连接过程中的界面行为[M]. 哈尔滨：哈尔滨工业大学出版社,2005.

[8] LI J L，XIONG J T，ZHANG F S. Transient liquid phase diffusion bonding of two-dimensional carbon-carbon composites to niobium alloy[J]. Materials Science and Engineering A,2008,(483)：698-700.

[9] NISHIDA T，SUEYOSHI H. Effects of carbon fiber orientation and graphitization on solid state bonding of C/C composite to nickel[J]. Materials Transactions,2002，44(1)：148-154.

[10] XIONG J T，LI J L，ZHANG F S. Direct joining of 2D carbon-carbon composites to Ti-6Al-4V alloy with a rectangular wave interface[J]. Materials Science and Engineering A,2008,488：205-213.

[11] 李争显，周廉，徐重. 一种碳基复合材料与钛合金的连接方法：中国,02116859.8[p].2002-04-16.

[12] APPENDINO P，CASALEGNO V，FERRARIS M. Joining of C-C composites to copper[J]. Fusion Engineering and Design,2003,66-68：225-229.

[13] 易振华，杨凯珍，向杰. C/C 复合材料用 Ti－Cu 合金钎料的试验研究[J]. 材料研究与应用，2008，2(3)：215-218.

[14] GREGORY N，SINGH M，SHPARGEL T. A simple test to determine the effectiveness of different braze compositions for joining Ti-Tubes to C/C composite plates[J]. Materials Science and Engineering A，2006，418：19-24.

[15] EUSTATHOPOULOS N，NICHOLAS M G，DREVET B. Wettability at hight-

emperatures[M]. Boston: Pergamon, 1999.

[16] LI J G. Kinetics of wetting and spreading of Cu-Ti alloys on alumina and glassy carbon substrates[J]. Materials Science,1992, 11: 1551-1564.

[17] STANDING J R, NICHOLAS M. The wetting of alumina and vitreous carbon by copper tintitanium alloys[J]. Materials Science,1978(13): 1509-1514.

[18] LI J G. Wetting and adhesion in liquid silicon/ceramic systems[J]. Materials Letters,1992(14): 1551-1554.

[19] GRIGORENKO N, POLUYANSKAYA V, EUSTATHOPOULOS N. Interfacial science of ceramics joining [M]. Bostor: Kluwer Academic Publishers, Boston, 1998.

[20] HUMENIK J M, KINGERY W D. Surface tension and wettability of metal-ceramic systems[J]. American Ceramics Society,1954(37): 18-23.

[21] GRIGORENKO N, POLUYANSKAYA V, EUSTATHOPOULOS N. Proceedings of the second international conference on high-temperature capillarity [M]. Krakow: Foundry Residential Institute, 1997.

[22] NAIDICH Y V, CADENHEAD, DANIELLI. Progress in surface and membrane science[M]. New York:Academic Press, 1981.

[23] SINGH M, SHPARGEL T P, MORSCHER G N. Activemetal brazing and characterization of brazed joints in titanium to carbon/carbon composites[J]. Materials Scienceand Engineering A, 2005(412): 123-128.

[24] 马文利，毛唯，李晓红. 采用银基活性钎料钎焊碳/碳复合材料[J]. 材料工程，2002(1): 9-11.

[25] CANONICO D A, COLEN C, SLAUGHTER G M. Direct brazing of ceramics, graphite and refractory metals[J]. Welding Journal,1977(8): 31-38.

[26] OKAMURA H, KAJIURA L, AKIBA M. Bonding between carbon fiber/carbon composite and copper alloy[J]. Quarterly Journal of the Japan Welding Society, 1996, 14(1): 39-46.

[27] SINGH M, SHPARGEL T P, MORSCHER G N. Active metal brazing and characterization joints in titanium to carbon-carbon composites[J]. Materials Science and Engineering A , 2005,412(1-2): 123-128.

[28] BRANCA V, FEDERICI A, GRATTAROLA M. The brazing technology for high heat flux components[C]. 10th international workshop on carbon materials for fusion applications jülich, Germany, 2003: 1-18.

[29] 秦优琼. C/C 复合材料与 TC4 钎焊接头组织及性能研究[D]. 哈尔滨:哈尔滨工业大学,2007.

[30] 董振华. C/SiC 复合材料与 TC4 钎焊工艺研究[D]. 哈尔滨:哈尔滨工业大学,2008.

[31] LI S J, ZHANG J J, LIANG X B. Joining of carbon fibre reinforced SiC to Ni-

based superalloy with multiple interlayers[J]. International Joural of Modern Physics B,2003(17):1777-1781.

[32] 冀小强，李树杰，马天宇. 用 Zr/Nb 复合中间层连接 SiC 陶瓷与 Ni 基高温合金[J]. 硅酸盐学报，2002，30(3)：305-310.

[33] 熊江涛，李京龙，张赋升. 碳/碳、碳/碳化硅复合材料与耐热合金的连接方法：中国,200610042815[P]. 2006-05-15.

[34] LIN G B, HUANG J H. Brazed joints of Cf-SiC composite to Ti alloy using Ag-Cu-Ti-(Ti+C) mixed powder as interlayer[J]. Powder Metallurgy，2006(49)：345-348.

[35] XIONG J，HUANG J，WANG Z. Joining of Cf/SiC composite to Ti alloy using composite filler materials[J]. Materials Science and Technology，2009(25)：1046-1050.

[36] He Y M，ZhANG J，LIU C F. Microstructure and mechanical properties of Si_3N_4/Si_3N_4 joint brazed with Ag-Cu-Ti+SiC_p composite filler[J]. Materials Science and Engineering A，2010(527)：2819-2825.

[37] 李玉龙，冯吉才，李卓然. Ag－Cu－Ti 钎料高频感应钎焊 TiAl/40Cr[J]. 焊接学报,2004，25(5)：37-40.

[38] WANG N，LI C G，DU Z M. The thermodynamic re-assessment of the Cu-Zr syste[J]. Computer Coupling of Phase Diagrams and Thermochemistry，2006(30)：461-469.

[39] WANG N，LI C G，DU Z M. Experimental study and thermodynamic re-assessment of the Ni-Zr system[J]. Computer Coupling of Phase Diagrams and Thermochemistry，2007(31)：413-421.

[40] ARROYAVE R，EAGAR T W，KAUFMAN L. Thermodyanmic assessment of the Cu-Ti-Zr system[J]. Journal of Alloys and Compounds,2003(351)：158-170.

附录　部分二元相图

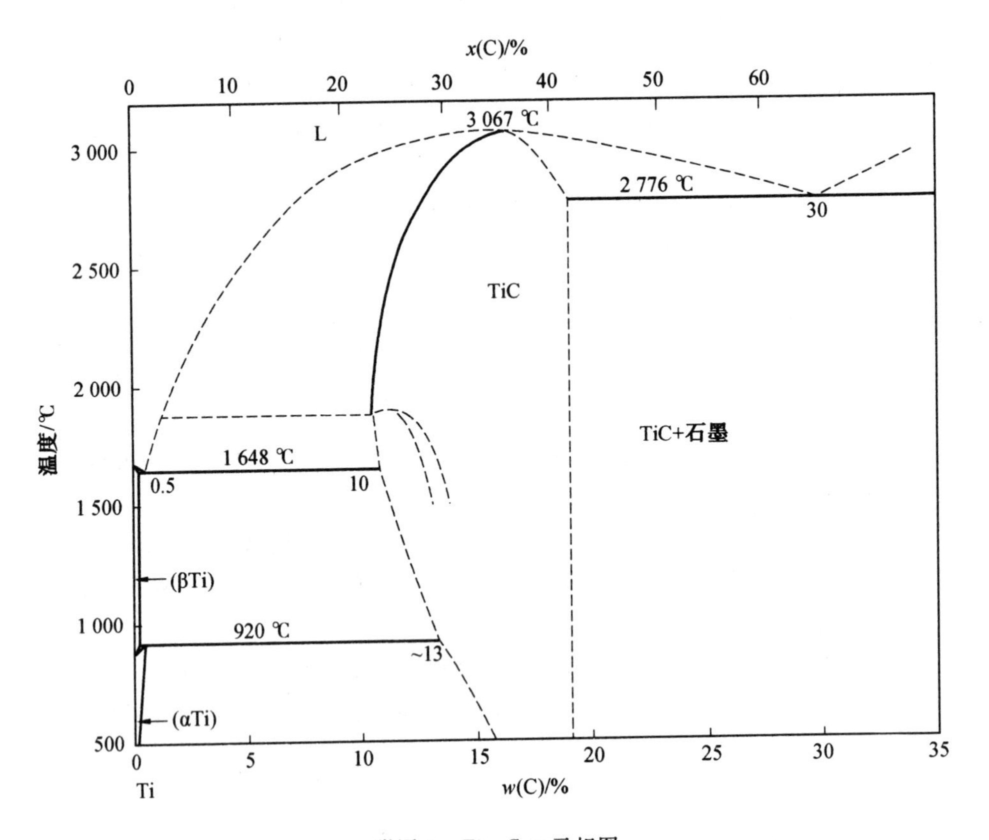

附图 1　Ti－C 二元相图

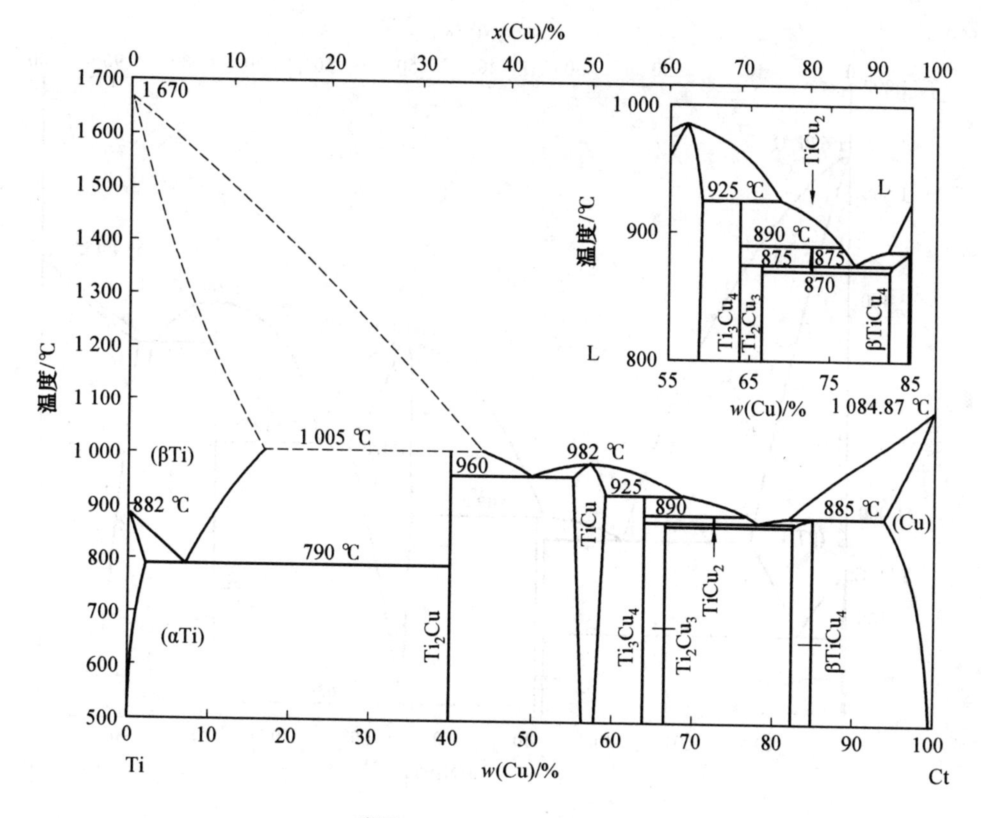

附图 2　Ti—Cu 二元相图

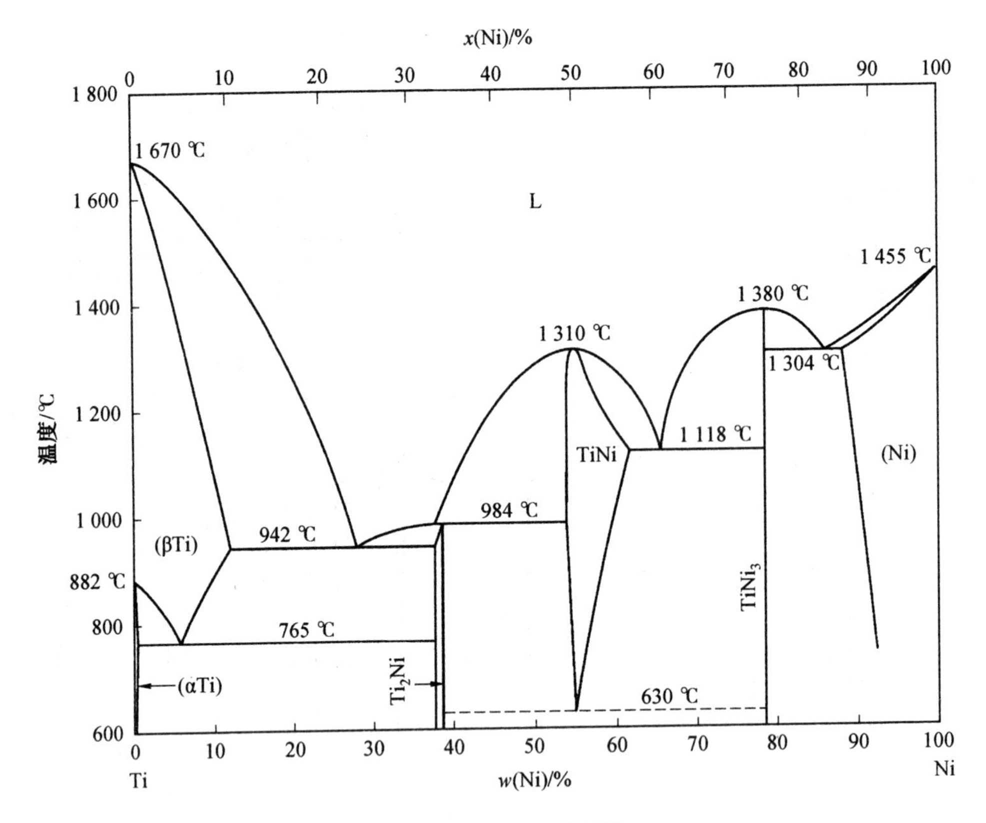

附图 3 Ti—Ni 二元相图

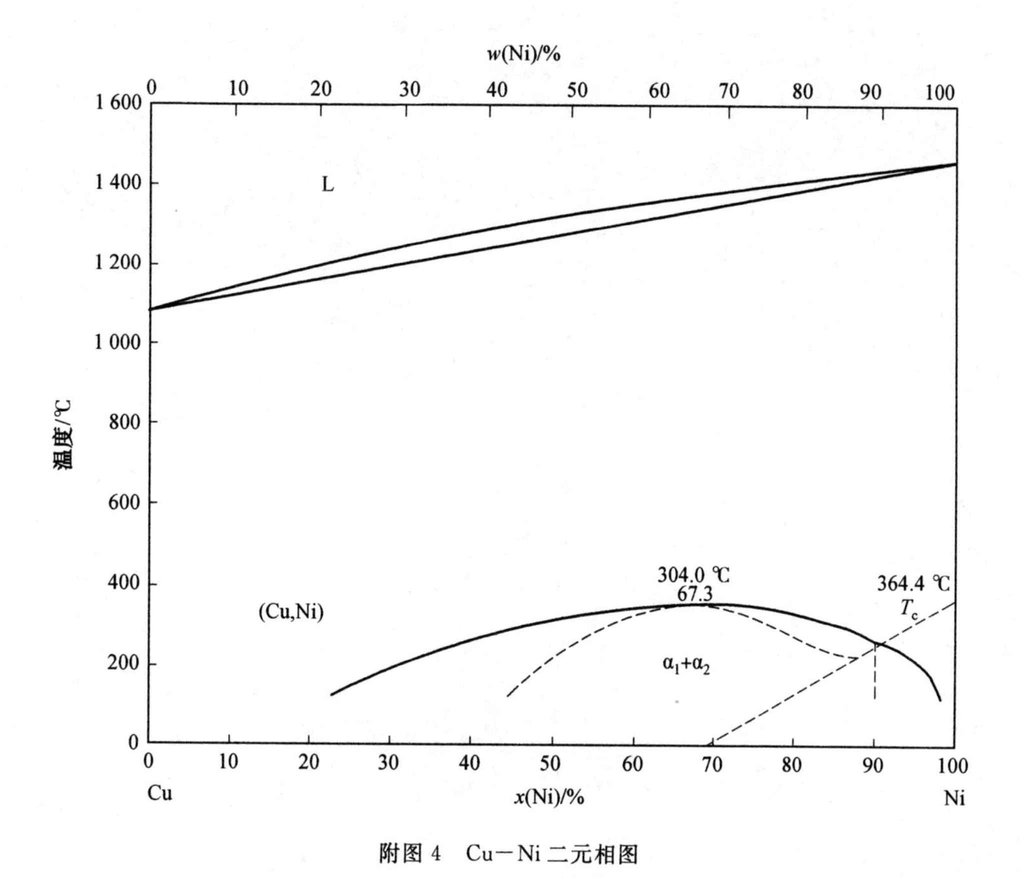

附图 4　Cu－Ni 二元相图